Sumário
Engenharia soft completo código fonte
Nilson440@gmail.com

I0406022

Engenharia soft completo
Código fonte

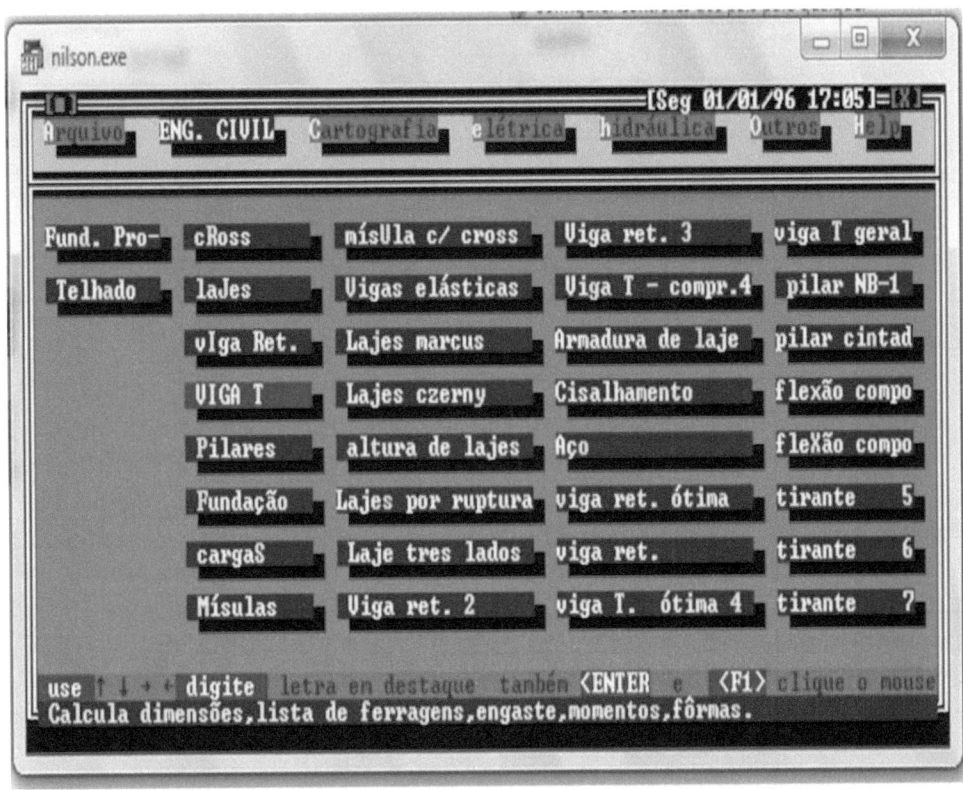

O objetivo é que com os código fonte nestes livros abaixo, o leitor apenas copiando, possa reproduzir a imagem acima e ainda modificar. Lembre-se: São necessários os códigos de todos abaixo:

- Engenharia soft completo código fonte
- Criptografia código completo código fonte
- Vigas e pilares soft completo código fonte
- Teodolito código completo código fonte

E, ouvindo isto Jesus, maravilhou-se dele, e voltando-se, disse à multidão que o seguia: Digo-vos que nem ainda em Israel tenho achado tanta fé.

Lucas 7:9

Reflexão. Anos 70 ... estou na universidade ... 50 alunos pareciam suecos e uma face negra, eu. Entra o prof. (efeito "Santos Dumont", bafejados por centenas de anos de lucro com trabalho dos escravizados, vão estudar na europa e voltam "nazi") e vê a face negra, começa a falar na teoria de evolução das espécies, que não tem nada a ver com a matéria... acha que outros prof afrouxaram e então eu estava ali...Cita o caso da Argentina e Chile que eliminaram a escória (negros), presentes na população...Acha que o Brasil foi lento demais...— Embora todas as evidências no mundo apontam para o contrário — ...E continuou um bom tempo com o discurso nazi...

—Minhas aulas não serão inferiores as do IME — (Instituto Militar de Engenharia)... Quer verificar o nível da turma e propõe um teorema que deveria ser explicado por algum dos alunos. E então ... Parece difícil encontrar um aluno, anda de um lado para outro, mas de antemão já planejara e procura ... Procura...

– Vc! —Claro, eu. Ouve-se "uuuuuuu" pela sala, KKKK os alunos já me conheciam, pelo o que eu ensinava quando não sabiam, pelas minhas espetaculares notas e pela bola "redonda (futebol)" que eu batia, mas o prof não conhecia esses detalhes.

Eu me levanto, os passos ressoam na sala como um guerreiro zulu na batalha de isandlwana, ou como Zumbi espantando o exército Bras (Depois o gov Bras comprou muitos canhões, fazendo uma dívida externa impagável, e aí ... Aliás o Brasil só não é próspero, ou muito mais próspero que o gigante do norte, por muitas ações iguais a estas adotadas...), pego o giz, olho com autoridade a turma.

4

— É bom ver vcs daqui, peçam quando quiserem. —¨ Começo a explicar parando tempos em tempos, se estão acompanhando.

Termino e os alunos batem muitas palmas, o prof fica sem fala... Mas prof as vezes não prepara a aula e engasga... e do fundo da sala dois ou três: ¨chame o Nilson¨...

—Chame o Nilson. — Que situação!. Pois é ... .

Este é o resultado de um trabalho de programação em que foi utilizada a linguagem pascal. Todo o código fonte está listado e o conteúdo pode levar o usuário a patamares maiores. A partir desta programação pode-se ir muito mais além.

Veja o resultado de como se apresenta todo o trabalho. Sendo você um estudante ou programador vai se sentir confortável, pois funciona e é o exemplo no final que conta. Finalmente, pode-se utilizar todo o código fonte para ver ampliações e modificações.

Após a apresentação de algumas telas, será listado os códigos. Volto a lembrar: É um trabalho integrado e todo o código não pôde ser colocado sómente neste livro são neesários os outros também.

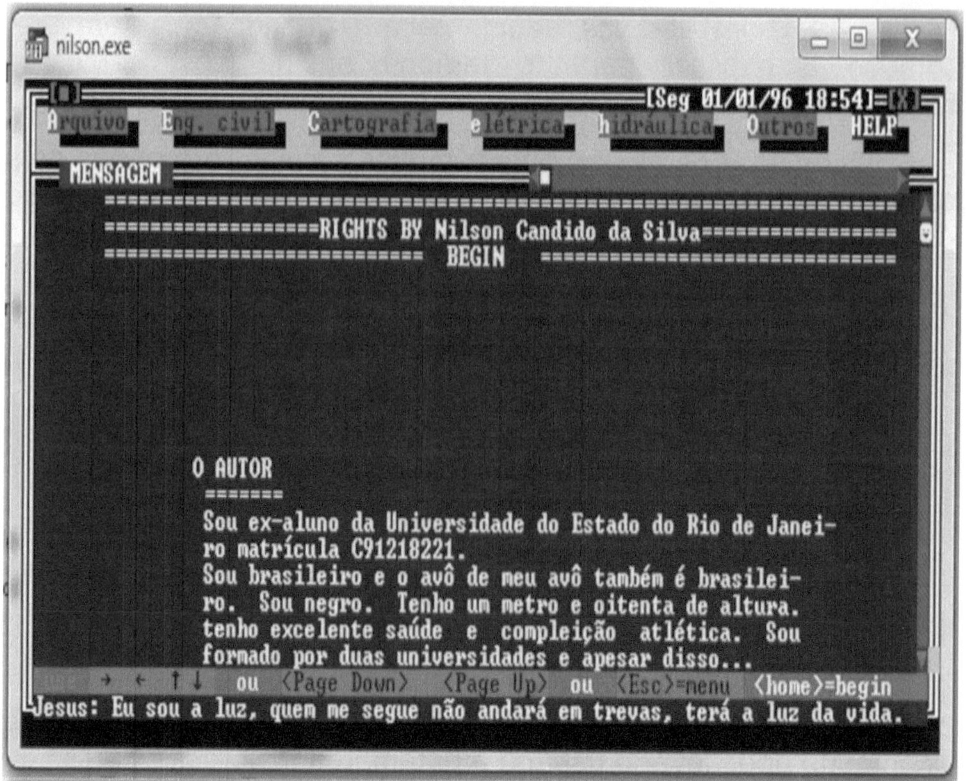

MENSAGEM

```
====================================================
===============RIGHTS BY Nilson Candido da Silva===========
=================== BEGIN   ====================================
```

O AUTOR
=======
Sou ex-aluno da Universidade do Estado do Rio de Janeiro matrícula C91218221.
Sou brasileiro e o avô de meu avô também é brasileiro. Sou negro. Tenho um metro e oitenta de altura.
tenho excelente saúde e compleição atlética. Sou
formado por duas universidades e apesar disso...

→ ← ↑ ↓   ou ⟨Page Down⟩   ⟨Page Up⟩ ou ⟨Esc⟩=menu   ⟨home⟩=begin
Jesus: Eu sou a luz, quem me segue não andará em trevas, terá a luz da vida.

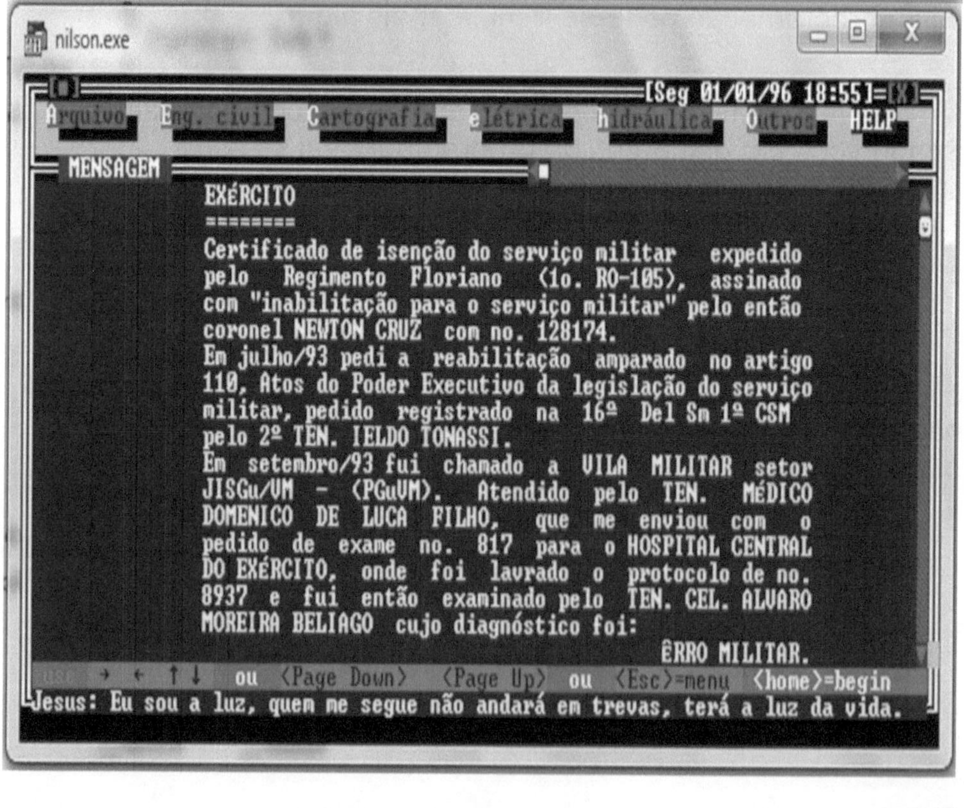

MENSAGEM

EXÉRCITO
========
Certificado de isenção do serviço militar   expedido
pelo   Regimento   Floriano   (1o. RO-105),   assinado
com "inabilitação para o serviço militar" pelo então
coronel NEWTON CRUZ com no. 128174.
Em julho/93 pedi a reabilitação amparado no artigo
110, Atos do Poder Executivo da legislação do serviço
militar, pedido registrado na 16ª Del Sm 1ª CSM
pelo 2º TEN. IELDO TONASSI.
Em setembro/93 fui chamado a VILA MILITAR setor
JISGu/VM - (PGuVM).   Atendido   pelo TEN.   MÉDICO
DOMENICO DE LUCA FILHO,   que   me enviou com   o
pedido de exame no. 817 para o HOSPITAL CENTRAL
DO EXÉRCITO, onde foi lavrado o protocolo de no.
8937 e fui então examinado pelo TEN. CEL. ALVARO
MOREIRA BELIAGO cujo diagnóstico foi:

                                    ÊRRO MILITAR.

→ ← ↑ ↓   ou ⟨Page Down⟩   ⟨Page Up⟩ ou ⟨Esc⟩=menu   ⟨home⟩=begin
Jesus: Eu sou a luz, quem me segue não andará em trevas, terá a luz da vida.

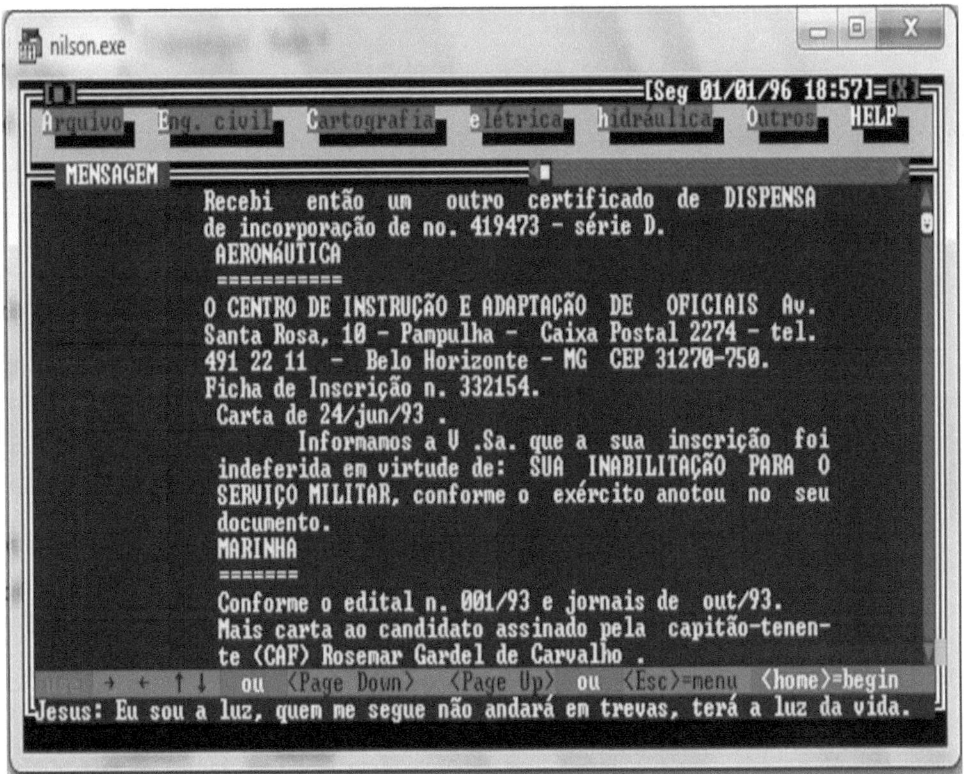

nilson.exe
[Seg 01/01/96 18:57]
Arquivo Eng. civil Cartografia elétrica hidráulica Outros HELP
MENSAGEM

Recebi então um outro certificado de DISPENSA de incorporação de no. 419473 - série D.

AERONÁUTICA
===========

O CENTRO DE INSTRUÇÃO E ADAPTAÇÃO DE OFICIAIS Av. Santa Rosa, 10 - Pampulha - Caixa Postal 2274 - tel. 491 22 11 - Belo Horizonte - MG CEP 31270-750.
Ficha de Inscrição n. 332154.
Carta de 24/jun/93 .

Informamos a V .Sa. que a sua inscrição foi indeferida em virtude de: SUA INABILITAÇÃO PARA O SERVIÇO MILITAR, conforme o exército anotou no seu documento.

MARINHA
=======

Conforme o edital n. 001/93 e jornais de out/93.
Mais carta ao candidato assinado pela capitão-tenente (CAF) Rosemar Gardel de Carvalho .

→ ← ↑ ↓ ou <Page Down> <Page Up> ou <Esc>=menu <home>=begin
Jesus: Eu sou a luz, quem me segue não andará em trevas, terá a luz da vida.

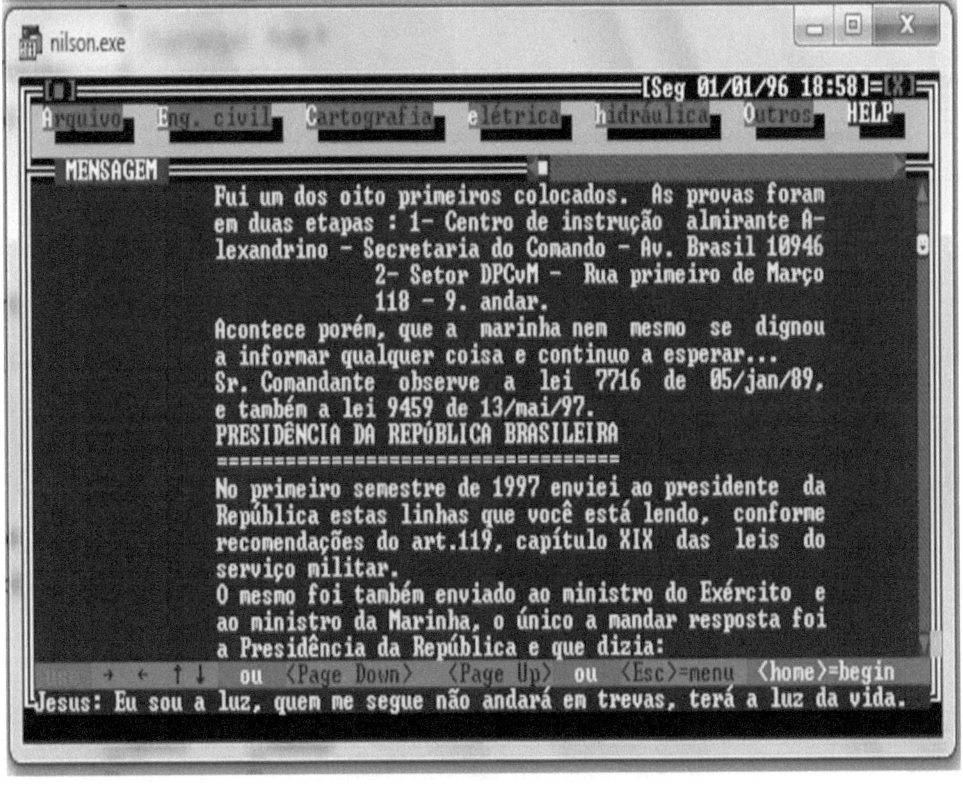

nilson.exe
[Seg 01/01/96 18:58]
Arquivo Eng. civil Cartografia elétrica hidráulica Outros HELP
MENSAGEM

Fui um dos oito primeiros colocados. As provas foram em duas etapas : 1- Centro de instrução almirante Alexandrino - Secretaria do Comando - Av. Brasil 10946
2- Setor DPCvM - Rua primeiro de Março 118 - 9. andar.

Acontece porém, que a marinha nem mesmo se dignou a informar qualquer coisa e continuo a esperar...
Sr. Comandante observe a lei 7716 de 05/jan/89, e também a lei 9459 de 13/mai/97.

PRESIDÊNCIA DA REPÚBLICA BRASILEIRA
===================================

No primeiro semestre de 1997 enviei ao presidente da República estas linhas que você está lendo, conforme recomendações do art.119, capítulo XIX das leis do serviço militar.
O mesmo foi também enviado ao ministro do Exército e ao ministro da Marinha, o único a mandar resposta foi a Presidência da República e que dizia:

→ ← ↑ ↓ ou <Page Down> <Page Up> ou <Esc>=menu <home>=begin
Jesus: Eu sou a luz, quem me segue não andará em trevas, terá a luz da vida.

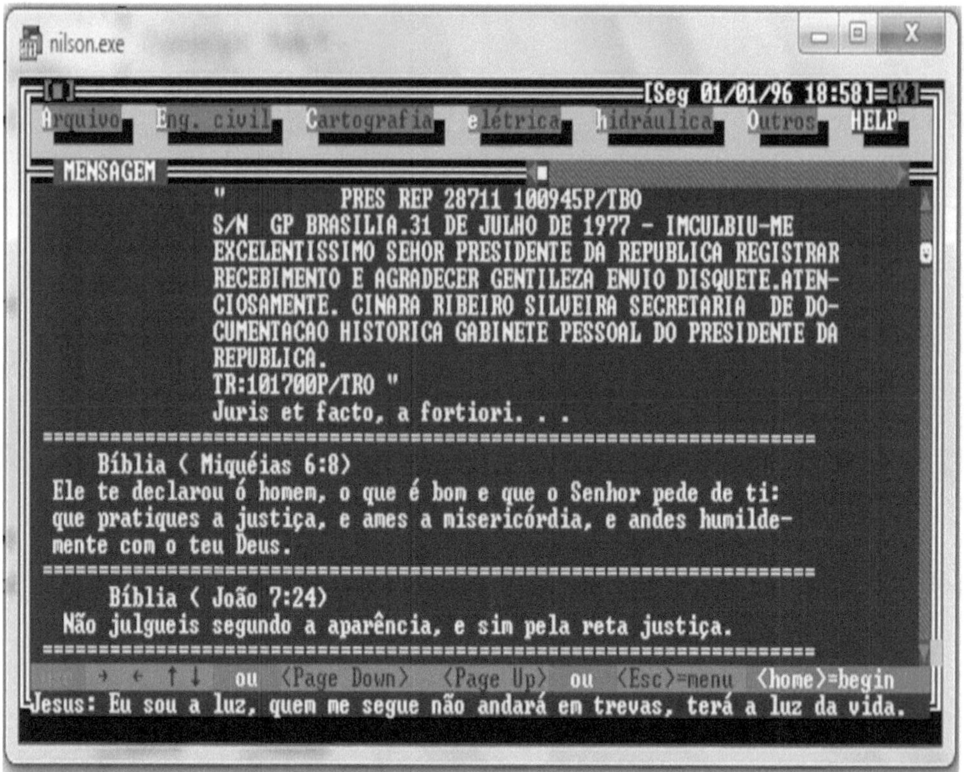

MENSAGEM

```
"           PRES REP 28711 100945P/TBO
S/N  GP BRASILIA.31 DE JULHO DE 1977 - IMCULBIU-ME
EXCELENTISSIMO SEHOR PRESIDENTE DA REPUBLICA REGISTRAR
RECEBIMENTO E AGRADECER GENTILEZA ENVIO DISQUETE.ATEN-
CIOSAMENTE. CINARA RIBEIRO SILVEIRA SECRETARIA  DE DO-
CUMENTACAO HISTORICA GABINETE PESSOAL DO PRESIDENTE DA
REPUBLICA.
TR:101700P/TRO "
    Juris et facto, a fortiori. . .
==================================================================
    Bíblia ( Miquéias 6:8)
Ele te declarou ó homem, o que é bom e que o Senhor pede de ti:
que pratiques a justiça, e ames a misericórdia, e andes humilde-
mente com o teu Deus.
==================================================================
    Bíblia ( João 7:24)
 Não julgueis segundo a aparência, e sim pela reta justiça.
==================================================================
      →  ←  ↑ ↓   ou  <Page Down>  <Page Up>  ou  <Esc>=menu  <home>=begin
Jesus: Eu sou a luz, quem me segue não andará em trevas, terá a luz da vida.
```

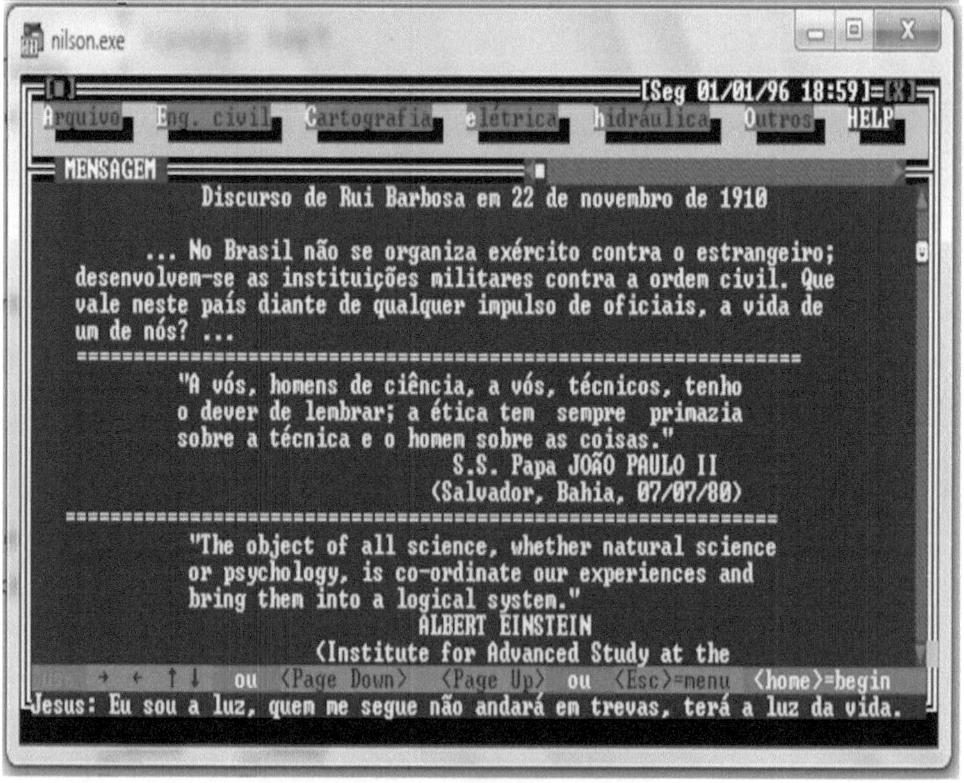

MENSAGEM

```
          Discurso de Rui Barbosa em 22 de novembro de 1910

    ... No Brasil não se organiza exército contra o estrangeiro;
desenvolvem-se as instituições militares contra a ordem civil. Que
vale neste país diante de qualquer impulso de oficiais, a vida de
um de nós? ...
==================================================================
      "A vós, homens de ciência, a vós, técnicos, tenho
      o dever de lembrar; a ética tem  sempre  primazia
      sobre a técnica e o homem sobre as coisas."
                          S.S. Papa JOÃO PAULO II
                          (Salvador, Bahia, 07/07/80)
==================================================================
      "The object of all science, whether natural science
      or psychology, is co-ordinate our experiences and
      bring them into a logical system."
                          ALBERT EINSTEIN
                          (Institute for Advanced Study at the
      →  ←  ↑ ↓   ou  <Page Down>  <Page Up>  ou  <Esc>=menu  <home>=begin
Jesus: Eu sou a luz, quem me segue não andará em trevas, terá a luz da vida.
```

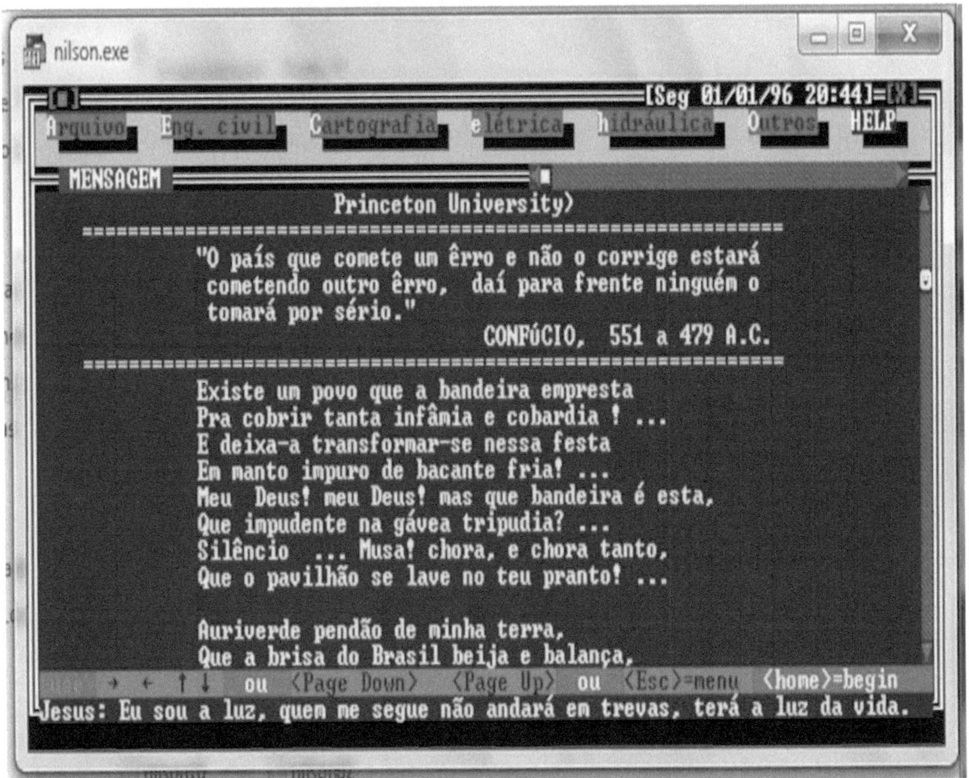

[Seg 01/01/96 20:44]=[X]

Arquivo   Eng. civil   Cartografia   elétrica   hidráulica   Outros   HELP

MENSAGEM

Princeton University)
===
"O país que comete um êrro e não o corrige estará
 cometendo outro êrro, daí para frente ninguém o
 tomará por sério."

                              CONFÚCIO, 551 a 479 A.C.
===
Existe um povo que a bandeira empresta
Pra cobrir tanta infâmia e cobardia ! ...
E deixa-a transformar-se nessa festa
Em manto impuro de bacante fria! ...
Meu Deus! meu Deus! mas que bandeira é esta,
Que impudente na gávea tripudia? ...
Silêncio ... Musa! chora, e chora tanto,
Que o pavilhão se lave no teu pranto! ...

Auriverde pendão de minha terra,
Que a brisa do Brasil beija e balança,

→ ← ↑ ↓ ou ⟨Page Down⟩ ⟨Page Up⟩ ou ⟨Esc⟩=menu ⟨home⟩=begin
Jesus: Eu sou a luz, quem me segue não andará em trevas, terá a luz da vida.

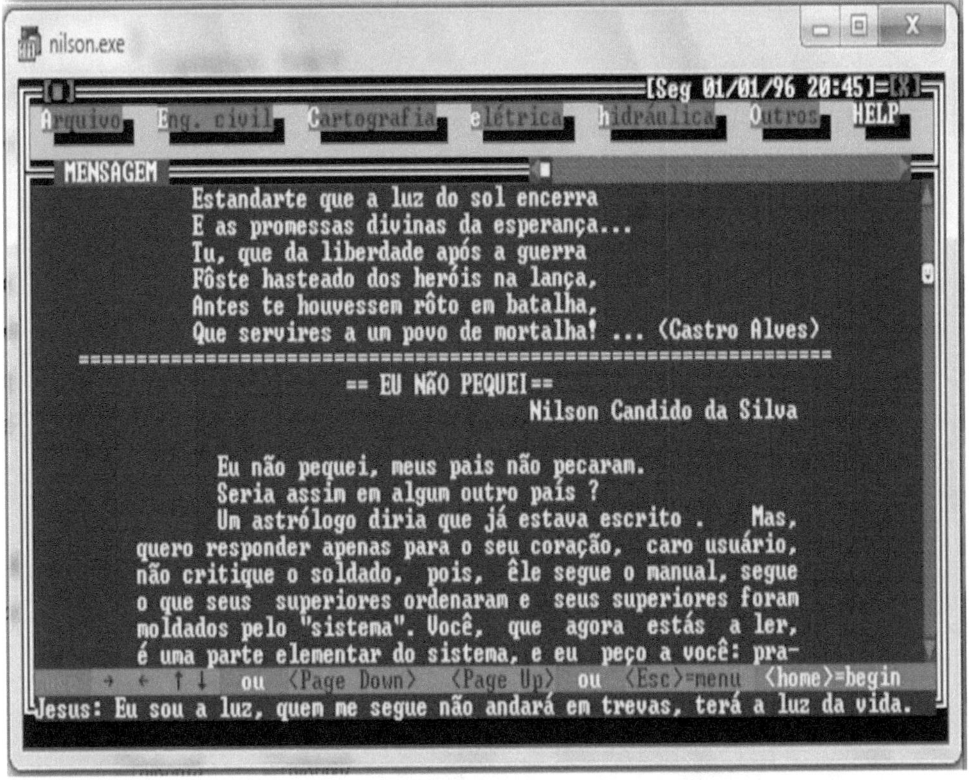

[Seg 01/01/96 20:45]=[X]

Arquivo   Eng. civil   Cartografia   elétrica   hidráulica   Outros   HELP

MENSAGEM

Estandarte que a luz do sol encerra
E as promessas divinas da esperança...
Tu, que da liberdade após a guerra
Fôste hasteado dos heróis na lança,
Antes te houvessem rôto em batalha,
Que servires a um povo de mortalha! ... ⟨Castro Alves⟩
===
== EU NÃO PEQUEI ==
                              Nilson Candido da Silva

Eu não pequei, meus pais não pecaram.
Seria assim em algum outro país ?
Um astrólogo diria que já estava escrito .   Mas,
quero responder apenas para o seu coração, caro usuário,
não critique o soldado, pois, êle segue o manual, segue
o que seus superiores ordenaram e seus superiores foram
moldados pelo "sistema". Você, que agora estás a ler,
é uma parte elementar do sistema, e eu peço a você: pra-

→ ← ↑ ↓ ou ⟨Page Down⟩ ⟨Page Up⟩ ou ⟨Esc⟩=menu ⟨home⟩=begin
Jesus: Eu sou a luz, quem me segue não andará em trevas, terá a luz da vida.

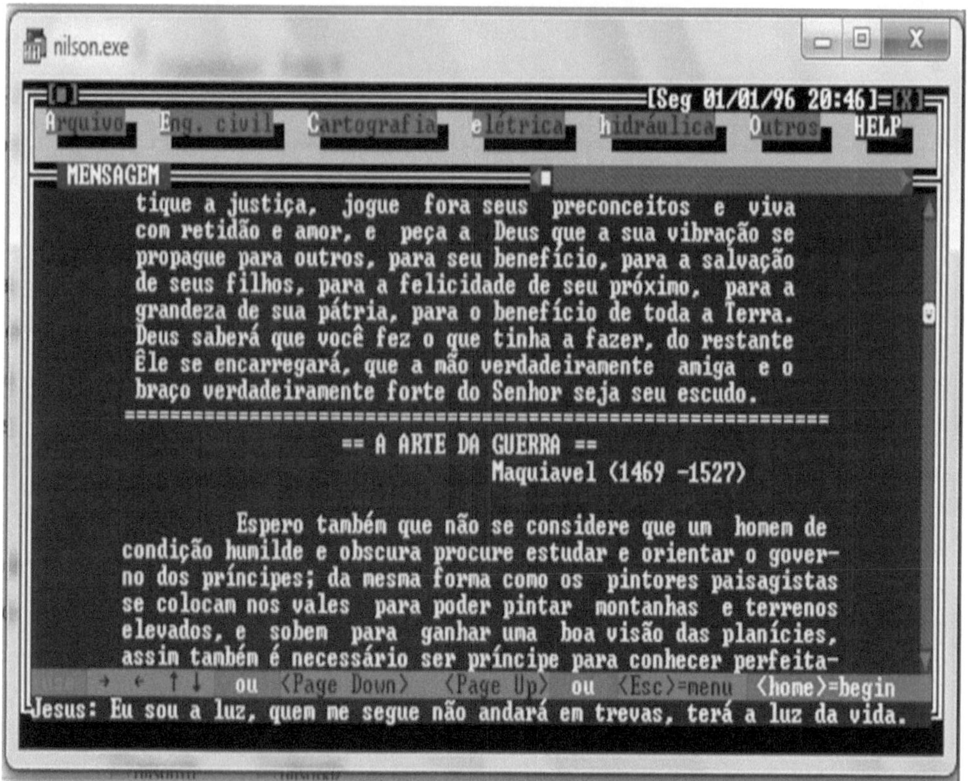

[Seg 01/01/96 20:46]=[X]

Arquivo   Eng. civil   Cartografia   elétrica   hidráulica   Outros   HELP

MENSAGEM

tique a justiça, jogue fora seus preconceitos e viva
com retidão e amor, e peça a Deus que a sua vibração se
propague para outros, para seu benefício, para a salvação
de seus filhos, para a felicidade de seu próximo, para a
grandeza de sua pátria, para o benefício de toda a Terra.
Deus saberá que você fez o que tinha a fazer, do restante
Êle se encarregará, que a mão verdadeiramente amiga e o
braço verdadeiramente forte do Senhor seja seu escudo.
==
== A ARTE DA GUERRA ==
Maquiavel (1469 -1527)

Espero também que não se considere que um homem de
condição humilde e obscura procure estudar e orientar o governo dos príncipes; da mesma forma como os pintores paisagistas
se colocam nos vales para poder pintar montanhas e terrenos
elevados, e sobem para ganhar uma boa visão das planícies,
assim também é necessário ser príncipe para conhecer perfeita-

→ ← ↑ ↓   ou <Page Down>   <Page Up>   ou   <Esc>=menu   <home>=begin
Jesus: Eu sou a luz, quem me segue não andará em trevas, terá a luz da vida.

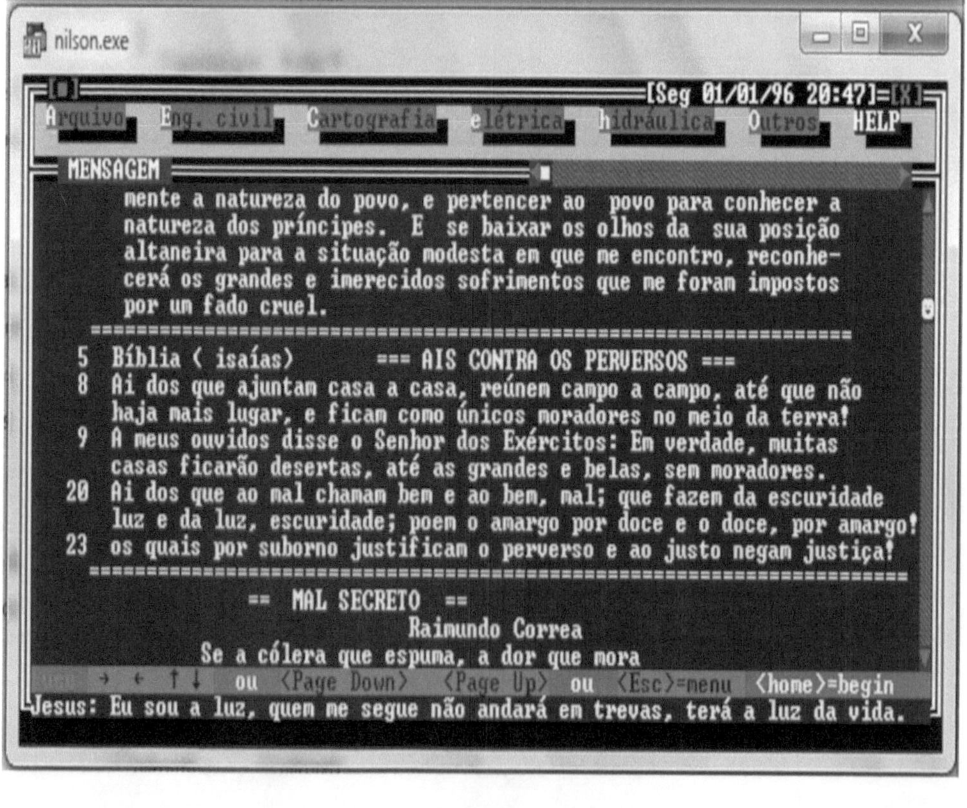

[Seg 01/01/96 20:47]=[X]

Arquivo   Eng. civil   Cartografia   elétrica   hidráulica   Outros   HELP

MENSAGEM

mente a natureza do povo, e pertencer ao povo para conhecer a
natureza dos príncipes. E se baixar os olhos da sua posição
altaneira para a situação modesta em que me encontro, reconhe-
cerá os grandes e imerecidos sofrimentos que me foram impostos
por um fado cruel.
==
5   Bíblia (isaías)   === AIS CONTRA OS PERVERSOS ===
8   Ai dos que ajuntam casa a casa, reúnem campo a campo, até que não
    haja mais lugar, e ficam como únicos moradores no meio da terra!
9   A meus ouvidos disse o Senhor dos Exércitos: Em verdade, muitas
    casas ficarão desertas, até as grandes e belas, sem moradores.
20 Ai dos que ao mal chamam bem e ao bem, mal; que fazem da escuridade
    luz e da luz, escuridade; poem o amargo por doce e o doce, por amargo!
23 os quais por suborno justificam o perverso e ao justo negam justiça!
==
== MAL SECRETO ==
Raimundo Correa
Se a cólera que espuma, a dor que mora

→ ← ↑ ↓   ou <Page Down>   <Page Up>   ou   <Esc>=menu   <home>=begin
Jesus: Eu sou a luz, quem me segue não andará em trevas, terá a luz da vida.

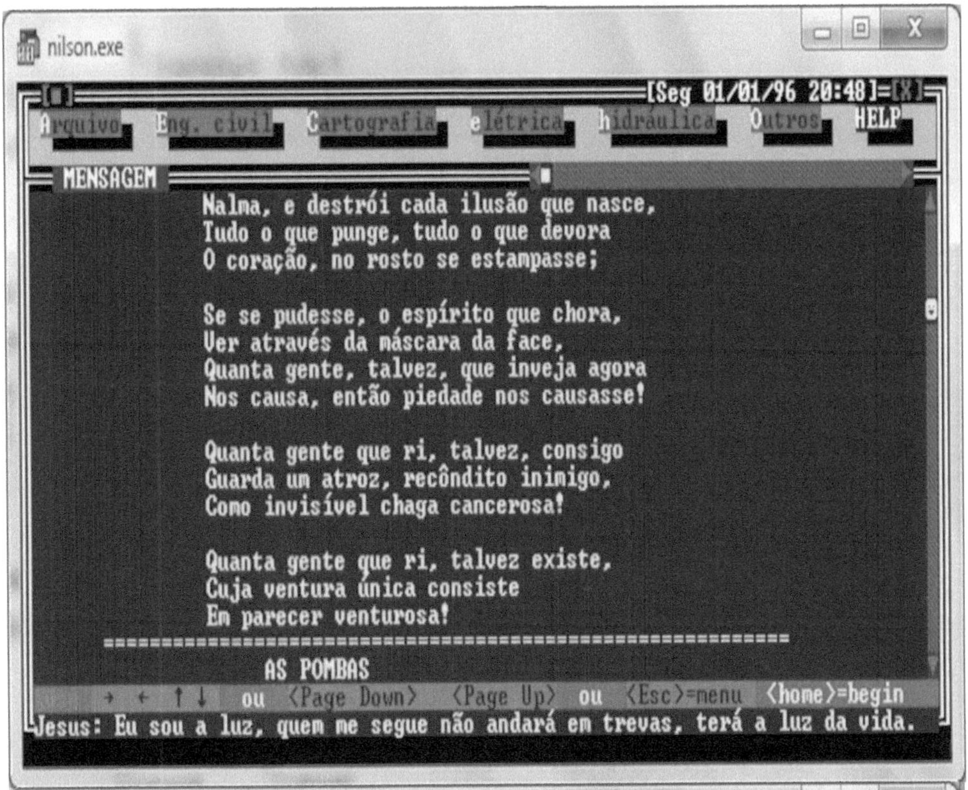

```
=====================================[Seg 01/01/96 20:48]=[X]=
 Arquivo   Eng. civil   Cartografia   elétrica   hidráulica   Outros   HELP
```

MENSAGEM

```
            Nalma, e destrói cada ilusão que nasce,
            Tudo o que punge, tudo o que devora
            O coração, no rosto se estampasse;

            Se se pudesse, o espírito que chora,
            Ver através da máscara da face,
            Quanta gente, talvez, que inveja agora
            Nos causa, então piedade nos causasse!

            Quanta gente que ri, talvez, consigo
            Guarda um atroz, recôndito inimigo,
            Como invisível chaga cancerosa!

            Quanta gente que ri, talvez existe,
            Cuja ventura única consiste
            Em parecer venturosa!
===============================================================
                   AS POMBAS
 →  ←  ↑  ↓   ou  <Page Down>  <Page Up>  ou  <Esc>=menu  <home>=begin
Jesus: Eu sou a luz, quem me segue não andará em trevas, terá a luz da vida.
```

```
=====================================[Seg 01/01/96 20:49]=[X]=
 Arquivo   Eng. civil   Cartografia   elétrica   hidráulica   Outros   HELP
```

MENSAGEM

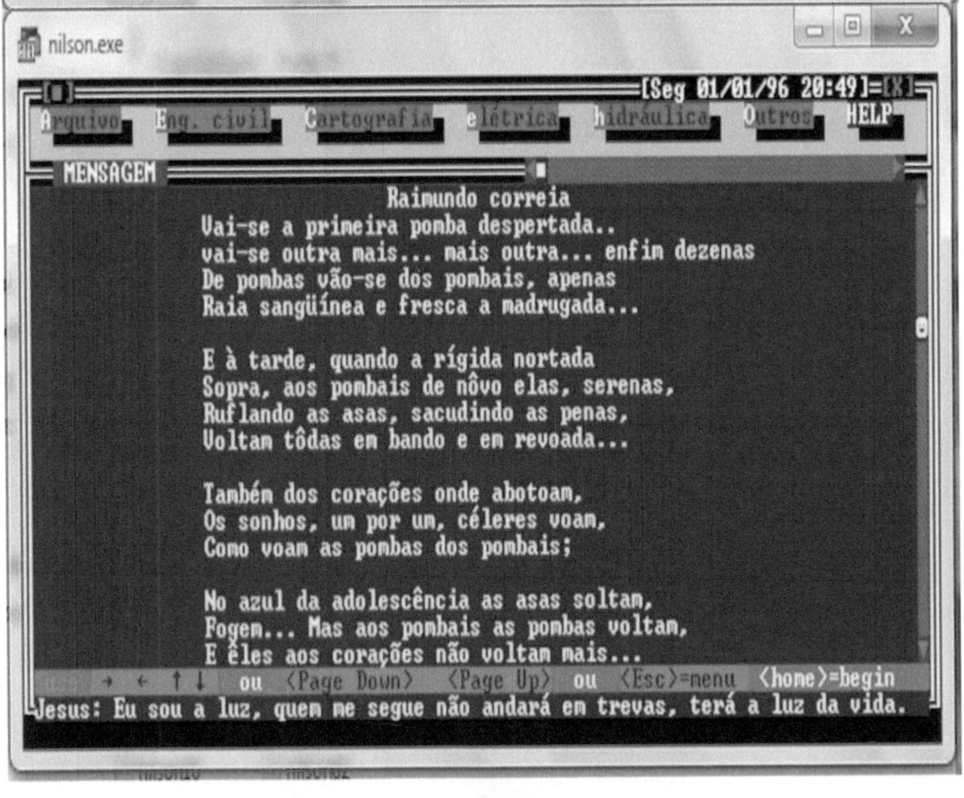

```
                      Raimundo correia
            Vai-se a primeira pomba despertada..
            vai-se outra mais... mais outra... enfim dezenas
            De pombas vão-se dos pombais, apenas
            Raia sangüínea e fresca a madrugada...

            E à tarde, quando a rígida nortada
            Sopra, aos pombais de nôvo elas, serenas,
            Ruflando as asas, sacudindo as penas,
            Voltam tôdas em bando e em revoada...

            Também dos corações onde abotoam,
            Os sonhos, um por um, céleres voam,
            Como voam as pombas dos pombais;

            No azul da adolescência as asas soltam,
            Fogem... Mas aos pombais as pombas voltam,
            E êles aos corações não voltam mais...
 →  ←  ↑  ↓   ou  <Page Down>  <Page Up>  ou  <Esc>=menu  <home>=begin
Jesus: Eu sou a luz, quem me segue não andará em trevas, terá a luz da vida.
```

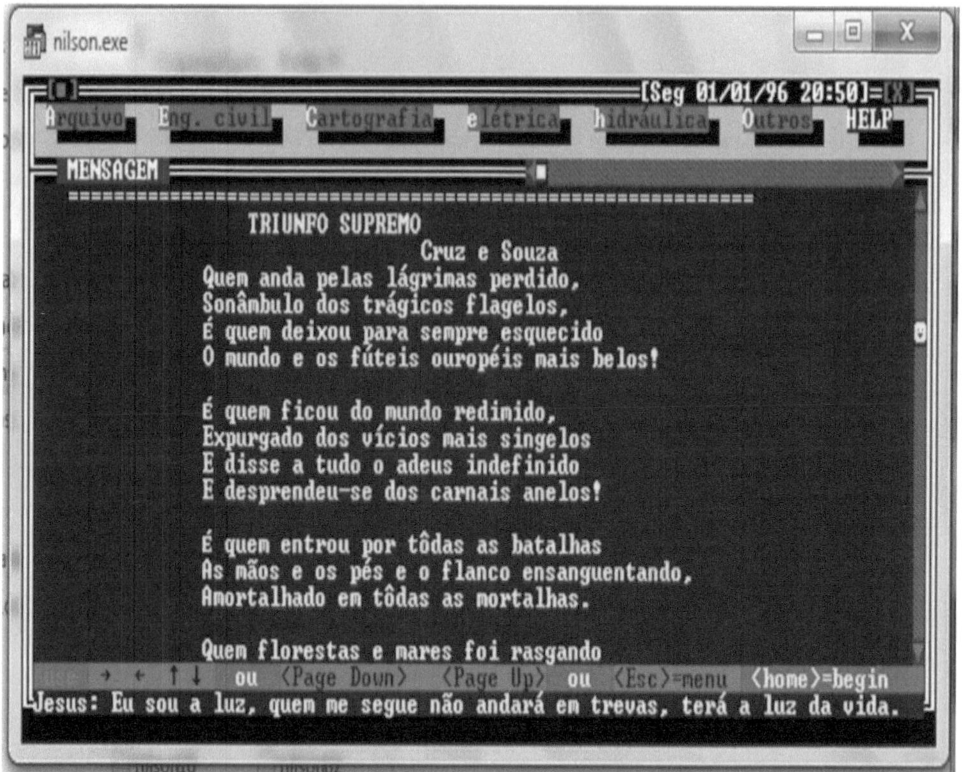

[Seg 01/01/96 20:50]=[X]

Arquivo   Eng. civil   Cartografia   elétrica   hidráulica   Outros   HELP

MENSAGEM

```
                    TRIUNFO SUPREMO
                      Cruz e Souza
        Quem anda pelas lágrimas perdido,
        Sonâmbulo dos trágicos flagelos,
        É quem deixou para sempre esquecido
        O mundo e os fúteis ouropéis mais belos!

        É quem ficou do mundo redimido,
        Expurgado dos vícios mais singelos
        E disse a tudo o adeus indefinido
        E desprendeu-se dos carnais anelos!

        É quem entrou por tôdas as batalhas
        As mãos e os pés e o flanco ensanguentando,
        Amortalhado em tôdas as mortalhas.

        Quem florestas e mares foi rasgando
```

→ ← ↑ ↓   ou <Page Down>   <Page Up>   ou <Esc>=menu   <home>=begin

Jesus: Eu sou a luz, quem me segue não andará em trevas, terá a luz da vida.

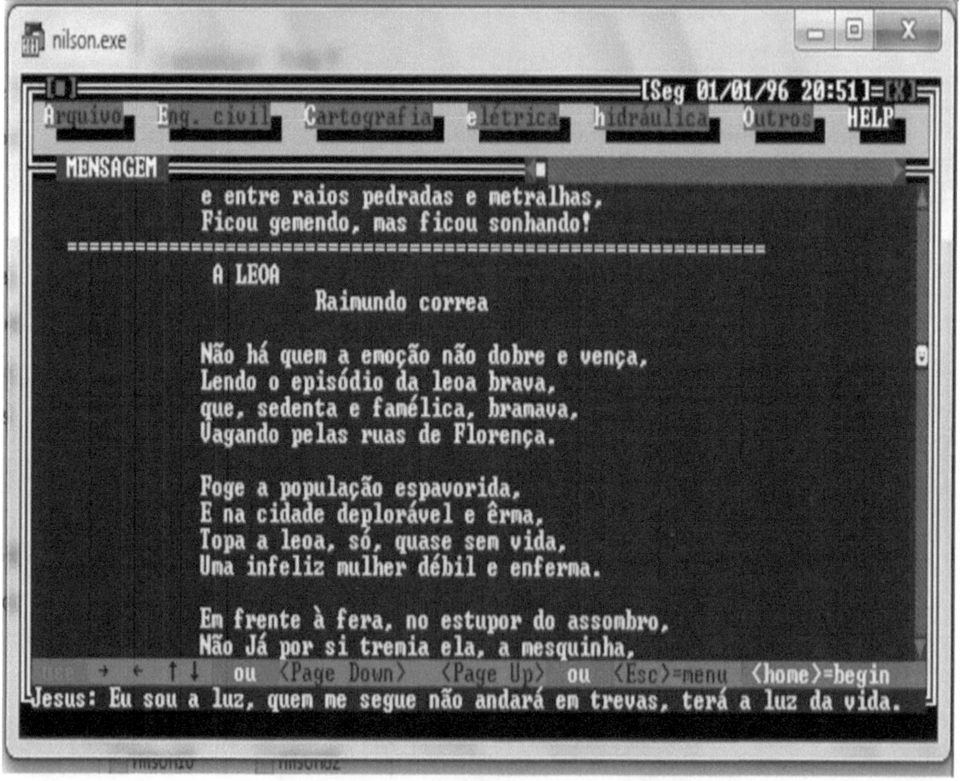

nilson.exe

[Seg 01/01/96 20:51]=[X]

Arquivo   Eng. civil   Cartografia   elétrica   hidráulica   Outros   HELP

MENSAGEM

```
        e entre raios pedradas e metralhas,
        Ficou gemendo, mas ficou sonhando!

                    A LEOA
                      Raimundo correa

        Não há quem a emoção não dobre e vença,
        Lendo o episódio da leoa brava,
        que, sedenta e famélica, bramava,
        Vagando pelas ruas de Florença.

        Foge a população espavorida,
        E na cidade deplorável e êrma,
        Topa a leoa, só, quase sem vida,
        Uma infeliz mulher débil e enferma.

        Em frente à fera, no estupor do assombro,
        Não Já por si tremia ela, a mesquinha,
```

→ ← ↑ ↓   ou <Page Down>   <Page Up>   ou <Esc>=menu   <home>=begin

Jesus: Eu sou a luz, quem me segue não andará em trevas, terá a luz da vida.

12

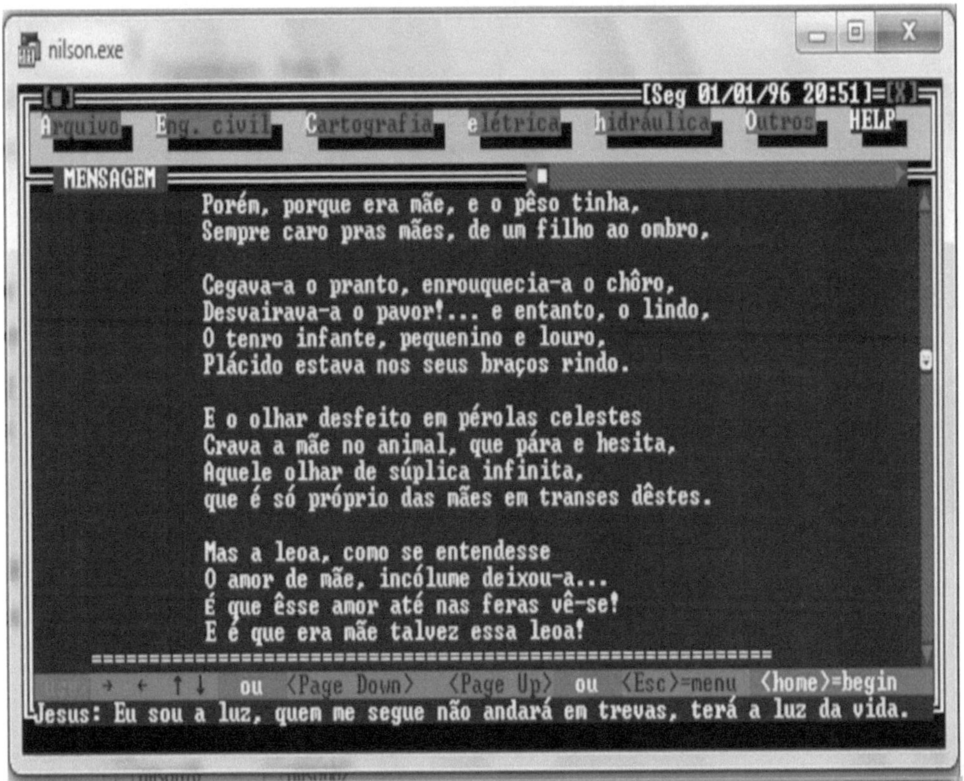

Porém, porque era mãe, e o pêso tinha,
Sempre caro pras mães, de um filho ao ombro,

Cegava-a o pranto, enrouquecia-a o chôro,
Desvairava-a o pavor!... e entanto, o lindo,
O tenro infante, pequenino e louro,
Plácido estava nos seus braços rindo.

E o olhar desfeito em pérolas celestes
Crava a mãe no animal, que pára e hesita,
Aquele olhar de súplica infinita,
que é só próprio das mães em transes dêstes.

Mas a leoa, como se entendesse
O amor de mãe, incólume deixou-a...
É que êsse amor até nas feras vê-se!
E é que era mãe talvez essa leoa!

FÁBULA

João Ribeiro

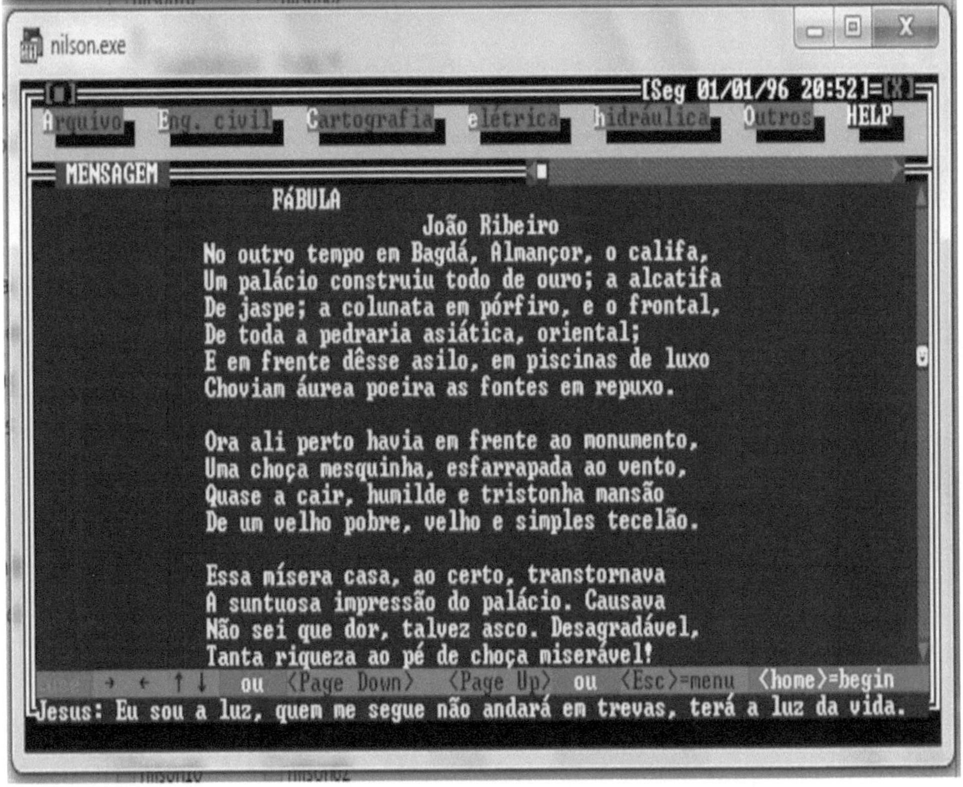

No outro tempo em Bagdá, Almançor, o califa,
Um palácio construiu todo de ouro; a alcatifa
De jaspe; a colunata em pórfiro, e o frontal,
De toda a pedraria asiática, oriental;
E em frente dêsse asilo, em piscinas de luxo
Choviam áurea poeira as fontes em repuxo.

Ora ali perto havia em frente ao monumento,
Uma choça mesquinha, esfarrapada ao vento,
Quase a cair, humilde e tristonha mansão
De um velho pobre, velho e simples tecelão.

Essa mísera casa, ao certo, transtornava
A suntuosa impressão do palácio. Causava
Não sei que dor, talvez asco. Desagradável,
Tanta riqueza ao pé de choça miserável!

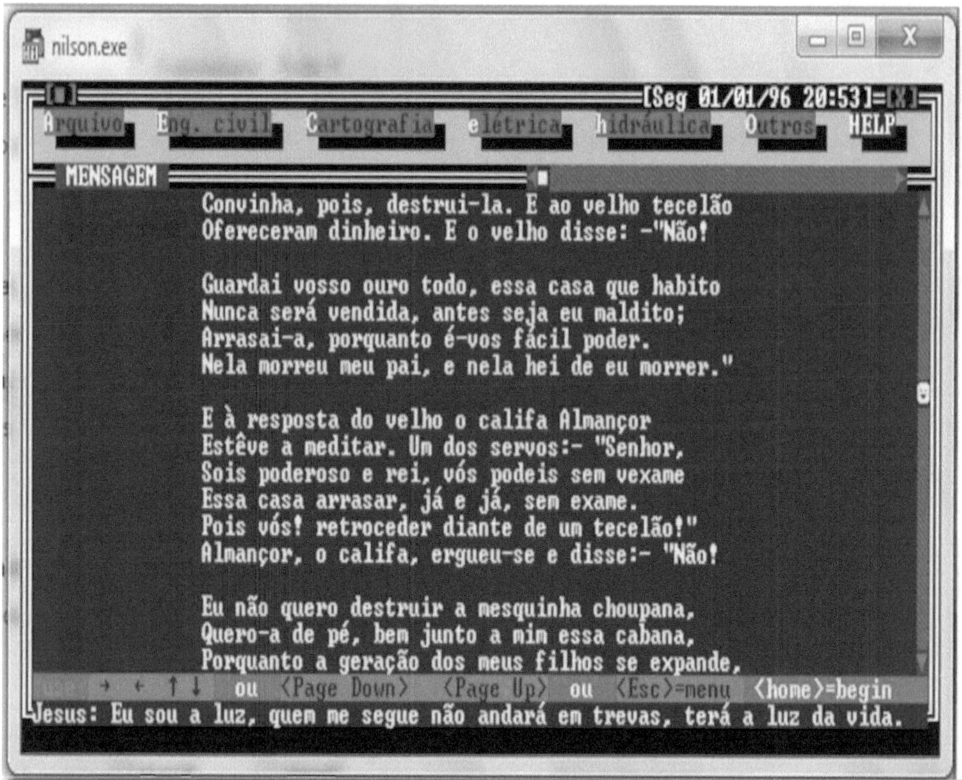

Convinha, pois, destrui-la. E ao velho tecelão
Ofereceram dinheiro. E o velho disse: -"Não!

Guardai vosso ouro todo, essa casa que habito
Nunca será vendida, antes seja eu maldito;
Arrasai-a, porquanto é-vos fácil poder.
Nela morreu meu pai, e nela hei de eu morrer."

E à resposta do velho o califa Almançor
Estêve a meditar. Um dos servos:- "Senhor,
Sois poderoso e rei, vós podeis sem vexame
Essa casa arrasar, já e já, sem exame.
Pois vós! retroceder diante de um tecelão!"
Almançor, o califa, ergueu-se e disse:- "Não!

Eu não quero destruir a mesquinha choupana,
Quero-a de pé, bem junto a mim essa cabana,
Porquanto a geração dos meus filhos se expande,

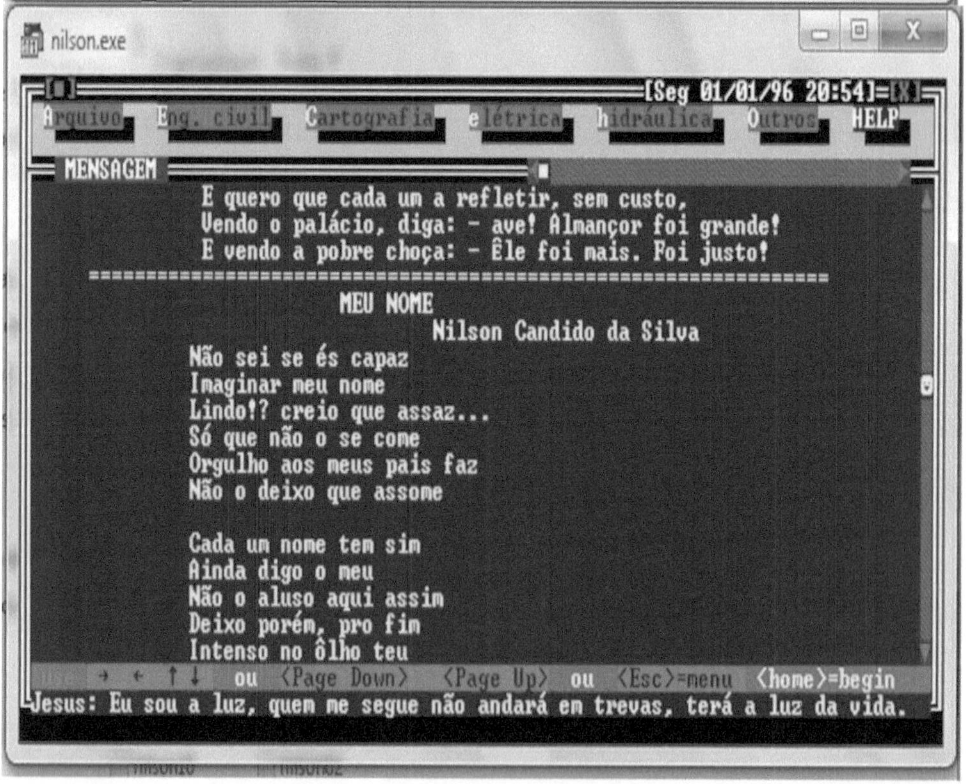

E quero que cada um a refletir, sem custo,
Vendo o palácio, diga: - ave! Almançor foi grande!
E vendo a pobre choça: - Êle foi mais. Foi justo!
==
                    MEU NOME
                    Nilson Candido da Silva
Não sei se és capaz
Imaginar meu nome
Lindo!? creio que assaz...
Só que não o se come
Orgulho aos meus pais faz
Não o deixo que assome

Cada um nome tem sim
Ainda digo o meu
Não o aluso aqui assim
Deixo porém, pro fim
Intenso no ôlho teu

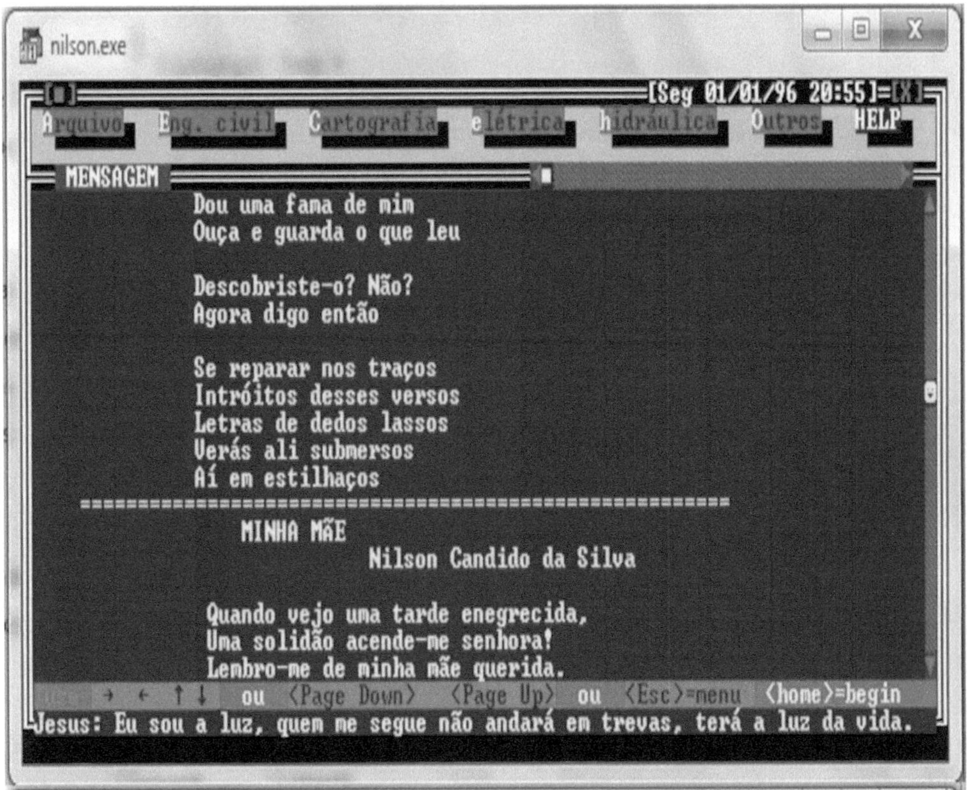

MENSAGEM

Dou uma fama de mim
Ouça e guarda o que leu

Descobriste-o? Não?
Agora digo então

Se reparar nos traços
Intróitos desses versos
Letras de dedos lassos
Verás ali submersos
Aí em estilhaços
==

MINHA MÃE
Nilson Candido da Silva

Quando vejo uma tarde enegrecida,
Uma solidão acende-me senhora!
Lembro-me de minha mãe querida.

→ ← ↑ ↓   ou <Page Down> <Page Up> ou <Esc>=menu <home>=begin
Jesus: Eu sou a luz, quem me segue não andará em trevas, terá a luz da vida.

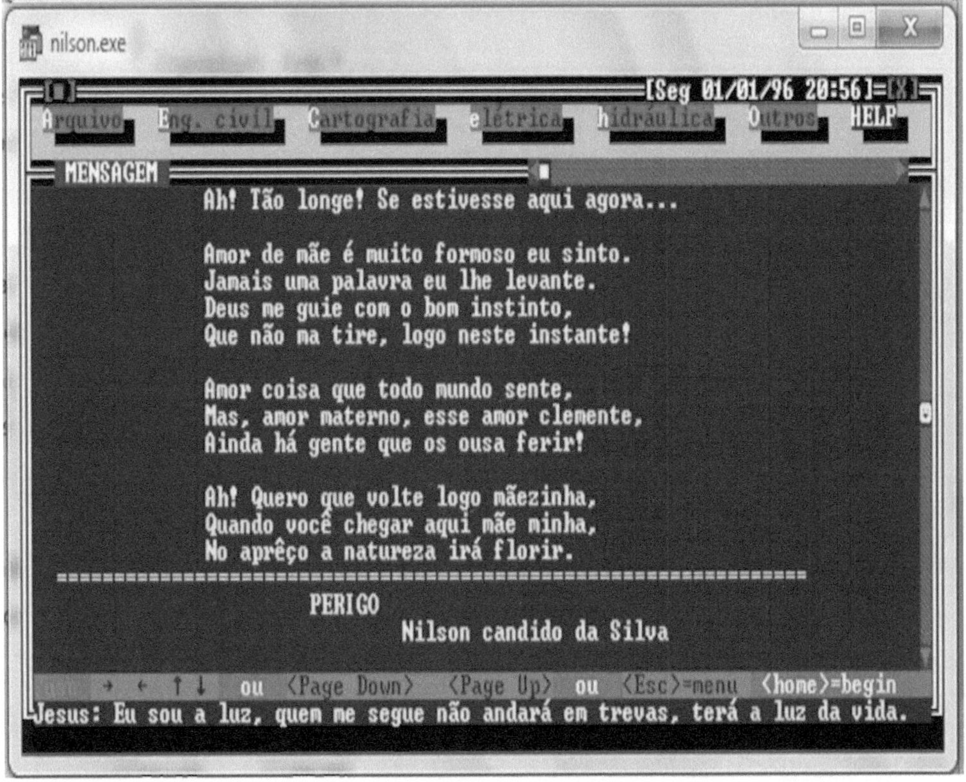

MENSAGEM

Ah! Tão longe! Se estivesse aqui agora...

Amor de mãe é muito formoso eu sinto.
Jamais uma palavra eu lhe levante.
Deus me guie com o bom instinto,
Que não ma tire, logo neste instante!

Amor coisa que todo mundo sente,
Mas, amor materno, esse amor clemente,
Ainda há gente que os ousa ferir!

Ah! Quero que volte logo mãezinha,
Quando você chegar aqui mãe minha,
No aprêço a natureza irá florir.
==
PERIGO
Nilson candido da Silva

→ ← ↑ ↓   ou <Page Down> <Page Up> ou <Esc>=menu <home>=begin
Jesus: Eu sou a luz, quem me segue não andará em trevas, terá a luz da vida.

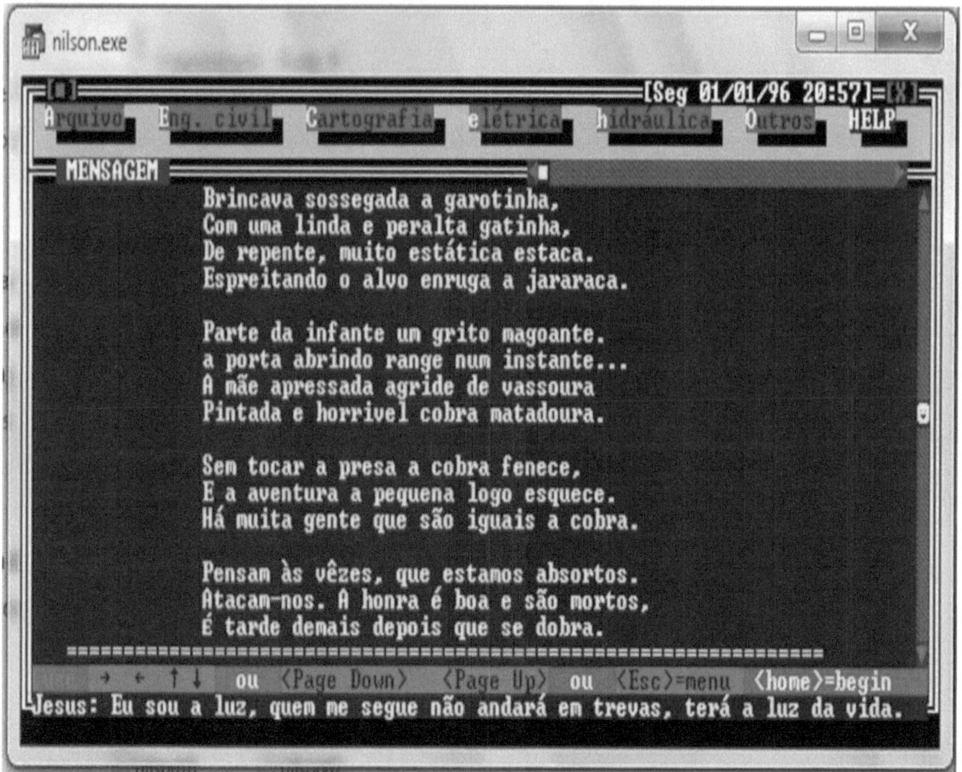

Brincava sossegada a garotinha,
Com uma linda e peralta gatinha,
De repente, muito estática estaca.
Espreitando o alvo enruga a jararaca.

Parte da infante um grito magoante.
a porta abrindo range num instante...
A mãe apressada agride de vassoura
Pintada e horrivel cobra matadoura.

Sem tocar a presa a cobra fenece,
E a aventura a pequena logo esquece.
Há muita gente que são iguais a cobra.

Pensam às vêzes, que estamos absortos.
Atacam-nos. A honra é boa e são mortos,
É tarde demais depois que se dobra.

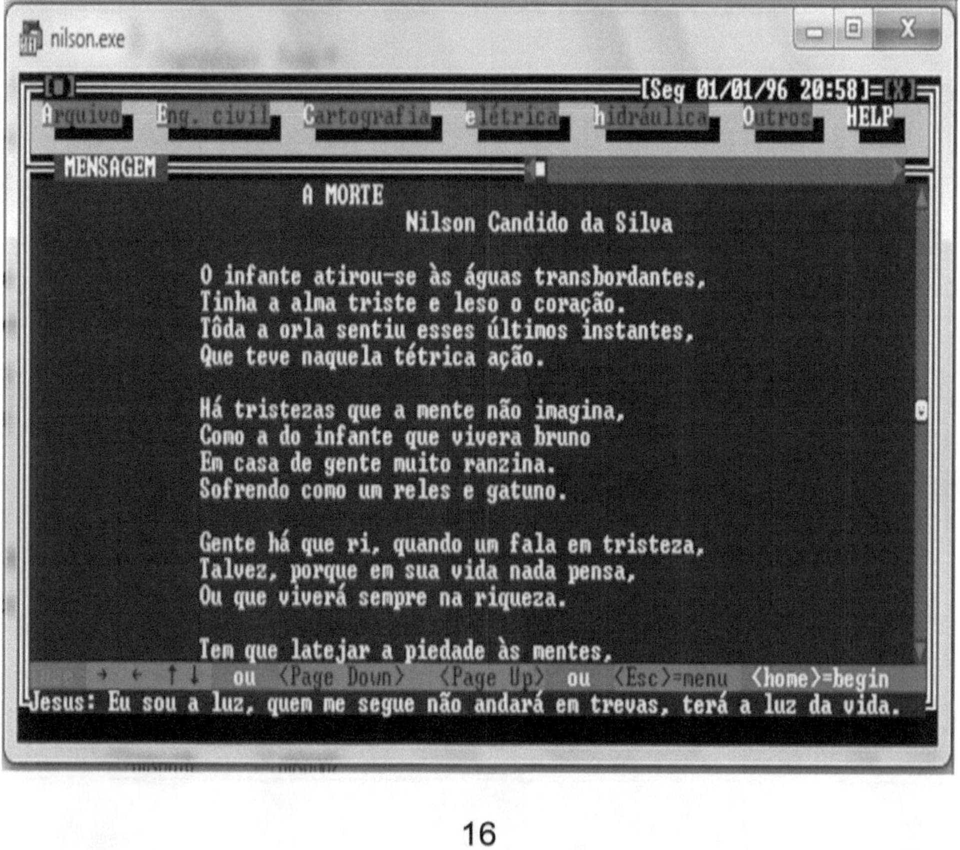

A MORTE

Nilson Candido da Silva

O infante atirou-se às águas transbordantes,
Tinha a alma triste e leso o coração.
Tôda a orla sentiu esses últimos instantes,
Que teve naquela tétrica ação.

Há tristezas que a mente não imagina,
Como a do infante que vivera bruno
Em casa de gente muito ranzina.
Sofrendo como um reles e gatuno.

Gente há que ri, quando um fala em tristeza,
Talvez, porque em sua vida nada pensa,
Ou que viverá sempre na riqueza.

Tem que latejar a piedade às mentes,

16

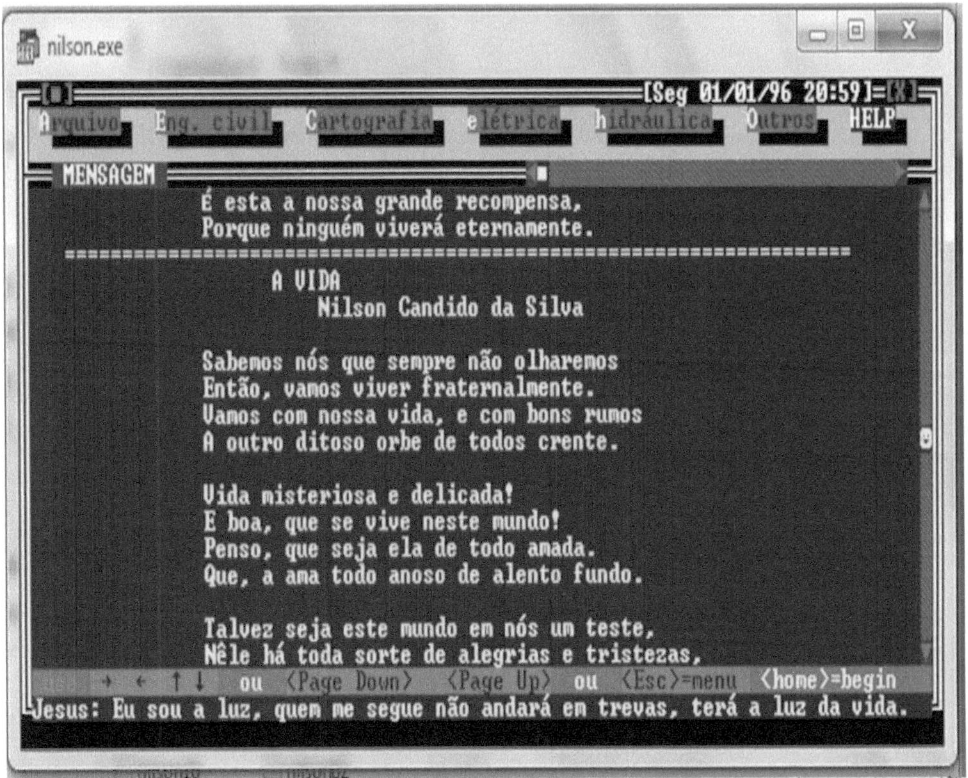

```
nilson.exe                                              _ □ X
```

```
[Seg 01/01/96 20:59]=[X]
Arquivo  Eng. civil  Cartografia  elétrica  hidráulica  Outros  HELP
```

MENSAGEM

```
              É esta a nossa grande recompensa,
              Porque ninguém viverá eternamente.
==============================================================
                   A VIDA
                   Nilson Candido da Silva

          Sabemos nós que sempre não olharemos
          Então, vamos viver fraternalmente.
          Vamos com nossa vida, e com bons rumos
          A outro ditoso orbe de todos crente.

          Vida misteriosa e delicada!
          E boa, que se vive neste mundo!
          Penso, que seja ela de todo amada.
          Que, a ama todo anoso de alento fundo.

          Talvez seja este mundo em nós um teste,
          Nêle há toda sorte de alegrias e tristezas,
```
```
  →  ←  ↑ ↓   ou  <Page Down>  <Page Up>  ou  <Esc>=menu  <home>=begin
Jesus: Eu sou a luz, quem me segue não andará em trevas, terá a luz da vida.
```

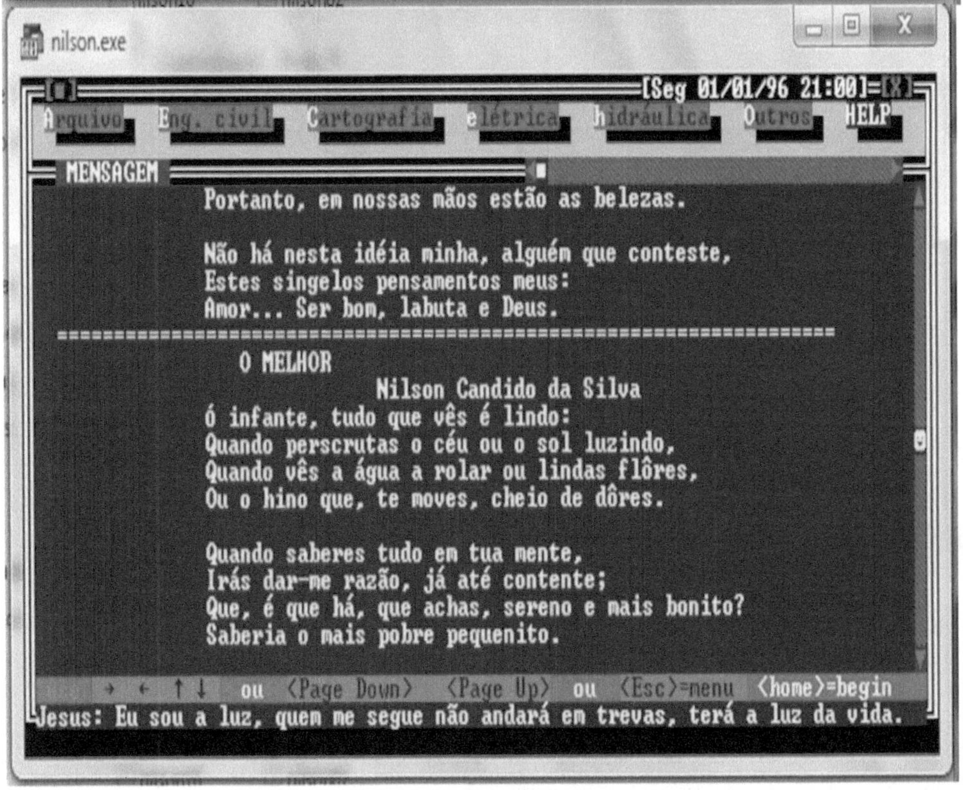

```
nilson.exe                                              _ □ X
```

```
[Seg 01/01/96 21:00]=[X]
Arquivo  Eng. civil  Cartografia  elétrica  hidráulica  Outros  HELP
```

MENSAGEM

```
          Portanto, em nossas mãos estão as belezas.

          Não há nesta idéia minha, alguém que conteste,
          Estes singelos pensamentos meus:
          Amor... Ser bom, labuta e Deus.
==============================================================
               O MELHOR
                   Nilson Candido da Silva
          Ó infante, tudo que vês é lindo:
          Quando perscrutas o céu ou o sol luzindo,
          Quando vês a água a rolar ou lindas flôres,
          Ou o hino que, te moves, cheio de dôres.

          Quando saberes tudo em tua mente,
          Irás dar-me razão, já até contente;
          Que, é que há, que achas, sereno e mais bonito?
          Saberia o mais pobre pequenito.
```
```
  →  ←  ↑ ↓   ou  <Page Down>  <Page Up>  ou  <Esc>=menu  <home>=begin
Jesus: Eu sou a luz, quem me segue não andará em trevas, terá a luz da vida.
```

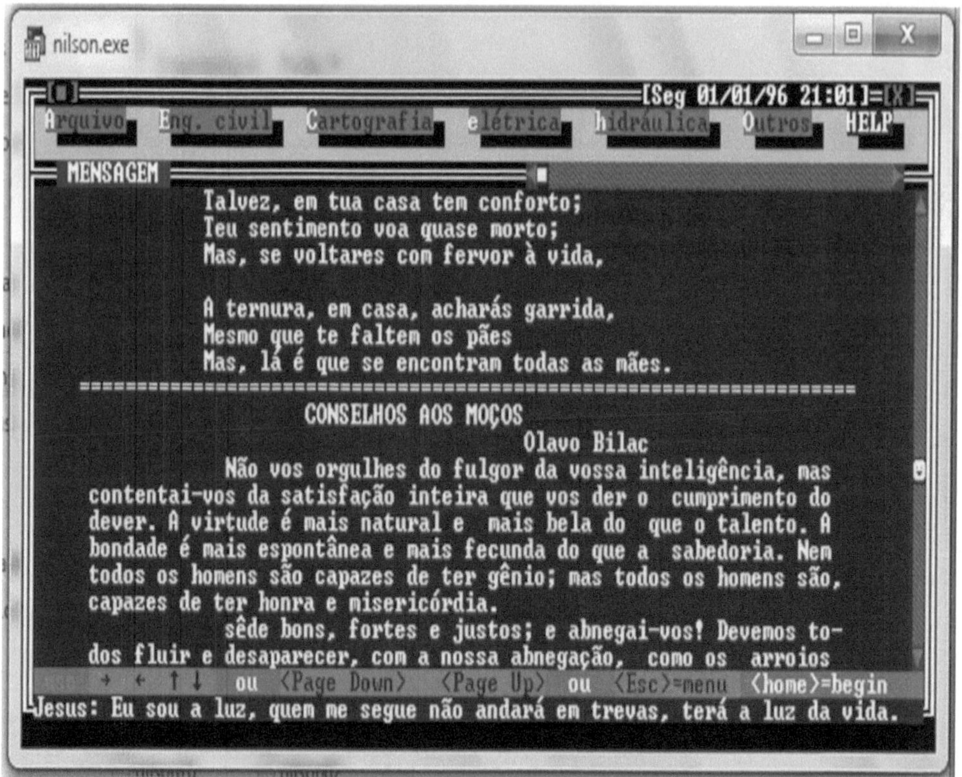

```
[Seg 01/01/96 21:01]=[X]
 rquivo   Eng. civil   Cartografia   elétrica   hidráulica   Outros   HELP
 MENSAGEM
```

Talvez, em tua casa tem conforto;
Teu sentimento voa quase morto;
Mas, se voltares com fervor à vida,

A ternura, em casa, acharás garrida,
Mesmo que te faltem os pães
Mas, lá é que se encontram todas as mães.
===
CONSELHOS AOS MOÇOS
Olavo Bilac
Não vos orgulhes do fulgor da vossa inteligência, mas
contentai-vos da satisfação inteira que vos der o cumprimento do
dever. A virtude é mais natural e mais bela do que o talento. A
bondade é mais espontânea e mais fecunda do que a sabedoria. Nem
todos os homens são capazes de ter gênio; mas todos os homens são,
capazes de ter honra e misericórdia.
sêde bons, fortes e justos; e abnegai-vos! Devemos todos fluir e desaparecer, com a nossa abnegação, como os arroios

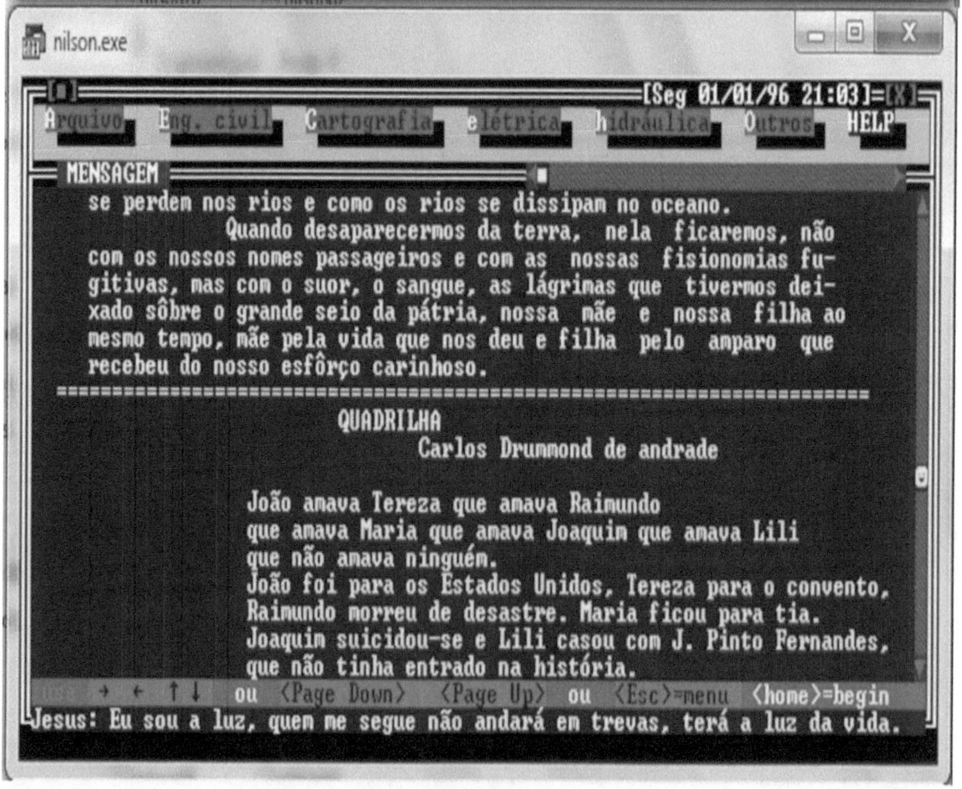

```
    →  ←  ↑ ↓   ou  <Page Down>   <Page Up>  ou  <Esc>=menu   <home>=begin
```
Jesus: Eu sou a luz, quem me segue não andará em trevas, terá a luz da vida.

```
[Seg 01/01/96 21:03]=[X]
 rquivo   Eng. civil   Cartografia   elétrica   hidráulica   Outros   HELP
 MENSAGEM
```

se perdem nos rios e como os rios se dissipam no oceano.
Quando desaparecermos da terra, nela ficaremos, não
com os nossos nomes passageiros e com as nossas fisionomias fu-
gitivas, mas com o suor, o sangue, as lágrimas que tivermos deixado sôbre o grande seio da pátria, nossa mãe e nossa filha ao
mesmo tempo, mãe pela vida que nos deu e filha pelo amparo que
recebeu do nosso esfôrço carinhoso.
===
QUADRILHA
Carlos Drummond de andrade

João amava Tereza que amava Raimundo
que amava Maria que amava Joaquim que amava Lili
que não amava ninguém.
João foi para os Estados Unidos, Tereza para o convento,
Raimundo morreu de desastre. Maria ficou para tia.
Joaquim suicidou-se e Lili casou com J. Pinto Fernandes,
que não tinha entrado na história.

```
    →  ←  ↑ ↓   ou  <Page Down>   <Page Up>  ou  <Esc>=menu   <home>=begin
```
Jesus: Eu sou a luz, quem me segue não andará em trevas, terá a luz da vida.

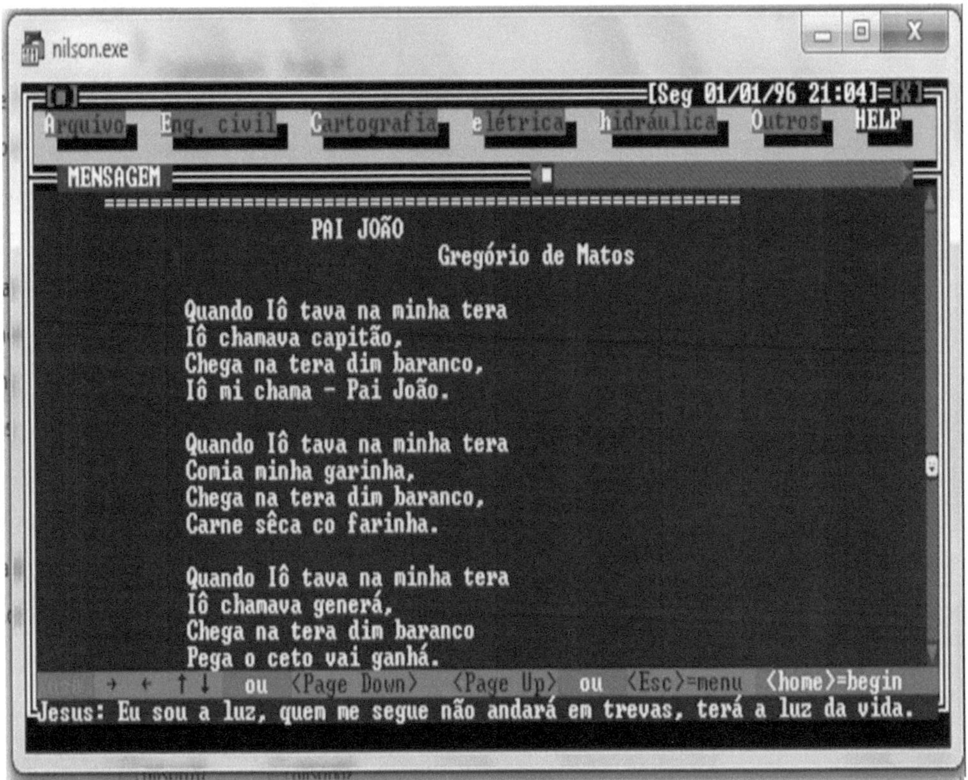

MENSAGEM

PAI JOÃO
Gregório de Matos

Quando Iô tava na minha tera
Iô chamava capitão,
Chega na tera dim baranco,
Iô mi chama - Pai João.

Quando Iô tava na minha tera
Comia minha garinha,
Chega na tera dim baranco,
Carne sêca co farinha.

Quando Iô tava na minha tera
Iô chamava generá,
Chega na tera dim baranco
Pega o ceto vai ganhá.

MENSAGEM

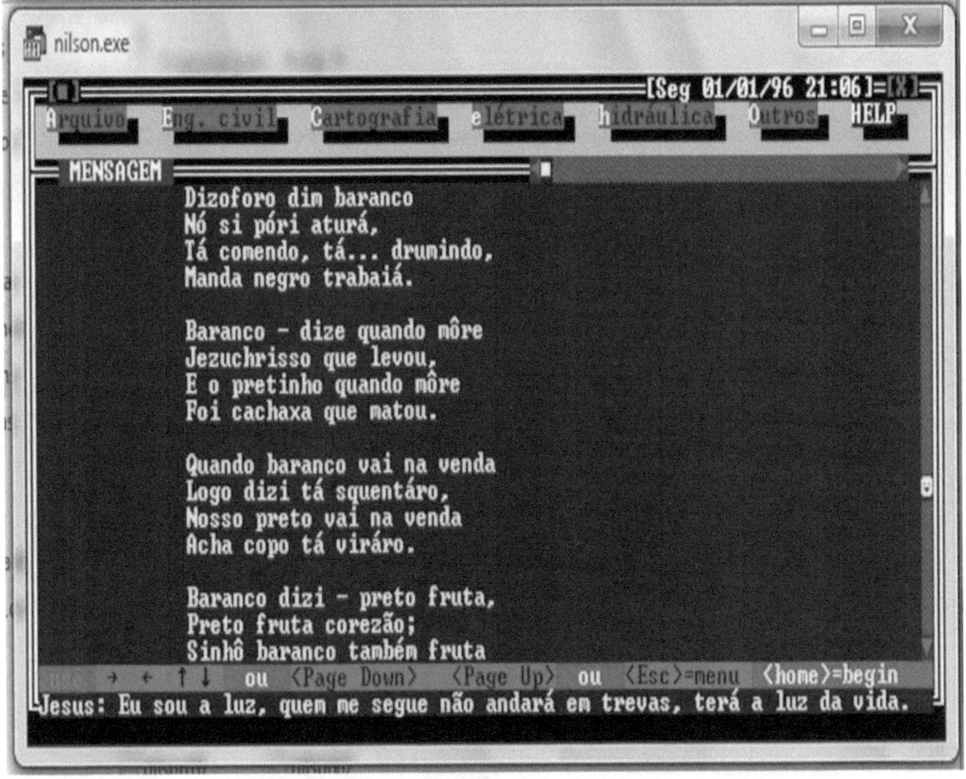

Dizoforo dim baranco
Nó si póri aturá,
Tá comendo, tá... drumindo,
Manda negro trabaiá.

Baranco - dize quando môre
Jezuchrisso que levou,
E o pretinho quando môre
Foi cachaxa que matou.

Quando baranco vai na venda
Logo dizi tá squentáro,
Nosso preto vai na venda
Acha copo tá viráro.

Baranco dizi - preto fruta,
Preto fruta corezão;
Sinhô baranco também fruta

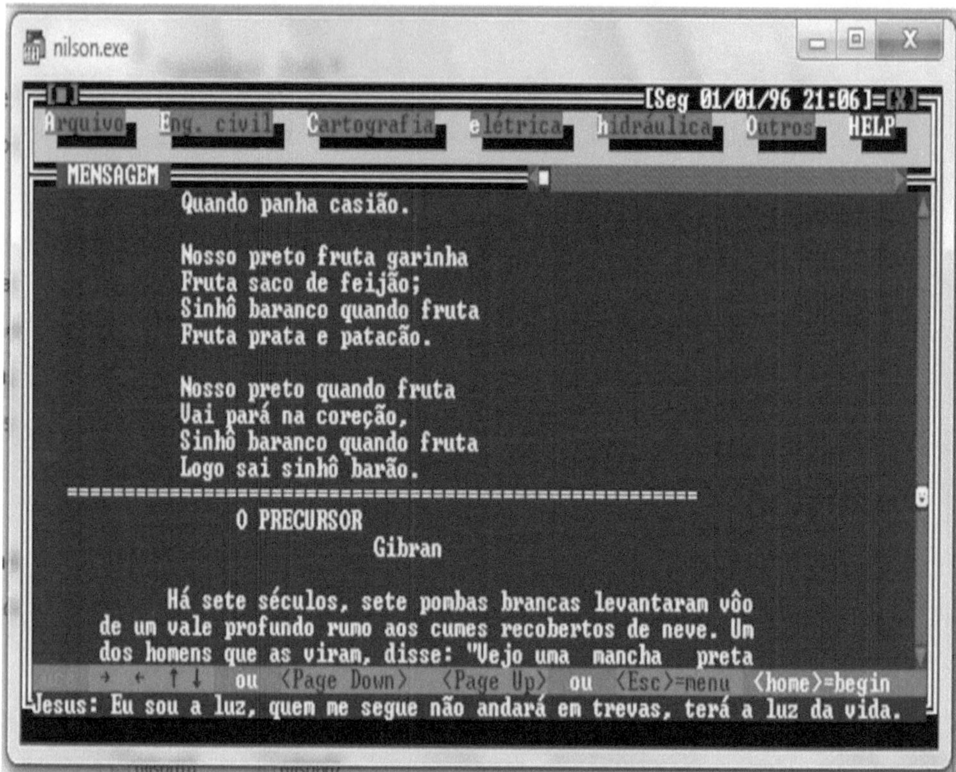

MENSAGEM

           Quando panha casião.

           Nosso preto fruta garinha
           Fruta saco de feijão;
           Sinhô baranco quando fruta
           Fruta prata e patacão.

           Nosso preto quando fruta
           Vai pará na coreção,
           Sinhô baranco quando fruta
           Logo sai sinhô barão.
===

           O PRECURSOR
                    Gibran

           Há sete séculos, sete pombas brancas levantaram vôo
de um vale profundo rumo aos cumes recobertos de neve. Um
dos homens que as viram, disse: "Vejo uma mancha   preta

    → ← ↑ ↓   ou <Page Down> <Page Up> ou <Esc>=menu <home>=begin
Jesus: Eu sou a luz, quem me segue não andará em trevas, terá a luz da vida.

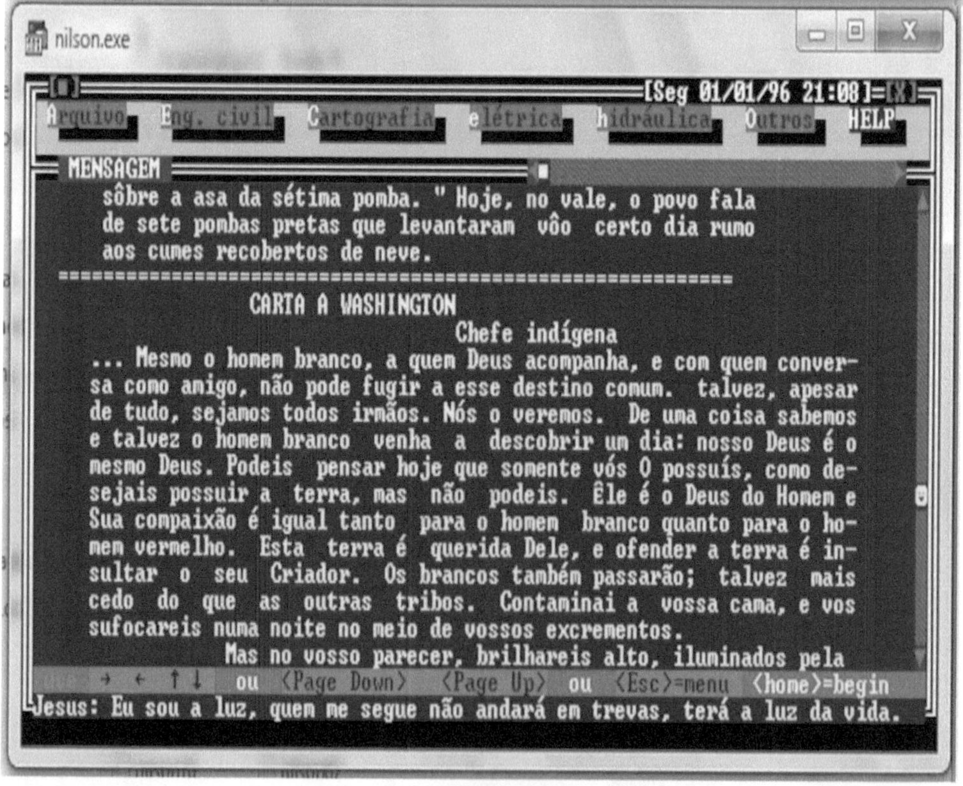

MENSAGEM

           sôbre a asa da sétima pomba. " Hoje, no vale, o povo fala
           de sete pombas pretas que levantaram vôo certo dia rumo
           aos cumes recobertos de neve.
===
           CARTA A WASHINGTON
                    Chefe indígena
... Mesmo o homem branco, a quem Deus acompanha, e com quem conversa como amigo, não pode fugir a esse destino comum. talvez, apesar
de tudo, sejamos todos irmãos. Nós o veremos. De uma coisa sabemos
e talvez o homem branco venha a descobrir um dia: nosso Deus é o
mesmo Deus. Podeis pensar hoje que somente vós O possuís, como de-
sejais possuir a terra, mas não podeis. Êle é o Deus do Homem e
Sua compaixão é igual tanto para o homem branco quanto para o homem vermelho. Esta terra é querida Dele, e ofender a terra é in-
sultar o seu Criador. Os brancos também passarão; talvez mais
cedo do que as outras tribos. Contaminai a vossa cama, e vos
sufocareis numa noite no meio de vossos excrementos.
           Mas no vosso parecer, brilhareis alto, iluminados pela

    → ← ↑ ↓   ou <Page Down> <Page Up> ou <Esc>=menu <home>=begin
Jesus: Eu sou a luz, quem me segue não andará em trevas, terá a luz da vida.

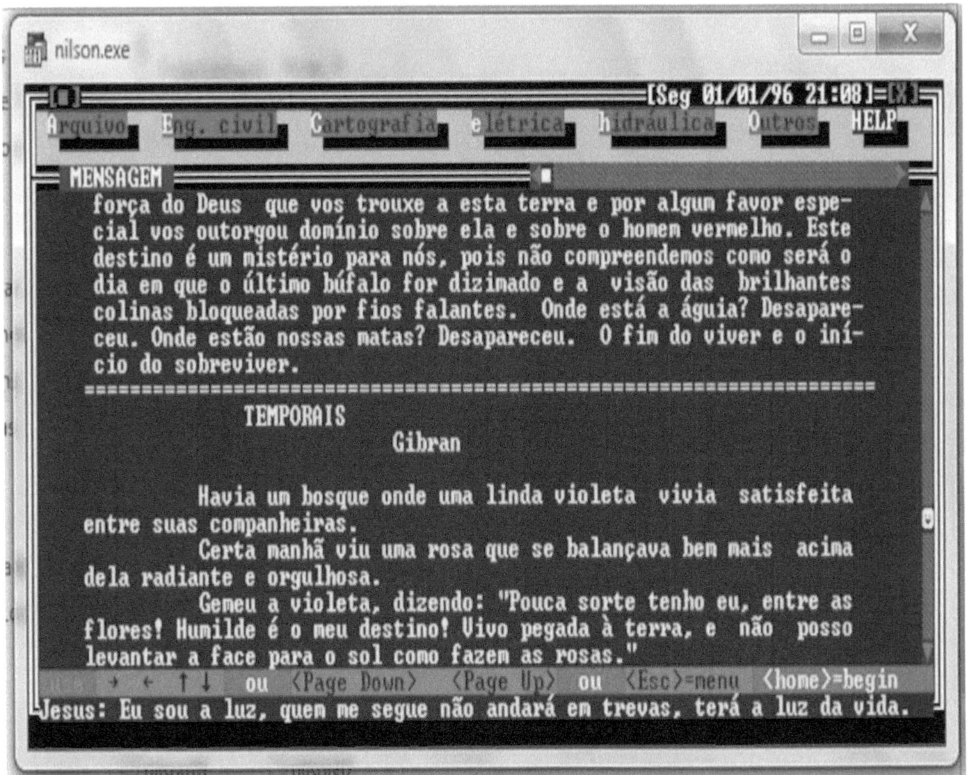

MENSAGEM

força do Deus que vos trouxe a esta terra e por algum favor especial vos outorgou domínio sobre ela e sobre o homem vermelho. Este
destino é um mistério para nós, pois não compreendemos como será o
dia em que o último búfalo for dizimado e a visão das brilhantes
colinas bloqueadas por fios falantes. Onde está a águia? Desapareceu. Onde estão nossas matas? Desapareceu. O fim do viver e o iní-
cio do sobreviver.
==

                      TEMPORAIS
                          Gibran

         Havia um bosque onde uma linda violeta vivia satisfeita
entre suas companheiras.
         Certa manhã viu uma rosa que se balançava bem mais acima
dela radiante e orgulhosa.
         Gemeu a violeta, dizendo: "Pouca sorte tenho eu, entre as
flores! Humilde é o meu destino! Vivo pegada à terra, e não posso
levantar a face para o sol como fazem as rosas."

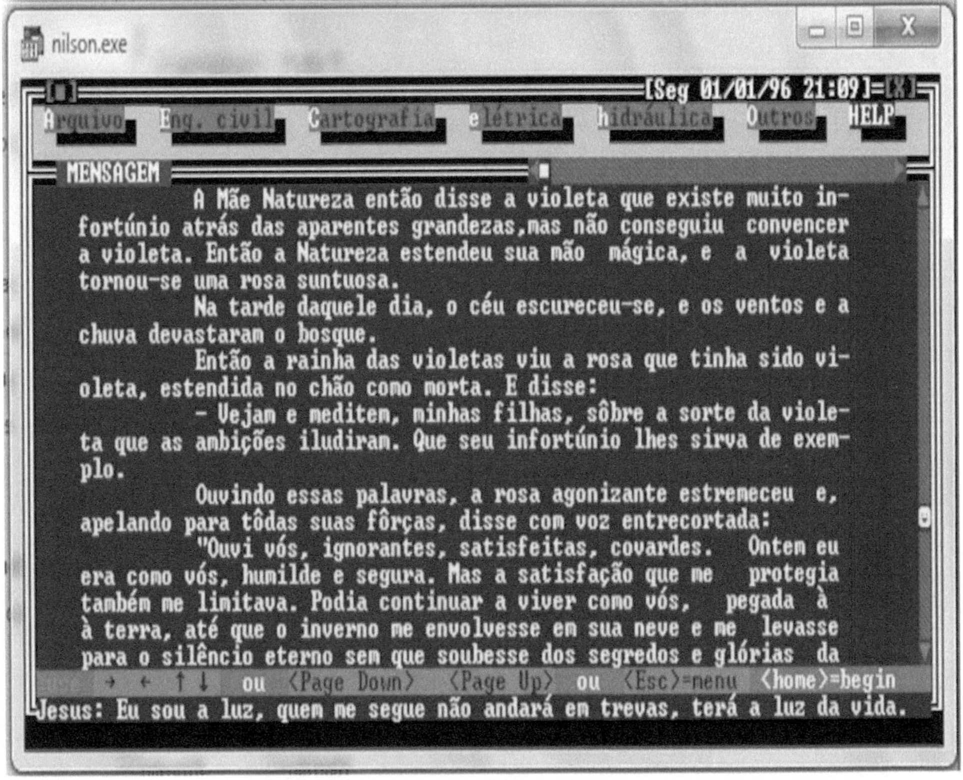

    → ← ↑ ↓   ou <Page Down> <Page Up> ou <Esc>=menu <home>=begin
Jesus: Eu sou a luz, quem me segue não andará em trevas, terá a luz da vida.

MENSAGEM

         A Mãe Natureza então disse a violeta que existe muito in-
fortúnio atrás das aparentes grandezas,mas não conseguiu convencer
a violeta. Então a Natureza estendeu sua mão mágica, e a violeta
tornou-se uma rosa suntuosa.
         Na tarde daquele dia, o céu escureceu-se, e os ventos e a
chuva devastaram o bosque.
         Então a rainha das violetas viu a rosa que tinha sido vi-
oleta, estendida no chão como morta. E disse:
         - Vejam e meditem, minhas filhas, sôbre a sorte da viole-
ta que as ambições iludiram. Que seu infortúnio lhes sirva de exemplo.
         Ouvindo essas palavras, a rosa agonizante estremeceu e,
apelando para tôdas suas fôrças, disse com voz entrecortada:
         "Ouvi vós, ignorantes, satisfeitas, covardes.   Ontem eu
era como vós, humilde e segura. Mas a satisfação que me   protegia
também me limitava. Podia continuar a viver como vós, pegada à
à terra, até que o inverno me envolvesse em sua neve e me levasse
para o silêncio eterno sem que soubesse dos segredos e glórias da

    → ← ↑ ↓   ou <Page Down> <Page Up> ou <Esc>=menu <home>=begin
Jesus: Eu sou a luz, quem me segue não andará em trevas, terá a luz da vida.

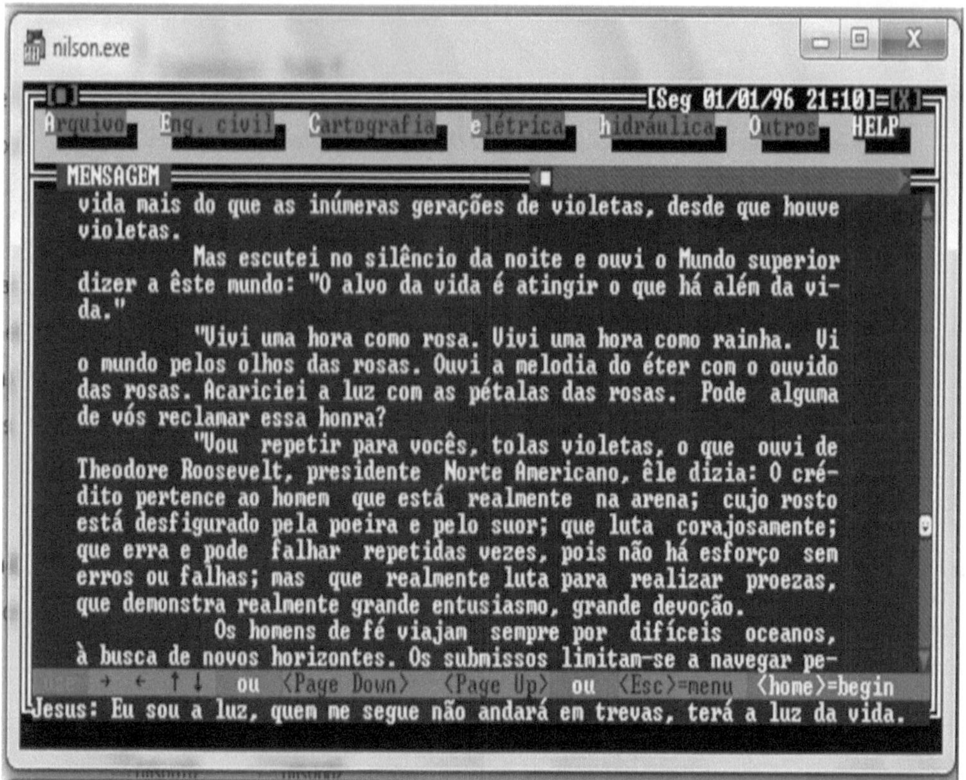

nilson.exe

[Seg 01/01/96 21:10]

Arquivo Eng. civil Cartografia elétrica hidráulica Outros HELP

MENSAGEM

vida mais do que as inúmeras gerações de violetas, desde que houve violetas.

Mas escutei no silêncio da noite e ouvi o Mundo superior dizer a êste mundo: "O alvo da vida é atingir o que há além da vida."

"Vivi uma hora como rosa. Vivi uma hora como rainha. Vi o mundo pelos olhos das rosas. Ouvi a melodia do éter com o ouvido das rosas. Acariciei a luz com as pétalas das rosas. Pode alguma de vós reclamar essa honra?

"Vou repetir para vocês, tolas violetas, o que ouvi de Theodore Roosevelt, presidente Norte Americano, êle dizia: O crédito pertence ao homem que está realmente na arena; cujo rosto está desfigurado pela poeira e pelo suor; que luta corajosamente; que erra e pode falhar repetidas vezes, pois não há esforço sem erros ou falhas; mas que realmente luta para realizar proezas, que demonstra realmente grande entusiasmo, grande devoção.

Os homens de fé viajam sempre por difíceis oceanos, à busca de novos horizontes. Os submissos limitam-se a navegar pe-

→ ← ↑ ↓ ou <Page Down> <Page Up> ou <Esc>=menu <home>=begin

Jesus: Eu sou a luz, quem me segue não andará em trevas, terá a luz da vida.

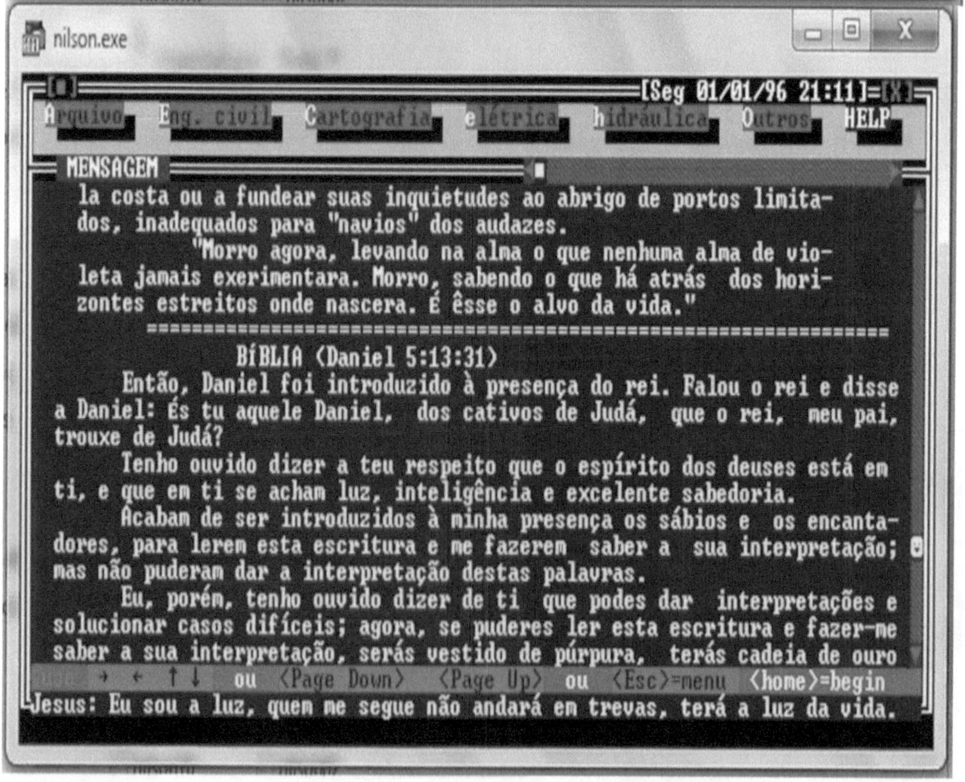

nilson.exe

[Seg 01/01/96 21:11]

Arquivo Eng. civil Cartografia elétrica hidráulica Outros HELP

MENSAGEM

la costa ou a fundear suas inquietudes ao abrigo de portos limitados, inadequados para "navios" dos audazes.

"Morro agora, levando na alma o que nenhuma alma de violeta jamais exerimentara. Morro, sabendo o que há atrás dos horizontes estreitos onde nascera. É êsse o alvo da vida."

==

BÍBLIA (Daniel 5:13:31)

Então, Daniel foi introduzido à presença do rei. Falou o rei e disse a Daniel: És tu aquele Daniel, dos cativos de Judá, que o rei, meu pai, trouxe de Judá?

Tenho ouvido dizer a teu respeito que o espírito dos deuses está em ti, e que em ti se acham luz, inteligência e excelente sabedoria.

Acabam de ser introduzidos à minha presença os sábios e os encantadores, para lerem esta escritura e me fazerem saber a sua interpretação; mas não puderam dar a interpretação destas palavras.

Eu, porém, tenho ouvido dizer de ti que podes dar interpretações e solucionar casos difíceis; agora, se puderes ler esta escritura e fazer-me saber a sua interpretação, serás vestido de púrpura, terás cadeia de ouro

→ ← ↑ ↓ ou <Page Down> <Page Up> ou <Esc>=menu <home>=begin

Jesus: Eu sou a luz, quem me segue não andará em trevas, terá a luz da vida.

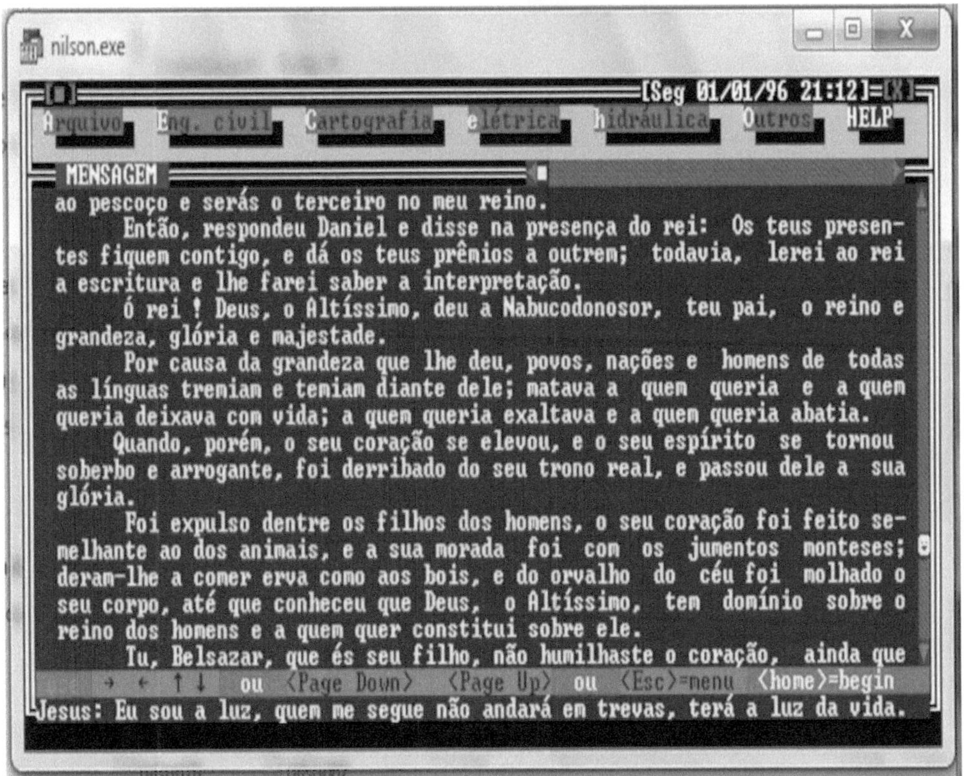

ao pescoço e serás o terceiro no meu reino.

Então, respondeu Daniel e disse na presença do rei: Os teus presentes fiquem contigo, e dá os teus prêmios a outrem; todavia, lerei ao rei a escritura e lhe farei saber a interpretação.

Ó rei ! Deus, o Altíssimo, deu a Nabucodonosor, teu pai, o reino e grandeza, glória e majestade.

Por causa da grandeza que lhe deu, povos, nações e homens de todas as línguas tremiam e temiam diante dele; matava a quem queria e a quem queria deixava com vida; a quem queria exaltava e a quem queria abatia.

Quando, porém, o seu coração se elevou, e o seu espírito se tornou soberbo e arrogante, foi derribado do seu trono real, e passou dele a sua glória.

Foi expulso dentre os filhos dos homens, o seu coração foi feito semelhante ao dos animais, e a sua morada foi com os jumentos monteses; deram-lhe a comer erva como aos bois, e do orvalho do céu foi molhado o seu corpo, até que conheceu que Deus, o Altíssimo, tem domínio sobre o reino dos homens e a quem quer constitui sobre ele.

Tu, Belsazar, que és seu filho, não humilhaste o coração, ainda que

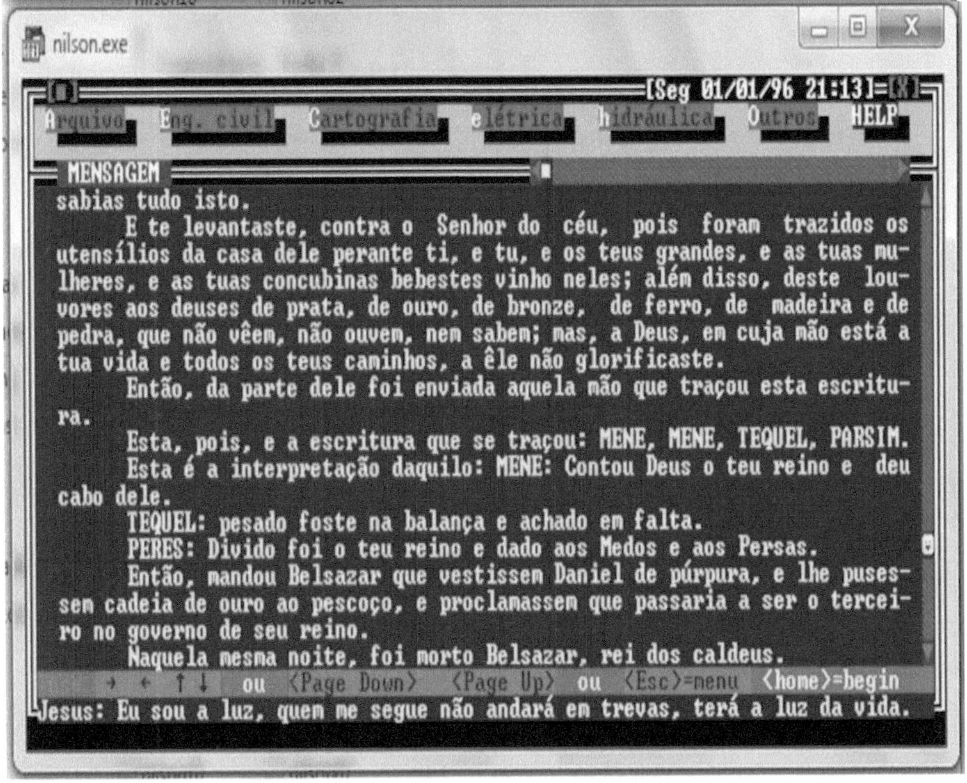

---

sabias tudo isto.

E te levantaste, contra o Senhor do céu, pois foram trazidos os utensílios da casa dele perante ti, e tu, e os teus grandes, e as tuas mulheres, e as tuas concubinas bebestes vinho neles; além disso, deste louvores aos deuses de prata, de ouro, de bronze, de ferro, de madeira e de pedra, que não vêem, não ouvem, nem sabem; mas, a Deus, em cuja mão está a tua vida e todos os teus caminhos, a êle não glorificaste.

Então, da parte dele foi enviada aquela mão que traçou esta escritura.

Esta, pois, e a escritura que se traçou: MENE, MENE, TEQUEL, PARSIM.

Esta é a interpretação daquilo: MENE: Contou Deus o teu reino e deu cabo dele.

TEQUEL: pesado foste na balança e achado em falta.

PERES: Divido foi o teu reino e dado aos Medos e aos Persas.

Então, mandou Belsazar que vestissem Daniel de púrpura, e lhe pusessem cadeia de ouro ao pescoço, e proclamassem que passaria a ser o terceiro no governo de seu reino.

Naquela mesma noite, foi morto Belsazar, rei dos caldeus.

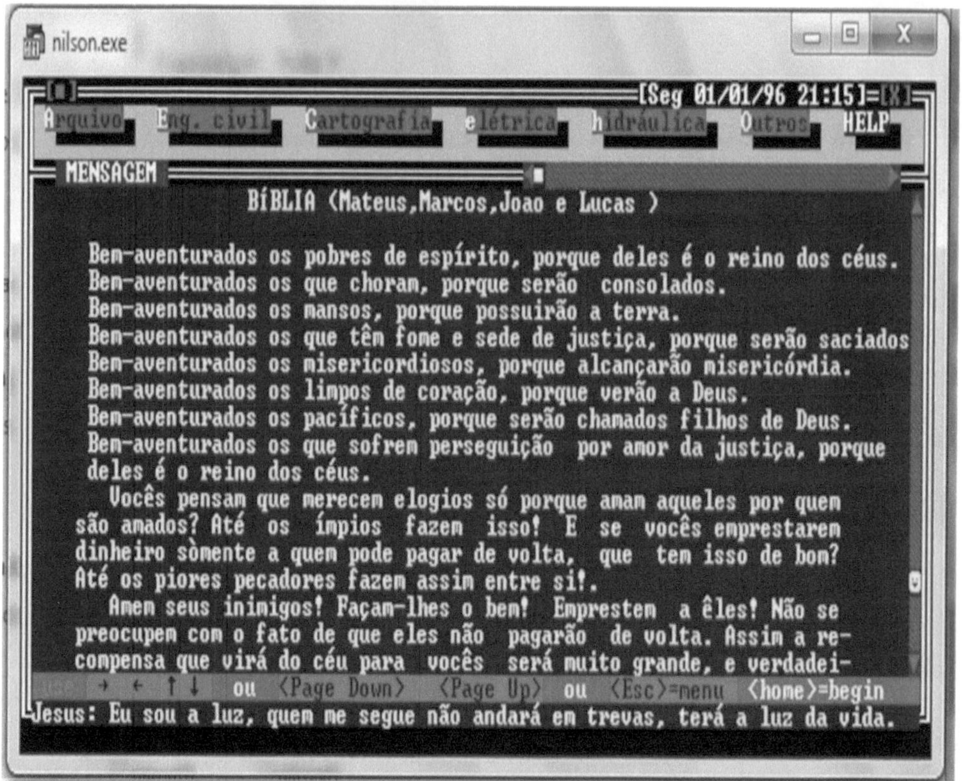

MENSAGEM

BÍBLIA (Mateus,Marcos,Joao e Lucas)

Bem-aventurados os pobres de espírito, porque deles é o reino dos céus.
Bem-aventurados os que choram, porque serão consolados.
Bem-aventurados os mansos, porque possuirão a terra.
Bem-aventurados os que têm fome e sede de justiça, porque serão saciados
Bem-aventurados os misericordiosos, porque alcançarão misericórdia.
Bem-aventurados os limpos de coração, porque verão a Deus.
Bem-aventurados os pacíficos, porque serão chamados filhos de Deus.
Bem-aventurados os que sofrem perseguição por amor da justiça, porque
deles é o reino dos céus.
    Vocês pensam que merecem elogios só porque amam aqueles por quem
são amados? Até os ímpios fazem isso! E se vocês emprestarem
dinheiro sòmente a quem pode pagar de volta, que tem isso de bom?
Até os piores pecadores fazem assim entre si!.
    Amem seus inimigos! Façam-lhes o bem! Emprestem a êles! Não se
preocupem com o fato de que eles não pagarão de volta. Assim a re-
compensa que virá do céu para vocês será muito grande, e verdadei-

→ ← ↑ ↓ ou <Page Down> <Page Up> ou <Esc>=menu <home>=begin
Jesus: Eu sou a luz, quem me segue não andará em trevas, terá a luz da vida.

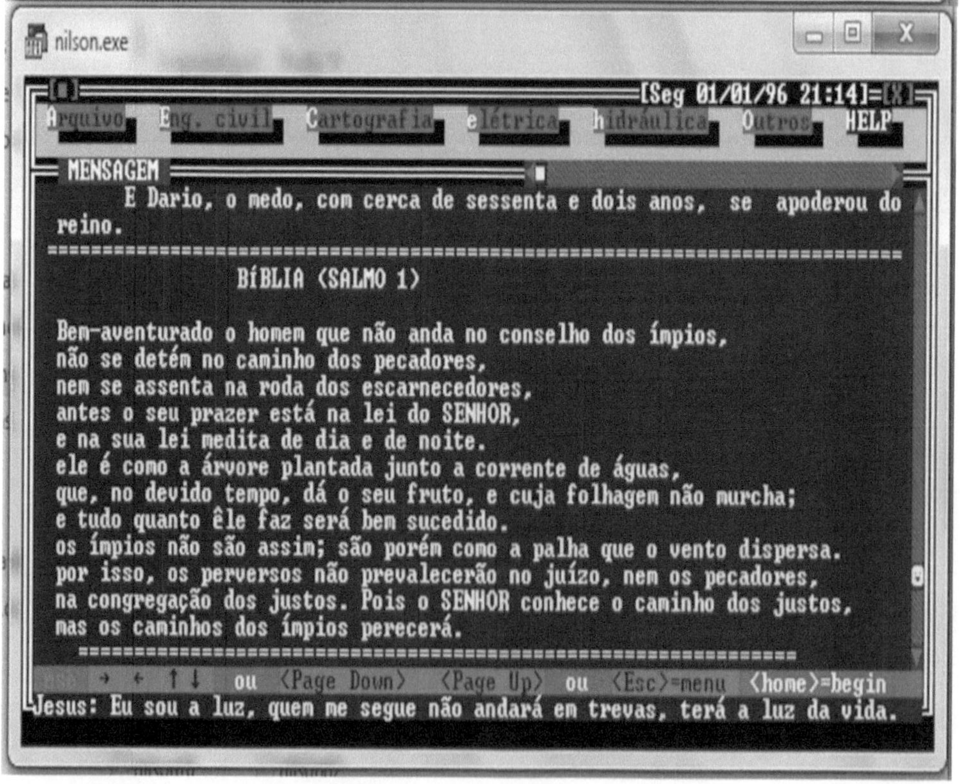

MENSAGEM

        E Dario, o medo, com cerca de sessenta e dois anos, se apoderou do
reino.
==

BÍBLIA (SALMO 1)

Bem-aventurado o homem que não anda no conselho dos ímpios,
não se detém no caminho dos pecadores,
nem se assenta na roda dos escarnecedores,
antes o seu prazer está na lei do SENHOR,
e na sua lei medita de dia e de noite.
ele é como a árvore plantada junto a corrente de águas,
que, no devido tempo, dá o seu fruto, e cuja folhagem não murcha;
e tudo quanto êle faz será bem sucedido.
os ímpios não são assim; são porém como a palha que o vento dispersa.
por isso, os perversos não prevalecerão no juízo, nem os pecadores,
na congregação dos justos. Pois o SENHOR conhece o caminho dos justos,
mas os caminhos dos ímpios perecerá.
==

→ ← ↑ ↓ ou <Page Down> <Page Up> ou <Esc>=menu <home>=begin
Jesus: Eu sou a luz, quem me segue não andará em trevas, terá a luz da vida.

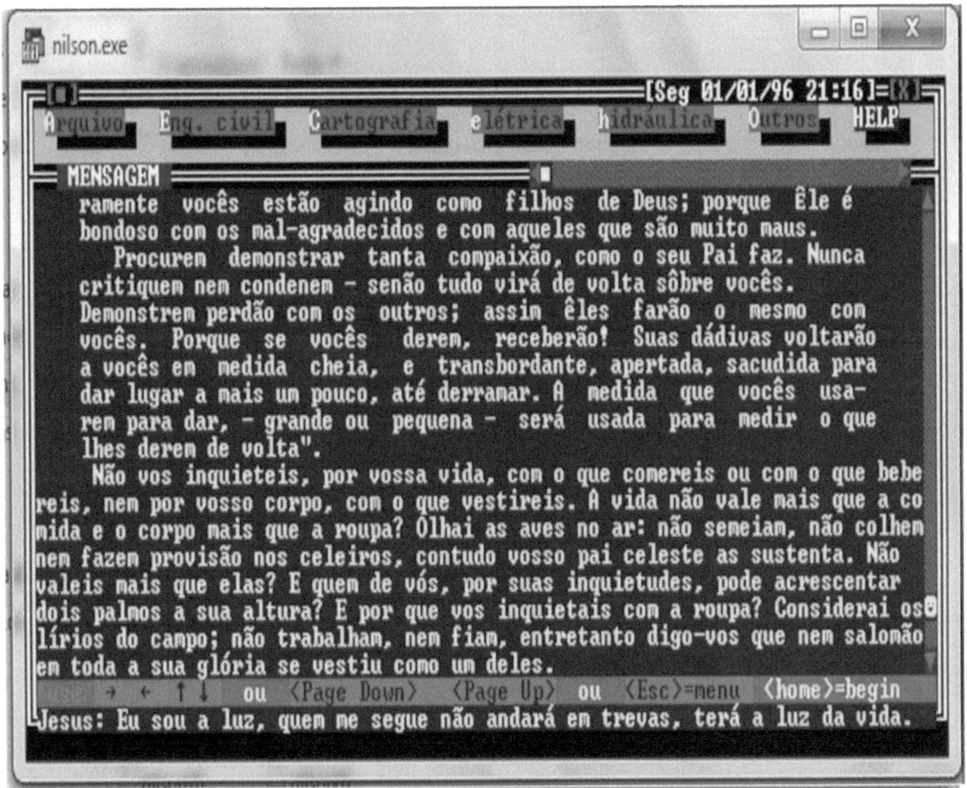

ramente vocês estão agindo como filhos de Deus; porque Êle é bondoso com os mal-agradecidos e com aqueles que são muito maus.

Procurem demonstrar tanta compaixão, como o seu Pai faz. Nunca critiquem nem condenem – senão tudo virá de volta sôbre vocês. Demonstrem perdão com os outros; assim êles farão o mesmo com vocês. Porque se vocês derem, receberão! Suas dádivas voltarão a vocês em medida cheia, e transbordante, apertada, sacudida para dar lugar a mais um pouco, até derramar. A medida que vocês usarem para dar, – grande ou pequena – será usada para medir o que lhes derem de volta".

Não vos inquieteis, por vossa vida, com o que comereis ou com o que bebereis, nem por vosso corpo, com o que vestireis. A vida não vale mais que a comida e o corpo mais que a roupa? Olhai as aves no ar: não semeiam, não colhem nem fazem provisão nos celeiros, contudo vosso pai celeste as sustenta. Não valeis mais que elas? E quem de vós, por suas inquietudes, pode acrescentar dois palmos a sua altura? E por que vos inquietais com a roupa? Considerai os lírios do campo; não trabalham, nem fiam, entretanto digo-vos que nem salomão em toda a sua glória se vestiu como um deles.

→ ← ↑↓   ou ⟨Page Down⟩   ⟨Page Up⟩   ou ⟨Esc⟩=menu   ⟨home⟩=begin

Jesus: Eu sou a luz, quem me segue não andará em trevas, terá a luz da vida.

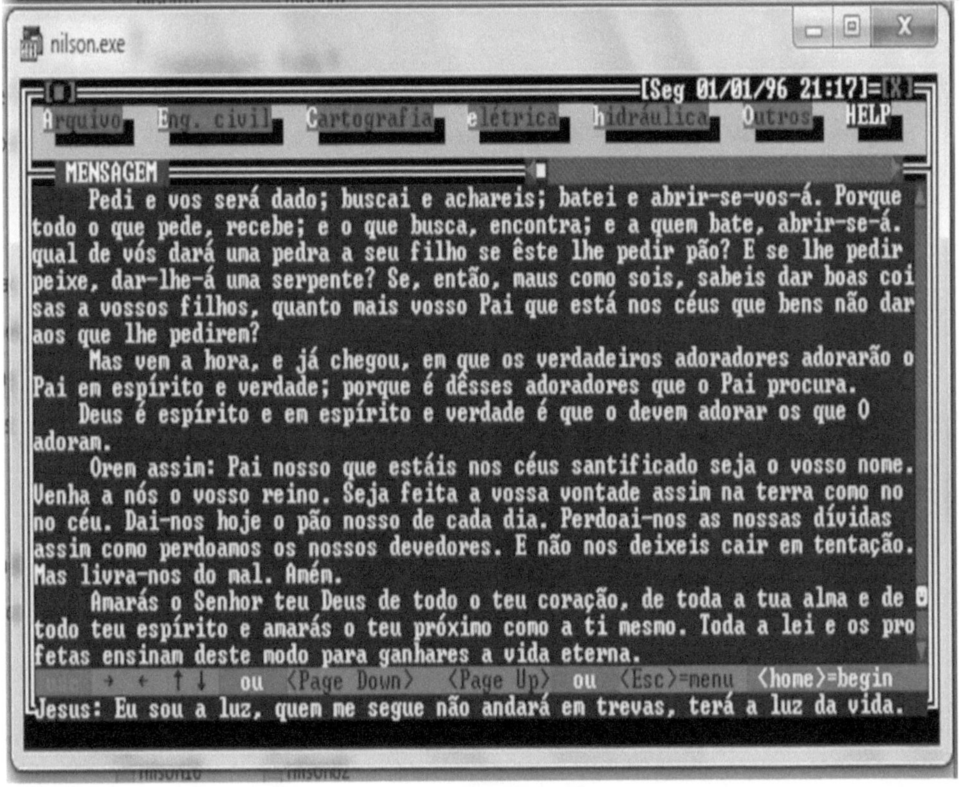

Pedi e vos será dado; buscai e achareis; batei e abrir-se-vos-á. Porque todo o que pede, recebe; e o que busca, encontra; e a quem bate, abrir-se-á. qual de vós dará uma pedra a seu filho se êste lhe pedir pão? E se lhe pedir peixe, dar-lhe-á uma serpente? Se, então, maus como sois, sabeis dar boas coisas a vossos filhos, quanto mais vosso Pai que está nos céus que bens não dar aos que lhe pedirem?

Mas vem a hora, e já chegou, em que os verdadeiros adoradores adorarão o Pai em espírito e verdade; porque é dêsses adoradores que o Pai procura.

Deus é espírito e em espírito e verdade é que o devem adorar os que O adoram.

Orem assim: Pai nosso que estáis nos céus santificado seja o vosso nome. Venha a nós o vosso reino. Seja feita a vossa vontade assim na terra como no no céu. Dai-nos hoje o pão nosso de cada dia. Perdoai-nos as nossas dívidas assim como perdoamos os nossos devedores. E não nos deixeis cair em tentação. Mas livra-nos do mal. Amém.

Amarás o Senhor teu Deus de todo o teu coração, de toda a tua alma e de todo teu espírito e amarás o teu próximo como a ti mesmo. Toda a lei e os profetas ensinam deste modo para ganhares a vida eterna.

→ ← ↑↓   ou ⟨Page Down⟩   ⟨Page Up⟩   ou ⟨Esc⟩=menu   ⟨home⟩=begin

Jesus: Eu sou a luz, quem me segue não andará em trevas, terá a luz da vida.

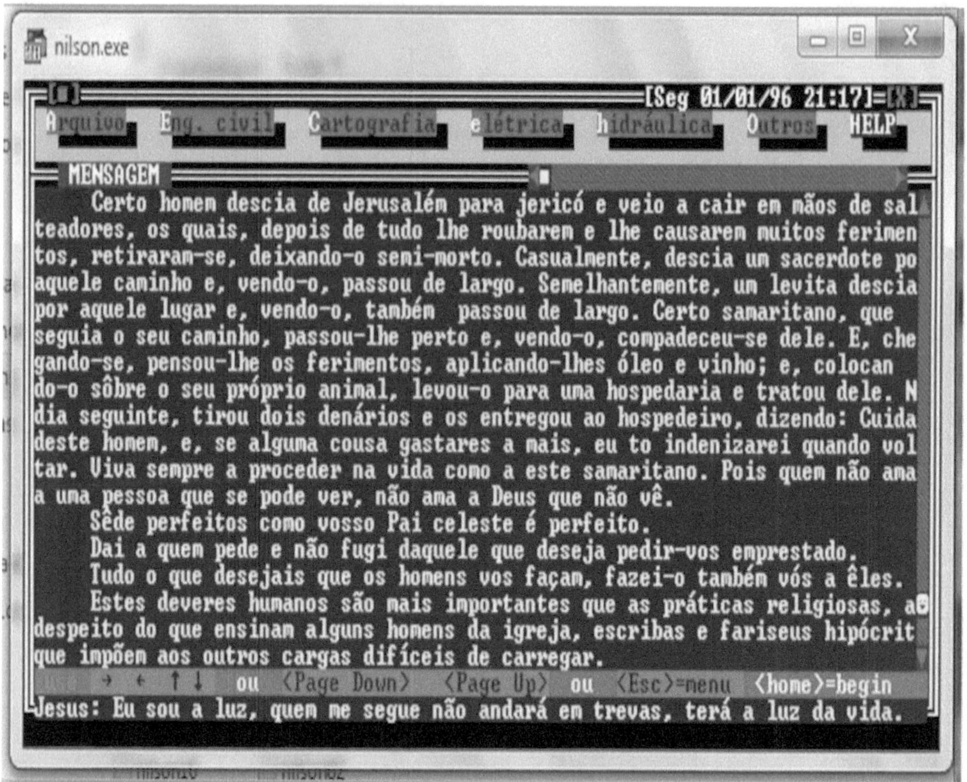

[Seg 01/01/96 21:17][X]

Arquivo Eng. civil Cartografia elétrica hidráulica Outros HELP

MENSAGEM

        Certo homem descia de Jerusalém para jericó e veio a cair em mãos de sal
teadores, os quais, depois de tudo lhe roubarem e lhe causarem muitos ferimen
tos, retiraram-se, deixando-o semi-morto. Casualmente, descia um sacerdote po
aquele caminho e, vendo-o, passou de largo. Semelhantemente, um levita descia
por aquele lugar e, vendo-o, também passou de largo. Certo samaritano, que
seguia o seu caminho, passou-lhe perto e, vendo-o, compadeceu-se dele. E, che
gando-se, pensou-lhe os ferimentos, aplicando-lhes óleo e vinho; e, colocan
do-o sôbre o seu próprio animal, levou-o para uma hospedaria e tratou dele. N
dia seguinte, tirou dois denários e os entregou ao hospedeiro, dizendo: Cuida
deste homem, e, se alguma cousa gastares a mais, eu to indenizarei quando vol
tar. Viva sempre a proceder na vida como a este samaritano. Pois quem não ama
a uma pessoa que se pode ver, não ama a Deus que não vê.
        Sêde perfeitos como vosso Pai celeste é perfeito.
        Dai a quem pede e não fugi daquele que deseja pedir-vos emprestado.
        Tudo o que desejais que os homens vos façam, fazei-o também vós a êles.
        Estes deveres humanos são mais importantes que as práticas religiosas, a
despeito do que ensinam alguns homens da igreja, escribas e fariseus hipócrit
que impõem aos outros cargas difíceis de carregar.

→ ← ↑ ↓ ou <Page Down> <Page Up> ou <Esc>=menu <home>=begin
Jesus: Eu sou a luz, quem me segue não andará em trevas, terá a luz da vida.

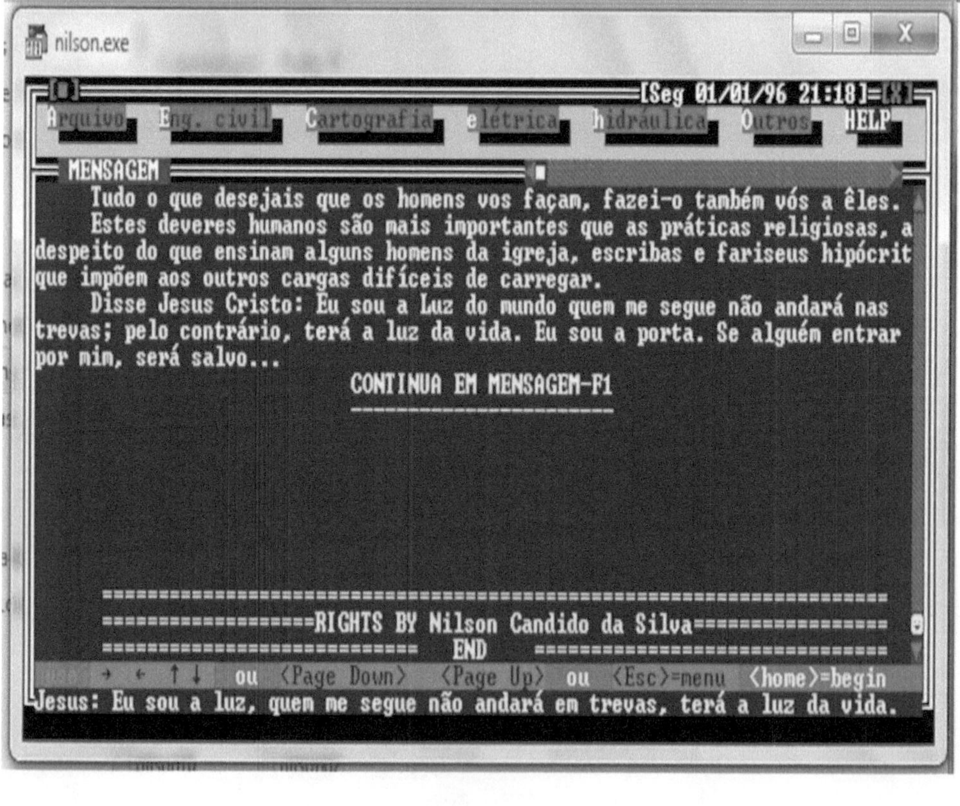

[Seg 01/01/96 21:18][X]

Arquivo Eng. civil Cartografia elétrica hidráulica Outros HELP

MENSAGEM

        Tudo o que desejais que os homens vos façam, fazei-o também vós a êles.
        Estes deveres humanos são mais importantes que as práticas religiosas, a
despeito do que ensinam alguns homens da igreja, escribas e fariseus hipócrit
que impõem aos outros cargas difíceis de carregar.
        Disse Jesus Cristo: Eu sou a Luz do mundo quem me segue não andará nas
trevas; pelo contrário, terá a luz da vida. Eu sou a porta. Se alguém entrar
por mim, será salvo...

                    CONTINUA EM MENSAGEM-F1
                ────────────────────────────

===
================RIGHTS BY Nilson Candido da Silva==================
===
                         END   =======================

→ ← ↑ ↓ ou <Page Down> <Page Up> ou <Esc>=menu <home>=begin
Jesus: Eu sou a luz, quem me segue não andará em trevas, terá a luz da vida.

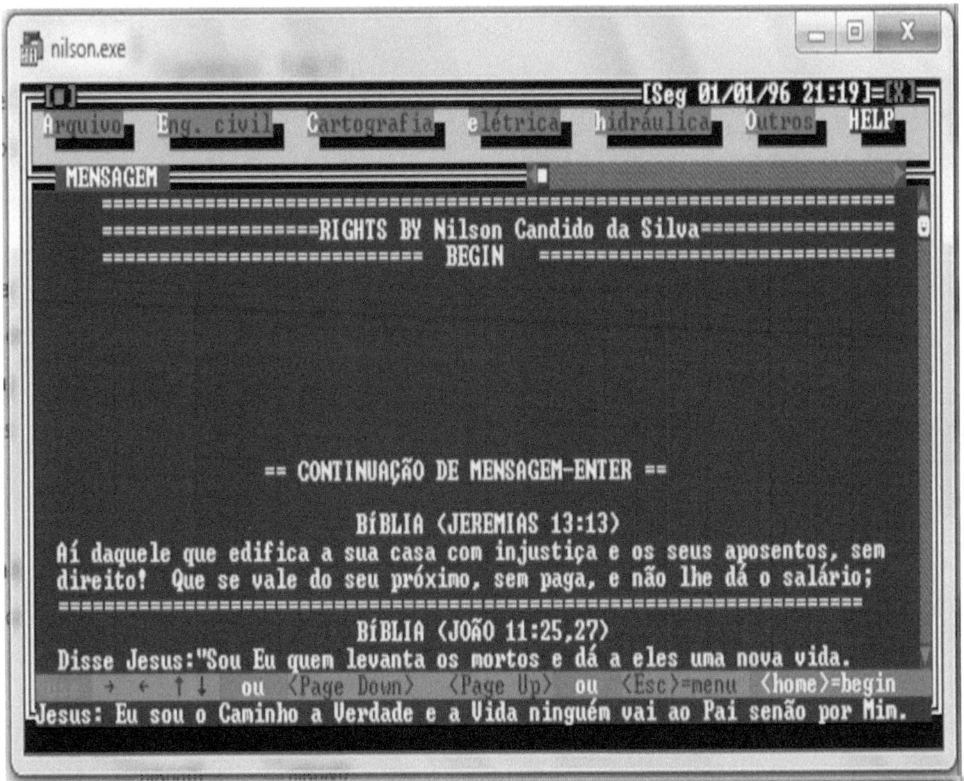

```
[■]                                    [Seg 01/01/96 21:19]=[X]
Arquivo   Eng. civil   Cartografia   elétrica   hidráulica   Outros   HELP
```

```
═ MENSAGEM ═════════════════════════════════■══════════════════════
================================================================
==================RIGHTS BY Nilson Candido da Silva================
==================         BEGIN        ================




          == CONTINUAÇÃO DE MENSAGEM-ENTER ==

               BÍBLIA (JEREMIAS 13:13)
Aí daquele que edifica a sua casa com injustiça e os seus aposentos, sem
direito! Que se vale do seu próximo, sem paga, e não lhe dá o salário;
================================================================
               BÍBLIA (JOÃO 11:25,27)
Disse Jesus:"Sou Eu quem levanta os mortos e dá a eles uma nova vida.
     →  ←  ↑↓   ou  <Page Down>   <Page Up>  ou  <Esc>=menu  <home>=begin
Jesus: Eu sou o Caminho a Verdade e a Vida ninguém vai ao Pai senão por Mim.
```

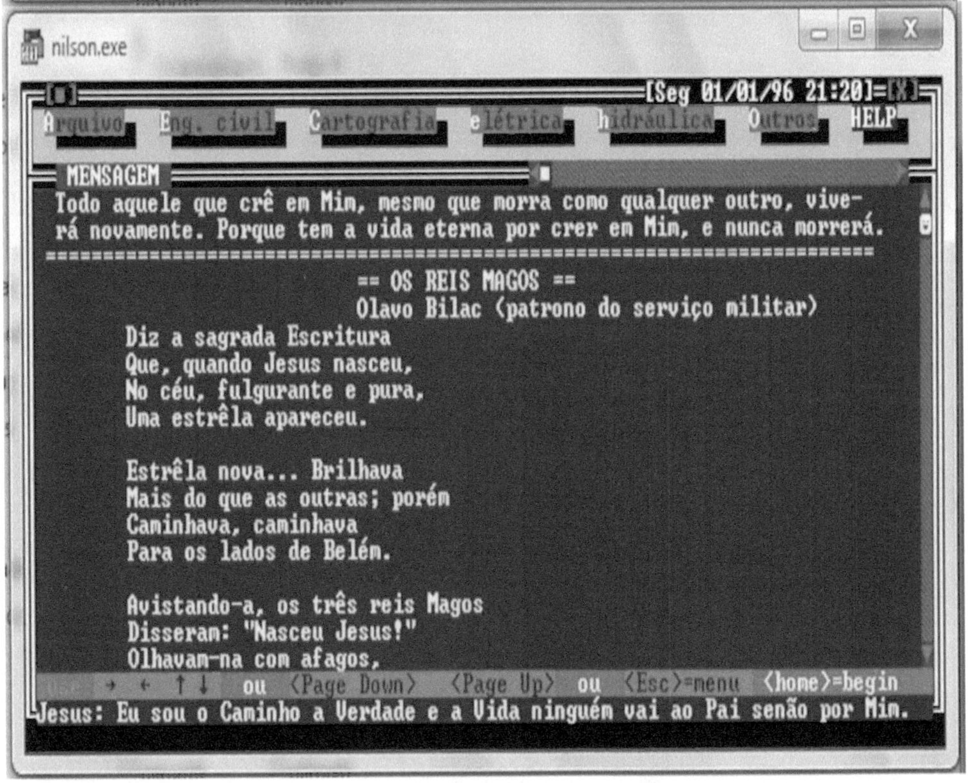

```
[■]                                    [Seg 01/01/96 21:20]=[X]
Arquivo   Eng. civil   Cartografia   elétrica   hidráulica   Outros   HELP
```

```
═ MENSAGEM ═════════════════════════════════■══════════════════════
Todo aquele que crê em Mim, mesmo que morra como qualquer outro, vive-
rá novamente. Porque tem a vida eterna por crer em Mim, e nunca morrerá.
================================================================
               == OS REIS MAGOS ==
          Olavo Bilac (patrono do serviço militar)
     Diz a sagrada Escritura
     Que, quando Jesus nasceu,
     No céu, fulgurante e pura,
     Uma estrêla apareceu.

     Estrêla nova... Brilhava
     Mais do que as outras; porém
     Caminhava, caminhava
     Para os lados de Belém.

     Avistando-a, os três reis Magos
     Disseram: "Nasceu Jesus!"
     Olhavam-na com afagos,
     →  ←  ↑↓   ou  <Page Down>   <Page Up>  ou  <Esc>=menu  <home>=begin
Jesus: Eu sou o Caminho a Verdade e a Vida ninguém vai ao Pai senão por Mim.
```

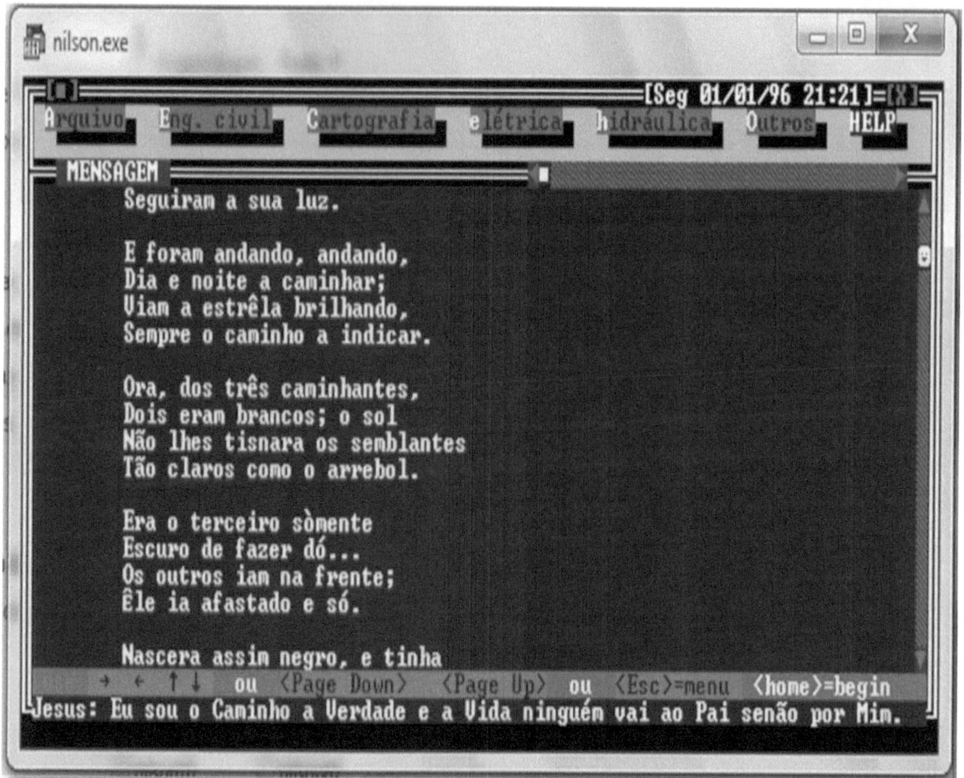

MENSAGEM

Seguiram a sua luz.

E foram andando, andando,
Dia e noite a caminhar;
Viam a estrêla brilhando,
Sempre o caminho a indicar.

Ora, dos três caminhantes,
Dois eram brancos; o sol
Não lhes tisnara os semblantes
Tão claros como o arrebol.

Era o terceiro sòmente
Escuro de fazer dó...
Os outros iam na frente;
Êle ia afastado e só.

Nascera assim negro, e tinha

MENSAGEM

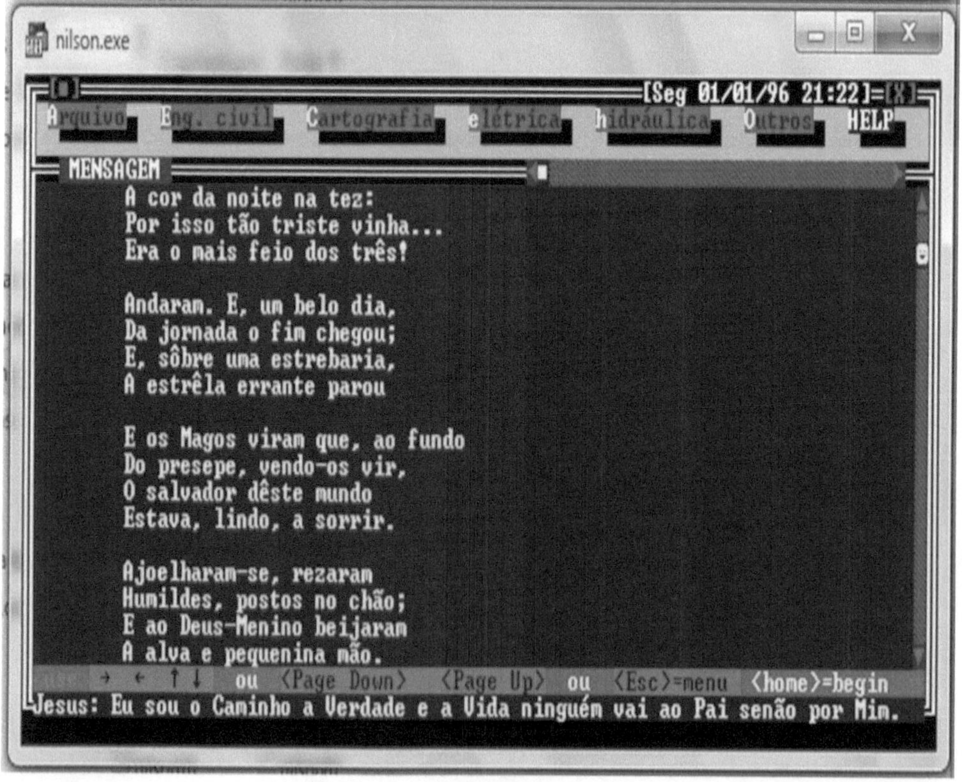

A cor da noite na tez:
Por isso tão triste vinha...
Era o mais feio dos três!

Andaram. E, um belo dia,
Da jornada o fim chegou;
E, sôbre uma estrebaria,
A estrêla errante parou

E os Magos viram que, ao fundo
Do presepe, vendo-os vir,
O salvador dêste mundo
Estava, lindo, a sorrir.

Ajoelharam-se, rezaram
Humildes, postos no chão;
E ao Deus-Menino beijaram
A alva e pequenina mão.

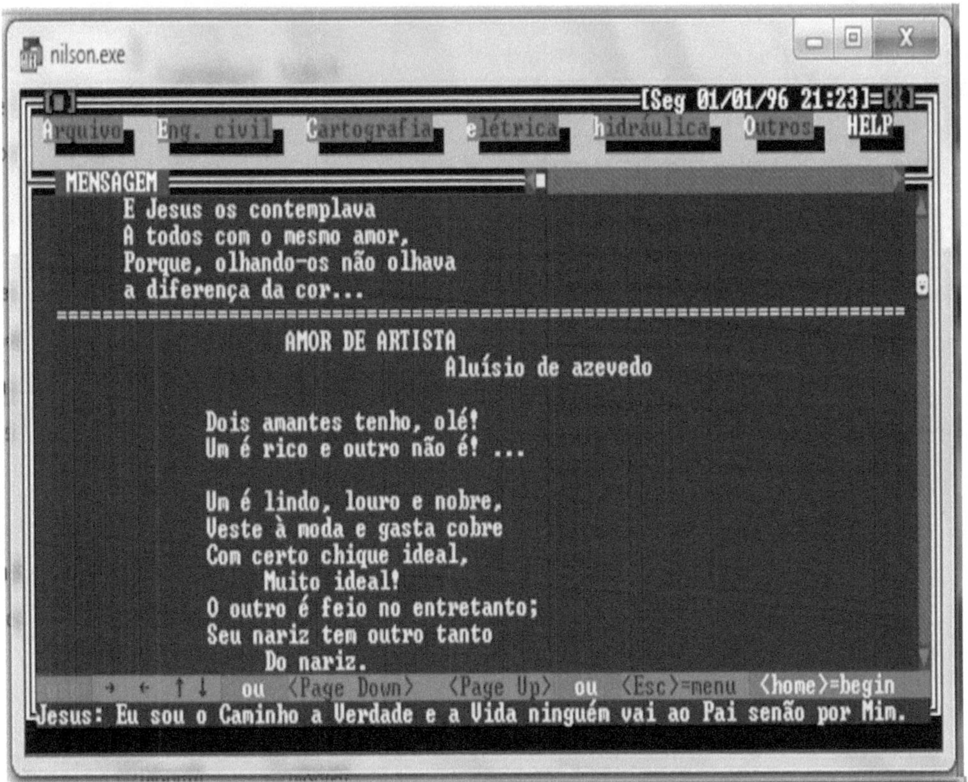

MENSAGEM

E Jesus os contemplava
A todos com o mesmo amor,
Porque, olhando-os não olhava
a diferença da cor...

==

AMOR DE ARTISTA
Aluísio de azevedo

Dois amantes tenho, olé!
Um é rico e outro não é! ...

Um é lindo, louro e nobre,
Veste à moda e gasta cobre
Com certo chique ideal,
    Muito ideal!
O outro é feio no entretanto;
Seu nariz tem outro tanto
    Do nariz.

→ ← ↑ ↓   ou ⟨Page Down⟩   ⟨Page Up⟩   ou   ⟨Esc⟩=menu   ⟨home⟩=begin

Jesus: Eu sou o Caminho a Verdade e a Vida ninguém vai ao Pai senão por Mim.

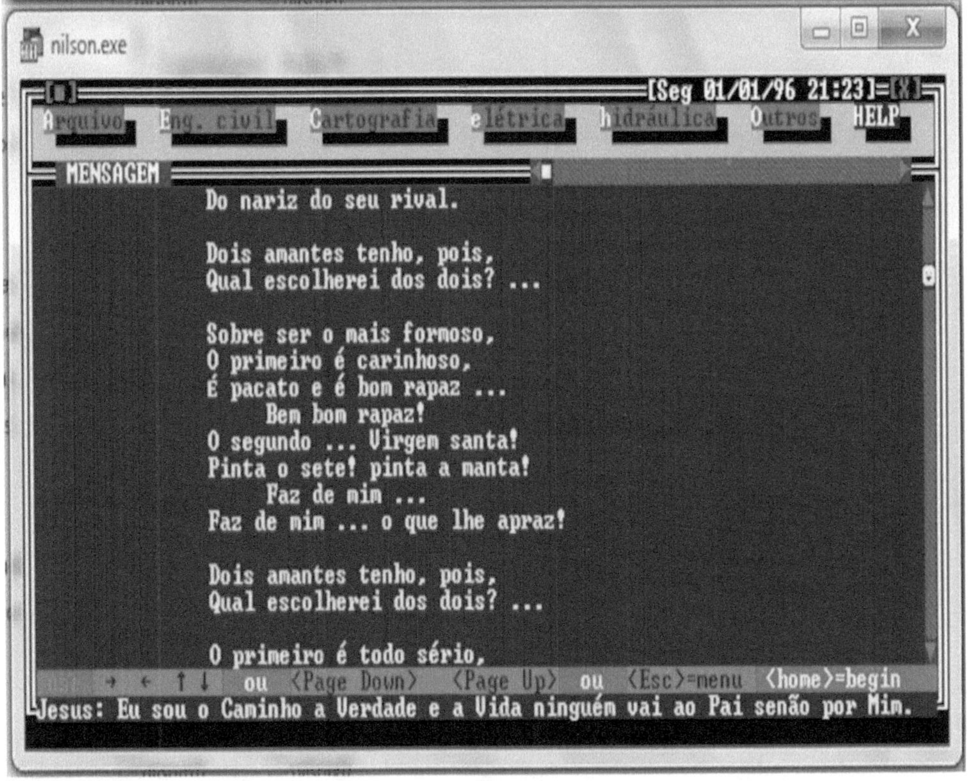

MENSAGEM

Do nariz do seu rival.

Dois amantes tenho, pois,
Qual escolherei dos dois? ...

Sobre ser o mais formoso,
O primeiro é carinhoso,
É pacato e é bom rapaz ...
    Bem bom rapaz!
O segundo ... Virgem santa!
Pinta o sete! pinta a manta!
    Faz de mim ...
Faz de mim ... o que lhe apraz!

Dois amantes tenho, pois,
Qual escolherei dos dois? ...

O primeiro é todo sério,

→ ← ↑ ↓   ou ⟨Page Down⟩   ⟨Page Up⟩   ou   ⟨Esc⟩=menu   ⟨home⟩=begin

Jesus: Eu sou o Caminho a Verdade e a Vida ninguém vai ao Pai senão por Mim.

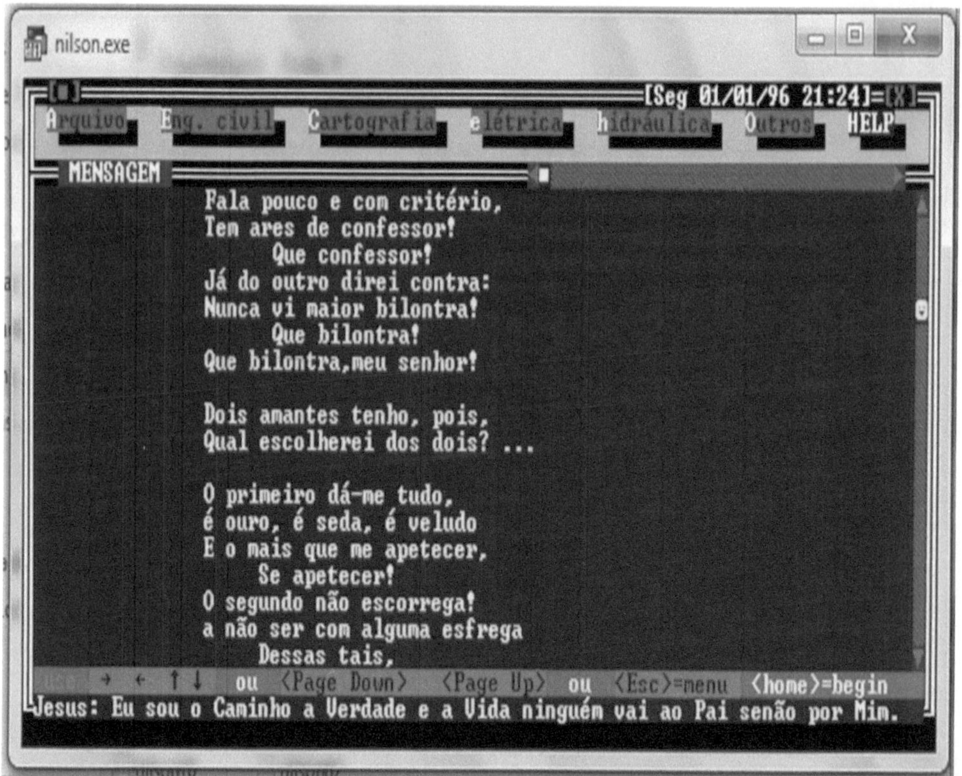

MENSAGEM

```
            Fala pouco e com critério,
            Tem ares de confessor!
                    Que confessor!
            Já do outro direi contra:
            Nunca vi maior bilontra!
                    Que bilontra!
            Que bilontra,meu senhor!

            Dois amantes tenho, pois,
            Qual escolherei dos dois? ...

            O primeiro dá-me tudo,
            é ouro, é seda, é veludo
            E o mais que me apetecer,
                    Se apetecer!
            O segundo não escorrega!
            a não ser com alguma esfrega
                    Dessas tais,
```

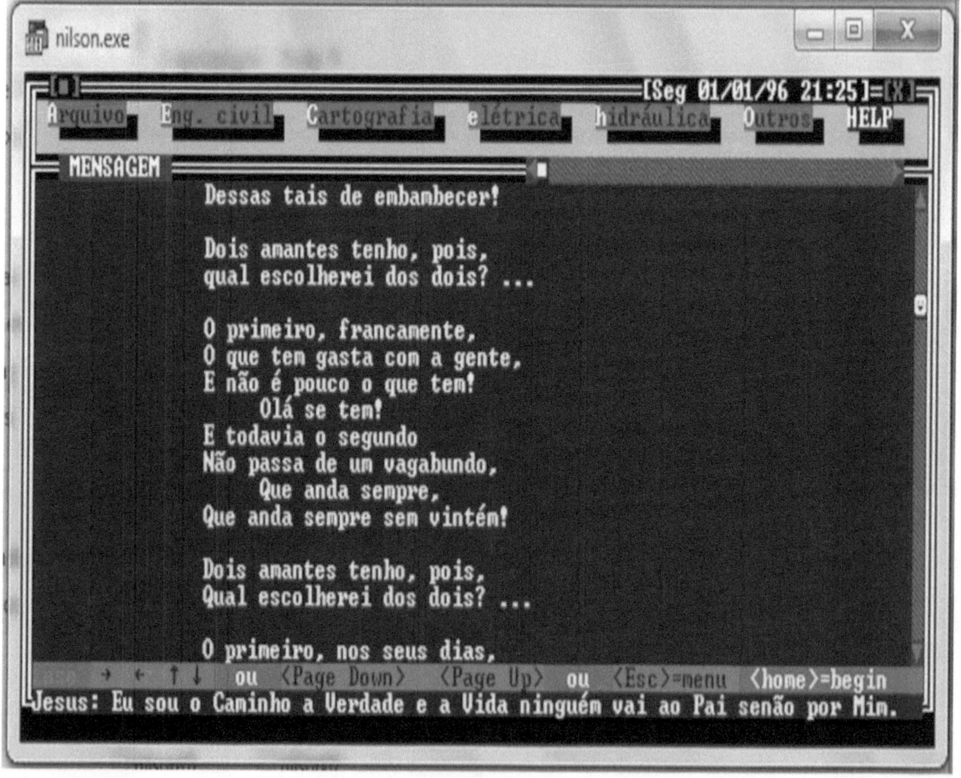

MENSAGEM

```
            Dessas tais de embambecer!

            Dois amantes tenho, pois,
            qual escolherei dos dois? ...

            O primeiro, francamente,
            O que tem gasta com a gente,
            E não é pouco o que tem!
                    Olá se tem!
            E todavia o segundo
            Não passa de um vagabundo,
                    Que anda sempre,
            Que anda sempre sem vintém!

            Dois amantes tenho, pois,
            Qual escolherei dos dois? ...

            O primeiro, nos seus dias,
```

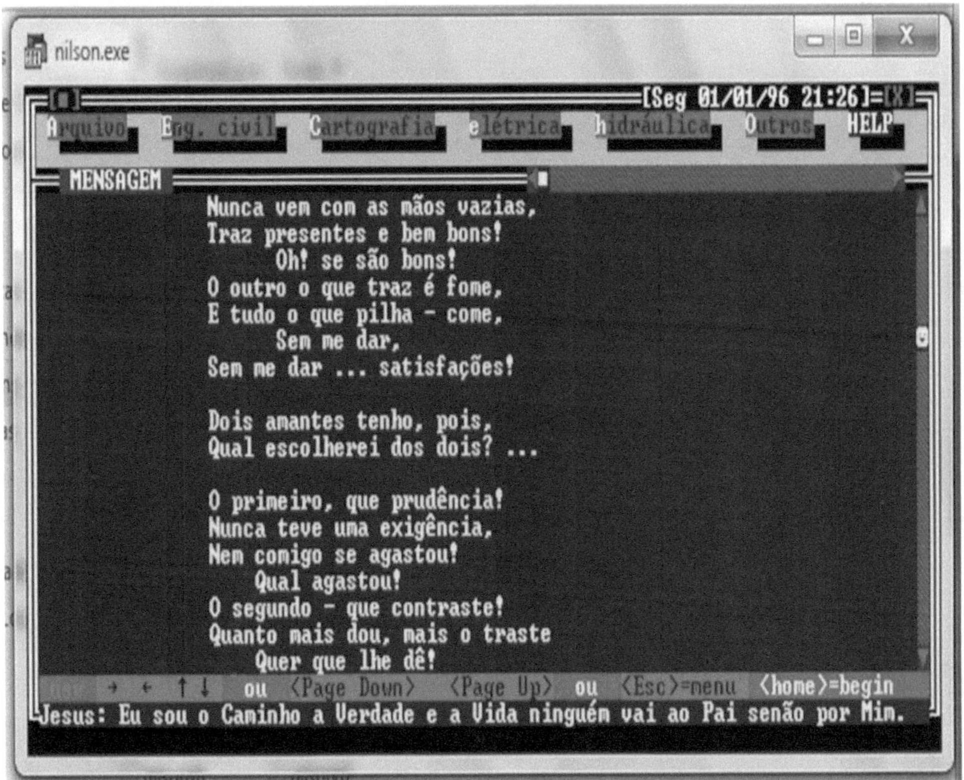

MENSAGEM

```
          Nunca vem com as mãos vazias,
          Traz presentes e bem bons!
               Oh! se são bons!
          O outro o que traz é fome,
          E tudo o que pilha - come,
                 Sem me dar,
          Sem me dar ... satisfações!

          Dois amantes tenho, pois,
          Qual escolherei dos dois? ...

          O primeiro, que prudência!
          Nunca teve uma exigência,
          Nem comigo se agastou!
               Qual agastou!
          O segundo - que contraste!
          Quanto mais dou, mais o traste
               Quer que lhe dê!
```

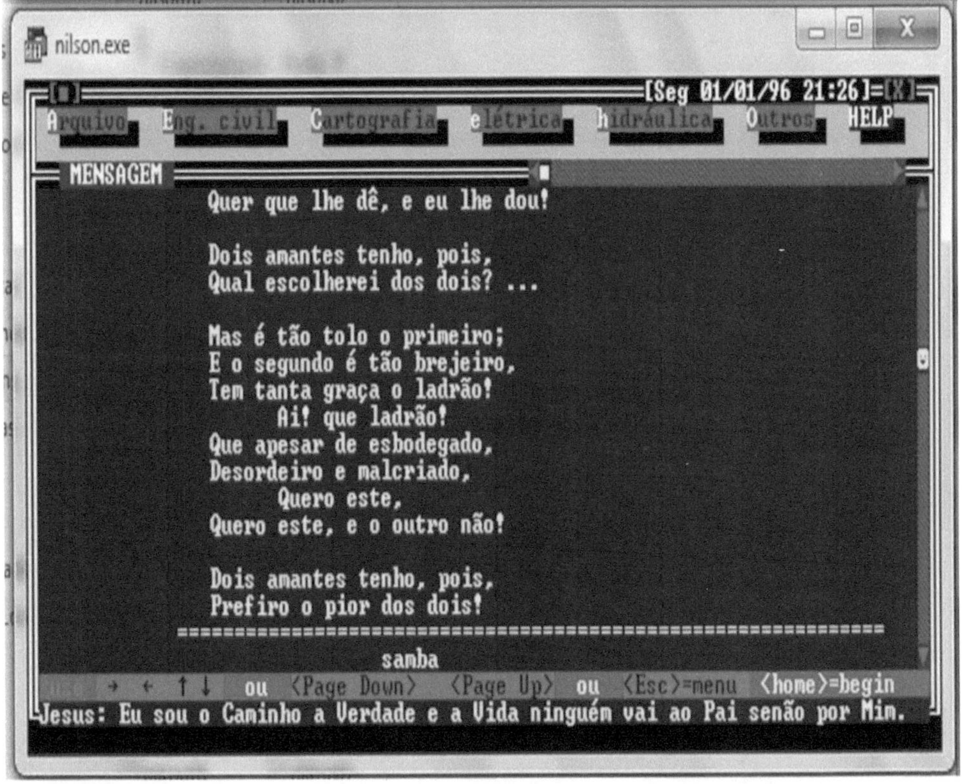

MENSAGEM

```
          Quer que lhe dê, e eu lhe dou!

          Dois amantes tenho, pois,
          Qual escolherei dos dois? ...

          Mas é tão tolo o primeiro;
          E o segundo é tão brejeiro,
          Tem tanta graça o ladrão!
               Ai! que ladrão!
          Que apesar de esbodegado,
          Desordeiro e malcriado,
                 Quero este,
          Quero este, e o outro não!

          Dois amantes tenho, pois,
          Prefiro o pior dos dois!
==============================================================
                    samba
```

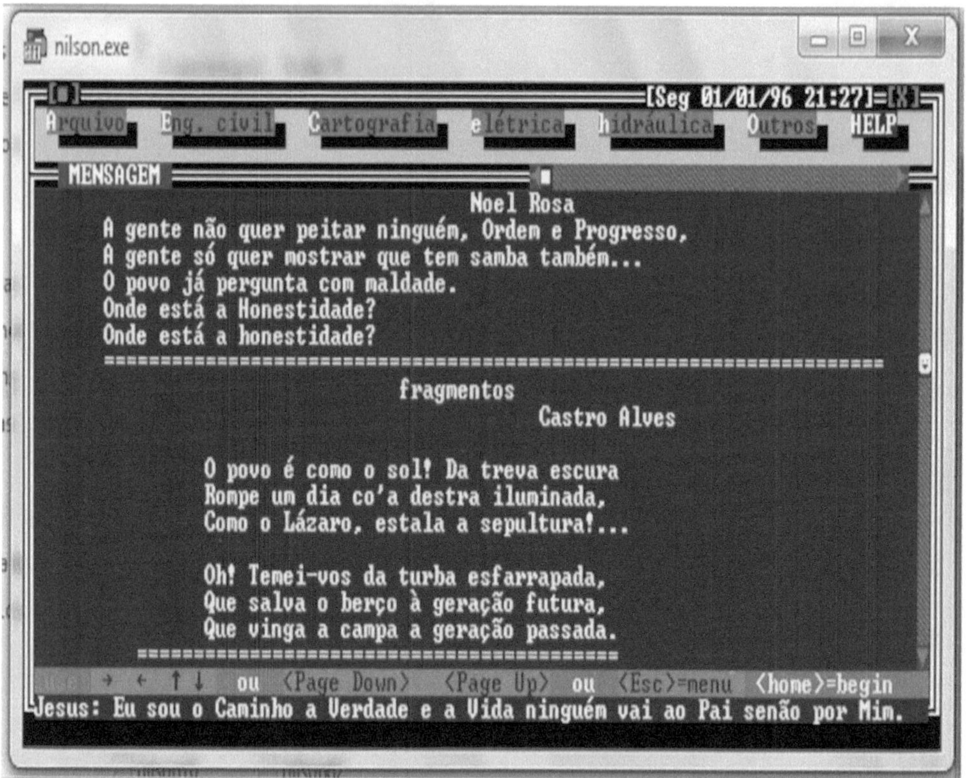

MENSAGEM ================================ ■

                           Noel Rosa
A gente não quer peitar ninguém, Ordem e Progresso,
A gente só quer mostrar que tem samba também...
O povo já pergunta com maldade.
Onde está a Honestidade?
Onde está a honestidade?
===

                       fragmentos
                               Castro Alves

       O povo é como o sol! Da treva escura
       Rompe um dia co'a destra iluminada,
       Como o Lázaro, estala a sepultura!...

       Oh! Temei-vos da turba esfarrapada,
       Que salva o berço à geração futura,
       Que vinga a campa a geração passada.
===
→ ← ↑ ↓ ou <Page Down> <Page Up> ou <Esc>=menu <home>=begin
Jesus: Eu sou o Caminho a Verdade e a Vida ninguém vai ao Pai senão por Mim.

MENSAGEM ================================ ■

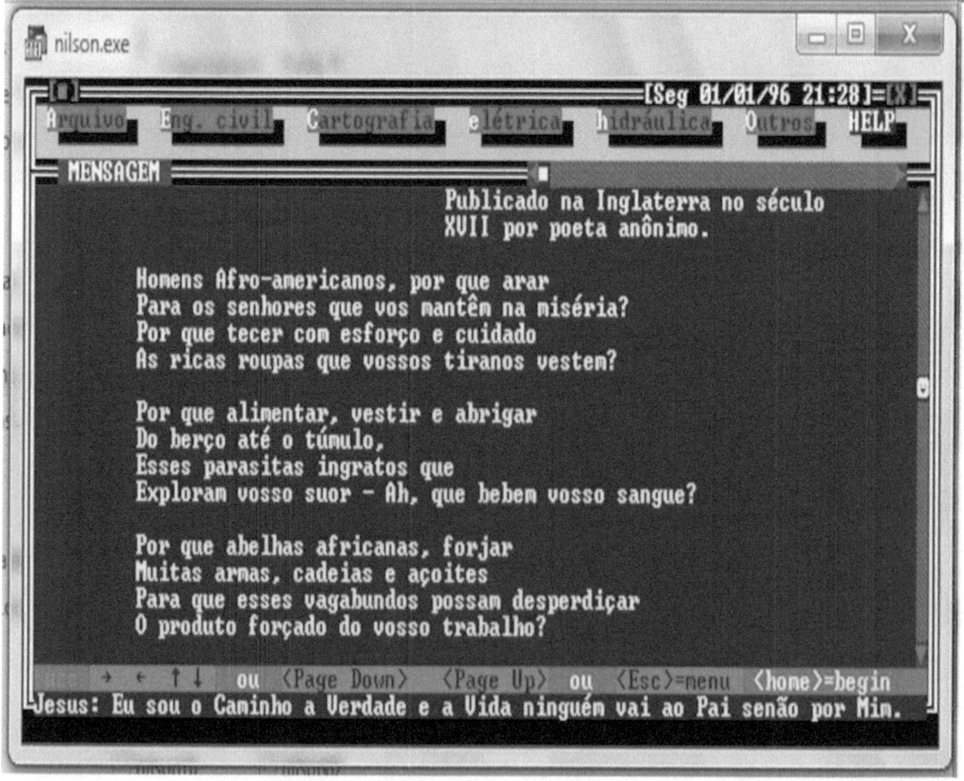

                        Publicado na Inglaterra no século
                        XVII por poeta anônimo.

   Homens Afro-americanos, por que arar
   Para os senhores que vos mantêm na miséria?
   Por que tecer com esforço e cuidado
   As ricas roupas que vossos tiranos vestem?

   Por que alimentar, vestir e abrigar
   Do berço até o túmulo,
   Esses parasitas ingratos que
   Exploram vosso suor – Ah, que bebem vosso sangue?

   Por que abelhas africanas, forjar
   Muitas armas, cadeias e açoites
   Para que esses vagabundos possam desperdiçar
   O produto forçado do vosso trabalho?
→ ← ↑ ↓ ou <Page Down> <Page Up> ou <Esc>=menu <home>=begin
Jesus: Eu sou o Caminho a Verdade e a Vida ninguém vai ao Pai senão por Mim.

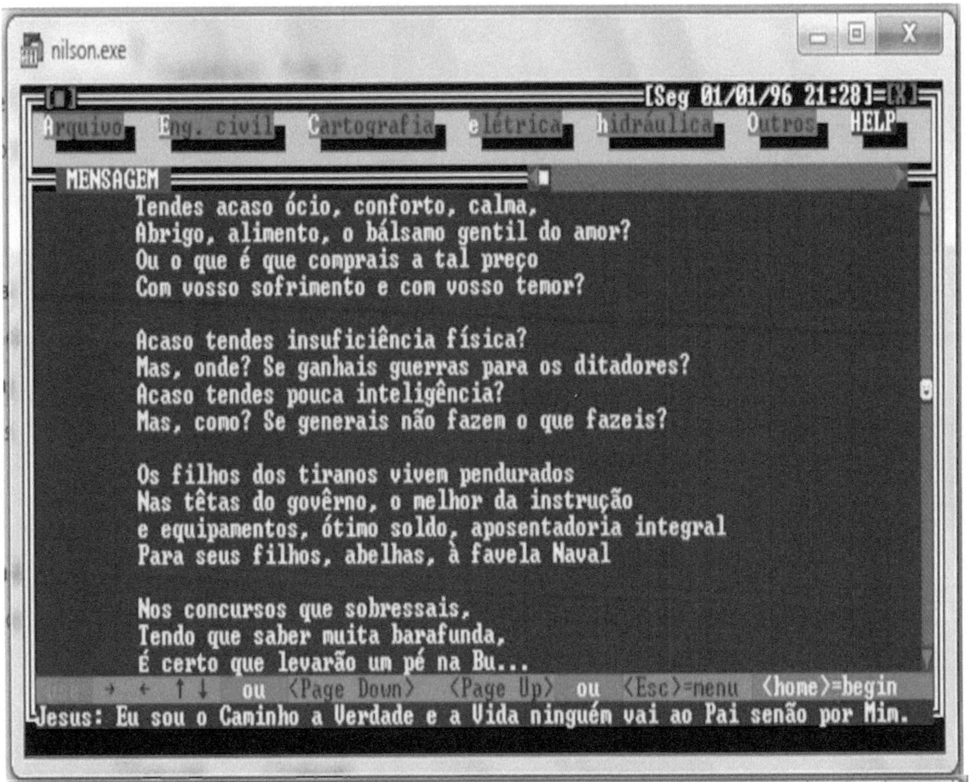

Tendes acaso ócio, conforto, calma,
Abrigo, alimento, o bálsamo gentil do amor?
Ou o que é que comprais a tal preço
Com vosso sofrimento e com vosso temor?

Acaso tendes insuficiência física?
Mas, onde? Se ganhais guerras para os ditadores?
Acaso tendes pouca inteligência?
Mas, como? Se generais não fazem o que fazeis?

Os filhos dos tiranos vivem pendurados
Nas têtas do govêrno, o melhor da instrução
e equipamentos, ótimo soldo, aposentadoria integral
Para seus filhos, abelhas, à favela Naval

Nos concursos que sobressais,
Tendo que saber muita barafunda,
É certo que levarão um pé na Bu...

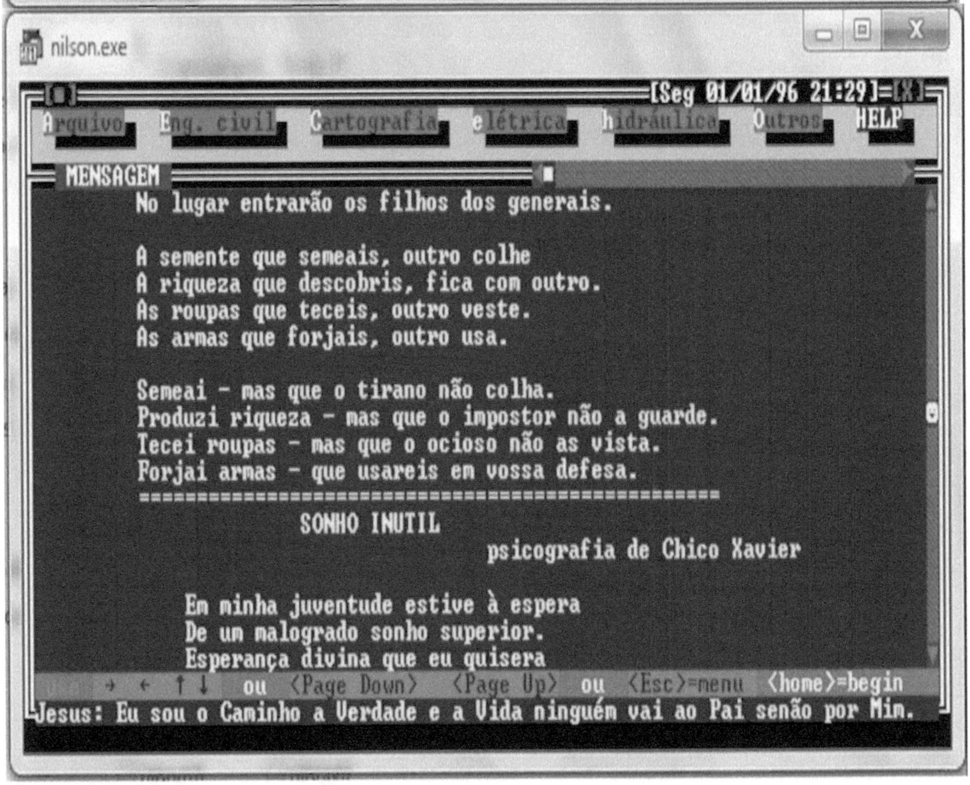

No lugar entrarão os filhos dos generais.

A semente que semeais, outro colhe
A riqueza que descobris, fica com outro.
As roupas que teceis, outro veste.
As armas que forjais, outro usa.

Semeai – mas que o tirano não colha.
Produzi riqueza – mas que o impostor não a guarde.
Tecei roupas – mas que o ocioso não as vista.
Forjai armas – que usareis em vossa defesa.
===
                    SONHO INÚTIL
                              psicografia de Chico Xavier

    Em minha juventude estive à espera
    De um malogrado sonho superior.
    Esperança divina que eu quisera

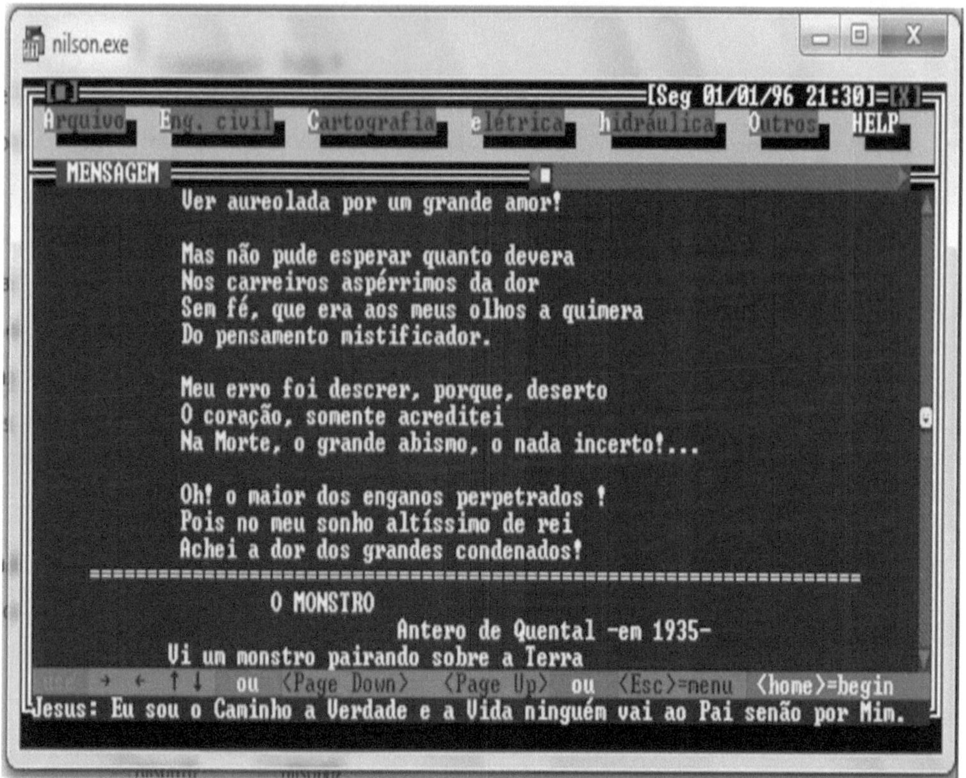

MENSAGEM

Ver aureolada por um grande amor!

Mas não pude esperar quanto devera
Nos carreiros aspérrimos da dor
Sem fé, que era aos meus olhos a quimera
Do pensamento mistificador.

Meu erro foi descrer, porque, deserto
O coração, somente acreditei
Na Morte, o grande abismo, o nada incerto!...

Oh! o maior dos enganos perpetrados !
Pois no meu sonho altíssimo de rei
Achei a dor dos grandes condenados!
==

O MONSTRO

Antero de Quental -em 1935-
Vi um monstro pairando sobre a Terra

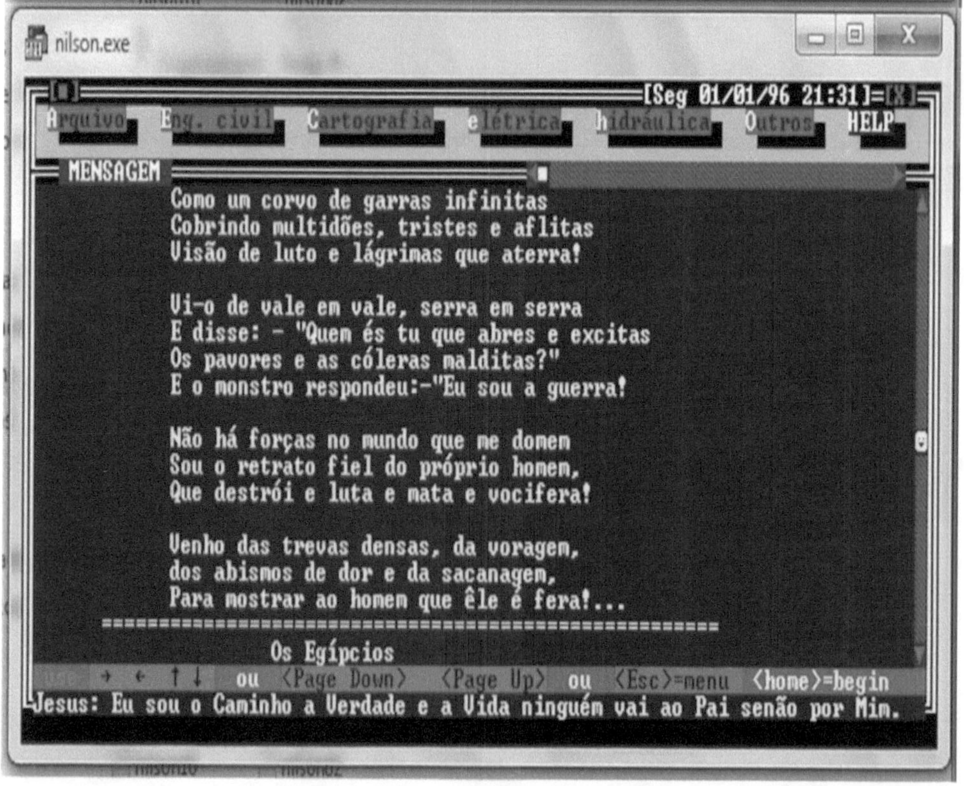

→ ← ↑ ↓   ou <Page Down> <Page Up> ou <Esc>=menu <home>=begin
Jesus: Eu sou o Caminho a Verdade e a Vida ninguém vai ao Pai senão por Mim.

MENSAGEM

Como um corvo de garras infinitas
Cobrindo multidões, tristes e aflitas
Visão de luto e lágrimas que aterra!

Vi-o de vale em vale, serra em serra
E disse: - "Quem és tu que abres e excitas
Os pavores e as cóleras malditas?"
E o monstro respondeu:-"Eu sou a guerra!

Não há forças no mundo que me domem
Sou o retrato fiel do próprio homem,
Que destrói e luta e mata e vocifera!

Venho das trevas densas, da voragem,
dos abismos de dor e da sacanagem,
Para mostrar ao homem que êle é fera!...
==

Os Egípcios

→ ← ↑ ↓   ou <Page Down> <Page Up> ou <Esc>=menu <home>=begin
Jesus: Eu sou o Caminho a Verdade e a Vida ninguém vai ao Pai senão por Mim.

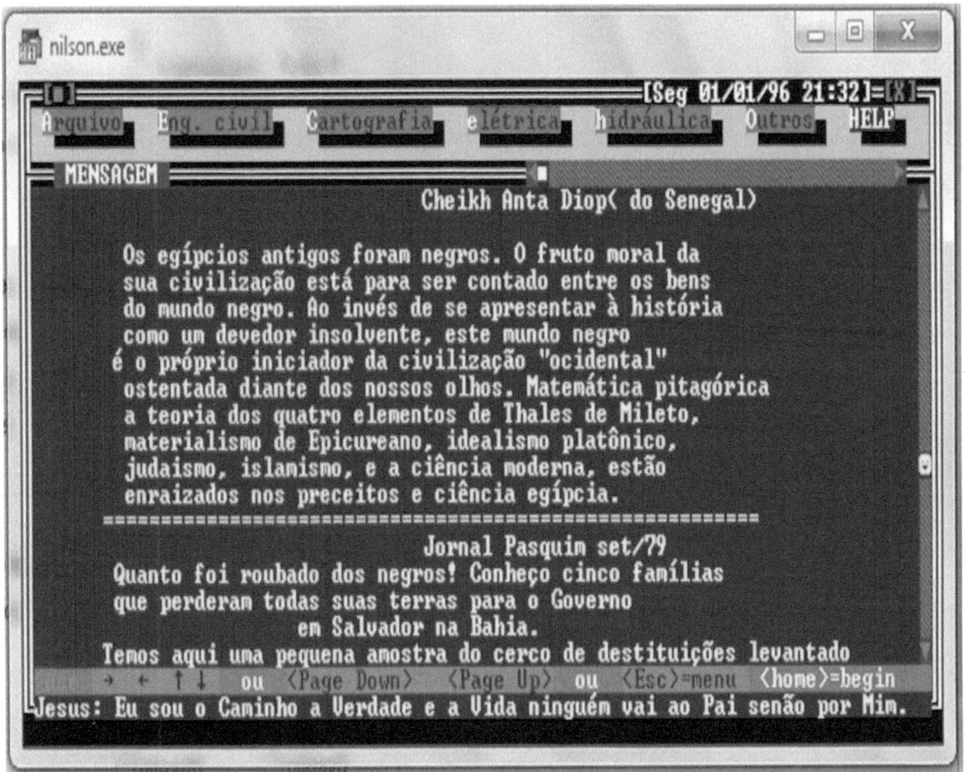

Cheikh Anta Diop(do Senegal)

Os egípcios antigos foram negros. O fruto moral da
sua civilização está para ser contado entre os bens
do mundo negro. Ao invés de se apresentar à história
como um devedor insolvente, este mundo negro
é o próprio iniciador da civilização "ocidental"
ostentada diante dos nossos olhos. Matemática pitagórica
a teoria dos quatro elementos de Thales de Mileto,
materialismo de Epicureano, idealismo platônico,
judaismo, islamismo, e a ciência moderna, estão
enraizados nos preceitos e ciência egípcia.

===

Jornal Pasquim set/79
Quanto foi roubado dos negros! Conheço cinco famílias
que perderam todas suas terras para o Governo
em Salvador na Bahia.
Temos aqui uma pequena amostra do cerco de destituições levantado

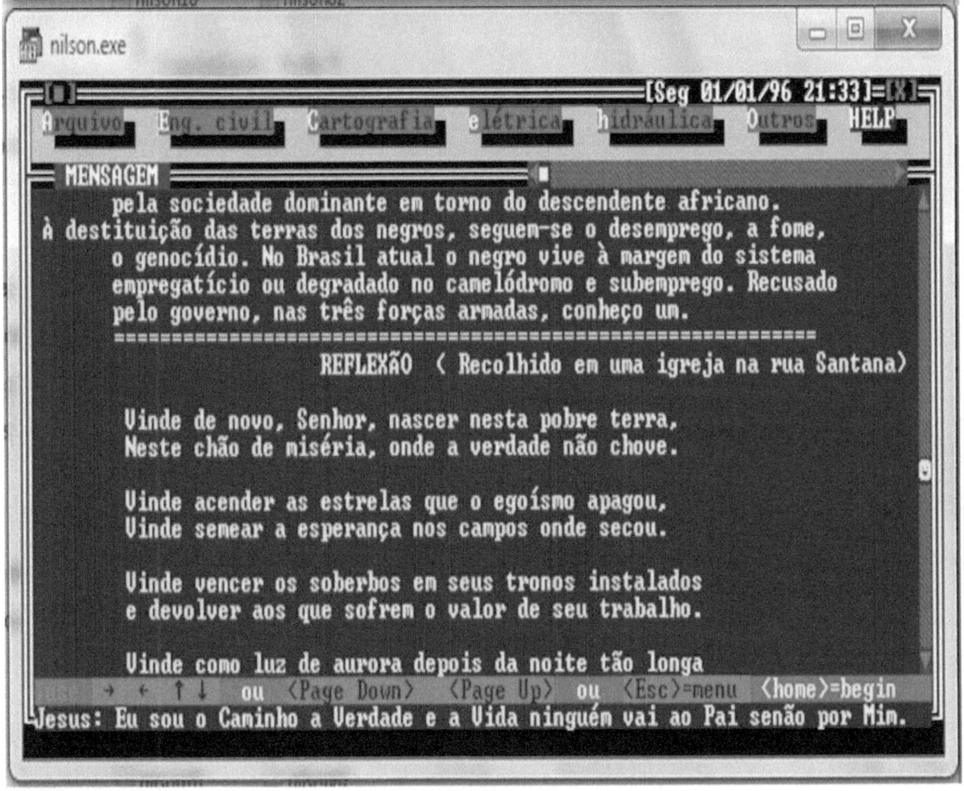

pela sociedade dominante em torno do descendente africano.
À destituição das terras dos negros, seguem-se o desemprego, a fome,
o genocídio. No Brasil atual o negro vive à margem do sistema
empregatício ou degradado no camelódromo e subemprego. Recusado
pelo governo, nas três forças armadas, conheço um.

===

REFLEXÃO (Recolhido em uma igreja na rua Santana)

Vinde de novo, Senhor, nascer nesta pobre terra,
Neste chão de miséria, onde a verdade não chove.

Vinde acender as estrelas que o egoísmo apagou,
Vinde semear a esperança nos campos onde secou.

Vinde vencer os soberbos em seus tronos instalados
e devolver aos que sofrem o valor de seu trabalho.

Vinde como luz de aurora depois da noite tão longa

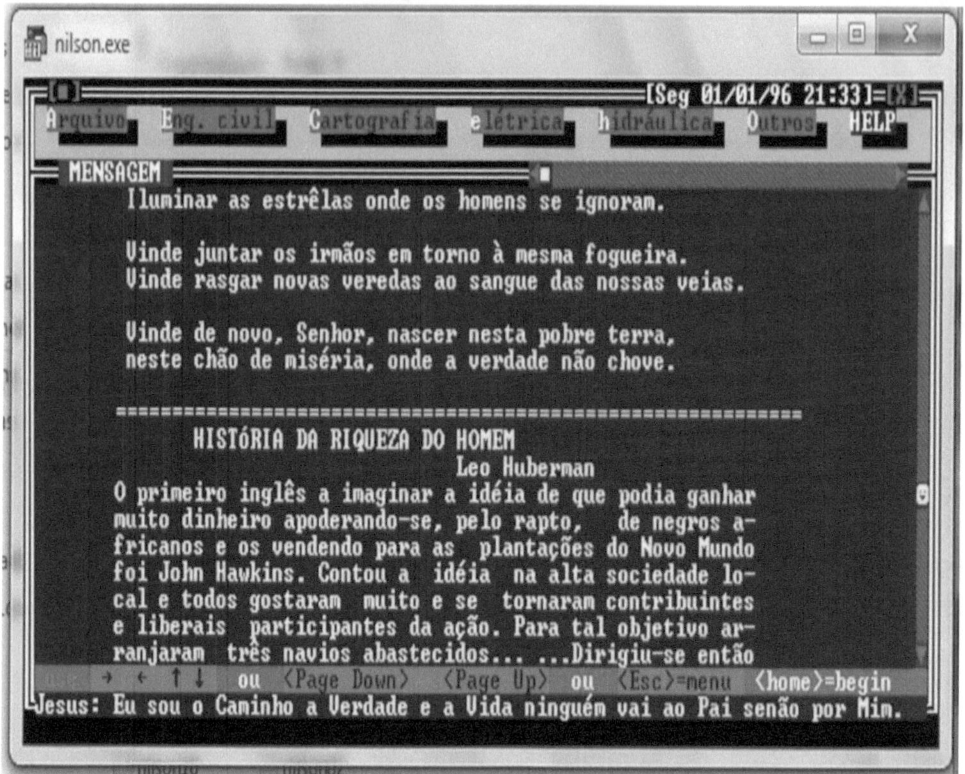

MENSAGEM ▪

    Iluminar as estrêlas onde os homens se ignoram.

    Vinde juntar os irmãos em torno à mesma fogueira.
    Vinde rasgar novas veredas ao sangue das nossas veias.

    Vinde de novo, Senhor, nascer nesta pobre terra,
    neste chão de miséria, onde a verdade não chove.

    ===
        HISTÓRIA DA RIQUEZA DO HOMEM
                Leo Huberman
    O primeiro inglês a imaginar a idéia de que podia ganhar
    muito dinheiro apoderando-se, pelo rapto, de negros a-
    fricanos e os vendendo para as plantações do Novo Mundo
    foi John Hawkins. Contou a idéia na alta sociedade lo-
    cal e todos gostaram muito e se tornaram contribuintes
    e liberais participantes da ação. Para tal objetivo ar-
    ranjaram três navios abastecidos... ...Dirigiu-se então

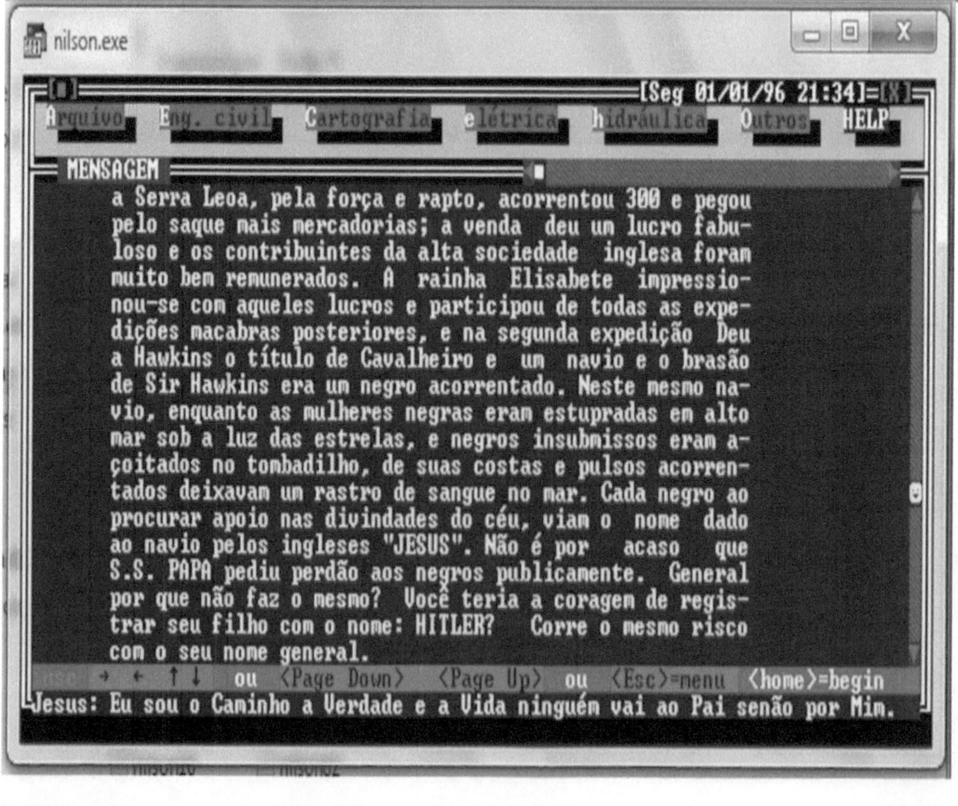

    → ← ↑ ↓   ou ⟨Page Down⟩ ⟨Page Up⟩ ou ⟨Esc⟩=menu ⟨home⟩=begin
Jesus: Eu sou o Caminho a Verdade e a Vida ninguém vai ao Pai senão por Mim.

MENSAGEM ▪

    a Serra Leoa, pela força e rapto, acorrentou 300 e pegou
    pelo saque mais mercadorias; a venda deu um lucro fabu-
    loso e os contribuintes da alta sociedade inglesa foram
    muito bem remunerados. A rainha Elisabete impressio-
    nou-se com aqueles lucros e participou de todas as expe-
    dições macabras posteriores, e na segunda expedição Deu
    a Hawkins o título de Cavalheiro e um navio e o brasão
    de Sir Hawkins era um negro acorrentado. Neste mesmo na-
    vio, enquanto as mulheres negras eram estupradas em alto
    mar sob a luz das estrelas, e negros insubmissos eram a-
    çoitados no tombadilho, de suas costas e pulsos acorren-
    tados deixavam um rastro de sangue no mar. Cada negro ao
    procurar apoio nas divindades do céu, viam o nome dado
    ao navio pelos ingleses "JESUS". Não é por acaso que
    S.S. PAPA pediu perdão aos negros publicamente. General
    por que não faz o mesmo? Você teria a coragem de regis-
    trar seu filho com o nome: HITLER?   Corre o mesmo risco
    com o seu nome general.

    → ← ↑ ↓   ou ⟨Page Down⟩ ⟨Page Up⟩ ou ⟨Esc⟩=menu ⟨home⟩=begin
Jesus: Eu sou o Caminho a Verdade e a Vida ninguém vai ao Pai senão por Mim.

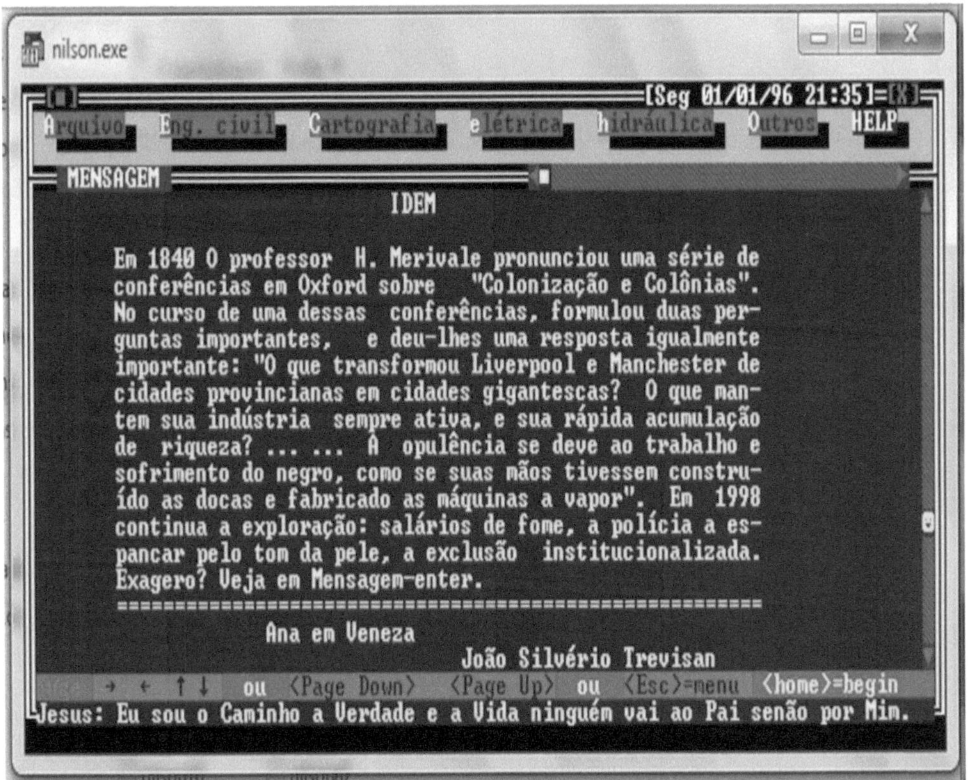

IDEM

Em 1840 O professor H. Merivale pronunciou uma série de conferências em Oxford sobre "Colonização e Colônias". No curso de uma dessas conferências, formulou duas perguntas importantes, e deu-lhes uma resposta igualmente importante: "O que transformou Liverpool e Manchester de cidades provincianas em cidades gigantescas? O que mantem sua indústria sempre ativa, e sua rápida acumulação de riqueza? ... ... A opulência se deve ao trabalho e sofrimento do negro, como se suas mãos tivessem construído as docas e fabricado as máquinas a vapor". Em 1998 continua a exploração: salários de fome, a polícia a espancar pelo tom da pele, a exclusão institucionalizada. Exagero? Veja em Mensagem-enter.
==
             Ana em Veneza
                              João Silvério Trevisan

...Nem se compara com a insana tarefa desses negros que enriqueceram o Brasil por séculos, fazendo todo tipo de trabalho. E qual a herança que receberam?   A gloriosa liberdade, sem sequer um pedaço de terra como indenização, nem qualquer plano de instrução que os preparasse melhor para ganhar a vida.   Ao contrário foram jogados num imoral estado de abandono, por uma nação que simplesmente lavou as mãos ante o destino desses milhões de desgraçados, de quem ela quisera ter se desvencilhado. Enquanto os imigrantes europeus têm recebido todo o apoio para trabalhar a terra, os negros libertos precisaram refugiar-se nas cidades, abandonados que foram à própria sorte. Quanta crueldade contra uma raça inteira de dedicados trabalhadores! (Pensa que é coisa do passado? Veja em help-mensagem e em arquivo-apagar.)
==
                     Idem
... Este Brasil não é nossa Pátria, nem nossa Mátria menos

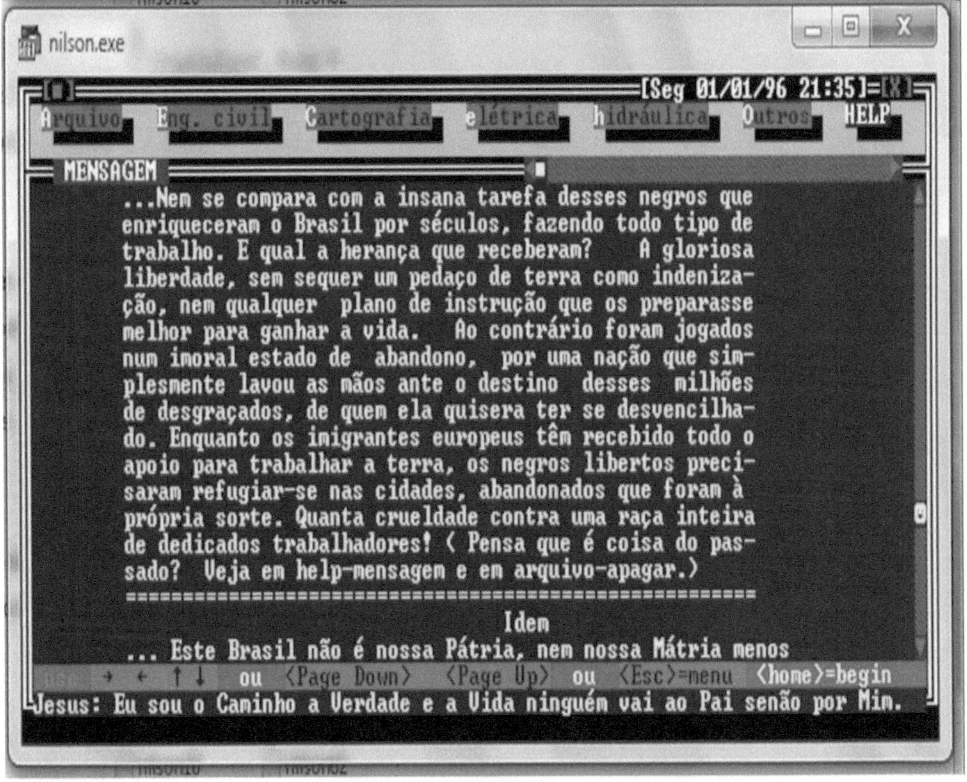

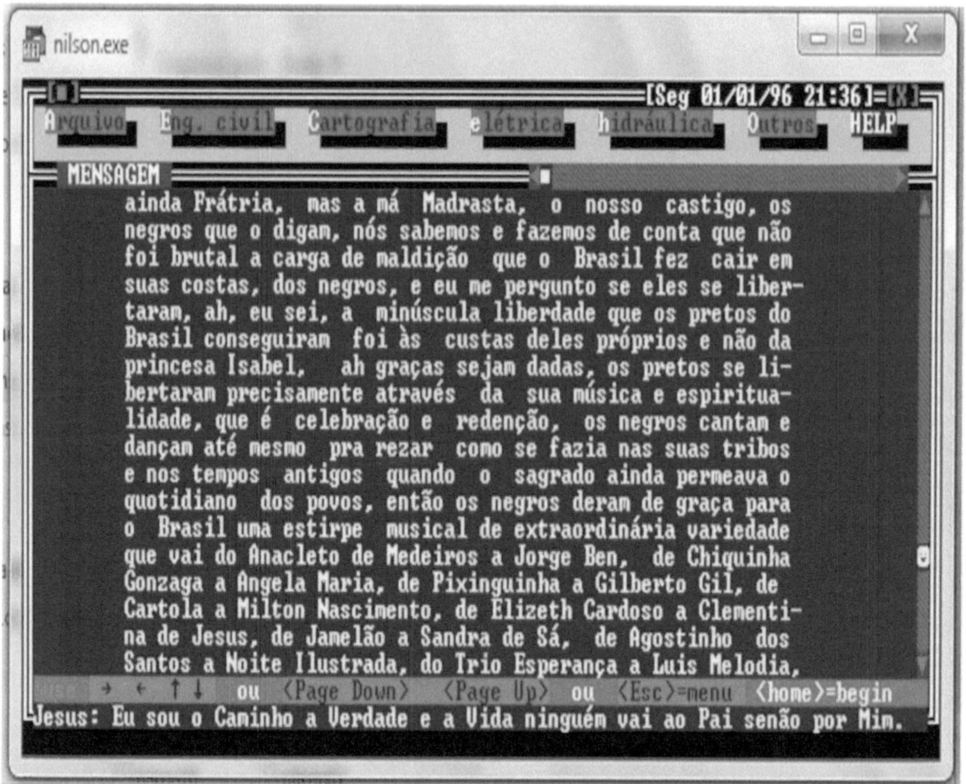

nilson.exe

=[ ]==[Seg 01/01/96 21:36]=[X]=
Arquivo   Eng. civil   Cartografia   elétrica   hidráulica   Outros   HELP
MENSAGEM

ainda Frátria, mas a má Madrasta, o nosso castigo, os
negros que o digam, nós sabemos e fazemos de conta que não
foi brutal a carga de maldição que o Brasil fez cair em
suas costas, dos negros, e eu me pergunto se eles se liber-
taram, ah, eu sei, a minúscula liberdade que os pretos do
Brasil conseguiram foi às custas deles próprios e não da
princesa Isabel, ah graças sejam dadas, os pretos se li-
bertaram precisamente através da sua música e espiritua-
lidade, que é celebração e redenção, os negros cantam e
dançam até mesmo pra rezar como se fazia nas suas tribos
e nos tempos antigos quando o sagrado ainda permeava o
quotidiano dos povos, então os negros deram de graça para
o Brasil uma estirpe musical de extraordinária variedade
que vai do Anacleto de Medeiros a Jorge Ben, de Chiquinha
Gonzaga a Angela Maria, de Pixinguinha a Gilberto Gil, de
Cartola a Milton Nascimento, de Elizeth Cardoso a Clementi-
na de Jesus, de Jamelão a Sandra de Sá, de Agostinho dos
Santos a Noite Ilustrada, do Trio Esperança a Luis Melodia,

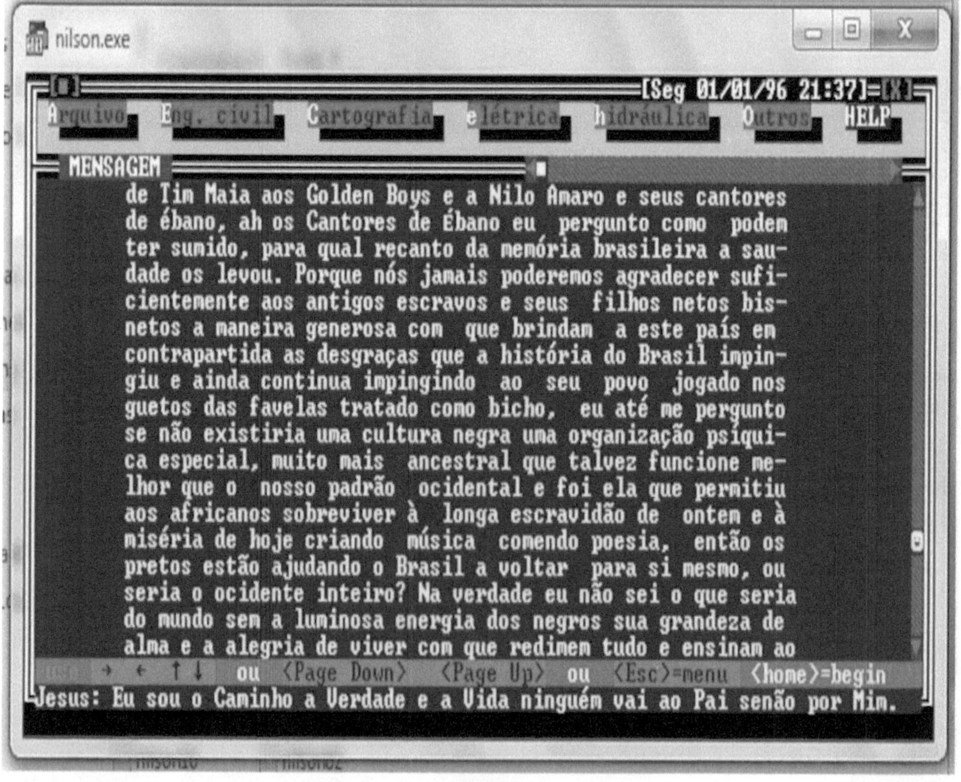

nilson.exe

=[ ]==[Seg 01/01/96 21:37]=[X]=
Arquivo   Eng. civil   Cartografia   elétrica   hidráulica   Outros   HELP
MENSAGEM

de Tim Maia aos Golden Boys e a Nilo Amaro e seus cantores
de ébano, ah os Cantores de Ébano eu pergunto como podem
ter sumido, para qual recanto da memória brasileira a sau-
dade os levou. Porque nós jamais poderemos agradecer sufi-
cientemente aos antigos escravos e seus filhos netos bis-
netos a maneira generosa com que brindam a este país em
contrapartida as desgraças que a história do Brasil impin-
giu e ainda continua impingindo ao seu povo jogado nos
guetos das favelas tratado como bicho, eu até me pergunto
se não existiria uma cultura negra uma organização psíqui-
ca especial, muito mais ancestral que talvez funcione melhor que o nosso padrão ocidental e foi ela que permitiu
aos africanos sobreviver à longa escravidão de ontem e à
miséria de hoje criando música comendo poesia, então os
pretos estão ajudando o Brasil a voltar para si mesmo, ou
seria o ocidente inteiro? Na verdade eu não sei o que seria
do mundo sem a luminosa energia dos negros sua grandeza de
alma e a alegria de viver com que redimem tudo e ensinam ao

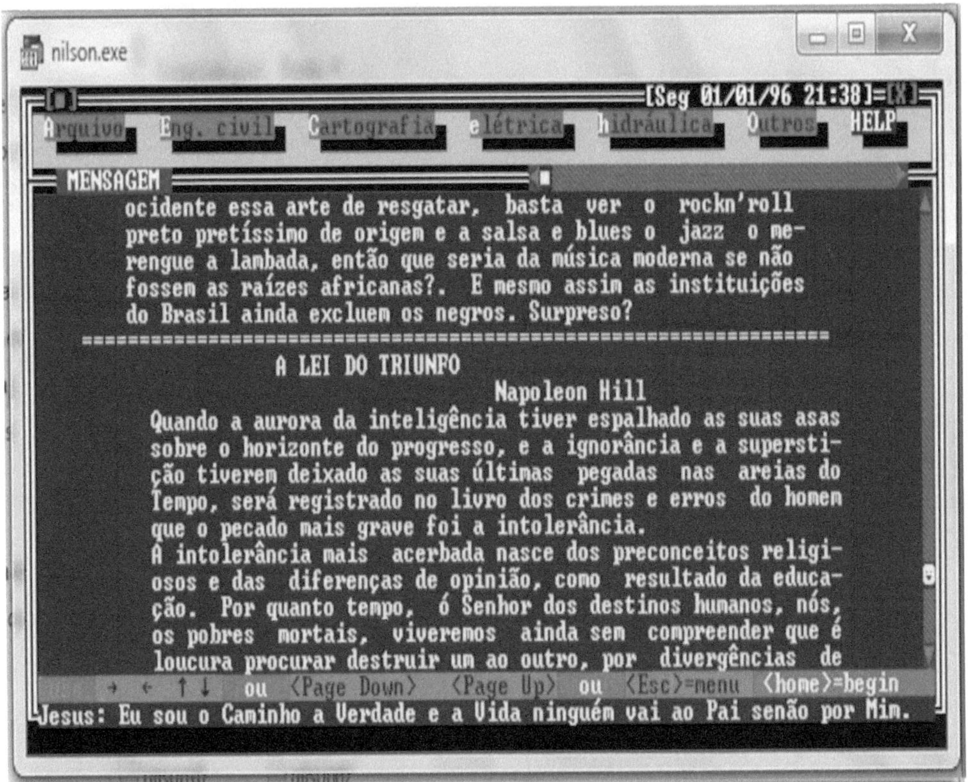
nilson.exe
[Seg 01/01/96 21:38]
Arquivo
Eng. civil
Cartografia
elétrica
hidráulica
Outros
HELP
MENSAGEM
ocidente essa arte de resgatar, basta ver o rockn'roll
preto pretíssimo de origem e a salsa e blues o jazz o me-
rengue a lambada, então que seria da música moderna se não
fossem as raízes africanas?. E mesmo assim as instituições
do Brasil ainda excluem os negros. Surpreso?
A LEI DO TRIUNFO
Napoleon Hill
Quando a aurora da inteligência tiver espalhado as suas asas
sobre o horizonte do progresso, e a ignorância e a superstição tiverem deixado as suas últimas pegadas nas areias do
Tempo, será registrado no livro dos crimes e erros do homem
que o pecado mais grave foi a intolerância.
A intolerância mais acerbada nasce dos preconceitos religi-
osos e das diferenças de opinião, como resultado da educa-
ção. Por quanto tempo, ó Senhor dos destinos humanos, nós,
os pobres mortais, viveremos ainda sem compreender que é
loucura procurar destruir um ao outro, por divergências de
→ ← ↑ ↓ ou <Page Down> <Page Up> ou <Esc>=menu <home>=begin
Jesus: Eu sou o Caminho a Verdade e a Vida ninguém vai ao Pai senão por Mim.

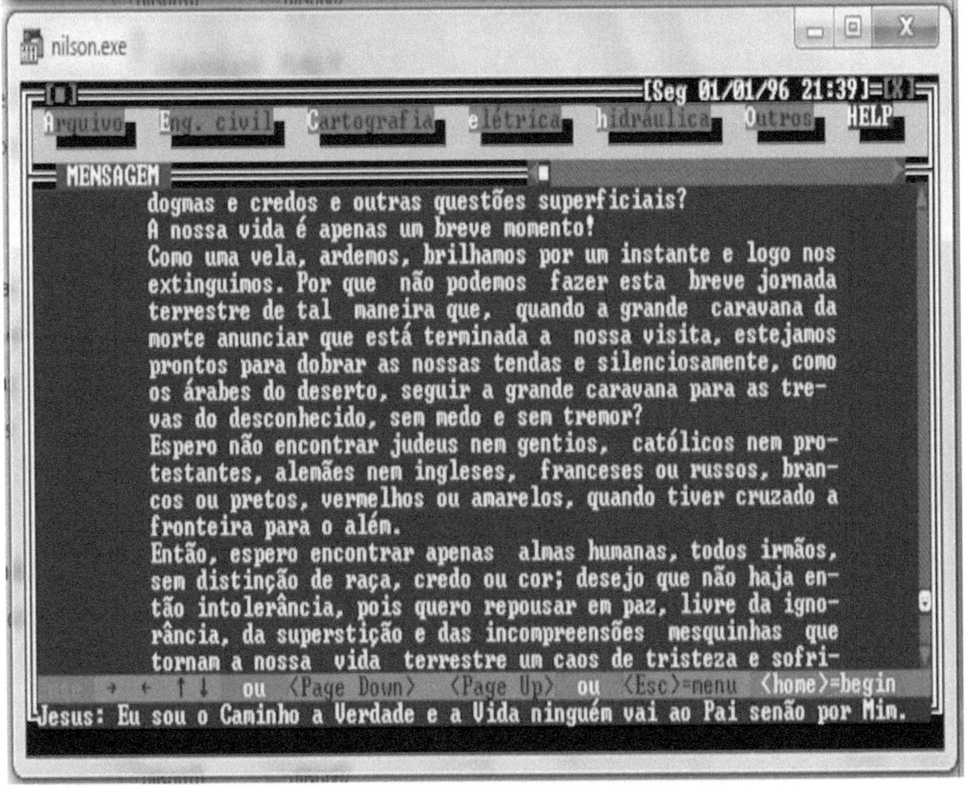
nilson.exe
[Seg 01/01/96 21:39]
Arquivo
Eng. civil
Cartografia
elétrica
hidráulica
Outros
HELP
MENSAGEM
dogmas e credos e outras questões superficiais?
A nossa vida é apenas um breve momento!
Como uma vela, ardemos, brilhamos por um instante e logo nos
extinguimos. Por que não podemos fazer esta breve jornada
terrestre de tal maneira que, quando a grande caravana da
morte anunciar que está terminada a nossa visita, estejamos
prontos para dobrar as nossas tendas e silenciosamente, como
os árabes do deserto, seguir a grande caravana para as trevas do desconhecido, sem medo e sem tremor?
Espero não encontrar judeus nem gentios, católicos nem pro-
testantes, alemães nem ingleses, franceses ou russos, brancos ou pretos, vermelhos ou amarelos, quando tiver cruzado a
fronteira para o além.
Então, espero encontrar apenas almas humanas, todos irmãos,
sem distinção de raça, credo ou cor; desejo que não haja então intolerância, pois quero repousar em paz, livre da ignorância, da superstição e das incompreensões mesquinhas que
tornam a nossa vida terrestre um caos de tristeza e sofri-
→ ← ↑ ↓ ou <Page Down> <Page Up> ou <Esc>=menu <home>=begin
Jesus: Eu sou o Caminho a Verdade e a Vida ninguém vai ao Pai senão por Mim.

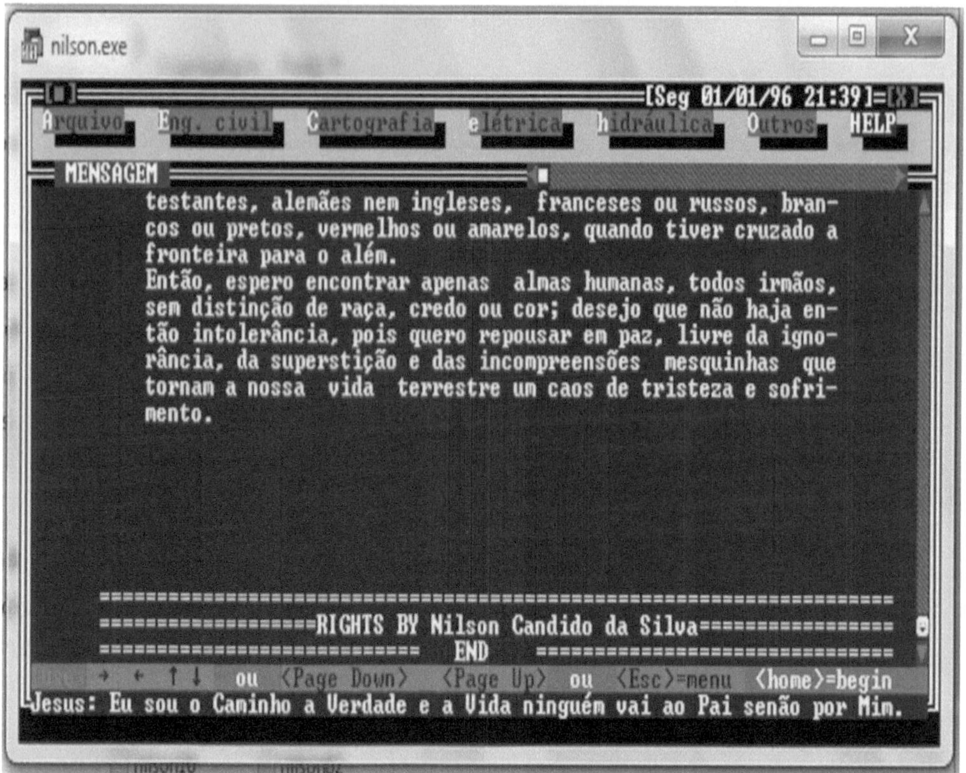

Arquivo   Eng. civil   Cartografia   elétrica   hidráulica   Outros   HELP

MENSAGEM

testantes, alemães nem ingleses, franceses ou russos, brancos ou pretos, vermelhos ou amarelos, quando tiver cruzado a
fronteira para o além.
Então, espero encontrar apenas almas humanas, todos irmãos,
sem distinção de raça, credo ou cor; desejo que não haja então intolerância, pois quero repousar em paz, livre da ignorância, da superstição e das incompreensões mesquinhas que
tornam a nossa vida terrestre um caos de tristeza e sofrimento.

```
=======================================================================
=====================RIGHTS BY Nilson Candido da Silva==================
=========================     END     =================================
```

→ ← ↑ ↓   ou <Page Down>   <Page Up>   ou <Esc>=menu   <home>=begin

Jesus: Eu sou o Caminho a Verdade e a Vida ninguém vai ao Pai senão por Mim.

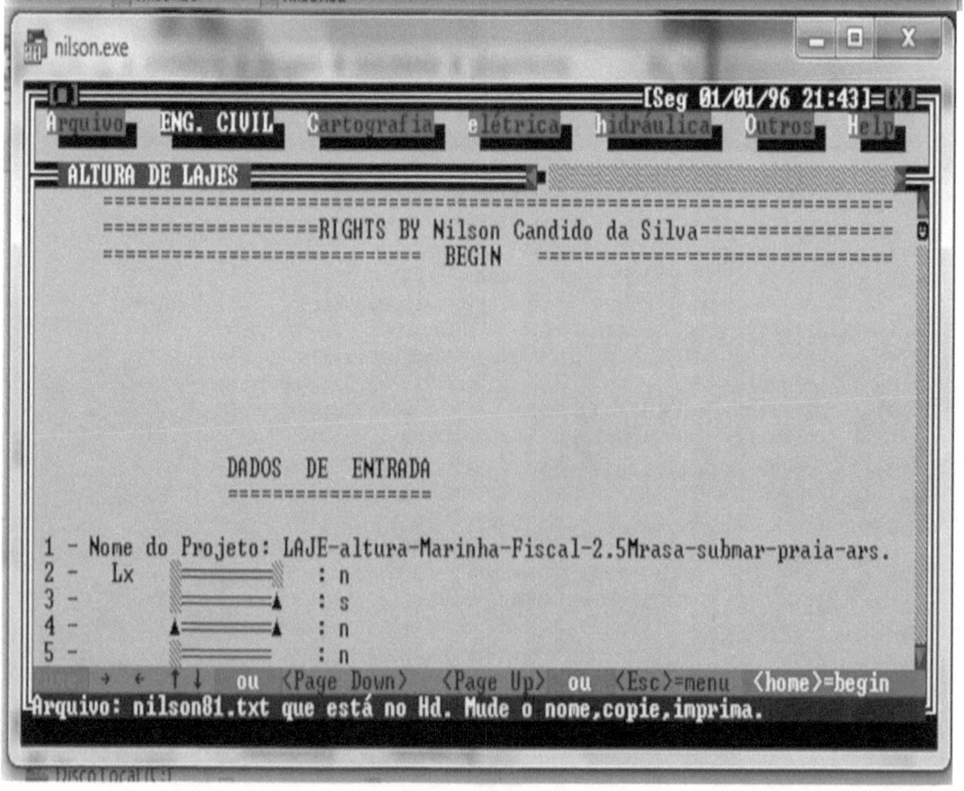

Arquivo   ENG. CIVIL   Cartografia   elétrica   hidráulica   Outros   Help

ALTURA DE LAJES

```
=======================================================================
=====================RIGHTS BY Nilson Candido da Silva==================
=============================   BEGIN   ===============================
```

        DADOS DE ENTRADA
        ===================

1 - Nome do Projeto: LAJE-altura-Marinha-Fiscal-2.5Mrasa-submar-praia-ars.
2 -   Lx   : n
3 -   ▲ : s
4 -   ▲   ▲ : n
5 -   : n

→ ← ↑ ↓   ou <Page Down>   <Page Up>   ou <Esc>=menu   <home>=begin

Arquivo: nilson01.txt que está no Hd. Mude o nome,copie,imprima.

40

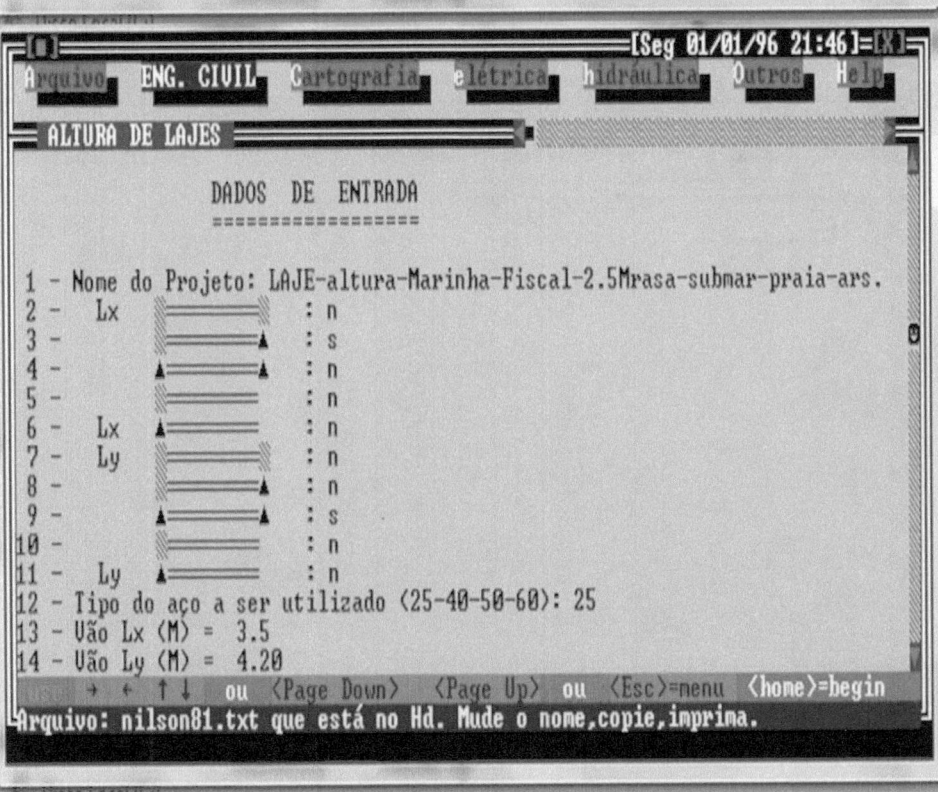

ALTURA DE LAJES

```
 6 -   Lx   ▲══════        : n
 7 -   Ly   │══════▨       : n
 8 -        ▨══════▲       : n
 9 -        ▲══════▲       : s
10 -        ▨══════        : n
11 -   Ly   ▲══════        : n
12 - Tipo do aço a ser utilizado (25-40-50-60): 25
13 - Vão Lx (M) = 3.5
14 - Vão Ly (M) = 4.20
15 - Laje maciça ou nervurada (m ,n) : M

                DADOS  DE  SAÍDA
                =================


Esta laje é  armada em cruz
==============================
        d= 6.329 cM.
Esta distância (d) é a linha de centro da armadura a face mais
```

→ ← ↑↓ ou ⟨Page Down⟩ ⟨Page Up⟩ ou ⟨Esc⟩=menu ⟨home⟩=begin

Arquivo: nilson81.txt que está no Hd. Mude o nome,copie,imprima.

[Seg 01/01/96 21:46]=[X]

Arquivo   ENG. CIVIL   Cartografia   elétrica   hidráulica   Outros   Help

ALTURA DE LAJES

```
                DADOS  DE  ENTRADA
                ==================

 1 - Nome do Projeto: LAJE-altura-Marinha-Fiscal-2.5Mrasa-submar-praia-ars.
 2 -   Lx   ▨══════        : n
 3 -        ▨══════▲       : s
 4 -        ▲══════        : n
 5 -        ▨══════        : n
 6 -   Lx   ▲══════        : n
 7 -   Ly   │══════▨       : n
 8 -        ▨══════▲       : n
 9 -        ▲══════▲       : s
10 -        ▨══════        : n
11 -   Ly   ▲══════        : n
12 - Tipo do aço a ser utilizado (25-40-50-60): 25
13 - Vão Lx (M) = 3.5
14 - Vão Ly (M) = 4.20
```

→ ← ↑↓ ou ⟨Page Down⟩ ⟨Page Up⟩ ou ⟨Esc⟩=menu ⟨home⟩=begin

Arquivo: nilson81.txt que está no Hd. Mude o nome,copie,imprima.

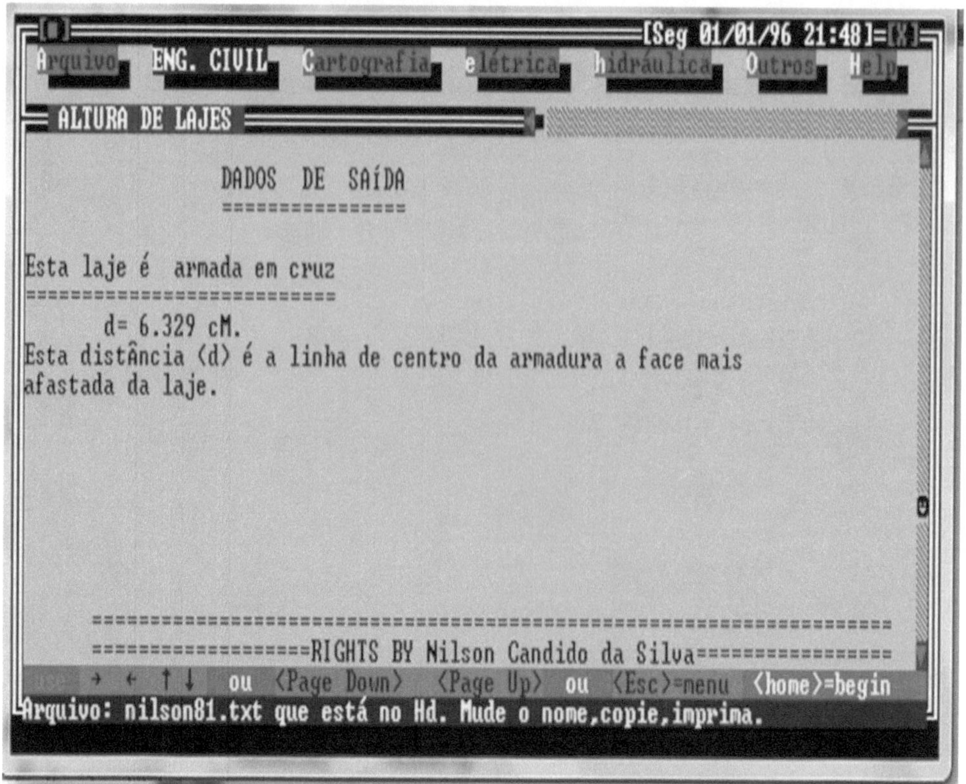

ALTURA DE LAJES

```
                DADOS  DE  SAÍDA
                ================


Esta laje é  armada em cruz
==============================
      d= 6.329 cM.
Esta distância (d) é a linha de centro da armadura a face mais
afastada da laje.
```

```
        =====================================================================
        ==================RIGHTS BY Nilson Candido da Silva==================
```

→ ← ↑↓   ou <Page Down>   <Page Up>   ou <Esc>=menu   <home>=begin

Arquivo: nilson81.txt que está no Hd. Mude o nome,copie,imprima.

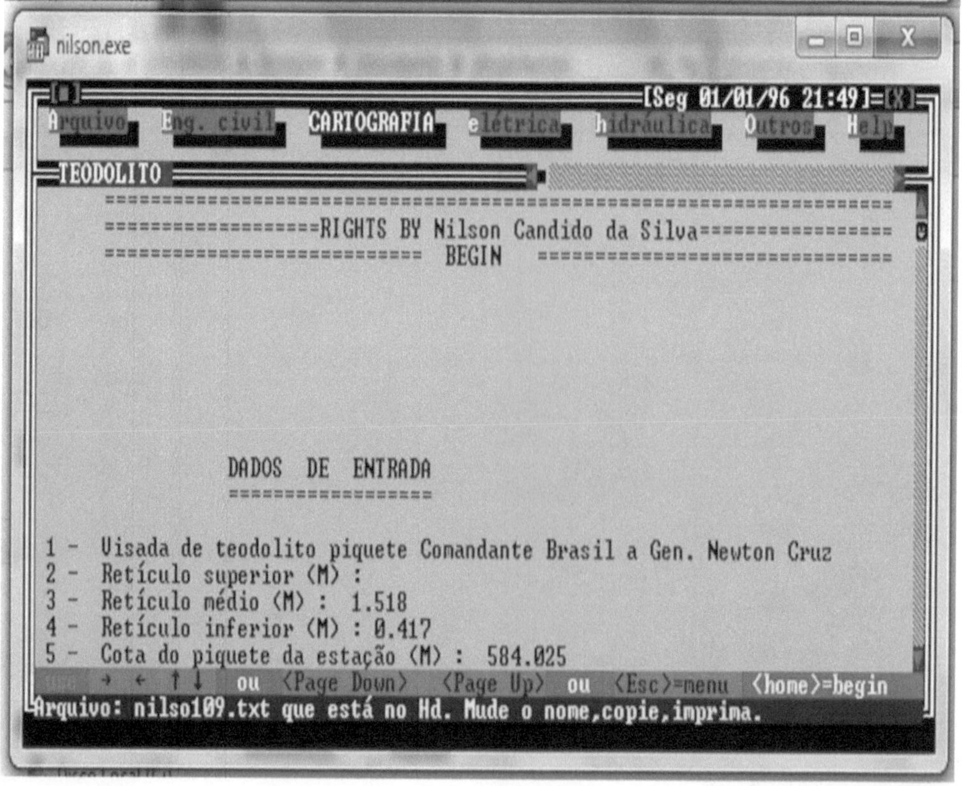

---

nilson.exe

TEODOLITO

```
        =====================================================================
        ==================RIGHTS BY Nilson Candido da Silva==================
        ===========================  BEGIN  =================================
```

```
                DADOS  DE  ENTRADA
                ==================

1 -  Visada de teodolito piquete Comandante Brasil a Gen. Newton Cruz
2 -  Retículo superior (M) :
3 -  Retículo médio (M) : 1.518
4 -  Retículo inferior (M) : 0.417
5 -  Cota do piquete da estação (M) :  584.025
```

→ ← ↑↓   ou <Page Down>   <Page Up>   ou <Esc>=menu   <home>=begin

Arquivo: nilso109.txt que está no Hd. Mude o nome,copie,imprima.

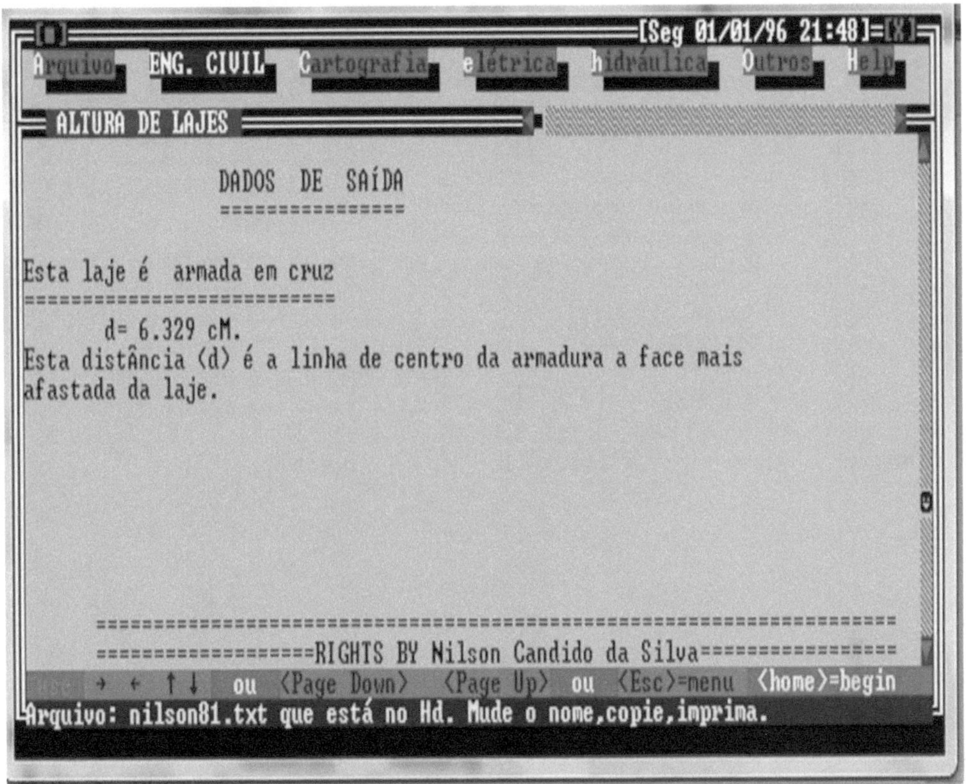

Arquivo ENG. CIVIL Cartografia elétrica hidráulica Outros Help

ALTURA DE LAJES

DADOS DE SAÍDA
================

Esta laje é armada em cruz
===========================
     d= 6.329 cM.
Esta distância (d) é a linha de centro da armadura a face mais
afastada da laje.

==
==================RIGHTS BY Nilson Candido da Silva==================

→ ← ↑ ↓ ou ⟨Page Down⟩ ⟨Page Up⟩ ou ⟨Esc⟩=menu ⟨home⟩=begin

Arquivo: nilson81.txt que está no Hd. Mude o nome,copie,imprima.

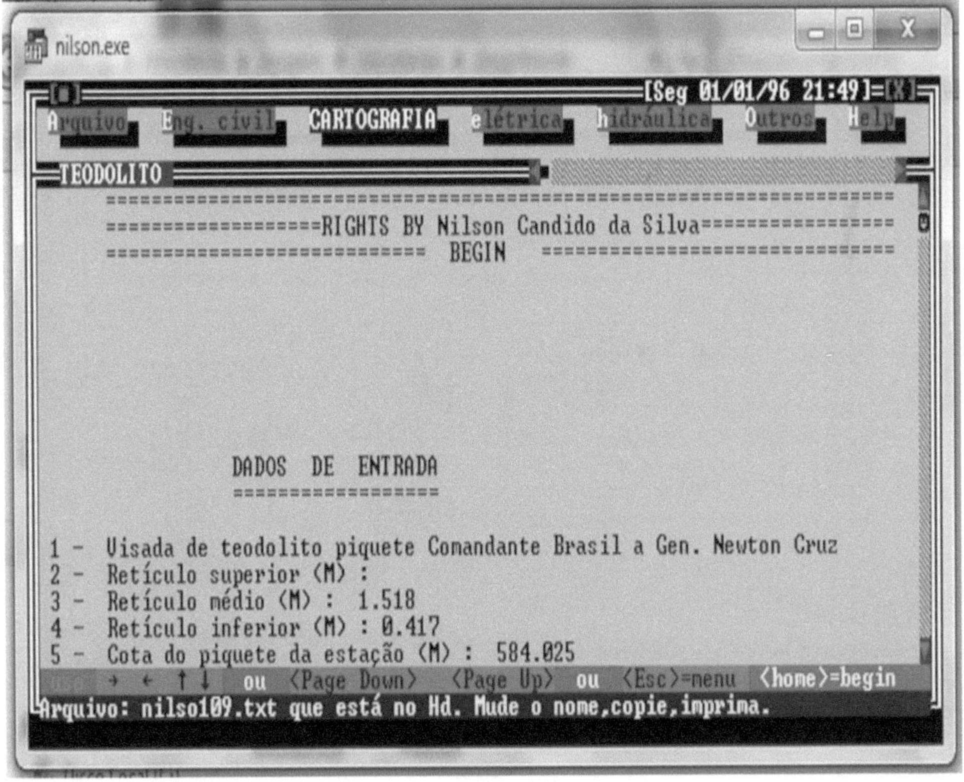

---

nilson.exe

Arquivo Eng. civil CARTOGRAFIA elétrica hidráulica Outros Help

TEODOLITO

==
==================RIGHTS BY Nilson Candido da Silva==================
=========================== BEGIN ===========================

DADOS DE ENTRADA
=================

1 - Visada de teodolito piquete Comandante Brasil a Gen. Newton Cruz
2 - Retículo superior (M) :
3 - Retículo médio (M) : 1.518
4 - Retículo inferior (M) : 0.417
5 - Cota do piquete da estação (M) : 584.025

→ ← ↑ ↓ ou ⟨Page Down⟩ ⟨Page Up⟩ ou ⟨Esc⟩=menu ⟨home⟩=begin

Arquivo: nilso109.txt que está no Hd. Mude o nome,copie,imprima.

TEODOLITO

```
6 -  Altura do instrumento (M) : 1.50
7 -  Angulo tipo 1 = 239 55.5   2 = 239.925    3 = 239 55 30.0 : 2
8 -  Ângulo da inclinação da luneta : -5.5
9 -  Constante do instrumento : 0
10 - Constante ocular em relação ao foco : 100


              DADOS  DE  SAÍDA
              ================


A distancia entre os piquetes e de :218.177 M.
O desnivel entre os piquetes e de:-21.026 M.
O piquete visado tem cota de:562.999 M.
```

```
→ ←  ↑↓  ou <Page Down>  <Page Up>  ou  <Esc>=menu  <home>=begin
Arquivo: nilso109.txt que está no Hd. Mude o nome,copie,imprima.
```

Disco Local (C:)

---

nilson.exe   — ☐ X

[Seg 01/01/96 21:50][X]

Arquivo   Eng. civil   CARTOGRAFIA   elétrica   hidráulica   Outros   Help

TEODOLITO

```
              DADOS  DE  ENTRADA
              ===================

1 -  Visada de teodolito piquete Comandante Brasil a Gen. Newton Cruz
2 -  Retículo superior (M) :
3 -  Retículo médio (M) : 1.518
4 -  Retículo inferior (M) : 0.417
5 -  Cota do piquete da estação (M) :  584.025
6 -  Altura do instrumento (M) : 1.50
7 -  Angulo tipo 1 = 239 55.5   2 = 239.925    3 = 239 55 30.0 : 2
8 -  Ângulo da inclinação da luneta : -5.5
9 -  Constante do instrumento : 0
10 - Constante ocular em relação ao foco : 100


              DADOS  DE  SAÍDA
              ================

A distancia entre os piquetes e de :218.177 M.
```

```
→ ←  ↑↓  ou <Page Down>  <Page Up>  ou  <Esc>=menu  <home>=begin
Arquivo: nilso109.txt que está no Hd. Mude o nome,copie,imprima.
```

Disco Local (C:)

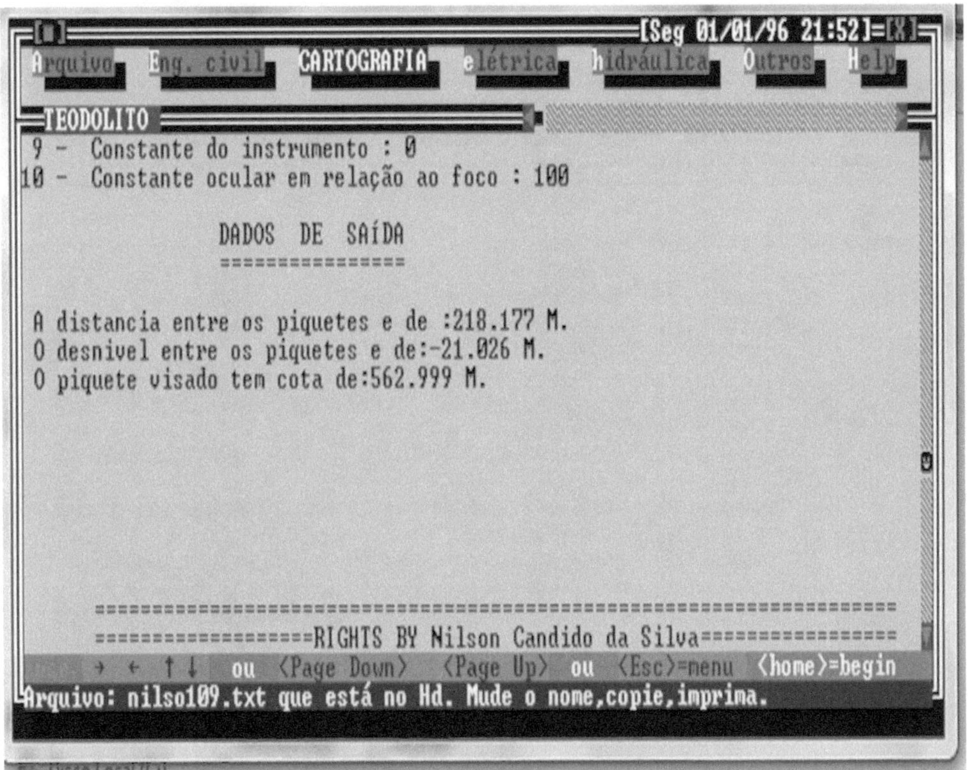

Arquivo   Eng. civil   CARTOGRAFIA   elétrica   hidráulica   Outros   Help

TEODOLITO

9 - Constante do instrumento : 0
10 - Constante ocular em relação ao foco : 100

                    DADOS DE SAÍDA
                    ================

A distancia entre os piquetes e de :218.177 M.
O desnivel entre os piquetes e de:-21.026 M.
O piquete visado tem cota de:562.999 M.

===
==================RIGHTS BY Nilson Candido da Silva============
    → ← ↑↓ ou 〈Page Down〉 〈Page Up〉 ou 〈Esc〉=menu 〈home〉=begin
Arquivo: nilso109.txt que está no Hd. Mude o nome,copie,imprima.

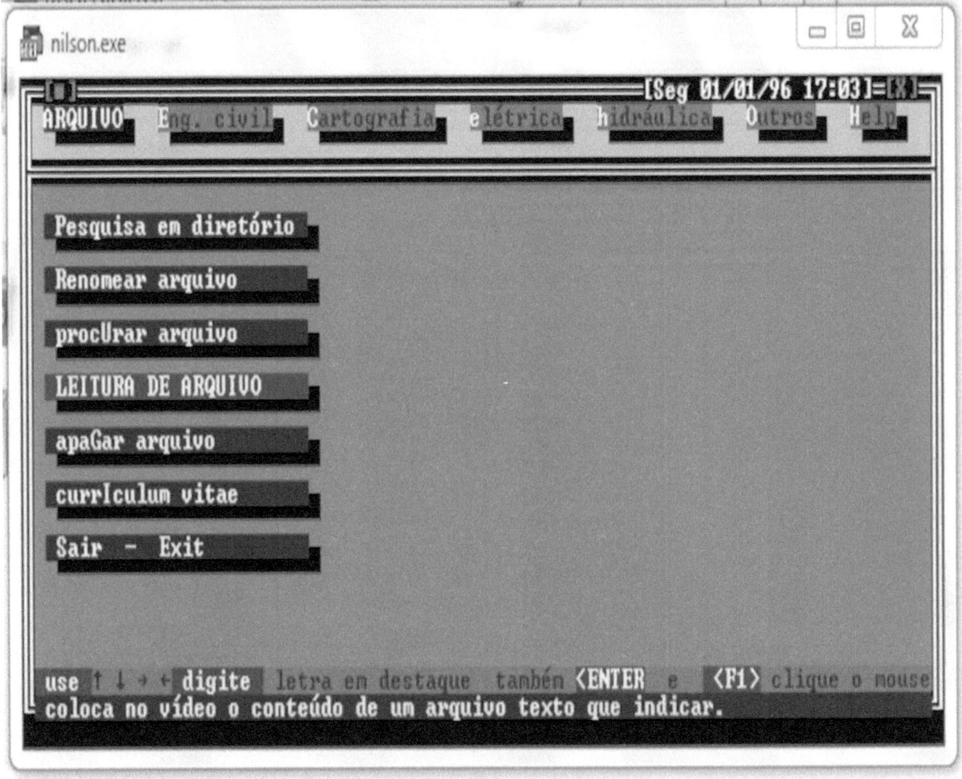

---

nilson.exe   □ ▣ ⌧

ARQUIVO   Eng. civil   Cartografia   elétrica   hidráulica   Outros   Help

Pesquisa em diretório

Renomear arquivo

procUrar arquivo

LEITURA DE ARQUIVO

apaGar arquivo

currIculum vitae

Sair - Exit

use ↑↓→← digite letra em destaque também 〈ENTER〉 e 〈F1〉 clique o mouse
coloca no vídeo o conteúdo de um arquivo texto que indicar.

nilson.exe
[Seg 01/01/96 17:05]
Arquivo
ENG. CIVIL
Cartografia
elétrica
hidráulica
Outros
Help
Fund. Pro-
Telhado
cRoss
laJes
vIga Ret.
VIGA T
Pilares
Fundação
cargaS
Mísulas
mísUla c/ cross
Vigas elásticas
Lajes marcus
Lajes czerny
altura de lajes
Lajes por ruptura
Laje tres lados
Viga ret. 2
Viga ret. 3
Viga T - compr.4
Armadura de laje
Cisalhamento
Aço
viga ret. ótima
viga ret.
viga T. ótima 4
viga T geral
pilar NB-1
pilar cintad
flexão compo
fleXão compo
tirante 5
tirante 6
tirante 7
use ↑ ↓ → ← digite letra em destaque também <ENTER e <F1> clique o mouse
Calcula dimensões,lista de ferragens,engaste,momentos,fôrmas.

nilson.exe
[Seg 01/01/96 17:07]
Arquivo
Eng. civil
CARTOGRAFIA
elétrica
hidráulica
Outros
Help
Area de po
poliGonal
Cálculo do centro de perspectiVa
cálcUlo do apoio de campo
TRIANGULAÇÃO
tRilateração
Projeto de vôo
poligonal 2
poligonal 1
Teodolito
use ↑ ↓ → ← digite letra em destaque também <ENTER e <F1> clique o mouse
Fornece todos os ângulos calculados e tabelados.

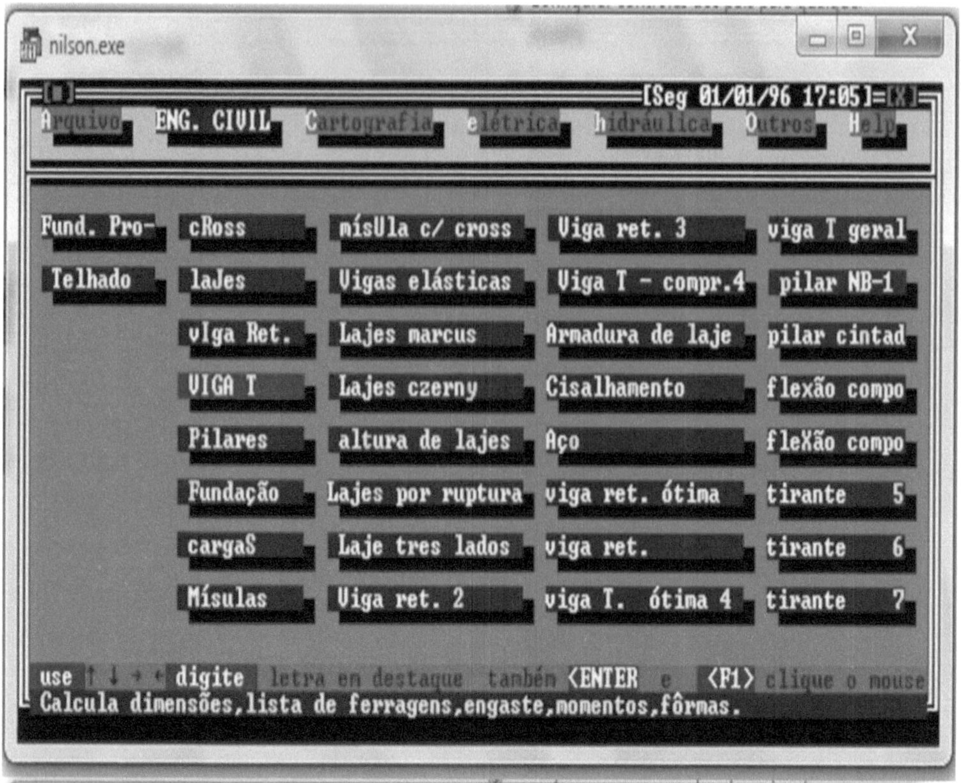

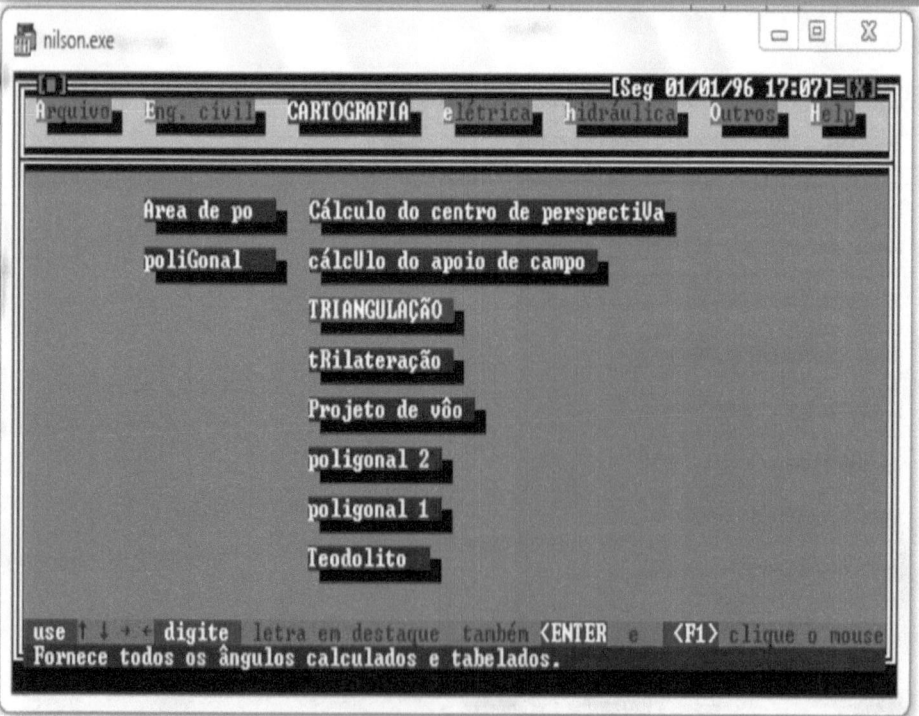

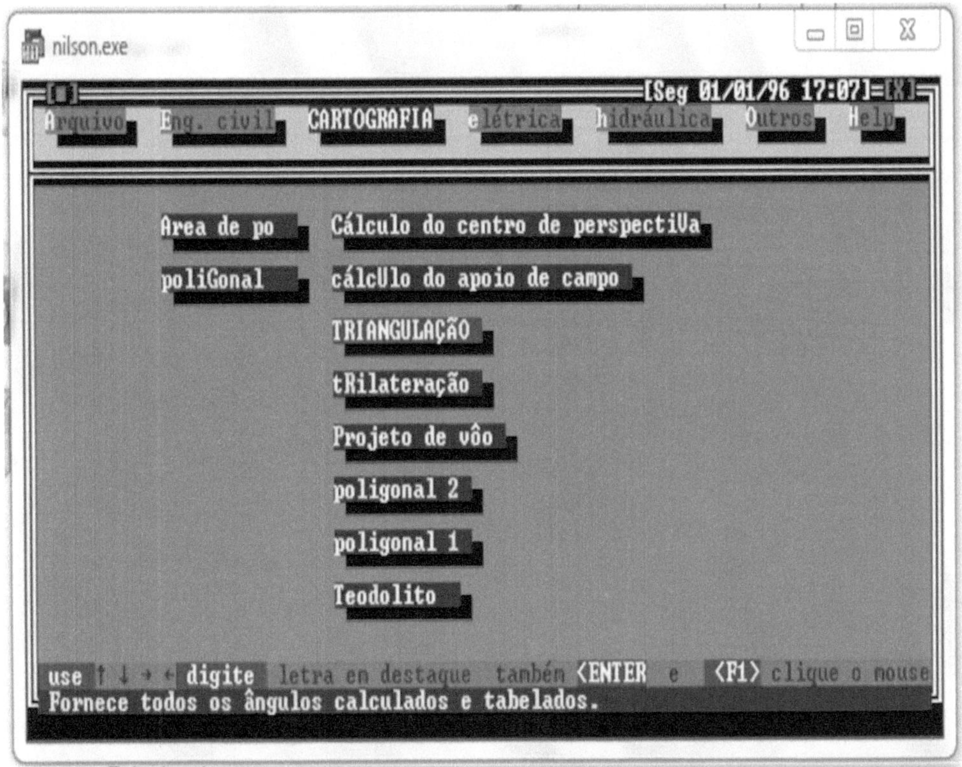

Janela 1 — CARTOGRAFIA

```
nilson.exe                                    [_] [□] [X]

░░░░░░░░░░░░░░░░░░░░░░░░░░[Seg 01/01/96 17:07]=[X]░
Arquivo   Eng. civil   CARTOGRAFIA   elétrica   hidráulica   Outros   Help

        Area de po      Cálculo do centro de perspectiVa

        poliGonal       cálcUlo do apoio de campo

                        TRIANGULAÇÃO

                        tRilateração

                        Projeto de vôo

                        poligonal 2

                        poligonal 1

                        Teodolito

use ↑ ↓ → ←  digite  letra em destaque  tanbém <ENTER  e  <F1> clique o mouse
Fornece todos os ângulos calculados e tabelados.
```

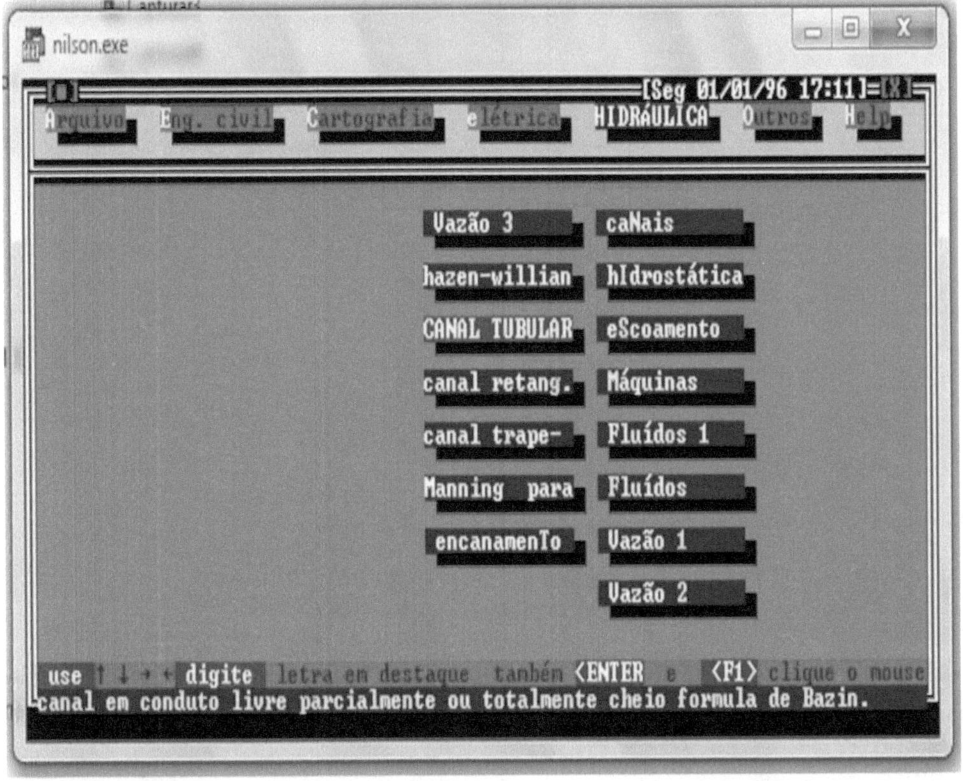

Janela 2 — HIDRÁULICA

```
nilson.exe                                    [_] [□] [X]

░░░░░░░░░░░░░░░░░░░░░░░░░░[Seg 01/01/96 17:11]=[X]░
Arquivo   Eng. civil   Cartografia   elétrica   HIDRÁULICA   Outros   Help

            Vazão 3         caNais

            hazen-willian   hIdrostática

            CANAL TUBULAR   eScoamento

            canal retang.   Máquinas

            canal trape-    Fluídos 1

            Manning  para   Fluídos

            encanamenTo     Vazão 1

                            Vazão 2

use ↑ ↓ → ←  digite  letra em destaque  tanbém <ENTER  e  <F1> clique o mouse
canal em conduto livre parcialmente ou totalmente cheio formula de Bazin.
```

47

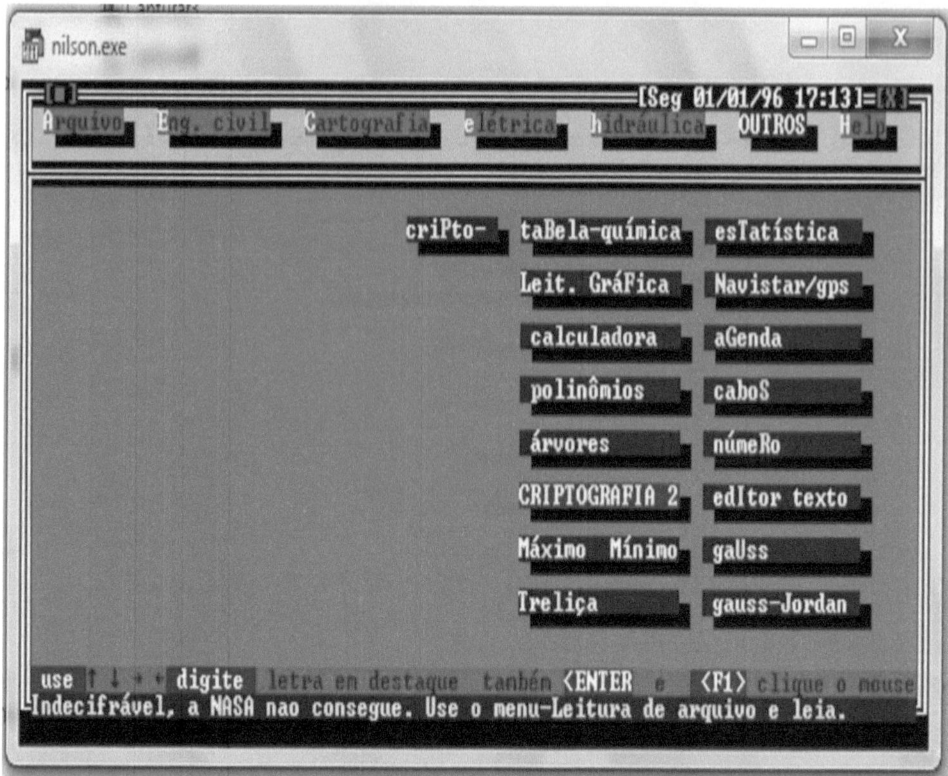

Screen 1:

nilson.exe ▫ ▣ X

[Seg 01/01/96 17:13]=[X]

Arquivo Eng. civil Cartografia elétrica hidráulica OUTROS Help

criPto- taBela-química esTatística
         Leit. GráFica Navistar/gps
         calculadora   aGenda
         polinômios   caboS
         árvores   númeRo
         CRIPTOGRAFIA 2 edItor texto
         Máximo Mínimo gaUss
         Treliça   gauss-Jordan

use ↑↓→← digite letra em destaque também <ENTER> e <F1> clique o mouse
Indecifrável, a NASA nao consegue. Use o menu-Leitura de arquivo e leia.

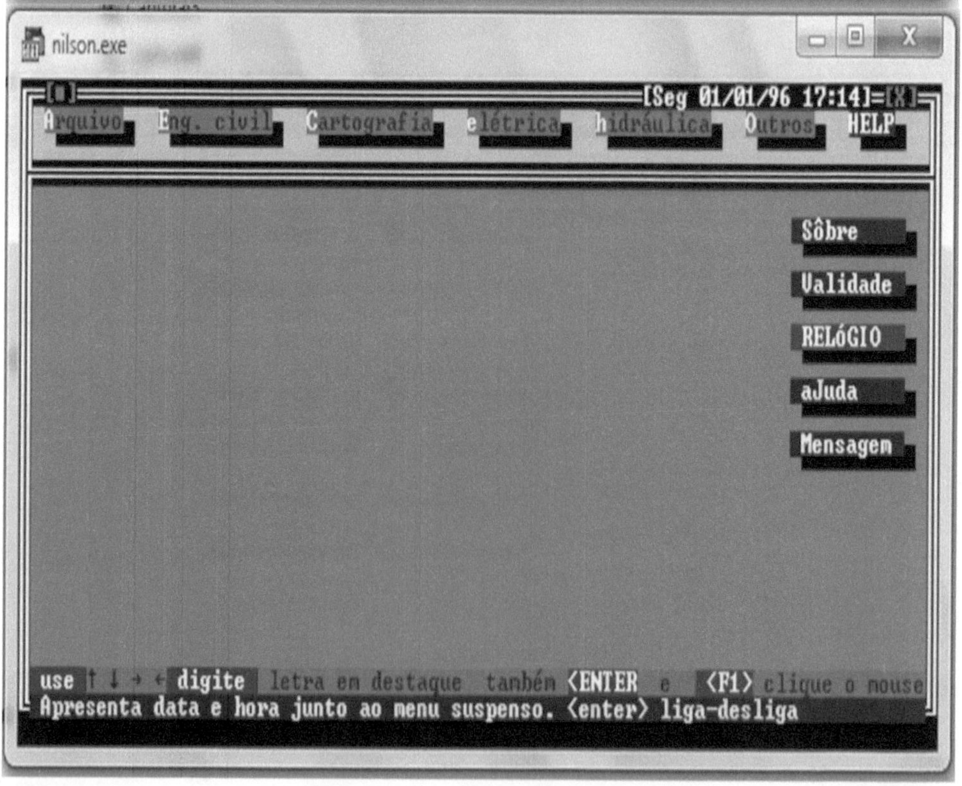

Screen 2:

nilson.exe ▫ ▣ X

[Seg 01/01/96 17:14]=[X]

Arquivo Eng. civil Cartografia elétrica hidráulica Outros HELP

                                              Sôbre
                                              Validade
                                              RELóGIO
                                              aJuda
                                              Mensagem

use ↑↓→← digite letra em destaque também <ENTER> e <F1> clique o mouse
Apresenta data e hora junto ao menu suspenso. <enter> liga-desliga

48

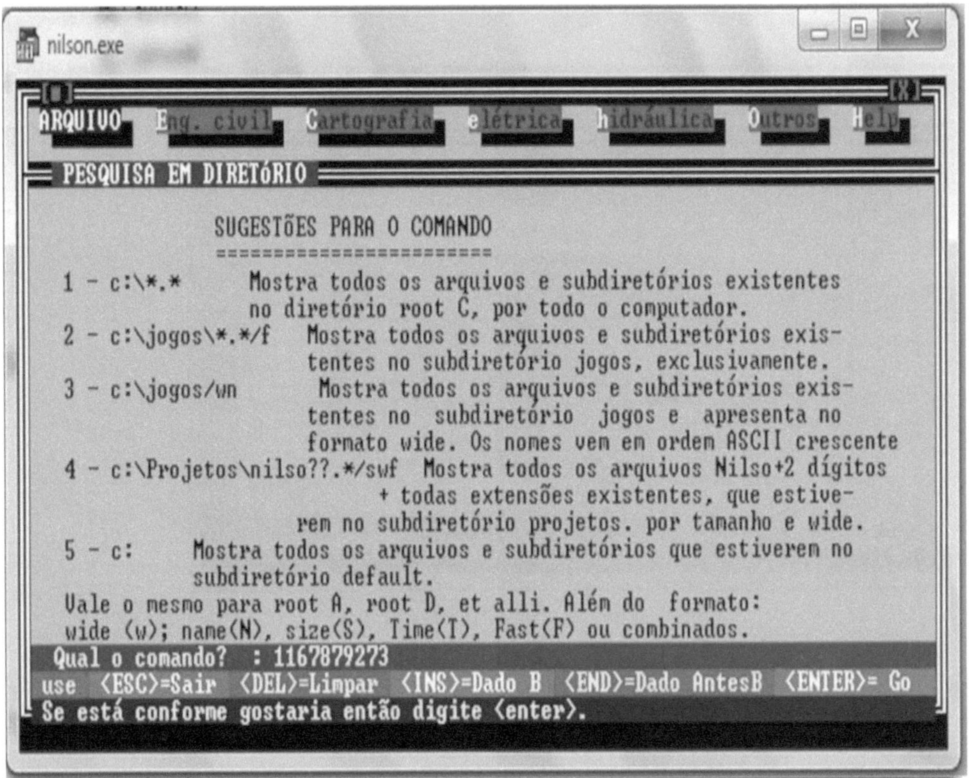

nilson.exe — □ ⊡ X

ARQUIVO Eng. civil Cartografia elétrica hidráulica Outros Help

═ PESQUISA EM DIRETÓRIO ═

```
              SUGESTÕES PARA O COMANDO
              ==========================
1 - c:\*.*      Mostra todos os arquivos e subdiretórios existentes
                no diretório root C, por todo o computador.
2 - c:\jogos\*.*/f  Mostra todos os arquivos e subdiretórios exis-
                    tentes no subdiretório jogos, exclusivamente.
3 - c:\jogos/wn     Mostra todos os arquivos e subdiretórios exis-
                    tentes no subdiretório jogos e apresenta no
                    formato wide. Os nomes vem em ordem ASCII crescente
4 - c:\Projetos\nilso??.*/swf  Mostra todos os arquivos Nilso+2 dígitos
                    + todas extensões existentes, que estive-
                    rem no subdiretório projetos. por tamanho e wide.
5 - c:          Mostra todos os arquivos e subdiretórios que estiverem no
                subdiretório default.
Vale o mesmo para root A, root D, et alli. Além do  formato:
wide (w); name(N), size(S), Time(T), Fast(F) ou combinados.
```
Qual o comando? : 1167879273
use <ESC>=Sair <DEL>=Limpar <INS>=Dado B <END>=Dado AntesB <ENTER>= Go
Se está conforme gostaria então digite <enter>.

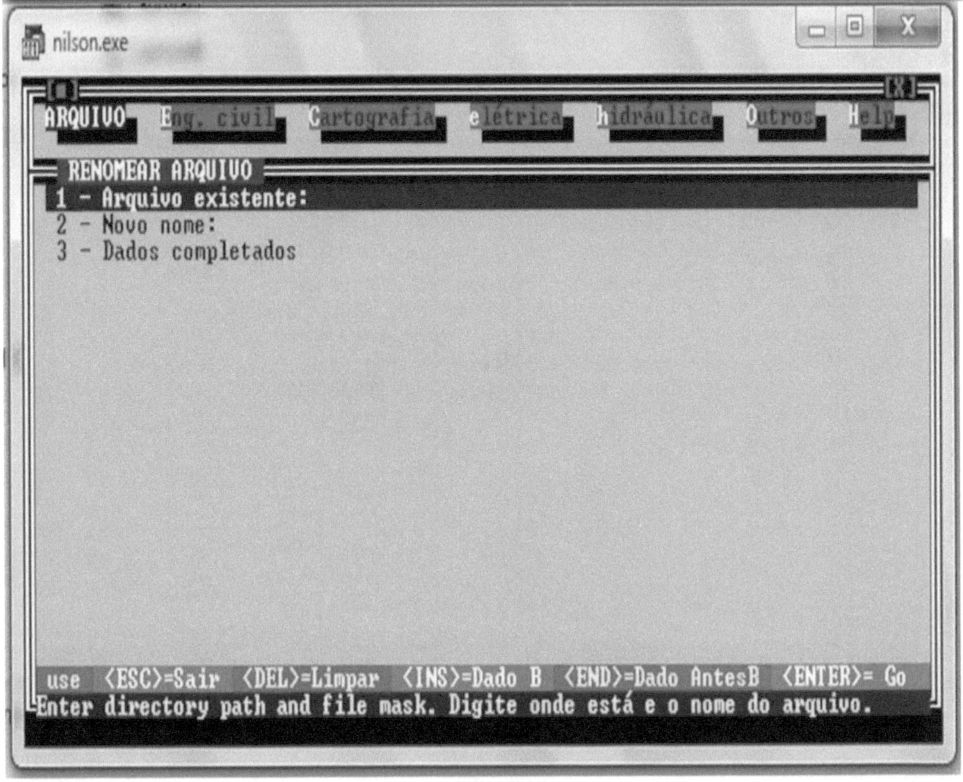

---

nilson.exe — □ ⊡ X

ARQUIVO Eng. civil Cartografia elétrica hidráulica Outros Help

═ RENOMEAR ARQUIVO ═

```
1 - Arquivo existente:
2 - Novo nome:
3 - Dados completados
```

use <ESC>=Sair <DEL>=Limpar <INS>=Dado B <END>=Dado AntesB <ENTER>= Go
Enter directory path and file mask. Digite onde está e o nome do arquivo.

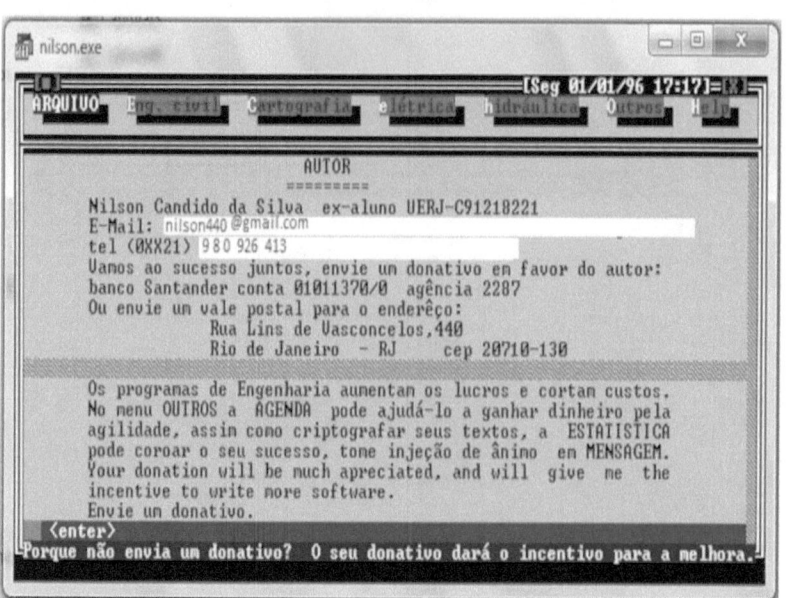

```
nilson.exe                                        [ _ ][ □ ][ X ]
┌──────────────────────────[Seg 01/01/96 17:17]──────┐
│ ARQUIVO  Eng. civil  Cartografia  elétrica  hidráulica  Outros  Help │
├─────────────────────────────────────────────────────┤
│                    AUTOR                              │
│                  =========                            │
│   Nilson Candido da Silva  ex-aluno UERJ-C91218221    │
│   E-Mail: nilson440 @gmail.com                        │
│   tel (0XX21) 980 926 413                             │
│   Vamos ao sucesso juntos, envie um donativo em favor do autor: │
│   banco Santander conta 01011370/0  agência 2287      │
│   Ou envie um vale postal para o endereço:            │
│            Rua Lins de Vasconcelos,440                │
│            Rio de Janeiro  - RJ      cep 20710-130     │
│                                                       │
│   Os programas de Engenharia aumentam os lucros e cortam custos. │
│   No menu OUTROS a  AGENDA  pode ajudá-lo a ganhar dinheiro pela │
│   agilidade, assim como criptografar seus textos, a  ESTATISTICA │
│   pode coroar o seu sucesso, tome injeção de ânimo  en MENSAGEM. │
│   Your donation will be much apreciated, and will  give  ne  the │
│   incentive to write more software.                   │
│   Envie um donativo.                                  │
│  <enter>                                              │
│ Porque não envia um donativo?  O seu donativo dará o incentivo para a melhora. │
└─────────────────────────────────────────────────────┘
```

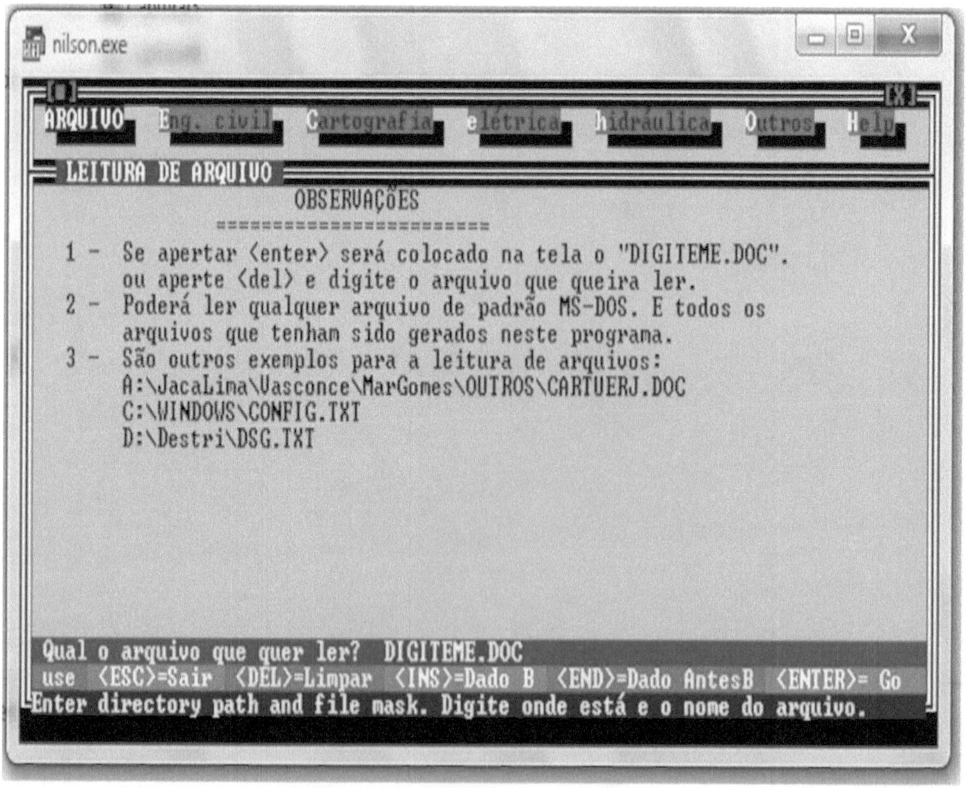

```
nilson.exe                                        [ _ ][ □ ][ X ]
┌─────────────────────────────────────────────────────┐
│ ARQUIVO  Eng. civil  Cartografia  elétrica  hidráulica  Outros  Help │
├══ LEITURA DE ARQUIVO ═══════════════════════════════┤
│                  OBSERVAÇÕES                          │
│              =========================                │
│  1 -  Se apertar <enter> será colocado na tela o "DIGITEME.DOC". │
│       ou aperte <del> e digite o arquivo que queira ler. │
│  2 -  Poderá ler qualquer arquivo de padrão MS-DOS. E todos os │
│       arquivos que tenham sido gerados neste programa. │
│  3 -  São outros exemplos para a leitura de arquivos: │
│       A:\JacaLima\Vasconce\MarGomes\OUTROS\CARTUERJ.DOC │
│       C:\WINDOWS\CONFIG.TXT                            │
│       D:\Destri\DSG.TXT                                │
│                                                       │
│                                                       │
│                                                       │
│ Qual o arquivo que quer ler?  DIGITEME.DOC            │
│ use  <ESC>=Sair  <DEL>=Limpar  <INS>=Dado B  <END>=Dado AntesB  <ENTER>= Go │
│ Enter directory path and file mask. Digite onde está e o nome do arquivo. │
└─────────────────────────────────────────────────────┘
```

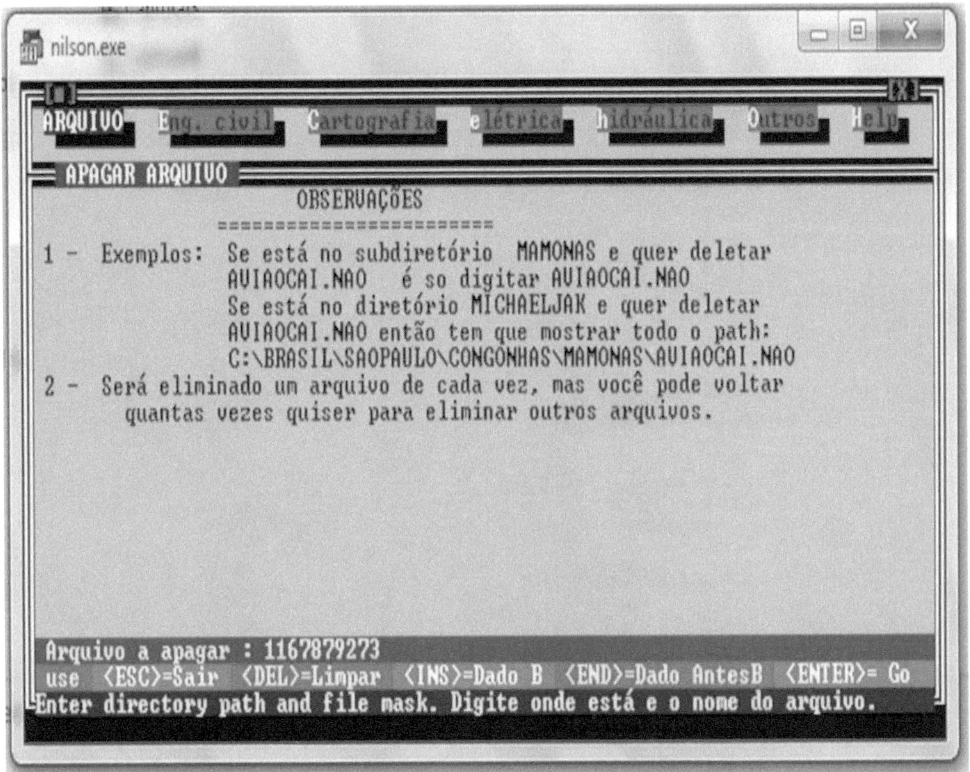

nilson.exe — □ ▣ X

ARQUIVO   Eng. civil   Cartografia   elétrica   hidráulica   Outros   Help

═ APAGAR ARQUIVO ═

OBSERVAÇÕES
=========================

1 - Exemplos: Se está no subdiretório MAMONAS e quer deletar
              AVIAOCAI.NAO   é so digitar AVIAOCAI.NAO
              Se está no diretório MICHAELJAK e quer deletar
              AVIAOCAI.NAO então tem que mostrar todo o path:
              C:\BRASIL\SAOPAULO\CONGONHAS\MAMONAS\AVIAOCAI.NAO
2 - Será eliminado um arquivo de cada vez, mas você pode voltar
    quantas vezes quiser para eliminar outros arquivos.

Arquivo a apagar : 1167879273
use 〈ESC〉=Sair 〈DEL〉=Limpar 〈INS〉=Dado B 〈END〉=Dado AntesB 〈ENTER〉= Go
Enter directory path and file mask. Digite onde está e o nome do arquivo.

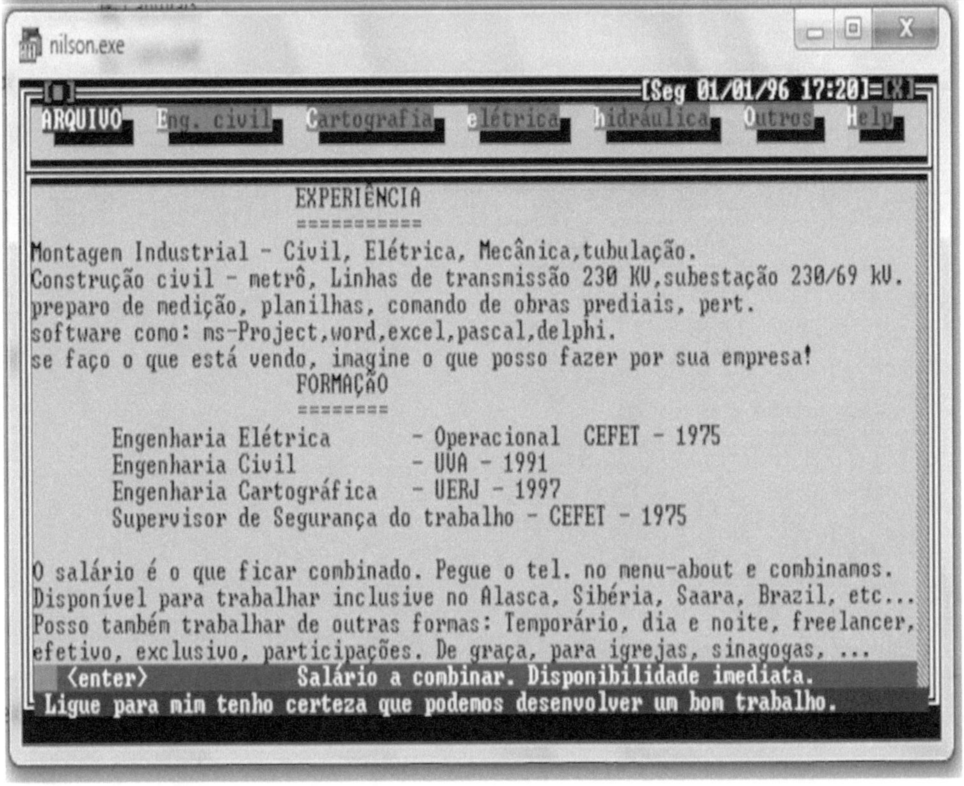

---

nilson.exe — □ ▣ X

[Seg 01/01/96 17:20]

ARQUIVO   Eng. civil   Cartografia   elétrica   hidráulica   Outros   Help

EXPERIÊNCIA
============
Montagem Industrial - Civil, Elétrica, Mecânica,tubulação.
Construção civil - metrô, Linhas de transmissão 230 KV,subestação 230/69 kV.
preparo de medição, planilhas, comando de obras prediais, pert.
software como: ms-Project,word,excel,pascal,delphi.
se faço o que está vendo, imagine o que posso fazer por sua empresa!
FORMAÇÃO
========
     Engenharia Elétrica   - Operacional CEFET - 1975
     Engenharia Civil   - UVA - 1991
     Engenharia Cartográfica - UERJ - 1997
     Supervisor de Segurança do trabalho - CEFET - 1975

O salário é o que ficar combinado. Pegue o tel. no menu-about e combinamos.
Disponível para trabalhar inclusive no Alasca, Sibéria, Saara, Brazil, etc...
Posso também trabalhar de outras formas: Temporário, dia e noite, freelancer,
efetivo, exclusivo, participações. De graça, para igrejas, sinagogas, ...
     〈enter〉   Salário a combinar. Disponibilidade imediata.
Ligue para mim tenho certeza que podemos desenvolver um bom trabalho.

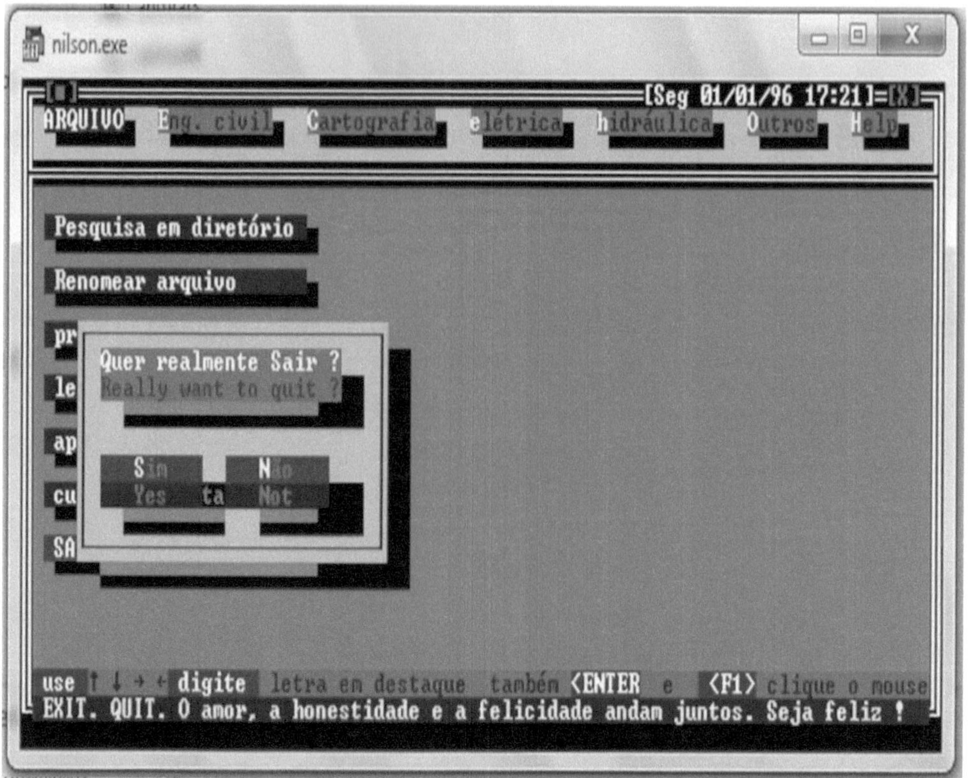

[Seg 01/01/96 17:21]=[X]

ARQUIVO   Eng. civil   Cartografia   elétrica   hidráulica   Outros   Help

Pesquisa em diretório

Renomear arquivo

pr

le   Quer realmente Sair ?
       Really want to quit ?

ap

cu   Sim   Não
           Yes   ta   Not

SA

use ↑ ↓ → ← **digite** letra em destaque também ⟨ENTER⟩ e ⟨F1⟩ clique o mouse
EXIT. QUIT. O amor, a honestidade e a felicidade andam juntos. Seja feliz !

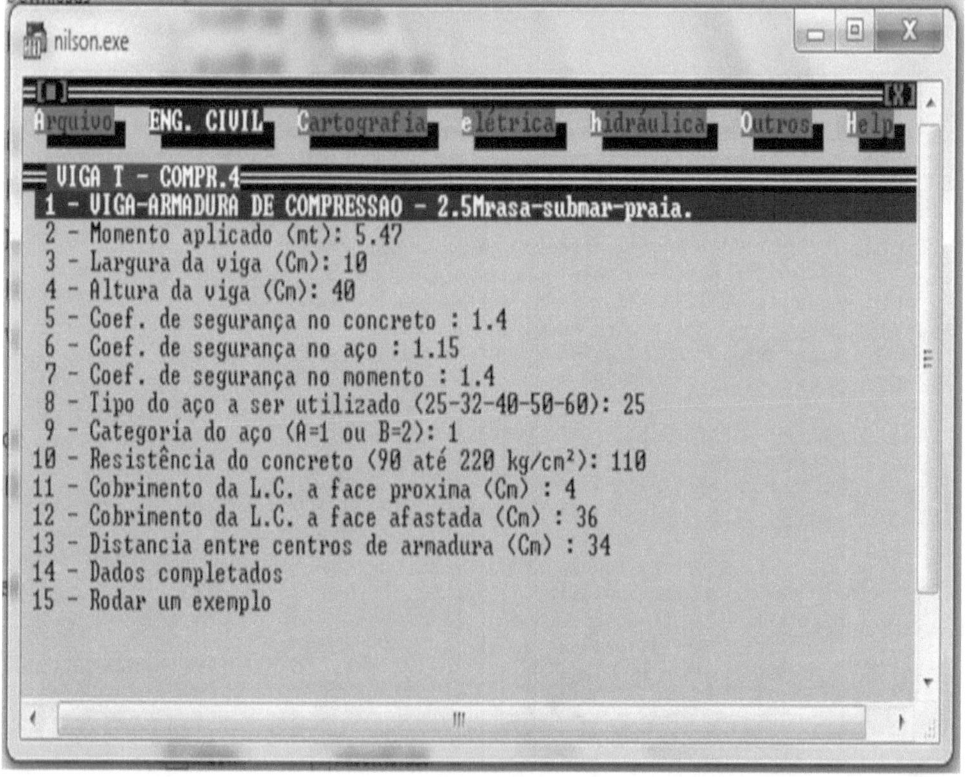

[X]

Arquivo   ENG. CIVIL   Cartografia   elétrica   hidráulica   Outros   Help

= VIGA T - COMPR.4 =
1 - VIGA-ARMADURA DE COMPRESSAO - 2.5Mrasa-submar-praia.
2 - Momento aplicado (mt): 5.47
3 - Largura da viga (Cm): 10
4 - Altura da viga (Cm): 40
5 - Coef. de segurança no concreto : 1.4
6 - Coef. de segurança no aço : 1.15
7 - Coef. de segurança no momento : 1.4
8 - Tipo do aço a ser utilizado (25-32-40-50-60): 25
9 - Categoria do aço (A=1 ou B=2): 1
10 - Resistência do concreto (90 até 220 kg/cm²): 110
11 - Cobrimento da L.C. a face proxina (Cm) : 4
12 - Cobrimento da L.C. a face afastada (Cm) : 36
13 - Distancia entre centros de armadura (Cm) : 34
14 - Dados completados
15 - Rodar um exemplo

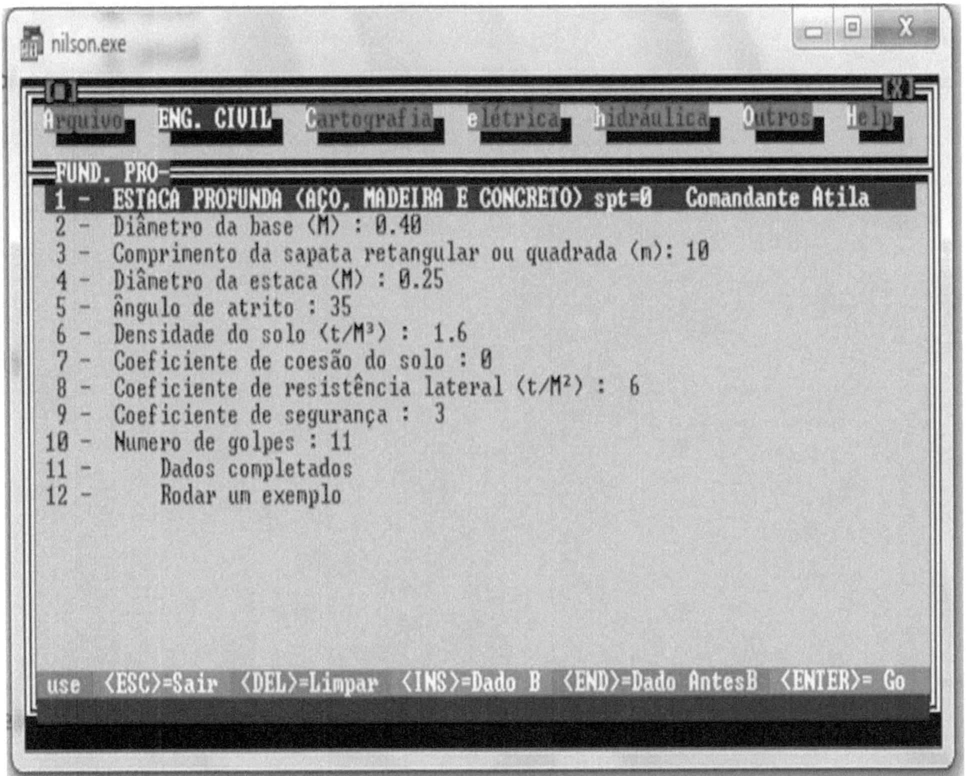

Arquivo ENG. CIVIL Cartografia elétrica hidráulica Outros Help

FUND. PRO
```
1 -   ESTACA PROFUNDA (AÇO, MADEIRA E CONCRETO) spt=0   Comandante Atila
2 -   Diâmetro da base (M) : 0.40
3 -   Comprimento da sapata retangular ou quadrada (m): 10
4 -   Diâmetro da estaca (M) : 0.25
5 -   Ângulo de atrito : 35
6 -   Densidade do solo (t/M³) : 1.6
7 -   Coeficiente de coesão do solo : 0
8 -   Coeficiente de resistência lateral (t/M²) : 6
9 -   Coeficiente de segurança :  3
10 -  Numero de golpes : 11
11 -      Dados completados
12 -      Rodar um exemplo
```

use <ESC>=Sair <DEL>=Limpar <INS>=Dado B <END>=Dado AntesB <ENTER>= Go

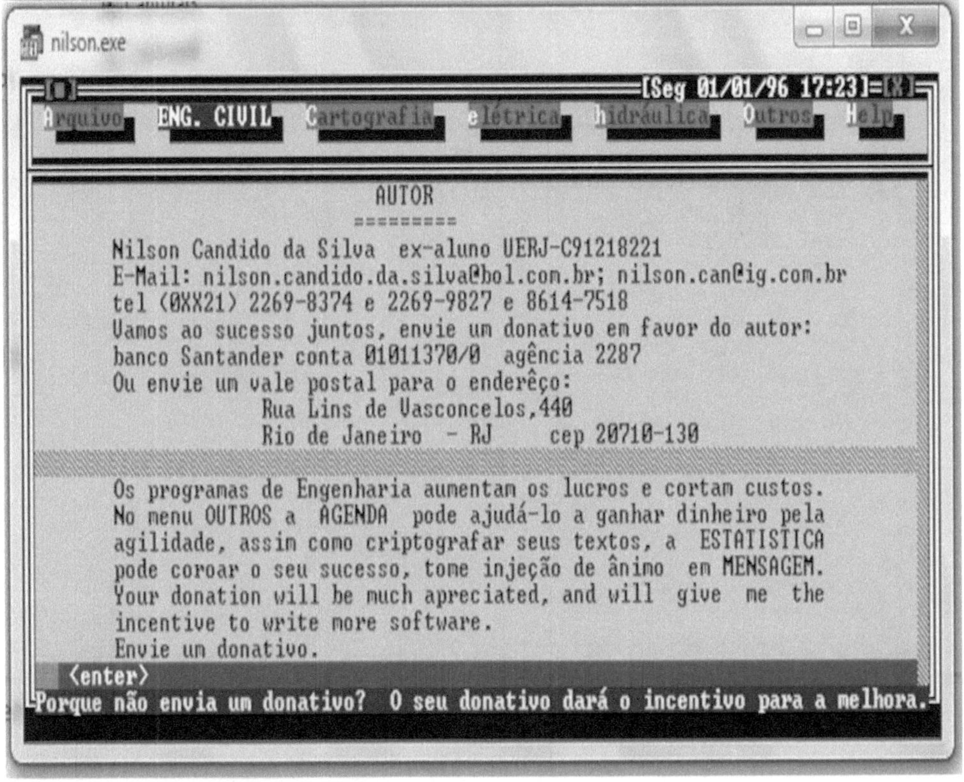

[Seg 01/01/96 17:23]

Arquivo ENG. CIVIL Cartografia elétrica hidráulica Outros Help

```
                      AUTOR
                    =========
   Nilson Candido da Silva  ex-aluno UERJ-C91218221
   E-Mail: nilson.candido.da.silva@bol.com.br; nilson.can@ig.com.br
   tel (0XX21) 2269-8374 e 2269-9827 e 8614-7518
   Vamos ao sucesso juntos, envie um donativo em favor do autor:
   banco Santander conta 01011370/0  agência 2287
   Ou envie um vale postal para o endereço:
                 Rua Lins de Vasconcelos,440
                 Rio de Janeiro  - RJ    cep 20710-130
```

```
   Os programas de Engenharia aumentam os lucros e cortam custos.
   No menu OUTROS a  AGENDA  pode ajudá-lo a ganhar dinheiro pela
   agilidade, assim como criptografar seus textos, a  ESTATISTICA
   pode coroar o seu sucesso, tome injeção de ânimo  em MENSAGEM.
   Your donation will be much apreciated, and will  give  me  the
   incentive to write more software.
   Envie um donativo.
```

<enter>
Porque não envia um donativo? O seu donativo dará o incentivo para a melhora.

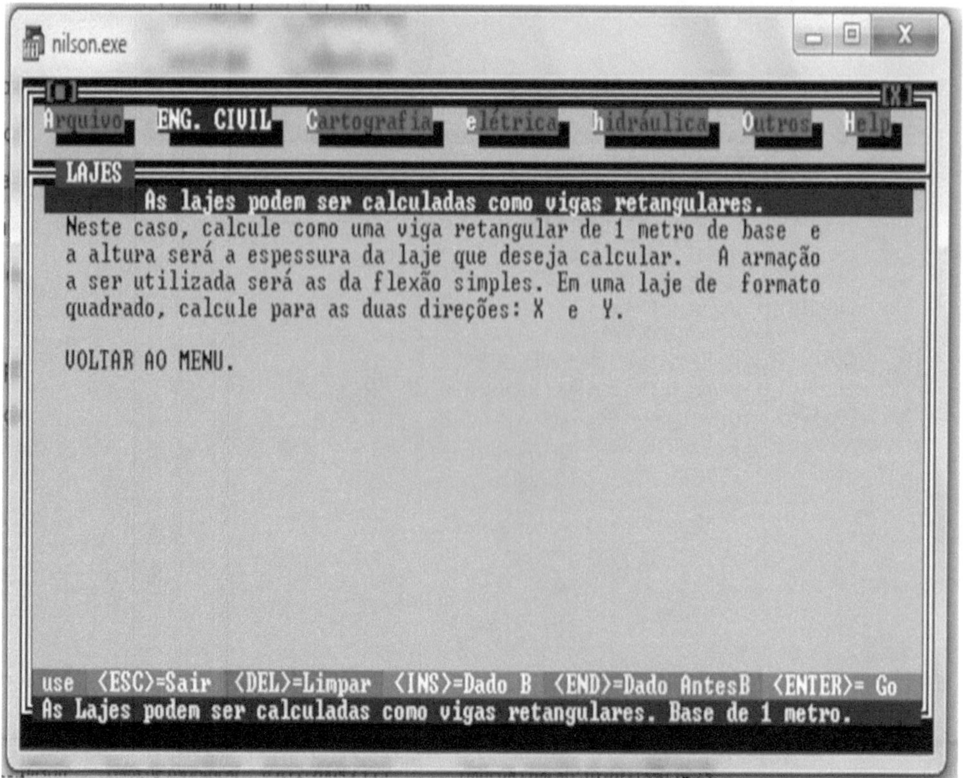

nilson.exe

LAJES

As lajes podem ser calculadas como vigas retangulares.

Neste caso, calcule como uma viga retangular de 1 metro de base e
a altura será a espessura da laje que deseja calcular. A armação
a ser utilizada será as da flexão simples. Em uma laje de formato
quadrado, calcule para as duas direções: X e Y.

VOLTAR AO MENU.

use <ESC>=Sair <DEL>=Limpar <INS>=Dado B <END>=Dado AntesB <ENTER>= Go
As Lajes podem ser calculadas como vigas retangulares. Base de 1 metro.

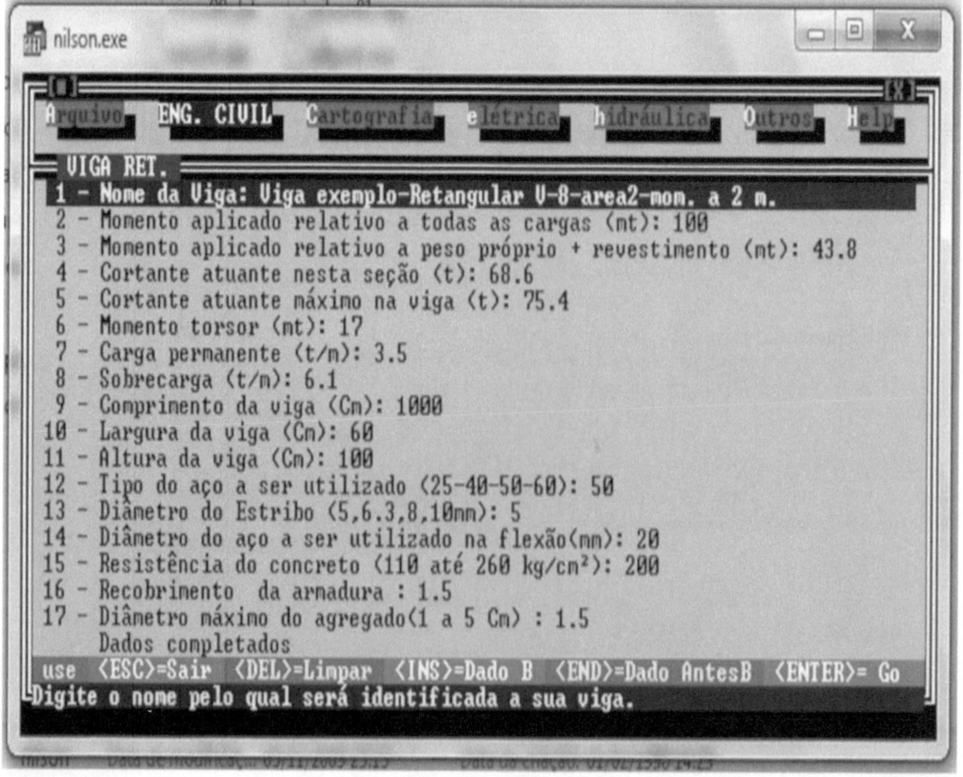

---

nilson.exe

VIGA RET.

1 – Nome da Viga: Viga exemplo-Retangular V-8-area2-mom. a 2 m.
2 – Momento aplicado relativo a todas as cargas (mt): 100
3 – Momento aplicado relativo a peso próprio + revestimento (mt): 43.8
4 – Cortante atuante nesta seção (t): 68.6
5 – Cortante atuante máximo na viga (t): 75.4
6 – Momento torsor (mt): 17
7 – Carga permanente (t/m): 3.5
8 – Sobrecarga (t/m): 6.1
9 – Comprimento da viga (Cm): 1000
10 – Largura da viga (Cm): 60
11 – Altura da viga (Cm): 100
12 – Tipo do aço a ser utilizado (25-40-50-60): 50
13 – Diâmetro do Estribo (5,6.3,8,10mm): 5
14 – Diâmetro do aço a ser utilizado na flexão(mm): 20
15 – Resistência do concreto (110 até 260 kg/cm²): 200
16 – Recobrimento da armadura : 1.5
17 – Diâmetro máximo do agregado(1 a 5 Cm) : 1.5
    Dados completados
use <ESC>=Sair <DEL>=Limpar <INS>=Dado B <END>=Dado AntesB <ENTER>= Go
Digite o nome pelo qual será identificada a sua viga.

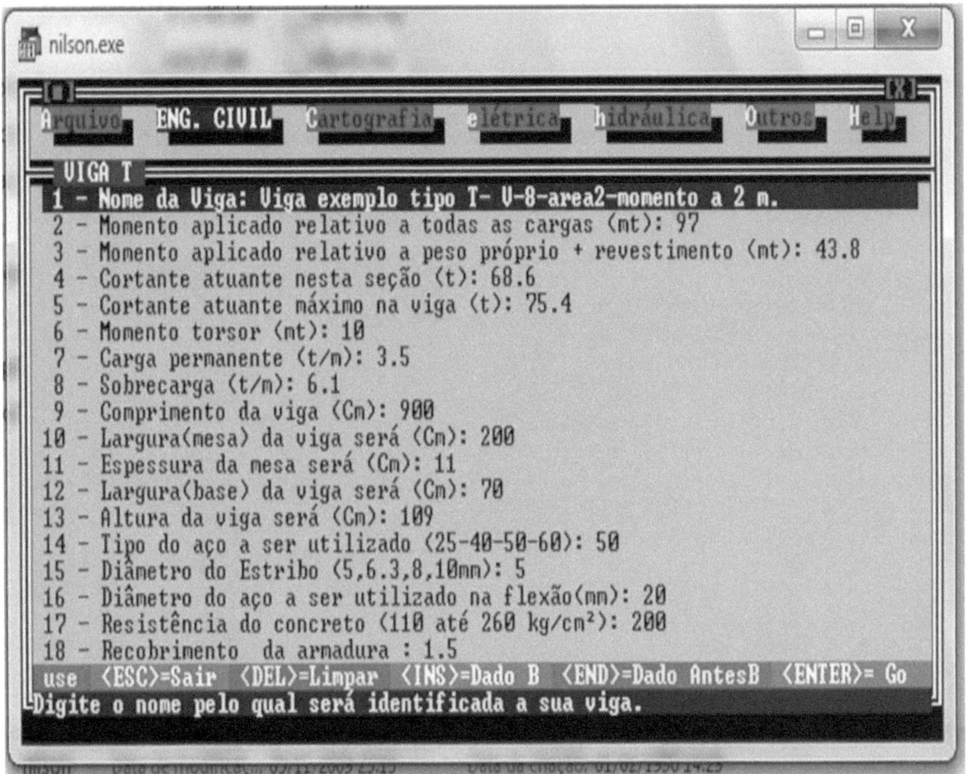

```
nilson.exe                                                    [_][□][X]
─────────────────────────────────────────────────────────────────
[▣]                                                            [X]
  Arquivo   ENG. CIVIL   Cartografia   elétrica   hidráulica   Outros   Help
─────────────────────────────────────────────────────────────────
 ═ VIGA T ═══════════════════════════════════════════════════
  1 - Nome da Viga: Viga exemplo tipo T- V-8-area2-momento a 2 m.
  2 - Momento aplicado relativo a todas as cargas (mt): 97
  3 - Momento aplicado relativo a peso próprio + revestimento (mt): 43.8
  4 - Cortante atuante nesta seção (t): 68.6
  5 - Cortante atuante máximo na viga (t): 75.4
  6 - Momento torsor (mt): 10
  7 - Carga permanente (t/m): 3.5
  8 - Sobrecarga (t/m): 6.1
  9 - Comprimento da viga (Cm): 900
 10 - Largura(mesa) da viga será (Cm): 200
 11 - Espessura da mesa será (Cm): 11
 12 - Largura(base) da viga será (Cm): 70
 13 - Altura da viga será (Cm): 109
 14 - Tipo do aço a ser utilizado (25-40-50-60): 50
 15 - Diâmetro do Estribo (5,6.3,8,10mm): 5
 16 - Diâmetro do aço a ser utilizado na flexão(mm): 20
 17 - Resistência do concreto (110 até 260 kg/cm²): 200
 18 - Recobrimento  da armadura : 1.5
 use  <ESC>=Sair  <DEL>=Limpar  <INS>=Dado B  <END>=Dado AntesB  <ENTER>= Go
 Digite o nome pelo qual será identificada a sua viga.
```

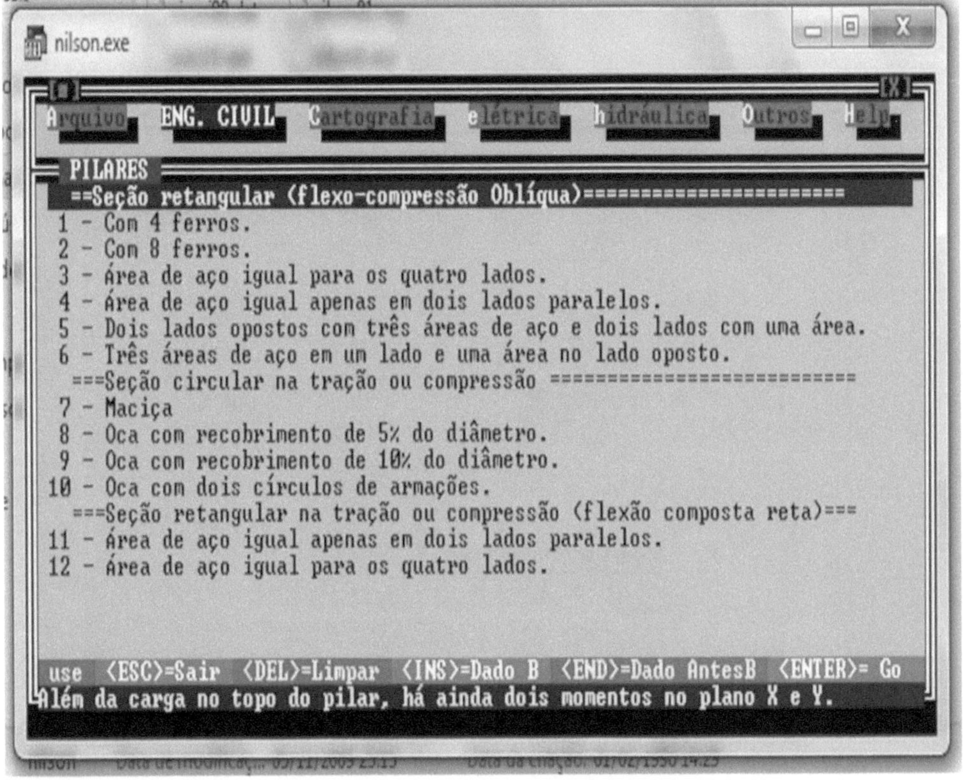

```
nilson.exe                                                    [_][□][X]
─────────────────────────────────────────────────────────────────
[▣]                                                            [X]
  Arquivo   ENG. CIVIL   Cartografia   elétrica   hidráulica   Outros   Help
─────────────────────────────────────────────────────────────────
 ═ PILARES ═══════════════════════════════════════════════════
  ==Seção retangular (flexo-compressão Oblíqua)==================
  1 - Com 4 ferros.
  2 - Com 8 ferros.
  3 - Área de aço igual para os quatro lados.
  4 - Área de aço igual apenas em dois lados paralelos.
  5 - Dois lados opostos com três áreas de aço e dois lados com uma área.
  6 - Três áreas de aço em um lado e uma área no lado oposto.
  ===Seção circular na tração ou compressão =====================
  7 - Maciça
  8 - Oca com recobrimento de 5% do diâmetro.
  9 - Oca com recobrimento de 10% do diâmetro.
 10 - Oca com dois círculos de armações.
  ===Seção retangular na tração ou compressão (flexão composta reta)===
 11 - Área de aço igual apenas em dois lados paralelos.
 12 - Área de aço igual para os quatro lados.


 use  <ESC>=Sair  <DEL>=Limpar  <INS>=Dado B  <END>=Dado AntesB  <ENTER>= Go
 Além da carga no topo do pilar, há ainda dois momentos no plano X e Y.
```

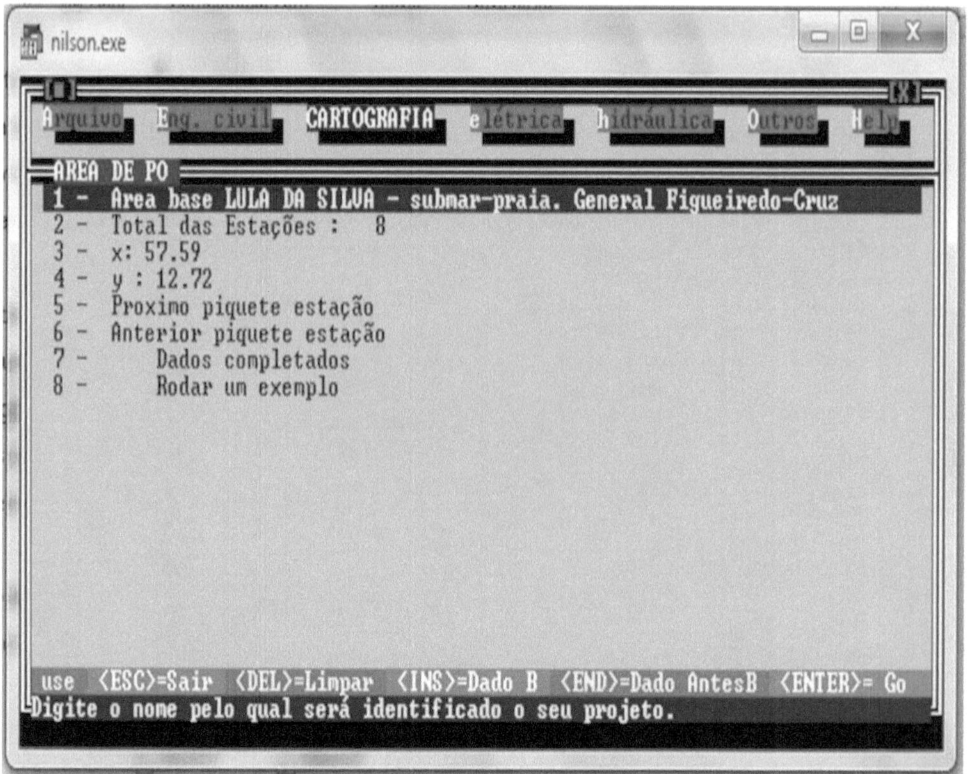

nilson.exe

AREA DE PO

```
1 -    Area base LULA DA SILVA - submar-praia. General Figueiredo-Cruz
2 -    Total das Estações :   8
3 -    x: 57.59
4 -    y : 12.72
5 -    Proximo piquete estação
6 -    Anterior piquete estação
7 -        Dados completados
8 -        Rodar um exemplo
```

use <ESC>=Sair <DEL>=Limpar <INS>=Dado B <END>=Dado AntesB <ENTER>= Go
Digite o nome pelo qual será identificado o seu projeto.

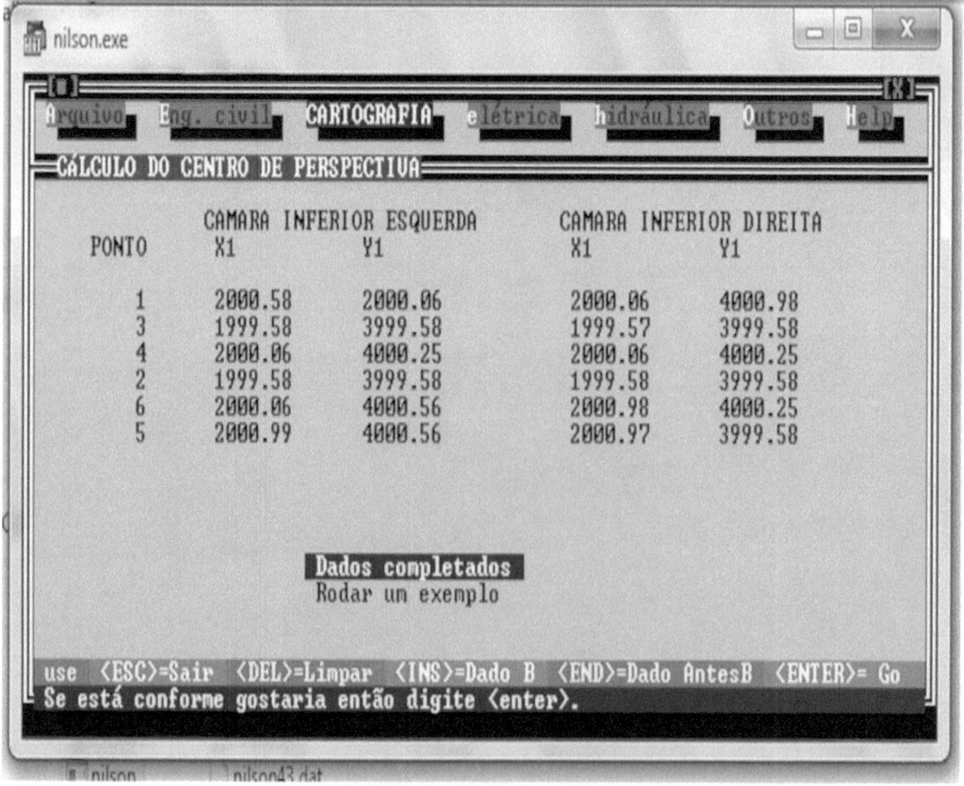

---

nilson.exe

CÁLCULO DO CENTRO DE PERSPECTIVA

PONTO	CAMARA INFERIOR ESQUERDA		CAMARA INFERIOR DIREITA	
	X1	Y1	X1	Y1
1	2000.58	2000.06	2000.06	4000.98
3	1999.58	3999.58	1999.57	3999.58
4	2000.06	4000.25	2000.06	4000.25
2	1999.58	3999.58	1999.58	3999.58
6	2000.06	4000.56	2000.98	4000.25
5	2000.99	4000.56	2000.97	3999.58

Dados completados
Rodar um exemplo

use <ESC>=Sair <DEL>=Limpar <INS>=Dado B <END>=Dado AntesB <ENTER>= Go
Se está conforme gostaria então digite <enter>.

nilson   nilson43.dat

56

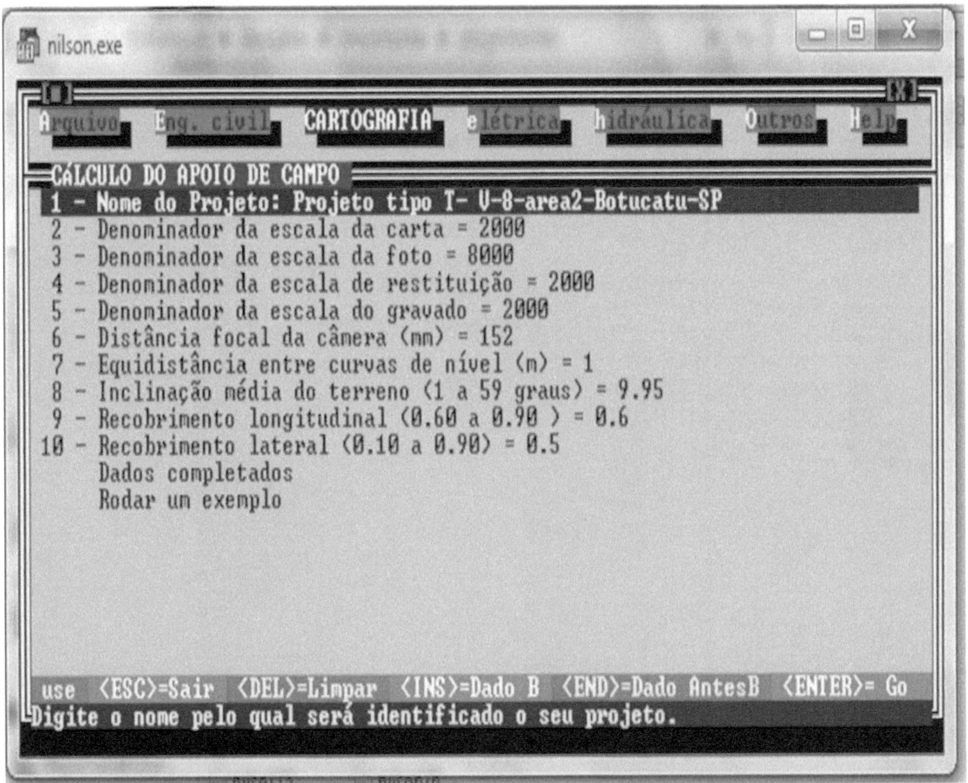

Arquivo   Eng. civil   **CARTOGRAFIA**   elétrica   hidráulica   Outros   Help

CÁLCULO DO APOIO DE CAMPO

1 - Nome do Projeto: Projeto tipo T- V-8-area2-Botucatu-SP
2 - Denominador da escala da carta = 2000
3 - Denominador da escala da foto = 8000
4 - Denominador da escala de restituição = 2000
5 - Denominador da escala do gravado = 2000
6 - Distância focal da câmera (mm) = 152
7 - Equidistância entre curvas de nível (m) = 1
8 - Inclinação média do terreno (1 a 59 graus) = 9.95
9 - Recobrimento longitudinal (0.60 a 0.90) = 0.6
10 - Recobrimento lateral (0.10 a 0.90) = 0.5
     Dados completados
     Rodar um exemplo

use ⟨ESC⟩=Sair ⟨DEL⟩=Limpar ⟨INS⟩=Dado B ⟨END⟩=Dado AntesB ⟨ENTER⟩= Go
Digite o nome pelo qual será identificado o seu projeto.

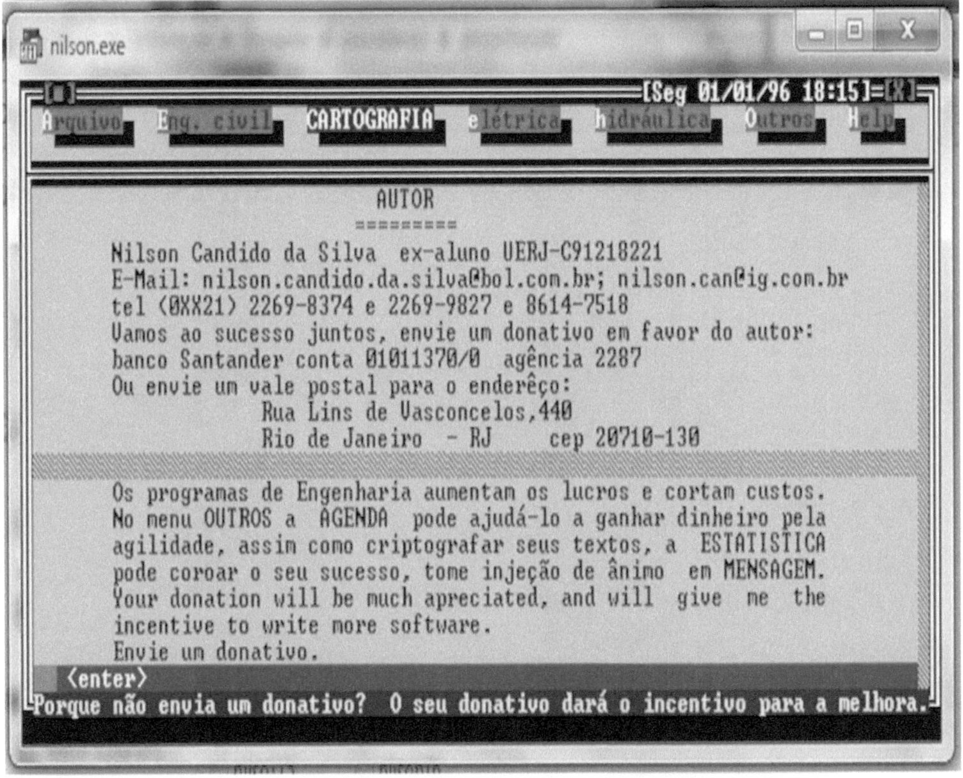

[Seg 01/01/96 18:15]

Arquivo   Eng. civil   **CARTOGRAFIA**   elétrica   hidráulica   Outros   Help

AUTOR
=========

Nilson Candido da Silva ex-aluno UERJ-C91218221
E-Mail: nilson.candido.da.silva@bol.com.br; nilson.can@ig.com.br
tel (0XX21) 2269-8374 e 2269-9827 e 8614-7518
Vamos ao sucesso juntos, envie um donativo em favor do autor:
banco Santander conta 01011370/0 agência 2287
Ou envie um vale postal para o enderêço:
             Rua Lins de Vasconcelos,440
             Rio de Janeiro - RJ   cep 20710-130

Os programas de Engenharia aumentam os lucros e cortam custos.
No menu OUTROS a AGENDA pode ajudá-lo a ganhar dinheiro pela
agilidade, assim como criptografar seus textos, a ESTATISTICA
pode coroar o seu sucesso, tome injeção de ânimo en MENSAGEM.
Your donation will be much apreciated, and will give me the
incentive to write more software.
Envie um donativo.

⟨enter⟩

Porque não envia um donativo? O seu donativo dará o incentivo para a melhora.

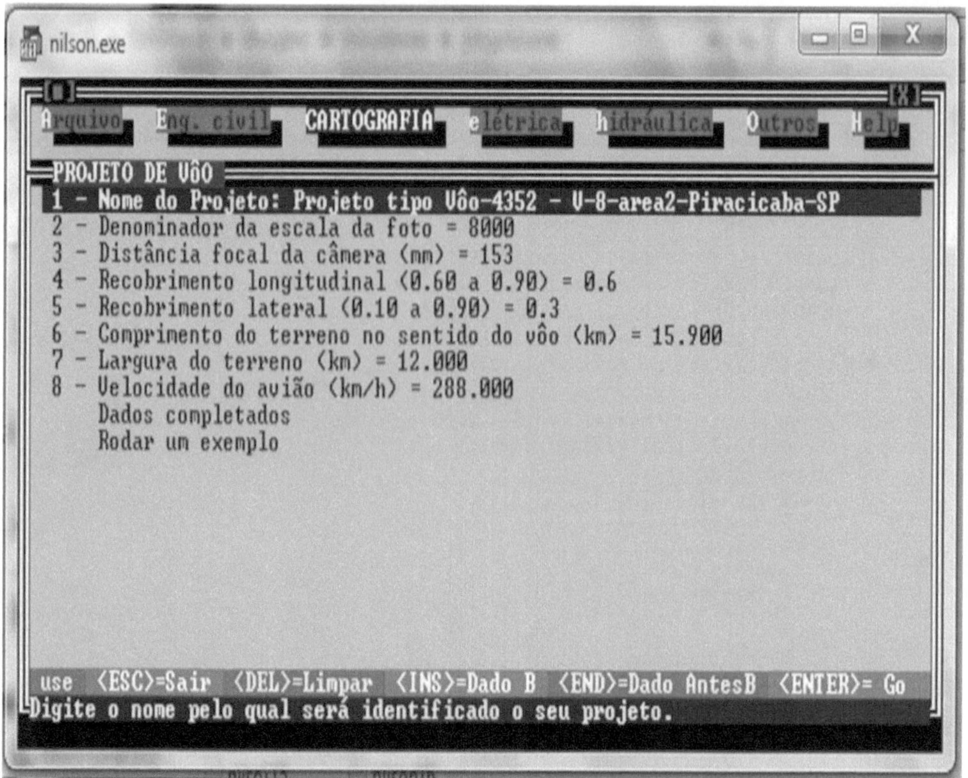

```
nilson.exe                                        [-][□][X]

 ┌──────────────────────────────────────────────────────────[X]┐
 │ Arquivo   Eng. civil   CARTOGRAFIA   elétrica   hidráulica   Outros   Help │
 ├──────────────────────────────────────────────────────────────┤
 │ PROJETO DE VÔO                                                  │
 │ 1 - Nome do Projeto: Projeto tipo Vôo-4352 - V-8-area2-Piracicaba-SP │
 │ 2 - Denominador da escala da foto = 8000                        │
 │ 3 - Distância focal da câmera (mm) = 153                        │
 │ 4 - Recobrimento longitudinal (0.60 a 0.90) = 0.6               │
 │ 5 - Recobrimento lateral (0.10 a 0.90) = 0.3                    │
 │ 6 - Comprimento do terreno no sentido do vôo (km) = 15.900      │
 │ 7 - Largura do terreno (km) = 12.000                            │
 │ 8 - Velocidade do avião (km/h) = 288.000                        │
 │     Dados completados                                           │
 │     Rodar um exemplo                                            │
 │                                                                 │
 │ use <ESC>=Sair <DEL>=Limpar <INS>=Dado B <END>=Dado AntesB <ENTER>= Go │
 └ Digite o nome pelo qual será identificado o seu projeto. ──────┘
```

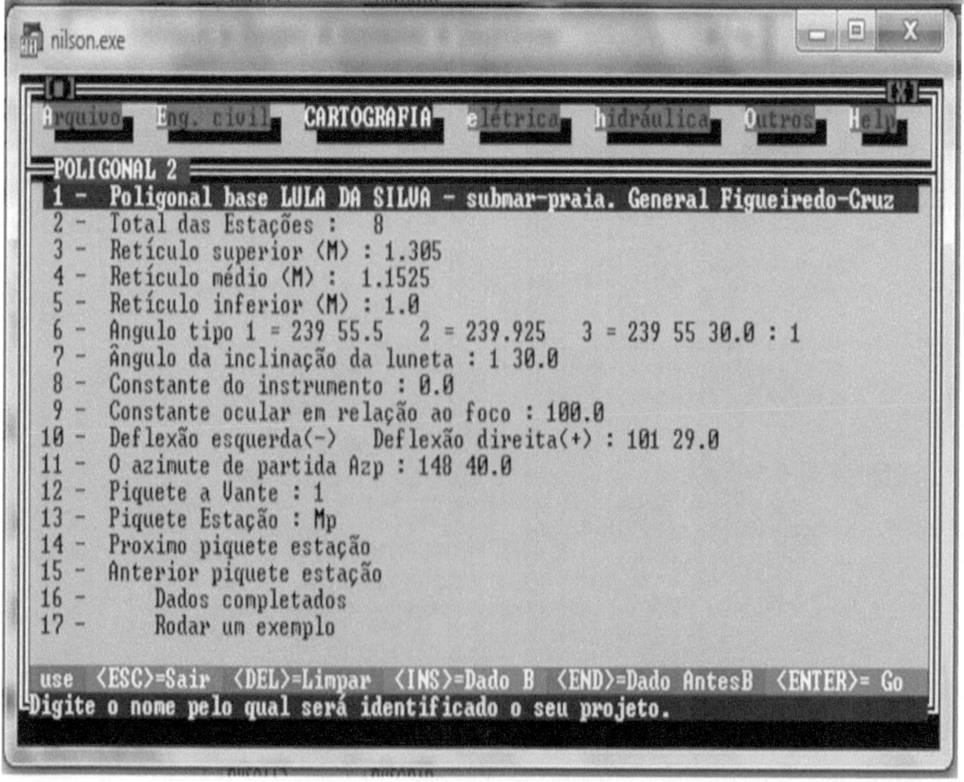

```
nilson.exe                                        [-][□][X]

 ┌──────────────────────────────────────────────────────────[X]┐
 │ Arquivo   Eng. civil   CARTOGRAFIA   elétrica   hidráulica   Outros   Help │
 ├──────────────────────────────────────────────────────────────┤
 │ POLIGONAL 2                                                     │
 │ 1 -  Poligonal base LULA DA SILVA - submar-praia. General Figueiredo-Cruz │
 │ 2 -  Total das Estações :   8                                   │
 │ 3 -  Retículo superior (M) : 1.305                              │
 │ 4 -  Retículo médio (M) :  1.1525                               │
 │ 5 -  Retículo inferior (M) : 1.0                                │
 │ 6 -  Ângulo tipo 1 = 239 55.5   2 = 239.925   3 = 239 55 30.0 : 1 │
 │ 7 -  Ângulo da inclinação da luneta : 1 30.0                    │
 │ 8 -  Constante do instrumento : 0.0                             │
 │ 9 -  Constante ocular em relação ao foco : 100.0                │
 │ 10 - Deflexão esquerda(~)   Deflexão direita(+) : 101 29.0      │
 │ 11 - O azimute de partida Azp : 148 40.0                        │
 │ 12 - Piquete a Vante : 1                                        │
 │ 13 - Piquete Estação : Mp                                       │
 │ 14 - Proximo piquete estação                                    │
 │ 15 - Anterior piquete estação                                   │
 │ 16 -     Dados completados                                      │
 │ 17 -     Rodar um exemplo                                       │
 │ use <ESC>=Sair <DEL>=Limpar <INS>=Dado B <END>=Dado AntesB <ENTER>= Go │
 └ Digite o nome pelo qual será identificado o seu projeto. ──────┘
```

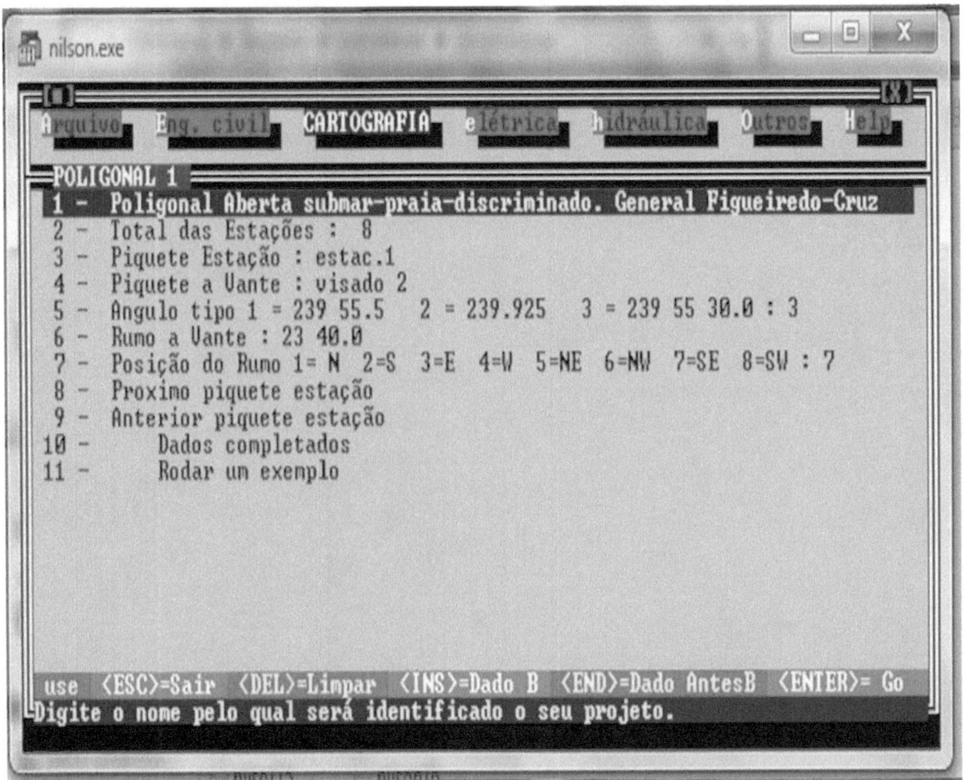

```
nilson.exe                                              _  □  X

[■]                                                              [X]
 Arquivo   Eng. civil   CARTOGRAFIA   elétrica   hidráulica   Outros   Help

═POLIGONAL 1═
 1 -   Poligonal Aberta submar-praia-discriminado. General Figueiredo-Cruz
 2 -   Total das Estações :  8
 3 -   Piquete Estação : estac.1
 4 -   Piquete a Vante : visado 2
 5 -   Angulo tipo 1 = 239 55.5   2 = 239.925   3 = 239 55 30.0 : 3
 6 -   Rumo a Vante : 23 40.0
 7 -   Posição do Rumo 1= N  2=S  3=E  4=W  5=NE  6=NW  7=SE  8=SW : 7
 8 -   Proximo piquete estação
 9 -   Anterior piquete estação
10 -       Dados completados
11 -       Rodar um exemplo





 use  <ESC>=Sair  <DEL>=Limpar  <INS>=Dado B  <END>=Dado AntesB  <ENTER>= Go
 Digite o nome pelo qual será identificado o seu projeto.
```

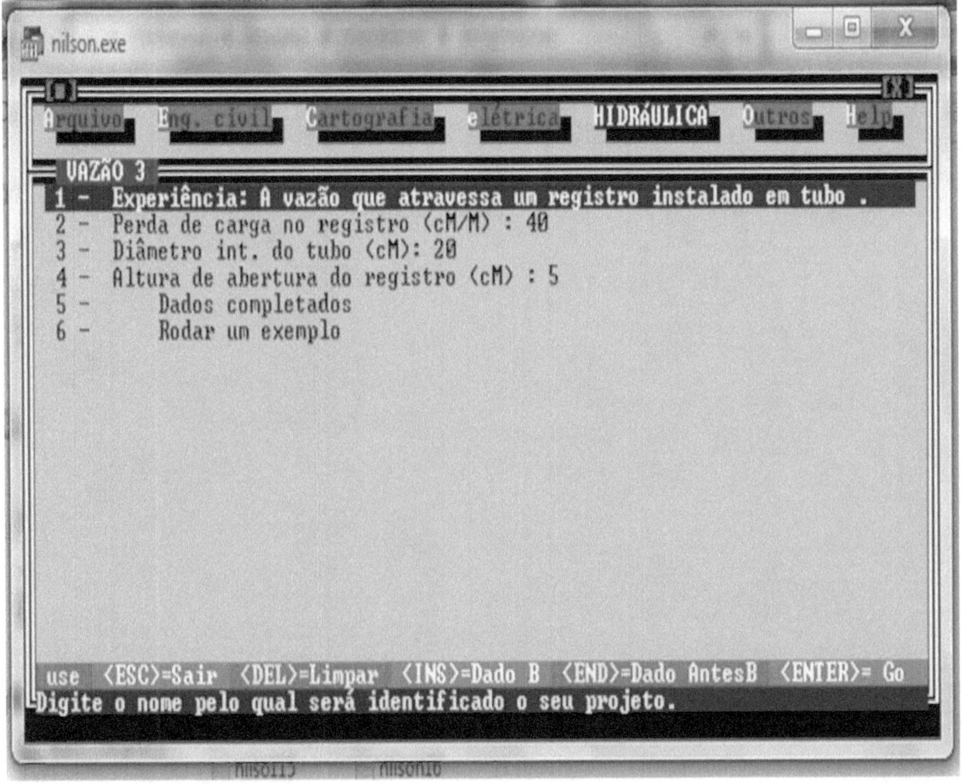

```
nilson.exe                                              _  □  X

[■]                                                              [X]
 Arquivo   Eng. civil   Cartografia   elétrica   HIDRÁULICA   Outros   Help

═VAZÃO 3═
 1 -   Experiência: A vazão que atravessa um registro instalado em tubo .
 2 -   Perda de carga no registro (cM/M) : 40
 3 -   Diâmetro int. do tubo (cM): 20
 4 -   Altura de abertura do registro (cM) : 5
 5 -       Dados completados
 6 -       Rodar um exemplo










 use  <ESC>=Sair  <DEL>=Limpar  <INS>=Dado B  <END>=Dado AntesB  <ENTER>= Go
 Digite o nome pelo qual será identificado o seu projeto.
```

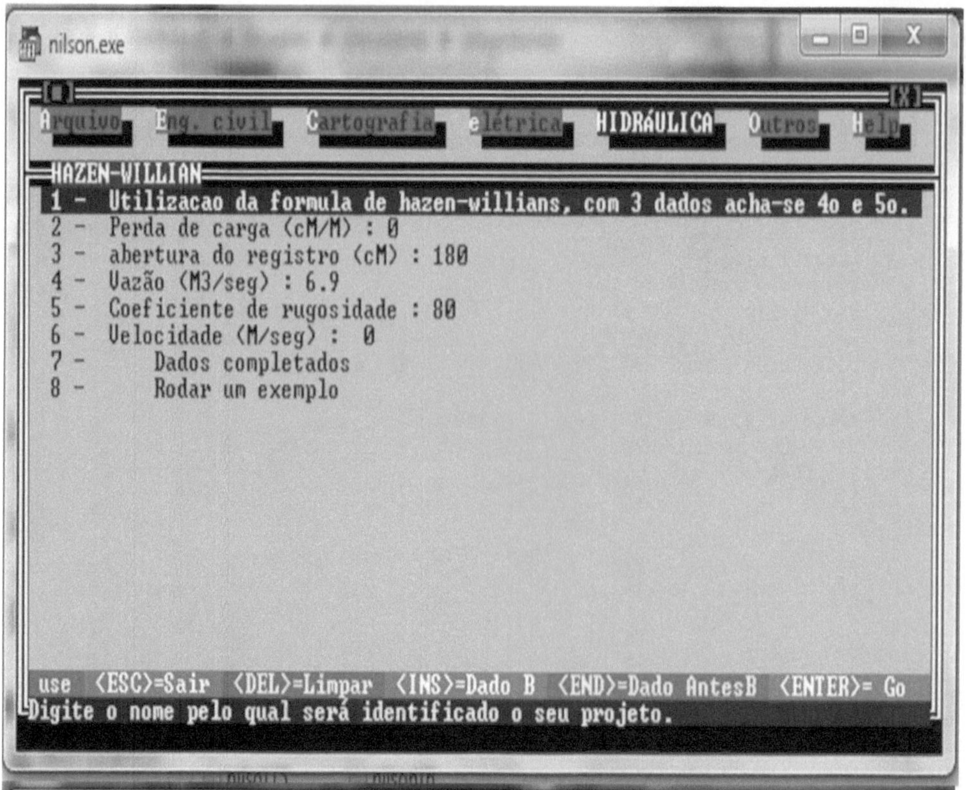

```
nilson.exe                                          _  □  X

[□]                                                   [X]
Arquivo   Eng. civil   Cartografia   elétrica   HIDRÁULICA   Outros   Help
┌HAZEN-WILLIAN─────────────────────────────────────────────────
│ 1 -  Utilizacao da formula de hazen-willians, com 3 dados acha-se 4o e 5o.
│ 2 -  Perda de carga (cM/M) : 0
│ 3 -  abertura do registro (cM) : 180
│ 4 -  Vazão (M3/seg) : 6.9
│ 5 -  Coeficiente de rugosidade : 80
│ 6 -  Velocidade (M/seg) :  0
│ 7 -      Dados completados
│ 8 -      Rodar um exemplo




use  <ESC>=Sair  <DEL>=Limpar  <INS>=Dado B  <END>=Dado AntesB  <ENTER>= Go
Digite o nome pelo qual será identificado o seu projeto.
```

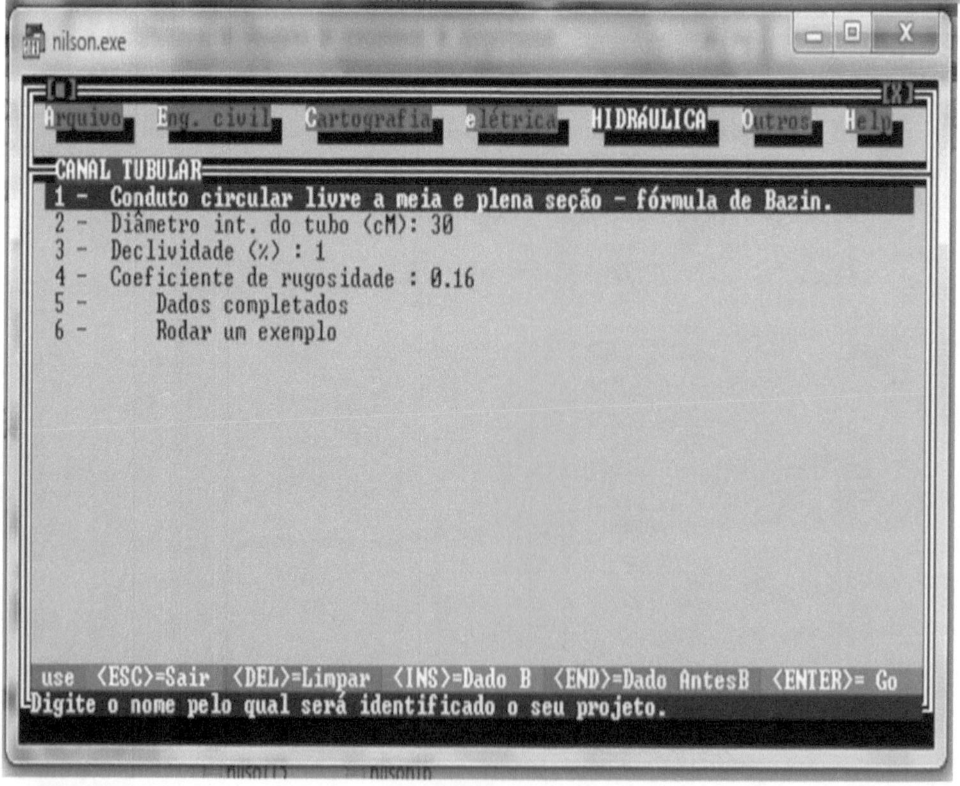

```
nilson.exe                                          _  □  X

[□]                                                   [X]
Arquivo   Eng. civil   Cartografia   elétrica   HIDRÁULICA   Outros   Help
┌CANAL TUBULAR─────────────────────────────────────────────────
│ 1 -  Conduto circular livre a meia e plena seção - fórmula de Bazin.
│ 2 -  Diâmetro int. do tubo (cM): 30
│ 3 -  Declividade (%) : 1
│ 4 -  Coeficiente de rugosidade : 0.16
│ 5 -      Dados completados
│ 6 -      Rodar um exemplo




use  <ESC>=Sair  <DEL>=Limpar  <INS>=Dado B  <END>=Dado AntesB  <ENTER>= Go
Digite o nome pelo qual será identificado o seu projeto.
```

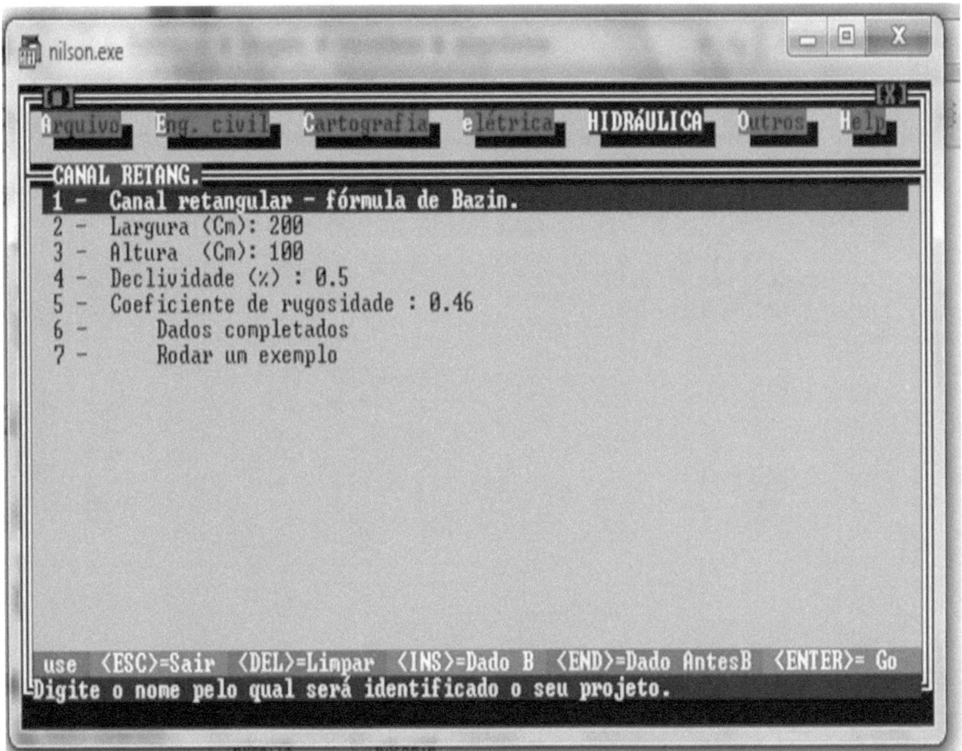

```
nilson.exe                                        _ □ X

[■]                                                    [X]
 Arquivo   Eng. civil   Cartografia  elétrica  HIDRÁULICA  Outros  Help

 CANAL RETANG.
 1 -   Canal retangular - fórmula de Bazin.
 2 -   Largura  (Cm): 200
 3 -   Altura   (Cm): 100
 4 -   Declividade (%) : 0.5
 5 -   Coeficiente de rugosidade : 0.46
 6 -      Dados completados
 7 -      Rodar um exemplo




 use  <ESC>=Sair  <DEL>=Limpar  <INS>=Dado B  <END>=Dado AntesB  <ENTER>= Go
 Digite o nome pelo qual será identificado o seu projeto.
```

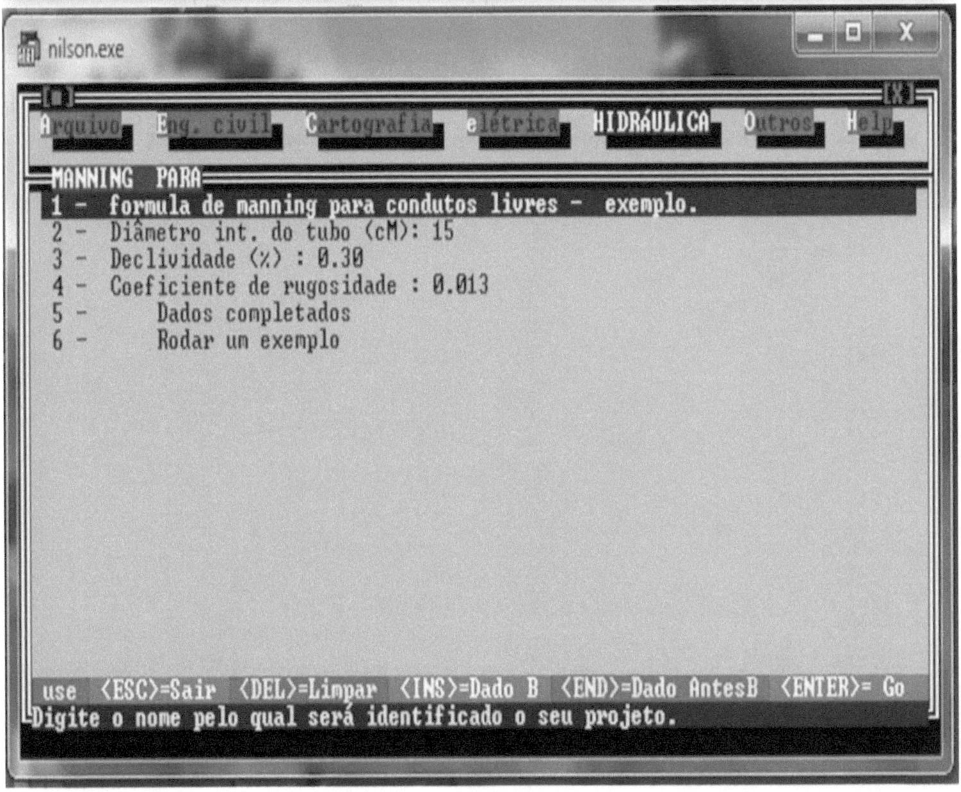

```
nilson.exe                                        _ □ X

[■]                                                    [X]
 Arquivo   Eng. civil   Cartografia  elétrica  HIDRÁULICA  Outros  Help

 MANNING PARA
 1 -   formula de manning para condutos livres - exemplo.
 2 -   Diâmetro int. do tubo (cM): 15
 3 -   Declividade (%) : 0.30
 4 -   Coeficiente de rugosidade : 0.013
 5 -      Dados completados
 6 -      Rodar um exemplo




 use  <ESC>=Sair  <DEL>=Limpar  <INS>=Dado B  <END>=Dado AntesB  <ENTER>= Go
 Digite o nome pelo qual será identificado o seu projeto.
```

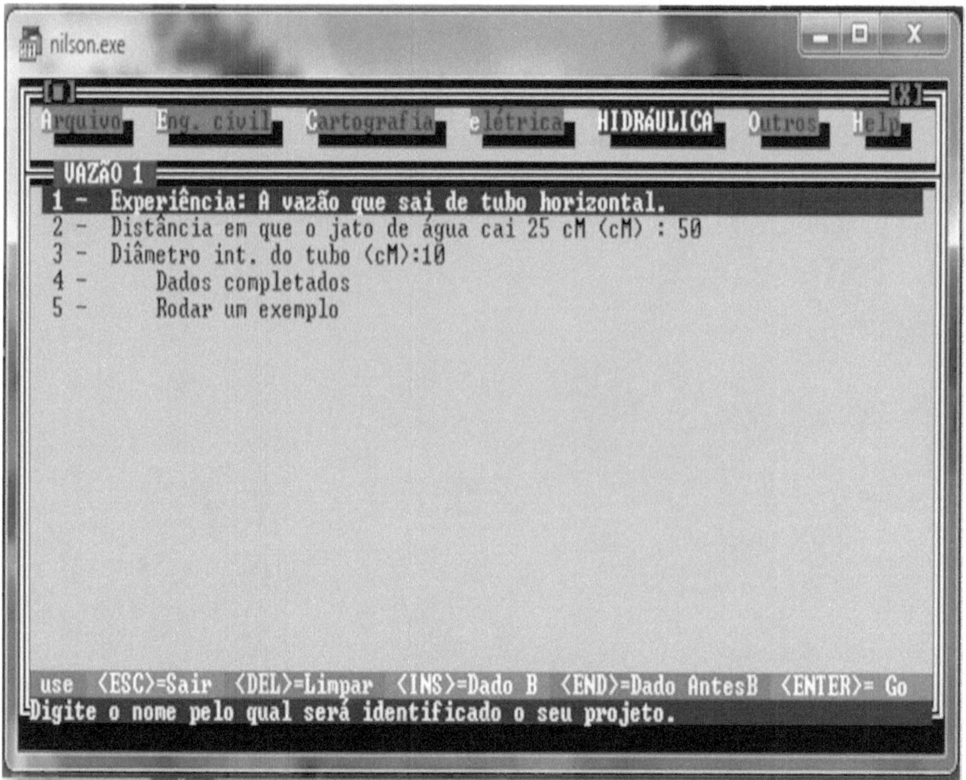

nilson.exe

VAZÃO 1

```
1 -    Experiência: A vazão que sai de tubo horizontal.
2 -    Distância em que o jato de água cai 25 cM (cM) : 50
3 -    Diâmetro int. do tubo (cM):10
4 -        Dados completados
5 -        Rodar um exemplo
```

use <ESC>=Sair <DEL>=Limpar <INS>=Dado B <END>=Dado AntesB <ENTER>= Go
Digite o nome pelo qual será identificado o seu projeto.

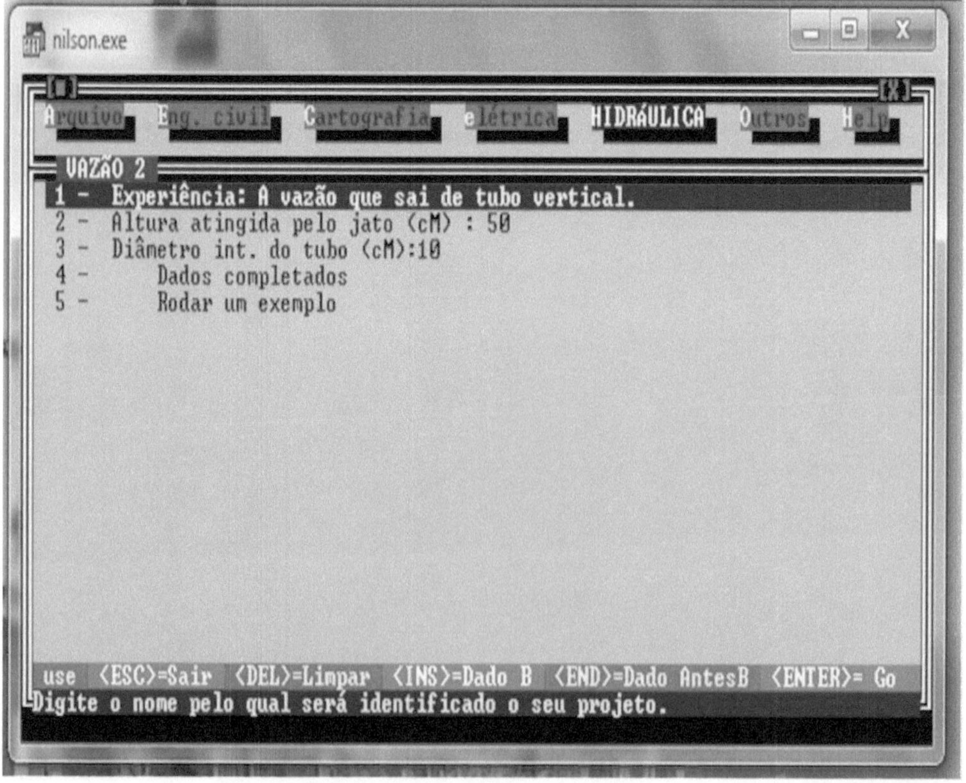

---

nilson.exe

VAZÃO 2

```
1 -    Experiência: A vazão que sai de tubo vertical.
2 -    Altura atingida pelo jato (cM) : 50
3 -    Diâmetro int. do tubo (cM):10
4 -        Dados completados
5 -        Rodar um exemplo
```

use <ESC>=Sair <DEL>=Limpar <INS>=Dado B <END>=Dado AntesB <ENTER>= Go
Digite o nome pelo qual será identificado o seu projeto.

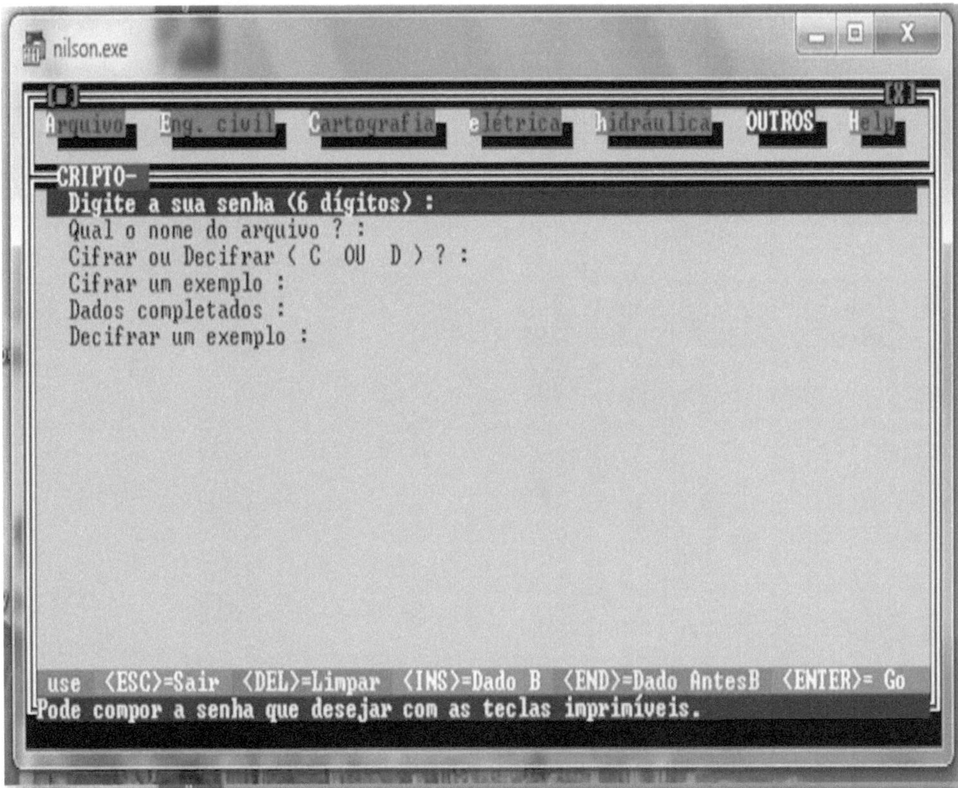

```
nilson.exe                                              _ □ X

□                                                           [X]
 Arquivo   Eng. civil   Cartografia   elétrica   hidráulica   OUTROS   Help
 ┌CRIPTO─
  Digite a sua senha (6 dígitos) :
  Qual o nome do arquivo ? :
  Cifrar ou Decifrar ( C  OU  D ) ? :
  Cifrar um exemplo :
  Dados completados :
  Decifrar um exemplo :




 use  <ESC>=Sair  <DEL>=Limpar  <INS>=Dado B  <END>=Dado AntesB  <ENTER>= Go
 Pode compor a senha que desejar com as teclas imprimíveis.
```

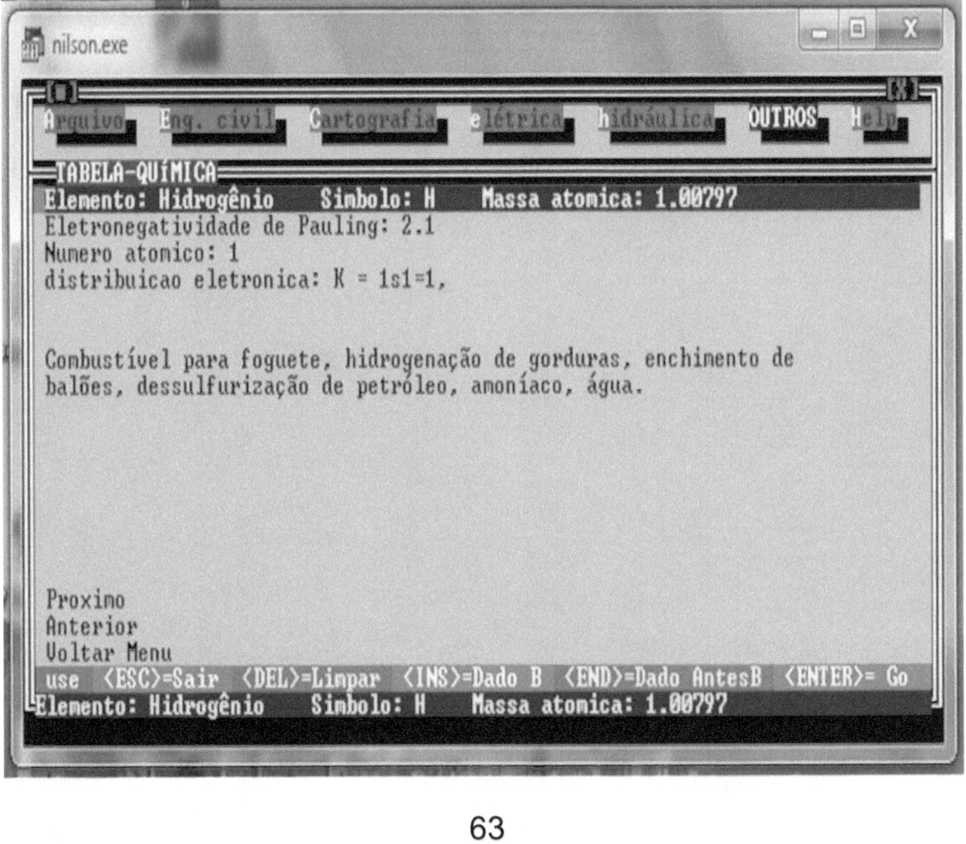

```
nilson.exe                                              _ □ X

□                                                           [X]
 Arquivo   Eng. civil   Cartografia   elétrica   hidráulica   OUTROS   Help
 ┌TABELA-QUÍMICA
  Elemento: Hidrogênio    Simbolo: H    Massa atomica: 1.00797
  Eletronegatividade de Pauling: 2.1
  Numero atonico: 1
  distribuicao eletronica: K = 1s1=1,


  Combustível para foguete, hidrogenação de gorduras, enchimento de
  balões, dessulfurização de petróleo, amoníaco, água.




  Proximo
  Anterior
  Voltar Menu
 use  <ESC>=Sair  <DEL>=Limpar  <INS>=Dado B  <END>=Dado AntesB  <ENTER>= Go
 Elemento: Hidrogênio    Simbolo: H    Massa atomica: 1.00797
```

63

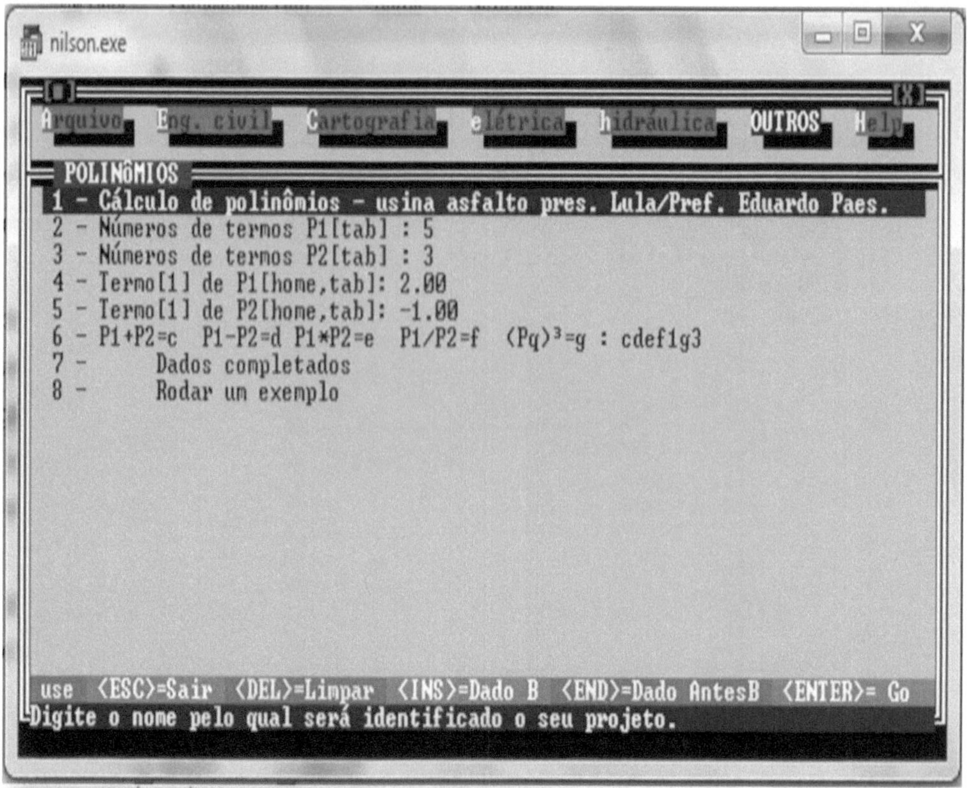

```
nilson.exe                                              ─ □ X

[□]                                                        [X]
 Arquivo   Eng. civil   Cartografia   elétrica   hidráulica  OUTROS   Help
═ POLINÔMIOS ═
 1 - Cálculo de polinômios - usina asfalto pres. Lula/Pref. Eduardo Paes.
 2 - Números de termos P1[tab] : 5
 3 - Números de termos P2[tab] : 3
 4 - Termo[1] de P1[home,tab]: 2.00
 5 - Termo[1] de P2[home,tab]: -1.00
 6 - P1+P2=c  P1-P2=d P1*P2=e  P1/P2=f  (Pq)³=g : cdef1g3
 7 -        Dados completados
 8 -        Rodar um exemplo




 use  <ESC>=Sair  <DEL>=Limpar  <INS>=Dado B  <END>=Dado AntesB  <ENTER>= Go
 Digite o nome pelo qual será identificado o seu projeto.
```

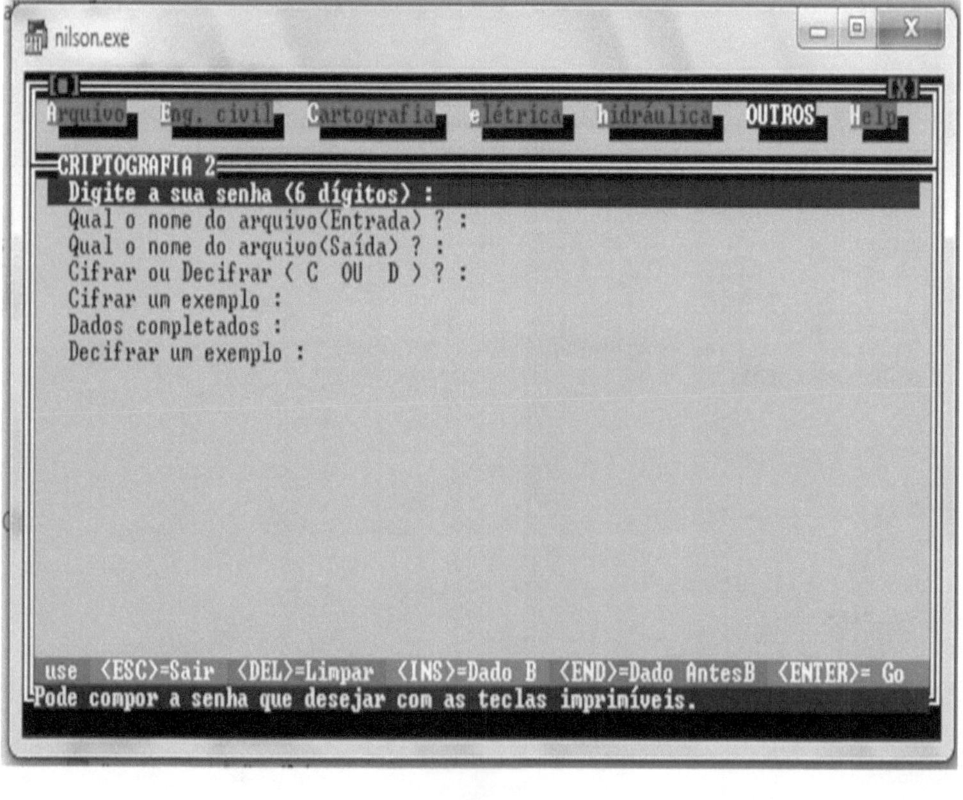

```
nilson.exe                                              ─ □ X

[□]                                                        [X]
 Arquivo   Eng. civil   Cartografia   elétrica   hidráulica  OUTROS   Help
═ CRIPTOGRAFIA 2 ═
 Digite a sua senha (6 dígitos) :
 Qual o nome do arquivo(Entrada) ? :
 Qual o nome do arquivo(Saída) ? :
 Cifrar ou Decifrar ( C OU  D ) ? :
 Cifrar um exemplo :
 Dados completados :
 Decifrar um exemplo :









 use  <ESC>=Sair  <DEL>=Limpar  <INS>=Dado B  <END>=Dado AntesB  <ENTER>= Go
 Pode compor a senha que desejar com as teclas imprimíveis.
```

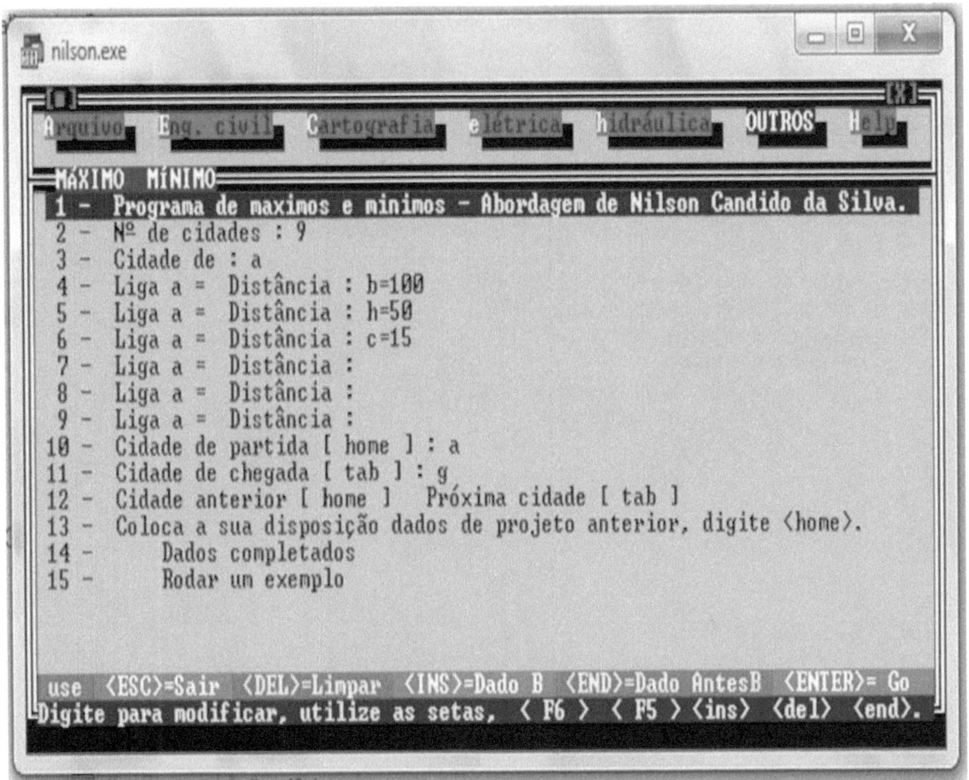

```
nilson.exe                                              [_][□][X]

┌─────────────────────────────────────────────────────────────┐
│ Arquivo   Eng. civil   Cartografia   elétrica  hidráulica  OUTROS  Help │
├─────────────────────────────────────────────────────────────┤
│ MÁXIMO MÍNIMO                                                │
│  1 - Programa de maximos e minimos - Abordagem de Nilson Candido da Silva. │
│  2 -  Nº de cidades : 9                                      │
│  3 -  Cidade de : a                                          │
│  4 -  Liga a =  Distância : b=100                            │
│  5 -  Liga a =  Distância : h=50                             │
│  6 -  Liga a =  Distância : c=15                             │
│  7 -  Liga a =  Distância :                                  │
│  8 -  Liga a =  Distância :                                  │
│  9 -  Liga a =  Distância :                                  │
│ 10 -  Cidade de partida [ home ] : a                         │
│ 11 -  Cidade de chegada [ tab ] : g                          │
│ 12 -  Cidade anterior [ home ]   Próxima cidade [ tab ]      │
│ 13 -  Coloca a sua disposição dados de projeto anterior, digite <home>. │
│ 14 -      Dados completados                                  │
│ 15 -      Rodar um exemplo                                   │
│                                                              │
│ use <ESC>=Sair <DEL>=Limpar <INS>=Dado B <END>=Dado AntesB <ENTER>= Go │
│ Digite para modificar, utilize as setas, < F6 > < F5 > <ins> <del> <end>. │
└─────────────────────────────────────────────────────────────┘
```

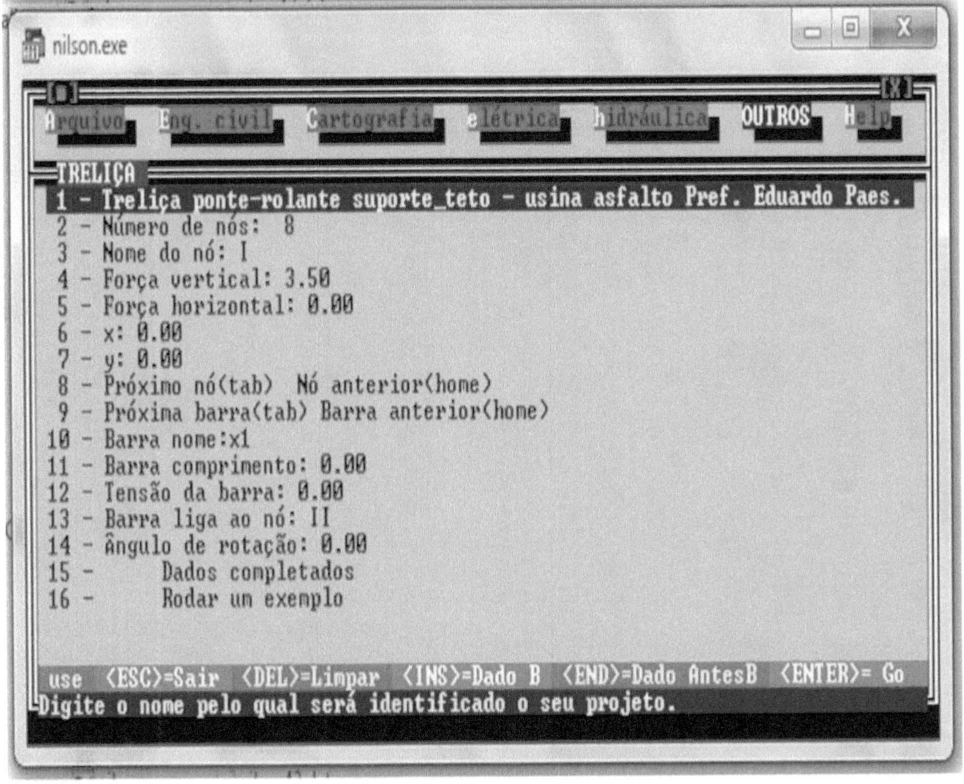

```
nilson.exe                                              [_][□][X]

┌─────────────────────────────────────────────────────────────┐
│ Arquivo   Eng. civil   Cartografia   elétrica  hidráulica  OUTROS  Help │
├─────────────────────────────────────────────────────────────┤
│ TRELIÇA                                                      │
│  1 - Treliça ponte-rolante suporte_teto - usina asfalto Pref. Eduardo Paes. │
│  2 - Número de nós: 8                                        │
│  3 - Nome do nó: I                                           │
│  4 - Força vertical: 3.50                                    │
│  5 - Força horizontal: 0.00                                  │
│  6 - x: 0.00                                                 │
│  7 - y: 0.00                                                 │
│  8 - Próximo nó(tab)  Nó anterior(home)                      │
│  9 - Próxima barra(tab) Barra anterior(home)                 │
│ 10 - Barra nome:x1                                           │
│ 11 - Barra comprimento: 0.00                                 │
│ 12 - Tensão da barra: 0.00                                   │
│ 13 - Barra liga ao nó: II                                    │
│ 14 - Ângulo de rotação: 0.00                                 │
│ 15 -     Dados completados                                   │
│ 16 -     Rodar um exemplo                                    │
│                                                              │
│ use <ESC>=Sair <DEL>=Limpar <INS>=Dado B <END>=Dado AntesB <ENTER>= Go │
│ Digite o nome pelo qual será identificado o seu projeto.     │
└─────────────────────────────────────────────────────────────┘
```

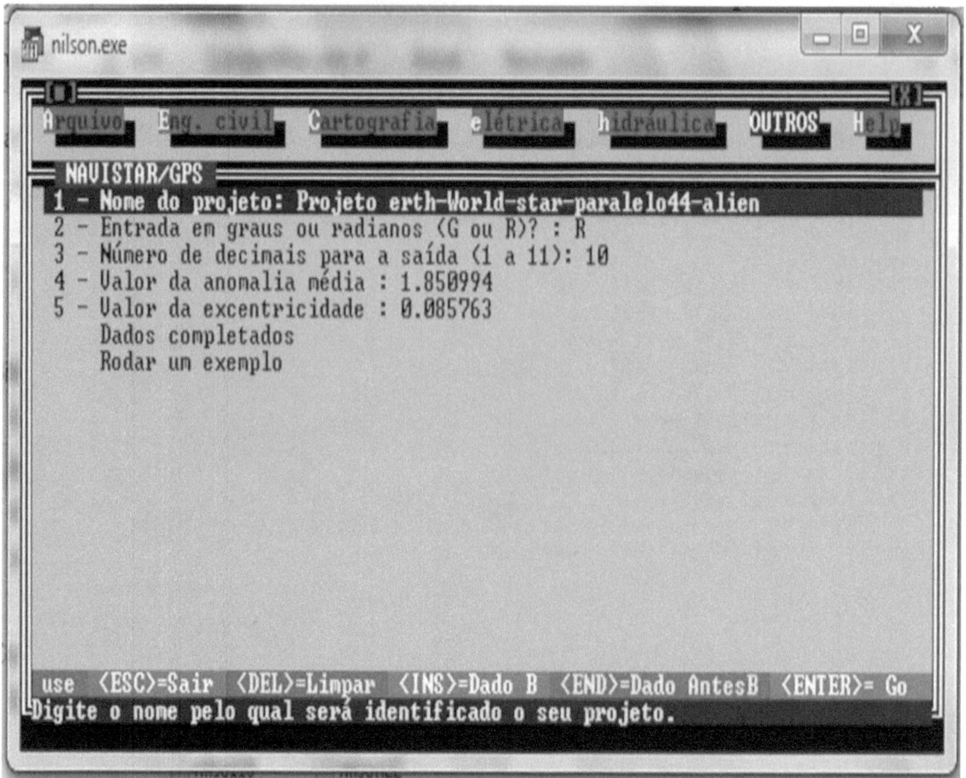

Arquivo   Eng. civil   Cartografia   elétrica   hidráulica   OUTROS   Help

NAVISTAR/GPS

```
1 - Nome do projeto: Projeto erth-World-star-paralelo44-alien
2 - Entrada em graus ou radianos (G ou R)? : R
3 - Número de decimais para a saída (1 a 11): 10
4 - Valor da anomalia média : 1.850994
5 - Valor da excentricidade : 0.085763
    Dados completados
    Rodar um exemplo
```

use <ESC>=Sair <DEL>=Limpar <INS>=Dado B <END>=Dado AntesB <ENTER>= Go
Digite o nome pelo qual será identificado o seu projeto.

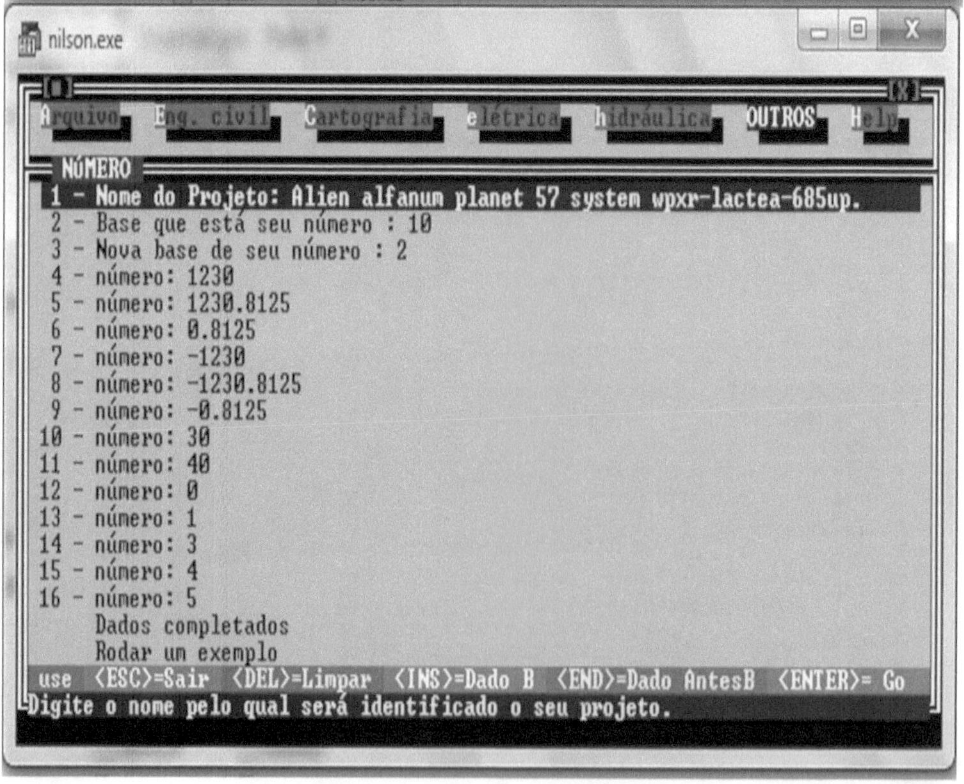

Arquivo   Eng. civil   Cartografia   elétrica   hidráulica   OUTROS   Help

NÚMERO

```
 1 - Nome do Projeto: Alien alfanum planet 57 system wpxr-lactea-685up.
 2 - Base que está seu número : 10
 3 - Nova base de seu número : 2
 4 - número: 1230
 5 - número: 1230.8125
 6 - número: 0.8125
 7 - número: -1230
 8 - número: -1230.8125
 9 - número: -0.8125
10 - número: 30
11 - número: 40
12 - número: 0
13 - número: 1
14 - número: 3
15 - número: 4
16 - número: 5
     Dados completados
     Rodar um exemplo
```

use <ESC>=Sair <DEL>=Limpar <INS>=Dado B <END>=Dado AntesB <ENTER>= Go
Digite o nome pelo qual será identificado o seu projeto.

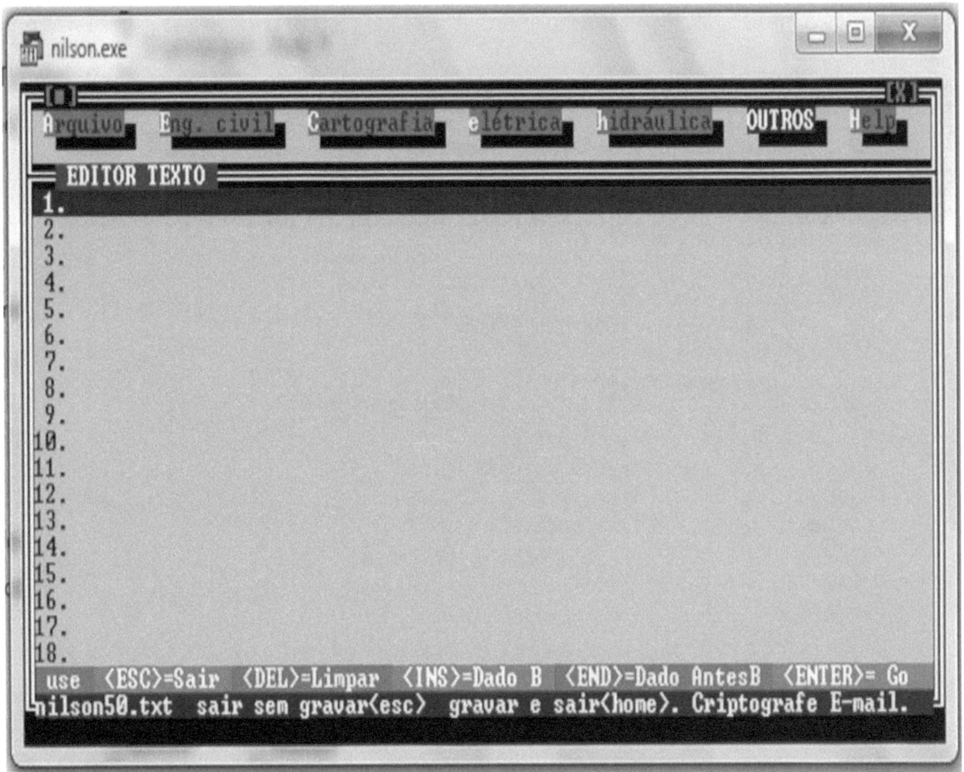

```
nilson.exe                                              [_] [□] [X]

[■]=============================================================[X]
 Arquivo   Eng. civil   Cartografia   elétrica   hidráulica   OUTROS   Help

 EDITOR TEXTO
1.
2.
3.
4.
5.
6.
7.
8.
9.
10.
11.
12.
13.
14.
15.
16.
17.
18.
 use   <ESC>=Sair   <DEL>=Limpar   <INS>=Dado B   <END>=Dado AntesB   <ENTER>= Go
nilson50.txt   sair sem gravar<esc>   gravar e sair<home>. Criptografe E-mail.
```

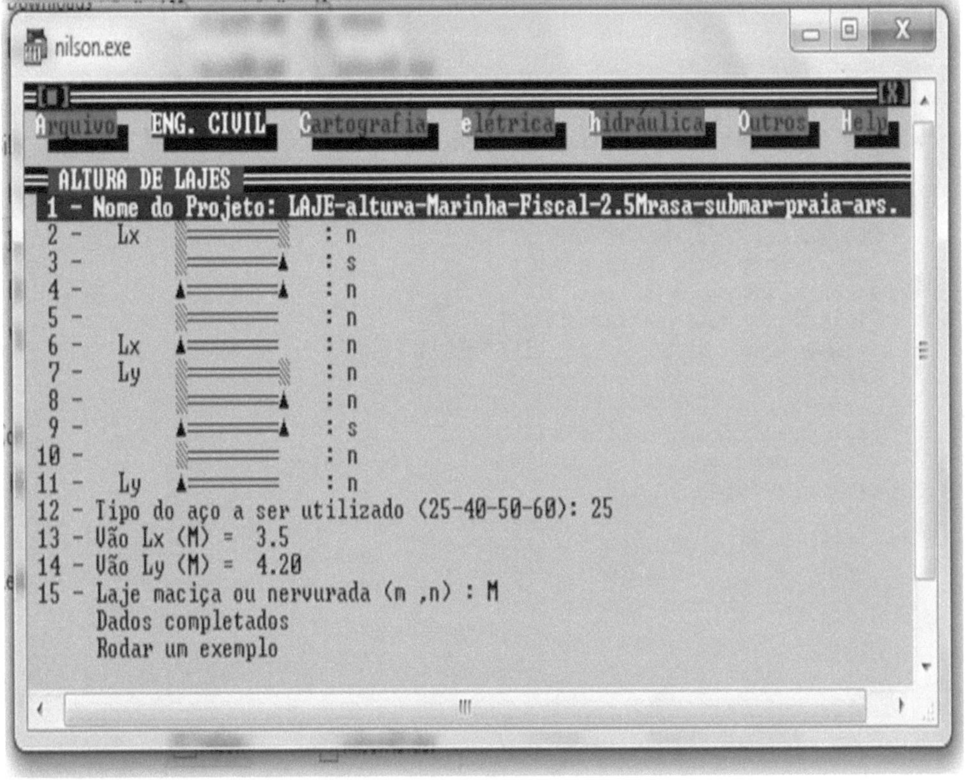

```
nilson.exe                                              [_] [□] [X]

[■]=============================================================[X]  ▲
 Arquivo   ENG. CIVIL   Cartografia   elétrica   hidráulica   Outros   Help

 ALTURA DE LAJES
1 - Nome do Projeto: LAJE-altura-Marinha-Fiscal-2.5Mrasa-submar-praia-ars.
2 -    Lx                    : n
3 -                          : s
4 -                          : n
5 -                          : n
6 -    Lx                    : n
7 -    Ly                    : n
8 -                          : n
9 -                          : s
10 -                         : n
11 -   Ly                    : n
12 - Tipo do aço a ser utilizado (25-40-50-60): 25
13 - Vão Lx (M) =  3.5
14 - Vão Ly (M) =  4.20
15 - Laje maciça ou nervurada (m ,n) : M
      Dados completados
      Rodar um exemplo                                              ▼
 ◄                          IIII                                   ► 
```

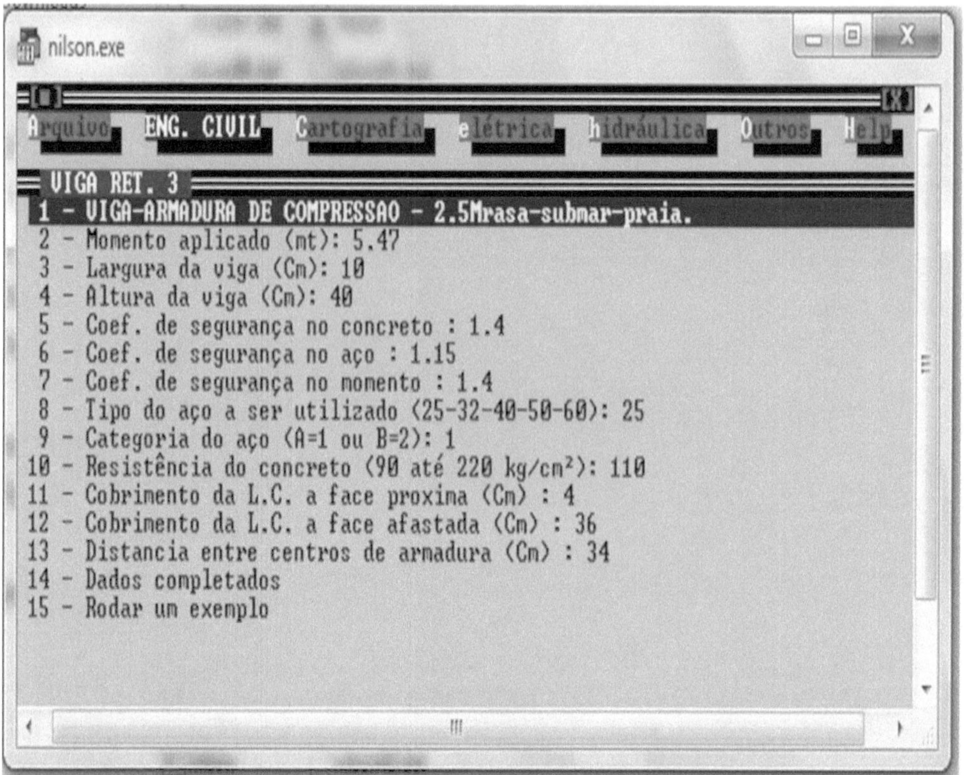

```
nilson.exe                                          _ □ X

Arquivo  ENG. CIVIL  Cartografia  elétrica  hidráulica  Outros  Help

 VIGA RET. 3
 1 - VIGA-ARMADURA DE COMPRESSAO - 2.5Mrasa-submar-praia.
 2 - Momento aplicado (mt): 5.47
 3 - Largura da viga (Cm): 10
 4 - Altura da viga (Cm): 40
 5 - Coef. de segurança no concreto : 1.4
 6 - Coef. de segurança no aço : 1.15
 7 - Coef. de segurança no momento : 1.4
 8 - Tipo do aço a ser utilizado (25-32-40-50-60): 25
 9 - Categoria do aço (A=1 ou B=2): 1
10 - Resistência do concreto (90 até 220 kg/cm²): 110
11 - Cobrimento da L.C. a face proxima (Cm) : 4
12 - Cobrimento da L.C. a face afastada (Cm) : 36
13 - Distancia entre centros de armadura (Cm) : 34
14 - Dados completados
15 - Rodar um exemplo
```

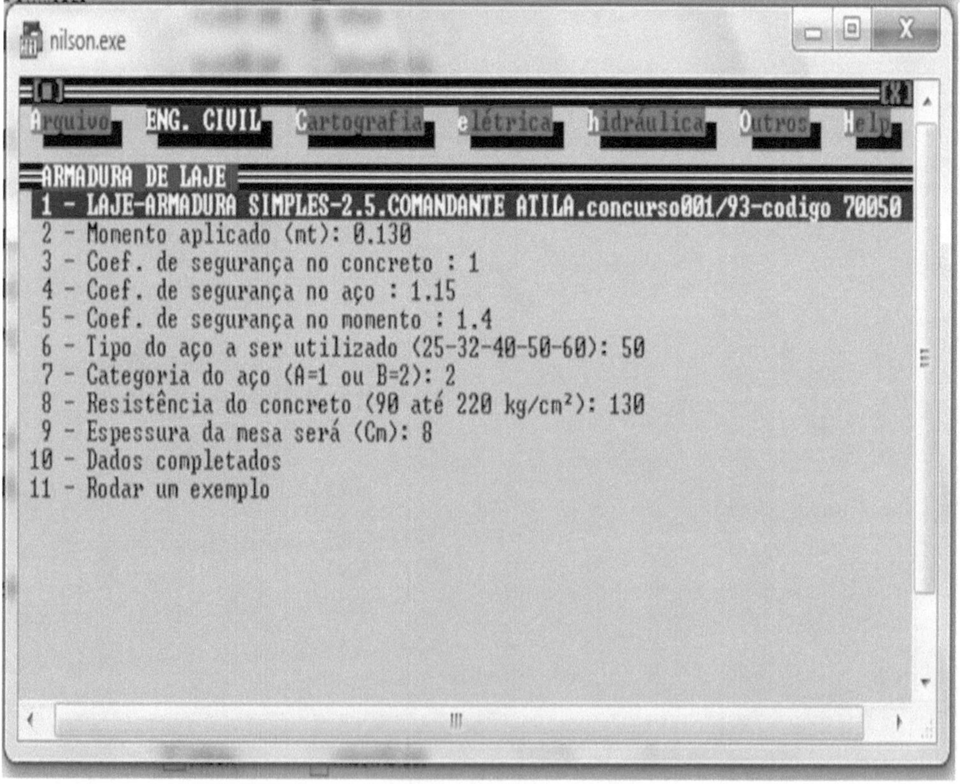

```
nilson.exe                                          _ □ X

Arquivo  ENG. CIVIL  Cartografia  elétrica  hidráulica  Outros  Help

ARMADURA DE LAJE
 1 - LAJE-ARMADURA SIMPLES-2.5.COMANDANTE ATILA.concurso001/93-codigo 70050
 2 - Momento aplicado (mt): 0.130
 3 - Coef. de segurança no concreto : 1
 4 - Coef. de segurança no aço : 1.15
 5 - Coef. de segurança no momento : 1.4
 6 - Tipo do aço a ser utilizado (25-32-40-50-60): 50
 7 - Categoria do aço (A=1 ou B=2): 2
 8 - Resistência do concreto (90 até 220 kg/cm²): 130
 9 - Espessura da mesa será (Cm): 8
10 - Dados completados
11 - Rodar um exemplo
```

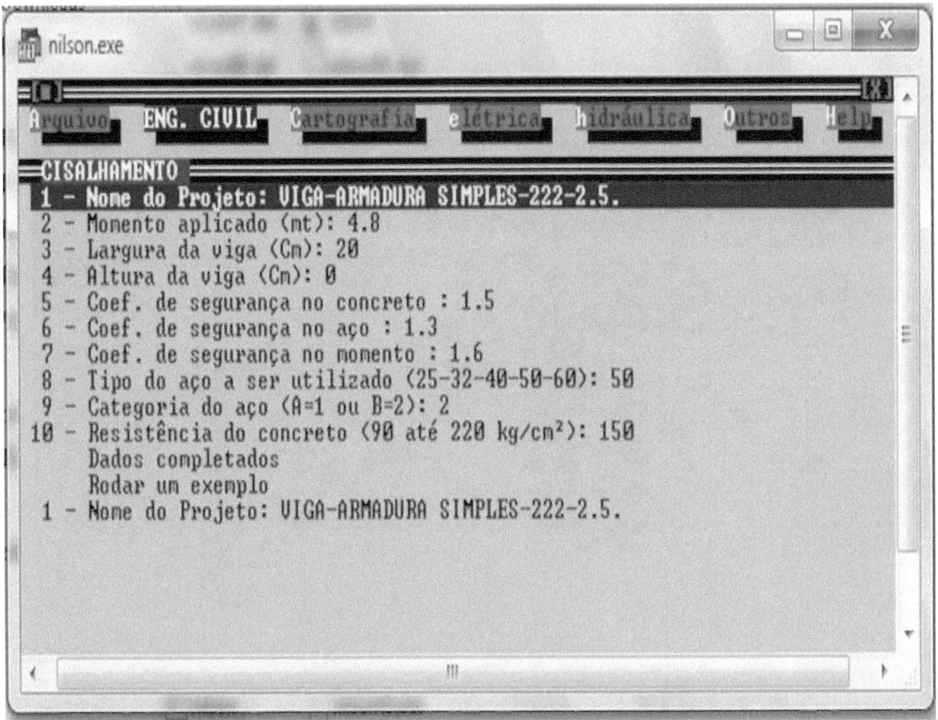
nilson.exe
Arquivo
ENG. CIVIL
Cartografia
elétrica
hidráulica
Outros
Help
CISALHAMENTO
1 - Nome do Projeto: VIGA-ARMADURA SIMPLES-222-2.5.
2 - Momento aplicado (mt): 4.8
3 - Largura da viga (Cm): 20
4 - Altura da viga (Cm): 0
5 - Coef. de segurança no concreto : 1.5
6 - Coef. de segurança no aço : 1.3
7 - Coef. de segurança no momento : 1.6
8 - Tipo do aço a ser utilizado (25-32-40-50-60): 50
9 - Categoria do aço (A=1 ou B=2): 2
10 - Resistência do concreto (90 até 220 kg/cm²): 150
Dados completados
Rodar um exemplo
1 - Nome do Projeto: VIGA-ARMADURA SIMPLES-222-2.5.

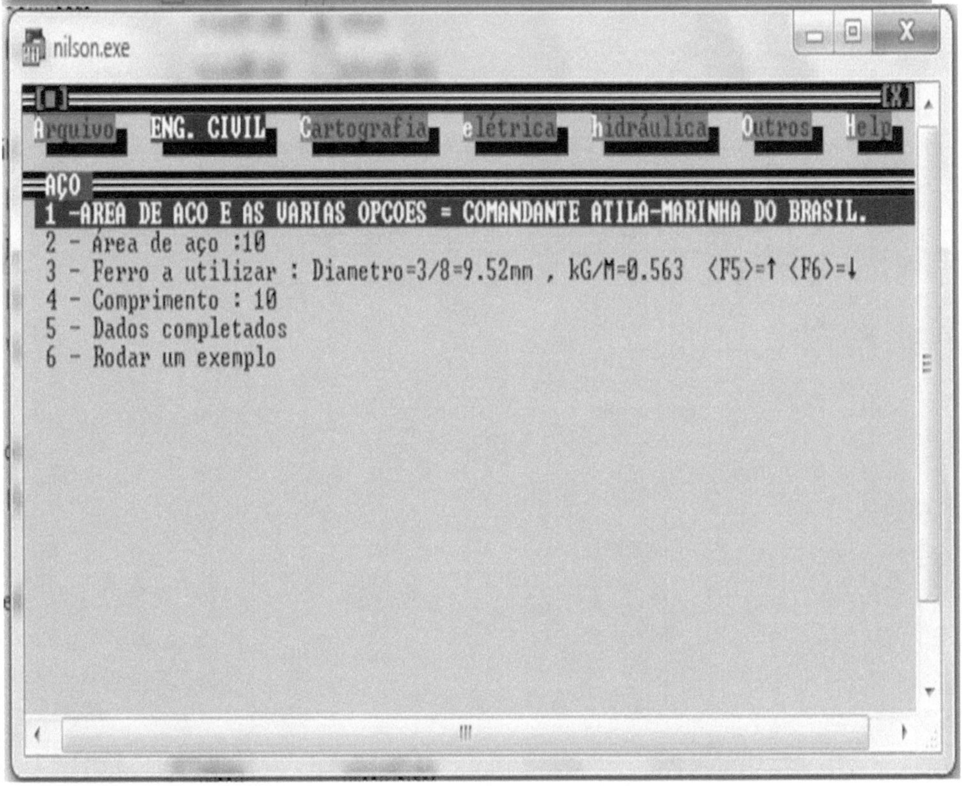
nilson.exe
Arquivo
ENG. CIVIL
Cartografia
elétrica
hidráulica
Outros
Help
AÇO
1 -AREA DE ACO E AS VARIAS OPCOES = COMANDANTE ATILA-MARINHA DO BRASIL.
2 - Área de aço :10
3 - Ferro a utilizar : Diametro=3/8=9.52mm , kG/M=0.563 <F5>=↑ <F6>=↓
4 - Comprimento : 10
5 - Dados completados
6 - Rodar um exemplo

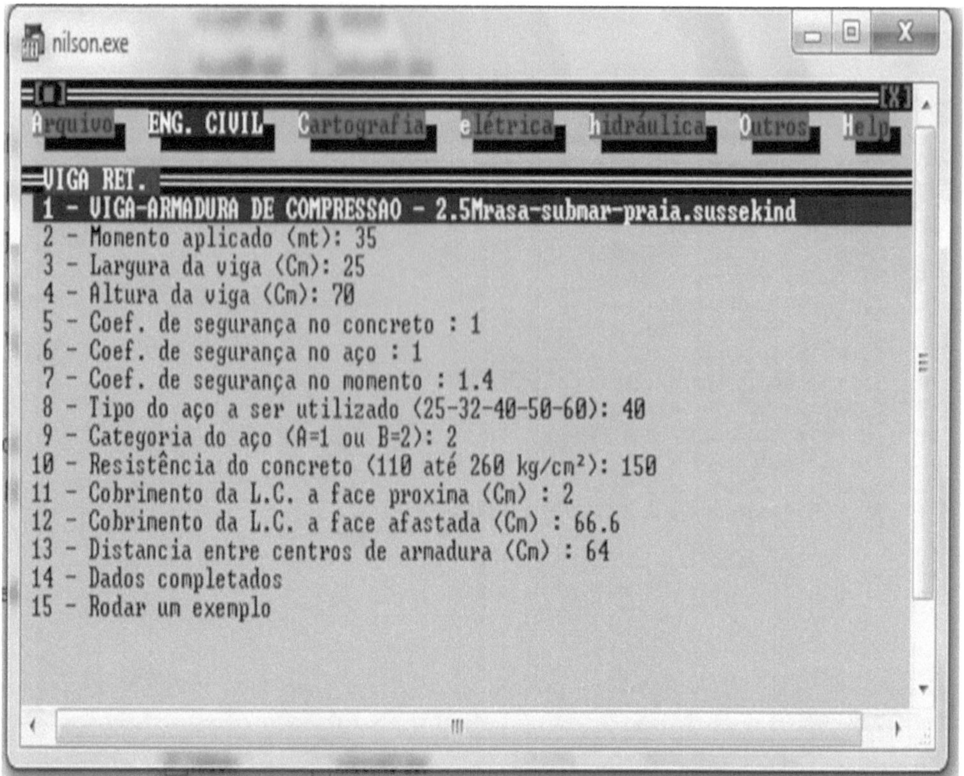
nilson.exe
Arquivo ENG. CIVIL Cartografia elétrica hidráulica Outros Help
VIGA RET.
1 - VIGA-ARMADURA DE COMPRESSAO - 2.5Mrasa-submar-praia.sussekind
2 - Momento aplicado (mt): 35
3 - Largura da viga (Cm): 25
4 - Altura da viga (Cm): 70
5 - Coef. de segurança no concreto : 1
6 - Coef. de segurança no aço : 1
7 - Coef. de segurança no momento : 1.4
8 - Tipo do aço a ser utilizado (25-32-40-50-60): 40
9 - Categoria do aço (A=1 ou B=2): 2
10 - Resistência do concreto (110 até 260 kg/cm²): 150
11 - Cobrimento da L.C. a face proxima (Cm) : 2
12 - Cobrimento da L.C. a face afastada (Cm) : 66.6
13 - Distancia entre centros de armadura (Cm) : 64
14 - Dados completados
15 - Rodar um exemplo

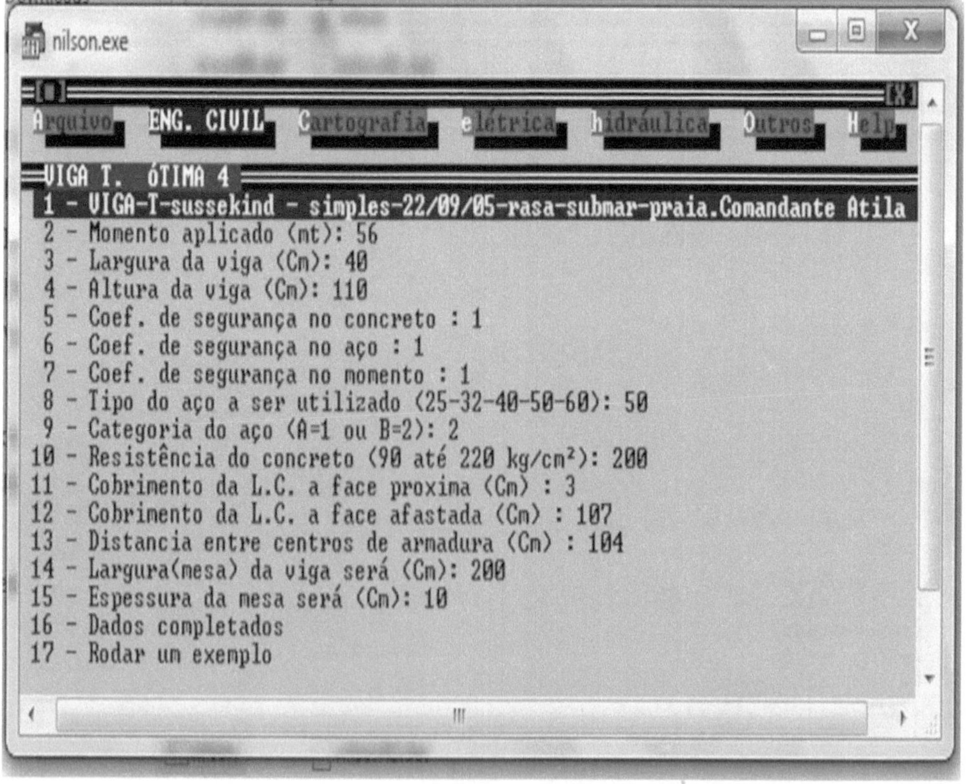
nilson.exe
Arquivo ENG. CIVIL Cartografia elétrica hidráulica Outros Help
VIGA T. ÓTIMA 4
1 - VIGA-T-sussekind - simples-22/09/05-rasa-submar-praia.Comandante Atila
2 - Momento aplicado (mt): 56
3 - Largura da viga (Cm): 40
4 - Altura da viga (Cm): 110
5 - Coef. de segurança no concreto : 1
6 - Coef. de segurança no aço : 1
7 - Coef. de segurança no momento : 1
8 - Tipo do aço a ser utilizado (25-32-40-50-60): 50
9 - Categoria do aço (A=1 ou B=2): 2
10 - Resistência do concreto (90 até 220 kg/cm²): 200
11 - Cobrimento da L.C. a face proxima (Cm) : 3
12 - Cobrimento da L.C. a face afastada (Cm) : 107
13 - Distancia entre centros de armadura (Cm) : 104
14 - Largura(mesa) da viga será (Cm): 200
15 - Espessura da mesa será (Cm): 10
16 - Dados completados
17 - Rodar um exemplo

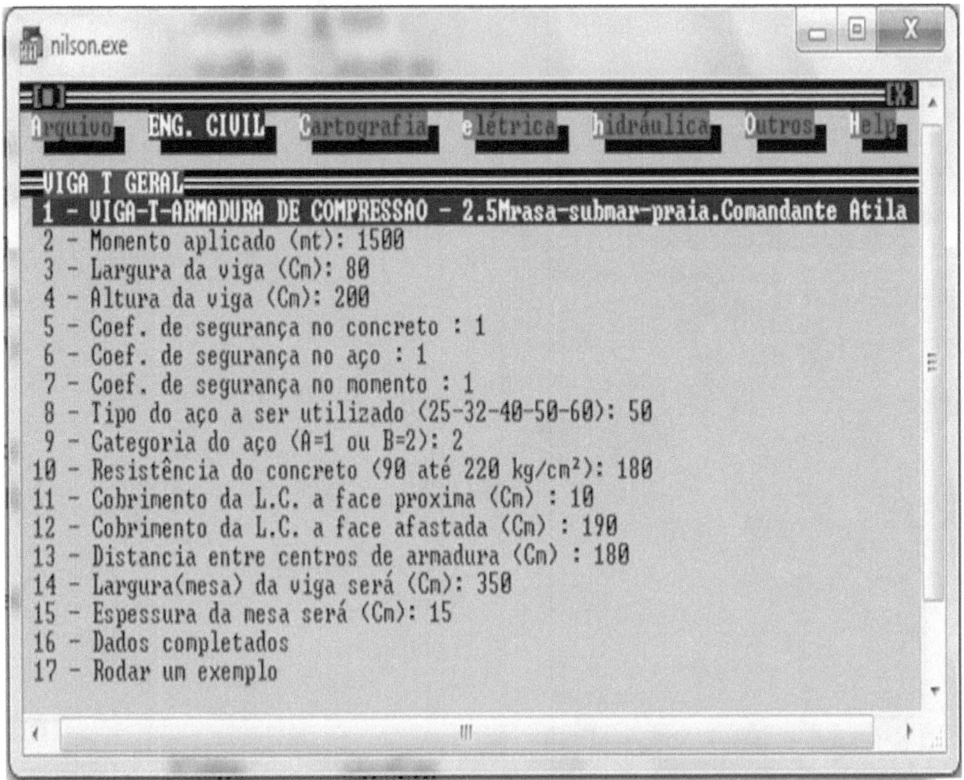

```
nilson.exe                                                    [ □ ▫ X ]

═[■]═══════════════════════════════════════════════════════[X]
Arquivo   ENG. CIVIL   Cartografia   elétrica   hidráulica   Outros   Help

═VIGA T GERAL══════════════════════════════════════════════
1 - VIGA-T-ARMADURA DE COMPRESSAO - 2.5Mrasa-submar-praia.Comandante Atila
2 - Momento aplicado (mt): 1500
3 - Largura da viga (Cm): 80
4 - Altura da viga (Cm): 200
5 - Coef. de segurança no concreto : 1
6 - Coef. de segurança no aço : 1
7 - Coef. de segurança no momento : 1
8 - Tipo do aço a ser utilizado (25-32-40-50-60): 50
9 - Categoria do aço (A=1 ou B=2): 2
10 - Resistência do concreto (90 até 220 kg/cm²): 180
11 - Cobrimento da L.C. a face proxima (Cm) : 10
12 - Cobrimento da L.C. a face afastada (Cm) : 190
13 - Distancia entre centros de armadura (Cm) : 180
14 - Largura(mesa) da viga será (Cm): 350
15 - Espessura da mesa será (Cm): 15
16 - Dados completados
17 - Rodar um exemplo

◄                          III                              ►
```

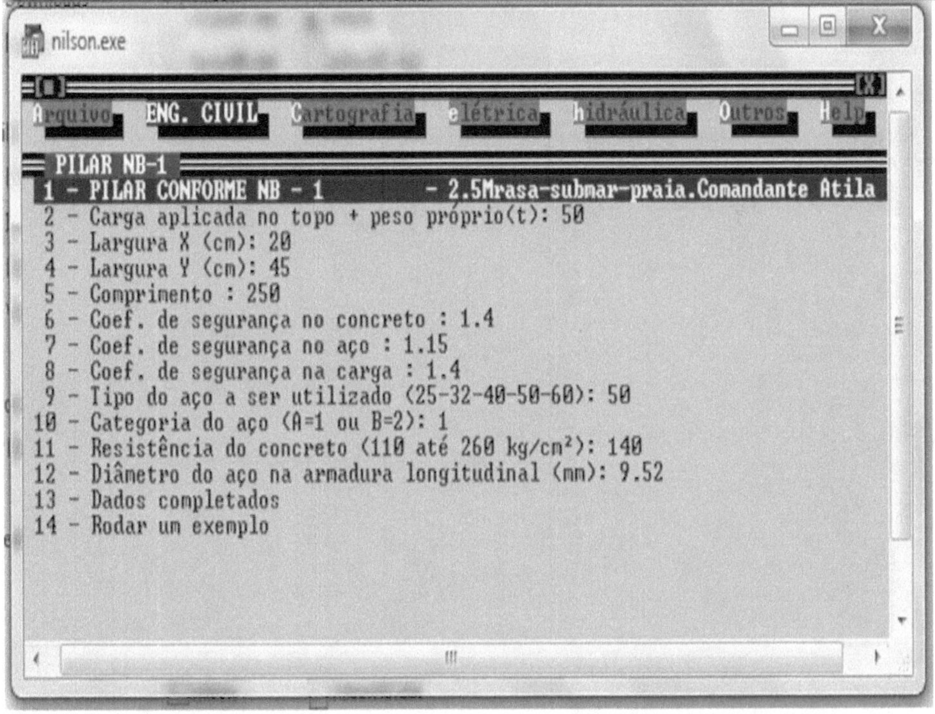

```
nilson.exe                                                    [ □ ▫ X ]

═[■]═══════════════════════════════════════════════════════[X]
Arquivo   ENG. CIVIL   Cartografia   elétrica   hidráulica   Outros   Help

═ PILAR NB-1 ═════════════════════════════════════════════
1 - PILAR CONFORME NB - 1        - 2.5Mrasa-submar-praia.Comandante Atila
2 - Carga aplicada no topo + peso próprio(t): 50
3 - Largura X (cm): 20
4 - Largura Y (cm): 45
5 - Comprimento : 250
6 - Coef. de segurança no concreto : 1.4
7 - Coef. de segurança no aço : 1.15
8 - Coef. de segurança na carga : 1.4
9 - Tipo do aço a ser utilizado (25-32-40-50-60): 50
10 - Categoria do aço (A=1 ou B=2): 1
11 - Resistência do concreto (110 até 260 kg/cm²): 140
12 - Diâmetro do aço na armadura longitudinal (mm): 9.52
13 - Dados completados
14 - Rodar um exemplo

◄                          III                              ►
```

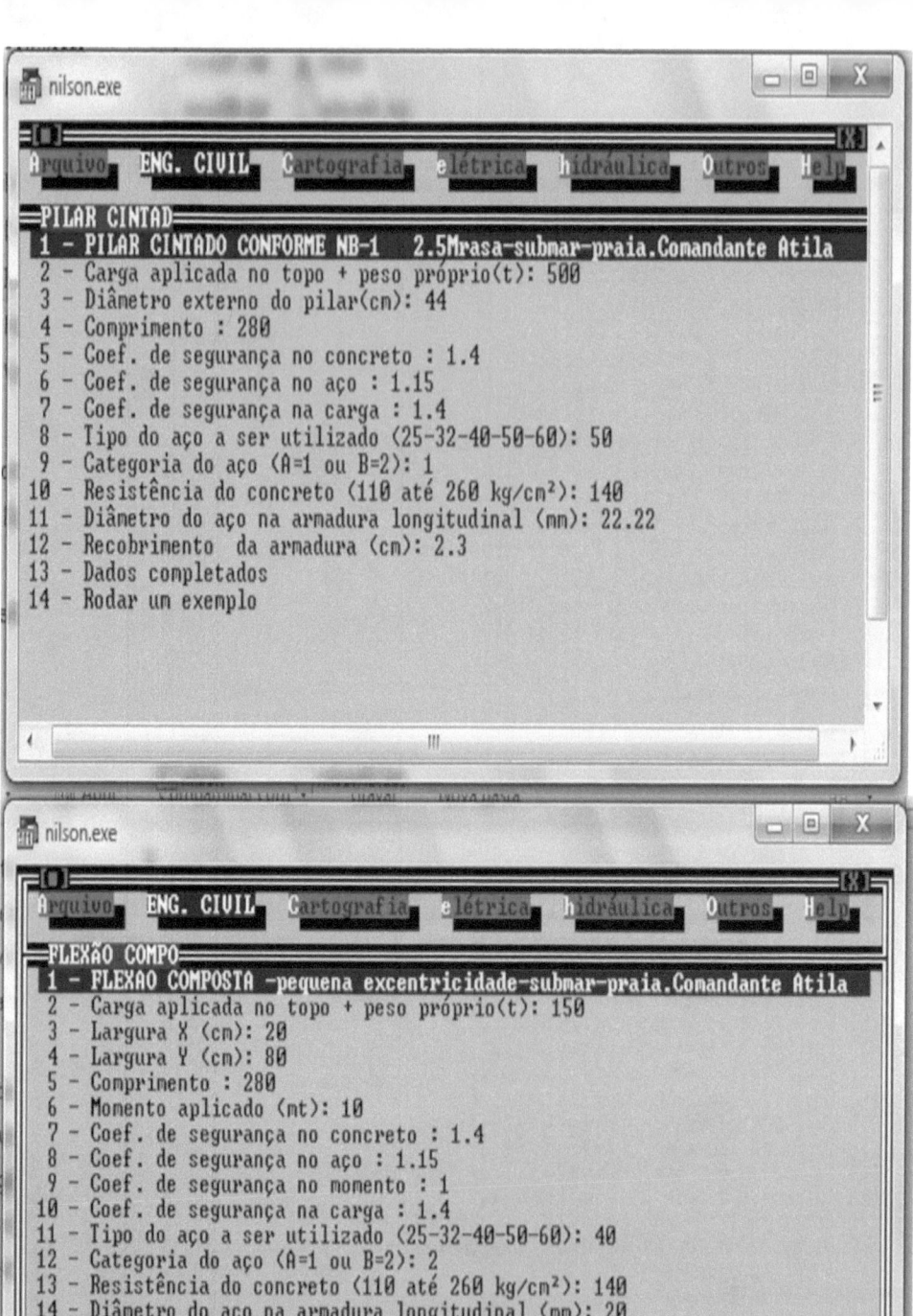

nilson.exe

Arquivo **ENG. CIVIL** Cartografia elétrica hidráulica Outros Help

PILAR CINTAD

```
 1 - PILAR CINTADO CONFORME NB-1   2.5Mrasa-submar-praia.Comandante Atila
 2 - Carga aplicada no topo + peso próprio(t): 500
 3 - Diânetro externo do pilar(cm): 44
 4 - Comprimento : 280
 5 - Coef. de segurança no concreto : 1.4
 6 - Coef. de segurança no aço : 1.15
 7 - Coef. de segurança na carga : 1.4
 8 - Tipo do aço a ser utilizado (25-32-40-50-60): 50
 9 - Categoria do aço (A=1 ou B=2): 1
10 - Resistência do concreto (110 até 260 kg/cm²): 140
11 - Diânetro do aço na armadura longitudinal (mm): 22.22
12 - Recobrimento  da armadura (cm): 2.3
13 - Dados completados
14 - Rodar um exemplo
```

nilson.exe

Arquivo **ENG. CIVIL** Cartografia elétrica hidráulica Outros Help

FLEXÃO COMPO

```
 1 - FLEXAO COMPOSTA -pequena excentricidade-submar-praia.Comandante Atila
 2 - Carga aplicada no topo + peso próprio(t): 150
 3 - Largura X (cm): 20
 4 - Largura Y (cm): 80
 5 - Comprimento : 280
 6 - Momento aplicado (mt): 10
 7 - Coef. de segurança no concreto : 1.4
 8 - Coef. de segurança no aço : 1.15
 9 - Coef. de segurança no momento : 1
10 - Coef. de segurança na carga : 1.4
11 - Tipo do aço a ser utilizado (25-32-40-50-60): 40
12 - Categoria do aço (A=1 ou B=2): 2
13 - Resistência do concreto (110 até 260 kg/cm²): 140
14 - Diânetro do aço na armadura longitudinal (mm): 20
15 - Cobrimento da L.C. a face proxima (Cm) : 3
16 - Cobrinento da L.C. a face afastada (Cm) : 76
17 - Distancia entre centros de armadura (Cm) : 73
18 - Dados completados
use  <ESC>=Sair  <DEL>=Limpar  <INS>=Dado B  <END>=Dado AntesB  <ENTER>= Go
10 - Recobrimento lateral (0.10 a 0.90) =
```

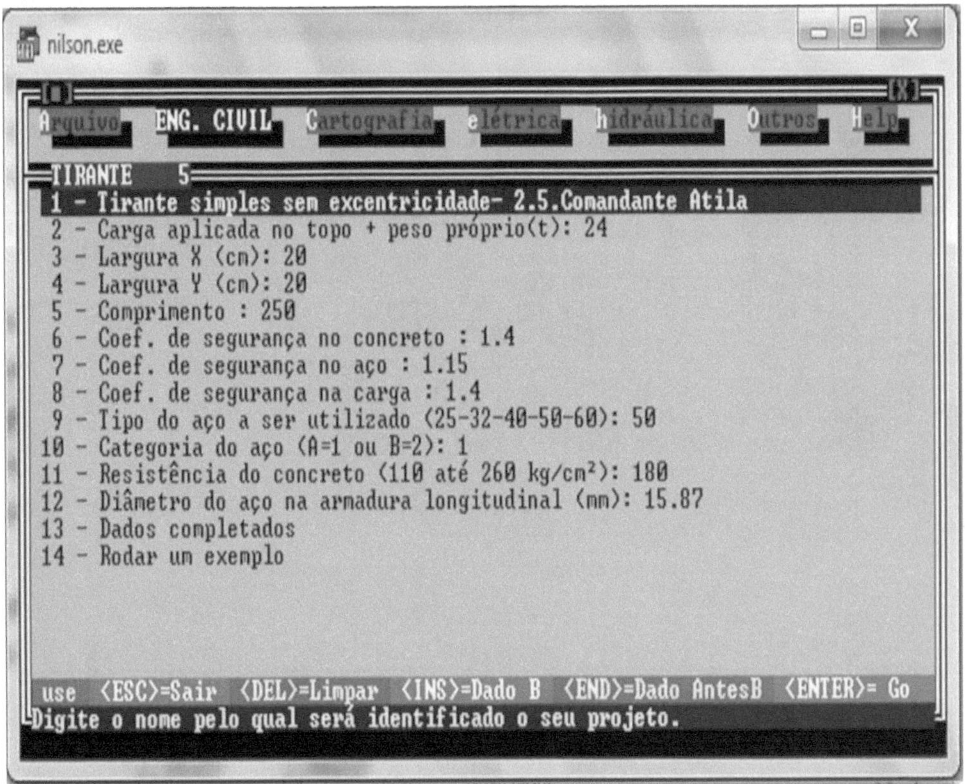

Arquivo   ENG. CIVIL   Cartografia   elétrica   hidráulica   Outros   Help

TIRANTE   5

1 - Tirante simples sem excentricidade- 2.5.Comandante Atila
2 - Carga aplicada no topo + peso próprio(t): 24
3 - Largura X (cm): 20
4 - Largura Y (cm): 20
5 - Comprimento : 250
6 - Coef. de segurança no concreto : 1.4
7 - Coef. de segurança no aço : 1.15
8 - Coef. de segurança na carga : 1.4
9 - Tipo do aço a ser utilizado (25-32-40-50-60): 50
10 - Categoria do aço (A=1 ou B=2): 1
11 - Resistência do concreto (110 até 260 kg/cm²): 180
12 - Diâmetro do aço na armadura longitudinal (mm): 15.87
13 - Dados completados
14 - Rodar um exemplo

use <ESC>=Sair <DEL>=Limpar <INS>=Dado B <END>=Dado AntesB <ENTER>= Go
Digite o nome pelo qual será identificado o seu projeto.

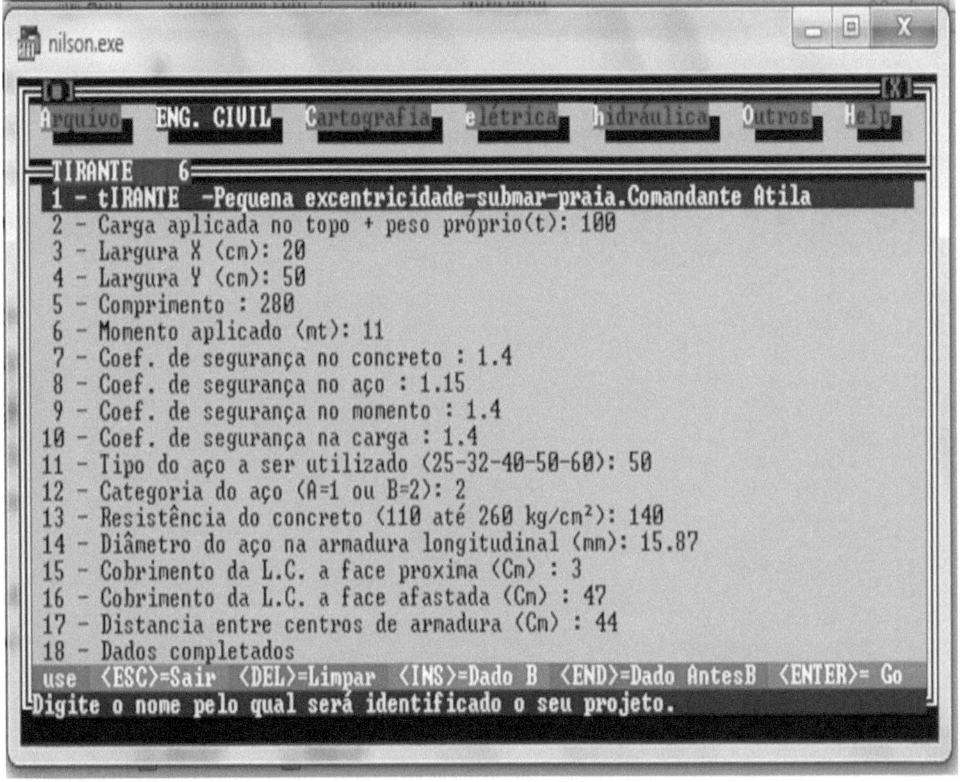

Arquivo   ENG. CIVIL   Cartografia   elétrica   hidráulica   Outros   Help

TIRANTE   6

1 - tIRANTE -Pequena excentricidade-submar-praia.Comandante Atila
2 - Carga aplicada no topo + peso próprio(t): 100
3 - Largura X (cm): 20
4 - Largura Y (cm): 50
5 - Comprimento : 280
6 - Momento aplicado (mt): 11
7 - Coef. de segurança no concreto : 1.4
8 - Coef. de segurança no aço : 1.15
9 - Coef. de segurança no momento : 1.4
10 - Coef. de segurança na carga : 1.4
11 - Tipo do aço a ser utilizado (25-32-40-50-60): 50
12 - Categoria do aço (A=1 ou B=2): 2
13 - Resistência do concreto (110 até 260 kg/cm²): 140
14 - Diâmetro do aço na armadura longitudinal (mm): 15.87
15 - Cobrimento da L.C. a face proxima (Cm) : 3
16 - Cobrimento da L.C. a face afastada (Cm) : 47
17 - Distancia entre centros de armadura (Cm) : 44
18 - Dados completados
use <ESC>=Sair <DEL>=Limpar <INS>=Dado B <END>=Dado AntesB <ENTER>= Go
Digite o nome pelo qual será identificado o seu projeto.

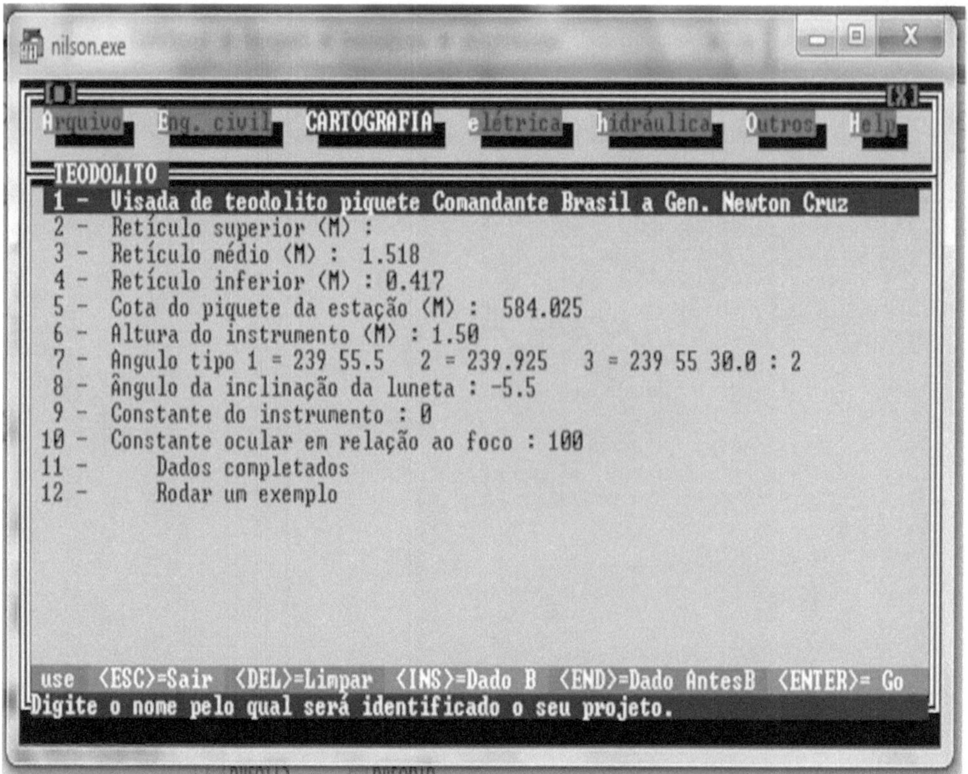

```
nilson.exe                                                  _ □ X

┌─────────────────────────────────────────────────────────[X]┐
│ Arquivo   Eng. civil   CARTOGRAFIA   elétrica   hidráulica   Outros   Help │
├─TEODOLITO──────────────────────────────────────────────────┤
│  1 -  Visada de teodolito piquete Comandante Brasil a Gen. Newton Cruz │
│  2 -  Retículo superior (M) :                              │
│  3 -  Retículo médio (M) : 1.518                           │
│  4 -  Retículo inferior (M) : 0.417                        │
│  5 -  Cota do piquete da estação (M) :  584.025            │
│  6 -  Altura do instrumento (M) : 1.50                     │
│  7 -  Ângulo tipo 1 = 239 55.5   2 = 239.925   3 = 239 55 30.0 : 2 │
│  8 -  Ângulo da inclinação da luneta : -5.5                │
│  9 -  Constante do instrumento : 0                         │
│ 10 -  Constante ocular em relação ao foco : 100            │
│ 11 -      Dados completados                                │
│ 12 -      Rodar um exemplo                                 │
│                                                            │
│ use  <ESC>=Sair  <DEL>=Limpar  <INS>=Dado B  <END>=Dado AntesB  <ENTER>= Go │
│ Digite o nome pelo qual será identificado o seu projeto.   │
└────────────────────────────────────────────────────────────┘
```

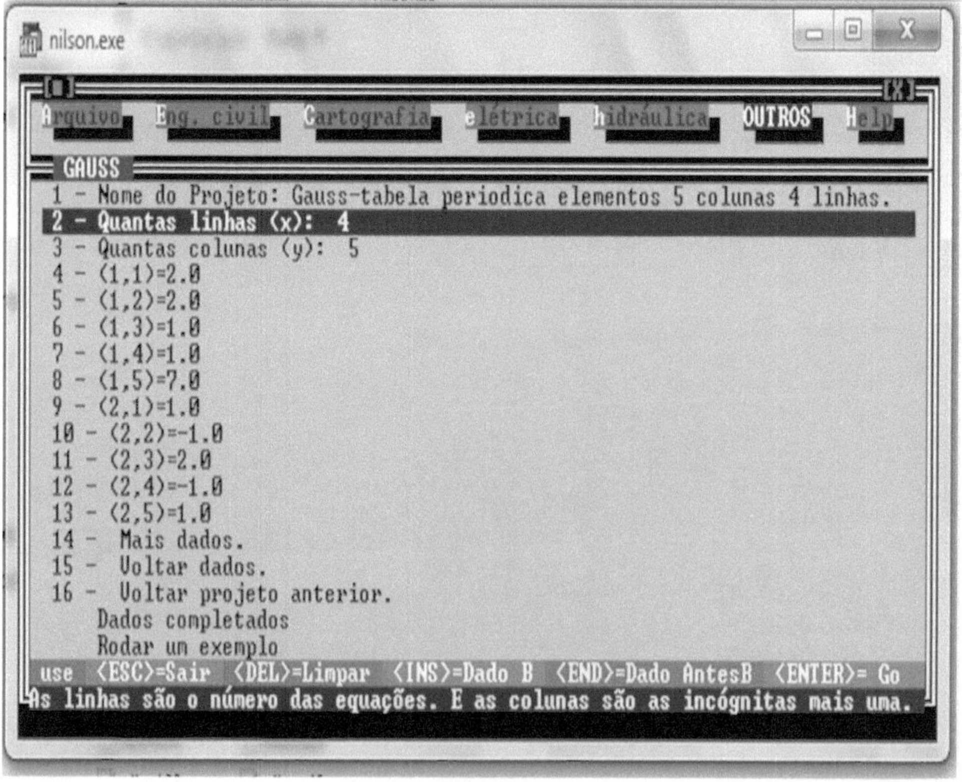

```
nilson.exe                                                  _ □ X

┌─────────────────────────────────────────────────────────[X]┐
│ Arquivo   Eng. civil   Cartografia   elétrica   hidráulica   OUTROS   Help │
├─GAUSS──────────────────────────────────────────────────────┤
│  1 - Nome do Projeto: Gauss-tabela periodica elementos 5 colunas 4 linhas. │
│  2 - Quantas linhas (x): 4                                 │
│  3 - Quantas colunas (y): 5                                │
│  4 - (1,1)=2.0                                             │
│  5 - (1,2)=2.0                                             │
│  6 - (1,3)=1.0                                             │
│  7 - (1,4)=1.0                                             │
│  8 - (1,5)=7.0                                             │
│  9 - (2,1)=1.0                                             │
│ 10 - (2,2)=-1.0                                            │
│ 11 - (2,3)=2.0                                             │
│ 12 - (2,4)=-1.0                                            │
│ 13 - (2,5)=1.0                                             │
│ 14 -  Mais dados.                                          │
│ 15 -  Voltar dados.                                        │
│ 16 -  Voltar projeto anterior.                            │
│        Dados completados                                   │
│        Rodar um exemplo                                    │
│ use  <ESC>=Sair  <DEL>=Limpar  <INS>=Dado B  <END>=Dado AntesB  <ENTER>= Go │
│ As linhas são o número das equações. E as colunas são as incógnitas mais uma. │
└────────────────────────────────────────────────────────────┘
```

```
nilson.exe

Arquivo   Eng. civil   Cartografia   elétrica   hidráulica   OUTROS   Help

GAUSS-JORDAN
  1 - Nome do Projeto: Gauss-Jordan tabela matricial de 5 colunas 4 linhas.
  2 - Quantas linhas (x): 4
  3 - Quantas colunas (y): 5
  4 - (1,1)=2.0
  5 - (1,2)=2.0
  6 - (1,3)=1.0
  7 - (1,4)=1.0
  8 - (1,5)=7.0
  9 - (2,1)=1.0
 10 - (2,2)=-1.0
 11 - (2,3)=2.0
 12 - (2,4)=-1.0
 13 - (2,5)=1.0
 14 -  Mais dados.
 15 -  Voltar dados.
 16 -  Voltar projeto anterior.
       Dados completados
       Rodar um exemplo
use  <ESC>=Sair  <DEL>=Limpar  <INS>=Dado B  <END>=Dado AntesB  <ENTER>= Go
As linhas são o número das equações. E as colunas são as incógnitas mais uma.
```

unit nilson30;

interface
uses crt,dos;
type str5=string[5];str25=string[25];str40=string[40];   { nilson31}
var AlfaMin,kiiMin,kxMin,KzMin,EpsiloncMin,EpsiloncMaxMin,iotMin,
   Alfa,kx,Kz,Epsilonc,EpsiloncMax,iot,Tipo_aco,fck:real;
type

                                          { nilson32}

   ncsR=real;
   arraytela=array[1..80,1..25] of word;
   ptrtela=^arraytela;
   arraylinha=array[1..80,1..2] of word;
   ptrlinha=^arraylinha;
var savelinha:ptrlinha;savePtr:ptrtela;scrData:^word;saveSize:word;
                    { nilson33 nilson34   tela principal}
var mouseok:boolean; mousex,mousey,xmouse,ymouse:word;   {
nilson35}
   regs:registers;botao,NpressB,pressB6,cursorshape:word;

type   { nilson36}
str80=string[80];
type

75

```pascal
validset = set of char;                          { nilson38}
var
   prompt,entrada1,entrada2,entrada:str80;
   ch:char;
   feito,done:boolean;
   EReal:real;
   input,antes:byte;
   NumInt,erro,SAVEX,SAVEY: integer;
var  arq:text;            { nilson39}
type
                                    { nilson70}

nilson1F1 = record
      Lstr80:str80;
      end;
NOME = str80;
str140 = string [140] ;
ptr_linhamensagem = ^linhamensagem ;
            linhamensagem  = record
            linhamensag : str140;
            proximo: ptr_linhamensagem;
            anterior: ptr_linhamensagem;
                    end;

CONST
 INICIOTELA=0;FIMTELA=16;
 msgok=' O arquivo que está lendo está no disco, pode levá-lo para o
WORD e imprimir. ';

VAR
arquivo,arquiv:file of nilson1F1;

linhatela,I,CIMATELA,N,movelat,j,escorreg,jx,escorregx:INTEGER;
inicio, listar, aux, A,desmonte          : ptr_linhamensagem;
linhamensage:str140;{arq:text;}
F1nilson1:nilson1F1;
                  { material de nilson40          nilson72}
type
ptr_resp = ^resp;                        {  nilson73}
      resp = record
      perg:word;msg,nom,str80D:str80;
      proximo,anterior:ptr_resp;
            end;
    smg=array[0..30]of str80;
ptr_msg=^smg;

var  Escolha:str25; NomePilar:str80;  MaxPerg,pilarEsc:real;ML:boolean;
res1,primeir,ultim,k,L:ptr_resp;    arqu:file of resp;
```

```pascal
posx,posy:byte;
msg:ptr_msg;
```

                        {   material de salveinfo nilson74}
                    { nilson7 foi tornado unit   nilson77}

```pascal
implementation
begin end.
```

Unit nilson31;

```pascal
interface
uses crt,nilson30;
(*type str5=string[5];str25=string[25];str40=string[40];     { nilson31}
var AlfaMin,kiiMin,kxMin,KzMin,EpsiloncMin,EpsiloncMaxMin,iotMin,
    Alfa,kx,Kz,Epsilonc,EpsiloncMax,iot,Tipo_aco,fck:real;       *)

procedure Ffck110( stri:real);
procedure Ffck135( stri:real);
procedure Ffck150(stri:real);
procedure Ffck180( stri:real);
procedure Ffck200( stri:real);
procedure Ffck220( stri:real);
procedure Ffck240( stri:real);
procedure Ffck260( stri:real);
implementation


CONST
msgok=' O arquivo que está lendo está no disco, pode levá-lo para o
WORD e imprimir. ';
Ciot: array[1..33] of real =
(0.121,0.244,0.357,0.465,0.565,0.657,0.742,0.811,0.872
,0.917,0.955,0.987,1.0 ,1.0 ,1.0 ,1.0 ,1.0
,1.0 ,1.0 ,1.0 ,1.0 ,1.0 ,1.0 ,1.0 ,1.0 ,1.0
,1.0 ,1.0 ,1.0 ,1.0 ,1.0 ,1.0);
CepsilonC:array[1..33] of real =
(0.20,0.42,0.64,0.87,1.11,1.36,1.63,1.90,2.20,2.50
,2.82,3.16,3.50,3.50,3.50,3.50,3.50,3.50,3.50,3.50,3.50
,3.50,3.50,3.50,3.50,3.50,3.50,3.50,3.50,3.50,3.50,3.50);
CepsilonA:array[1..33] of real =
(10.0,10.0,10.0,10.0,10.0,10.0,10.0,10.0,10.0,10.0,10.0
,10.0,10.0,9.00,8.17,7.44,6.79,6.22,5.71,5.25,4.83,4.45
,4.11,3.79,3.59,3.23,3.00,2.75,2.53,2.33,2.15,1.97,1.8);
CKx:array[1..33] of real =
(0.02,0.04,0.06,0.08,0.10,0.12,0.14,0.16,0.18,0.20
,0.22,0.24,0.26,0.28,0.30,0.32,0.34,0.36,0.38,0.40
,0.42,0.44,0.46,0.48,0.50,0.52,0.54,0.56,0.58,0.60
,0.62,0.64,0.66);
CKz:array[1..33] of real =
```

(0.99,0.98,0.98,0.97,0.96,0.95,0.94,0.94,0.93,0.92
,0.91,0.90,0.90,0.89,0.88,0.87,0.86,0.86,0.85,0.84
,0.83,0.82,0.82,0.81,0.80,0.79,0.78,0.78,0.77,0.76
,0.75,0.74,0.74);
Cfck110:array[1..33] of real =
(88.4,44.2,29.9,22.8,18.6,15.8,13.8,12.4,11.4,10.5
,9.92,9.38,8.94,8.67,8.42,8.20,8.00,7.78,7.61,7.46
,7.33,7.2,7.04,6.94,6.84,6.75,6.67,6.55,6.47,6.41
,6.34,6.29,6.19);
Cfck135:array[1..33] of real =
(79.8,39.9,27.0,20.6,16.8,14.3,12.5,11.2,10.2,9.5
,8.93,8.46,8.07,7.82,7.60,7.40,7.22,7.02,6.87,6.74
,6.61,6.50,6.36,6.26,6.17,6.09,6.02,5.91,5.84,5.78
,5.73,5.67,5.59);
Cfck150:array[1..33] of real =
(75.7,37.9,25.6,19.5,15.9,13.5,11.9,10.6,9.70,9.02
,8.47,8.03,7.66,7.42,7.21,7.02,6.85,6.66,6.52,6.39
,6.27,6.17,6.03,5.94,5.86,5.78,5.71,5.61,5.54,5.49
,5.43,5.38,5.30);
Cfck180:array[1..33] of real =
(69.1,34.6,23.3,17.8,14.5,12.4,10.8,9.68,8.86,8.23
,7.73,7.33,6.99,6.77,6.58,6.41,6.25,6.08,5.95,5.83
,5.73,5.63,5.51,5.42,5.35,5.28,5.21,5.12,5.06,5.01
,4.96,4.91,4.84);
Cfck200:array[1..33] of real =
(65.5,32.8,22.1,16.9,13.8,11.7,10.3,9.19,8.40,7.81
,7.33,6.95,6.63,6.43,6.24,6.08,5.93,5.77,5.65,5.54
,5.43,5.34,5.22,5.15,5.07,5.01,4.94,4.85,4.80,4.75
,4.71,4.66,4.59);
Cfck220:array[1..33] of real =
(62.5,31.3,21.1,16.1,13.1,11.2,9.79,8.76,8.01,7.44
,7.00,6.63,6.32,6.13,5.95,5.80,5.66,5.50,5.38,5.28
,5.18,5.09,4.98,4.91,4.84,4.77,4.71,4.63,4.58,4.53
,4.49,4.45,4.38);
Cfck240:array[1..33] of real =
(59.8,29.9,20.2,15.4,12.6,10.7,9.37,8.39,7.67,7.13
,6.70,6.34,6.05,5.87,5.70,5.55,5.42,5.26,5.15,5.05
,4.96,4.88,4.77,4.70,4.63,4.57,4.51,4.43,4.38,4.34
,4.30,4.26,4.19);
Cfck260:array[1..33] of real =
(57.5,28.8,19.4,14.8,12.1,10.3,9.01,8.06,7.37,6.85
,6.43,6.09,5.82,5.64,5.48,5.33,5.20,5.06,4.95,4.85
,4.77,4.68,4.58,4.51,4.45,4.39,4.34,4.26,4.21,4.17
,4.13,4.09,4.03);
CCA25:array[1..33] of real =
(2.14,2.13,2.12,2.10,2.08,2.06,2.05,2.04,2.02,2.00
,1.98,1.97,1.96,1.94,1.92,1.90,1.86,1.85,1.84,1.82

```pascal
,1.80,1.78,1.77,1.76,1.74,1.72,1.70,1.69,1.68,1.66
,1.64,1.60,1.59);
CCA40:array[1..33] of real =
(3.44,3.42,3.40,3.37,3.34,3.30,3.28,3.27,3.23,3.20
,3.17,3.15,3.13,3.10,3.06,3.03,2.99,2.97,2.96,2.92
,2.89,2.87,2.85,2.82,2.75,2.67,2.57,2.51,2.47,2.38
,2.32,2.24,2.09);
CCA50:array[1..33] of real =
(4.30,4.28,4.26,4.22,4.17,4.13,4.10,4.08,4.04,4.00
,3.96,3.94,3.91,3.87,3.83,3.78,3.76,3.74,3.70,3.65
,3.61,3.59,3.57,3.45,3.34,3.22,3.12,3.05,2.95,2.81
,2.54,2.31,2.24);
CCA60:array[1..33] of real =
(5.17,5.14,5.11,5.06,5.00,4.96,4.93,4.90,4.85,4.80
,4.75,4.73,4.70,4.64,4.59,4.54,4.51,4.48,4.43,4.38
,4.33,4.30,4.15,4.02,3.88,3.75,3.62,3.41,3.03,2.84
,2.71,2.53,2.41);
CDiamAco:array[1..10] of real=
(5,6.3,8,10,12.5,16,20,22.2,25,32);
CasAco: array[1..10] of real=
(0.196,0.312,0.503,0.785,1.23,2.01,3.14,3.87,4.91,8.04);
CK40:array[1..19] of real=
(1,0.985,0.925,0.865,0.861,0.876,0.891,0.906,0.921,0.936,0.951,0.966,0
.981,0.996,1,1,1,1,1);
CKepsilon:array[1..19] of real=
(1,1.2,1.4,1.6,1.8,2,2.2,2.4,2.6,2.8,3,3.2,3.4,3.6,3.8,4,4.2,4.4,4.6);
CK50:array[1..19] of real=
(1,1,1,0.985,0.925,0.865,0.861,0.876,0.891,0.906,0.921,0.936,0.951,0.9
66,0.981,0.996,1,1,1);
CK60:array[1..19] of real =
(1,1,1,1,0.988,0.947,0.907,0.859,0.859,0.874,0.889,0.904,0.919,0.934,0.
949,0.964,0.979,0.994,1);
type
P_fck= ^pfck;
     pfck= record
          achaK: array[1..33] of real end;
var
i:byte;
Vfck110,Vfck135,Vfck150,Vfck180,Vfck200,Vfck220,Vfck240,Vfck260:P_
fck;
procedure minimo;
begin
case trunc(tipo_aco) of
25:begin AlfaMin:=1.59;kzMin:= 0.74;KxMin:= 0.66;
EpsiloncMin:=1.80;EpsiloncMaxMin:=3.5;iotMin:=1.00;
case trunc(fck) of 110:kiiMin:=6.19;135:kiiMin:=5.59;150:kiiMin:=5.30;
180:kiiMin:=4.84;200:kiiMin:=4.59;220:kiiMin:=4.38;240:kiiMin:=4.19;
```

```pascal
260:kiiMin:=4.03;end;alfa:=CCA25[i];end;
40:begin AlfaMin:=2.82;kzMin:= 0.81;KxMin:= 0.48;
EpsiloncMin:=3.79;EpsiloncMaxMin:=3.50;iotMin:=1.00;
case trunc(fck) of 110:kiiMin:=6.94;135:kiiMin:=6.26;150:kiiMin:=5.94;
180:kiiMin:=5.42;200:kiiMin:=5.15;220:kiiMin:=4.91;240:kiiMin:=4.70;
260:kiiMin:=4.51;end; alfa:=CCA40[i];end;
50:begin AlfaMin:=3.57;kzMin:= 0.82;KxMin:= 0.46;
EpsiloncMin:=4.11;EpsiloncMaxMin:=3.5;iotMin:=1.00;
case trunc(fck) of 110:kiiMin:=7.04;135:kiiMin:=6.36;150:kiiMin:=6.03;
180:kiiMin:=5.51;200:kiiMin:=5.22;220:kiiMin:=4.98;240:kiiMin:=4.77;
260:kiiMin:=4.58;end; alfa:=CCA50[i];end;
60:begin AlfaMin:=4.33;kzMin:= 0.83;KxMin:= 0.42;
EpsiloncMin:=4.83;EpsiloncMaxMin:=3.50;iotMin:=1.00;
case trunc(fck) of 110:kiiMin:=7.33;135:kiiMin:=6.61;150:kiiMin:=6.27;
180:kiiMin:=5.73;200:kiiMin:=5.43;220:kiiMin:=5.18;240:kiiMin:=4.96;
260:kiiMin:=4.77;end; alfa:=CCA60[i]; end;end;

kz:=ckz[i];kx:=Ckx[i];epsilonc:=Cepsilonc[i];
epsiloncMax:=Cepsilona[i];iot:=Ciot[i];
end;

procedure Ffck110( stri:real);
var aux:byte;
begin   if (maxavail < sizeof(Vfck110)) then begin
clrscr;write('Não é possível continuar o trabalho .'); readkey;halt;end;
New(vfck110);  for i:=1 to 33 do
vfck110^.achak[i]:=cfck110[i];
aux:=0; i:=0;
while (aux=0) or (i>33) do begin
inc(i);
if stri=vfck110^.achak[i] then  aux:=i;
if stri>vfck110^.achak[i] then  begin dec(i);aux:=i;end;
                end; dispose(vfck110);if i=34 then halt;minimo;
end;
procedure Ffck135( stri:real);
var aux:byte;
begin   if (maxavail < sizeof(Vfck135)) then begin
clrscr;write('Não é possível continuar o trabalho .'); readkey;halt;end;
New(vfck135);  for i:=1 to 33 do
vfck135^.achak[i]:=cfck135[i];
aux:=0; i:=0;
while (aux=0) or (i>33) do begin
inc(i);

if stri=vfck135^.achak[i] then  aux:=i;
if stri>vfck135^.achak[i] then  begin dec(i);aux:=i;end;
                end; dispose(vfck135);if i=34 then halt;minimo;
```

```pascal
end;

procedure Ffck150( stri:real);
var aux:byte;
begin   if (maxavail < sizeof(Vfck150)) then begin
clrscr;write('Não é possível continuar o trabalho .'); readkey;halt;end;
New(vfck150);  for i:=1 to 33 do
vfck150^.achak[i]:=cfck150[i]; aux:=0; i:=0;
while (aux=0) or (i>33) do begin     inc(i);
if stri=vfck150^.achak[i] then  aux:=i;
if stri>vfck150^.achak[i] then begin dec(i);aux:=i;end;
                    end; dispose(vfck150);if i=34 then halt;minimo;
end;
procedure Ffck180( stri:real);
var aux:byte;
begin   if (maxavail < sizeof(Vfck180)) then begin
clrscr;write('Não é possível continuar o trabalho .'); readkey;halt;end;
New(vfck180);  for i:=1 to 33 do
vfck180^.achak[i]:=cfck180[i];
aux:=0; i:=0;
while (aux=0) or (i>33) do begin
inc(i);

if stri = vfck180^.achak[i] then  aux:=i;
if stri > vfck180^.achak[i] then begin dec(i);aux:=i;end;
                    end; dispose(vfck180);if i=34 then halt;minimo;
end;
procedure Ffck200(stri:real);
var aux:byte;
begin   if (maxavail < sizeof(Vfck200)) then begin
clrscr;write('Não é possível continuar o trabalho .'); readkey;halt;end;
New(vfck200);  for i:=1 to 33 do
vfck200^.achak[i]:=cfck200[i];
aux:=0; i:=0;
while (aux=0) or (i>33) do begin
inc(i);

if stri=vfck200^.achak[i] then  aux:=i;
if stri>vfck200^.achak[i] then begin dec(i);aux:=i;end;
                    end; dispose(vfck200);if i=34 then halt;minimo;
end;
procedure Ffck220( stri:real);
var aux:byte;
begin   if (maxavail < sizeof(Vfck220)) then begin
clrscr;write('Não é possível continuar o trabalho .'); readkey;halt;end;
New(vfck220);  for i:=1 to 33 do
vfck220^.achak[i]:=cfck220[i];
```

```pascal
aux:=0; i:=0;
while (aux=0) or (i>33) do begin
inc(i);

if stri=vfck220^.achak[i] then  aux:=i;
if stri>vfck220^.achak[i] then  begin dec(i);aux:=i;end;
                    end; dispose(vfck220);if i=34 then halt;minimo;
end;
procedure Ffck240( stri:real);
var aux:byte;
begin   if (maxavail < sizeof(Vfck240)) then begin
clrscr;write('Não é possível continuar o trabalho .'); readkey;halt;end;
New(vfck240);  for i:=1 to 33 do
vfck240^.achak[i]:=cfck240[i];
aux:=0; i:=0;
while (aux=0) or (i>33) do begin
inc(i);

if stri=vfck240^.achak[i] then  aux:=i;
if stri>vfck240^.achak[i] then  begin dec(i);aux:=i;end;
                    end; dispose(vfck240);if i=34 then halt;minimo;
end;
procedure Ffck260( stri:real);
var aux:byte;
begin   if (maxavail < sizeof(Vfck260)) then begin
clrscr;write('Não é possível continuar o trabalho .');readkey; halt;end;
New(vfck260);  for i:=1 to 33 do
vfck260^.achak[i]:=cfck260[i];
aux:=0; i:=0;
while (aux=0) or (i>33) do begin
inc(i);

if stri=vfck260^.achak[i] then  aux:=i;
if stri>vfck260^.achak[i] then  begin dec(i);aux:=i;end;
                    end; dispose(vfck260);if i=34 then halt;minimo;
end;

end.
```

unit nilson32;

```pascal
interface
uses crt,nilson30;
(*type str80=string[80];                   {  nilson32}
   arraytela=array[1..80,1..25] of word;
   ptrtela=^arraytela;
   arraylinha=array[1..80,1..2] of word;
```

82

```pascal
        ptrlinha=^arraylinha;
var   savelinha:ptrlinha;savePtr:ptrtela;scrData:^word;saveSize:word;*)
function HexWord(w: Word):word;
procedure salvarlinha(y1,y2:byte);
procedure Porlinha(y1,y2:byte);
procedure salvarTela;
procedure porTela;
procedure escrevaLinhaV(corfrente,corfundo:byte;
mensagem:string;x1,y1:byte);
procedure writeMsg(cor:word;mensagem:string;x1,y1:byte);
procedure escrevaColunaV(corfrente,corfundo:byte;
mensagem:string;x1,y1:byte);
procedure linhamaisV (corfrente,corfundo,x1,y1,x2,y2:byte;A:char);
procedure linhamenosV(corfrente,corfundo,x1,y1,x2,y2:byte;A:char);
procedure linhaV(corfrente,corfundo,x1,y1,x2,y2:byte;A:char);
procedure colunaV(corfrente,corfundo,x1,y1,x2,y2:byte;A:char);
procedure
quadradoV(corfrente,corfundo,x1,y1,x2,y2:byte;A,B,C,D,E,F:char);
procedure PescrevaLinha(corfrente,corfundo,x1,y1,x2,y2:byte);{ usando
savePtr}
procedure Pescrevacoluna(corfrente,corfundo,x1,y1,x2,y2:byte);    { " }
procedure porjanela(x1,y1,x2,y2:byte);                          {    " }
procedure porjanelaV(corfrente,corfundo,x1,y1,x2,y2:byte);     {      "}


        { para usar Pescrevalinha é preciso ter executado antes salvarTela}
implementation
{ptrZero + qualquer outra rotina + dispose(saveptr) se usou savarTela
FreeMem(Saveptr,SaveSize);}
var     scrOff,cor,data,u:word;  x,y,antes:byte;
function HexWord(w: Word):word;{ entra decimal em W sai hexadecimal}
const
 hexChars: array [0..$F] of Char ='0123456789ABCDEF';
 var s:string;  erro:integer;
begin
 s:=(hexChars[Hi(w) shr 4]+
    hexChars[Hi(w) and $F]+
    hexChars[Lo(w) shr 4]+
    hexChars[Lo(w) and $F]);  val(s,w,erro);hexword:=w;
end;
procedure ptrZero;
begin
gotoxy(1,1);
scrOff:=0;
ScrData:=ptr($B800,ScrOff);
end;
procedure PtrU(x1,y1:byte);
begin
```

```pascal
u:=((y1-1)*80+(x1-1))*2;
ScrData:=ptr($B800,u);
end;
procedure salvarlinha(y1,y2:byte);
begin
u:=(y1-1)*80*2;
ScrData:=ptr($B800,u);
saveSize:=160*(y2-y1+1)-2;
getmem(savelinha,saveSize);
for y:=y1 to y2  do begin
for x:=1 to 80 do begin
              move(scrdata^,savelinha^[x,y],2);
              inc(scrdata);
         end;end;
end;
procedure Porlinha(y1,y2:byte);
begin
u:=(y1-1)*80*2;
ScrData:=ptr($B800,u);
for y:=y1 to y2  do begin
for x:=1 to 80 do begin
              move(savelinha^[x,y],scrdata^,2);
              inc(scrdata);
         end;end;  freemem(savelinha,saveSize);
end;

procedure salvarTela;
begin
ptrZero;
SaveSize:=25*80*2;
Getmem(savePtr,saveSize);
for y:=1 to 25  do begin
for x:=1 to 80 do begin
              move(scrdata^,saveptr^[x,y],2);
              inc(scrdata);
         end;end;
 end;
procedure PorTela;
begin  ptrZero;
for y:=1 to 25 do begin
for x:=1 to 80 do begin
              move(saveptr^[x,y],scrdata^,2);
              inc(scrdata);
         end;end;
 end;
```

```
procedure escrevaLinhaV(corfrente,corfundo:byte;
mensagem:string;x1,y1:byte);
begin
ptrU(x1,y1);
cor:=corfundo*16+corfrente;
for x:=1 to length(mensagem) do  begin
data:=cor shl 8 + ord(mensagem[x]);
move(data,scrdata^,2);inc(scrdata);end;
end;
procedure writeMsg(cor:word; mensagem:string;x1,y1:byte);
begin
ptrU(x1,y1);
for x:=1 to length(mensagem) do  begin
data:=cor shl 8 + ord(mensagem[x]);
move(data,scrdata^,2);inc(scrdata);end;
end;
procedure escrevaColunaV(corfrente,corfundo:byte;
mensagem:string;x1,y1:byte);
begin
ptrU(x1,y1);
cor:=corfundo*16+corfrente;
for x:=1 to length(mensagem) do  begin
data:=cor shl 8 + ord(mensagem[x]);
move(data,scrdata^,2);inc(scrdata,80);end;
end;

procedure linhamaisV (corfrente,corfundo:byte;x1,y1,x2,y2:byte;A:char);
begin ptrU(x1,y1);
cor:=corfundo*16+corfrente;
data:=cor shl 8 + ord(A);
for x:=x1 to x2 do  begin
move(data,scrdata^,2);inc(scrdata,81);end;        {  .(x2,y2)  }
end;

procedure linhamenosV(corfrente,corfundo:byte;x1,y1,x2,y2:byte;A:char);
begin     ptrU(x1,y1);
cor:=corfundo*16+corfrente;                    {      .(x1,y1 ) }
data:=cor shl 8 + ord(A);
for x:=x1 to x2 do  begin
move(data,scrdata^,2);inc(scrdata,79);end;       { . (x2,y2)}
end;

procedure linhaV(corfrente,corfundo:byte;x1,y1,x2,y2:byte;A:char);
begin     ptrU(x1,y1);
cor:=corfundo*16+corfrente;      { .(x1,y1 )  . (x2,y2)}
data:=cor shl 8 + ord(A);
for x:=x1 to x2 do  begin
```

```pascal
move(data,scrdata^,2);inc(scrdata);end;
end;
procedure colunaV(corfrente,corfundo:byte;x1,y1,x2,y2:byte;A:char);
begin   ptrU(x1,y1);
cor:=corfundo*16+corfrente;                    {      .(x1,y1 ) }
data:=cor shl 8 + ord(A);
for x:=y1 to y2 do  begin
move(data,scrdata^,2);inc(scrdata,80);end;        {       . (x2,y2)}
end;
procedure quadradoV(corfrente,corfundo:byte;
x1,y1,x2,y2:byte;A,B,C,D,E,F:char);
var i:byte; attr:word;
begin
linhaV(corfrente,corfundo,x1,y1,x2,y1,A);
linhaV(corfrente,corfundo,x1,y2,x2,y2,A);
colunaV(corfrente,corfundo,x1,y1,x1,y2,B);
colunaV(corfrente,corfundo,x2,y1,x2,y2,B);
escrevaLinhaV(corfrente,corfundo,C,x1,y1);
escrevaLinhaV(corfrente,corfundo,D,x2,y1);
escrevaLinhaV(corfrente,corfundo,E,x2,y2);
escrevaLinhaV(corfrente,corfundo,F,x1,y2);
end;
procedure PescrevaLinha(corfrente,corfundo,x1,y1,x2,y2:byte);
begin ptrU(x1,y1);
cor:=16*corfundo+corfrente;
for x:=x1 to x2 do  begin
data:= (cor shl 8) + (lo(saveptr^[x,y1]));
move(data,scrdata^,2);inc(scrdata);end;
end;
procedure Pescrevacoluna(corfrente,corfundo,x1,y1,x2,y2:byte);
begin ptrU(x1,y1);
cor:=16*corfundo+corfrente;
for y:=y1 to y2 do  begin
data:=( cor shl 8 )+ (lo(saveptr^[x1,y]));
move(data,scrdata^,2);inc(scrdata,80);end;
end;
procedure PorJanela(x1,y1,x2,y2:byte);
begin ptrU(x1,y1);
for y:=y1 to y2 do begin
for x:=x1 to x2 do  begin
move(saveptr^[x,y],scrdata^,2);inc(scrdata);end;inc(scrdata,80-(x2-x1)-
1);end;
end;
procedure PorJanelaV(corfrente,corfundo,x1,y1,x2,y2:byte);
begin ptrU(x1,y1);
cor:=16*corfundo+corfrente;
for y:=y1 to y2 do begin
```

```
for x:=x1 to x2 do  begin
data:=( cor shl 8) + (lo(saveptr^[x,y]));
move(data,scrdata^,2);inc(scrdata);end;inc(scrdata,80-(x2-x1)-1);end;
end;
end.
```

unit nilson33;

```
INTERFACE
USES CRT,dos,nilson30;
type

ACTIVITIES=(ARQUIVO,ENGCIVIL,CARTOGRAFIA,ELETRICA,HIDRA
ULICA,OUTROS,HELP,

PESQUISAEMDIRETORIO,RENOMEARARQUIVO,PROCURARARQUI
VO,LEITURADEARQUIVO,APAGARARQUIVO,VITAE,SAIR,
  CROSS,
LAJES,VigaRet,VigaT,PILARES,FUNDACAO,CARGAS,misulas,misulacr
oss,elastica,marcus,czerny,h,ruptu,bordo,viga2,viga3,

vigt,armlaj,cisalh,aco,vigot,vigot1,vig,vigtg,pilnb,pilci,flexp,flexg,tir1,tir2,tir
3,fund2,TELHADO,

CALCULOCENTRODEPERSPECTIVA,CALCULOAPOIODECAMPO,TRI
ANGULACAO,TRILATERACAO,PROJETODEVOO,poligb,polig,teod,are
a,POLIGONAL,

CIRCUITOS,ANALISE,POTENCIA,QUADRIPOLOS,LAPLACE,red1,RED
ES,

CANAIS,HIDROSTATICA,ESCOAMENTO,MAQUINAS,flu,FLUIDOS,vaz
1,vaz2,vaz3,haz,ctub,cret,ctrap,mann,ENCANAMENTO,

ESTATISTICA,NAVSTARGPS,AGENDA,CABOS,NUMERO,EDITOR,ga
uss,jordan,tabela,graph,calculadora,poli,arvo,
  criptografia1,maxmin,CRIPTOGRAFIA,
  SOBRE,validade,RELOGIO,AJUDA,MENSAGEM);
  ACTIVITYRANGE=ARQUIVO..MENSAGEM;
  str80=string[80];
  ACTIVITYRECORD=    RECORD
   ROW,COLUMN,ROW1,COLUMN1:BYTE;
   MENUSTRING: STRING[34];
   menustring2: str80;
   menustring3,menustring4: string[18];
   car:char;
              END;
  const
```

```
Tyr:array[0..6] of
activities=(ARQUIVO,ENGCIVIL,CARTOGRAFIA,ELETRICA,HIDRAULI
CA,OUTROS,HELP);
nomearq='nilson39.dat';
  ACTIVITY: ARRAY[ACTIVITYRANGE]OF ACTIVITYRECORD =
  ((ROW:3;COLUMN:2;ROW1:9; COLUMN1:2;
  MENUSTRING:'Arquivo'; MENUSTRING2:
  'A ti, que habitas nos céus, elevo os meus olhos!(sl
123).';menustring3:'';menustring4:'';car:'A'),
   (ROW:13;COLUMN:2;ROW1:23; COLUMN1:2;
   MENUSTRING:'Eng. civil';   MENUSTRING2:
   'Distribui, dá aos pobres; a sua justiça permanece para sempre.(sl
112).';menustring3:'';menustring4:'';car:'E'),
   (ROW:26;COLUMN:2;ROW1:37; COLUMN1:2;
   MENUSTRING:'Cartografia';MENUSTRING2:
   'Mulher virtuosa, quem a achará ?. O seu valor excede o de finas
joias.(pv 31)';menustring3:'';menustring4:'';car:'C'),
   (ROW:40;COLUMN:2;ROW1:48; COLUMN1:2;
   MENUSTRING:'elétrica';MENUSTRING2:
   'Caiam mil ao teu lado, e dez mil, à tua direita; tu não serás atingido(sl
91)';menustring3:'';menustring4:'';car:'e'),
   (ROW:51;COLUMN:2;ROW1:58; COLUMN1:2;
   MENUSTRING:'hidráulica';MENUSTRING2:
   'Aleluia! Louvai, servos do Senhor, louvai o nome do Senhor.(sl
113).';menustring3:'';menustring4:'';car:'h'),

   (ROW:64;COLUMN:2;ROW1:67; COLUMN1:2;
   MENUSTRING:'Outros';MENUSTRING2:
   'Deito-me e pego no sono; acordo, porque o Senhor me sustenta.(sl
3).';menustring3:'';menustring4:'';car:'O'),
   (ROW:73;COLUMN:2;ROW1:74; COLUMN1:2;
   MENUSTRING:'Help';MENUSTRING2:
   'Amo o Senhor, porque ele ouve a minha voz e as minhas súplicas.(sl
116).';menustring3:'';menustring4:'';car:'H'),
   {     Ã  àã  ÂâáÁéÉêÊíÍóÓõÕôÔúÚçÇ
extençoes . Área Seção  SEÇÃO Ângulo}

   (ROW:3;COLUMN:6;ROW1:3; COLUMN1:3;
   MENUSTRING: ' Pesquisa em diretório ';
   MENUSTRING2:' Dá uma listagem de arquivos existentes no diretório
especificado.';
   menustring3:'nilson16.ncs';menustring4:{' nilson17.can'
}'22971360000000.c17';car:'P'),
   (ROW:3;COLUMN:8;ROW1:3; COLUMN1:3;
   MENUSTRING:' Renomear arquivo      ';
  MENUSTRING2:' Coloca um novo nome no arquivo que desejar.';
   menustring3:'nilson20.ncs';menustring4:{'nilson23.can}'';car:'R'),
```

(ROW:3;COLUMN:10;ROW1:3; COLUMN1:3;
MENUSTRING:' procUrar arquivo   ';
MENUSTRING2:' Acha o arquivo e mostra em que diretório êle está.';
menustring3:'';menustring4:'';car:'U'),
(ROW:3;COLUMN:12;ROW1:3; COLUMN1:3;
MENUSTRING:' leitura de arQuivo   ';
MENUSTRING2:' coloca no vídeo o conteúdo de um arquivo texto que
indicar.';
menustring3:'nilson26.ncs';menustring4:{'nilson21.can'}'';car:'Q'),
(ROW:3;COLUMN:14;ROW1:3; COLUMN1:3;
MENUSTRING:' apaGar arquivo   ';
MENUSTRING2:' Elimina do disco o(s) arquivo(s) pode usar coringas.';

menustring3:'nilson18.ncs';menustring4:{'nilson19.can'}'24331260000000
.c19';car:'G'),
(ROW:3;COLUMN:16;ROW1:3; COLUMN1:3;
MENUSTRING:' currIculum vitae   ';
MENUSTRING2:' Curriculum Vitae do autor deste programa.';

menustring3:'vitae';menustring4:{'nilson19.can'}'24331260000000.c19';ca
r:'I'),
(ROW:3;COLUMN:18;ROW1:3; COLUMN1:3;
MENUSTRING:' Sair - Exit   ';
MENUSTRING2:' EXIT. QUIT. O amor, a honestidade e a felicidade
andam juntos. Seja feliz !';
menustring3:'';menustring4:'';car:'S'),
(ROW:15;COLUMN:6;ROW1:3; COLUMN1:3;
MENUSTRING: ' cRoss   ';
MENUSTRING2:' Calcula os momentos impostos a estrutura de acordo
com sua rigidez.';
menustring3:'nilson47.ncs';menustring4:'';car:'R'),
(ROW:15;COLUMN:8;ROW1:3; COLUMN1:3;
MENUSTRING: ' laJes   ';
MENUSTRING2:' Dado o vão e força atuante calcula a dimensão e lista
de ferragens.';
menustring3:'nilson45.ncs';menustring4:'';car:'J'),
(ROW:15;COLUMN:10;ROW1:3; COLUMN1:3;
MENUSTRING:' vIga Ret. ';
MENUSTRING2:' Calcula dimensões,lista de
ferragens,engaste,momentos,fôrmas.';
menustring3:'nilson29.ncs';menustring4:'';car:'I'),
(ROW:15;COLUMN:12;ROW1:3; COLUMN1:3;
MENUSTRING:' viGa t   ';
MENUSTRING2:' Calcula dimensões,lista de
ferragens,engaste,momentos,fôrmas.';
menustring3:'nilson27.ncs';menustring4:'';car:'G'),
(ROW:15;COLUMN:14;ROW1:3; COLUMN1:3;

MENUSTRING:' Pilares   ';
MENUSTRING2:' Calcula lista de ferragens, dá as dimensões,engaste, formas.';
   menustring3:'nilson40.ncs';menustring4:'';car:'P'),
   (ROW:15;COLUMN:16;ROW1:3; COLUMN1:3;
   MENUSTRING:' Fundação   ';
MENUSTRING2:' Calcula bloco de fundação com lista de ferragens e fôrmas.';
   menustring3:'nilson52.ncs';menustring4:'33510420000000.c00';car:'F'),
   (ROW:15;COLUMN:18;ROW1:3; COLUMN1:3;
   MENUSTRING:' cargaS   ';
MENUSTRING2:' Os momentos fletores e esfôrço cortante conforme a carga aplicada na seção.';
   menustring3:'nilson44.ncs';menustring4:'';car:'S'),
   (ROW:15;COLUMN:20;ROW1:3; COLUMN1:3;
   MENUSTRING:' Mísulas   ';
 MENUSTRING2:'Mísulas retas e parabólicas com cargas concentradas e distribuídas.';
   menustring3:'nilson56.ncs';menustring4:'';car:'M'),
   (ROW:28;COLUMN:6;ROW1:3; COLUMN1:3;
   MENUSTRING:' mísUla c/ cross ';
 MENUSTRING2:'Calcula e equaliza momentos impostos a estrutura de acordo com sua rigidez.';
   menustring3:'nilson57.ncs';menustring4:'';car:'U'),
   (ROW:28;COLUMN:8;ROW1:3; COLUMN1:3;
   MENUSTRING:' Vigas elásticas ';
 MENUSTRING2:'Calcula: momento, cortante, flecha, tangente elástica. Cargas diversas. ';
   menustring3:'nilson58.ncs';menustring4:'33510420000000.c00';car:'V'),
   (ROW:28;COLUMN:10;ROW1:3; COLUMN1:3;
   MENUSTRING:' Lajes marcus   ';
 MENUSTRING2:' Lajes armadas em cruz segundo a teoria de marcus. ';
   menustring3:'nilson78.ncs';menustring4:'33510420000000.c00';car:'j'),
   (ROW:28;COLUMN:12;ROW1:3; COLUMN1:3;
   MENUSTRING:' Lajes czerny   ';
 MENUSTRING2:' Lajes armadas em cruz segundo a teoria de czerny. ';
   menustring3:'nilson80.ncs';menustring4:'33510420000000.c00';car:'y'),
   (ROW:28;COLUMN:14;ROW1:3; COLUMN1:3;
   MENUSTRING:' altura de lajes ';
 MENUSTRING2:' Fixação da altura de lajes em função da condição de esbeltez. ';
   menustring3:'nilson81.ncs';menustring4:'33510420000000.c00';car:'t'),
   (ROW:28;COLUMN:16;ROW1:3; COLUMN1:3;
   MENUSTRING:'Lajes por ruptura';

MENUSTRING2:' Cálculo dos momentos positivos em laje simplesmente apoiada. ';
  menustring3:'nilson84.ncs';menustring4:'33510420000000.c00';car:'s'),
  (ROW:28;COLUMN:18;ROW1:3; COLUMN1:3;
  MENUSTRING:' Laje tres lados ';
MENUSTRING2:'Momentos decorrentes de laje apoiada em três lados e um solto. ';
  menustring3:'nilson82.ncs';menustring4:'33510420000000.c00';car:'r'),
  (ROW:28;COLUMN:20;ROW1:3; COLUMN1:3;
  MENUSTRING:' Viga ret. 2   ';
MENUSTRING2:' Viga com armadura simples necessariamente apenas na tração';
  menustring3:'nilson86.ncs';menustring4:'33510420000000.c00';car:'2'),
  (ROW:47;COLUMN:6;ROW1:3; COLUMN1:3;
  MENUSTRING:' Viga ret. 3   ';
MENUSTRING2:'Viga com armadura dupla (pressão e compressão). ';
  menustring3:'nilson88.ncs';menustring4:'33510420000000.c00';car:'3'),
(ROW:47;COLUMN:8;ROW1:3; COLUMN1:3;
  MENUSTRING:' Viga T - compr.4';
MENUSTRING2:'Viga T com armadura dupla (pressão e compressão).Armadura superior e inferior';
  menustring3:'nilson88.ncs';menustring4:'33510420000000.c00';car:'g'),
(ROW:47;COLUMN:10;ROW1:3; COLUMN1:3;
  MENUSTRING:'Armadura de laje ';
MENUSTRING2:'Com o momento e a altura da laje acha-se a armadura de aço em Cm2.   ';
  menustring3:'nilson91.ncs';menustring4:'33510420000000.c00';car:'l'),
(ROW:47;COLUMN:12;ROW1:3; COLUMN1:3;
  MENUSTRING:'Cisalhamento   ';
MENUSTRING2:'Dada a força cortante é calculada a área de aço a ser colocada de estribos. ';
  menustring3:'nilson92.ncs';menustring4:'33510420000000.c00';car:'m'),
(ROW:47;COLUMN:14;ROW1:3; COLUMN1:3;
  MENUSTRING:'Aço   ';
MENUSTRING2:'Várias bitolas de aço e seção correspondente com o devido peso por metragem.';
  menustring3:'nilson93.ncs';menustring4:'33510420000000.c00';car:'o'),
  (ROW:47;COLUMN:16;ROW1:3; COLUMN1:3;
  MENUSTRING:'viga ret. ótima ';
MENUSTRING2:' Escolher a viga ótima pode favorecer e comparar dados e escolher melhor.';
  menustring3:'nilson95.ncs';menustring4:'33510420000000.c00';car:'v'),
  (ROW:47;COLUMN:18;ROW1:3; COLUMN1:3;
  MENUSTRING:'viga ret.   ';
MENUSTRING2:' Viga ótima retangular com armadura de compressao ver dados escolher melhor.';

menustring3:'nilson97.ncs';menustring4:'33510420000000.c00';car:'i'),
(ROW:47;COLUMN:20;ROW1:3; COLUMN1:3;
MENUSTRING:'viga T. ótima 4 ';
MENUSTRING2:' Viga T calculada de uma viga retangular de largura igual a laje da mesa. ';
menustring3:'nilson96.ncs';menustring4:'33510420000000.c00';car:'4'),
(ROW:66;COLUMN:6;ROW1:3; COLUMN1:3;
MENUSTRING:'viga T geral';
MENUSTRING2:' Viga T geral com a linha neutra caindo abaixo da espessura da mesa da viga.';
menustring3:'nilson98.ncs';menustring4:'33510420000000.c00';car:'T'),
(ROW:66;COLUMN:8;ROW1:3; COLUMN1:3;
MENUSTRING:' pilar NB-1 ';
MENUSTRING2:' Cálculo de pilar. Seguindo o roteiro prático da NB-1, sem excentricidade.';
menustring3:'nilso100.ncs';menustring4:'33510420000000.c00';car:'p'),
(ROW:66;COLUMN:10;ROW1:3; COLUMN1:3;
MENUSTRING:'pilar cintad';
MENUSTRING2:' Pilar cuja armação de estribos é circular roteiro da NB-1.';
menustring3:'nilso101.ncs';menustring4:'33510420000000.c00';car:'n'),
(ROW:66;COLUMN:12;ROW1:3; COLUMN1:3;
MENUSTRING:'flexão compo';
MENUSTRING2:' sta de uma compressão e tracão com pequena excentricidade viga ou pilar.';
menustring3:'nilso102.ncs';menustring4:'33510420000000.c00';car:'x'),
(ROW:66;COLUMN:14;ROW1:3; COLUMN1:3;
MENUSTRING:'fleXão compo';
MENUSTRING2:' sta de tracão e compressão tanto para viga ou pilar com grande excentricid.';
menustring3:'nilso103.ncs';menustring4:'33510420000000.c00';car:'X'),
(ROW:66;COLUMN:16;ROW1:3; COLUMN1:3;
MENUSTRING:'tirante   5';
MENUSTRING2:' calculo de tirante desprezando a tracao do concreto. Tracao apenas na arm.';
menustring3:'nilso104.ncs';menustring4:'33510420000000.c00';car:'5'),
(ROW:66;COLUMN:18;ROW1:3; COLUMN1:3;
MENUSTRING:'tirante   6';
MENUSTRING2:' tirante em que a tracao exercida na armadura tem uma pequena excentricid.';
menustring3:'nilso105.ncs';menustring4:'33510420000000.c00';car:'6'),
(ROW:66;COLUMN:20;ROW1:3; COLUMN1:3;
MENUSTRING:'tirante   7';
MENUSTRING2:' A tracao exercida pela carga axial tem uma grande excentricidade.';
menustring3:'nilso106.ncs';menustring4:'33510420000000.c00';car:'7'),
(ROW:3;COLUMN:6;ROW1:3; COLUMN1:3;

MENUSTRING:'fundaçao ';
MENUSTRING2:' Fundaçao profunda estaca(madeira,aço,concreto) solo ensaiada.';
  menustring3:'nilso121.ncs';menustring4:'38490223351042.c00';car:'u'),
  (ROW:3;COLUMN:8;ROW1:3; COLUMN1:3;
  MENUSTRING:' Telhado ';
MENUSTRING2:' Dá muitas opções para escolher e detalhes construtivos.';
  menustring3:';menustring4:';menustring4:'33510420000000.c00';car:'a'),
  (ROW:28;COLUMN:6;ROW1:3; COLUMN1:3;
  MENUSTRING:'Cálculo do centro de perspectiVa';
MENUSTRING2:' Dá as coordenadas necessárias ao ajuste de bloco';
menustring3:'nilson10.ncs';menustring4:{'nilson13.can'}'20640290000000.c13';car:'V'),
  (ROW:28;COLUMN:8;ROW1:3; COLUMN1:3;
  MENUSTRING:'cálcUlo do apoio de campo ';
MENUSTRING2:' Dá o espaçamento para os pontos de apoio, áreas, número de fotos.';
menustring3:'nilson8.ncs';menustring4:{'nilson2.can'}'07343300000000.ca2';car:'U'),
  (ROW:28;COLUMN:10;ROW1:3; COLUMN1:3;
  MENUSTRING:'Triangulação ';
 MENUSTRING2:' Fornece todos os ângulos calculados e tabelados.';
  menustring3:'';menustring4:'';car:'T'),
  (ROW:28;COLUMN:12;ROW1:3; COLUMN1:3;
  MENUSTRING:'tRilateração ';
MENUSTRING2:' Dados a caderneta de campo corrigida, calcula e tabela os ângulos.';
menustring3:'';menustring4:'';car:'R'),
  (ROW:28;COLUMN:14;ROW1:3; COLUMN1:3;
  MENUSTRING:'Projeto de vôo ';
MENUSTRING2:' Dá altura de vôo, e número de faixas dentro do projeto.';
menustring3:'nilson7.ncs';menustring4:{'nilson5.can'}'15863553393067.c05';car:'P'),
  (ROW:28;COLUMN:16;ROW1:3; COLUMN1:3;
  MENUSTRING:'poligonal 2 ';
MENUSTRING2:' Poligonal com azimute de partida, deflexoes nas estacoes e az. corrigidos.';
menustring3:'nilso107.ncs';menustring4:{'nilson28.can'}'26852090000000.c28';car:'2'),
  (ROW:28;COLUMN:18;ROW1:3; COLUMN1:3;
  MENUSTRING:'poligonal 1 ';
MENUSTRING2:' Poligonal aberta, rumos determinados no campo e os restantes calculados.';
menustring3:'nilso108.ncs';menustring4:{'nilson28.can'}'26852090000000.c28';car:'1'),

93

(ROW:28;COLUMN:20;ROW1:3; COLUMN1:3;
  MENUSTRING:'Teodolito ';
MENUSTRING2:'Calculo de distancia horizontal e altura da estacao de vante, altitude,alt.';
menustring3:'nilso109.ncs';menustring4:{'nilson28.can'}'26852090000000.c28';car:'d'),
  (ROW:13;COLUMN:6;ROW1:3; COLUMN1:3;
  MENUSTRING:'Area de po ';
MENUSTRING2:'ligono como ex. as poligonais, ou outras com com eixos e distancias E N.';
menustring3:'nilso110.ncs';menustring4:{'nilson28.can'}'26852090000000.c28';car:'p'),
  (ROW:13;COLUMN:8;ROW1:3; COLUMN1:3;
  MENUSTRING:'poliGonal ';
MENUSTRING2:'poligonais abertas, fechadas, semi-abertas, apresenta resultados.';
menustring3:'nilson24.ncs';menustring4:{'nilson28.can'}'26852090000000.c28';car:'G'),
  (ROW:40;COLUMN:6;ROW1:3; COLUMN1:3;
  MENUSTRING: ' cIrcuitos ';
MENUSTRING2:' Solução para diversos circuitos de corrente e voltagem.';
menustring3:'';menustring4:{'nilson15.can'}'20932040000000.c15';car:'I'),
  (ROW:40;COLUMN:8;ROW1:3; COLUMN1:3;
  MENUSTRING: ' aNálise ';
MENUSTRING2:' Análise de circuitos elétricos em engenharia.';
menustring3:'';menustring4:{'nilson15.can'}'20932040000000.c15';car:'N')
'
  (ROW:40;COLUMN:10;ROW1:3; COLUMN1:3;
  MENUSTRING: ' poTência ';
MENUSTRING2:' Abordagem geral e de cálculo sobre a potência.';
menustring3:'';menustring4:{'nilson15.can'}'20932040000000.c15';car:'T'),
  (ROW:40;COLUMN:12;ROW1:3; COLUMN1:3;
  MENUSTRING: ' Quadripolos';
MENUSTRING2:' circuitos acoplados magneticamente como os transformadores.';
menustring3:'';menustring4:{'nilson15.can'}'20932040000000.c15';car:'Q')
'
  (ROW:40;COLUMN:14;ROW1:3; COLUMN1:3;
  MENUSTRING: ' laPlace ';
MENUSTRING2:' Desenvolvimento das séries de fourier e laplace, funções periódicas.';
menustring3:'';menustring4:{'nilson15.can'}'20932040000000.c15';car:'P')
'
  (ROW:40;COLUMN:16;ROW1:3; COLUMN1:3;
  MENUSTRING: ' Redes 1 ';

MENUSTRING2:' Convulsão e respostas de circuitos no domínio do tempo.';
menustring3:'';menustring4:{'nilson15.can'}'20932040000000.c15';car:'R')

,
  (ROW:40;COLUMN:16;ROW1:3; COLUMN1:3;
  MENUSTRING: ' Redes   ';
MENUSTRING2:' Convulsão e respostas de circuitos no domínio do tempo.';
menustring3:'';menustring4:{'nilson15.can'}'20932040000000.c15';car:'R')

,
  (ROW:51;COLUMN:6;ROW1:3; COLUMN1:3;
  MENUSTRING: ' caNais   ';
MENUSTRING2:' Escoamento de líquidos em diversos tipos de canais. Cálculo geral.';
menustring3:'';menustring4:{'nilson15.can'}'20932040000000.c15';car:'N')

,
  (ROW:51;COLUMN:8;ROW1:3; COLUMN1:3;
  MENUSTRING: ' hIdrostática';
MENUSTRING2:' forcas exercidas pelos fluídos: intensidade, direção e linha de ação.';
menustring3:'';menustring4:{'nilson15.can'}'20932040000000.c15';car:'I'),
  (ROW:51;COLUMN:10;ROW1:3; COLUMN1:3;
  MENUSTRING: ' eScoamento ';
MENUSTRING2:' problemas práticos resolvidos dos escoamentos em canos.';
menustring3:'';menustring4:{'nilson15.can'}'20932040000000.c15';car:'S')

,
  (ROW:51;COLUMN:12;ROW1:3; COLUMN1:3;
  MENUSTRING: ' Máquinas   ';
MENUSTRING2:'projetos: bombas, ventiladores, turbinas e hélices.';
menustring3:'';menustring4:{'nilson15.can'}'20932040000000.c15';car:'M')

,
  (ROW:51;COLUMN:14;ROW1:3; COLUMN1:3;
  MENUSTRING: ' Fluídos 1   ';
MENUSTRING2:' Estudo de fluídos em repouso e em movimento. Translação e rotação.';
menustring3:'';menustring4:{'nilson15.can'}'20932040000000.c15';car:'o'),
  (ROW:51;COLUMN:16;ROW1:3; COLUMN1:3;
  MENUSTRING: ' Fluídos   ';
MENUSTRING2:' Estudo de fluídos em repouso e em movimento. Translação e rotação.';
menustring3:'';menustring4:{'nilson15.can'}'20932040000000.c15';car:'F'),
  (ROW:51;COLUMN:18;ROW1:3; COLUMN1:3;
  MENUSTRING: ' Vazão 1   ';
MENUSTRING2:' Medida aproximada da vazão que sai de um tubo horizontal ou inclinado.';

menustring3:'nilso111.ncs';menustring4:{'nilson15.can'}'20932040000000
.c15';car:'1'),
  (ROW:51;COLUMN:20;ROW1:3; COLUMN1:3;
  MENUSTRING: ' Vazão 2   ';
MENUSTRING2:' Medida aproximada da vazão que sai de um tubo na
vertical.';
menustring3:'nilso112.ncs';menustring4:{'nilson15.can'}'20932040000000
.c15';car:'2'),
  (ROW:36;COLUMN:6;ROW1:3; COLUMN1:3;
  MENUSTRING: ' Vazão 3   ';
MENUSTRING2:' Medida aproximada da vazão que sai de um tubo com
perda de carga localiz.';
menustring3:'nilso113.ncs';menustring4:{'nilson15.can'}'20932040000000
.c15';car:'3'),
  (ROW:36;COLUMN:8;ROW1:3; COLUMN1:3;
  MENUSTRING: 'hazen-willian';
MENUSTRING2:'s é recom. para escoamento turbulento Re>4000 e
diâm. de 5 cM a 3.5 M.';
menustring3:'nilso114.ncs';menustring4:{'nilson15.can'}'20932040000000
.c15';car:'z'),
  (ROW:36;COLUMN:10;ROW1:3; COLUMN1:3;
  MENUSTRING: 'canal tubular';
MENUSTRING2:'canal em conduto livre parcialmente ou totalmente
cheio formula de Bazin.';
menustring3:'nilso115.ncs';menustring4:{'nilson15.can'}'20932040000000
.c15';car:'l'),
  (ROW:36;COLUMN:12;ROW1:3; COLUMN1:3;
  MENUSTRING: 'canal retang.';
MENUSTRING2:'retangular aberta, economica e aquela em que a base
e o dobro da altura.';
menustring3:'nilso116.ncs';menustring4:{'nilson15.can'}'20932040000000
.c15';car:'g'),
  (ROW:36;COLUMN:14;ROW1:3; COLUMN1:3;
  MENUSTRING: 'canal trape- ';
MENUSTRING2:'zoidal a forma mais economica e um semi-hexagono
regular angulo de 60 graus.';
menustring3:'nilso117.ncs';menustring4:{'nilson15.can'}'20932040000000
.c15';car:'r'),
  (ROW:36;COLUMN:16;ROW1:3; COLUMN1:3;
  MENUSTRING: 'Manning para';
MENUSTRING2:'condutos livres (canais) e tambem em condutos
fechados (tubos). Usado em EUA.';
menustring3:'nilso118.ncs';menustring4:{'nilson15.can'}'20932040000000
.c15';car:'i'),
  (ROW:36;COLUMN:18;ROW1:3; COLUMN1:3;
  MENUSTRING: ' encanamenTo ';

MENUSTRING2:' equivalentes, compostos, paralelos, derivações, malhas.';
menustring3:'';menustring4:{'nilson15.can'}'20932040000000.c15';car:'T'),
  (ROW:61;COLUMN:6;ROW1:3; COLUMN1:3;
  MENUSTRING: ' esTatística ';
MENUSTRING2:' Dá desvio padrão, coeficiente de regressão, moda, mediana, variância.';
menustring3:'nilson22.ncs';menustring4:{'nilson15.can'}'20932040000000
.c15';car:'T'),
   (ROW:61;COLUMN:8;ROW1:3; COLUMN1:3;
  MENUSTRING: ' Navistar/gps ';
MENUSTRING2:' Solução da equação transcendente em U, dada anomalia média e excentricidade.';
menustring3:'nilson11.ncs';menustring4:{'nilson12.can'}'19411230000000
.c12';car:'N'),
   (ROW:61;COLUMN:10;ROW1:3; COLUMN1:3;
  MENUSTRING: ' aGenda   ';
MENUSTRING2:' Agenda multi uso, no trabalho, na escola, nos negócios. Será eficiente nela.';
menustring3:'nilson43.ncs';menustring4:{'nilson25.can'}'25651200000000
.c25';car:'G'),
   (ROW:61;COLUMN:12;ROW1:3; COLUMN1:3;
  MENUSTRING: ' caboS   ';
MENUSTRING2:' Para um cabo suspenso entre duas torres, cálculo dos dados essenciais.';
menustring3:'nilson51.ncs';menustring4:{'nilson25.can'}'25651200000000
.c25';car:'S'),
   (ROW:61;COLUMN:14;ROW1:3; COLUMN1:3;
  MENUSTRING: ' númeRo   ';
MENUSTRING2:' Transforme um número de qualquer base para a base 2 até base 201.';
menustring3:'nilson48.ncs';menustring4:{'nilson25.can'}'25651200000000
.c25';car:'R'),
   (ROW:61;COLUMN:16;ROW1:3; COLUMN1:3;
  MENUSTRING:' edItor texto ';
MENUSTRING2:' Editor simples para que possa digitar recados, lembretes. Com 60 linhas.';
menustring3:'nilson50.ncs';menustring4:{'nilson3.can'}'10640610000000.
c03';car:'I'),
   (ROW:61;COLUMN:18;ROW1:3; COLUMN1:3;
  MENUSTRING:' gaUss   ';
MENUSTRING2:'Resolução de equações lineares, número de variaveis=equações, conf. Gauss.';
menustring3:'nilson59.ncs';menustring4:{'nilson3.can'}'10640610000000.
c03';car:'U'),
   (ROW:61;COLUMN:20;ROW1:3; COLUMN1:3;
  MENUSTRING:' gauss-Jordan ';

MENUSTRING2:'Resolução de equações lineares, número de variaveis=equações, Gauss-Jordan.';
menustring3:'nilson60.ncs';menustring4:{'nilson3.can'}'10640610000000.c03';car:'J'),
  (ROW:45;COLUMN:6;ROW1:3; COLUMN1:3;
   MENUSTRING:'taBela-química';
MENUSTRING2:'Tabela periódica com números atômicos,distribuição eletrônica,propriedades.';
menustring3:'nilson61.ncs';menustring4:{'nilson3.can'}'10640610000000.c03';car:'B'),
  (ROW:45;COLUMN:8;ROW1:3; COLUMN1:3;
   MENUSTRING:'Leit. GráFica ';
MENUSTRING2:'Coloca (screen) arquivo (1 pixel=1 byte) gráfico do tamanho da tela.';
menustring3:'nilson63.ncs';menustring4:{'nilson3.can'}'10640610000000.c03';car:'F'),
  (ROW:45;COLUMN:10;ROW1:3; COLUMN1:3;
   MENUSTRING:' calculadora ';
MENUSTRING2:'Semelhante a TI-66, funções científicas avançadas, programável.';
menustring3:'nilson64.ncs';menustring4:{'nilson3.can'}'10640610000000.c03';car:'d'),
  (ROW:45;COLUMN:12;ROW1:3; COLUMN1:3;
   MENUSTRING:' polinômios ';
MENUSTRING2:'Soma, divide, subtrai, multiplica e eleva a uma potência.   ';
menustring3:'nilson65.ncs';menustring4:{'nilson3.can'}'10640610000000.c03';car:'p'),
  (ROW:45;COLUMN:14;ROW1:3; COLUMN1:3;
   MENUSTRING:' árvores   ';
MENUSTRING2:'Teste em árvores binárias.   ';
menustring3:'nilson66.ncs';menustring4:{'nilson3.can'}'10640610000000.c03';car:'v'),
  (ROW:45;COLUMN:16;ROW1:3; COLUMN1:3;
   MENUSTRING:'criPtografia 2';
MENUSTRING2:'Indecifrável, a NASA nao consegue. Use o menu-Leitura de arquivo e leia.';
menustring3:'nilson62.ncs';menustring4:{'nilson3.can'}'10640610000000.c03';car:'2'),
  (ROW:45;COLUMN:18;ROW1:3; COLUMN1:3;
   MENUSTRING:'Máximo e mín. ';
MENUSTRING2:'Máximo e mínimo são a direção que parte de um lugar e chega a outro lugar .';
menustring3:'nilso119.ncs';menustring4:{'nilson3.can'}'10640610000000.c03';car:'M'),
  (ROW:45;COLUMN:20;ROW1:3; COLUMN1:3;
   MENUSTRING:' criPtografia ';

MENUSTRING2:' Pode aplicar a qualquer arquivo texto. tabelas de frequência não decifram.';
menustring3:'nilson6.ncs';menustring4:{'nilson3.can'}'10640610000000.c03';car:'P'),
  (ROW:68;COLUMN:6;ROW1:3; COLUMN1:3;
  MENUSTRING: ' Sôbre   ';
MENUSTRING2:'O cetro dos ímpios não permanecerá sobre a sorte dos justos(Sl 125.3).';
menustring3:"{'2137n248.c14'};menustring4:" {'2137n248.c14'};car:'S'),
  (ROW:68;COLUMN:8;ROW1:3; COLUMN1:3;
  MENUSTRING: ' Validade ';
MENUSTRING2:'Deus que conta aos profetas Dele o que o futuro reserva, enviou ...(Ap 22:7).';
menustring3:"{'2137n248.c14'};menustring4:" {'2137n248.c14'};car:'V'),
  (ROW:68;COLUMN:10;ROW1:3; COLUMN1:3;
  MENUSTRING: ' Relógio ';
MENUSTRING2:' Apresenta data e hora junto ao menu suspenso. <enter> liga-desliga';
menustring3:"';menustring4:" {'2137n248.c14'};car:'R'),
  (ROW:68;COLUMN:12;ROW1:3; COLUMN1:3;
  MENUSTRING:' aJuda   ';
MENUSTRING2: 'Na opção iluminada aperte <F1>, leia o arquivo DIGITEME.DOC.';
menustring3:{'nilson14.can'}"';menustring4:{'nilson14.can'}"';car:'J'),
  (ROW:68;COLUMN:14;ROW1:3; COLUMN1:3;
  MENUSTRING: ' Mensagem ';
MENUSTRING2:' Apresenta diversas mensagens antológicas, algumas de punho próprio.';
menustring3:{'nilson1.can'}'00007340000000.c01';menustring4:{'nilson4.can'}'11254610000000.c04';car:'M'));
implementation
begin end.
(* unit nilson34;
interface
uses nilson30;
var
darofora,relog,sairprogr:boolean;menustring:string[40];dosexit:byte;algo1:real;
procedure DadosEntreProgr;
Procedure GraveEntreProgr;
implementation
procedure DadosEntreProgr;
begin assign(arquiv,'nilson1.ncs');{$I-}reset(arquiv) {$I+};if IOResult<>0 then exit;seek(arquiv,3511);
read(arquiv,F1nilson1);darofora:=F1nilson1.Lstr80[1]='t';relog:=F1nilson1.Lstr80[2]='t';sairprogr:=F1nilson1.Lstr80[3]='t';
read(arquiv,F1nilson1);Val(F1nilson1.Lstr80,dosexit,erro);

```
read(arquiv,F1nilson1);Val(F1nilson1.Lstr80,algo1,erro);
read(arquiv,F1nilson1);menustring:=F1nilson1.Lstr80;
close(arquiv);
end;
procedure GraveEntreProgr;
begin
assign(arquiv,'nilson1.ncs');{$I-}reset(arquiv) {$I+};if IOResult<>0 then
exit;seek(arquiv,3511);
if darofora then F1nilson1.Lstr80:='t'else F1nilson1.Lstr80:='f';
if relog then F1nilson1.Lstr80:=F1nilson1.Lstr80+'t'else
F1nilson1.Lstr80:=F1nilson1.Lstr80+'f';
if sairprogr then F1nilson1.Lstr80:=F1nilson1.Lstr80+'t'else
F1nilson1.Lstr80:=F1nilson1.Lstr80+'f';write(arquiv,F1nilson1);
Str(dosexit,f1nilson1.Lstr80);write(arquiv,F1nilson1);
Str(algo1,f1nilson1.Lstr80);write(arquiv,F1nilson1);
F1nilson1.Lstr80:=menustring; write(arquiv,F1nilson1);
close(arquiv);
end;
end.




Unit nilson35;
interface
uses nilso002,nilson32,crt,dos,nilson30;
(*var mouseok:boolean; mousex,mousey,xmouse,ymouse:word;    {
nilson35}
    regs:registers;botao,NpressB,pressB6,cursorshape:word;  *)
procedure mostramouse;
procedure escondemouse;
procedure Dadoinimouse;
procedure auxfunciona;
function funciona:char;
procedure relogi;
procedure cursorOff;
procedure cursorON;
procedure DadoFinMouse;
implementation
procedure mostramouse;
begin
if not mouseok then exit;
regs.Ax :=1; Intr($33,regs);
end;
function InitializeMouse:boolean; { se não tem o mouse a função é falsa }
{ se tem um mouse a função é true e    }
```

```
begin
mouseok:=false;initializemouse:=false;botão:=0;npressb:=0;pressb6:=0;
{ o mouse é mostrado}
regs.Ax :=0; Intr($33,regs);
if regs.Ax=0 then exit;
mouseok:=true;
initializeMouse:=true;
end;
procedure escondeMouse;
begin
if not mouseok then exit;
regs.Ax:=2; Intr($33,regs);
end;
procedure DadoFinMouse;
var regs:registers;
begin if not mouseok then
exit;regs.Ax:=4;Intr($33,regs);regs.Bx:=1;regs.Cx:=1;
end;
procedure DadoIniMouse;  { a ser colocado no início do programa}
var regs:registers;
begin
if initializemouse then begin  window(1,1,80,25);
regs.Ax:=3;Intr($33,regs);
mousex:=(2*(regs.Cx));mousey:=(2*(regs.Dx));
end;end;
procedure auxfunciona;    { a ser colocado para saber onde está o
mouse}
begin    if not mouseok then exit;
regs.Ax:=3;Intr($33,regs);                    {
XMOUSE:=((regs.Cx*(Lo(WindMax))) div mousex)+2;
ymouse:=((regs.Dx*(Hi(WindMax)) div mousey)+1);}
XMOUSE:=((regs.Cx*80) div mousex)+1;
ymouse:=((regs.Dx*24) div mousey)+1;
botao:=regs.bx;    { está pressionado  1 left  2 right}
regs.Ax:=5;
regs.bx:=0; Intr($33,regs); { verificar o botão esquerdo}
NpressB:=regs.bx;   {NpressB = vezes pressionado o botao esquerdo}
regs.Ax:=6;
regs.bx:=1;Intr($33,regs);   {verificar o botão direito}
pressB6:=regs.bx;   {pressB6 = "         "  "      liberado  }{
gotoxy(1,4);clreol; write('xmouse=',xmouse,' ',savex,'
ymouse=',ymouse,' ',savey,
' Npressb=',NpressB,' pressb6=',pressb6,' botão=',botao );     }

end;

function funciona:char;
```

```pascal
begin
funciona:='y';   if not mouseok then exit;
auxfunciona; if NpressB=1 then delay(130);if (pressb6=0) then delay(20);
case botao of
    1:  case ymouse of 23: case xmouse of
                        8:  funciona:=#77;
                        11:  funciona:=#75;
                        14:  funciona:=#72;
                        16:  funciona:=#80;
                        25..33:  funciona:=#81;
                        39..45:  funciona:=#73;
                        54..56:  funciona:=#27;end;
                    1:if (xmouse=77) or (xmouse=4) then funciona:=#27;
                    5:case xmouse of 79:funciona:=#72;end;
                6..11:case xmouse of 79:funciona:=#73;end;
            12..21:case xmouse of 79:funciona:=#81;end;
                22:case xmouse of 79:funciona:=#80;end;
                    4:case xmouse of 45:funciona:=#77;
                        46..60:funciona:=#77;
                        61..78:funciona:=#75;end;end;

    2: funciona:=#27; end;
end;
procedure relogi;
type str80=string[80];nilson1F1 = record Lstr80:str80;end;
var
    ANO,MES,DIA,D_S,hora,minuto,seg,censeg,cor:word;
const days : array [0..6] of String[3] =
('Dom','Seg','Ter','Qua','Qui','Sex','Sáb');

function Lea(VAR w : Word) : String;
var s:String;begin Str(w:0,s);case Length(s) of  1: s := '0' + s;
3,4: Delete(s,1,2);end;Lea:= s;end;

begin  getdate(ANO,MES,DIA,D_S); gettime(hora,minuto,seg,censeg);

if dosexit<>censeg then begin escondemouse;if relog then
writeMsg((black*16+white),'['+(days[d_s]+' '+lea(dia)+ '/'+ lea(mes)+ '/'+
lea(ano)+' '+Lea(hora)+':'+Lea(minuto)+']'),55,1)
else  linhaV(white,black,55,1,74,1,'=');
mostramouse;end;dosexit:=censeg;
end;
procedure cursorOff;
begin
regs.AH:=3; regs.bh:=0; Intr($10,regs);cursorshape:=regs.cx;regs.ah:=1;
regs.cx:=$100;intr($10,regs);
end;
```

```pascal
procedure cursorON;begin
regs.ah:=1;regs.cx:=CursorShape;intr($10,regs);end;
(*procedure blinkOff;begin regs.ax:=1003h;regs.Bl:=0;intr($10,regs);end;
procedure blinkOn;begin regs.ax:=1003h;regs.Bl:=1;intr($10,regs);end; *)
end.

Unit nilson36;
interface
uses crt,dos,nilson35,nilson70,nilson38,nilson32,nilson30;
FUNCTION GETPARAMSTR:BOOLEAN;
procedure iniciartextoarq(fim:boolean;nomeexterno:str80);
PROCEDURE LEITURAARQUIVOTEXTO(nomearq:str80);
procedure ComecarLerDadosF1(a1,a2,a3,a4:longint);
implementation
var corfrente,corfundo,corfrente1,corfundo1,corfrente2,corfundo2:byte;
   car1:char;cor:word;
 FUNCTION GETPARAMSTR:BOOLEAN; BEGIN  escolha:=";
 FOR I:=1 TO PARAMCOUNT DO escolha:=escolha+(PARAMSTR(I));
 IF escolha = 'Li20440Ma' THEN GETPARAMSTR:=TRUE else
GETPARAMSTR:=FALSE;
 END;

procedure iniciartextoarq(fim:boolean;nomeexterno:str80);
var arqui:text;
begin
if fim then        begin
assign(arquivo,'nilson1.ncs');reset(arquivo);
assign(arqui,nomeexterno);rewrite(arqui);
seek(arquivo,2559);
for i:=1 to 3 do begin
read(arquivo,F1nilson1);
writeln(arqui,F1nilson1.Lstr80); end;
for i:=4 to 10 do begin
writeln(arqui,' ' );
            end; close(arqui);close(arquivo); end else begin
assign(arqui,nomeexterno);append(arqui);
assign(arquivo,'nilson1.ncs');reset(arquivo);
for i:=4 to 10 do begin
writeln(arqui,' ' );end;
seek(arquivo,2562); for i:=1 to 3 do begin
read(arquivo,F1nilson1);
writeln(arqui,F1nilson1.Lstr80);         end;
            close(arquivo); close(arqui);   end;
end;

function escrevamsg:str140;
var s:str140;comp:byte;
```

```
begin
s:=a^.linhamensag;{#26 fim de arquivo Rinaldi pág 246}
comp:=length(s);  if comp<=movelat then begin
escrevamsg:=#0;exit;end;
if ((comp - movelat) >= 77) then escrevamsg:=copy(s,movelat,77) else
escrevamsg:=copy(s,movelat,comp);
end;
procedure baixcim;
begin
escorreg:=round(linhatela / N*16);
if (escorreg<1)or(aux^.anterior=nil) then escorreg:=1;if
(escorreg>16)or(a^.proximo=nil) then escorreg:=16;
colunaV(corfrente1,corfundo1,79,6,79,21,car1);
writeMsg(cor,#2,79,escorreg+5);
end;
procedure Coloc1Tela;
var i:integer;
begin
window(2,5,78,22);clrscr;i:=1;  a:=inicio;linhatela:=9;
while (a^.proximo<> nil) and (i <> 19) do begin
writeMsg(cor,escrevamsg,2,i+4); a:=a^.proximo; inc(i);
end;baixcim;end;
procedure ColocTelaLat;
var i:integer;
begin
clrscr;i:=1;a:=aux;while (i <> 19) do begin
writeMsg(cor,escrevamsg,2,i+4); a:=a^.proximo; inc(i);
end;           end;

procedure linhabaixo;
var i:integer;
begin inc(linhatela);
if ( a^.proximo <> nil) then begin clrscr;i:=1; aux:=aux^.proximo;a:=aux;
while (a^.proximo <> nil) and  (i <> 19) do begin
writeMsg(cor,escrevamsg,2,i+4); a:=a^.proximo;inc(i);
end; end; baixcim;   end;

procedure linhacima;
var  i:integer;
begin  i:=1;dec(linhatela);
if  aux^.anterior <> nil then  begin  aux:=aux^.anterior; a:=aux;clrscr;
while (a^.proximo <> nil) and (i <> 19) do begin
writeMsg(cor,escrevamsg,2,i+4); a:=a^.proximo; i:=i+1;
end;end;baixcim;     end;
procedure telacima;
var   i:integer;
begin  i:=1;
```

104

```
while (aux^.anterior <> nil) and (i <> 17) do begin
aux:= aux^.anterior; a:= a^.anterior; inc(i);end;dec(linhatela,i+1);
if i>1 then begin a:=aux; i:=1;clrscr;
while (a^.proximo <> nil) and (i <> 19) do begin
writeMsg(cor,escrevamsg,2,i+4); a:=a^.proximo; inc(i);
end; end; baixcim;   end;

procedure telabaixo;
var j,i:integer;
begin      i:=1;
while (a^.proximo <> nil) and (i <> 17) do begin
aux:= aux^.proximo; a:= a^.proximo; inc(i); end;inc(linhatela,i+1);
if i>1 then begin a:=aux; i:=1;clrscr;
while (a^.proximo <> nil) and (i <> 19) do begin
writeMsg(cor,escrevamsg,2,i+4); a:=a^.proximo; inc(i);
end; end; baixcim;    end;

procedure baixcimx;
begin
escorreg:=movelat div 2;
if escorreg<=1 then escorreg:=0;if escorreg>=30 then escorreg:=30;
linhaV(corfrente1,corfundo1,46,4,76,4,car1);
writeMsg(cor,#254,escorreg+46,4);
end;
procedure ComecarLer;
begin DadoIniMouse;window(2,5,79,22);clrscr;aux:=inicio;Coloc1Tela;
escrevaLinhaV(cyan,red,#30,79,5);escrevaLinhaV(cyan,red,#31,79,22);
escrevaLinhaV(cyan,red,#17,45,4);escrevaLinhaV(cyan,red,#16,77,4);
baixcim;baixcimx;cursorOFF; done:=false;
REPEAT
repeat  mostramouse;
     if keypressed then begin ch:=readkey;if ch=#0 then
Ch:=ReadKey;end
     else ch:=funciona; relogi; escondemouse;
until ch in[#27,#45,#75,#77,#80,#72,#73,#81,#71];
     case Ch of{ Function keys }
{home}{alt x}  #71,#27,#45: BEGIN done:=True;release(desmonte);END;
{left} #75: begin if MoveLat <> 1 then begin
dec(MoveLat);ColocTelaLat;baixcimx;end;end;
{right} #77: begin if MoveLat <>63 then begin
inc(MoveLat);ColocTelaLat;baixcimx;end;end;
{ dn}  #80:linhabaixo;
{ up}  #72:linhacima;
{pgup} #73:telacima;
{pgdn} #81:telabaixo;end;
UNTIL done;CLRSCR;cursorON;
END;
```

```
PROCEDURE LEITURAARQUIVOTEXTO(nomearq:str80);
type str140=string[139];
var i:integer; buf:array [0..16383] of char; msg:str140;  FromF: file;
NumRead:word;
procedure recBuf;
begin
inc(n);i:=0;new(listar);listar^.proximo:=nil;listar^.anterior:=nil;Listar^.linha
mensag:= msg;msg:=';
if n=1 then begin aux:=listar;inicio:=listar;end
else begin listar^.anterior:=aux;aux^.proximo:=listar;aux:=listar;end;
if (maxavail<SizeOf(linhamensagem)) or ((j=numread) and
(Numread<SizeOf(Buf)))
then begin comecarLer;n:=0;mark(desmonte);end;
end;
begin
textattr:=$70;car1:=#176;corfrente:=0;corfundo:=7;corfrente1:=blue;corfu
ndo1:=7;
corfrente2:=black;corfundo2:=7;cor:=corfundo*16+corfrente;
ESCREVERODAPEL;movelat:=1;escorreg:=1;
Assign(FromF,nomearq); repeat mark(desmonte);
{$I-}  Reset(FromF,1);{$I+} if IOResult <> 0 then halt;i:=0;n:=0;msg:=';
                repeat
BlockRead(FromF, Buf, SizeOf(Buf), NumRead);j:=0;
while (j<=numread)  do begin
if not(buf[j] in [#7,#9..#13]) then begin msg:=msg+buf[j];inc(i);end;
if (i>=138) or (buf[j]=#13) or ((j=numread) and (Numread<SizeOf(Buf)))
then  RecBuf;inc(j);end;
                until (Numread<SizeOf(Buf));
                  until ch=#27; Close(FromF);
end;
Procedure MontarListaDados1;
var   i: byte;
begin  assign(arquiv,'nilson1.ncs');reset(arquiv);seek(arquiv,2559);
for i:=1 to 3 do begin  read(arquiv,F1nilson1);
inc(n);new(listar);listar^.proximo:=nil
;listar^.anterior:=nil;Listar^.linhamensag:= F1nilson1.Lstr80;
if n=1 then begin aux:=listar;inicio:=listar;end
else begin listar^.anterior:=aux;aux^.proximo:=listar;aux:=listar;end;  end;
for i:=1 to 7 do begin
inc(n);new(listar);listar^.proximo:=nil ;Listar^.linhamensag:=';
listar^.anterior:=aux;aux^.proximo:=listar;aux:=listar;  end;
end;
Procedure MontarListaDados3;
var i:byte;
begin
for i:=1 to 6 do begin
inc(n);new(listar);listar^.proximo:=nil ;Listar^.linhamensag:=';
```

```pascal
listar^.anterior:=aux;aux^.proximo:=listar;aux:=listar;  end;
 seek(arquiv,2562);
for i:=1 to 4 do begin    read(arquiv,F1nilson1);
inc(n);new(listar);listar^.proximo:=nil ;Listar^.linhamensag:=
F1nilson1.Lstr80;;
listar^.anterior:=aux;aux^.proximo:=listar;aux:=listar;  end;close(arquiv);
end;
procedure ComecarLerDadosF1(a1,a2,a3,a4:longint);var
n1,n2,n3,n4:longint;
BEGIN  repeat
n1:=a1;n2:=a2;n3:=a3;n4:=a4;done:=true;n:=0;mark(desmonte);
montarlistadados1;
     repeat        done:=not done;
     n2:=n2+n1-1;
     seek(arquiv,abs(n1));
     while ((not eof(arquiv)) and (n1<=n2)) do begin
     new(listar); read(arquiv,F1nilson1);
     Listar^.linhamensag:=F1nilson1.Lstr80;
     listar^.proximo:=nil;aux^.proximo:=listar;
     listar^.anterior:=Aux;
     aux:=listar; inc(n);inc(n1);
                                   end;
     n1:=n3;n2:=n4;until (done or (n4=0) or (eof(arquiv)));
montarlistadados3;textattr:=$1E;car1:=#176;
corfrente1:=blue;corfundo1:=green;
corfrente2:=yellow;corfundo2:=blue;
corfrente:=yellow;corfundo:=blue;
cor:=corfundo*16+corfrente;
ESCREVERODAPEL;movelat:=1;escorreg:=1;comecarLer;until ch<>#71;
end;
end.
(*unit nilson37;
interface
USES CRT;
type                         { nilson37}

        respRea= record
              R  : array [1..349] of real;
              s80 : array [1..50]  of real;
              end;
ptr_RespRea =^RespRea;
procedure lerEntDado;
procedure gravaEntDado;
var RespRS:ptr_respRea;
implementation
var   arq80N:file;
procedure lerEntDado ;
```

107

```
BEGIN GetMem(respRS, SizeOf(respRea));
ASSIGN(arq80N,'nilson37.dat'); RESET(ARQ80N,sizeof(respRea));
BlockRead(arq80N, respRs^,1);
close(arq80N);
end;

procedure gravaEntDado;
begin
 ASSIGN(arq80N,'nilson37.dat'); rewrite(ARQ80N,sizeof(respRea));
 BlockWrite(arq80N, respRs^, 1);close(arq80N);freemem(respRS,
SizeOf(respRea));
end; end.

{tem que haver uma LerEntDado para depois haver uma GravaEntDado
}
```

unit nilson38;

```
INTERFACE
uses crt,nilson35,nilson32,nilson30,nilson71;
PROCEDURE ESCREVERODAPE;
PROCEDURE ESCREVERODAPEL;
FUNCTION INSTRING(msg,PROMPT: str80;
GOODCHARS,GOODCHARS1: VALIDSET;numsup,numinf:integer):
str80;
PROCEDURE ApresMsg(Msg:str80);
IMPLEMENTATION
PROCEDURE ESCREVERODAPE;
    BEGIN
escrevaLinhaV(yellow,green,' use ',2,23);
escrevaLinhaV(white,brown,' <ESC>=Sair ',7,23);
escrevaLinhaV(yellow,green,' <DEL>=Limpar ',19,23);
escrevaLinhaV(white,brown,' <INS>=Dado B ',33,23);
escrevaLinhaV(yellow,green,' <END>=Dado AntesB ',47,23);
escrevaLinhaV(white,brown,' <ENTER>= Go ',66,23);
END;
  PROCEDURE ESCREVERODAPEL;
    BEGIN
escrevaLinhaV(brown,green,' use ',2,23);
escrevaLinhaV(blue,brown,(' '+#26+' '+#27+' '+#24+' '+#25+' '),7,23);
escrevaLinhaV(yellow,green,' ou ',18,23);
escrevaLinhaV(blue,brown,('<Page Down>   <Page Up>'),24,23);
escrevaLinhaV(yellow,green,' ou ',47,23);
escrevaLinhaV(blue,brown,('<Esc>=menu '),53,23);
escrevaLinhaV(yellow,green,(' <home>=begin   '),64,23);
END;
```

```
FUNCTION INSTRING(msg,PROMPT: str80;
GOODCHARS,GOODCHARS1: VALIDSET;numsup,numinf:integer):
str80;
var done:boolean;x1,y1,x2,aux,auy:integer; entradaaux:str80;
procedure limpeza1;
begin
for erro:=1 to length(entrada) do if (entrada[erro]=#0) then begin
delete(entrada,erro,1);input:=input-1;end else exit;
end;
procedure limpeza2;
begin
for erro:=input downto 1 do if (entrada[erro]=#32) then begin
delete(entrada,erro,1);input:=input-1;end else exit;
end;
 procedure writenow;
 begin  input:=length(entrada);escondemouse;
 GOTOXY(x2,y1);for erro:=0 TO numsup do
write(#0);gotoxy(x2,y1);write(entrada);mostramouse;
 end;
 procedure limpar;
 begin
 entrada1:=entrada;entrada:=";writenow;
 end;
 procedure ConferirEntrStr;
 begin
 if (input<=numsup) and (input>=numinf) then  begin limpeza2;
erro:=wherex;
 instring:=entrada;entrada2:=entrada1;entrada1:=entrada;done:=true;
                            end  else limpar;
 end;
{erro:=0;input:=0;entrada:=";entrada:=instring(",[#32..#255],1,0);
  nesta aparece o prompt imprime 1 letra e saída na tecla especial
  usei em nilson26
 erro:=1; input:=0;entrada:=";entrada:=instring(",[#32..#255],1,0);
 erro:=lenght(Entrada)+1 fica na posicão usei en nilson26
 input>=2  para agenda e entrada em sequencia
entrada:=instring(",[#255],10,0);
  neste caso inicia sozinha
  erro=0 vai posicao 1

                    }

 begin  ApresMsg(Msg);
 aux:=erro;limpeza1;done:=false;x1:=WHEREX; y1:=WHEREY; WRITE
(PROMPT);x2:=wherex;
 if (aux=0) then gotoxy(x2,y1) else begin writenow;
 if (aux>=x2) and (aux<=x2+numsup) then   begin
```

109

```pascal
                         if (aux>x2+input) and (input<numsup) then begin
for erro:=input+x2 to aux-1 do
entrada:=entrada+#32;input:=length(entrada);end
           else limpeza2;gotoxy(aux,y1);end else gotoxy(x2,y1);
                         end;


repeat  mostramouse;
while not keypressed  and mouseok do begin
mostramouse;botao:=0;ch:=#201;auxfunciona;

  if ((botao=1) and (ymouse=1) and ((xmouse=77) or (xmouse=4))) or
(botao=2) then
   begin ConferirEntrStr;delay(130);ch:=#27;exit;end;

  if (botao=1) and (ymouse>hi(windmin)) and (ymouse<=hi(windmax)+1)
   and (xmouse>Lo(windmin)) and (xmouse<=Lo(windmax)+1) then
ch:=#2;
                { click dentro da window  habilitar para sair}

  if (botao=1) and (ymouse=(y1+hi(windmin)))
and(xmouse<=(x2+numsup+Lo(windmin))) and
(xmouse>=x2+Lo(windmin)) and (numsup<>0)
               then begin ch:=#201;
   if (xmouse>x2+input+Lo(windmin)) and (input<numsup)
                 then begin
     for erro:=x2+input+Lo(windmin) to xmouse-1 do
entrada:=entrada+#32;input:=length(entrada);
                     end else limpeza2;gotoxy(xmouse-Lo(windmin),y1);
              end; { click na linha atualizar e ficar nela}

  {sai para  uma funcao a executar com axfuncxx}
if not keypressed and (botao=1) and (ch=#2) then begin ConferirEntrStr;
         if done then  begin delay(130);escondemouse;exit;end;
                           end; { conferir se pode sair}
if not ((xmouse>=61) and (xmouse<=78) and (ymouse=3)) and not
keypressed then relogi;
              { nada para fazer atualizar relogio}
                     end; escondemouse;
ch:=readkey;
if (ch in goodchars1) then begin ConferirEntrStr;exit;end;
case ch of
#32..#255: begin
   if input=0 then limpar;
   if (ch in goodchars) then begin
   if (input=numsup)  and (wherex<(x2+numsup)) then begin
   delete(entrada,wherex-x2+1,1);insert(ch,entrada,wherex-x2+1);
aux:=wherex+1;writenow; limpeza2;gotoxy(aux,y1);
```

```
                              end else
  if (wherex<(x2+input)) and (input<numsup)then begin
  insert(ch,entrada,wherex-
x2+1);aux:=wherex+1;Writenow;limpeza2;gotoxy(aux,y1);
                              end else
  if input<numsup then begin entrada:=entrada+ch;Writenow;end;
  if (input=numsup)  and (wherex=(x2+numsup)) then begin
ConferirEntrStr;
                if done then begin ch:=#80;exit;end;end;
                    end;
        end;
  #8: {backspace limpa o caracter}
          if (wherex > x2) then begin
          delete(entrada,wherex-x2,1);aux:=wherex-
1;Writenow;gotoxy(aux,y1);end;

  #13: conferirentrstr;   {  enter}
  #27,#9,#71: exit;
  {#9: tab #71:home}
else if ch=#0 then begin   Ch:=readkey;
      case Ch of
      #79: if length(entrada2)<=numsup then begin

entradaaux:=entrada;entrada:=entrada2;aux:=wherex;Writenow;gotoxy(a
ux,y1);
        entrada2:=entradaaux; { end }    end;
                          (*
#59,#60,#61,#62,#63,#64,#65,#66,#67,#68, #81, #73, #71, #72,#80,
{f1 f2 f3  f4 F5 F6 F7 F8 F9 F10 pgdn,pgup,home,up,down  sem
shift}
#29,#20,#21,#22,#23,#24,#25,#26,#27,#28,#30,#31,
{ 0  1  2 3 4  5 6 7 8 9  -_ =+  }
#30,#48,#46,#32,#18,#33,#34,#35,#23,#36,#37,#38,#50,#49,#24,#25,#1
6,#19,#31,#20,#22,#47,#17,#45,#21,#44:Conferirentrstr;
{Aa Bb  c  d  e  f  g h  i  j k l  m  n  o  p q  r  s  t u v w  x
y  z   todos para alt} *)

      #82: if length(entrada1)<=numsup then begin
entradaaux:=entrada;
        entrada:=entrada1;aux:=wherex;Writenow;gotoxy(aux,y1);
        entrada2:=entradaaux;end;{ Ins }
      #83: if entrada=#255 then conferirentrstr else  { Del } limpar;
      #75: if entrada=#255 then conferirentrstr else if (wherex > x2) then
begin   { left}
        if wherex >(x2+input) then begin
         delete(entrada,wherex-x2,1);input:=input-
1;end;GOTOXY(wherex-1,y1);end;
```
111

```
#77:  if entrada=#255 then conferirentrstr else if
(wherex<(x2+numsup)) then begin


        if wherex >=(x2+input)  then begin


entrada:=entrada+#32;input:=input+1;end;GOTOXY(wherex+1,y1);end;{
right}

        else Conferirentrstr;



        end;end;end;

    until Done;

  end;



PROCEDURE ApresMsg(Msg:str80);

begin

linhaV(blue,blue,2,24,79,24,#0);

escrevaLinhaV(yellow,blue,msg,2,24);

end;

end.
```

(*

'112',",",'—————————————————';'

—————————————————————————

' " " " '
' ' ' '

```
' " " " " " "          15
, , , , , , , ,
" " " " " " " " " " " ' - ' , ' , ' , ' !', '"', '#',      30
, , , , , , , , , , , , , , ,
'$','%','&',''','(',')','*','+',',','-','.','/','0','1','2',      45
'3','4','5','6','7','8','9',':',';','<','=','>','?','@','A',      60
'B','C','D','E','F','G','H','I','J','K','L','M','N','O','P',      75
'Q','R','S','T','U','V','W','X','Y','Z','[','\',']','^','_',      90
'`','a','b','c','d','e','f','g','h','i','j','k','l','m','n',      105
'o','p','q','r','s','t','u','v','w','x','y','z','{','|','}',      120
'~','□','Ç','ü','é','â','ä','à','å','ç','ê','ë','è','ï','î',       135
'ì','Ä','Å','É','æ','Æ','ô','ö','ò','û','ù','ÿ','Ö','Ü','ø',       150
'£','Ø','×','ƒ','á','í','ó','ú','ñ','Ñ','ª','º','¿','®','¬',       165
'½','¼','¡','«','»',' ',' ',' ','|','┤','Á','Â','À','©','╣',       180
'║','╗','╝','¢','¥','┐','└','┴','┬','├','─','┼','ã','Ã','╚',       195
'╔','╩','╦','╠','═','╬','¤','ð','Ð','Ê','Ë','È','ı','Í','Î',       210
'Ï','┘','┌','█','▄','¦','Ì','█','Ó','ß','Ô','Ò','õ','Õ','µ',       225
'þ','Þ','Ú','Û','Ù','ý','Ý','¯','´','','±','‗','¾','¶','§',       240
'÷',',','°','¨','·','¹','³','²','■',' ','
```

```pascal
  var
  I: Integer;
  begin
   for I := 32 to 126 do Write(Chr(I));
  end.


  *)


  unit nilson39;
  interface
  uses crt,nilson30;
  (*var  arq:text;              { nilson39}            *)
  procedure escrevaLinha( mensagem:string;x1,y1:byte);
  procedure escrevaColuna( mensagem:string;x1,y1:byte);
  procedure linhamais (x1,y1,x2,y2:byte;A:char);
  procedure linhamenos(x1,y1,x2,y2:byte;A:char);
  procedure linha(x1,y1,x2,y2:byte;A:char);
  procedure coluna(x1,y1,x2,y2:byte;A:char);
  procedure quadrado( x1,y1,x2,y2:byte;A,B,C,D,E,F:char);
  procedure escreverArquivo(A,b:byte);
  procedure inicializarTela(A,b:byte);
  procedure acabe;
  implementation
  type
  ptr_tela = ^tela;
          tela = record
          local:array [1..140,1..25] of char;
                  end;

  var it:ptr_tela;
```
113

```
procedure acabe;begin dispose(it) end;
procedure escrevaLinha( mensagem:string;x1,y1:byte);
var i,k:byte;
begin i:=1;  x1:=x1-1;
for i:=1 to length(mensagem) do
it^.local[x1+i,y1]:=mensagem[i];
end;
procedure escrevaColuna( mensagem:string;x1,y1:byte);
var i,k:byte;
begin i:=1;  y1:=y1-1;
for i:=1 to length(mensagem) do
it^.local[x1,y1+i]:=mensagem[i];
end;

procedure linhamais (x1,y1,x2,y2:byte;A:char); var i:byte ;
begin for i:=x1 to x2 do begin it^.local[i,y1]:=A;y1:=y1+1 end;end;

procedure linhamenos(x1,y1,x2,y2:byte;A:char); var i:byte ;
begin for i:=x1 to x2 do begin it^.local[i,y1]:=A;y1:=Y1-1 end;end;

procedure linha(x1,y1,x2,y2:byte;A:char); var i:byte ;
begin for i:=x1 to x2 do begin it^.local[i,y1]:=A;end;end;

procedure coluna(x1,y1,x2,y2:byte;A:char); var i:byte ;
begin for i:=y1 to y2 do begin it^.local[x1,i]:=A;end;end;

(* A=char da linha,B=char da coluna,C,D,E,F=char canto do quadrado
(esquerda
direita sentido do relógio)                    *)
procedure quadrado( x1,y1,x2,y2:byte;A,B,C,D,E,F:char); begin
linha(x1+1,y1,x2-1,y1,A);it^.local[x2,y1]:=D;coluna(x2,y1+1,x2,y2-1,B);
it^.local[x1,y1]:=C;it^.local[x1,y1]:=C;
linha(x1+1,y2,x2-1,y2,A);it^.local[x2,y2]:=E;coluna(x1,y1+1,x1,y2-1,B);
it^.local[x1,y2]:=F;it^.local[x1,y2]:=F;end;

        {     como proceder:          }
{ assign(arq,string);rewrite(arq);ou    append(arq) quando necessário
InicializarTela(x,y);RotinasEscrevertela;
 EscreverArquivo(x,y);InicializarTela(x,y); ... close(arq);  }

procedure escreverArquivo(A,B:byte);
var I,j:byte;
begin
 for j:=1 to B do begin
     for i:=1 to (A-1) do begin
     write(arq,it^.local[i,j]);
     end;
```

```pascal
        writeln(arq,'');
            end;    dispose(it);
end;
procedure inicializarTela(A,B:byte);
var I,j:byte;
begin
new(it);
   for j:=1 to B do begin
       for i:=1 to A do begin
     it^.local[i,j]:=#32;end;
            end;
end;
end.                            (*
  procedimentos: 1 - InicializarArquivo;
          2- EscrevaLinha..quadrado;
          3- EscreverArquivo;        *)


unit nilson40;
interface
uses crt,nilson36,nilson38,nilson39,nilson31,nilson35,
nilson72,nilson73,nilson30,nilson32,nilson74;
type
ptr_nilso40 =^nilso40;
nilso40 = object          { mark }
PROCEDURE ENTRADADO;
          end;
ptr_ar40=^ar40;
ar40 = object
PROCEDURE entradado;
          end;
var r40:ptr_ar40;k40:ptr_nilso40;
implementation
var { Escolha:str25;}
MomentoX, MomentoY,Nd, bwlargX, bwlargY,
DimEstribo, DimAs, fck, DAgreg,EsEnFerro,EsEnFerroY,DiamEx,
DiamIn,Numferro,
Talwd,Recobri,AConcr,AAco,fcd,acheiWMin,V,Na,Nb,novox,novoy,
Tipo_aco,{MaxPerg,pilarEsc,}categ,alturaH:Real;

procedure paralela(xa,ya,xb,yb,xc,yc,xd,yd:real);
var a,b,c,a1,b1,c1:real;
begin
b:=(Ya-Yb);
a:=(xb-xa);
c:=-((xa*yb)-(xb*Ya));
b1:=-((yb-yc)/(xb-xc));
```
115

```pascal
a1:=1;
c1:=yd-(((yb-yc)/(xb-xc))*xd);
a1:=a1*(-a);b1:=b1*(-a);c1:=c1*(-a);
novox:=(c1+c)/(b1+b);novoy:=(c-b*novox)/a;
end;

function Dist(x1,y1,x2,y2:real):real;{ aqui vou colocar valor}
begin if (x1=x2) and (y1=y2) then dist:=0;
Dist:=sqrt(sqr(x2-x1) + sqr(y2-y1));end;

function AreaX(x1,y1,x2,y2,x3,y3:real):real;
var sperim,BetaSDois,a,b,c,H,Hlinha:real;
begin
if ((x1=x3) and (y1=y3)) or ((x1=x2) and (y1=y2)) or ((x2=x3) and
(y2=y3))
then begin areaX:=0;alturaH:=dist(x1,y1,x2,y2);exit;end;
a:=dist(x2,y2,x3,y3);
c:=dist(x1,y1,x2,y2);
b:=Dist(x1,y1,x3,y3);
sperim:= 0.5*(a+b+c);
BetaSDois:= sqrt(sperim*(sperim-c)/(a*b));
betaSDois:= 2*sqrt(1-sqr(betaSDois))*betaSDois;
areaX:=0.5*a*b*BetaSdois;
alturaH:=c*BetaSdois;
end;
function acheiW:real;
var a,b,c,d,e,f,H,Hlinha,x3,y3:real; i:byte; s,s1:string[14];
begin acheiW:=0; x3:=Nb;y3:=Na;
for i:=1 to maxQ do begin
a:=
areaX(Vp[VQ[i,1],2],Vp[VQ[i,1],1],Vp[VQ[i,2],2],Vp[VQ[i,2],1],Vp[VQ[i,3],2]
,Vp[VQ[i,3],1]);
b:=
areaX(Vp[VQ[i,1],2],Vp[VQ[i,1],1],Vp[VQ[i,3],2],Vp[VQ[i,3],1],Vp[VQ[i,4],2]
,Vp[VQ[i,4],1]);
c:= areaX(Vp[VQ[i,1],2],Vp[VQ[i,1],1],Vp[VQ[i,2],2],Vp[VQ[i,2],1],x3,y3);
d:=
areaX(x3,y3,Vp[VQ[i,2],2],Vp[VQ[i,2],1],Vp[VQ[i,3],2],Vp[VQ[i,3],1]);H:=alt
uraH;
e:= areaX(Vp[VQ[i,3],2],Vp[VQ[i,3],1],Vp[VQ[i,4],2],Vp[VQ[i,4],1],x3,y3);
f:=
areaX(x3,y3,Vp[VQ[i,4],2],Vp[VQ[i,4],1],Vp[VQ[i,1],2],Vp[VQ[i,1],1]);Hlinh
a:=alturaH;
str((a+b):14:10,s);str((c+d+e+f):14:10,s1);
                        (*
{if (vQ[i,1]=24) and (vQ[i,2]=25)and (vQ[i,3]=7)and (vQ[i,4]=6) or (i=8)
then}
```

```pascal
writeln('O Quadrado é o =',i);
WRITELN(' a=',a:8:4,' b=',b:8:4,' c=',c:8:4,' d=',d:8:4,' e=',e:8:4,' f=',f:8:4);
writeln(' na=',na:8:4,'  nb=',nb:8:4);
writeln(
Vp[VQ[i,1],1]:5:2,Vp[VQ[i,1],2]:5:2,Vp[VQ[i,2],1]:5:2,Vp[VQ[i,2],2]:5:2,Vp[
VQ[i,3],1]:5:2,
Vp[VQ[i,3],2]:5:2,Vp[VQ[i,4],1]:5:2,Vp[VQ[i,4],2]:5:2,
' s=',s,' s1=',s1);readkey;   *)

if (s=s1) or (abs(a+b-c-d-e-f)<=0.0000000009) then begin
case trunc(pilaresc) of 1..6:begin
acheiwmin :=(VQ[i,5]/10)-((H/(HLinha+H))/10);
acheiW:=   (VQ[i,5]/10)-((H/(HLinha+H))/10);
exit;                    end;
7..12:begin

paralela(Vp[VQ[i,1],2],Vp[VQ[i,1],1],Vp[VQ[i,2],2],Vp[VQ[i,2],1],Vp[VQ[i,3]
,2],Vp[VQ[i,3],1],Vp[VQ[i,4],2],Vp[VQ[i,4],1]);
f:= areaX(x3,y3,Vp[VQ[i,4],2],Vp[VQ[i,4],1],novox,novoy);Hlinha:=alturaH;
f:=
areaX(x3,y3,Vp[VQ[i,2],2],Vp[VQ[i,2],1],Vp[VQ[i,3],2],Vp[VQ[i,3],1]);H:=alt
uraH;

{write('novoy = ',novoy:4:2,'  novox=',novox:4:2);readkey;}

acheiwmin :=(Hlinha/(HLinha+H));
acheiW:=   (Hlinha/(HLinha+H));
exit;                  end;end;
end;end;
escolha:='nada';
end;
function talsd:real;
begin case trunc(Tipo_aco) of 25:talsd:=2.17;
             40:if categ=1 then talsd:=3.47 else talsd:=3.04;
             50:if categ=1 then talsd:=4.20 else talsd:=3.64;
             60:if categ=1 then talsd:=4.20 else talsd:=3.98;end;
end;
function fyk:real;
begin
case trunc(Tipo_aco) of
25:fyk:=2500;40:fyk:=4000;50:fyk:=5000;60:fyk:=6000;end;
end;
procedure AreaAcoObliqua;
begin  res1:=primeir;res1:=res1^.proximo;
MomentoX:=Wiv;MomentoY:=Wiv;Nd:=Wiv;
bwlargX:=Wiv;bwlargY:=Wiv;Recobri:=Wiv;
talwd:=Wiv;Tipo_aco:=Wiv;categ:=Wiv;
```

117

```pascal
DimEstribo:=Wiv;DimAs:=Wiv;fck:=Wiv;
DAgreg:=Wiv;                          limpmemoini;
AConcr:=bwlargX*bwlargY; {em centimetros quadrados}
{NomePilar MomentoX MomentoY Nd bwlargX bwlargY Recobri  talwd
Tipo_aco categ DimEstribo DimAs fck DAgreg}
dimas:=dimas/10;dimestribo:=DimEstribo/10;
fcd:= fck/1.4; Nd:=Nd*1.4;
V:=Nd/(bwlargX/100*bwlargY/100*fcd*10);
Na:=momentoX/(sqr(bwlargY/100)*bwlargX/100*fcd*10);
Nb:=momentoY/(sqr(bwlargX/100)*bwlargY/100*fcd*10);
EsEnFerro:=2;if EsEnFerro<dimas then EsEnFerro:=dimas;
if EsEnFerro<1.2*Dagreg then EsEnFerro:=1.2*Dagreg;
end;
procedure AreaAcoReta;
begin  res1:=primeir;res1:=res1^.proximo;
MomentoX:=Wiv;Nd:=Wiv;
bwlargX:=Wiv;bwlargY:=Wiv;Recobri:=Wiv;
talwd:=Wiv;Tipo_aco:=Wiv;categ:=Wiv;
DimEstribo:=Wiv;DimAs:=Wiv;fck:=Wiv;
DAgreg:=Wiv;                          limpmemoini;
AConcr:=bwlargX*bwlargY; {em centimetros quadrados}
{NomePilar MomentoXY Nd bwlargX bwlargY Recobri  talwd Tipo_aco
categ DimEstribo DimAs fck DAgreg}
dimas:=dimas/10;dimestribo:=DimEstribo/10;
fcd:= fck/1.4; Nd:=ND*1.4;
Na:=momentoX/(sqr(bwlargY/100)*bwlargX/100*fcd*10);
Nb:=nd/(bwlargX/100*bwlargY/100*fcd*10);
EsEnFerro:=2;if EsEnFerro<dimas then EsEnFerro:=dimas;
if EsEnFerro<1.2*Dagreg then EsEnFerro:=1.2*Dagreg;
end;
procedure AP1V0;
var aux:real;
begin
case trunc(round(abs(v)*10)) of 0,6,8,14:begin
nb:=nb*9.4;na:=na*9.3;end;end;
case trunc(round(abs(v)*10)) of 2,4,10,12:begin
nb:=nb*9.3;na:=na*9.4;end;end;
ProcP1V0(V);
if Na>Nb then begin aux:=Na;Na:=Nb;Nb:=aux;end;
AAco:=acheiw*AConcr*fcd/(talsd*1000);
if AAco<=(AConcr*0.008) then AAco:=AConcr*0.008-0.1;
{if ((pi*sqr(dimas)/4) > AAco/4 ) then escolha:='nada1'; } (*
writeln(' v=',v:5:2,' ap1v0 ',trunc(round(abs(v)*10)),' na=',na:5:2,'
Nb=',nb:5:2,' acheiWmin=',acheiWmin:5:2,
' AAco=',AAco:8:2,' EsEnFerro=',EsenFerro:8:2,'
EsEnFerroy=',EsenFerroy:8:2);
readkey;                              *)
```

```
end;
procedure AP2V0;
var aux:real;
begin
case trunc(round(abs(v)*10)) of 0,6,8,14:begin
nb:=nb*9.4;na:=na*9.3;end;end;
case trunc(round(abs(v)*10)) of 2,4,10,12:begin
nb:=nb*9.3;na:=na*9.4;end;end;
ProcP2V0(V);
if Na>Nb then begin aux:=Na;Na:=Nb;Nb:=aux;end;
AAco:=acheiw*Aconcr*fcd/(talsd*1000);
if AAco<=(AConcr*0.008) then AAco:=AConcr*0.008-0.1;
{if ((pi*dimas*dimas/4) > AAco/8 ) then escolha:='nada1'}
end;
procedure AP3V0;
var aux:real;
begin
case trunc(round(abs(v)*10)) of 0,6,8,14:begin
nb:=nb*9.25;na:=na*9.08;end;end;
case trunc(round(abs(v)*10)) of 2,4,10,12:begin
nb:=nb*9.08;na:=na*9.25;end;end;
ProcP3V0(V);
if Na>Nb then begin aux:=Na;Na:=Nb;Nb:=aux;end;
AAco:=acheiw*AConcr*fcd/(talsd*1000);
if AAco<=(AConcr*0.008) then AAco:=AConcr*0.008-0.1;
NumFerro:=(AAco/4/(pi*sqr(dimas)/4));
if frac(numferro)<>0 then numferro:=trunc(numferro)+1;
aux:= ((NumFerro-
1)*EsEnFerro)+(Numferro*Dimas)+(2*(recobri+dimestribo)); { aux=
espaçonecessário}
EsEnFerro:=(bwlargX-
(2*(recobri+dimestribo)+(numferro*dimas)))/(numferro-1);
EsEnFerroY:=(bwlargY-
(2*(recobri+dimestribo)+(numferro*dimas)))/(numferro-1);
                              (*
writeln(' v=',v:5:2,' ',trunc(round(abs(v)*10)),' na=',na:5:2,' Nb=',nb:5:2,'
acheiWmin=',acheiWmin:5:2,
' AAco=',AAco:8:2,' EsEnFerro=',EsenFerro:8:2,'
EsEnFerroy=',EsenFerroy:8:2);
readkey;                       *)
if (aux>bwlargX) or (aux>bwlargY)  then escolha:='Nada1';
end;
{Nada = não ha área suficiente    Nada1 = não dá para acomodar o
aço}
procedure AP4V0;
var aux:real;
begin
```
119

```
ProcP4V0(V); Na:=na*9.24;Nb:=nb*9.24;
AAco:=acheiw*AConcr*fcd/(talsd*1000);
if AAco<=(AConcr*0.008) then AAco:=AConcr*0.008-0.1;
NumFerro:=(AAco/2/(pi*sqr(dimas)/4));
if frac(numferro)<>0 then numferro:=trunc(numferro)+1;
aux:= ((NumFerro-
1)*EsEnFerro)+(Numferro*Dimas)+(2*(recobri+dimestribo)); { aux=
espaçonecessário}
EsEnFerro:=(bwlargX-
(2*(recobri+dimestribo)+(numferro*dimas)))/(numferro-1);
EsEnFerroY:=(bwlargY-
(2*(recobri+dimestribo)+(numferro*dimas)))/(numferro-1);
                          {
writeln(' v=',v:5:2,' ',trunc(round(abs(v)*10)),' na=',na:5:2,' Nb=',nb:5:2,'
acheiWmin=',acheiWmin:5:2,
' AAco=',AAco:8:2,' EsEnFerro=',EsenFerro:8:2,'
EsEnFerroy=',EsenFerroy:8:2);
readkey;                      }
if (aux>bwlargX)   then escolha:='Nada1';
end;
procedure AP5V0;
var aux:real;
begin
ProcP5V0(V); Na:=na*9.24;Nb:=nb*9.24; {aux:=na;na:=nb;nb:=aux;}
AAco:=acheiw*AConcr*fcd/(talsd*1000);
if AAco<=(AConcr*0.008) then AAco:=AConcr*0.008-0.1;
NumFerro:=(AAco/8/(pi*sqr(dimas)/4));
if frac(numferro)<>0 then numferro:=trunc(numferro)+1;
aux:= ((NumFerro-
1)*EsEnFerro)+(Numferro*Dimas)+(2*(recobri+dimestribo)); { aux=
espaçonecessário}
EsEnFerro:=(bwlargX-
(2*(recobri+dimestribo)+(numferro*dimas)))/(numferro-1);
EsEnFerroY:=(bwlargY-
(2*(recobri+dimestribo)+(numferro*dimas)))/(numferro-1);
                          {
writeln(' v=',v:5:2,' ',trunc(round(abs(v)*10)),' na=',na:5:2,' Nb=',nb:5:2,'
acheiWmin=',acheiWmin:5:2,
' AAco=',AAco:8:2,' EsEnFerro=',EsEnFerro:8:2,'
EsEnFerroy=',EsEnFerroy:8:2);
readkey;                      }

if (aux>bwlargX) and (aux>bwlargY)  then Escolha:='Nada1';
end;
procedure AP6V0;
var aux:real;
begin
```

```
ProcP6V0(V);  Na:=na*9.24;Nb:=nb*9.24; aux:=acheiw;
procp6V0A(v);acheiwmin:=acheiw;
if (aux<acheiwmin) and (aux<>0) then acheiwmin:=aux;
AAco:=acheiwmin*AConcr*fcd/(talsd*1000);
if AAco<=(AConcr*0.008) then AAco:=AConcr*0.008-0.1;
NumFerro:=(AAco/4/(pi*sqr(dimas)/4));
if frac(numferro)<>0 then numferro:=trunc(numferro)+1;
aux:= ((NumFerro-
1)*EsEnFerro)+(Numferro*Dimas)+(2*(recobri+dimestribo)); { aux=
espaçonecessário}
EsEnFerro:=(bwlargX-
(2*(recobri+dimestribo)+(numferro*dimas)))/(numferro-1);
if (aux>bwlargX) then escolha:= 'nada1';
end;
procedure AreaAcoMacica;
begin  res1:=primeir;res1:=res1^.proximo;
MomentoX:=Wiv;Nd:=Wiv;
DiamEx:=Wiv;Recobri:=Wiv;
Tipo_aco:=Wiv;categ:=Wiv;
DimEstribo:=Wiv;DimAs:=Wiv;fck:=Wiv;
DAgreg:=Wiv;                      limpmemoini;

{NomePilar MomentoX Nd DiameX recobri Tipo_aco categ DimEstribo
DimAs fck DAgreg}
dimas:=dimas/10;dimestribo:=DimEstribo/10;
fcd:= fck/1.4;  Nd:=Nd*1.4;
EsEnFerro:=2;if EsEnFerro<dimas then EsEnFerro:=dimas;
if EsEnFerro<1.2*Dagreg then EsEnFerro:=1.2*Dagreg;
end;
procedure AreaAcoOca;
begin  res1:=primeir;res1:=res1^.proximo;
MomentoX:=Wiv;Nd:=Wiv;
DiamEx:=Wiv;DiamIn:=Wiv;Recobri:=Wiv;
Tipo_aco:=Wiv;categ:=Wiv;
DimEstribo:=Wiv;DimAs:=Wiv;fck:=Wiv;
DAgreg:=Wiv;                      limpmemoini;
{NomePilar MomentoXY Nd DiamEx DiamIn recobri Tipo_aco categ
DimEstribo DimAs fck DAgreg}
dimas:=dimas/10;dimestribo:=DimEstribo/10;
fcd:= fck/1.4;  Nd:=Nd*1.4;
EsEnFerro:=2;if EsEnFerro<dimas then EsEnFerro:=dimas;
if EsEnFerro<1.2*Dagreg then EsEnFerro:=1.2*Dagreg;
end;
procedure AP7V0;
var aux,Dlinha:real;
begin
case trunc(pilaresc) of
```

```pascal
7: begin
ProcP7V0;
AConcr:=pi*DiamEx*DiamEx/4; {em centimetros quadrados}
Na:=momentoX/(Aconcr/10000*DiamEx/100*fcd*10);
Nb:=nd/(Aconcr/10000*fcd*10);
Na:=na*19;Nb:=nb*4.64;
AAco:=acheiw*AConcr*fcd/(talsd*1000);      end;

8:begin ProcP8V0;
Dlinha:=(DiamEx-DiamIn)/4;
AConcr:= 2*pi*Dlinha*(Diamex-(2*dlinha));
Na:=momentoX/(Aconcr/10000*DiamEx/100*fcd*10);
Nb:=nd/(Aconcr/10000*fcd*10);   Na:=na*18;Nb:=nb*4.4;
AAco:=acheiw*AConcr*fcd/(talsd*1000);
                              end;
9:begin ProcP9V0;
Dlinha:=(DiamEx-DiamIn)/4;
AConcr:= 2*pi*Dlinha*(Diamex-(2*dlinha)); {em centimetros quadrados}
Na:=momentoX/(Aconcr/10000*DiamEx/100*fcd*10);
Nb:=nd/(Aconcr/10000*fcd*10);  Na:=na*18;Nb:=nb*4.5;
AAco:=acheiw*AConcr*fcd/(talsd*1000);      end;

10: begin ProcP10V0;
Dlinha:=(DiamEx-DiamIn)/8;
AConcr:= 4*pi*Dlinha*(Diamex-(4*dlinha)); {em centimetros quadrados}
Na:=momentoX/(Aconcr/10000*DiamEx/100*fcd*10);
Nb:=nd/(Aconcr/10000*fcd*10);     Na:=na*18.25;Nb:=nb*4.5;
AAco:=acheiw*AConcr*fcd/(talsd*1000);        end;end;

if AAco<=(AConcr*0.008) then AAco:=AConcr*0.008-0.1;
NumFerro:=(AAco/(pi*sqr(dimas)/4));
if frac(numferro)<>0 then numferro:=trunc(numferro)+1;
aux:= (NumFerro*EsEnFerro)+(Numferro*Dimas);
                          {
writeln(' v=',v:5:2,' ',trunc(round(abs(v)*10)),' na=',na:5:2,' Nb=',nb:5:2,'
acheiWmin=',acheiWmin:5:2,
' AAco=',AAco:8:2,' EsEnFerro=',EsEnFerro:8:2,'
EsEnFerroy=',EsEnFerroy:8:2);
readkey;                        }
if trunc(pilaresc) =10 then begin
EsEnFerroY:=(pi*(DiamIn+(2*(recobri+dimestribo+dimas))))/numferro;
if aux>(pi*(DiamIn+(2*(recobri+dimestribo+dimas)))) then
escolha:='nada1';

                end;
EsEnFerro:=(pi*(DiamEx-(2*(recobri+dimestribo))))/numferro;
if aux>(pi*(DiamEx-(2*(recobri+dimestribo)))) then escolha:='nada1';
```

```pascal
end;
procedure AP11V0;
var aux:real;
begin
ProcP11V0;    Na:=na*18.125;Nb:=nb*4.4;
AAco:=acheiw*AConcr*fcd/(talsd*1000);
if AAco<=(AConcr*0.008) then AAco:=AConcr*0.008-0.1;
NumFerro:=(AAco/2/(pi*sqr(dimas)/4));
if frac(numferro)<>0 then numferro:=trunc(numferro)+1;
aux:= ((NumFerro-
1)*EsEnFerro)+(Numferro*Dimas)+(2*(recobri+dimestribo)); { aux=
espaçonecessário}
EsEnFerro:=(bwlargX-
(2*(recobri+dimestribo)+(numferro*dimas)))/(numferro-1);
                              {
writeln(' v=',v:5:2,' ',trunc(round(abs(v)*10)),' na=',na:5:2,' Nb=',nb:5:2,'
acheiWmin=',acheiWmin:5:2,
' AAco=',AAco:8:2,' EsEnFerro=',EsEnFerro:8:2,'
EsEnFerroy=',EsEnFerroy:8:2);
readkey;                      }
if (aux>bwlargX) then escolha:='Nada1';
end;
procedure AP12V0;
var aux:real;
begin
ProcP12V0;    Na:=na*18.5;Nb:=nb*4.5;
AAco:=acheiw*AConcr*fcd/(talsd*1000);
if AAco<=(AConcr*0.008) then AAco:=AConcr*0.008-0.1;
NumFerro:=(AAco/4/(pi*sqr(dimas)/4));
if frac(numferro)<>0 then numferro:=trunc(numferro)+1;
aux:= ((NumFerro-
1)*EsEnFerro)+(Numferro*Dimas)+(2*(recobri+dimestribo)); { aux=
espaçonecessário}
EsEnFerro:=(bwlargX-
(2*(recobri+dimestribo)+(numferro*dimas)))/(numferro-1);
EsEnFerroY:=(bwlargY-
(2*(recobri+dimestribo)+(numferro*dimas)))/(numferro-1);
if (aux>bwlargX) or (aux>bwlargY)  then escolha:='Nada1';
end;
function tiranulo( s:str25):str25;
begin
 while Pos(#0, S) > 0 do
   delete(s,Pos(#0, S),1);
 while Pos(#32, S) > 0 do
   delete(s,Pos(#32, S),1); tiranulo:=s;
end;
procedure quadradoTXT;
```

```pascal
var  x1,y1,x2,y2:byte;s:string[13];
begin
if trunc(pilaresc)in [7..10] then begin
inicializartela(80,16);          { diametro interno}
escrevalinha('*',45,4);escrevalinha('*',53,7);
escrevalinha('*',45,10);escrevalinha('*',51,9);
escrevalinha('*',39,5);escrevalinha('*',39,9);
escrevalinha('*',51,5);escrevalinha('*',37,7);  linha(37,1,53,1,'─');
escrevalinha('D',44,1);
escrevalinha(' ├',37,1);escrevalinha('┤ ',53,1); escrevalinha('┼ N',45,7);
str(DiamEx:13:2,s);
escrevalinha('Diâmetro = '+tiranulo(s)+'cm. ',2,2);
str(Nd:13:2,s);
escrevalinha('N X 1.4 = '+tiranulo(s)+'t. ',2,3);
str(Momentox:13:2,s);
escrevalinha('Mx = '+tiranulo(s)+'mt. ',2,4);
case trunc(pilaresc) of
8,10:str(DiamEx*0.05:13:2,s);7,9:str(DiamEx*0.1:13:2,s);end;
escrevalinha('Recobrimento máximo :'+tiranulo(s)+'cm. ',2,5);
if trunc(pilaresc)in [8..10] then begin
   { diâmetro externo}
escrevalinha('*',45,2);escrevalinha('*',58,9);escrevalinha('*',32,9);
escrevalinha('*',53,3);escrevalinha('*',53,11);escrevalinha('*',31,7);
escrevalinha('*',58,5);escrevalinha('*',45,12);escrevalinha('*',31,5);
escrevalinha('*',59,7);escrevalinha('*',38,11);escrevalinha('*',36,3);
linha(32,13,58,13,'─'); escrevalinha('DIn',44,1);
escrevalinha('DEx',44,13);
escrevalinha(' ├',32,13);escrevalinha('┤ ',58,13);
str(DiamEx:13:2,s);
escrevalinha('Diâmetro Externo = '+tiranulo(s)+'cm. ',2,2);
str(DiamIn:13:2,s);
escrevalinha('Diâmetro Interno = '+tiranulo(s)+'cm. ',2,1);


              end; escreverarquivo(80,16);   exit;end;
x1:=30;x2:=X1+16;y1:=2;y2:=y1+7;
inicializartela(80,16); quadrado(x1,y1,x2,y2,'─','|','│','┌','┐','└','└');
              escrevalinha(chr(26),x2+1,y1+4);
              escrevalinha('MY',x1+8,y1-
1);escrevalinha('MX',x2+1,y1+3);
              linha(x1,y2+1,x2,y2+1,'─');coluna(x1-2,y1,x1-2,y2,'│');
              escrevalinha('Dx',x1+8,y2+1);escrevalinha('Dy',x1-3,y1+4);
              escrevalinha('┼ N',x1+8,y1+4);
              escrevalinha('┬',x1-2,y1);escrevalinha('┴',x1-2,y2);
              escrevalinha(' ├',x1,y2+1);escrevalinha('┤ ',x2,y2+1);
case trunc(pilaresc) of 1..6:begin
str(MomentoY:13:2,s);
escrevalinha('MY = '+tiranulo(s)+'mt. ',x1-28,y1);end;end;
```

```
str(Nd:13:2,s);
escrevalinha('N X 1.4 = '+tiranulo(s)+'t. ',x1-28,y1+1);
str(Momentox:13:2,s);
escrevalinha('Mx = '+tiranulo(s)+'mt. ',x1-28,y1+2);
str(bwlargY:13:2,s);
escrevalinha('Dy = '+tiranulo(s)+'cm. ',x1-28,y1+3);
str(bwlargX:13:2,s);
escrevalinha('Dx = '+tiranulo(s)+'cm. ',x1-28,y1+4);
str(bwlargX*0.1:13:2,s);
escrevalinha('Recobrimento máximo no lado Dx :'+tiranulo(s)+'cm. ',x1-
28,y2+3);
str(bwlargY*0.1:13:2,s);
escrevalinha('Recobrimento máximo no lado Dy :'+tiranulo(s)+'cm. ',x1-
28,y2+4);
escrevalinha('MX comprimi fibras de cima ou de baixo.',x1-28,y2+5);
case trunc(pilaresc) of 1..6:
escrevalinha('MY comprimi fibras da direita ou esquerda.',x1-
28,y2+6);end;

case trunc(pilaresc) of
1: begin escrevalinha('■',x1+1,y1+1);escrevalinha('■',x2-1,y1+1);
      escrevalinha('■',x1+1,y2-1);escrevalinha('■',x2-1,y2-1);
   end;
2: begin escrevalinha('■',x1+1,y1+1);escrevalinha('■',x2-1,y1+1);
      escrevalinha('■',x1+1,y2-1);escrevalinha('■',x2-1,y2-1);
      escrevalinha('■',x1+8,y1+1);escrevalinha('■',x1+1,y1+4);
      escrevalinha('■',x1+8,y2-1);escrevalinha('■',x2-1,y1+4);
   end;
3: begin linha(x1+1,y1+1,x2-1,y1+1,'■');
      linha(x1+1,y2-1,x2-1,y2-1,'▄');coluna(x1+1,y1+1,x1+1,y2-
1,'▒');coluna(x2-1,y1+1,x2-1,y2-1,'▒');end;
4: begin  linha(x1+1,y1+1,x2-1,y1+1,'■');
      linha(x1+1,y2-1,x2-1,y2-1,'▄');end;
5:begin  linha(x1+1,y1+1,x2-1,y1+1,'■');
      linha(x1+1,y2-1,x2-1,y2-1,'▄');coluna(x1+1,y1+1,x1+1,y2-
1,'▒');coluna(x2-1,y1+1,x2-1,y2-1,'▒');end;
6: begin  linha(x1+1,y1+1,x2-1,y1+1,'■');
      linha(x1+1,y2-1,x2-1,y2-1,'▒'); end;
11:begin escrevalinha('   ',x1+8,y1-1);linha(x1+1,y1+1,x2-1,y1+1,'■');
      linha(x1+1,y2-1,x2-1,y2-1,'▄');end;
12:begin escrevalinha('   ',x1+8,y1-1);linha(x1+1,y1+1,x2-
1,y1+1,'■');coluna(x1+1,y1+1,x1+1,y2-1,'▒');
      linha(x1+1,y2-1,x2-1,y2-1,'▄');coluna(x2-1,y1+1,x2-1,y2-1,'▒');end;
end;  escreverarquivo(80,16);
end;

procedure contTXT;
```

```
var dimas1,numferro1,EsEnferro1,EsEnFerroY1,AAco1,s:string[13];
u:byte;
begin
str(dimas*10:10:1,dimas1);
str(AAco:10:2,AAco1);
str(EsEnFerro:10:2,EsEnFerro1);str(Numferro:10:0,numferro1);
u:=trunc(maxperg-1);
writeln(arq,u+1,' - Área de aço longitudinal total na seção =
',tiranulo(AAco1),' cm'#253'.');
if (escolha='nada1') then
writeln('  OBS.== Não é possível acomodar as barras de aço, aumente a
seção.');
if trunc(pilaresc)in [7..10] then begin  maxperg:=u+2;
writeln(arq,u+2,' - '+tiranulo(numferro1)+' barras de '+tiranulo(dimas1)
+'mm e espaçamento de '+tiranulo(EsEnferro1)+'cm após o
recobrimento.');
case trunc(pilaresc) of 10:begin str(EsEnFerroY:10:2,EsEnFerroY1);
maxperg:=u+3;
writeln(arq,u+3,' - '+tiranulo(numferro1)+' barras de '+tiranulo(dimas1)+
'mm e espaçamento de '+tiranulo(EsEnferroY1)+'cm internamente.');
end;
end;


                      exit;end;
case trunc(PilarEsc) of
1:begin   maxperg:=u+4;  str(sqrt(AAco/pi)*10:10:2,s);
writeln(arq,u+2,' - ■ representa uma barra de aço mínima de
'+tiranulo(s)+' mm.');
writeln(arq,u+3,' - O número total de barras a utilizar é 4 barras.');
writeln(arq,u+4,' - O diâmetro mínimo da barra é
',+tiranulo(s)+'mm.');end;
2:begin   maxperg:=u+4;  str(sqrt(AAco/pi/2)*10:10:2,s);
writeln(arq,u+2,' - ■ representa uma barra de aço mínima de
'+tiranulo(s)+' mm.');
writeln(arq,u+3,' - O número total de barras a utilizar é 8 barras.');
writeln(arq,u+4,' - O diâmetro mínimo da barra é
',+tiranulo(s)+'mm.');end;
3: begin  maxperg:=u+5;
writeln(arq,u+2,' - █ e ▓ representa um quarto da área de aço total.');
writeln(arq,u+3,' - '+tiranulo(numferro1)+' barras de '+tiranulo(dimas1)+
'mm e espaçamento de '+tiranulo(EsEnferro1)+' cm no lado Dx.');
str(EsenFerroY:10:2,s);
writeln(arq,u+4,' - '+tiranulo(numferro1)+' barras de
'+tiranulo(dimas1)+'mm e espaçamento de '+
tiranulo(s)+' cm no lado Dy.');    str(4*numferro:3:0,s);
writeln(arq,u+5,' - O número total de barras a utilizar é ',+tiranulo(s)+'
barras.');
```

```
       end;
4: begin  maxperg:=u+4;
writeln(arq,u+2,' - ■    representa a metade da área de aço total.');
writeln(arq,u+3,' - '+tiranulo(numferro1)+' barras de '+tiranulo(dimas1)+
'mm e espaçamento de '+tiranulo(EsEnferro1)+' cm no lado
Dx.');str(2*numferro:3:0,s);
writeln(arq,u+4,' - O número total de barras a utilizar é '+tiranulo(s)+'
barras.');
     end;
5:begin   maxperg:=u+6;
writeln(arq,u+2,' - ■ representa três oitavos da área de aço total.');
writeln(arq,u+3,' - ▓ representa um oitavo da área de aço total.');
str(3*Numferro:10:0,s);
writeln(arq,u+4,' - '+tiranulo(s)+' barras de '+tiranulo(dimas1)+
'mm e espaçamento de '+tiranulo(EsEnFerro1)+' cm, em cada lado Dx.');
str(EsenFerroY:10:2,s);
writeln(arq,u+5,' - '+tiranulo(numferro1)+' barras de '+tiranulo(dimas1)+
'mm e espaçamento de '+tiranulo(s)+' cm, em cada lado Dy.');
str((8*Numferro):10:0,s);
writeln(arq,u+6,' - O número total de barras a utilizar é ',tiranulo(s),'
barras de '+tiranulo(dimas1)+' mm.');
     end;
6: begin maxperg:=u+6;
writeln(arq,u+2,' - ■ representa três quartos da área de aço total.
Distribuir 3 fiadas.');
writeln(arq,u+3,' - ▓ representa um quarto da área de aço total. ');
writeln(arq,u+4,' - '+tiranulo(numferro1)+' barras de '+tiranulo(dimas1)
+'mm e espaçamento de '+tiranulo(EsEnferro1)+' cm no lado Dx
superior.');
str(3*numFerro:10:2,s);
writeln(arq,u+5,' - '+tiranulo(s)+' barras de '+tiranulo(dimas1)+
'mm e espaçamento de '+tiranulo(EsEnferro1)+' cm no lado Dx inferior.');
 str(4*numferro:3:0,s);
writeln(arq,u+6,' - O número total de barras a utilizar é '+tiranulo(s)+'
barras.');
     end;
11: begin  maxperg:=u+4;
writeln(arq,u+2,' - ■    representa a metade da área de aço total.');
writeln(arq,u+3,' - '+tiranulo(numferro1)+' barras de '+tiranulo(dimas1)+
'mm e espaçamento de '+tiranulo(EsEnferro1)+' cm em cada lado Dx.');
str(2*numferro:3:0,s);
writeln(arq,u+4,' - O número total de barras a utilizar é '+tiranulo(s)+'
barras.');
     end;
12: begin  maxperg:=u+5;
writeln(arq,u+2,' - ■ e ▓ representa um quarto da área de aço total.');
```

```
writeln(arq,u+3,' - Com '+tiranulo(numferro1)+' barras de
'+tiranulo(dimas1)+
'mm e espaçamento de '+tiranulo(EsEnferro1)+' cm em cada lado Dx.');
str(EsEnferroY:10:0,s);
writeln(arq,u+4,' - ',tiranulo(numferro1),' barras de
'+tiranulo(dimas1)+'mm e espaçamento de '+
tiranulo(s)+' cm em cada lado Dy.');        str(4*numferro:3:0,s);
writeln(arq,u+5,' - O número total de barras a utilizar é '+tiranulo(s)+'
barras.');
    end;end;
if AAco<(AConcr*0.008) then begin U:=trunc(maxperg);  maxperg:=u+1;
writeln(arq,u+1,' - Há um desperdício de concreto e de aço, diminua a
seção.');
                    end;
if (escolha='nada1') then
writeln(arq,' OBS.== Não é possível acomodar as barras de aço,
aumente a seção.')
    end;
procedure sairEstribo;
var talc,neta,fyd,aux,asmin,estribo,EsEn:real;s,s1:string; u:byte;
begin if trunc(pilaresc)in [7..10] then exit;
u:=trunc(maxperg);
case trunc(tipo_aco) of
25:fyd:=2.5/1.15;32:fyd:=3.2/1.15;40:fyd:=4/1.15;50:fyd:=5/1.15;60:fyd:=6
/1.15;end;

case trunc(pilarEsc) of
1..6,11,12:begin talwd:=talwd*1000/(bwlargX*(bwlargY-
(Recobri+estribo+dimas/2)));
            talc:=0.24*sqrt(fck)*(1+3*(nd*1000/AConcr/fck));
            neta:=1-(talc/(1.15*talwd));
            if neta <0.4 then neta:=0.4;
            talwd:=1.15*neta*bwlargX/100*talwd*10/fyd;end;end;
    {talwd cisalhamento estribo por centi.quadrado por metro}
    str(talwd:8:2,s1); asmin:=talwd;
writeln(arq,u+1,' - A área de Estribo segundo o cortante :',tiranulo(s1),'
cm'+#253+'/m.');
estribo:=dimas*10/4;
case trunc(estribo) of 63..79:estribo:=6.3;80..99:estribo:=8;
100..124:estribo:=10;125..159:estribo:=12.5;160..199:estribo:=16;
200..250:estribo:=20 else estribo:=5;end;

aux:=30;if aux>bwlargY then aux:=bwlargY; if aux>bwlargX then
aux:=bwlargX;
case trunc(tipo_aco) of 25,32:fyd:=21*dimas;
40,50,60:fyd:=12*dimas;end;
if fyd<aux then aux:=fyd;
```

128

```pascal
aux:=200/aux*((pi*estribo/10*estribo/10)/4);  { estribo por  -Nb1-}
if asmin<aux then asmin:=aux; str(aux:8:2,s1);
writeln(arq,u+2,' - A área de Estribo mínima para pilar NB1 :',tiranulo(s1),'
cm'+#253+'/m.');

case trunc(fck) of 110..149:case trunc(tipo_aco) of 25,32:aux:=17;
40:aux:=11;50,60:aux:=9;end;
          150..179:case trunc(tipo_aco) of 25,32:aux:=21;
40:aux:=13;50,60:aux:=10;end;
          180..224:case trunc(tipo_aco) of 25,32:aux:=24;
40:aux:=15;50,60:aux:=12;end;
          225..300:case trunc(tipo_aco) of 25,32:aux:=29;
40:aux:=18;50,60:aux:=14;end;end;
if asmin<(aux/10000*bwlargX) then asmin:=(aux/10000*bwlargX);
{estribo mínimo  em centímetros quadrados por metro }
str((aux/10000*bwlargX):8:2,s1);
writeln(arq,u+3,' - A área de Estribo mínima para cortante NB1
:',tiranulo(s1),' cm'+#253+'/m.');
aux:=200/asmin*(pi*dimestribo*dimestribo/4);
 str(aux:8:2,s);     str((dimestribo*10):8:2,s1);
writeln(arq,u+4,' - Estribo de sua opção (duas pernas):',tiranulo(s1),'mm.
a cada ',tiranulo(s),'cm.');
maxperg:=u+4;
if (dimestribo>dimas/4) then begin
estribo:=dimas*10/4;
case trunc(estribo) of 63..79:estribo:=6.3;80..99:estribo:=8;
100..124:estribo:=10;125..159:estribo:=12.5;160..199:estribo:=16;
200..250:estribo:=20 else estribo:=5;end;
str(estribo:8:2,s1);
writeln(arq,u+5,' - O estribo máximo indicado pela Nb1 para estes dados
é o de ',tiranulo(s1),'mm.');
maxperg:=u+5; end;
end;
procedure sairEstriboCirc;
var fyd,aux,asmin,estribo,EsEstr:real;s,s1:string; u:byte;
begin   if trunc(pilaresc)in [1..6,11,12] then exit;
u:=trunc(maxperg);maxperg:=u+1;
estribo:=dimas*10/4;
case trunc(estribo) of 63..79:estribo:=6.3;80..99:estribo:=8;
100..124:estribo:=10;125..159:estribo:=12.5;160..199:estribo:=16;
200..250:estribo:=20 else estribo:=5;end;
str(estribo:8:2,s1);
writeln(arq,u+1,' - Estribo de ',tiranulo(s1),'mm é o indicado pela NB1.');

aux:=30;if aux>diamEx then aux:=diamex;
case trunc(tipo_aco) of 25,32:fyd:=21*dimas;
40,50,60:fyd:=12*dimas;end;
```

```
if aux>fyd then aux:=fyd;  esEstr:=aux;
asmin:=200*((pi*estribo/10*estribo/10)/4)/aux; { área de aço por  -Nb1-}
str(asmin:8:2,s1);
writeln(arq,u+2,' - A área de Estribo mínima para pilar NB1 :',tiranulo(s1),'
cm'+#253+'/m.');

 str(EsEstr:8:1,s);    str((dimestribo*10):8:1,s1);
writeln(arq,u+3,' - Estribo de sua opção (duas pernas):',tiranulo(s1),'mm.
a cada ',tiranulo(s),'cm.');

end;
procedure sairTXT;    var   s:str25; u:byte;
begin  u:=trunc(maxperg-1);
Assign(arq,'nilson40.txt');append(arq);

if (escolha='nada') then
writeln(arq,u+1,' - Aumente a seção, a sua opção  está fora de norma.')
else begin  quadradoTXT;contTXT; sairEstribo;sairEstriboCirc;end;
close(arq);iniciartextoarq(false,'nilson40.txt');
end;
procedure ar40.entradado;
begin
escolha:='';
case trunc(Pilaresc) of
1..6: AreaAcoObliqua;
7: AreaAcoMacica;
8..10:AreaAcoOca;
11,12:AreaAcoReta;end;
end;
procedure nilso40.entradado;
begin
case trunc(Pilaresc) of
1..6:case trunc(Pilaresc) of
1:AP1V0;2:AP2V0;3:AP3V0;4:AP4V0;5:AP5V0;6:AP6V0;end;
7: AP7V0;
8..10:AP7V0;
11,12:case trunc(Pilaresc) of 11:AP11V0;12:AP12V0;end;end;
sairTXT;
end;
end. {
var k:ptr_nilso40;
BEGIN
if  not GETPARAMSTR  then exit;  comecardigitar40;
getmem(k,sizeof(k));k^.entradado;freemem(k,sizeof(k));halt(20);
END.              }
```

PROGRAM nilson42;

```
USES
CRT,DOS,nilson30,nilson35,nilson33,nilso002,nilson36,nilson32,nilson38,nilson09,nilson74;
var
textfund3,textfund1,textfund2,textfund10,textfund20,clrfund:byte;
antes:byte;
str2:str80;
ch:char;
PROCEDURE ApresMsg(a,b,c,d:byte;{var} Msg:str80);
var antes:byte;
begin  antes:= textattr;

window(a,b,c,d);textcolor(yellow);textbackground(blue);clrscr;write(msg);
   window(1,1,80,25);   textattr:=antes;
end;
PROCEDURE MOLDURA;
VAR X,Y:BYTE;
BEGIN
quadradoV(white,black,1,1,80,24,'=','‖','╔','╗','╝','╚');
linhaV(white,black,2,4,79,4,'=');
writemsg(16*black+white,'╟',1,4); writemsg(16*black+white,'╢',80,4);
writemsg(16*black+red,'[X]',76,1);writemsg(16*black+red,'[■]',3,1);
END;
function uppercase(s:string):string;
var
 i : Integer;
begin { ÃàãÂâáÁéÉêÊíÍóÓõÕôÔúÚçÇ ÃàãÂâáÁéÉêÊíÍóÓõÕôÔúÚçÇ
extençôes . Área}
 for i := 1 to Length(s) do begin
   case s[i] of
     'ê':s[i]:='Ê';
     'é':s[i]:='É';
     'á':s[i]:='Á';
     'ã':s[i]:='Ã';
     'í':s[i]:='Í';
     'ô':s[i]:='Ô';
     'ú':s[i]:='Ú';
     'ó':s[i]:='Ó';
     'ç':s[i]:='Ç';
      else s [i]:= UpCase(s[i]); end;end;
   uppercase:=s;
end;
PROCEDURE RODAPE;
BEGIN
 STR2:=' letra em destaque ';
```

```
WINDOW(2,23,79,23); textcolor(blue);textbackground(green); clrscr;
WRITE(' use ');textcolor(white);textbackground(red);
WRITE(#24,' ', #25,' ',#26, '
',#27);textcolor(blue);textbackground(green);
WRITE(' digite ');textcolor(white);textbackground(red);
WRITE(STR2);textcolor(blue);textbackground(green);GOTOXY(39,23);
WRITE(' também ');textcolor(white);textbackground(red);
WRITE('<ENTER>');textcolor(blue);textbackground(green);
WRITE(' e ');textcolor(white);textbackground(red);
WRITE('<F1>');textcolor(blue);textbackground(green);
WRITE(' clique o mouse.');window(1,1,80,25);
END;
function tiranulo(s:str80):str80;
var i : byte;
begin   tiranulo:=s ;
for i:=length(s) downto 1 do begin
if (s[i] <> ' ') then  exit;tiranulo:=s;delete(s,i,1); end;
end;
procedure selellum(a,b:word);
begin WITH ACTIVITY[SELECT] DO BEGIN
 if not(select in [arquivo..help]) then begin
textbackground(brown);textcolor(a);end
 else begin textbackground(lightgray);textcolor(b);end;
gotoxy(row+1,column+1);for i:=1 to length(menustring) do write(#223);
gotoxy(row+length(menustring),column);write(#220);
end;end;
 PROCEDURE ilumselect(var textfund:byte);
 var i:byte;
 begin    escondemouse;
        WITH ACTIVITY[SELECT] DO BEGIN
        apresmsg(2,24,79,24,menustring2);
textattr:=textfund;GOTOXY(ROW,COLUMN);
WRITE(UPPERCASE(MENUSTRING));
 selellum(brown,lightgray);delay(120);selellum(black,black);
                        end;
end;

PROCEDURE reverse(var textfund:byte);
var i : byte;
begin
        WITH ACTIVITY[SELECT] DO BEGIN
            textattr:=textfund;
            GOTOXY(ROW,COLUMN);  WRITE(MENUSTRING);
            for i:=1 to length(menustring) do
            if car=menustring[i] then                 begin
textcolor(yellow);gotoxy(row+i-1,column);write(car); end;
selellum(black,black);
```

```pascal
                            end;
end;
procedure initialize2;
begin  RODAPE;
window(2,5,79,22);textbackground(brown);clrscr;window(1,1,80,24);
case select1 of
arquivo: begin for select:=pesquisaemdiretorio to sair do
reverse(textfund2);select:=select2;end;
engcivil:begin for select:=cross to telhado do
reverse(textfund2);select:=select3; end;
cartografia:begin for select:=calculocentrodeperspectiva to poligonal do
reverse(textfund2);select:=select4;end;
eletrica:begin for select:=circuitos to redes do
reverse(textfund2);select:=select5;end;
hidraulica:begin for select:=canais to encanamento do
reverse(textfund2);select:=select6;end;
outros:begin for select:=estatistica to criptografia do
reverse(textfund2);select:=select7;end;
help:begin for select:=sobre to mensagem do
reverse(textfund2);select:=select8; end;
end;ilumselect(textfund20);
end;
procedure initialize;
var w,y:byte;
begin
window(1,1,80,25);textcolor(white);textbackground(black);clrscr;moldura;
window(2,2,79,3); textbackground(lightgray);clrscr;
window(2,5,79,23);textbackground(brown);clrscr; window(1,1,80,25);
 for select:=arquivo to help do
reverse(textfund1);select:=select1;ilumselect(textfund10);
INITIALIZE2;
end;


procedure pague;
begin
       WINDOW(2,5,79,23);antes:=textattr;TEXTATTR:= $70;clrscr;
writeln('                    AUTOR                          ');
writeln('                    =========                      ');
writeln('     Nilson Candido da Silva  ex-aluno UERJ-C91218221
');
writeln('     E-Mail: nilson.candido.da.silva@bol.com.br;
nilson.can@ig.com.br     ');
writeln('     tel (0XX21) 22698374 e 22699827                    ');
writeln('     Vamos ao sucesso juntos, envie um donativo em favor do
autor:     ');
writeln('      banco Bradesco conta 52726  agência 3249/2.       ');
```

```
writeln('     Ou envie um vale postal para o endereço:
');
writeln('               Rua Lins de Vasconcelos,440                    ');
writeln('               Rio de Janeiro  - RJ                    ');
writeln('               cep 20710-130                    ');
writeln('     Os programas de Engenharia aumentam os lucros e cortam
custos.    ');
writeln('     No menu OUTROS a  AGENDA  pode ajudá-lo a ganhar
dinheiro pela    ');
writeln('     agilidade, assim como criptografar seus textos, a
ESTATISTICA        ');
writeln('     pode coroar o seu sucesso, tome injeção de ânimo  em
MENSAGEM.        ');
writeln('     Your donation will be much apreciated, and will  give  me  the
');
writeln('     incentive to write more software.                    ');
writeln('     Envie um donativo.                    ');
gotoxy(15,22); textattr:=textfund20;WRITE('  <enter>
');
gotoxy(2,25);entrada:=#0;input:=1;
entrada:=instring('Porque não envia um donativo?  O seu donativo dará
o incentivo para a melhora.','',[#0],[],1,0);
window(2,5,79,23);textbackground(brown);clrscr;window(1,1,80,24);
textattr:=antes;
END;
procedure pagueN;
begin
      WINDOW(2,5,79,23);antes:=textattr;textattr:=$70;clrscr;
writeln('               EXPERIÊNCIA                    ');
writeln('               ===========                    ');
writeln('Montagem Industrial - Civil, Elétrica, Mecânica,tubulação.
');
writeln('Construção civil - metrô, Linhas de transmissão 230
KV,subestação 230/69 kV. ');
writeln('preparo de medição, planilhas, comando de obras prediais, pert.
');
writeln('software como: ms-Project,word,excel,pascal,delphi.
');
writeln('se faço o que está vendo, imagine o que posso fazer por sua
empresa!    ');
writeln('               FORMAÇÃO                    ');
writeln('               ========                    ');
writeln('     Engenharia Elétrica      - Operacional  CEFET - 1975
');
writeln('     Engenharia Civil      - UVA - 1991                    ');
writeln('     Engenharia Cartográfica   - UERJ - 1997
');
```

```pascal
writeln('        Supervisor de Segurança do trabalho - CEFET - 1975
');
writeln('                                                          ');
writeln('O salário é o que ficar combinado. Pegue o tel. no menu-about e
combinamos. ');
writeln('Disponível para trabalhar inclusive no Alasca, Sibéria, Saara,
Brazil, etc...');
writeln('Posso também trabalhar de outras formas: Temporário, dia e
noite, freelancer,');
writeln('efetivo, exclusivo, participações. De graça, para igrejas,
sinagogas, ...');
gotoxy(15,22); textattr:=textfund20;
  WRITE('  <enter>          Salário a combinar. Disponibilidade imediata.
');
gotoxy(2,25);entrada:=#0;input:=1;
entrada:=instring(' Ligue para mim tenho certeza que podemos
desenvolver um bom trabalho.','',[#0],[],1,0);
window(2,5,79,23);textbackground(brown);clrscr;window(1,1,80,24);
textattr:=antes;
END;
procedure acabouN;
begin
      WINDOW(2,5,79,23);antes:=textattr;textattr:=$70;;clrscr;
writeln('          O TEMPO ADQUIRIDO PARA ESTE PROGRAMA É
FINITO.          ');
writeln('
=============================================          ');
writeln('     Nilson Candido da Silva    ex-aluno UERJ-C91218221
nasc. 02/04/51  ');
writeln('     E-Mail: nilson.candido.da.silva@bol.com.br;
nilson.can@ig.com.br     ');
writeln('     tel (0XX21) 22698374 e 22699827                      ');
writeln('                                                          ');
writeln('     No challenge we face is more momentous then the threat of
global   ');
writeln('     climate change. Vamos ao sucesso juntos, envie um
donativo em favor   ');
writeln('     do autor.                                       ');
writeln('                                                     ');
writeln('     banco Bradesco conta 52726  agência 3249/2.        ');
writeln('     Pode também enviar um vale postal para o enderêço:
');
writeln('     Rua Lins de Vasconcelos,440                         ');
writeln('     Rio de Janeiro  - RJ    cep 20710-130               ');
writeln('                                               ');
writeln('     Envie também seu E-mail para receber os programas
');
```

```pascal
writeln('                                                      ');
writeln('      IMPORTANTE:U$1000  or  U$1  Your donation will be much
apreciated,  ');
gotoxy(4,22); textattr:=textfund20;WRITE(' <enter>        and will  give
me  the incentive to write more software.');
gotoxy(2,25);entrada:=#0;input:=1;
entrada:=instring('Se encontrar defeitos deve relatar, para que o
programa fique melhor.','',[#0],[],1,0);
window(2,5,79,23);textbackground(brown);clrscr;window(1,1,80,24);
textattr:=antes;
END;
procedure selectN;
begin
case select of
pesquisaemdiretorio..sair: select2:=select;
cross..telhado:select3:=select;
calculocentrodeperspectiva..poligonal:select4:=select;
circuitos..redes:select5:=select;
canais..encanamento:select6:=select;
estatistica..criptografia:select7:=select;
sobre..mensagem:select8:=select;
end;end;
procedure upselect;
begin      reverse(textfund2);
case select of
pesquisaemdiretorio:select:=sair ;
cross:select:=telhado ;
calculocentrodeperspectiva:select:=poligonal ;
circuitos:select:=redes;
canais:select:=encanamento;
estatistica:select:=criptografia ;
sobre:select:= mensagem ;
else  select:=pred(select);end;ilumselect(textfund20); selectN;
end;
procedure downselect;
begin   reverse(textfund2);
case select of
sair:select:=pesquisaemdiretorio;
telhado:select:=cross ;
poligonal:select:=calculocentrodeperspectiva ;
redes:select:=circuitos;
encanamento:select:=canais;
criptografia:select:=estatistica ;
mensagem:select:=sobre ;
else select:=succ(select);end;ilumselect(textfund20);selectN;
end;
procedure rightselect;
```

```
begin    select:=select1; reverse(textfund1);
case select1 of
help:select1:=arquivo;
else
select1:=succ(select1);end;select:=select1;ilumselect(textfund10);initializ
e2;
end;
procedure leftselect;
begin    select:=select1; reverse(textfund1);
case select1 of
arquivo: select1:=help;
else
select1:=pred(select1);end;select:=select1;ilumselect(textfund10);initializ
e2;
end;

procedure Goletra;

function CarOnde(selectbegin,selectend:activities):boolean;
var i:activities;
begin Caronde:=false;
for i:=selectbegin to selectend do
if (ACTIVITY[i].car= ch)  then begin carOnde:=true; selectaux:=i;exit;end;
end;
begin
if (CarOnde(arquivo,help)) and (select1 <> selectaux) then
begin
select:=select1;reverse(textfund1);select:=selectaux;ilumselect(textfund1
0);select1:=selectaux;initialize2;exit;end;
case select1 of
arquivo: if (CarOnde(pesquisaemdiretorio,sair)) and (select2 <>
selectaux) then
begin
reverse(textfund2);select:=selectaux;ilumselect(textfund20);select2:=sele
ctaux;exit;end;
engcivil:if CarOnde (cross,telhado) and (select3 <> selectaux)then
begin
reverse(textfund2);select:=selectaux;ilumselect(textfund20);select3:=sele
ctaux;exit;end;
cartografia: if CarOnde(calculocentrodeperspectiva,poligonal) and
(select4 <> selectaux)then
begin
reverse(textfund2);select:=selectaux;ilumselect(textfund20);select4:=sele
ctaux;exit;end;
eletrica: if CarOnde(circuitos,redes) and (select5 <> selectaux)then
```

```
begin
reverse(textfund2);select:=selectaux;ilumselect(textfund20);select5:=sele
ctaux;exit;end;
hidraulica: if CarOnde(canais,encanamento) and (select6 <>
selectaux)then
begin
reverse(textfund2);select:=selectaux;ilumselect(textfund20);select6:=sele
ctaux;exit;end;
outros: if CarOnde(estatistica,criptografia) and (select7 <> selectaux)then
begin
reverse(textfund2);select:=selectaux;ilumselect(textfund20);select7:=sele
ctaux;exit;end;
help:  if CarOnde(sobre,mensagem) and (select8 <> selectaux)then
begin
reverse(textfund2);select:=selectaux;ilumselect(textfund20);select8:=sele
ctaux;exit;end;
end;end;
function funcionenilson:CHAR;
var i:activities;k:integer;
procedure pesqMouse(A,B:activities;bom:boolean);
var i:activities;
begin
for i:=A to B do begin    K:=length(activity[i].menustring);
with activity[i] do  begin
if  (xmouse in [(row)-1..(row+k-1)]) and (column = ymouse)
then  begin if bom then funcionenilson:=car else
funcionenilson:=#13;exit;
end;end;end;end;
begin Funcionenilson:='w'; if not mouseok then exit;auxfunciona;
  if ((botao=1) and (ymouse=1) and ((xmouse=77) or (xmouse=4))) or
(botao=2)
  then begin funcionenilson:=#27;exit;end;
case botao of
  1: begin
  if (ymouse=23)  then begin  case xmouse of
        7: funcionenilson:=#200;  {cima}
        9: funcionenilson:=#201;  {baixo}
       11: funcionenilson:=#202;  { direita}
       13: funcionenilson:=#203;
     21..41: funcionenilson:=str2[xmouse-21];
     50..56: funcionenilson:=#13;
     60..63: funcionenilson:=#204;  {f1}
              end;end else begin
case select of
pesquisaemdiretorio..sair:  pesqmouse(pesquisaemdiretorio,sair,false);
cross..telhado:            pesqmouse(cross,telhado,false);
```

```
calculocentrodeperspectiva..poligonal:
pesqmouse(calculocentrodeperspectiva,poligonal,false);
circuitos..redes:          pesqmouse(circuitos,redes,false);
canais..encanamento:       pesqmouse(canais,encanamento,false);
estatistica..criptografia: pesqmouse(estatistica,criptografia,false);
sobre..mensagem:           pesqmouse(sobre,mensagem,false); end;
                    end; end;
else begin
case select of
pesquisaemdiretorio..sair: pesqmouse(pesquisaemdiretorio,sair,true);
cross..telhado:            pesqmouse(cross,telhado,true);
calculocentrodeperspectiva..poligonal:
pesqmouse(calculocentrodeperspectiva,poligonal,true);
circuitos..redes:          pesqmouse(circuitos,redes,true);
canais..encanamento:       pesqmouse(canais,encanamento,true);
estatistica..criptografia: pesqmouse(estatistica,criptografia,true);
sobre..mensagem:           pesqmouse(sobre,mensagem,true);end;
pesqmouse(arquivo,help,true);  end;end;
end;
BEGIN  window(1, 1, 80, 25);
  Dadoinimouse;
  if not getparamstr then exit;
  { yellow brown);}textfund3:=$6E;{lightgray lightgray)}clrfund:=$77;
  {blue green);}textfund1:=$21;{white blue}textfund2:=$1F;
  {white blue}textfund10:=$1F;{white red}textfund20:=$4F;
iniprogr;initialize;
if (dosexit=22) and (select=ESTATISTICA) and (algo1=22) then begin
algo1:=1000;termprogr;halt(20);end;
cursorOFF;sairprogr:=false;
done:=false;randomize;
REPEAT
mostramouse;if keypressed then  ch:=readkey  else
ch:=FuncioneNilson;relogi;
  case ch of
  '0'..'9','A'..'Z','a'..'z': goletra ;
  #204:begin menustring:=activity[select].menustring4;
    apresmsg(2,24,79,24,activity[(tyr[random(6)])].menustring2);
    if select=mensagem then writemsg((16+yellow),
    'Jesus: Eu sou o Caminho a Verdade e a Vida ninguém vai ao Pai
senão por Mim. ', 2,24);
      if (select=vitae) or (select=validade) or(menustring='')then begin
        if (select=vitae) then
        begin pagueN;INITIALIZE2;end;
        if (select=validade) then
        begin acabouN;INITIALIZE2;end;
        if (menustring='') then
        begin pague;INITIALIZE2;end; end else done:=true;end;
```

```
        #200: upselect;
        #201: downselect;
        #202: begin rightselect;initialize2;end;
        #203: begin leftselect;initialize2;end;
{enter} #13: begin  menustring:=activity[select].menustring3;
        case select of
        relogio:begin relog:=not relog;relogi;end;
        sair: begin apresmsg(2,24,79,24,activity[sair].menustring2);
              escondemouse; sairprograma;
                 apresmsg(2,24,79,24,activity[select].menustring2);end;
        vitae:begin pagueN;INITIALIZE2;end;
        sobre:begin pague;INITIALIZE2;end;
        validade:begin acabouN;INITIALIZE2;end;
      else begin
      if select=mensagem then writemsg((16+yellow),
      'Jesus: Eu sou a luz, quem me segue não andará em trevas, terá a
luz da vida. ',2,24);
      if (menustring=") then begin pague;INITIALIZE2;end
        else done:=true;end;end;end;
{esc } #27,#45: begin

apresmsg(2,24,79,24,activity[sair].menustring2);escondemouse;sairprogr
ama;
         apresmsg(2,24,79,24,activity[select].menustring2);end;
      else
      if ch=#0 then begin Ch:=ReadKey;case Ch of{ Function keys }
{f1}   #59:begin menustring:=activity[select].menustring4;
         apresmsg(2,24,79,24,activity[(tyr[random(6)])].menustring2);
      if select=mensagem then writemsg((16+yellow),
      'Jesus: Eu sou o Caminho a Verdade e a Vida ninguém vai ao Pai
senão por Mim. ', 2,24);
        if (menustring='validade')or(menustring=")or (menustring='vitae')
then begin

        if (menustring='vitae') then begin pagueN;INITIALIZE2;end;
        if (menustring='validade') then begin acabouN;INITIALIZE2;end;
        if (menustring=") then begin  pague;INITIALIZE2;end;
        end  else done:=true;end;
{alt x }#45: begin

apresmsg(2,24,79,24,activity[sair].menustring2);escondemouse;sairprogr
ama;
         apresmsg(2,24,79,24,activity[select].menustring2);end;
{left}  #75: begin leftselect;initialize2;end;
{right} #77: begin rightselect;initialize2;end;
{ dn}  #80:downselect;
{ up}  #72:upselect;end;end;end;
```

```
UNTIL done;   cursorON;
writemsg((red*16+white),uppercase(tiranulo(ACTIVITY[SELECT].menust
ring)),4,4);

prompt := copy(menustring,pos('.',menustring)-
3,3);val(prompt,dosexit,erro);
while erro<>0 do begin delete(prompt,1,1); val(prompt,dosexit,erro);end;
if sairprogr then dosexit:=0;
if upcase(menustring[pos('.',menustring)+1])='N' then  case dosexit of
6,7,8,10,11,16,18,20,26,27,29,40,45,48,50:menustring:='nilson05.ncs';
24,47,51,52,56,57,58:menustring:='nilson02.ncs';
59,60,61,62,64,65,66,78,80,81,82,84,86,88:menustring:='nilson03.ncs';
91,92,93,95..98,100..121:menustring:='nilson07.ncs';
44:menustring:='nilso004.ncs';
22,43,63:menustring:='nilso003.ncs';end;
datalimite(05,12,2009,12,0,0);termprogr;
if darofora then begin cursorOFF;
salveinfo('Evaluation period has expired. Donation please. See menu-
about.',
'O período considerado para a sua avaliação, está terminado.',
'Envie um donativo para o autor e seu E-mail para
download.','o','s',#13,2,2,60,3,0);
porlinha(2,3);
escrevaLinhaV(yellow+128,blue,
'Evaluation period has expired. Donation please. See menu-about.
',2,24);
readkey;acabouN;pague;pagueN;cursorON;end;
if sairprogr then halt(42);
if upcase(menustring[pos('.',menustring)+1])='C' then  halt(20);halt(23);
END.
```

{program nilson43;}

```
unit nilson43;
interface
uses crt,nilson36,nilson38,nilson35,nilson32,nilson74,nilson30,nilson71,
nilson39,nilson73;
type
ptr_nilso43 =^nilso43;
nilso43 = object
PROCEDURE ENTRADADO;
          end;
var k43:ptr_nilso43;
implementation
const    max=18;maxbuf=63;
type
```

```pascal
str55=string[55];str7=string[7];

ptr_endereco = ^endereco;
            endereco = record
                    senha:str7;
                    nome:array [1..max] of str55;
                    proximo,anterior:ptr_endereco;
                    end;
        bu=array[0..maxbuf-1] of endereco;
ptr_bu=^bu;
var chX:char;
    N:byte;
    item:ptr_endereco;
    arquivo: file;
    buf:ptr_bu;
    NumRead,NumWritten: Word;
    z,filesizeY:longint;
procedure MaxCrip;var i,y,w:byte;ip,ip1:string; begin y:=0;
for i:=2 to max do begin inc(y);ip:='';ip1:='';
for w:=(ord(buf^[N].senha[y])-i+y) downto 0 do ip:=ip+chr(w);
for w:=254 downto (ord(buf^[N].senha[y])-i+y+1) do ip:=ip+chr(w);
for w:=0 to 254 do ip1:=ip1+ip[254-w];
for w:=1 to length(buf^[N].nome[i]) do
if (w mod 2 = 0) then buf^[N].nome[i][w]:=ip[ord(buf^[N].nome[i][w])]
else buf^[N].nome[i][w]:=ip1[ord(buf^[N].nome[i][w])];if y=6 then y:=0;
end;end;
procedure MaxDescrip;var i,y,w:byte;ip,ip1:string; begin y:=0;
for i:=2 to max do begin inc(y);ip:='';ip1:='';
for w:=(ord(buf^[N].senha[y])-i+y) downto 0 do ip:=ip+chr(w);
for w:=254 downto (ord(buf^[N].senha[y])-i+y+1) do ip:=ip+chr(w);
for w:=0 to 254 do ip1:=ip1+ip[254-w];
for w:=1 to length(buf^[N].nome[i]) do
if (w mod 2 = 0) then buf^[N].nome[i][w]:=chr(pos(buf^[N].nome[i][w],ip))
else buf^[N].nome[i][w]:=chr(pos(buf^[N].nome[i][w],ip1));if y=6 then y:=0;
end; end;
procedure Qexit(corfrente,corfundo:byte);
begin
quadradoV(corfrente,corfundo,69,20,79,22,'=','║','╠','╗','╝','╚');
writemsg(16*black+white,' EXIT ',70,21);
end;
procedure QNovo(corfrente,corfundo:byte);
begin
quadradoV(corfrente,corfundo,58,5,67,7,'=','║','╠','╗','╝','╚');
writemsg(16*black+white,' NOVO',59,6);
end;
procedure QVer(corfrente,corfundo:byte);
begin
```

```pascal
quadradoV(corfrente,corfundo,69,5,79,7,'=','‖',',','╔','╗','╝','╚');
writemsg(16*black+white,'  VER ',70,6);
end;
procedure QSalvar(corfrente,corfundo:byte);
begin
quadradoV(corfrente,corfundo,58,17,67,19,'=','‖',',','╔','╗','╝','╚');
writemsg(16*black+white,' SALVAR',59,18);
end;
procedure QInicio(corfrente,corfundo:byte);
begin
quadradoV(corfrente,corfundo,58,14,67,16,'=','‖',',','╔','╗','╝','╚');
writemsg(16*black+white,' INÍCIO',59,15);
end;
procedure QFinal(corfrente,corfundo:byte);
begin
quadradoV(corfrente,corfundo,69,14,79,16,'=','‖',',','╔','╗','╝','╚');
writemsg(16*black+white,' ÚLTIMO ',70,15);
end;
procedure QCript(corfrente,corfundo:byte);
begin
quadradoV(corfrente,corfundo,58,8,67,10,'=','‖',',','╔','╗','╝','╚');
writemsg(16*black+white,'  CRIPT',59,9);
end;
procedure QDescript(corfrente,corfundo:byte);
begin
quadradoV(corfrente,corfundo,69,8,79,10,'=','‖',',','╔','╗','╝','╚');
writemsg(16*black+white,' DESCRIPT',70,9);
end;
procedure QAnterior(corfrente,corfundo:byte);
begin
quadradoV(corfrente,corfundo,58,11,67,13,'=','‖',',','╔','╗','╝','╚');
writemsg(16*black+white,'ANTERIOR',59,12);
end;
procedure QProximo(corfrente,corfundo:byte);
begin
quadradoV(corfrente,corfundo,69,11,79,13,'=','‖',',','╔','╗','╝','╚');
writemsg(16*black+white,' PRÓXIMO ',70,12);
end;
procedure QRetirar(corfrente,corfundo:byte);
begin
quadradoV(corfrente,corfundo,69,17,79,19,'=','‖',',','╔','╗','╝','╚');
writemsg(16*black+white,' RETIRAR ',70,18);
end;
procedure Qprinter(corfrente,corfundo:byte);
begin
quadradoV(corfrente,corfundo,69,20,79,22,'=','‖',',','╔','╗','╝','╚');
writemsg(16*black+white,'  PRINT',70,21);
```

```
end;
procedure QRg(corfrente,corfundo:byte);
begin
quadradoV(corfrente,corfundo,58,20,67,22,'=','║',',',',','╝',','╚');
writemsg(16*black+white,' CHEKUP',59,21);
end;
function cl(s:str55):str55;var i:byte;
begin for i:=1 to length(s) do if (s[i] in [#7..#13,#26]) then
s[i]:=#8;cl:=s;end;
procedure reverte;
begin     textattr:=$70;
linhaV(7,7,2,posy+4,57,posy+4,' ');
writemsg(16*7,cl(buf^[N].nome[posy]),2,posy+4);
end;
procedure iniciartela;
var aux:byte;begin aux:=posy;for posy:=1 to 18 do reverte;  posy:=aux;
end;
procedure writeselection;
begin          textattr:=$1E;
entrada:=cl(buf^[N].nome[posy]); input:=length(entrada);
writemsg(16+yellow,cl(buf^[N].nome[posy]),2,posy+4);
gotoxy(1,posy);prompt:=cl(instring(msg^[posy],'',[#32..#255],[],55,0));axfu
nc43;
if prompt<>cl(buf^[N].nome[posy]) then  buf^[N].nome[posy]:=prompt;
end;
procedure NewFile;var W:byte;u:word;
begin rewrite(arquivo,SizeOf(endereco));i:=0;
for u:=1 to 3{630} do begin   str(u:3,entrada);buf^[i].senha:=#0;
for w:=1 to max do
buf^[i].nome[w]:=' Nilson Candido da Silva - UERJ  C91218221 -   '+
entrada;
inc(i);if u=3{(u mod maxbuf=0)} then begin BlockWrite(arquivo,
Buf^,3{maxbuf});i:=0;end;end;
Reset(arquivo,sizeof(endereco));
end;
procedure pegaBuf;begin seek(arquivo,z);BlockRead(arquivo,buf^,
maxbuf,numRead);end;
procedure ColocaBuf;begin
seek(arquivo,z+n);Blockwrite(arquivo,buf^[n],1);end;
procedure PosArqIni;var U:longint;
begin filesizeY:=FileSize(arquivo);z:=filesizeY div 2;U:=z;
if filesizeY<=maxbuf then begin Z:=0;pegabuf;exit;end;
while (z>0) or (z<filesizeY) do begin U:=U div 2; pegabuf;
if (item^.nome[1] >= buf^[0].nome[1]) and (item^.nome[1] <=
buf^[numread-1].nome[1])then exit;
if Z<=maxbuf-1 then begin Z:=0;pegabuf;exit;end;
if (item^.nome[1] < buf^[0].nome[1]) then  Z:=(Z - U) else Z:=(Z + U);
```
144

```
if Z>=filesizeY-maxbuf then begin Z:=filesizeY-maxbuf;pegabuf;exit;end;
                      end;end;
procedure ENCONTRAR; {encontra auxB que é igual a item}
procedure achei;var auxN:byte; begin
for auxN:=0 to numread-1 do begin N:=AuxN;
if item^.nome[1] = buf^[auxN].nome[1] then begin done:=true;exit;end;
if item^.nome[1] < buf^[auxN].nome[1] then exit;end;N:=N+1;end;
begin
done:=false;
if ((item^.nome[1] >= buf^[0].nome[1]) and (item^.nome[1] <=
buf^[numread-1].nome[1])) then achei
else begin posArqIni;achei;end;
end;
procedure armazenarBUF; var auxN:byte;
begin for auxN:=numread-2 downto N do
buf^[auxN+1]:=buf^[auxN];buf^[N]:=item^;
Rewrite(arquivo,sizeof(endereco));
seek(arquivo,z);BlockWrite(arquivo,buf^,numRead+1,numWritten);
Reset(arquivo,sizeof(endereco));posarqini;encontrar;done:=false;end;

procedure apagarBUF; var auxN:byte; { so apaga o que está vendo}
begin for auxN:=N to numread-2 do buf^[auxN]:=buf^[auxN+1];
Rewrite(arquivo,sizeof(endereco));seek(arquivo,z);BlockWrite(arquivo,bu
f^,numRead-1,numWritten);
Reset(arquivo,sizeof(endereco));posarqini;encontrar;done:=false;end;

procedure armazenar; var auxZ,z1:longint;
begin encontrar; if done then exit;
if filesizeY<maxbuf then begin armazenarbuf;exit;end;
Seek(arquivo,FileSize(arquivo));BlockWrite(arquivo,
item^,1);Reset(arquivo,sizeof(endereco));
filesizeY:=filesize(arquivo);
if ((Z+n+1)=filesizey) then begin posarqini;encontrar;done:=false;exit;end;
auxZ:=z+n;z:=filesizeY-maxbuf-1;if z<0 then z:=0;feito:=false;
repeat pegabuf;
if z<=auxZ then begin z1:=numread-(auxZ-
Z);z:=auxZ;pegabuf;numread:=z1;feito:=true;end;
seek(arquivo,z+1);BlockWrite(arquivo, buf^, NumRead, NumWritten);
z:=z-maxbuf;
until feito;seek(arquivo,auxZ);BlockWrite(arquivo, item^,1);
posarqini;encontrar;done:=false;
end;
procedure apagar;  { so apaga o que está vendo}
begin if n=0 then item^:=buf^[n+1] else item^:=buf^[n-1];
if filesizeY<=maxbuf  then begin apagarbuf;exit;end;Z:=z+n+1;
repeat pegabuf;
```

```
seek(arquivo,z-1);BlockWrite(arquivo, buf^, NumRead, NumWritten);
Z:=z+maxbuf;
until (NumRead = 0) or (NumWritten <> NumRead);
seek(arquivo,FileSizeY-
1);truncate(arquivo);Reset(arquivo,sizeof(endereco));
posArqIni;encontrar;
end;
procedure VerReg;
begin   QVer(red,black);
salveInfo(msg^[18],'Digite a primeira linha do registro procurado.',
'',#13,#27,#45,2,5,57,6,55); item^.nome[1]:=entrada;  Porlinha(5,6);
if (item^.nome[1]<>'') and (ch=#13) then begin encontrar; if n=maxbuf
then dec(n);
if not done then begin salveinfo(msg^[19],'','Não encontrado. Não existe.
(Ok) ','o',#27,#13,2,5,57,6,1);Porlinha(5,6);end;end;
iniciartela;ch:=#200;
end;
procedure Novo;
var t:byte;
begin   QNovo(red,black);item^.senha:=#0;for t:=1 to max do
item^.nome[t]:='';
salveInfo(msg^[18],'Digite a primeira linha do registro novo.',
'',#13,#27,#45,2,5,57,6,55);  Porlinha(5,6);item^.nome[1]:=entrada;
if (item^.nome[1]<>'') and (ch=#13) then begin armazenar; if done then
begin
salveinfo(msg^[19],'','Encontrei um registro igual. Vou colocá-lo na
tela.(Ok)','o',#27,#13,2,5,57,6,1);Porlinha(5,6);end;end;
iniciartela;ch:=#200;
end;
procedure chek;
var aux:str55;
begin   QRg(red,black);str(filesizeY,aux);
salveInfo(msg^[18],'Os registros que estão acumulados até este
momento,',
'é de: '+aux+' registros. <enter>.',#13,#27,#45,2,5,57,6,1);
Porlinha(5,6);iniciartela;ch:=#200;
end;
procedure printer;
var aux1:ptr_endereco;antes,i,w:byte;aux:str55;
begin
Qprinter(red,black);
salveInfo(msg^[18],'Vou criar um arquivo texto contendo até 63
registros.',
'O que aparece na tela fará parte (OK,Cancele).','o','c',#13,2,5,57,6,1);
if prompt='O'then begin ASSIGN(arq,'nilson43.txt'); rewrite(arq);
for i:=0 to numread-1 do begin
for w:=1 to max do begin
```

```
if (tiranul(buf^[i].nome[w]) <>'') then writeln(arq,buf^[i].nome[w]);
if w=max then  writeln(arq,'--------------------=',z+i,'=--------------------------')
           end;
                     end;  close(arq);
              end;  porlinha(5,6);ch:=#200;
end;
procedure rodape;
begin
writemsg(16*black+white,'use '#26' '#27'      DEL  END  INS  PAGE
UP   PAGE DOWN   ESC  EXIT ',2,23);
end;
procedure Salvar;
begin
QSalvar(red,black);
salveinfo(msg^[0],'','Já está salvo  (Ok)? ','o',#27,#45,2,5,57,6,1);
QSalvar(white,black);porlinha(5,6);
end;
procedure nilso43.entradado;        { envsiucdapr }
begin textattr:=$07;clrscr;new(item);
LerAr(3299,24);if (MaxAvail > (SizeOf(buf^))) then new(buf);{write ('U=
',U:4);readkey;halt;}
RODAPE;ASSIGN(ARQUIVO,'nilson43.dat');{$I-}
Reset(arquivo,sizeof(endereco)); {$I+}
if ioresult<>0 then
newfile;z:=0;pegabuf;item^:=buf^[0];PosArqIni;posy:=2;
N:=0;iniciartela;QNovo(white,black);QVer(white,black);QSalvar(white,bla
ck);QInicio(white,black);
QFinal(white,black);QCript(white,black);QDescript(white,black);QAnterior
(white,black);
QProximo(white,black);QRetirar(white,black);Qprinter(white,black);
QRg(white,black);
erro:=2;
repeat
repeat
writeselection;
until ch
in[#59,#49,#60,#47,#65,#23,#66,#22,#61,#46,#62,#32,#63,#30,#67,#31,
#64,#25,
#68,#19,#72,#13,#80,#81,#73,#27,#45,#18,#37,#38,#202];
case chX of          { envsiucdapr }
     #37: QRg(white,black);
     #38: Qprinter(white,black);
{nf1}#59,#49: QNovo(white,black);
{Vf2}#60,#47: QVer(white,black);
{if7}#65,#23:QInicio(white,black);
{Uf8}#66,#22:QFinal(white,black);
{Cf3}#61,#46:QCript(white,black);
```

```
{Df3}#62,#32:QDesCript(white,black);
{Af5}#63,#30,#81{pg dw}:QAnterior(white,black);
{Pf6}#64,#25,#73{pg up}:QProximo(white,black);
{Sf9}#67,#31: Salvar;
{Rf10}#68,#19:QRetirar(white,black);end;  colocabuf;  chX:=ch;
case ch of          { envsiucdapr }
      #37: chek;
      #38: printer;
{nf1}#59,#49: novo;
{Vf2}#60,#47: VerReg;
{if7}#65,#23:begin
QInicio(red,black);z:=0;pegabuf;item^:=buf^[0];N:=0;iniciartela;end;
{Uf8}#66,#22:begin QFinal(red,black);z:=filesizeY-
1;pegabuf;item^:=buf^[0];posarqini;encontrar;iniciartela;end;
{Cf3}#61,#46:begin QCript(red,black);
salveinfo(msg^[15],'Se houver senha e errar volta ao menu,
desistir:<esc>','Digite senha(6 digitos) Ok:<home>.',
#71{home},#27,#13,2,5,57,6,6);porlinha(5,6);if ch=#71 then begin
if (buf^[n].senha=entrada) or (buf^[n].senha=#0) then begin
buf^[n].senha:=entrada;MaxCrip;iniciartela;end
else begin dispose(buf);dispose(item);dispose(msg);halt;end;end;end;
{Df3}#62,#32:begin QDesCript(red,black);
salveinfo(msg^[15],'Se houver senha e errar volta ao menu,
desistir:<esc>','Digite senha(6 digitos) Ok:<home>. ',
#71{home},#27,#13,2,5,57,6,6);porlinha(5,6);if ch=#71 then begin
if (buf^[n].senha=entrada) or (buf^[n].senha=#0) then begin
buf^[n].senha:=entrada;MaxDescrip;iniciartela;end
else begin dispose(buf);dispose(item);dispose(msg);halt;end;end;end;
{Af5}#63,#30,#81{pg dw}:begin QAnterior(red,black);if ((z+n)>0) then
begin IF N=0 then begin
z:=z-1;pegabuf;item^:=buf^[numread-1];posarqini;encontrar;end else
dec(N);
iniciartela;end;end;
{Pf6}#64,#25,#73{pg up}:begin QProximo(red,black);if
((z+n+1)<filesizeY) then begin
if n>=numread-1 then begin
z:=z+1;pegabuf;item^:=buf^[0];posarqini;encontrar;
end else inc(N);iniciartela;end;end;
{Sf9}#67,#31: Salvar;
{Rf10}#68,#19:begin QRetirar(red,black);
if filesizeY=3 then begin
salveInfo(msg^[23],'Aumente a quantidade de registros, depois apague.',
'',#13,#27,#45,2,5,57,6,55);Porlinha(5,6); end else begin
      salveinfo(msg^[23],'','Quer deletar este registro. (Sim, Não)?
','s',#13,#27,2,5,57,6,1);
      if prompt='S' then APAGAR;porlinha(5,6);end;iniciartela;end;
      #202:begin reverte;posy:=(ymouse-4);erro:=xmouse-1;end;
```

```
        #72:begin reverte;if posy=2 then posy:=18 else dec(posy);end;
      #13,#80:begin reverte;if posy=18 then posy:=2 else
inc(posy);end;end;
if ch in[#27,#45,#18] then begin
      salveinfo(msg^[17],'','Quer mesmo sair da agenda
(Sim,Não)?','S','N',#13,2,5,57,6,1);
if (prompt[1]='S')then begin dispose(buf);dispose(item);dispose(msg);
close(arquivo);ch:=#254;end;porlinha(5,6);end;
until {esc}ch=#254;
end;
end.      {
BEGIN
if not getparamstr then exit;clrscr;
DadoIniMouse;WINDOW(2,5,79,22);textattr:=$70;clrscr;
entrada:='';entrada2:='';entrada1:='';
entradado;
END.      }
```

{program nilson44; }

```
unit nilson44;
interface
uses crt,nilson36,nilson38,nilson35,nilson32,nilson74,nilson30,
nilson39,nilson31,nilson73,nilson71;
type
ptr_nilso44 =^nilso44;
nilso44 = object
PROCEDURE ENTRADADO;
          end;
var k44:ptr_nilso44;
implementation
type
str4=string[4];
str24=string[24];
porecord= record
      po:array[1..4]of str24;
      end;
re50 =record a,b:real;end;
const  maxapoio=4; maxcarga=12;maxmM=5000;

x1=2; y1=5; x11=28;y11=12;
x2=2; y2=15;x22=28;y22=22;
x3=42;y3=5; x33=68;y33=12;
x4=42;y4=15;x44=68;y44=22;
ticarga=    ' ESCOLHA DAS CARGAS    ';
tiApoio=    ' ESCOLHA DOS APOIOS   ';
apoioti=    ' APOIO ESCOLHIDO      ';
cargati=    ' CARGAS ESCOLHIDAS    ';
```
149

```
le:array[1..maxcarga]of str4=('pab','abqs','lsq','lq','qabs','qst','qst',
                'lq','abqs','qst','qabs','mst');
apoio : array[1..maxapoio] of porecord=
    ((po:('                    ',
      '1 - ▒══════════════════         ',
      '                                 ',
      '                      ')),
    (po:('                    ',
      '2 - ══════════════════─          ',
      '                                 ',
      '                      ')),
    (po:('                    ',
      '3 - ▒══════════════════─         ',
      '                                 ',
      '                      ')),
    (po:('                    ',
      '4 - ▒══════════════════▒         ',
      '                                 ',
      '                      ')));
carga : array[1..maxcarga] of porecord=
```

```
    ((po:('        p           ',  { 16}
      '1 - ═══════════════════════       ',
      '      ─a─────┼─────b──────        ',
      '                      )),
    (po:('  ████████  q        ',  { 20 }
      '2 - ═══════════════════════       ',
      '      ─a─────┼─────b──────        ',
      '      ├───s──┤        )),
    (po:('  ████████    q      ',  { 25 }
      '3 - ═══════════════════════       ',
      '      ───────────┼─────           ',
      '      ├───s──┤          )),
    (po:(' q ████████████████  ',  { 30 }
      '4 - ═══════════════════════       ',
      '      ───────────┼─────           ',
      '                      )),
    (po:('     triang.         ',  { 34 }
      '5 - ═══════════════════════       ',
      '      ─a─────┼─────b──────        ',
      '      ├───s──┼────┤      )),
    (po:('  .triang',  { 39 }
      '6 - ═══════════════════════       ',
      '      ───s────┼───t───           ',
      '                      )),
    (po:('   triang.       ',  { 44 }
      '7 - ═══════════════════════       ',
```

150

```
'    —s———  |  —t——      ',
                 ')),
(po:('   triangular .      ', { 49 }
   '8 - ══════════════════     ',
     ———————  |  ————————      ',
                 ')),
(po:('      . .      ', { 53 }
   '9 - ══════════════════     ',
       |——s——|             ',
     ——a——    |   —b——      ')),
(po:('    . .    ', { 58 }
   '10 - ══════════════════     ',
     —s———  |  ———t——      ',
                 ')),
(po:('     .triang', { 39 }
   '11 - ══════════════════     ',
       |——s——|            ',
     ——a——        |—b——      ')),
(po:('     M - . +      ', { 58 }
   '12 - ══════════════════     ',
     —s———  |  ———t——      ',
                 '))));
```

var varEscolhaapoio,varescolhaCarga,varcargaEsc,varapoioesc:byte;
arraycarga: array[1..maxcarga] of boolean;
momento:array[0..maxmM] of real;
cortante:array[0..maxmM] of real;
MaxM:integer;
V1,V2,l:real;
identificacao,ton,metro:str24;
res:array[1..maxcarga,1..4]of real;
arqui:file of re50;
re5:re50;
procedure E1E2_1;var p,a,b:real;
begin   p:=res[1,1];a:=res[1,2];b:=res[1,3]; l:=a+b;
momento[0]:=momento[0]-(P*A*B*B/(l*l));
momento[MaxM]:=momento[MaxM]-(P*A*A*B/(l*l));
end;
procedure E1E2_2; var a,b,q,s:real;
begin a:=res[2,1];b:=res[2,2];q:=res[2,3];s:=res[2,4]; l:=a+b;
momento[0]:=momento[0]-(q*s/(12*l*l)*(12*a*b*b+(s*s*(l-3*b))));
momento[MaxM]:=momento[MaxM]-(q*s/(12*l*l)*(12*b*a*a+(s*s*(l-3*a))));
end;
procedure E1E2_3; var s,q:real;
begin   l:=res[3,1];s:=res[3,2]; q:=res[3,3];
momento[0]:=momento[0]-(q*s*s/(12*l*l)*(2*l*(3*l-4*s)+(3*s*s)));
```
```

```
momento[MaxM]:=momento[MaxM]-(q*s*s*s/(12*l*l)*(4*l-3*s)) ;
end;
procedure E1E2_4; var q:real;
begin  l:=res[4,1];q:=res[4,2];
momento[0]:=momento[0]-(q*l*l/12);
momento[MaxM]:=momento[MaxM]-(q*l*l/12);
end;
procedure E1E2_5;  var c,q,a,b,s:real;
begin  q:=res[5,1];a:=res[5,2];b:=res[5,3];s:=res[5,4];  l:=a+b; c:=s/3;
momento[0]:=momento[0]-(q*s/(20*l*l)*((2*c*c*c)+(5*(l-
3*b)*c*c)+(10*a*b*b)));
momento[MaxM]:=momento[MaxM]-(q*s/(20*l*l)*((3*c*c*c)-(5*(l-
3)*c*c)+(10*a*a*b)));
end;
procedure E1E2_6;  var q,s,t:real;
begin q:=res[6,1];s:=res[6,2];t:=res[6,3];l:=s+t;
momento[0]:=momento[0]-(q*s*s/(30*l*l)*(10*t*t+(s*(5*t+s))));
momento[MaxM]:=momento[MaxM]-(q*s*s*s/(20*l*l)*(5*t+s));
end;
procedure E1E2_7; var q,s,t:real;
begin q:=res[7,1];s:=res[7,2];t:=res[7,3];l:=s+t;
momento[0]:=momento[0]-(q*s*s/(60*l*l)*(10*t*l+(3*s*s)));
momento[MaxM]:=momento[MaxM]-(q*s*s*s/(60*l*l)*(5*t+2*s));
end;
procedure E1E2_8; var q:real;
begin    l:=res[8,1]; q:=res[8,2];
momento[0]:=momento[0]-(q*l*l/20);
momento[MaxM]:=momento[MaxM]-(q*l*l/30);
end;
procedure E1E2_9; var a,b,q,s:real;
begin    a:=res[9,1];b:=res[9,2];q:=res[9,3];s:=res[9,4];  l:=a+b;
momento[0]:=momento[0]-(q*s/(48*l*l)*(24*a*b*b+(s*s*(a-2*b))));
momento[MaxM]:=momento[MaxM]-(q*s/(48*l*l)*(24*b*a*a+(s*s*(b-
2*a))));
end;
procedure E1E2_10; var q,s,t:real;
begin q:=res[10,1];s:=res[10,2];t:=res[10,3]; l:=s+t;
momento[0]:=momento[0]-(q/(60*l)*(2*l*l*l+(2*t*l*l)+(2*t*t*l)-(3*t*t*t)));
momento[MaxM]:=momento[MaxM]-(q/(60*l)*(3*s*s*s-(2*s*s*l)-(2*s*l*l)-
(2*l*l*l)));
end;
procedure E1E2_11; var c,q,a,b,s:real;
begin q:=res[11,1];a:=res[11,2];b:=res[11,3];s:=res[11,4];c:=a;a:=b;b:=c;
l:=a+b; c:=s/3;
momento[MaxM]:=momento[MaxM]-(q*s/(20*l*l)*((2*c*c*c)+(5*(l-
3*b)*c*c)+(10*a*b*b)));
```

```pascal
momento[0]:=momento[0]-(q*s/(20*l*l)*((3*c*c*c)-(5*(l-
3)*c*c)+(10*a*a*b)));
end;
procedure E1E2_12; var m,s,t:real;
begin m:=res[12,1];s:=res[12,2];t:=res[12,3]; l:=s+t;
if (t<>0) and (s<>0) then begin
momento[0]:=momento[0]+(m*t/l*(2-(3*t/l)));
momento[MaxM]:=momento[MaxM]-(m*s/l*(2-(3*s/l)));end;
end;
procedure E1A2_1; var p,a,b:real;
begin  p:=res[1,1];a:=res[1,2];b:=res[1,3];      l:=a+b;
momento[0]:=momento[0]-(p*a*b/(6*l)*(b+l)*(3/l));
end;
procedure E1A2_2; var a,b,q,s:real;
begin  a:=res[2,1];b:=res[2,2];q:=res[2,3];s:=res[2,4]; l:=a+b;
momento[0]:=momento[0]-(q*b*s/(8*l*l)*(4*a*(b+l)-(s*s)));
end;
procedure E1A2_3; var s,q:real;
begin      l:=res[3,1];s:=res[3,2]; q:=res[3,3];
momento[0]:=momento[0]-(q*s*s/(8*l*l)*sqr(2*l-s));
end;
procedure E1A2_4; var q:real;
begin      l:=res[4,1];q:=res[4,2];
momento[0]:=momento[0]-(q*l*l/8);
end;
procedure E1A2_5; var q,a,b,s,c:real;
begin  q:=res[5,1];a:=res[5,2];b:=res[5,3];s:=res[5,4];
l:=a+b;c:=s/3;a:=a+(2*c);b:=b-(2*c);
momento[0]:=momento[0]-(3*q*c/(40*l*l)*(10*a*b*(l+a)-(15*a-2*c)*c*c));
end;
procedure E1A2_6; var q,s,t:real;
begin  q:=res[6,1];s:=res[6,2];t:=res[6,3];l:=s+t;
momento[0]:=momento[0]-(q*s*s/(120*l*l)*(40*l*l-(45*s*l)+(12*s*s)));
end;
procedure E1A2_7; var q,s,t:real;
begin q:=res[7,1];s:=res[7,2];t:=res[7,3];l:=s+t;
momento[0]:=momento[0]-(q*s*s/(120*l*l)*(20*l*l-(15*s*l)+(3*s*s)));
end;
procedure E1A2_8; var q:real;
begin      l:=res[8,1]; q:=res[8,2];
momento[0]:=momento[0]-(q*l*l/15);
end;
procedure E1A2_9; var a,b,q,s:real;
begin  a:=res[9,1];b:=res[9,2];q:=res[9,3];s:=res[9,4]; l:=a+b;
momento[0]:=momento[0]-(q*s*b/(32*l*l)*(8*a*(l+b)-(s*s)));
end;
procedure E1A2_10; var q,s,t:real;
```

```
begin  q:=res[10,1];s:=res[10,2];t:=res[10,3];l:=s+t;
{momento[0]:=momento[0]-(q/(120*l*l)*(l+t)*(7*l*l-(3*t*t))); }
momento[0]:=momento[0]-(q*s*s/(120*l*l)*(40*l*l-(45*s*l))+(12*s*s)))-
(q*t*t/(30*l*l)*(5*l*l-3*t*t));  { somei o 6 e o 7}
end;
procedure E1A2_11;  var q,a,b,s,c:real;
begin  q:=res[11,1];a:=res[11,2];b:=res[11,3];s:=res[11,4];  l:=a+b;c:=s/3;
momento[0]:=momento[0]-(3*q*c/(40*l*l)*(10*a*b*(l+b)-(15*b+2*c)*c*c));
end;
procedure E1A2_12; var m,s,t:real;
begin  m:=res[12,1];s:=res[12,2];t:=res[12,3];l:=s+t;
if (t<>0) and (s<>0) then begin
momento[0]:=momento[0]-(m/2*(3*t*t/(l*l)-1));end;
end;
procedure A1A2_1; var x,r1,r2:real;i:integer;  p,a,b:real;
begin  p:=res[1,1];a:=res[1,2];b:=res[1,3];     l:=a+b; x:=l/MaxM;
if (a=0) or (b=0) then begin if b=0 then v2:=v2+p else v1:=v1+p;exit;end;
r1:= P*b/l;V1:=V1+r1;
r2:= P*a/l;V2:=V2+r2; i:=1;
cortante[0]:=cortante[0]+r1;cortante[MaxM]:=cortante[MaxM]-r2;
while x<l do begin
if a>=x then  cortante[i]:=cortante[i]+r1 else cortante[i]:=cortante[i]-r2;
if a>=x then momento[i]:=(momento[i])+(r1*x) else
momento[i]:=(momento[i])+(r2*(l-x));
x:=x+(l/MaxM);inc(i);end;end;
procedure A1A2_2; var x,c,r1,r2:real; i:integer; a,b,q,s:real;
begin  a:=res[2,1];b:=res[2,2];q:=res[2,3];s:=res[2,4];  l:=a+b;a:=a-
(s/2);c:=b-(s/2);b:=s;  x:=l/MaxM;
r1:=q*b*(b/2+c)/l;V1:=V1+r1;
r2:=q*b*(b/2+a)/l;i:=1;V2:=V2+r2;
cortante[0]:=cortante[0]+r1;cortante[MaxM]:=cortante[MaxM]-r2;
while x<l do begin
if a>=x then cortante[i]:=cortante[i]+r1 else if (a+b)>x then
cortante[i]:=cortante[i]+
(r1-q*(x-a)) else cortante[i]:=cortante[i]-r2;
if a>=x then momento[i]:=momento[i]+(r1*x) else if (a+b)>x then
momento[i]:=momento[i]+
(r1*x)-(q*(x-a)*(x-a)/2) else momento[i]:=momento[i]+(r2*(l-x));
x:=x+(l/MaxM);inc(i);end;          end;
procedure A1A2_3; var x,b,a,r1,r2,s,q:real; i:integer;
begin  l:=res[3,1];s:=res[3,2]; q:=res[3,3]; a:=s;b:=l-a;  x:=l/MaxM;
r1:=q*a*(a/2+b)/l;V1:=V1+r1;
r2:=q*a*(a/2)/l;  V2:=V2+r2;i:=1;
cortante[0]:=cortante[0]+r1;cortante[MaxM]:=cortante[MaxM]-r2;
while x<l do begin
if a>=x then cortante[i]:=cortante[i]+(r1-q*x) else cortante[i]:=cortante[i]-
r2;
```
154

```
if a>=x then momento[i]:=momento[i]+(r1*x)-(q*x*x/2) else
momento[i]:=momento[i]+r2*(l-x);
x:=x+(l/MaxM);inc(i);end;              end;
procedure A1A2_4; var x,r1,r2,q:real; i:integer;
begin    l:=res[4,1];q:=res[4,2];   x:=l/MaxM;
r1:=q*l/2;V1:=V1+r1;
r2:=q*l/2;  V2:=V2+r2;     i:=1;
cortante[0]:=cortante[0]+r1;cortante[MaxM]:=cortante[MaxM]-r2;
while x<l do begin
cortante[i]:=cortante[i]+(r1-q*x);
momento[i]:=momento[i]+(r1*x)-(q*x*x/2);
x:=x+(l/MaxM);inc(i);end;end;
procedure A1A2_5;var x,c,q1,r1,r2,q,a,b,s:real; i:integer;
begin q:=res[5,1];a:=res[5,2];b:=res[5,3];s:=res[5,4];  l:=a+b;a:=a-
(s/3);b:=s;c:=l-a-b;  x:=l/MaxM;
r1:=q*b/2*(2*b/3+c)/l;V1:=V1+r1;
r2:=q*b/2*(b/3+a)/l;i:=1;V2:=V2+r2;
cortante[0]:=cortante[0]+r1;cortante[MaxM]:=cortante[MaxM]-r2;
while x<l do begin
if a>=x then cortante[i]:=cortante[i]+r1 else if (a+b)>x then begin
q1:=q/b*(a+b-x);cortante[i]:=cortante[i]+
(-r2+q1*(a+b-x)/2);end else cortante[i]:=cortante[i]-r2;
if a>=x then momento[i]:=momento[i]+r1*x else if (a+b)>x then
momento[i]:=momento[i]+
r2*(l-x)-(q1*(a+b-x)/2*(a+b-x)/3) else momento[i]:=momento[i]+(r2*(l-x));
x:=x+(l/MaxM);inc(i);end;              end;
procedure A1A2_6;var x,q1,b,a,r1,r2,q,s,t:real; i:integer;
begin q:=res[6,1];s:=res[6,2];t:=res[6,3];l:=s+t;a:=s;b:=t;  x:=l/MaxM;
r1:=(q*a/2)*(a/3+b)/l;V1:=V1+r1;
r2:=(q*a/2)*(2*a/3)/l;i:=1;V2:=V2+r2;
cortante[0]:=cortante[0]+r1;cortante[MaxM]:=cortante[MaxM]-r2;
while x<l do begin
if a>x then begin q1:=q/a*x;cortante[i]:=cortante[i]+(r1-q1*x/2);end else
cortante[i]:=cortante[i]-r2;
if a>x then momento[i]:=momento[i]+q1*x/2*x/3 else
momento[i]:=momento[i]+r2*(l-x);
x:=x+(l/MaxM);inc(i);end;              end;
procedure A1A2_7;var  x,a,b,q1,r1,r2,q,s,t:real;i:integer;
begin  q:=res[7,1];s:=res[7,2];t:=res[7,3];  l:=s+t;a:=s;b:=t;   x:=l/MaxM;
r1:=q*a/2*(2*a/3+b)/l;V1:=V1+r1;
r2:=q*a/2*(a/3)/l;V2:=V2+r2;   i:=1;
cortante[0]:=cortante[0]+r1;cortante[MaxM]:=cortante[MaxM]-r2;
while x<l do begin
if a>x then begin q1:=q/a*(a-x);cortante[i]:=cortante[i]+(-r2+q1*(a-x)/2)
end
else cortante[i]:=cortante[i]-r2;
if a>x then momento[i]:=momento[i]+(r2*(l-x))-(q1*(a-x)/2*(a-x)/3)
```

```
else momento[i]:=momento[i]+(r2*(I-x));
x:=x+(I/MaxM);inc(i);end;          end;
procedure A1A2_8;var  x,q1,r1,r2,q:real;i:integer;
begin    I:=res[8,1]; q:=res[8,2];   x:=I/MaxM;
r1:=q*I/2*(2*I/3)/I;V1:=V1+r1;
r2:=q*I/2*(I/3)/I; V2:=V2+r2;  i:=1;
cortante[0]:=cortante[0]+r1;cortante[MaxM]:=cortante[MaxM]-r2;
while x<I do begin
q1:=q/I*(I-x);cortante[i]:=cortante[i]+(-r2+q1*(I-x)/2);
momento[i]:=momento[i]+(r2*(I-x))-(q1*(I-x)/2*(I-x)/3);
x:=x+(I/MaxM);inc(i);end;          end;
procedure A1A2_9; var x,d,c,q1,r1,r2,a,b,q,s:real;i:integer;
begin  a:=res[9,1];b:=res[9,2];q:=res[9,3];s:=res[9,4]; I:=a+b;a:=a-
(s/2);b:=s/2;c:=b;d:=I-a-b-c;   x:=I/MaxM;
r1:=((q*b/2*(b/3+c+d))+(q*c/2*(2*c/3+d)))/I;V1:=V1+r1;
r2:=((q*b/2*(2*b/3+a))+(q*c/2*(c/3+b+a)))/I;V2:=V2+r2;   i:=1;
cortante[0]:=cortante[0]+r1;cortante[MaxM]:=cortante[MaxM]-r2;
while x<I do begin
if a>=x then cortante[i]:=cortante[i]+r1 else if (a+b)>=x then begin
q1:=q/b*(x-a);cortante[i]:=cortante[i]+
(r1-q1*(x-a)/2);end else if (a+b+c)>x then begin q1:=q/c*(a+b+c-
x);cortante[i]:=cortante[i]+
(-r2+q1*(a+b+c-x)/2);end
else cortante[i]:=cortante[i]-r2;
if a>=x then momento[i]:=momento[i]+r1*x else if (a+b)>=x then begin
q1:=q/b*(x-a);momento[i]:=momento[i]+
(r1*x)-(q1*(x-a)/2*(x-a)/3);end else if (a+b+c)>x then begin
q1:=q/c*(a+b+c-x);momento[i]:=momento[i]+
(r2*(I-x))-q1*(I-x-d)/2*(I-x-d)/3;end
else momento[i]:=momento[i]+(r2*(I-x));
x:=x+(I/MaxM);inc(i);end;          end;

procedure A1A2_10;var  x,a,b,q1,r1,r2,q,s,t:real;i:integer;
begin q:=res[10,1];s:=res[10,2];t:=res[10,3];I:=s+t;a:=s;b:=t; x:=I/MaxM;
r1:=((q*a/2*(a/3+b))+(q*b/2*(2*b/3)))/I;V1:=V1+r1;
r2:=((q*a/2*(2*a/3))+(q*b/2*(b/3+a)))/I; V2:=V2+r2;     i:=1;
cortante[0]:=cortante[0]+r1;cortante[MaxM]:=cortante[MaxM]-r2;
while x<I do begin
if a>=x then begin q1:=q/a*x;cortante[i]:=cortante[i]+(r1-q1*x/2);end else
begin q1:=q/b*(I-x);cortante[i]:=cortante[i]+
(-r2+q1*(I-x)/2);end;
if a>=x then begin q1:=q/a*x;momento[i]:=momento[i]+(r1*x)-
(q1*x/2*x/3);end else  begin q1:=q/b*(I-x);momento[i]:=momento[i]+
((r2*(I-x))-(q1*(I-x)/2)*(I-x)/3);end;
x:=x+(I/MaxM);inc(i);end;          end;
procedure A1A2_11;var x,c,q1,r1,r2,q,a,b,s:real; i:integer;
```
156

```
begin q:=res[11,1];a:=res[11,2];b:=res[11,3];s:=res[11,4]; l:=a+b;a:=a-
(2*s/3);c:=b-(s/3);b:=s;  x:=l/MaxM;
r1:=q*b/2*(b/3+c)/l;V1:=V1+r1;
r2:=q*b/2*(2*b/3+a)/l;V2:=V2+r2; i:=1;
cortante[0]:=cortante[0]+r1;cortante[MaxM]:=cortante[MaxM]-r2;
while x<l do begin
if a>=x then cortante[i]:=cortante[i]+r1 else if (a+b)>x then begin
q1:=q/a*(x-a);cortante[i]:=cortante[i]+
(r1-q1*(x-a)/2);end else cortante[i]:=cortante[i]-r2;
if a>=x then momento[i]:=momento[i]+r1*x else if (a+b)>x then
momento[i]:=momento[i]+
r1*x-(q1*(x-a)/2*(x-a)/3) else momento[i]:=momento[i]+(r2*(l-x));
x:=x+(l/MaxM);inc(i);end;              end;
procedure A1A2_12; var x,r1,r2:real;i:integer;  m,s,t:real;
begin   m:=res[12,1];s:=res[12,2];t:=res[12,3];      l:=s+t; x:=l/MaxM;
r1:= -m/l;V1:=V1+r1;
r2:= m/l;V2:=V2+r2; i:=1;
cortante[0]:=cortante[0]+r1;cortante[MaxM]:=cortante[MaxM]-r2;
if (s=0) and (varescolhaapoio=2) then momento[0]:=momento[0]+m;
if (t=0) and (varescolhaapoio=2) then
momento[MaxM]:=momento[MaxM]-m;
while x<l do begin
if (s>=x) then  cortante[i]:=cortante[i]+r1 else cortante[i]:=cortante[i]+r1;
if (s>=x) then momento[i]:=momento[i]-(m*x/l) else
momento[i]:=(momento[i])+(m*(l-x)/l);
x:=x+(l/MaxM);inc(i);end;end;
procedure E1B2_1; var x,r1:real; i:integer; p,a,b:real;
begin   p:=res[1,1];a:=res[1,2];b:=res[1,3]; l:=a+b; x:=l/MaxM;
r1:=p;V1:=V1+r1; momento[0]:=momento[0]-P*a;             i:=1;
cortante[0]:=cortante[0]+r1;
while x<l do begin
if a>=x then cortante[i]:=cortante[i]+P;
if a>x then momento[i]:=momento[i]-(P*(a-x)) ;
x:=x+(l/MaxM);inc(i);end;              end;
procedure E1B2_2; var x,r1:real; i:integer; a,b,q,s:real;
begin  a:=res[2,1];b:=res[2,2];q:=res[2,3];s:=res[2,4]; l:=a+b;a:=a-
(s/2);b:=s;   x:=l/MaxM;
r1:=q*b;V1:=V1+r1;
momento[0]:=momento[0]-q*b*(b/2+a);                i:=1;
cortante[0]:=cortante[0]+r1;
while x<l do begin
if a>=x then cortante[i]:=cortante[i]+r1 else if (a+b)>x then
cortante[i]:=cortante[i]+
r1-q*(x-a);
if a>=x then momento[i]:=momento[i]-(q*b)*(b/2+a-x) else if (a+b)>x then
momento[i]:=momento[i]-
(q*(a+b-x)*(a+b-x)/2);
```

```
x:=x+(l/MaxM);inc(i);end;                    end;
procedure E1B2_3; var x,a,r1,s,q:real; i:integer;
begin l:=res[3,1];s:=res[3,2]; q:=res[3,3]; a:=s; x:=l/MaxM;
r1:=q*a;V1:=V1+r1;
momento[0]:=momento[0]-q*a*a/2;            i:=1;
cortante[0]:=cortante[0]+r1;
while x<l do begin
if a>x then cortante[i]:=cortante[i]+r1-q*x;
if a>x then momento[i]:=momento[i]-(q*(a-x)*(a-x)/2);
x:=x+(l/MaxM);inc(i);end;                    end;
procedure E1B2_4; var x,r1,q:real; i:integer;
begin   l:=res[4,1];q:=res[4,2];  x:=l/MaxM;
r1:=q*l;V1:=V1+r1;
momento[0]:=momento[0]-q*l*l/2;            i:=1;
cortante[0]:=cortante[0]+r1;
while x<l do begin
cortante[i]:=cortante[i]+r1-q*x;
momento[i]:=momento[i]-(q*(l-x)*(l-x)/2);
x:=x+(l/MaxM);inc(i);end;end;

procedure E1B2_5;var q1,x,c,r1,q,a,b,s:real; i:integer;
begin q:=res[5,1];a:=res[5,2];b:=res[5,3];s:=res[5,4];  l:=a+b;a:=a-
(s/3);b:=s;c:=l-a-b;  x:=l/MaxM;
r1:=q*b/2;V1:=V1+r1;
momento[0]:=momento[0]-q*b/2*(b/3+a);  i:=1;
cortante[0]:=cortante[0]+r1;
while x<l do begin
if a>x then cortante[i]:=cortante[i]+r1 else if (a+b)>x then begin
q1:=q/b*(a+b-x);cortante[i]:=cortante[i]+
r1-q1*(x-a)-(q-q1)*(x-a)/2;end;
if a>x then momento[i]:=momento[i]-(q*b/2*((a-x)+b/3)) else if (a+b)>x
then begin q1:=q/b*(a+b-x);momento[i]:=momento[i]-
(q1*(a+b-x)/2*(a+b-x)/3);end;
x:=x+(l/MaxM);inc(i);end;                    end;
procedure E1B2_6;var x,q1,q2,b,a,r1,q,s,t:real; i:integer;
begin q:=res[6,1];s:=res[6,2];t:=res[6,3];l:=s+t;a:=s;b:=t;x:=l/MaxM;
r1:=q*a/2;V1:=V1+r1;
momento[0]:=momento[0]-(q*a/2)*(2*a/3);i:=1;
cortante[0]:=cortante[0]+r1;
while x<l do begin  q1:=q/a*x;q2:=q-q1;
if a>x then cortante[i]:=cortante[i]+r1-(q1*x/2);
if a>x then momento[i]:=momento[i]-(q1*(a-x)*(a-x)/2)+(q2*(a-x)/2)*(2*(a-
x)/3);end;
x:=x+(l/MaxM);inc(i);end;
procedure E1B2_7;var  x,a,b,c,q1,r1,q,s,t:real;i:integer;
begin   q:=res[7,1];s:=res[7,2];t:=res[7,3];l:=s+t;a:=s;b:=t;  x:=l/MaxM;
r1:=q*a/2;V1:=V1+r1;
```

```pascal
momento[0]:=momento[0]-q*a/2*a/3;      i:=1;
cortante[0]:=cortante[0]+r1;
while x<l do begin   q1:=q/a*(a-x);
if a>x then cortante[i]:=cortante[i]+r1-(q1*x)-((q-q1)*x/2);
if a>x then momento[i]:=momento[i]-(q1*(a-x)/2*(a-x)/3);
x:=x+(l/MaxM);inc(i);end;              end;

procedure E1B2_8;var  x,q1,r1,q:real;i:integer;
begin       l:=res[8,1]; q:=res[8,2];   x:=l/MaxM;
r1:=q*l/2;V1:=V1+r1;
momento[0]:=momento[0]-q*l/2*l/3;       i:=1;
cortante[0]:=cortante[0]+r1;
while x<l do begin q1:=q/l*(l-x);
cortante[i]:=cortante[i]+R1-(q1*x)-(q-q1)*x/2;
momento[i]:=momento[i]-(q1*(l-x)/2*(l-x)/3);
x:=x+(l/MaxM);inc(i);end;              end;
procedure E1B2_9; var q1,q2,x,c,r1,a,b,q,s:real;i:integer;
begin  a:=res[9,1];b:=res[9,2];q:=res[9,3];s:=res[9,4]; l:=a+b;a:=a-
(s/2);b:=s/2;c:=s/2;  x:=l/MaxM;
r1:=(q*b/2)+(q*c/2);V1:=V1+r1;
momento[0]:=momento[0]-(q*b/2*(2*b/3+a))+(q*c/2*(c/3+a+b)); i:=1;
cortante[0]:=cortante[0]+r1;
while x<l do begin
if a>=x then cortante[i]:=cortante[i]+r1 else if (a+b)>x then
begin q1:=q/b*(x-a);q2:=q-q1;cortante[i]:=cortante[i]+
r1-q1*(x-a)/2;end else if (a+b+c)>x then
begin q1:=q/c*(a+b+c-x);q2:=q-q1;cortante[i]:=cortante[i]+r1-(q*b/2)-
q1*(x-a-b)-q1*(x-a-b)/2;end;

if a>=x then momento[i]:=momento[i]-(q*b/2*(2*b/3+a-
x))+(q*c/2*(c/3+a+b-x)) else if (a+b)>x then
begin q1:=q/b*(a+b-x);q2:=q-q1;momento[i]:=momento[i]-
(q1*(a+b-x)*(a+b-x)/2)+(q2*(a+b-x)/2*(2*(a+b-x)/3))+(q*c/2*(c/3+a+b-
x));end else if (a+b+c)>x then
begin q1:=q/c*(a+b+c-x);q2:=q-q1;momento[i]:=momento[i]-(q1*(a+b+c-
x)/2*(a+b+c-x)/3);end;
x:=x+(l/MaxM);inc(i);end;              end;
procedure E1B2_10;var  q1,q2,x,a,b,c,r1,q,s,t:real;i:integer;
begin q:=res[10,1];s:=res[10,2];t:=res[10,3];l:=s+t;a:=s;b:=t; x:=l/MaxM;
r1:=(q*a/2)+(q*b/2); V1:=V1+r1;
momento[0]:=momento[0]-(q*a/2*(2*a/3))+(q*b/2*(b/3+a));       i:=1;
cortante[0]:=cortante[0]+r1;
while x<l do begin
if a>x then begin q1:=q/a*x;q2:=q-q1;cortante[i]:=cortante[i]+r1-
(q1*x)/2;end
else begin q1:=q/b*(l-x);q2:=q-q1;cortante[i]:=cortante[i]+r1-(q*a/2)-
(q1*(x-a)-q2*(x-a)/2); end;
```
159

```pascal
if a>x then begin q1:=q/a*x;q2:=q-q1;momento[i]:=momento[i]-(q1*(a-
x)*(a-x)/2)+(q2*(a-x)/2*((a-x)*2/3))+q*b/2*(a+b/3-x);end
else begin q1:=q/b*(l-x);q2:=q-q1;momento[i]:=momento[i]-(q1*(l-x)/2*(l-
x)/3); end;
x:=x+(l/MaxM);inc(i);end;          end;
procedure E1B2_11;var q1,x,c,r1,q,a,b,s:real; i:integer;
begin q:=res[11,1];a:=res[11,2];b:=res[11,3];s:=res[11,4];  l:=a+b;a:=b-
(2*s/3);b:=s;c:=l-a-b;  x:=l/MaxM;
r1:=q*b/2;V1:=V1+r1;
momento[0]:=momento[0]-q*b/2*(2*b/3+a);  i:=1;
cortante[0]:=cortante[0]+r1;
while x<l do begin
if a>x then cortante[i]:=cortante[i]+r1 else if (a+b)>x then begin
q1:=q/a*(x-a);cortante[i]:=cortante[i]+
r1-q1*(x-a)/2;end;
if a>x then momento[i]:=momento[i]-q*b/2*(a+b-x) else if (a+b)>x then
begin q1:=q/a*(x-a);momento[i]:=momento[i]-
(q1*(a+b-x)*(a+b-x)/2)+((q-q1)*(a+b-x)/2*2*(a+b-x)/3);end;
x:=x+(l/MaxM);inc(i);end;          end;
procedure E1B2_12; var x,r1:real; i:integer;  m,s,t:real;
begin   m:=res[12,1];s:=res[12,2];t:=res[12,3];  l:=s+t;  x:=l/MaxM;
r1:=-m;V1:=V1+r1; momento[0]:=momento[0]-m;          i:=1;
cortante[0]:=cortante[0]+r1;
if (s=0) then begin momento[0]:=momento[0]-abs(m);exit;end;
while x<l do begin
if s>=x then cortante[i]:=cortante[i]+r1;
if s>=x then momento[i]:=momento[i]-m;
x:=x+(l/MaxM);inc(i);end;          end;
procedure sairmenu;
begin salveinfo(msg^[11],'','Quer mesmo voltar ao menu (Sim,Não)?
','n','s',#13,2,5,57,6,1);Porlinha(5,6);
if prompt[1]='S' then begin dispose(msg);cursorOn;halt;end;end;

procedure baixcim(corfrente,corfundo:word;x1,y1,x2,y2:byte);
begin
colunaV(corfrente,corfundo,x2-1,y1+2,x2-1,y2-1,'▓');
escrevaLinhaV(cyan,red,'-',x2-1,y1+1);
escrevaLinhaV(cyan,red,'',x2-1,y2-1);
end;
procedure caixaEsc(x1,y1,x2,y2:byte;frente,fundo:word;mensg:str24);
var y:integer;
begin
quadradoV(white,black,x1,y1,x2,y2,'=','‖','⌐','⌐','⌐','⌐');
writemsg(16*frente+fundo,mensg,x1+1,y1+1);
for y:=y1+2 to y2-1 do linhaV(black,black,x1+1,y,x2-2,y,' ');
baixcim(green,black,x1,y1,x2,y2);
```
160

```
end;

procedure escolhaapoio;          { ▒,▓,█ }
var y,i:integer;
begin
caixaEsc(x1,y1,x11,y11,blue,white,tiapoio);  i:=varescolhaApoio;
for y:=1 to 4 do writemsg(16*black+white,apoio[i].po[y],x1+1,y1+2+y);
escrevaLinhaV(cyan,blue,'■',x11-1,y1+1+i);
repeat          erro:=1;
gotoxy(x33,y33+6);input:=0;entrada:=#0;entrada:=instring(msg^[1],'',[#0],[
],0,0);axfunc44;
case ch of
{up}#80:begin
        baixcim(green,black,x1,y1,x11,y11);
        if i=1 then i:=maxapoio else dec(i);
        for y:=1 to 4 do
writemsg(16*black+white,apoio[i].po[y],x1+1,y1+2+y);
        escrevaLinhaV(cyan,blue,'■',x11-1,y1+1+i); end;
{dn}#72:begin baixcim(green,black,x1,y1,x11,y11);
        if i=maxapoio then i:=1 else inc(i);
        for y:=1 to 4 do
writemsg(16*black+white,apoio[i].po[y],x1+1,y1+2+y);
        escrevaLinhaV(cyan,blue,'■',x11-1,y1+1+i);end;
   #13:begin   varapoioesc:=i;
   for y:=1 to 4 do writemsg(16*black+white,apoio[i].po[y],x3+1,y3+2+y);
   escrevaLinhaV(cyan,blue,'■',x33-1,y3+1+1);
      end;end;
until ch in [#59,#60,#61,#62,#63,#64,#27,#45];
{         esc  x  f1  f2  f3  f4  f5 }
writemsg(16*green+white,tiapoio,x1+1,y1+1);varescolhaapoio:=i;
end;
procedure escolhacarga;
var y,i,k,j,l:integer;
begin
caixaEsc(x2,y2,x22,y22,blue,white,ticarga);  i:=varEscolhaCarga;
for y:=1 to 4 do writemsg(16*black+white,carga[i].po[y],x2+1,y2+2+y);
case i of 0,1:k:=1;2..5:k:=2;6..maxcarga-1:k:=3;maxcarga:k:=4;end;
escrevaLinhaV(cyan,blue,'■',x22-1,y2+1+k);
repeat     erro:=1;
gotoxy(x33,y33+6);input:=0;entrada:=#0;entrada:=instring(msg^[2],'',[#0],[
],0,0);axfunc44;
case ch of
{up}#80:begin baixcim(green,black,x2,y2,x22,y22);
        if i=1 then i:=maxcarga else i:=i-1;
        for y:=1 to 4 do
writemsg(16*black+white,carga[i].po[y],x2+1,y2+2+y);
```

```
          case i of 0,1:k:=1;2..5:k:=2;6..maxcarga-
1:k:=3;maxcarga:k:=4;end;
          escrevaLinhaV(cyan,blue,'■',x22-1,y2+1+k); end;
{dn}#72:begin baixcim(green,black,x2,y2,x22,y22);
          if i=maxcarga then i:=1 else i:=i+1;
          for y:=1 to 4 do
writemsg(16*black+white,carga[i].po[y],x2+1,y2+2+y);
          case i of 0,1:k:=1;2..5:k:=2;6..maxcarga-
1:k:=3;maxcarga:k:=4;end;
          escrevaLinhaV(cyan,blue,'■',x22-1,y2+1+k);end;
     #13: begin arraycarga[i]:=true; varcargaEsc:=i;
     for y:=1 to 4 do writemsg(16*black+white,carga[i].po[y],x4+1,y+2+y4);
          end; end;
until ch in [#59,#60,#61,#62,#63,#64,#27,#45];
{        esc  x  f1 f2 f3 f4 f5 }
writemsg(16*green+white,ticarga,x2+1,y2+1); varescolhacarga:=i;
end;
procedure apoioesc;
 var y,i:integer;
begin
ch:=#59;if varapoioesc=0 then exit;
caixaEsc(x3,y3,x33,y33,blue,white,apoioti);  i:=varapoioesc;
for y:=1 to 4 do writemsg(16*black+white,apoio[i].po[y],x3+1,y3+2+y);
escrevaLinhaV(cyan,blue,'■',x33-1,y3+5+i);
repeat    erro:=1;
gotoxy(x33,y33+6);input:=0;entrada:=#0;entrada:=instring(msg^[3],'',[#0],[
],0,0);axfunc44;
case ch of
{Del}#71: begin
for y:=1 to 4 do writemsg(16*black+black,apoio[i].po[y],x3+1,y3+2+y);
    baixcim(green,black,x3,y3,x33,y33); varapoioesc:=0;ch:=#59;
        end;end;
until ch in [#59,#60,#61,#62,#63,#64,#27,#45];
{        f1 f2 f4 f5 }
writemsg(16*green+white,apoioti,x3+1,y3+1);
end;
procedure cargaEsc;
var y,i,k,j,masK:integer;
begin
ch:=#60;if varcargaEsc=0 then exit;
caixaEsc(x4,y4,x44,y44,blue,white,cargati);  i:=varcargaEsc;
for y:=1 to 4 do writemsg(16*black+white,carga[i].po[y],x4+1,y4+2+y);
case i of 0,1:k:=1;2..maxcarga-1:k:=3;maxcarga:k:=4;end;
escrevaLinhaV(cyan,blue,'■',x44-1,y4+1+k);
repeat    erro:=1;
gotoxy(x33,y33+6);input:=1;entrada:=#0;entrada:=instring(msg^[4],'',[#0],[
],0,0);axfunc44;
```

```
case ch of
{up}#80:begin  if varCargaEsc <> 0 then begin
      if i=1 then i:=maxcarga else dec(i);
       baixcim(green,black,x4,y4,x44,y44);
       while not arraycarga[i] do begin
       if i=1 then i:=maxcarga else dec(i); end;
       for y:=1 to 4 do
writemsg(16*black+white,carga[i].po[y],x4+1,y4+2+y);
       case i of 0,1:k:=1;2..maxcarga-1:k:=3;maxcarga:k:=4;end;
       escrevaLinhaV(cyan,blue,'■',x44-1,y4+1+k); end;end;
{dn}#72:begin if varCargaEsc <> 0 then begin
       if i=maxcarga then i:=1 else inc(i);
       baixcim(green,black,x4,y4,x44,y44);
       while not arraycarga[i] do begin
       if i=maxcarga then i:=1 else inc(i); end;
       for y:=1 to 4 do
writemsg(16*black+white,carga[i].po[y],x4+1,y4+2+y);
       case i of 0,1:k:=1;2..maxcarga-1:k:=3;maxcarga:k:=4;end;
       escrevaLinhaV(cyan,blue,'■',x44-1,y4+1+k);end;end;
{Del}#71:  begin
   baixcim(green,black,x4,y4,x44,y44);
   arraycarga[i]:=false;
   for y:=1 to 4 do writemsg(16*black+black,carga[i].po[y],x4+1,y4+2+y);
   j:=0;
   while ((not arraycarga[i]) and (j<=maxcarga)) do begin inc(j);
   if i=maxcarga then i:=1 else inc(i); end;
   if j>maxcarga then begin varcargaEsc:=0;ch:=#60;end else begin
   varcargaEsc:=i;
   for y:=1 to 4 do writemsg(16*black+white,carga[i].po[y],x4+1,y4+2+y);
   case i of 0,1:k:=1;2..maxcarga-1:k:=3;maxcarga:k:=4;end;
   escrevaLinhaV(cyan,blue,'■',x44-1,y4+1+k);end;
   end;end;
until ch in [#59,#60,#61,#62,#63,#64,#27,#45];
{        f1  f2  f3  f5 }
writemsg(16*green+white,cargati,x4+1,y4+1);
end;
procedure processa(i:integer);
var a1,b1,t1,p1,q1,l1,s1:real;
begin
case varescolhaapoio of
1:begin case i of 1: E1B2_1;  2: E1B2_2;
          3: E1B2_3;  4: E1B2_4;
          5: E1B2_5;  6: E1B2_6;
          7: E1B2_7;  8: E1B2_8;
          9: E1B2_9; 10:E1B2_10;11:E1B2_11;12:E1B2_12;end;end;

2:begin case i of 1: A1A2_1; 2: A1A2_2;
```

```
                    3: A1A2_3; 4: A1A2_4;
                    5: A1A2_5; 6: A1A2_6;
                    7: A1A2_7; 8: A1A2_8;
                    9: A1A2_9; 10:A1A2_10;11:A1A2_11;12:A1A2_12;end;end;

3:begin
case i of 1: begin A1A2_1;E1A2_1;end;
          2: begin A1A2_2;E1A2_2;end;
          3: begin A1A2_3;E1A2_3;end;
          4: begin A1A2_4;E1A2_4;end;
          5: begin A1A2_5;E1A2_5;end;
          6: begin A1A2_6;E1A2_6;end;
          7: begin A1A2_7;E1A2_7;end;
          8: begin A1A2_8;E1A2_8;end;
          9: begin A1A2_9;E1A2_9;end;
          10: begin A1A2_10;E1A2_10;end;
          11: begin A1A2_11;E1A2_11;end;
          12: begin A1A2_12;E1A2_12;end;end;end;

4:begin
case i of 1: begin A1A2_1;E1E2_1;end;
          2: begin A1A2_2;E1E2_2;end;
          3: begin A1A2_3;E1E2_3;end;
          4: begin A1A2_4;E1E2_4;end;
          5: begin A1A2_5;E1E2_5;end;
          6: begin A1A2_6;E1E2_6;end;
          7: begin A1A2_7;E1E2_7;end;
          8: begin A1A2_8;E1E2_8;end;
          9: begin A1A2_9;E1E2_9;end;
          10: begin A1A2_10;E1E2_10;end;
          11: begin A1A2_11;E1E2_11;end;
          12: begin A1A2_12;E1E2_12;end;end;end;
end;end;
procedure equalizacao;
var i:integer; x,M,b,u:real;
procedure Mo; begin Momento[i]:=Momento[i]+M+b;
x:=x+L/MaxM;inc(i);end;
begin case varapoioesc of 1:exit;2:if (momento[0]=0) and
(momento[maxM]=0) then exit;end;   x:=L/MaxM;i:=1;
if (momento[0]) = (momento[maxM]) then  begin
 b:=0;        repeat  m:=momento[0];mo; until (i>=maxM);exit; end else
if (momento[maxM]) > (momento[0]) then  begin
            if (momento[0] < 0)  and (momento[maxM] < 0) then begin
        u:=(momento[0]) - (momento[maxM]); b:=(momento[maxM]);
              repeat m:=(u/l)*(l-x);mo; until (i>=maxM);exit;end;
            if (momento[0] < 0)  and (momento[maxM] > 0) then begin
        u:=(momento[maxM]) - (momento[0]); b:=0;
```
164

```
          repeat m:=(u/l)*(x)+(momento[0]);mo; until (i>=maxM);exit;end;
            if (momento[0] > 0)  and (momento[maxM] > 0) then begin
         u:=(momento[maxM]) - (momento[0]); b:=(momento[0]);
                  repeat m:=(u/l)*(x);mo; until (i>=maxM);exit;end;
                           end else
if (momento[maxM]) < (momento[0]) then  begin
            if (momento[0] < 0)  and (momento[maxM] < 0) then begin
u:=(momento[maxM]) - (momento[0]);b:=(momento[0]);
               repeat m:=(u/l)*(x); mo; until (i>=maxM);exit;end;
            if (momento[0] > 0)  and (momento[maxM] < 0) then begin
u:=(momento[0]) - (momento[maxM]); b:=0;
     repeat m:=(u/l)*(l-x)+(momento[maxM]);mo; until (i>=maxM);exit;end;
             if (momento[0] > 0)  and (momento[maxM] > 0) then begin
u:=(momento[0]) - (momento[maxM]); b:=(momento[maxM]);
                repeat m:=(u/l)*(l-x);mo; until (i>=maxM);exit;end;
                           end;
end;
procedure arquive;
var i,k:integer; s,s1:str24;
begin
iniciartextoarq(true,'nilson44.txt');
ASSIGN(arq,'nilson44.txt');
append(arq);
writeln(arq,'               DADOS DE ENTRADA');
writeln(arq,'               ================');
writeln(arq);
writeln(arq,' Identificação: ',identificacao);
writeln(arq,' Unidade de peso: '+tiranul(ton)+' ( # )');
writeln(arq,' Unidade de comprimento : '+tiranul(metro)+' ( * )');
   str(maxM:15,s);
writeln(arq,' Número de seções examinadas: ',tiranul(s));
writeln(arq);
writeln(arq,' Tipo do apoio');
writeln(arq,' =============');
for k:=1 to 4 do begin
if k=2 then
writeln(arq,          '        Apoio do tipo '+apoio[varapoioesc].po[k])
else writeln(arq,        '                     '+apoio[varapoioesc].po[k]);
           end;
writeln(arq,' Carga existente');
writeln(arq,' =================');
end;
procedure WriteArqCarga(i:integer);
var k:integer; s:str24;
begin
for k:=1 to 4 do begin
if k=2 then  write(arq,'  Carga do tipo '+carga[i].po[k]) else
                           165
```

```
write(arq,'                    '+carga[i].po[k]);
if (k<=length(le[i])) then begin  str(res[i,k]:15:2,s);write(arq,'    ',le[i,k],' =
',tiranul(s));
if le[i,k] in ['p','q'] then
if i in [2..4] then writeln(arq,' # / *') else writeln(arq,' #')
else writeln(arq,' *');end else writeln(arq);
                end;        writeln(arq);
end;
procedure WriteEndArq;
var i:integer; s,s1,s2:str24;  x:real;
begin
writeln(arq);
writeln(arq);
writeln(arq,'                    DADOS DE SAÍDA');
writeln(arq,'                    ==============');
writeln(arq,' Reação nos apoios');
writeln(arq,' =================');
writeln(arq); str(V1:15:2,s);  str(V2:15:2,s1);
writeln(arq,' Reação no apoio a esquerda =',tiranul(s),' #');
writeln(arq,' Reação do apoio da direita =',tiranul(s1),' #');
writeln(arq);
writeln(arq,' Momentos da esquerda para a direita.');
writeln(arq,' Momentos negativos tracionam fibras superiores.');
writeln(arq,' Momentos positivos tracionam fibras inferiores.');
writeln(arq);
writeln(arq,' Momentos Fletores        Esforço cortante        Dist.da
esquerda');
writeln(arq,' =================        ================
===============');
writeln(arq);
x:=l/maxM;             inicializarTela(80,25);input:=0; s2:='0.00';
assign(arqui,'ncs51.dat');rewrite(arqui);
re5.a:=l;re5.b:=maxM;write(arqui,re5);
for i:=0 to maxM do begin
if input=25 then begin input:=0;
escreverArquivo(80,25);inicializarTela(80,25);end;inc(input);
re5.a:=momento[i];re5.b:=cortante[i]; write(arqui,re5);
str(+momento[i]:15:2,s);str(i:2,s1); if (momento[i]>0) then s:='+'+s;
escrevaLinha('['+tiranul(s1)+'] = '+tiranul(s)+'*# ',2,input*1);
str((cortante[i]):15:2,s); if (cortante[i]>0) then s:='+'+s;
escrevaLinha('['+tiranul(s1)+'] = '+tiranul(s)+'# ',30,input*1);
escrevaLinha(tiranul(s2)+'* ',59,input*1); str(x:15:2,s2);x:=x+l/MaxM;
                end;
escreverArquivo(80,input);close(arq);iniciartextoarq(false,'nilson44.txt');
close(arqui);
end;
procedure digite;
```

```
var i,k,j,y,u: integer; repet:boolean; var s:str24; auxl:real;
procedure reverte2;
begin   textattr:=$70;
case k of
1 : begin gotoxy(2,7); str(res[i,1]:15:2,s);write(le[i,1]+' =
'+tiranul(s));clreol; end;
2 :  begin gotoxy(2,8); str(res[i,2]:15:2,s);write(le[i,2]+' =
'+tiranul(s));clreol; end;
3 :  begin gotoxy(2,9); if length(le[i])in [3,4] then begin str(res[i,3]:15:2,s);
write(le[i,3]+' = '+tiranul(s));clreol; end;end;
4 :  begin gotoxy(2,10); if length(le[i])=4 then begin str(res[i,4]:15:2,s);
write(le[i,4]+' = '+tiranul(s));clreol; end;end;
10:  begin gotoxy(2,12); write('F6 - OK Repetir este tipo de carga');clreol;
end;
11:  begin gotoxy(2,13); write('F6 - OK Ir em Frente');clreol;  end;end;
end;
procedure reverte1;
begin   textattr:=$70;
case k of
3:begin gotoxy(1,3); write(' Identificação : ',identificacao);clreol;end;
4:begin gotoxy(1,4); write(' Unidade de peso : ',ton);clreol;end;
5:begin gotoxy(1,5); write(' Unidade de comprimento : ',metro);clreol;end;
6:begin gotoxy(1,6); str(maxM:8,s);write(' Número de seções (2 a 200):
',tiranul(s));clreol;end;end;
end;
begin     u:=1 ;
window(2,5,41,22);textattr:=$70;clrscr;  i:=1;  repet:=false;
writeln('   DADOS PARA A CARGA AO LADO ');
WRITELN('  ============================');
for k:=3 to 6 do reverte1;
while (not arraycarga[i]) do inc(i); for k:=1 to 11 do reverte2;
if i>maxcarga then exit;k:=1;
for y:=1 to 4 do writemsg(16*black+white,carga[i].po[y],x4+1,y4+2+y);

k:=3;
repeat     textattr:=$1E;
case k of
3:repeat gotoxy(1,3); entrada:='';input:=0; write(' Identificação : ');
        erro:=1;
        identificacao:=instring(msg^[5],'',[#0,#32..#255],[],22,0);
        if ch in [#27,#45] then begin Sairmenu;entrada:='';end;
until ch in [#13,#80,#72];
4:repeat gotoxy(1,4); entrada:='';input:=0; write(' Unidade de peso : ');
        erro:=1;
        ton:=instring(msg^[6],'',[#0,#32..#255],[],20,0);
        if ch in [#27,#45] then begin Sairmenu;entrada:='';end;
until ch in [#13,#80,#72];
```

```
5:repeat gotoxy(1,5); entrada:=";input:=0; write(' Unidade de
comprimento : ');

        metro:=instring(msg^[7],",[#0,#32..#255],[],13,0);
        if ch in [#27,#45] then begin Sairmenu;entrada:=";end;
until ch in [#13,#80,#72];
6:repeat gotoxy(1,6);entrada:=";input:=0;write(' Número de seções (2 a
200): ');
        erro:=1;

entrada:=instring(msg^[8],",[#0,#32,'0'..'9'],[],10,1);val(tiranul(entrada),Ma
xM,erro);
        if ch in [#27,#45] then begin Sairmenu;entrada:=";end;
        if ch=#13 then ch:=#200;
until (maxM>=2) and (maxM<=maxmM) and (erro=0) and (ch in
[#200,#80,#72]);end;
case ch of
#72: begin reverte1;if k=3 then k:=6 else dec(k);end;
#80,#13: begin reverte1;if k=6  then k:=3 else inc(k);end;end;
until ch=#200;reverte1;        arquive;
l:=0;
repeat if not repet then inc(i);
for y:=1 to 14 do  begin gotoxy(2,6+y);clreol; end;

while (not arraycarga[i]) do inc(i);  if i>maxcarga then exit;
for y:=1 to 4 do writemsg(16*black+white,carga[i].po[y],x4+1,y4+2+y);
for k:=1 to 11 do reverte2; k:=1;
repeat repet:=false;     textattr:=$1E;
case k of
1..4:begin entrada:=";input:=0;
        repeat gotoxy(2,k+6);write(le[i,k]+' = ');  erro:=1;
        entrada:=instring(msg^[9],",[#0,#32,'-','.','0'..'9'],[],33,1);
        val(tiranul(entrada),res[i,k],erro);
        if ch in [#27,#45] then begin Sairmenu;ch:=#0;end;
        until ((ch in [#13,#72,#80]) and (erro=0));
    end;
10:BEGIN repeat gotoxy(2,12);write('F6 - OK Repetir este tipo de carga');
entrada:=";input:=0;
erro:=1;cursorOff;entrada:=instring(msg^[10],",[#0],[],4,0);cursorOn;if
ch=#13 then begin repet:=true;ch:=#64;end;
if (ch=#27) or (ch=#45) then begin Sairmenu;ch:=#80;end;
until( ch in [#72,#80,#64]);
{if ch=#64 then for j:=1 to length(le[i]) do if
(res[i,j]=0)and(i<>maxcarga)then ch:=#80;}
    end;
```

```
11:BEGIN repeat gotoxy(2,13);write('F6 - OK Ir em Frente');
entrada:='';input:=0;
erro:=1;cursorOff;entrada:=instring(msg^[10],'',[#0],[],18,0);axfunc44;curs
orOn;if ch=#13 then ch:=#64;
if (ch=#27) or (ch=#45) then begin Sairmenu;ch:=#80;end;
until( ch in [#72,#80,#64]);
{if ch=#64 then for j:=1 to length(le[i]) do if
(res[i,j]=0)and(i<>maxcarga)then ch:=#80;}
        end;end;

case ch of
#72: begin reverte2;if k=1 then k:=11 else if k=11 then k:=10 else
begin dec(k);if k>length(le[i]) then k:=length(le[i])end;end;
#80,#13: begin reverte2;if k=11  then k:=1 else if k=10 then k:=11 else
begin inc(k);if k>length(le[i]) then k:=11;end;end;end;
until ch=#64;{
[#64,#27,#45,#23,#22,#47,#19,#31,#75,#77,#83,#72,#80,#71,#73,#81,
#13,#9,#82,#8 ,#63,#64,#65,#66]; }
        (*  f1 esc  x  i  v  r  s  L  R  DEL up  dn home pgu pgd    ent
tab ins bsp   f5 f6 f7 f8 *)

reverte2;processa(i); if u=1 then auxl:=l;inc(u);
if auxl<> l then begin salveinfo(msg^[11],'','Cometeu êrro comece de
novo  <enter>.',#13,#27,#45,2,5,57,6,1);
Porlinha(5,6);halt;end;
writeArqCarga(i);
until (i>=maxcarga) and (not repet);
end;
procedure nilso44.entradado;
var y:integer;u:integer;
begin  cursoroff; textattr:=$07;clrscr;
escrevaLinhaV(red,cyan,' F6  RODAR UM EXEMPLO ',x1,y11+1);
escrevaLinhaV(red,cyan,' F5 OK ',x22+4,y11+1);
escrevaLinhaV(red,cyan,'F1',x11+1,y11-3);
escrevaLinhaV(red,cyan,'F2',x22+1,y22-3);
escrevaLinhaV(red,cyan,'F3',x3-2,y33-3);
escrevaLinhaV(red,cyan,'F4',x4-2,y44-3);
caixaEsc(x2,y2,x22,y22,green,white,ticarga);
caixaEsc(x3,y3,x33,y33,green,white,apoioti);
caixaEsc(x4,y4,x44,y44,green,white,cargati);
for y:=1 to 4 do writemsg(16*black+white,carga[1].po[y],x2+1,y2+2+y);
escrevaLinhaV(cyan,blue,'■',x22-1,y2+1+1);
varescolhaApoio:=1;varescolhaCarga:=1;
for y:=1 to maxcarga do
for u:=1 to 4 do  res[y,u]:=0;
MaxM:=0;
varcargaEsc:=0;varapoioesc:=0;V1:=0;V2:=0;
```

```
ch:=#59;
identificacao:=";ton:=";metro:=";
for y:=1 to maxcarga do arraycarga[y]:=false;
for y:=0 to maxmM do momento[y]:=0;
for y:=0 to maxmM do cortante[y]:=0;
LerAr(3322,13);
repeat
case ch of
{f1}#59: escolhaapoio;
{f2}#60: escolhacarga;
{f3}#61: apoioEsc;
{f4}#62: cargaEsc;
#27,#45:begin sairmenu;ch:=#59;end;

{f6}#64: BEGIN  escrevaLinhaV(white,blue,' F6  RODAR UM EXEMPLO
',x1,y11+1);
     repeat erro:=1;

gotoxy(10,20);input:=0;entrada:=";entrada:=instring(msg^[12],",[#0],[],0,0)
;axfunc44;
     if ch=#13 then ch:=#200;
     escrevaLinhaV(white,green,' F6  RODAR UM EXEMPLO
',x1,y11+1);
     until ch in[#200,#60,#61,#59,#62,#63,#64,#27,#45]; end;

{f5}#63: BEGIN  escrevaLinhaV(white,blue,' F5 OK ',x22+4,y11+1);
     repeat erro:=1;

gotoxy(10,20);input:=0;entrada:=";entrada:=instring(msg^[12],",[#0],[],0,0)
;axfunc44;
     y:=1;while (not(arraycarga[y]) and (ch=#13)) and (y<=maxcarga) do
inc(y);
     if ((y>maxcarga) or (varcargaEsc=0) or (varapoioesc=0)) then
ch:=#59;
     escrevaLinhaV(white,green,' F5 OK ',x22+4,y11+1);
     until ch in[#13,#60,#61,#62,#63,#64,#59,#27,#45]; end; end;
until ch in [#13,#200];   cursoron;
(*       #63,#64,#65,#66,#67,#68,#9, #59,#60,#61,#62, #81, #73, #71,
#72,#80,
         F5 F6  F7  F8  F9  F10 tab  f1   f2  f3  f4
pgdn,pgup,home,up,down }
*)
if ch=#13 then digite else begin
ton:='tonelada ';metro:='metro ';arraycarga[1]:=true;arraycarga[2]:=true;
identificacao:='Viga V4-2M-LE-200';MaxM:=300;varapoioesc:=2;
res[1,1]:=20;res[1,2]:=40;res[1,3]:=60;A1A2_1;
res[1,1]:=10;res[1,2]:=80;res[1,3]:=20;A1A2_1;
```
170

```
res[4,1]:=100;res[4,2]:=0.5;
A1A2_4;arquive; res[1,1]:=20;res[1,2]:=40;res[1,3]:=60;writeArqcarga(1);
res[1,1]:=10;res[1,2]:=80;res[1,3]:=20;writeArqcarga(1);writeArqcarga(4);
{exemplo2    ton:='tonelada ';metro:='metro
';arraycarga[1]:=true;arraycarga[2]:=true;
identificacao:='Viga V4-2M-LE-200';MaxM:=10;varapoioesc:=3;
res[1,1]:=10;res[1,2]:=5;res[1,3]:=5;
res[2,1]:=5;res[2,2]:=5;res[2,3]:=10;res[2,4]:=3;
A1A2_1;E1A2_1; A1A2_2;E1A2_2;
arquive;writeArqcarga(1);writeArqcarga(2);}
                    end;  dispose(msg);
equalizacao;writeEndArq;
end;
end.                         (*
var k,p:ptr_nilso44;
BEGIN
{if not getparamstr then exit;}DadosEntreProgr;dosexit:=43;
WINDOW(2,5,79,22);textattr:=$70;clrscr; DadoIniMouse;
entrada:='';entrada2:='';entrada1:='';entradado;
leituraarquivotexto('nilson44.txt');
END.                         *)
```

program nilson45;

```
{$N+,E+}
{$M 8192,0,0}
uses crt,dos,nilson34;
var  OrigMode: Integer;  coresiniciais:byte;
begin if lastmode=7 then begin writeln('Este programa só funciona no
colorido');halt;end;
OrigMode := LastMode;
coresiniciais:=textattr;TextMode(CO80);CHECKBREAK:=FALSE;
dadosEntreprogr;algo1:=true;dosexit:=0;GraveEntreProgr;menustring:='n
ilsonca.ndi';
repeat
SwapVectors;Exec(menustring,'Li20440Ma');SwapVectors;
DadosEntreProgr;
if (DosError <> 0) then begin
algo1:=true;GraveEntreProgr;menustring:='nilsonca.ndi';end else
case  dosexitcode of
20: menustring:='nilson02.ncs';
21: begin menustring:='helpnil.son';sairprogr:=false;end; {vem halt(30) ao
sair}
22: menustring:='nilson01.ncs';
23: menustring:= menustring;
0 : menustring:='nilsonca.ndi';end;
until sairprogr;
```

```
WINDOW(1,1,25,80);TEXTATTR:=coresiniciais;TextMode(OrigMode);CL
RSCR;end.
```

unit nilson46;

```
interface
uses
crt,nilson36,nilson38,nilson39,nilson31,nilson35,nilson72,nilson73,nilson
30;
type
ptr_nilso10 = ^nilso10;
nilso10 = object
PROCEDURE ENTRADADO;
          end;

var kn10:ptr_nilso10;
implementation
procedure nilso10.entradado;
const  max=60;
var aux10,aux35:ptr_resp;
procedure exemplo;
begin     k:=res1;
res1:=primeir;res1^.str80d:=('Projeto tipo T- V-8-area2-Botucatu-SP');
Ws('8000');Ws('4000');Ws( '153.4');
Ws('184.0');
Ws('2000.00');Ws('4000.00');Ws('150.00');
Ws('150.00');
Ws('50.00');
Ws('1999.34'); Ws('4000.51'); Ws('2000.58');
Ws('4000.45');
Ws('2000.06'); Ws('3999.58'); Ws('3999.58');
Ws('3999.58');
Ws('3999.58'); Ws('3999.58'); Ws('2000.06');
Ws('4000.25');
Ws('2000.06'); Ws('2000.06'); Ws('2000.06');
Ws('4000.87');
Ws('1999.58'); Ws('3999.58'); Ws('1999.58');
Ws('3999.58');
Ws('2000.06'); Ws('4000.25'); Ws('2000.06');
Ws('4000.25');
Ws('2000.58'); Ws('2000.06'); Ws('2000.06');
Ws('4000.98');
Ws('1999.58'); Ws('3999.58'); Ws('1999.57');
Ws('3999.58');
Ws('2000.06'); Ws('4000.25'); Ws('2000.06');
Ws('4000.25');
Ws('1999.58'); Ws('3999.58'); Ws('1999.58');
Ws('3999.58');
```

```
Ws('2000.06'); Ws('4000.56'); Ws('2000.98');
Ws('4000.25');
Ws('2000.99'); Ws('4000.56'); Ws('2000.97');
Ws('3999.58');      res1:=K;
end;
procedure saitxt(max:byte;arqStr:str25);begin
iniciartextoarq(true,arqstr);
Assign(arq,arqStr);append(arq);
writeln(arq,'                    DADOS  DE  ENTRADA      ');
writeln(arq,'                    ==================      ');
writeln(arq);
K:=primeir;WRITELN(arq,' Nome do projeto = ',k^.str80D);WRITELN(arq,'
');WRITELN(arq,' ');
writeln(arq,'               CENTRO DE PERSPECTIVA EM DOIS PLANOS
');
writeln(arq,'             PONTOS DE GRUBER - PLACA RETICULADA
');
k:=k^.proximo;write(arq,'  ESCALA DA FOTO:
',k^.str80D);k:=k^.proximo;
writeln(arq,'             ESCALA DO MODÊLO:',k^.str80D);
k:=k^.proximo;
write(arq,'  DISTÂNCIA FOCAL CALIBRADA:
',k^.str80D);k:=k^.proximo;writeln(arq,'       BASE: ',k^.str80D);
k:=k^.proximo;
write(arq,'  ORIGEM: X=',k^.str80D);k:=k^.proximo;write(arq,'
Y=',k^.str80D);
k:=k^.proximo;
writeln(arq,'     Z=',k^.str80D);
writeln(arq,' --------------------------------------------------------------      ');
{(' PONTO      X1        Y1         X1        Y1     ')}
k:=k^.proximo;write(arq,'        Z1=',k^.str80D);k:=k^.proximo;writeln(arq,'
Z2=',k^.str80D);
writeln(arq,' --------------------------------------------------------------      ');

writeln(arq,'     CÂMARA SUPERIOR ESQUERDA      CÂMARA
SUPERIOR DIREITA ');
writeln(arq,' PONTO     X1       Y1          X1       Y1     ');

k:=k^.proximo;write(arq,' 1'); write(arq,'       ',k^.str80D);k:=k^.proximo;
write(arq,'    ',k^.str80D);
k:=k^.proximo;
write(arq,'         ',k^.str80D);k:=k^.proximo;
writeln(arq,'    ',k^.str80D);k:=k^.proximo;
write(arq,' 3'); write(arq,'       ',k^.str80D);k:=k^.proximo; write(arq,'
',k^.str80D);k:=k^.proximo;
write(arq,'         ',k^.str80D);k:=k^.proximo;
writeln(arq,'    ',k^.str80D);k:=k^.proximo;
```
173

```
write(arq,' 4'); write(arq,'      ',k^.str80D);k:=k^.proximo; write(arq,'
',k^.str80D);k:=k^.proximo;
write(arq,'         ',k^.str80D);k:=k^.proximo;
writeln(arq,'    ',k^.str80D);k:=k^.proximo;
write(arq,' 2'); write(arq,'      ',k^.str80D);k:=k^.proximo; write(arq,'
',k^.str80D);k:=k^.proximo;
write(arq,'         ',k^.str80D);k:=k^.proximo;
writeln(arq,'    ',k^.str80D);k:=k^.proximo;
write(arq,' 6'); write(arq,'      ',k^.str80D);k:=k^.proximo; write(arq,'
',k^.str80D);k:=k^.proximo;
write(arq,'         ',k^.str80D);k:=k^.proximo;
writeln(arq,'    ',k^.str80D);k:=k^.proximo;
write(arq,' 5'); write(arq,'      ',k^.str80D);k:=k^.proximo; write(arq,'
',k^.str80D);k:=k^.proximo;
write(arq,'         ',k^.str80D);k:=k^.proximo;
writeln(arq,'    ',k^.str80D);
writeln(arq,'');
writeln(arq,'      CÂMARA INFERIOR ESQUERDA      CÂMARA
INFERIOR DIREITA ');
writeln(arq,' PONTO      X1        Y1          X1        Y1      ');
k:=k^.proximo;write(arq,' 1'); write(arq,'      ',k^.str80D);k:=k^.proximo;
write(arq,'    ',k^.str80D);k:=k^.proximo;
write(arq,'         ',k^.str80D);k:=k^.proximo;
writeln(arq,'    ',k^.str80D);k:=k^.proximo;
write(arq,' 3'); write(arq,'      ',k^.str80D);k:=k^.proximo; write(arq,'
',k^.str80D);k:=k^.proximo;
write(arq,'         ',k^.str80D);k:=k^.proximo;
writeln(arq,'    ',k^.str80D);k:=k^.proximo;
write(arq,' 4'); write(arq,'      ',k^.str80D);k:=k^.proximo; write(arq,'
',k^.str80D);k:=k^.proximo;
write(arq,'         ',k^.str80D);k:=k^.proximo;
writeln(arq,'    ',k^.str80D);k:=k^.proximo;
write(arq,' 2'); write(arq,'      ',k^.str80D);k:=k^.proximo;write(arq,'
',k^.str80D);k:=k^.proximo;
write(arq,'         ',k^.str80D);k:=k^.proximo;
writeln(arq,'    ',k^.str80D);k:=k^.proximo;
write(arq,' 6'); write(arq,'      ',k^.str80D);k:=k^.proximo;write(arq,'
',k^.str80D);k:=k^.proximo;
write(arq,'         ',k^.str80D);k:=k^.proximo;
writeln(arq,'    ',k^.str80D);k:=k^.proximo;
write(arq,' 5'); write(arq,'      ',k^.str80D);k:=k^.proximo;write(arq,'
',k^.str80D);k:=k^.proximo;
write(arq,'         ',k^.str80D);k:=k^.proximo;
writeln(arq,'    ',k^.str80D);
writeln(arq,'');writeln(arq,'');writeln(arq,'');
writeln(arq,'                DADOS DE SAÍDA      ');
writeln(arq,'                ===============      ');
```

```pascal
writeln(arq,'');
WRITELN(ARQ,'                  CP1                      CP2      ');
WRITELN(ARQ,'  ----------------------------     ------------------------------ ');
writeln(arq,'');close(arq);end;

procedure reverte;
procedure vaz(u:byte); var i:byte;begin for i:=1 to u+1 do write(' ');
gotoxy(wherex-u-1,wherey);write(k^.str80D);end;
begin
textattr:=$70;
with k^ do
case perg of
1:begin Gotoxy(2,3);write('Nome do projeto = ');vaz(75-18);clreol;end;
2:begin    GOTOXY(5,6);WRITE('            CENTRO DE PERSPECTIVA
EM DOIS PLANOS            ');
    GOTOXY(5,7);WRITE('           PONTOS DE GRUBER  -  PLACA
RETICULADA            ');
    GOTOXY(5,9);write(' ESCALA DA FOTO: ');vaz(8);end;
3:begin
GOTOXY(40,9); write(' ESCALA DO MODÊLO:');vaz(8);end;
4:begin
GOTOXY(5,10);write(' DISTÂNCIA FOCAL CALIBRADA (mm):
');vaz(8);end;
5:begin
GOTOXY(50,10);write('   BASE: ');vaz(8);end;
6:begin
GOTOXY(5,11);write('ORIGEM: X= ');vaz(8);end;
7:begin
GOTOXY(30,11);write('Y= ');vaz(8);end;
8:begin
GOTOXY(50,11);write('Z=');vaz(8); end;
9:begin    GOTOXY(5,12);WRITE('              -------------------------------------
------      ');
{(' PONTO    X1        Y1         X1        Y1     ')}

GOTOXY(5,14);write(' Z1=');vaz(8);end;
10:begin
GOTOXY(50,14);write(' Z2=');vaz(8);writeln;end;
11:begin GOTOXY(5,2);WRITE('          CÂMARA SUPERIOR
ESQUERDA       CÂMARA SUPERIOR DIREITA ');
 GOTOXY(5,3);WRITE(' PONTO     X1         Y1          X1         Y1
');

    GOTOXY(8,5);write(' 1');  GOTOXY(17,5);write('');vaz(8);end;
12:begin
GOTOXY(30,5); write('');vaz(8);end;
13:begin GOTOXY(48,5);write('');vaz(8);end;
```
175

```
14:begin GOTOXY(61,5);write(");vaz(8);
    GOTOXY(8,6);WRITE(' 3'); end;
15:begin GOTOXY(17,6);write(");vaz(8); end;
16:begin GOTOXY(30,6); write(");vaz(8); end;
17:begin GOTOXY(48,6);write(");vaz(8);end;
18:begin GOTOXY(61,6);write(");vaz(8);GOTOXY(8,7);WRITE(' 4'); end;
19:begin GOTOXY(17,7);write(");vaz(8); end;
20:begin GOTOXY(30,7); write(");vaz(8); end;
21:begin GOTOXY(48,7);write(");vaz(8);end;
22:begin GOTOXY(61,7);write(");vaz(8); GOTOXY(8,8);WRITE(' 2');
end;
23:begin GOTOXY(17,8);write(");vaz(8); end;
24:begin GOTOXY(30,8); write(");vaz(8); end;
25:begin GOTOXY(48,8);write(");vaz(8);end;
26:begin GOTOXY(61,8);write(");vaz(8);
GOTOXY(8,9);WRITE(' 6'); end;
27:begin GOTOXY(17,9);write(");vaz(8); end;
28:begin GOTOXY(30,9);write(");vaz(8); end;
29:begin GOTOXY(48,9);write(");vaz(8);end;
30:begin GOTOXY(61,9);write(");vaz(8);GOTOXY(8,10);WRITE(' 5');
end;
31:begin GOTOXY(17,10);write(");vaz(8); end;
32:begin GOTOXY(30,10);write(");vaz(8);end;
33:begin GOTOXY(48,10);write(");vaz(8);end;
34:begin GOTOXY(61,10);write(");vaz(8);end;
35:begin GOTOXY(5,2);write('          CAMARA INFERIOR ESQUERDA
CAMARA INFERIOR DIREITA ');
    GOTOXY(5,3);WRITE(' PONTO     X1        Y1           X1
Y1    ');
    GOTOXY(8,5);WRITE(' 1');  GOTOXY(17,5);write(");vaz(8); end;
36:begin GOTOXY(30,5);
    write(");vaz(8);end;
37:begin GOTOXY(48,5);write(");vaz(8);end;
38:begin GOTOXY(61,5);write(");vaz(8); GOTOXY(8,6);WRITE(' 3');
end;
39:begin GOTOXY(17,6);write(");vaz(8); end;
40:begin GOTOXY(30,6);write(");vaz(8); end;
41:begin GOTOXY(48,6);write(");vaz(8);end;
42:begin GOTOXY(61,6);write(");vaz(8);GOTOXY(8,7);WRITE(' 4'); end;
43:begin GOTOXY(17,7);write(");vaz(8);  end;
44:begin GOTOXY(30,7);write(");vaz(8); end;
45:begin GOTOXY(48,7);write(");vaz(8);end;
46:begin GOTOXY(61,7);write(");vaz(8);GOTOXY(8,8);WRITE(' 2'); end;
47:begin GOTOXY(17,8);write(");vaz(8);end;
48:begin GOTOXY(30,8);write(");vaz(8); end;
49:begin GOTOXY(48,8);write(");vaz(8);end;
50:begin GOTOXY(61,8);write(");vaz(8);GOTOXY(8,9);WRITE(' 6'); end;
```

```pascal
51:begin GOTOXY(17,9);write('');vaz(8);end;
52:begin GOTOXY(30,9);write('');vaz(8); end;
53:begin GOTOXY(48,9);write('');vaz(8);end;
54:begin GOTOXY(61,9);write('');vaz(8);GOTOXY(8,10);WRITE('  5');
end;
55:begin GOTOXY(17,10);write('');vaz(8);end;
56:begin GOTOXY(30,10);write('');vaz(8);end;
57:begin GOTOXY(48,10);write('');vaz(8);end;
58:begin GOTOXY(61,10);write('');vaz(8);end;
59:begin gotoxy(25,15); write(' Dados completados   ');end;
60:begin gotoxy(25,16); write(' Rodar um exemplo     '); end;
end;END;
procedure sairAgora;
var i:integer;r:real;
begin              k:=primeir^.proximo;
for i:=2 to max-2 do  begin
val(k^.str80D,r,erro);k:=k^.proximo;
if (erro <> 0) or (r=0) then begin
           textattr:=$70;clrscr;
k:=primeir;for i:=1 to 10 do begin reverte;k:=k^.proximo;end;
k:=primeir; exit;      end;end;
ch:=#23;
end;
procedure writeselection;
begin
textattr:=$1E;
with k^ do
case perg of
1:begin Gotoxy(2,3);
entrada:=str80D;erro:=1;str80D:=instring(msg,'Nome do projeto =
',[#0,#32,'.','0'..'9'],[],75-18,0);end;
2:begin  GOTOXY(5,6);WRITE('              CENTRO DE PERSPECTIVA
EM DOIS PLANOS              ');
    GOTOXY(5,7);WRITE('              PONTOS DE GRUBER  -  PLACA
RETICULADA              ');
    GOTOXY(5,9);
entrada:=str80D;erro:=1;str80D:=tiranulo(instring(msg,' ESCALA DA
FOTO: ',[#0,#32,'.','0'..'9'],[],8,0));end;
3:begin  GOTOXY(40,9);
entrada:=str80D;erro:=1;str80D:=tiranulo(instring(msg,' ESCALA DO
MODÊLO:',[#0,#32,'.','0'..'9'],[],8,0));end;
4:begin  GOTOXY(5,10);
entrada:=str80D;erro:=1;str80D:=tiranulo(instring(msg,' DISTÂNCIA
FOCAL CALIBRADA (mm): ',[#0,#32,'.','0'..'9'],[],8,0));end;
5:begin  GOTOXY(50,10);
entrada:=str80D;erro:=1;str80D:=tiranulo(instring(msg,' BASE:
',[#0,#32,'.','0'..'9'],[],8,0));end;
```

177

```pascal
6:begin   GOTOXY(5,11);
entrada:=str80D;erro:=1;str80D:=tiranulo(instring(msg,'ORIGEM: X=
',[#0,#32,'.','0'..'9'],[],8,0));end;
7:begin   GOTOXY(30,11);
entrada:=str80D;erro:=1;str80D:=tiranulo(instring(msg,'Y=
',[#0,#32,'.','0'..'9'],[],8,0));end;
8:begin   GOTOXY(50,11);
entrada:=str80D;erro:=1;str80D:=tiranulo(instring(msg,'Z=',[#0,#32,'.','0'..'
9'],[],8,0));end;
9:begin      GOTOXY(5,12);
WRITE('             --------------------------------------------         ');
{(' PONTO      X1           Y1              X1          Y1      ') }
GOTOXY(5,14);
entrada:=str80D;erro:=1;str80D:=tiranulo(instring(msg,'
Z1=',[#0,#32,'.','0'..'9'],[],8,0));end;
10:begin  GOTOXY(50,14);
entrada:=str80D;erro:=1;str80D:=tiranulo(instring(msg,'
Z2=',[#0,#32,'.','0'..'9'],[],8,0));end;
11: begin writeln;
GOTOXY(5,2);WRITE('          CÂMARA SUPERIOR ESQUERDA
CÂMARA SUPERIOR DIREITA ');
GOTOXY(5,3);WRITE(' PONTO      X1         Y1              X1          Y1
');

     GOTOXY(8,5);write(' 1'); GOTOXY(17,5);
entrada:=str80D;erro:=1;str80D:=tiranulo(instring(msg,'',[#0,#32,'.','0'..'9'],
[],8,0));end;
12:begin GOTOXY(30,5);
entrada:=str80D;erro:=1;str80D:=tiranulo(instring(msg,'',[#0,#32,'.','0'..'9'],
[],8,0));end;
13:begin GOTOXY(48,5);
entrada:=str80D;erro:=1;str80D:=tiranulo(instring(msg,'',[#0,#32,'.','0'..'9'],
[],8,0));end;
14:begin GOTOXY(61,5);
entrada:=str80D;erro:=1;str80D:=tiranulo(instring(msg,'',[#0,#32,'.','0'..'9'],
[],8,0));
GOTOXY(8,6);WRITE(' 3');end;
15:begin
GOTOXY(17,6);entrada:=str80D;erro:=1;str80D:=tiranulo(instring(msg,'',[
#0,#32,'.','0'..'9'],[],8,0));end;
16:begin
GOTOXY(30,6);entrada:=str80D;erro:=1;str80D:=tiranulo(instring(msg,'',[
#0,#32,'.','0'..'9'],[],8,0));end;
17:begin
GOTOXY(48,6);entrada:=str80D;erro:=1;str80D:=tiranulo(instring(msg,'',[
#0,#32,'.','0'..'9'],[],8,0));end;
```
178

```
18:begin
GOTOXY(61,6);entrada:=str80D;erro:=1;str80D:=tiranulo(instring(msg,'',[
#0,#32,'.','0'..'9'],[],8,0));
    GOTOXY(8,7);WRITE(' 4'); end;
19:begin
GOTOXY(17,7);entrada:=str80D;erro:=1;str80D:=tiranulo(instring(msg,'',[
#0,#32,'.','0'..'9'],[],8,0));end;
20:begin
GOTOXY(30,7);entrada:=str80D;erro:=1;str80D:=tiranulo(instring(msg,'',[
#0,#32,'.','0'..'9'],[],8,0));end;
21:begin
GOTOXY(48,7);entrada:=str80D;erro:=1;str80D:=tiranulo(instring(msg,'',[
#0,#32,'.','0'..'9'],[],8,0));end;
22:begin
GOTOXY(61,7);entrada:=str80D;erro:=1;str80D:=tiranulo(instring(msg,'',[
#0,#32,'.','0'..'9'],[],8,0));
GOTOXY(8,8);WRITE(' 2'); end;
23:begin
GOTOXY(17,8);entrada:=str80D;erro:=1;str80D:=tiranulo(instring(msg,'',[
#0,#32,'.','0'..'9'],[],8,0));end;
24:begin
GOTOXY(30,8);entrada:=str80D;erro:=1;str80D:=tiranulo(instring(msg,'',[
#0,#32,'.','0'..'9'],[],8,0));end;
25:begin
GOTOXY(48,8);entrada:=str80D;erro:=1;str80D:=tiranulo(instring(msg,'',[
#0,#32,'.','0'..'9'],[],8,0));end;
26:begin
GOTOXY(61,8);entrada:=str80D;erro:=1;str80D:=tiranulo(instring(msg,'',[
#0,#32,'.','0'..'9'],[],8,0));
  GOTOXY(8,9);WRITE(' 6'); end;
27:begin
GOTOXY(17,9);entrada:=str80D;erro:=1;str80D:=tiranulo(instring(msg,'',[
#0,#32,'.','0'..'9'],[],8,0));end;
28:begin
GOTOXY(30,9);entrada:=str80D;erro:=1;str80D:=tiranulo(instring(msg,'',[
#0,#32,'.','0'..'9'],[],8,0));end;
29:begin
GOTOXY(48,9);entrada:=str80D;erro:=1;str80D:=tiranulo(instring(msg,'',[
#0,#32,'.','0'..'9'],[],8,0));end;
30:begin
GOTOXY(61,9);entrada:=str80D;erro:=1;str80D:=tiranulo(instring(msg,'',[
#0,#32,'.','0'..'9'],[],8,0));
GOTOXY(8,10);WRITE(' 5'); end;
31:begin
GOTOXY(17,10);entrada:=str80D;erro:=1;str80D:=tiranulo(instring(msg,'',
[#0,#32,'.','0'..'9'],[],8,0));end;
```

```
32:begin
GOTOXY(30,10);entrada:=str80D;erro:=1;str80D:=tiranulo(instring(msg,",
[#0,#32,'.','0'..'9'],[],8,0));end;
33:begin
GOTOXY(48,10);entrada:=str80D;erro:=1;str80D:=tiranulo(instring(msg,",
[#0,#32,'.','0'..'9'],[],8,0));end;
34:begin
GOTOXY(61,10);entrada:=str80D;erro:=1;str80D:=tiranulo(instring(msg,",
[#0,#32,'.','0'..'9'],[],8,0));end;
35:begin GOTOXY(5,2);write('          CAMARA INFERIOR ESQUERDA
CAMARA INFERIOR DIREITA ');
      GOTOXY(5,3);WRITE(' PONTO      X1          Y1          X1
Y1     ');
    GOTOXY(8,5);WRITE('  1');  GOTOXY(17,5);

entrada:=str80D;erro:=1;str80D:=tiranulo(instring(msg,",[#0,#32,'.','0'..'9'],
[],8,0));end;
36:begin
GOTOXY(30,5);entrada:=str80D;erro:=1;str80D:=tiranulo(instring(msg,",[
#0,#32,'.','0'..'9'],[],8,0));end;
37:begin
GOTOXY(48,5);entrada:=str80D;erro:=1;str80D:=tiranulo(instring(msg,",[
#0,#32,'.','0'..'9'],[],8,0));end;
38:begin
GOTOXY(61,5);entrada:=str80D;erro:=1;str80D:=tiranulo(instring(msg,",[
#0,#32,'.','0'..'9'],[],8,0));
GOTOXY(8,6);WRITE('  3'); end;
39:begin
GOTOXY(17,6);entrada:=str80D;erro:=1;str80D:=tiranulo(instring(msg,",[
#0,#32,'.','0'..'9'],[],8,0));end;
40:begin
GOTOXY(30,6);entrada:=str80D;erro:=1;str80D:=tiranulo(instring(msg,",[
#0,#32,'.','0'..'9'],[],8,0));end;
41:begin
GOTOXY(48,6);entrada:=str80D;erro:=1;str80D:=tiranulo(instring(msg,",[
#0,#32,'.','0'..'9'],[],8,0));end;
42:begin
GOTOXY(61,6);entrada:=str80D;erro:=1;str80D:=tiranulo(instring(msg,",[
#0,#32,'.','0'..'9'],[],8,0));
GOTOXY(8,7);WRITE('  4'); end;
43:begin
GOTOXY(17,7);entrada:=str80D;erro:=1;str80D:=tiranulo(instring(msg,",[
#0,#32,'.','0'..'9'],[],8,0));end;
44:begin
GOTOXY(30,7);entrada:=str80D;erro:=1;str80D:=tiranulo(instring(msg,",[
#0,#32,'.','0'..'9'],[],8,0));end;
```

```
45:begin
GOTOXY(48,7);entrada:=str80D;erro:=1;str80D:=tiranulo(instring(msg,'',[
#0,#32,'.','0'..'9'],[],8,0));end;
46:begin
GOTOXY(61,7);entrada:=str80D;erro:=1;str80D:=tiranulo(instring(msg,'',[
#0,#32,'.','0'..'9'],[],8,0));
GOTOXY(8,8);WRITE(' 2'); end;
47:begin
GOTOXY(17,8);entrada:=str80D;erro:=1;str80D:=tiranulo(instring(msg,'',[
#0,#32,'.','0'..'9'],[],8,0));end;


48:begin
GOTOXY(30,8);entrada:=str80D;erro:=1;str80D:=tiranulo(instring(msg,'',[
#0,#32,'.','0'..'9'],[],8,0));end;
49:begin
GOTOXY(48,8);entrada:=str80D;erro:=1;str80D:=tiranulo(instring(msg,'',[
#0,#32,'.','0'..'9'],[],8,0));end;
50:begin
GOTOXY(61,8);entrada:=str80D;erro:=1;str80D:=tiranulo(instring(msg,'',[
#0,#32,'.','0'..'9'],[],8,0));
    GOTOXY(8,9);WRITE(' 6'); end;
51:begin
GOTOXY(17,9);entrada:=str80D;erro:=1;str80D:=tiranulo(instring(msg,'',[
#0,#32,'.','0'..'9'],[],8,0));end;
52:begin
GOTOXY(30,9);entrada:=str80D;erro:=1;str80D:=tiranulo(instring(msg,'',[
#0,#32,'.','0'..'9'],[],8,0));end;
53:begin
GOTOXY(48,9);entrada:=str80D;erro:=1;str80D:=tiranulo(instring(msg,'',[
#0,#32,'.','0'..'9'],[],8,0));end;
54:begin
GOTOXY(61,9);entrada:=str80D;erro:=1;str80D:=tiranulo(instring(msg,'',[
#0,#32,'.','0'..'9'],[],8,0));
    GOTOXY(8,10);WRITE(' 5'); end;
55:begin
GOTOXY(17,10);entrada:=str80D;erro:=1;str80D:=tiranulo(instring(msg,'',
[#0,#32,'.','0'..'9'],[],8,0));end;
56:begin
GOTOXY(30,10);entrada:=str80D;erro:=1;str80D:=tiranulo(instring(msg,'',
[#0,#32,'.','0'..'9'],[],8,0));end;
57:begin
GOTOXY(48,10);entrada:=str80D;erro:=1;str80D:=tiranulo(instring(msg,'',
[#0,#32,'.','0'..'9'],[],8,0));end;
58:begin
GOTOXY(61,10);entrada:=str80D;erro:=1;str80D:=tiranulo(instring(msg,'',
[#0,#32,'.','0'..'9'],[],8,0));end;
59: BEGIN
```

```
repeat gotoxy(25,15); write(' Dados completados ');input:=1;entrada:=#0;
entrada:=instring(primeir^.proximo^.proximo^.Msg,'',[#0],[],1,0);
until ch in [#27,#45,#72,#80,#13,#63,#64] ;

                  if (ch=#13) then sairagora;end;
60: BEGIN
repeat gotoxy(25,16); write(' Rodar um exemplo ');input:=1;entrada:=#0;
entrada:=instring(primeir^.proximo^.proximo^.proximo^.Msg,'',[#0],[],1,0);
                  until ch in [#27,#45,#72,#80,#13,#63,#64];
                  if (ch=#13) then begin ch:=#63;
                  exemplo;end;end;end;
end;
begin
MaxPerg:=60;
if lequi('nicasi10.dat') then
begin EncherMemoria(60);
L:=primeir;LerArqMsg(3110+1,2);LerArqMsg(2896+1,2); exemplo;end;

k:=primeir;for i:=1 to 34 do k:=k^.proximo;aux35:=k;
k:=primeir;for i:=1 to 9 do k:=k^.proximo;aux10:=k;

k:=aux35^.anterior;for i:=34 to 60 do begin reverte;k:=k^.proximo;end;
k:=ultim^.anterior;

repeat ApresMsg(primeir^.proximo^.Msg);writeselection;
case ch of
#63,#64:  begin textattr:=$70;clrscr;
k:=aux35^.anterior;for i:=34 to 60 do begin reverte;k:=k^.proximo;end;
k:=ultim^.anterior;
        end;
#72: case k^.perg of 1:begin textattr:=$70;clrscr;
k:=aux35;for i:=35 to 60 do begin reverte;k:=k^.proximo;end;
k:=ultim;
              end;
            11:begin textattr:=$70;clrscr;
k:=primeir;for i:=1 to 10 do begin reverte;k:=k^.proximo;end;
k:=aux10;
                end;
            35:begin textattr:=$70;clrscr;
k:=aux10^.proximo;for i:=11 to 34 do begin reverte;k:=k^.proximo;end;
k:=aux35^.anterior;
                end
            else begin reverte;k:=k^.anterior;end;end;
#80,#13: case k^.perg of 10:begin;textattr:=$70;clrscr;
k:=aux10^.proximo;for i:=11 to 34 do begin reverte;k:=k^.proximo;end;
k:=aux10^.proximo;
              end;
```

```
                    34:begin;textattr:=$70;clrscr;
k:=aux35;for i:=35 to 60 do begin reverte;k:=k^.proximo;end;
k:=aux35;
                    end;
                    60:begin;textattr:=$70;clrscr;
k:=primeir;for i:=1 to 10 do begin reverte;k:=k^.proximo;end;
k:=primeir;
                    end
                else begin reverte;k:=k^.proximo;end;end;
end;
until ch in [#27,#45,#23{,#47,#19,#31,#75,#77,#83,#72,#80,#71,#73,#81,
#13,#9,#82,#8 ,#63,#64,#65,#66}];
     (* esc x i    r s L R DEL up  dn home pgu pgd ent tab ins
bsp f5 f6 f7 f8 *)
if (ch in [#27,#45]) then begin limpmemoini;halt;end;
saitxt(max,'nilson10.txt');toquivi('nicasi10.dat');
end;{nilson10}
end.
```

unit nilson47;

```
interface
{program nilson47; }
uses
crt,nilson36,nilson38,nilson35,nilson32,nilson73,nilson39,nilson70,nilson
74,nilson30,nilson71;
type
ptr_nilso47 =^nilso47;
nilso47=object
procedure entradado;
     end;
ptr_nil47 =^nil47;
nil47=object
procedure entradado;
     end;
var k47:ptr_nil47;kn47:ptr_nilso47;
implementation
type
str4=string[4];
str2=string[2];
str41=string[41];
ptr_cr = ^cr;
     cr = record
perg:integer;byt:boolean;x,y:byte;TA:char;
SM,Cc,Cb,Cd,Ce,Mc,Mb,Md,Me,Dc,Db,Dd,De,Jc,Jb,Jd,Je,Sc,Sb,Se,Sd,
Cnre,Cnro,Csuo,Csue,Mnre,Mnro,Msuo,Msue,Dnre,Dnro,Dsuo,Dsue,
Jnre,Jnro,Jsuo,Jsue,Snre,Snro,Ssuo,Ssue:real;
pro,ant,cim,bai,nre,nro,suo,sue:ptr_cr;
```

```pascal
            end;
const max=49;
var
re1,pri,ult,kc,Lc{,desmont}:ptr_Cr;  i:integer;  pox,poy,ix,iy:byte;
arqui:file of cr;
procedure coKc(num:integer);
begin kc:=pri;if num=1 then exit;
for i:=2 to num do kc:=kc^.pro;
end;
procedure irWB(done:boolean);  begin kc:=re1;
if done then repeat  re1:=re1^.pro;until re1^.byt else
repeat  re1:=re1^.ant;until re1^.byt;
end;
procedure Toquiv;
begin
assign(arqui,'ncs47.dat');rewrite(arqui);
re1:=pri;repeat write(arqui,re1^); re1:=re1^.pro; until re1=pri;
close(arqui);
end;
procedure limpmemoC;
begin
re1:=pri;
while (re1<>pri^.ant) do  begin
Lc:=re1^.pro;dispose(re1);re1:=Lc;end;dispose(re1);
end;
function Lequiv:boolean;
begin lequiv:=false;  {$I-}assign(arqui,'ncs47.dat'); reset(arqui);{$I+}
if ioresult<>0 then exit;Lequiv:=true; limpmemoC;
iy:=0;i:=0; {mark(desmonte); }
while not Eof(arqui) do  begin
for ix:=1 to 50 do begin  inc(i);
new(re1);Read(arqui, re1^);

re1^.pro:=nil;re1^.ant:=nil;re1^.cim:=nil;re1^.bai:=nil;re1^.nre:=nil;re1^.nro
:=nil;re1^.suo:=nil;re1^.sue:=nil;
if i=1 then begin kc:=re1;pri:=re1;Lc:=re1;end;
if i>1 then begin Lc^.pro:=re1;re1^.ant:= Lc;Lc:=re1;end;
if i>50 then begin re1^.cim:=kc;kc^.bai:=re1;kc:=kc^.pro;end;
            end;                        end;
ult:=re1;ult^.pro:=pri;pri^.ant:=ult; re1:=re1^.pro;
if i>50  then begin for ix:=1 to 50 do begin
re1^.cim:=kc;kc^.bai:=re1;kc:=kc^.pro;re1:=re1^.pro;end;
lc:=pri^.pro;re1:=pri^.bai;kc:=pri^.ant;
repeat
if re1^.x <> 50 then begin re1^.nre:=lc;lc^.suo:=re1;end;
if re1^.x <> 1 then begin re1^.nro:=kc;kc^.sue:=re1;end;
        re1:=re1^.pro;lc:=lc^.pro;kc:=kc^.pro;until re1=pri;
```

```
          end; close(arqui);end;

procedure Ws(var i:real); begin k:=k^.proximo;if i=0 then begin
k^.str80D:='0';exit;end;
          str(i:12:4,k^.str80D);k^.str80D:=tiranulo(k^.str80D);end;
procedure Wv(var i:real); begin k:=k^.proximo;val(k^.str80D,i,erro);
          if erro<>0 then ch:=#255;end;

procedure coK(num:integer);
begin k:=primeir;if num=1 then exit;
for i:=2 to num do k:=k^.proximo;
end;
procedure EncherM;
begin    iy:=0;i:=0;
while (maxavail>50*sizeof(Cr)) do  begin inc(iy);
for ix:=1 to 50 do begin  inc(i);
new(re1);  with re1^ do  begin perg:=i; byt:=false; x:=ix; y:=iy;Ta:='.';
SM:=0;Cc:=0;Cb:=0;Cd:=0;Ce:=0;Mc:=0;Mb:=0;Md:=0;Me:=0;Dc:=0;Db:=
0;Dd:=0;De:=0;Jc:=0;Jb:=0;Jd:=0;Je:=0;Sc:=0;Sb:=0;Se:=0;Sd:=0;
Cnre:=0;Cnro:=0;Csuo:=0;Csue:=0;Mnre:=0;Mnro:=0;Msuo:=0;Msue:=0;
Dnre:=0;Dnro:=0;Dsuo:=0;Dsue:=0;
Jnre:=0;Jnro:=0;Jsuo:=0;Jsue:=0;Snre:=0;Snro:=0;Ssuo:=0;Ssue:=0;
               end;
re1^.pro:=nil;re1^.ant:=nil;re1^.cim:=nil;re1^.bai:=nil;re1^.nre:=nil;re1^.nro
:=nil;re1^.suo:=nil;re1^.sue:=nil;
if i=1 then begin kc:=re1;pri:=re1;Lc:=re1;end;
if i>1 then begin Lc^.pro:=re1;re1^.ant:= Lc;Lc:=re1;end;
if i>50 then begin re1^.cim:=kc;kc^.bai:=re1;kc:=kc^.pro;end;
          end;                        end;
ult:=re1;ult^.pro:=pri;pri^.ant:=ult; re1:=re1^.pro;
if i>50  then begin for ix:=1 to 50 do begin
re1^.cim:=kc;kc^.bai:=re1;kc:=kc^.pro;re1:=re1^.pro;end;

lc:=pri^.pro;re1:=pri^.bai;kc:=pri^.ant;
repeat
if re1^.x <> 50 then begin re1^.nre:=lc;lc^.suo:=re1;end;
if re1^.x <> 1 then begin re1^.nro:=kc;kc^.sue:=re1;end;
      re1:=re1^.pro;lc:=lc^.pro;kc:=kc^.pro;until re1=pri;end;
end;
procedure enchemini;
var  sr:str2;
begin   if ch<>#0 then                    { #72u:=0;#80d,  #75L  #77R }
case ch of  #72:for i:=1 to 15 do ult:=ult^.cim;
          #80:for i:=1 to 15 do ult:=ult^.bai;
          #77:for i:=1 to 10 do ult:=ult^.pro;
          #75:for i:=1 to 10 do ult:=ult^.ant;end;
Lc:=ult; ix:=5; linhaV(green,green,5,6,34,5,' ');
```

```
for i:=1 to 10 do begin
str(Lc^.x:2,sr);escrevaLinhaV(black,green,sr,ix,6);inc(ix,3);Lc:=Lc^.pro;en
d;Lc:=ult;
for i:=1 to 15 do begin
str(Lc^.y:2,sr);escrevaLinhaV(black,green,sr,2,i+6);Lc:=Lc^.bai;end;Lc:=u
lt; kc:=ult;
for iy:=7 to 21 do begin kc:=kc^.bai;i:=5;for ix:=1 to 10 do begin
escrevaLinhaV(black,lightgray,Lc^.ta,i,iy);inc(i,3);Lc:=Lc^.pro;end;
                       Lc:=kc;end;
end;
procedure ColocarNo;{ colocar no no}
begin with re1^ do begin
cok(9);Wv(Ce);Wv(Me);Wv(Je);cok(14);Wv(Cd);Wv(Md);Wv(Jd);
cok(19);Wv(Cc);Wv(Mc);Wv(Jc);cok(24);Wv(Cb);Wv(Mb);Wv(Jb);
cok(29);Wv(Cnre);Wv(Mnre);Wv(Jnre);cok(34);Wv(Cnro);Wv(Mnro);Wv(J
nro);
cok(39);Wv(Csue);Wv(Msue);Wv(Jsue);cok(44);Wv(Csuo);Wv(Msuo);Wv
(Jsuo);end;
end;
procedure tirarno; { tirar do no}
begin with re1^ do begin
cok(2);case re1^.ta of '■':k^.str80D:='■ = engaste';'c':k^.str80D:='c =
continua';'#':k^.str80D:='# = rotula';end;
cok(3);str(x:2,k^.str80D);str(y:2,prompt);k^.str80D:=k^.str80D+','+prompt;
cok(9);Ws(Ce);Ws(Me);Ws(Je);cok(14);Ws(Cd);Ws(Md);Ws(Jd);
cok(19);Ws(Cc);Ws(Mc);Ws(Jc);cok(24);Ws(Cb);Ws(Mb);Ws(Jb);
cok(29);Ws(Cnre);Ws(Mnre);Ws(Jnre);cok(34);Ws(Cnro);Ws(Mnro);Ws(J
nro);
cok(39);Ws(Csue);Ws(Msue);Ws(Jsue);cok(44);Ws(Csuo);Ws(Msuo);Ws
(Jsuo);end;
end;
procedure limparRe1;
begin
re1:=pri;repeat with re1^ do begin byt:=false;ta:='.';
Cc:=0;Cb:=0;Cd:=0;Ce:=0;Mc:=0;Mb:=0;Md:=0;Me:=0;Jc:=0;Jb:=0;Jd:=0;
Je:=0;
Cnre:=0;Cnro:=0;Csuo:=0;Csue:=0;Mnre:=0;Mnro:=0;Msuo:=0;Msue:=0;
Jnre:=0;Jnro:=0;Jsuo:=0;Jsue:=0;end;re1:=re1^.pro;
           until re1=pri;
end;
procedure exemplo;
begin  LimparRe1;
primeir^.str80D:='3QWE-98-00@ place765';
for ix:=1 to 7 do for iy:=2 to 4 do  begin cokc(ix+(iy-1)*50);

if (ix=4) and (iy=2)then with kc^ do begin byt:=true;Ta:='■';
Csuo:=5;Csue:=5;Msuo:=4;Msue:=-4;Jsuo:=5/3;Jsue:=5/3;end;
```

```
if (ix=1) and (iy=3)then with kc^ do begin byt:=true;Ta:='■';
Cb:=3;Cd:=6;Mb:=0;Md:=9;Jb:=1;Jd:=2;end;

if (ix=3) and (iy=3)then with kc^ do begin byt:=true;Ta:='■';
Cb:=3;Cd:=8;Mb:=0;Md:=2;Jb:=1;Jd:=2;Ce:=6;Me:=9;Je:=2;Cnre:=5;Mnr
e:=4;Jnre:=5/3;end;

if (ix=7) and (iy=3)then with kc^ do begin byt:=true;Ta:='■';
Cb:=3;Ce:=6;Mb:=0;Me:=9;Jb:=1;Je:=2;end;

if (ix=5) and (iy=3)then with kc^ do begin byt:=true;Ta:='■';
Cb:=3;Cd:=6;Mb:=0;Md:=9;Jb:=1;Jd:=2;Ce:=8;Me:=2;Je:=2;Cnro:=5;Mnr
o:=-4;Jnro:=5/3;end;
re1:=kc;
if (ix in[3,5]) and (iy=4)then begin
kc^.byt:=true;kc^.Ta:='■';kc^.Cc:=3;kc^.jc:=1;end;
if (ix in[1,7]) and (iy=4)then kc^.Ta:='#';
if (ix in[2,4,6]) and (iy=3)then kc^.Ta:='c';

end;ult:=pri;ch:=#0;enchemini;re1:=pri^.ant;irwb(true);tirarno;
      end;
procedure writeEsc;
const sr='        ESCOLHA DOS NOS          ';
ms='<TAB>=muda a janela, direcao=setas, <f2>=continua <f3>=engaste
<f4>=rotula.';
var msg:str80;
procedure xy(w,r:word); begin
str(re1^.x:2,prompt);escrevaLinhaV(w,r,prompt,pox,6);
str(re1^.y:2,prompt);escrevaLinhaV(w,r,prompt,2,poy);
escrevaLinhaV(red,lightgray,'■',pox,poy);
end;
procedure baixcimC;begin
colunaV(green,black,35,8+1,35,20-1,'▓');
iy:=trunc(re1^.y*11/pri^.ant^.y);      if iy<=0 then iy:=1;
ix:=trunc(re1^.x*26/50);               if ix<=0 then ix:=1;
escrevaLinhaV(cyan,blue,'■',35,8+iy);
linhaV(green,black,6+1,22,33-
1,22,'▓');escrevaLinhaV(cyan,blue,'■',6+ix,22);
end;
begin   msg:=ms;feito:=true; re1:=pri;ult:=pri; pox:=5;poy:=7;
writemsg(16*blue+yellow,sr,2,5);
repeat   xy(white,red);
input:=0;entrada:=#255;entrada:=instring(msg,'',[#0],[],1,0);axfunc47;
msg:=ms;
if (ch in [#27,#45]) then begin limpmemoini;limpmemoC;halt;end;
xy(black,green);escrevaLinhaV(black,lightgray,re1^.ta,pox,poy);
```

```
case ch of
#9:begin re1:=pri;irWb(true);lc:=kc;irWb(true);irWb(true);if (lc<>re1) and
(re1<>kc) then ch:=#8 else
   msg:='Precisa selecionar pelo menos tres nos, sua selecao ate agora
e menor que 3.';end;
#60:{f2} if re1^.ta='c' then begin re1^.ta:='.';re1^.byt:=false;end else begin
re1^.ta:='c';re1^.byt:=false;end;
#61:{f3} if re1^.ta='■' then begin re1^.ta:='.';re1^.byt:=false;end else begin
re1^.ta:='■';re1^.byt:=true;end;
#62:{F4} if re1^.ta='#' then begin re1^.ta:='.';re1^.byt:=false;end else
begin re1^.ta:='#';re1^.byt:=false;end;
#77:{right77}begin inc(pox,3);re1:=re1^.pro;if pox>32 then begin
pox:=5;enchemini;end;end;
#71:{home}begin limparRe1;enchemini;end;
#75:{left}begin dec(pox,3);re1:=re1^.ant;if pox<5 then begin
pox:=32;enchemini;end;end;
#72:{up}begin dec(poy);re1:=re1^.cim;if poy<7 then begin
poy:=21;enchemini;end;end;
#80:{down}begin inc(poy);re1:=re1^.bai;if poy>21 then begin  poy:=7
;enchemini;end;end;end;
 baixcimC;
until ch in [#8];  writemsg(16*lightgray+black,sr,2,5);  feito:=false;
re1:=pri^.ant;irwb(true);
end;
procedure writedados;  var ms:str80; crc:ptr_cr;
begin window(37,5,79,22);posy:=1;posx:=1;exemplo;
IniciarTela(trunc(maxPerg));
writeEsc;tirarno;IniciarTela(trunc(maxPerg));ms:=#0;
repeat
repeat textattr:=$1E;
with res1^ do
case perg of
1: BEGIN gotoxy(posx,posy);entrada:=str80D;Erro:=1;
str80D:=instring(msg,nom,[#0,#32..#255],[],(41-
length(nom)),0);axfunc47;end;
2: BEGIN cursorOff;gotoxy(posx,posy);entrada:=str80D;Erro:=1;
entrada:=instring(msg,nom,[#0],[],(41-
length(nom)),0);axfunc47;cursorOn;end;
3:BEGIN cursorOff;gotoxy(posx,posy);entrada:=str80D;
entrada:=instring(msg,nom,[#0],[],(41-
length(nom)),0);axfunc47;cursorOn;end;
4: BEGIN cursorOff;gotoxy(posx,posy);input:=0;entrada:=#255;
entrada:=instring(msg,nom,[#0],[],41-length(nom),0);axfunc47;cursorOn;
if ch=#73 then begin colocarno;irWB(true);tirarno;iniciartela(max);end;
if ch=#81 then begin
colocarno;irWB(false);tirarno;iniciartela(max);end;end;
5:BEGIN cursorOff;gotoxy(posx,posy);entrada:=str80D;
```

```
entrada:=instring(msg,nom,[#0],[],(41-
length(nom)),0);axfunc47;cursorOn;
if ch=#13 then begin
irWB(false);tirarNo;irwB(true);iniciartela(max);end;end;
6: BEGIN cursorOff;gotoxy(posx,posy);input:=0;entrada:=#255;
entrada:=instring(msg,nom,[#0],[],41-length(nom),0);axfunc47;cursorOn;
if ch in [#59,#60,#61,#62] then begin
case ch of
#61:ch:=#72;#62:ch:=#80;#59:ch:=#77;#60:ch:=#75;end;enchemini;ch:=#
255;end;end;
7: BEGIN cursorOff;gotoxy(posx,posy);input:=0;entrada:=#255;if ms=#0
then ms:=msg;
entrada:=instring(ms,nom,[#0],[],41-length(nom),0);axfunc47;cursorOn;
if ch=#71 then begin
if (lequiv) then begin
ult:=pri;ch:=#0;enchemini;re1:=pri^.ant;irwb(true);tirarno;iniciartela(max);
ms:='Os dados de projeto anterior estao disponiveis para serem
utilizados.';
                end
else begin ms:='Nao ha dados de projeto anterior que possa ser
utilizado.';end;
                end else ms:=#0;end;
8,9,13,14,18,19,23,24,28,29,33,34,38,39,43,44: BEGIN
cursorOff;gotoxy(posx,posy);input:=0;entrada:=#255;
entrada:=instring(msg,nom,[#0],[],41-
length(nom),0);axfunc47;cursorOn;end;
else
case perg of
10..12,15..17,20..22,25..27,30..32,35..37,40..42,45..47: BEGIN
gotoxy(posx,posy);entrada:=str80D;Erro:=1;
str80D:=tiranulo(instring(msg,nom,[#0,#32,'-','.','0'..'9'],[],(41-
length(nom)),0));axfunc47;end;

max-1: BEGIN   cursorOff;
repeat
gotoxy(posx,posy);input:=1;entrada:=#0;entrada:=instring(msg,nom,[#0],[
],(41-length(nom)),0);axfunc47;
until ch in [#2,#27,#45,#72,#80,#13,#63,#64,#79,#9,#71] ;cursorOn;

            if ch=#13 then begin colocarno;if ch=#255 then
iniciartela(max) else ch:=#254;end;end;
max: BEGIN      cursorOff;
repeat
gotoxy(posx,posy);input:=1;entrada:=#0;entrada:=instring(msg,nom,[#0],[
],(41-length(nom)),0);axfunc47;
            until ch in [#2,#27,#45,#72,#80,#13,#63,#64,#9,#71]
;cursorOn;
```

```pascal
          if ch=#13 then begin
exemplo;iniciartela(max);ch:=#63;end;end;end;end;
case ch of
#9:begin reverte(res1);colocarno;writeEsc;tirarno;iniciartela(max);end;
#2:OndY(max);
#63,#64: IrFinal(max);
#71:{home}begin limparRe1;enchemini;res1:=primeir;repeat
res1^.str80D:=#0;res1:=res1^.proximo; until
res1=primeir;iniciartela(max);end;
#72: previousact(max);
#80,#13: nextact(max); end;
if (ch in [#27,#45]) then begin limpmemoini;limpmemoC;halt;end;
until ch in
[#23,#253,#254{,#47,#19,#31,#75,#77,#83,#72,#80,#71,#73,#81,
#13,#9,#82,#8 ,#63,#64,#65,#66}];
     (*  esc x  i   r  s  L  R  DEL up   dn home       pgu pgd ent tab ins
bsp f5  f6  f7  f8 *)
until ch=#254;
saitt('nilson47.txt');
writeln(arq,primeir^.nom,primeir^.str80D); writeln(arq);
writeln(arq,'         Traço da figura escolhida ');writeln(arq);
re1:=pri;irwb(false); ult:=re1;
re1:=pri^.ant;irWb(true);cokc(50*(re1^.y-1)+1);lc:=kc;
write(arq,'   ');i:=0;
for ix:=1 to 50 do begin inc(i);if i>9 then i:=0; write(arq,i,' ');end;
for iy:=lc^.y to ult^.y do begin
writeln(arq);re1:=kc;kc:=kc^.bai;write(arq,re1^.y:2,' ');
for ix:=1 to 50 do begin write(arq,re1^.ta,' ');re1:=re1^.pro;end;end;
writeln(arq);
re1:=pri;irWb(false);lc:=re1;
repeat  irwb(true);tirarno;cok(8);done:=false;
repeat
if (k^.proximo^.proximo^.str80D<>'0')and
(k^.proximo^.proximo^.proximo^.str80D<>'0')and
(k^.proximo^.proximo^.proximo^.proximo^.str80D<>'0')
then begin done:=true; writeln(arq);
for iy:=1 to 5 do begin
if iy=1 then write(arq,copy(k^.nom,12,length(k^.nom)),k^.str80D,'   ');
if iy in[3,4,5] then write(arq,copy(k^.nom,4,length(k^.nom)),k^.str80D,'
');
k:=k^.proximo;end;end else for iy:=1 to 5 do k:=k^.proximo;
until k^.perg>=max-2;
if done then begin writeln(arq);
cok(2);
write(arq,'==========',copy(k^.nom,4,length(k^.nom)),k^.str80D,'
');k:=k^.proximo;
write(arq,copy(k^.nom,4,length(k^.nom)),k^.str80D,' ==========');end;
```
190

```
until re1=lc;  writeln(arq);
NoFinal;toquiv;toquivi('nicasi47.dat');limpmemoini;
end;
(*         #63,#64,#65,#66,#67,#68,#9, #59,#60,#61,#62, #81, #73, #71,
#72,#80, #75   #77
           F5 F6  F7  F8  F9  F10 tab  f1   f2  f3  f4
pgdn,pgup,home,up,down ,left,right*)


procedure distribuicao;  var aux,ud,ue,uc,ub,unre,unro,usue,usuo:real;
begin re1:=pri; irwB(false); lc:=re1;
repeat irWB(true);  with re1^ do begin
i:=0;me:=-me;mb:=-mb;msue:=-msue;msuo:=-msuo;
if ce<>0 then inc(i);if cd<>0 then inc(i);if cc<>0 then inc(i);if cb<>0 then
inc(i);
if cnre<>0 then inc(i);if cnro<>0 then inc(i);if csuo<>0 then inc(i);if
csue<>0 then inc(i);
if i<=1 then perg:=0; if perg<>0 then begin
aux:=0;ud:=0;ue:=0;uc:=0;ub:=0;unre:=0;unro:=0;usue:=0;usuo:=0;

if (cd<>0) then begin kc:=re1; repeat kc:=kc^.pro;until kc^.ta<>'c';
ud:=(3/4)*jd/cd;if kc^.byt then ud:=jd/cd;end;
if (ce<>0) then begin kc:=re1; repeat kc:=kc^.ant;until kc^.ta<>'c';
ue:=(3/4)*je/ce;if kc^.byt then ue:=je/ce;end;
if (cc<>0) then begin kc:=re1; repeat kc:=kc^.cim;until kc^.ta<>'c';
uc:=(3/4)*jc/cc;if kc^.byt then uc:=jc/cc;end;
if (cb<>0) then begin kc:=re1; repeat kc:=kc^.bai;until kc^.ta<>'c';
ub:=(3/4)*jb/cb;if kc^.byt then ub:=jb/cb;end;
if (cnro<>0) then begin kc:=re1; repeat kc:=kc^.nro;until kc^.ta<>'c';
unro:=(3/4)*jnro/cnro;if kc^.byt then unro:=jnro/cnro;end;
if (cnre<>0) then begin kc:=re1; repeat kc:=kc^.nre;until kc^.ta<>'c';
unre:=(3/4)*jnre/cnre;if kc^.byt then unre:=jnre/cnre;end;
if (csuo<>0) then begin kc:=re1; repeat kc:=kc^.suo;until kc^.ta<>'c';
usuo:=(3/4)*jsuo/csuo;if kc^.byt then usuo:=jsuo/csuo;end;
if (csue<>0) then begin kc:=re1; repeat kc:=kc^.sue;until kc^.ta<>'c';
usue:=(3/4)*jsue/csue;if kc^.byt then usue:=jsue/csue;end;

aux:=ud+ue+uc+ub+unre+unro+usue+usuo;
if aux<>0 then begin
if (cd<>0) then dd:=ud/aux;if (ce<>0) then de:=ue/aux;
if (cc<>0) then dc:=uc/aux;if (cb<>0) then  db:=ub/aux;
if (cnre<>0) then dnre:=unre/aux;if (cnro<>0) then dnro:=unro/aux;
if (csue<>0) then dsue:=usue/aux;if (csuo<>0) then  dsuo:=usuo/aux;
{
writeln('x= ', x:2,' y=',y:2,' de=',de:5:3,' dd=',dd:5:3,' dc=',dc:5:3,'
db=',db:5:3);
writeln('dnre=',dnre:5:3,' dnro=',dnro:5:3,' dsue=',dsue:5:3,'
dsuo=',dsuo:5:3); readkey;}
```

```
              end;              end;    end;
until lc=re1;end;
procedure EscDeseq; var aux:real;    {   acha o mais desequilibrado}
begin  re1:=pri; irwB(false); lc:=re1;   aux:=0;
repeat irWb(true); with re1^ do  begin  if perg<>0 then begin
SM:=mc+mb+md+me+mnre+mnro+msuo+msue;
if abs(aux)<abs(SM) then begin aux:=SM;ult:=re1;end;end;end;
until lc=re1;re1:=ult;done:=(abs(re1^.sm)<0.0000000001) and
(re1^.sm<>0);
end;
procedure EqualNo;  var m:real;
begin
with re1^ do begin Sm:=-Sm;
{write('x= ', x:2,' y=',y:2);writeln('  sm=',sm:10:8);  }

if(cd<>0)then begin m:=sm * dd;sd:=sd+m+md;md:=0;kc:=re1; repeat
kc:=kc^.pro;until kc^.ta<>'c';if kc^.byt then kc^.me:=kc^.me+ (m/2);end;

if(ce<>0)then begin m:=sm * de;se:=se+m+me;me:=0;kc:=re1; repeat
kc:=kc^.ant;until kc^.ta<>'c';if kc^.byt then kc^.md:=kc^.md+ (m/2);end;

if(cc<>0)then begin m:=sm * dc;sc:=sc+m+mc;mc:=0;kc:=re1;repeat
kc:=kc^.cim;until kc^.ta<>'c';if kc^.byt then kc^.mb:=kc^.mb+ (m/2);end;

if(cb<>0)then begin m:=sm * db;sb:=sb+m+mb; mb:=0;kc:=re1; repeat
kc:=kc^.bai;until kc^.ta<>'c';if kc^.byt then kc^.mc:=kc^.mc+ (m/2);end;

if(cnre<>0)then begin m:=sm *
dnre;snre:=snre+m+mnre;mnre:=0;kc:=re1; repeat
kc:=kc^.nre;until kc^.ta<>'c';if kc^.byt then kc^.msuo:=kc^.msuo
+(m/2);end;

if(cnro<>0)then begin m:=sm *
dnro;snro:=snro+m+mnro;mnro:=0;kc:=re1; repeat
kc:=kc^.nro;until kc^.ta<>'c';if kc^.byt then kc^.msue:=kc^.msue
+(m/2);end;

if(csue<>0)then begin m:=sm *
dsue;ssue:=ssue+m+msue;msue:=0;kc:=re1; repeat
kc:=kc^.sue;until kc^.ta<>'c';if kc^.byt then kc^.mnro:=kc^.mnro
+(m/2);end;

if(csuo<>0)then begin m:=sm *
dsuo;ssuo:=ssuo+m+msuo;msuo:=0;kc:=re1; repeat
kc:=kc^.suo;until kc^.ta<>'c';if kc^.byt then kc^.mnre:=kc^.mnre
+(m/2);end;
end;              end;
```

```
procedure nil47.entradado;    var sr:str41;  {nil47entradado;}
begin
distribuicao; repeat EscDeseq;EqualNo;until done;
assign(arq,'nilson47.txt');append(arq);
re1:=pri; irWB(false);lc:=re1;
repeat  irWB(true);      with re1^ do begin done:=false;
if ce <>0 then begin done:=true; str(abs(se+me):12:3,sr);writeln(arq,'
Momento Esquerdo Final: ',tiranulo(sr));end;
if cd <>0 then begin done:=true; str(abs(sd+md):12:3,sr);writeln(arq,'
Momento Direito Final: ',tiranulo(sr));end;
if cc <>0 then begin done:=true; str(abs(sc+mc):12:3,sr);writeln(arq,'
Momento de Cima Final: ',tiranulo(sr));end;
if cb <>0 then begin done:=true; str(abs(sb+mb):12:3,sr);writeln(arq,'
Momento de baixo Final: ',tiranulo(sr));end;
if cnre <>0 then begin done:=true;
str(abs(snre+mnre):12:3,sr);writeln(arq,' Momento Nordeste Final:
',tiranulo(sr));end;
if cnro <>0 then begin done:=true;
str(abs(snro+mnro):12:3,sr);writeln(arq,' Momento Noroeste Final:
',tiranulo(sr));end;
if csue <>0 then begin done:=true;
str(abs(ssue+msue):12:3,sr);writeln(arq,' Momento Sudeste Final:
',tiranulo(sr));end;
if csuo <>0 then begin done:=true;
str(abs(ssuo+msuo):12:3,sr);writeln(arq,' Momento Sudoeste Final:
',tiranulo(sr));end;
if done then writeln(arq,' ========== Nó :',x:2,',',y:2,'
==============='); end;
until lc=re1;limpmemoC;CLOSE(arq);
iniciartextoarq(false,'nilson47.txt');
end;

procedure nilso47.entradado; { nilso47entradado }
begin
write('Aguarde estou processando...');
MaxPerg:=max;
if lequi('nicasi47.dat') then
begin EncherMemoria(max);
L:=primeir^.proximo;LerArqMsg(3192+1,1);LerArqMsg(3192+13,2);LerAr
qMsg(3192+16,3);
for ix:=1 to 8 do begin LerArqMsg(3192+4+ix,1);LerArqMsg(3192+15,1);
for i:=1 to 3 do LerArqMsg(3192+1+i,1);end;
L:=primeir^.proximo;LerArqNom(3210+1,1);LerArqNom(3210+13,2);LerA
rqNom(3210+16,3);
for ix:=1 to 8 do begin LerArqNom(3210+4+ix,1);LerArqNom(3210+15,1);
for i:=1 to 3 do LerArqNom(3210+1+i,1);end;
```

```
cok(2);for ix:=2 to 7 do begin str(ix:2,prompt);K^.nom:=prompt+'-
'+k^.nom;k:=k^.proximo;end;
for ix:=1 to 8 do begin
case ix of 1:K^.nom:=' 8 -'+k^.nom;2:K^.nom:=' 13-'+K^.nom;3:K^.nom:='
18-'+K^.nom;
4:K^.nom:=' 23-'+K^.nom;5:K^.nom:=' 28-'+K^.nom;6:K^.nom:=' 33-
'+K^.nom;7:K^.nom:=' 38-'+K^.nom;
8:K^.nom:=' 43-'+K^.nom;end;for i:=1 to 5 do k:=k^.proximo;end;
L:=ultim^.anterior;LerArqNom(2894+1,2);
L:=ultim^.anterior;LerArqMsg(2896+1,2);
L:=primeir; LerArqNom(3132+1,1);L:=primeir;LerArqMsg(3110+1,1);
Delete(primeir^.nom,3,3);Insert('-',primeir^.nom,3);
Insert(' para todos os nos', ultim^.anterior^.nom,11);
            end;
encherM;ult:=pri;ch:=#0;enchemini;re1:=pri;ult:=pri; pox:=5;poy:=7;
colunaV(white,black,36,5,36,22,'‖');
baixcim(green,black,35,8,35,20);escrevaLinhaV(cyan,blue,'■',35,8+1);
baixcimx(green,black,6,22,33,22); escrevaLinhaV(cyan,blue,'■',6+1,22);
writedados;
end;                              (*
begin
if not getparamstr then exit;DadosEntreProgr;
ESCREVERODAPE;WINDOW(2,5,79,22);textattr:=$70;clrscr;
DadoIniMouse;
entrada:='';entrada2:='';entrada1:='';nilso47entradado;nil47entradado;
halt(20);{leituraarquivotexto('nilson47.txt',1);}        *)
end.
```

unit nilson48;

```
interface
uses
crt,nilson36,nilson38,nilson35,nilson32,nilson73,nilson39,nilson70,nilson
74,nilson30;
type
ptr_nilso48 =^nilso48;
nilso48=object
procedure entradado;
      end;
var kn48:ptr_nilso48;
implementation
type
str201=string[201];
const max=18;
var
base1,base2:integer;
Sa:str201;i:byte;
```

```
procedure Wp(i:str80);
begin K:=K^.proximo;k^.str80D:=i;end;
procedure nilso48.entradado;
procedure exemplo;
begin  k:=primeir;k^.str80D:='Alien alfanum planet 57 system wpxr-
lactea-685up.';
Wp('10');Wp('2');Wp('1230');Wp('1230.8125');Wp('0.8125');Wp('-1230');
Wp('-1230.8125');Wp('-0.8125');Wp('30');Wp('40');Wp('0');Wp('1');
Wp('3');Wp('4'); Wp('5');
end;                              (*
procedure exemplo2;
begin  k:=primeir;k^.str80D:='Alien alfanum planet 57 system wpxr-
lactea-685up.';
Wp('5');Wp('10');Wp('2401');Wp('2401.132');Wp('0.132');Wp('-2401');
Wp('-2401.132');Wp('-0.132');Wp('30');Wp('40');Wp('0');Wp('1');
Wp('3');Wp('4'); Wp('5');
end;
procedure exemplo3;
begin  k:=primeir;k^.str80D:='Alien alfanum planet 57 system wpxr-
lactea-685up.';
Wp('5');Wp('2');Wp('2401');Wp('2401.132');Wp('0.132');Wp('-2401');
Wp('-2401.132');Wp('-0.132');Wp('30');Wp('40');Wp('0');Wp('1');
Wp('3');Wp('4'); Wp('5');
end;                                    *)
procedure sairAgora;
var y:integer;
begin
ch:=#23;
val(primeir^.proximo^.str80D,base1,erro);
res1:=primeir^.proximo^.proximo^.proximo;
for i:=4 to 16 do begin for y:=1 to length(res1^.str80D) do
if (pos(res1^.str80D[y],sa)>base1) or (erro <>0) then begin
IniciarTela(trunc(maxPerg));exit;end;res1:=res1^.proximo;end;
end;
var i :byte;
begin
Sa:='' ;
for i:=48 to 57 do Sa:=Sa+chr(i);
for i:=65 to 255 do Sa:=Sa+chr(i);
MaxPerg:=max;if lequi('nicasi48.dat') then begin EncherMemoria(max);
L:=primeir;LerArqNom(3100+1,1);
L:=primeir;LerArqMsg(3110+1,1);
L:=ultim^.anterior;LerArqNom(2894+1,2);
L:=ultim^.anterior;LerArqMsg(2896+1,2);
L:=primeir^.proximo;LerArqNom(3228+1,2);
primeir^.proximo^.nom:=' 2 - '+primeir^.proximo^.nom;
```

```
primeir^.proximo^.proximo^.nom:=' 3 -
'+primeir^.proximo^.proximo^.nom;
L:=primeir^.proximo;LerArqmsg(3230+1,3); L:=L^.anterior;res1:=L;
for i:=4 to max-2 do begin Str(i:2,res1^.nom);
res1^.nom:=res1^.nom+' - número:
';res1^.msg:=L^.msg;res1:=res1^.proximo;end;
res1:=primeir^.proximo;
for i:=2 to max-2 do begin
res1^.str80D:='0';res1:=res1^.proximo;end;exemplo;end;
posy:=1;posx:=2; IniciarTela(trunc(maxPerg));
repeat   textattr:=$1E;
with res1^do
case perg of
1: BEGIN gotoxy(2,posy);entrada:=str80D;Erro:=1;
str80D:=instring(msg,nom,[#0,#32..#255],[],(75-length(nom)),0);end;
2,3: BEGIN gotoxy(2,posy);entrada:=str80D;erro:=1;
str80D:=tiranulo(instring(msg,nom,[#0,#32,#48..#57],[],(75-
length(nom)),0));
val(str80D,numint,erro);if (numint>201) or (erro<>0) then str80D:=#0;end;
4..16: BEGIN gotoxy(2,posy);entrada:=str80D;erro:=1;
str80D:=tiranulo(instring(msg,nom,[#0,#32,'.','-
',#48..#57,#65..#255],[],(75-length(nom)),0));end;
max-1: BEGIN cursorOff;
repeat gotoxy(2,posy);
write(nom);input:=1;entrada:=#0;entrada:=instring(msg,'',[#0],[],(75-
length(nom)),0);
until ch in [#2,#27,#45,#72,#80,#13,#63,#64,#79] ;

                if ch=#13 then sairagora;cursorOn;end;
max: BEGIN cursorOff;
repeat gotoxy(2,posy);
write(nom);input:=1;entrada:=#0;entrada:=instring(msg,'',[#0],[],(75-
length(nom)),0);
                until ch in [#2,#27,#45,#72,#80,#13,#63,#64] ;
                if ch=#13 then begin ch:=#63;
                exemplo;end;cursorOn;end;end;

case ch of
#2:begin OndY(max);if ch=#13 then sairagora;if ch=#63 then begin
exemplo;irfinal(max);end;end;
#63,#64: IrFinal(max);
#72: previousact(max);
#80,#13: nextact(max); end;
until ch in [#27,#45,#23{,#47,#19,#31,#75,#77,#83,#72,#80,#71,#73,#81,
#13,#9,#82,#8 ,#63,#64,#65,#66}];
     (*  esc x  i   r  s  L  R  DEL up   dn home pgu pgd ent tab ins bsp
f5  f6  f7  f8 *)
```

```
if (ch in [#27,#45]) then begin limpmemoini;halt;end;
saitxt(max,'nilson48.txt');toquivi('nicasi48.dat');
end;
end.
```

unit nilson49; { nao apagar este nilson6.txt}

```
interface
uses
crt,nilson36,nilson38,nilson39,nilson31,nilson35,nilson34,nilson37,nilson
72,nilson73;
type
ptr_nilso6 = ^nilso6;
nilso6 = object
PROCEDURE entradado;
        end;
ptr_ar6=^ar6;
ar6 = object
PROCEDURE entradado;
        end;
var k6:ptr_nilso6;r6:ptr_ar6;
implementation

type str240=array[0..255] of char;
  VAR
  ARQ_ENT,ARQ_SAI:file;
  NumRead, NumWritten: Word;
  j:longint;
  buf:array [0..16383] of char;
  NOME_ENT:STRING[67];
  escolha,senha: STRING[6];
  CAR:CHAR;
  TROCOU:BOOLEAN;
  conte:BYTE;
  CONTA:ARRAY[0..255] OF BYTE;
  ARRAY1,ARRAY2,ARRAY3,ARRAY4,ARRAY5,ARRAY6:str240;
PROCEDURE COBRIR(var strArray1:str240);VAR I:INTEGER;BEGIN
FOR I:=0 TO 255 DO BEGIN
IF (strArray1[I] = CAR )THEN BEGIN car:=chr(I);EXIT; END ;END;END;
PROCEDURE DESCOBRIR(var strArray1:str240);begin
car:=strarray1[ord(car)];end;

FUNCTION NUMBERCAR(CONTE:INTEGER):INTEGER;
BEGIN  erro:=ord(senha[conte])+conte;
if (conte>1) and (senha[conte]=senha[(conte-1)]) then
erro:=ord(senha[conte])-conte;
if (erro>=255) or (erro<=0) then erro:=128; numbercar:=erro;
```

```pascal
END;

PROCEDURE ORGAR(NUMBERCAR1:INTEGER; var strarray1:str240);
VAR I,B:INTEGER;
BEGIN B:=0 ;
for I:=(numbercar1-1) downto 0 do BEGIN
strArray1[I]:=chr(B);inc(B);END;
FOR I:=255 DOWNTO NUMBERCAR1 DO BEGIN
strArray1[I]:=chr(B);inc(B);END;
END;
procedure cifra;
var t:integer;
begin
if trocou then begin
cobrir(array1);cobrir(array2);cobrir(array3);
conta [ord(car)]:=conta[ord(car)]+1;
          end else begin
cobrir(array4);cobrir(array5);cobrir(array6);
conta [ord(car)]:=conta[ord(car)]+1;
                end;
if conta[ord(car)]>2 then begin trocou:=not trocou;
for t:=0 to 255 do conta[t]:=0;
                    end;
end;
procedure decifra;
var t:integer;
begin
if trocou then begin
descobrir(array3);descobrir(array2);descobrir(array1);
conta [ord(car)]:=conta[ord(car)]+1;
          end else begin
descobrir(array6);descobrir(array5);descobrir(array4);
conta [ord(car)]:=conta[ord(car)]+1;
                end;
if conta[ord(car)]>2 then begin trocou:=not trocou;
for t:=0 to 255 do conta[t]:=0;
                    end;
end;
procedure ar6.entradado;
begin
res1:=primeir;senha:=res1^.str80D;
res1:=res1^.proximo;nome_ent:=res1^.str80D;
res1:=res1^.proximo;escolha:=res1^.str80D; limpmemoini;

{write('senha :',senha,'  nome_ent: ',nome_ent,'
escolha:',escolha);readkey;}
end;
```

```pascal
procedure nilso6.entradado;
BEGIN

 TROCOU:=TRUE;
 FOR numint:=0 TO 255 DO CONTA[numint]:=0;
{writeln(' numbercar(1):',numbercar(1),' numbercar(2):',numbercar(2),
' numbercar(3):',numbercar(3),' numbercar(4):',numbercar(4),
' numbercar(5):',numbercar(5),' numbercar(6):',numbercar(6));readkey;}


ORGAR(numbercar(1),array1);ORGAR(numbercar(2),array2);ORGAR(n
umbercar(3),array3);

ORGAR(numbercar(4),array4);ORGAR(numbercar(5),array5);ORGAR(n
umbercar(6),array6);
{writeln('array1:');for j:=40 to 55 do write(array1[j]);
writeln('array2:');for j:=40 to 55 do write(array2[j]);
writeln('array3:');for j:=40 to 55 do write(array3[j]);
writeln('array4:');for j:=40 to 55 do write(array4[j]);
writeln('array5:');for j:=40 to 55 do write(array5[j]);
writeln('array6:');for j:=40 to 55 do write(array6[j]);readkey;  }

ASSIGN(ARQ_ENT,NOME_ENT);{$I-}RESET(ARQ_ENT,1);{$I+};if
IOResult <> 0 then halt;
ASSIGN(ARQ_SAI,'nilson.txt');REWRITE(ARQ_SAI,1);
IF (ESCOLHA ='C') or (escolha ='c') THEN BEGIN  { write('Vou
Criptografar');readkey;}
             repeat
BlockRead(ARQ_ENT, Buf, SizeOf(Buf), NumRead);
  { writeln('bufC:');for j:=numread-10 to numread do
write(buf[j]);readkey;}
  j:=0;
          while (j<=Numread) and (numread<>0) do    begin
car:=buf[j];CIFRA;buf[j]:=car;inc(j); end;{writeln('bufC:');for j:=numread-10
to numread do write(buf[j]);readkey;}
BlockWrite(arq_sai, Buf, NumRead, NumWritten);
             until (NumRead = 0) or (NumWritten <> NumRead);
                        END ELSE BEGIN {write('Vou
DesCriptografar');readkey;}
             repeat
BlockRead(ARQ_ENT, Buf, SizeOf(Buf), NumRead);
  { writeln('bufD:');for j:=numread-10 to numread do
write(buf[j]);readkey;}
  j:=0;
          while (j<=Numread) and (numread<>0) do      begin
car:=buf[j];DECIFRA; buf[j]:=car;inc(j);end; {writeln('bufD:');for
j:=numread-10 to numread do write(buf[j]);readkey;}
```

```
BlockWrite(arq_sai, Buf, NumRead, NumWritten);
              until (NumRead = 0) or (NumWritten <> NumRead);
                            end;
CLOSE(ARQ_ENT);
CLOSE(ARQ_SAI);

ASSIGN(ARQ_ent,'nilson6.TXT');{$I-} RESET(ARQ_ent); {$I+}
IF IORESULT<>0 THEN begin
assign(arq_sai,'nilson.txt');RENAME(ARQ_SAI,'nilson6.TXT');end else
begin
CLOSE (ARQ_ent);ERASE(ARQ_ent);
assign(arq_sai,'nilson.txt');RENAME(ARQ_SAI,'nilson6.TXT');end;
end;
end.
```

unit nilson50;

```
interface
uses
crt,nilson36,nilson38,nilson35,nilson32,nilson73,nilson39,nilson70,nilson
74,nilson30;
type
ptr_nilso50 =^nilso50;
nilso50=object
procedure entradado;
      end;
var k50:ptr_nilso50;
implementation
procedure nilso50.entradado;
const max=60;
begin
MaxPerg:=max;EncherMemoria(max);res1:=primeir;
for posy:=1 to 60 do begin str(posy:2,prompt);res1^.nom:=prompt+'. ';
res1^.msg:='nilson50.txt  sair sem gravar<esc>  gravar e sair<home>.
Criptografe E-mail.';
res1:=res1^.proximo;end;
posx:=1;posy:=1;IniciarTela(trunc(maxPerg));
repeat textattr:=$1E; with res1^do case perg of
1..max: BEGIN entrada:=str80D;erro:=length(entrada+nom)+1;input:=0;
gotoxy(1,posy);str80D:=instring(msg,nom,[#0,#32..#255],[],(77-
length(nom)),0);end;end;
case ch of
#2:OndY(max);
#72: previousact(max);
#80,#13: nextact(max);
end;     if (ch in [#27,#45]) then begin limpmemoini;halt;end;
```

```
until ch in [#27,#45,#71{,#47,#19,#31,#75,#77,#83,#72,#80,#71,#73,#81,
#13,#9,#82,#8 ,#63,#64,#65,#66}];
    (*  esc x i    r  s  L  R  DEL  up  dn home pgu pgd ent tab ins
bsp f5  f6  f7  f8 *)
assign(arq,'nilson50.txt');rewrite(arq);res1:=primeir;for i:=1 to max do
begin
if res1^.str80D<>#0 then
writeln(arq,res1^.str80D);res1:=res1^.proximo;end;
close(arq);limpmemoini;
end;{nilson50}
end.
{program nilson51; }
```

unit nilson51;

```
interface

uses crt,nilson30,nilson36,nilson38,nilson35,nilson39,nilson74,nilson32,
nilson73;
type
ptr_nilso51 =^nilso51;
nilso51 = object
PROCEDURE ENTRADADO;
        end;
var k51:ptr_nilso51;
implementation
type
ptr_re51 = ^re51;
re51 = record
     ms,qs,Yl,ang,Ns,Ya:real;
     ant,pro:ptr_re51;
     end;
re50 =record a,b:real;end;
var re1,pri,ult,kc,Lc:ptr_re51;re5:re50;mmm,lll:real;i:integer;
arqui:file of re51; arqu:file of re50;
procedure limpmemoC;
begin
re1:=pri;
while (re1<>ult) do  begin
Lc:=re1^.pro;dispose(re1);re1:=Lc;end;dispose(ult);
end;
procedure copyfile44;
var
  FromF, ToF: file;
  NumRead, NumWritten: Word;
  Buf: array[1..2048] of Char;
begin
  Assign(FromF,'nilson44.txt');{ Open input file }
```

```pascal
  Reset(FromF, 1); { Record size = 1 }
  Assign(ToF,'nilson51.txt'); { Open output file }
  Rewrite(ToF, 1); { Record size = 1 }
  repeat
    BlockRead(FromF, Buf, SizeOf(Buf), NumRead);
    BlockWrite(ToF, Buf, NumRead, NumWritten);
  until (NumRead = 0) or (NumWritten <> NumRead);
  Close(FromF);
  Close(ToF);
end;

procedure Toquiv;
begin
assign(arqui,'ncs51.dat');rewrite(arqui);
re1:=pri;repeat write(arqui,re1^); re1:=re1^.pro; until re1=pri;
close(arqui);
end;
procedure Lequiv;   var i:integer;
begin   {$I-}assign(arqu,'ncs51.dat'); reset(arqu);{$I+}
if ioresult<>0 then halt;i:=0; read(arqu,re5);lll:=re5.a;mmm:=re5.b;

while not Eof(arqu) do  begin
new(re1);Read(arqu,re5); inc(i);re1^.ms:=re5.a;re1^.qs:=re5.b;

if i=1 then begin re1^.ant:=nil; re1^.pro:=nil;Kc:=re1;pri:=re1;Lc:=re1;end
else begin Lc^.pro:=re1;re1^.ant:= Lc;re1^.pro:=nil;Lc:=re1;end;
                end;
ult:=re1;ult^.pro:=pri;pri^.ant:=ult;
close(arqu);end;

procedure inicio;
const max=8;
procedure exemplo;
begin
primeir^.str80D:='Viga V4-2M-LE-200  Cabo Telef. Lagoa-corcovado.';
primeir^.proximo^.str80D:='0';primeir^.proximo^.proximo^.str80D:='100';
end;
procedure sairAgora;
var i:integer;
begin res1:=primeir^.proximo;
for i:=2 to 3 do  begin fck:=Wiv;if erro<>0 then begin
iniciartela(max);exit;end;end;
ch:=#23;
end;
var i :byte;ms:str80;
begin
MaxPerg:=8;if lequi('nicasi51.dat') then      begin EncherMemoria(8);
```

```
L:=primeir;LerArqNom(3100+1,1);LerArqNom(3334+1,5);LerArqNom(289
4+1,2);
L:=primeir;LerArqMsg(3110+1,1);LerArqMsg(3339+1,5);LerArqMsg(2896
+1,2); exemplo;end;
posy:=1;posx:=2; IniciarTela(trunc(maxPerg));ms:=#0;
repeat   textattr:=$1E;
with res1^do
case perg of
1: BEGIN gotoxy(2,posy);entrada:=str80D;Erro:=1;
str80D:=instring(msg,nom,[#0,#32..#255],[],(75-length(nom)),0);end;
2,3: BEGIN gotoxy(2,posy);entrada:=str80D;erro:=1;
str80D:=tiranulo(instring(msg,nom,[#0,#32,'-','.','0'..'9'],[],(75-
length(nom)),0));end;
4: BEGIN cursorOff;gotoxy(posx,posy);input:=1;entrada:=#0;if ms=#0
then ms:=msg;
entrada:=instring(ms,nom,[#0],[],75-length(nom),0);cursorOn;
if ch=#71 then begin if not lequi('nicasi51.dat') then begin
iniciartela(max);
ms:='Os dados de projeto anterior estao disponiveis para serem
utilizados.';
                              end
else ms:='Nao ha dados de projeto anterior que possa ser utilizado.';
              end else ms:=#0;end;
5,6: BEGIN cursorOff;gotoxy(2,posy);entrada:=#0;input:=1;
str80D:=instring(msg,nom,[#0],[],(75-length(nom)),0);cursorOn;end;
max-1: BEGIN cursoroff;
gotoxy(2,posy);input:=1;entrada:=#0;entrada:=instring(msg,nom,[#0],[],(7
5-length(nom)),0);cursoron;
if ch=#13 then sairagora;end;
max: BEGIN   cursoroff;
gotoxy(2,posy);
write(nom);input:=1;entrada:=#0;entrada:=instring(msg,'',[#0],[],(75-
length(nom)),0);cursoron;
if ch=#13 then begin ch:=#63;exemplo;end;end;end;
case ch of
#2:begin OndY(max);if ch=#13 then sairagora;if ch=#63 then begin
exemplo;irfinal(max);end;end;
#63,#64: IrFinal(max);
#72: previousact(max);
#80,#13: nextact(max); end;
until ch in [#27,#45,#23{,#47,#19,#31,#75,#77,#83,#72,#80,#71,#73,#81,
#13,#9,#82,#8 ,#63,#64,#65,#66}];
        (* esc x  i  r  s  L  R  DEL up  dn home pgu pgd ent tab ins bsp
f5  f6  f7  f8 *)

if (ch in [#27,#45]) then begin limpmemoini;halt;end;
toquivi('nicasi51.dat'); copyfile44;
```

```
assign(arq,'nilson51.txt');append(arq);
writeln(arq,'                    CONTINUAÇÃO PARA A APLICAÇÃO EM
CABOS       ');
writeln(arq,'             ======================================
');
writeln(arq,'');
noinicio;
writeln(arq,primeir^.nom,primeir^.str80D);
writeln(arq,primeir^.proximo^.nom,primeir^.proximo^.str80D);
writeln(arq,primeir^.proximo^.proximo^.nom,primeir^.proximo^.proximo^.s
tr80D);
NoFinal;
end;
procedure Meio;  var
cosAlfa,senalfa,distX,distY,forca,tanAlfa,maxM,LL,x,
XI,A,B,C,D,E,tanFi,cosfi,flex:real; s1,s2,s3,s4:str25;
begin
res1:=primeir^.proximo;distY:=wiv;forca:=wiv;
maxM:=mmm;LL:=III; distX:=LL;

if distY=0 then begin cosalfa:=1;tanAlfa:=0;senalfa:=0;end else begin
tanAlfa:=abs(distY/distX);cosalfa:=abs(distX/sqrt(sqr(distX)+sqr(distY)));
senalfa:=abs(distY/sqrt(sqr(distX)+sqr(distY)));end;         {
re1:=pri;re1^.YI:=0;re1^.ang:=0;re1^.ns:=forca;re1^.ya:=0;
re1:=ult;re1^.YI:=0;re1^.ang:=0;re1^.ns:=forca;re1^.ya:=0;  }
re1:=pri; x:=0;
repeat
    re1^.YI:=re1^.ms/(forca*cosalfa);
    re1^.ang:=(re1^.Qs+ forca *senalfa)/(forca*cosalfa);
    re1^.ns:=sqrt(sqr(re1^.Qs+ forca *senalfa)+sqr(forca*cosalfa));
    re1^.ya:= x*tanalfa;  x:=x+LL/MaxM; re1:=re1^.pro;
until re1=pri; x:=LL/MaxM; xI:=0;  pri^.Qs:=0;pri^.ms:=0;

repeat
re1:=re1^.pro;
if disty=0 then
XI:= XI+sqrt(sqr(re1^.ant^.YI-re1^.yl)+sqr(x)) else
XI:= XI+sqrt(sqr(abs(re1^.ant^.YI-re1^.yl)+(x*tanalfa))+sqr(x)) ;
re1^.ms:=xl; re1^.Qs:=re1^.ant^.Qs+x;
until re1=ult;
assign(arq,'nilson51.txt');append(arq); str(distx:20:3,s1);
str(disty:20:3,s2);
writeln(arq,'inclinação dos suportes : x=',tiranulo(s1),' ,  y=',tiranulo(s2));
writeln(arq);L:=primeir;LerArqMsg(3344+1,6);res1:=primeir;

for i:=1 to 6 do begin writeln(arq,'
'+res1^.msg);res1:=res1^.proximo;end;writeln(arq);
```

```pascal
writeln(arq,'seção    Yl      Ns      Tg &    Y       Xc      Xp');
re1:=pri;i:=0;  inicializarTela(80,25); input:=0;

repeat
 if input=25 then begin input:=0;
 escreverArquivo(80,25);inicializarTela(80,25);end;inc(input);

str(re1^.Yl:20:2,s1); str(re1^.Ns:30:2,s2); str(re1^.ang:10:5,s3);
str(re1^.Ya:30:2,s4);
str(re1^.ms:30:2,prompt); str(re1^.Qs:30:2,entrada);str(i:2,entrada1);

escrevaLinha('['+tiranul(entrada1)+']',2,input);escrevaLinha('|',8,input);
escrevaLinha(tiranul(s1),9,input);escrevaLinha('|',18,input);
escrevaLinha(tiranul(s2),19,input);escrevaLinha('|',28,input);
escrevaLinha(tiranul(s3),29,input);escrevaLinha('|',39,input);
escrevaLinha(tiranul(s4),40,input);escrevaLinha('|',49,input);
escrevaLinha(tiranul(prompt),50,input);escrevaLinha('|',59,input);
escrevaLinha(tiranul(entrada),60,input);
inc(i);  re1:=re1^.pro;
until re1=pri;escreverArquivo(80,input);  limpmemoC;limpmemoini;

writeln(arq);
writeln(arq,' Nao foram levados em conta efeitos secundários tais
como:');
writeln(arq,'           1- Efeito elástico que cargas de longa duração
provocam.');
writeln(arq,'           2- Variação de temperatura em relação à aquela de
fixação.');
writeln(arq,'           3- Cargas adicionais atribuídas a ação do vento.');
writeln(arq,' Entre em contato com o autor (veja como no menu-about).');
close(arq);iniciartextoarq(false,'nilson51.txt');

end;
procedure nilso51.entradado;
begin inicio;lequiv;meio;end;
end.
    {
BEGIN
if not getparamstr then exit;clrscr;ESCREVERODAPE;
DadoIniMouse;WINDOW(2,5,79,22);textattr:=$70;clrscr;
entrada:='';entrada2:='';entrada1:='';
entradado;leituraarquivotexto('nilson51.txt');
END. }
```

unit nilson52;

```pascal
interface
{program nilson52;}
```

```pascal
uses
crt,nilson30,nilson36,nilson38,nilson35,nilson39,nilson74,nilson73;
type
ptr_nilso52 =^nilso52;
nilso52 = object
PROCEDURE ENTRADADO;
          end;
var k52:ptr_nilso52;
implementation


var
B,C,H,N,carga,Lac,Lab,seg,pressAdm,area,Lqc,iota,fi,Nk,Nq,Niota,Nfi,Nc
:real;
procedure ClassAreia(N:integer);
type
reia = record N,iota:real;end;
const
fo=4;
areia:array[1..fo] of reia = ((N:4;iota:28),
(N:10;iota:30),(N:30;iota:36),(N:50;iota:40));

begin
for i:=1 to (fo-1) do if (N>=areia[i].N) and (N<areia[i+1].N) then  begin
iota:=regrade3(areia[i+1].N,N,areia[i].N,areia[i+1].iota,areia[i].iota);
                                        end;
case N of       4..10:begin escolha:='fofa ou pouco compacta';fi:=1.5;end;
             11..30:begin escolha:='medianamente compacta';fi:=1.6;end;
             31..50:begin escolha:='compacta';fi:=1.7;end;
else if N<4 then begin escolha:='muito fôfa'; iota:=27;fi:=1.4;end
else if n>50 then begin escolha:='muito
compacta';iota:=41;fi:=1.8;end;end;
{write(' fi='fi:3:1,'  iota=',iota:3:1,'  escolha=',escolha);  }
end;
procedure ClassArgila(N:integer);
begin
case N of       2..4:begin escolha:='mole';c:=1;fi:=1.4;end;
             5..8:begin escolha:='média';c:=2;fi:=1.5;end;
             9..15:begin escolha:='rija';c:=4;fi:=1.6;end;
             16..30:begin escolha:='muito rija';c:=8;fi:=1.7;end;
else if N<2 then begin escolha:='muito mole';c:=0.5;fi:=1.4;end
else if n>30 then begin escolha:='dura';c:=10;fi:=1.8;end;end;
end;
procedure curvaAreia(N:integer);
type
reia = record N,iota,Nfi,Nq:real;end;
const
fo=8;
```

```
areia:array[1..fo] of reia = ((N:4;iota:28;Nfi:3;Nq:6),
(N:10;iota:30;Nfi:7.5;Nq:10),(N:20;iota:33;Nfi:21;Nq:22),(N:30;iota:36;Nfi:
37;Nq:33),
(N:40;iota:38.4;Nfi:90;Nq:75),(N:50;iota:40.8;Nfi:140;Nq:100),(N:60;iota:4
2.5;Nfi:140;Nq:120),
(N:70;iota:43.8;Nfi:140;Nq:135));
var i:byte;
begin
if N>70 then begin escolha:='muito compacta';exit;end;
if N<4 then begin escolha:='muito fofa';exit;end;
for i:=1 to (fo-1) do if (N>=areia[i].N) and (N<areia[i+1].N) then  begin
iota:=regrade3(areia[i+1].N,N,areia[i].N,areia[i+1].iota,areia[i].iota);
Nfi:=regrade3(areia[i+1].N,N,areia[i].N,areia[i+1].Nfi,areia[i].Nfi);
Nq:=regrade3(areia[i+1].N,N,areia[i].N,areia[i+1].Nq,areia[i].Nq);
if iota<36 then escolha:='medianamente compacta';
if (iota>=36) and (iota<=41) then escolha:='medianamente compacta';
if iota>41 then escolha:='muito compacta';exit;                    end;
end;
procedure curvaArgila(iota:real);
type
reia = record iota,Nc,Nq,Nfi:real;end;
const
fo=9;
areia:array[1..fo] of reia = ((iota:0;Nc:5.7;Nq:1;Nfi:0),
(iota:5;Nc:7;Nq:2;Nfi:0),(iota:10;Nc:9;Nq:3;Nfi:1),(iota:15;Nc:12.5;Nq:5;Nfi
:1.5),
(iota:20;Nc:17;Nq:8;Nfi:2.5),(iota:25;Nc:25;Nq:13;Nfi:10),(iota:30;Nc:38;N
q:24;Nfi:20),
(iota:35;Nc:60;Nq:45;Nfi:42),(iota:44;Nc:260;Nq:260;Nfi:750));
var i:byte;
begin
for i:=1 to (fo-1) do if (iota>=areia[i].iota) and (iota<areia[i+1].iota) then
begin
Nc:=regrade3(areia[i+1].iota,iota,areia[i].iota,areia[i+1].Nc,areia[i].Nc);
Nfi:=regrade3(areia[i+1].iota,iota,areia[i].iota,areia[i+1].Nfi,areia[i].Nfi);
Nq:=regrade3(areia[i+1].iota,iota,areia[i].iota,areia[i+1].Nq,areia[i].Nq);
exit;
                                  end
end;
procedure ClassTerreno(pressAdm:real);
type
reia = record pressAdm:real;msg:str80;end;
const
fo=9;
areia:array[1..fo] of reia =
((pressAdm:0;msg:'Argila mole, aterros. Resultados duvidosos (Fazer
Ensaios Geotecnicos).'),
```

```pascal
(pressAdm:1;msg:'Areia fina média compacidade. Argila média.'),
(pressAdm:2;msg:'Areia grossa e fina média compacidade. Argila rija.'),
(pressAdm:3;msg:'Mistura compacta de areia e pedregulhos em
decomposição. Argila dura.'),
(pressAdm:5;msg:'Pedregulhos compactos, e mistura compacta de areia
e pedregulhos.'),
(PressAdm:8;msg:'Solo concretado.'),
(PressAdm:10;msg:'Compactos de matacões  e pedras de várias
rochas.'),
(PressAdm:25;msg:'Rochas com fissuras e sinais de decomposição ou;
xistos e ardosias.'),
(pressAdm:100;msg:'Rochas sem fissuras ou sinais de decomposição
(gnaiss,granito,diabase,basalto)'));

begin
for i:=1 to (fo-1) do if (pressAdm>=areia[i].pressAdm) and
(pressAdm<areia[i+1].pressAdm) then  begin
Ereal:=regrade3(areia[i+1].pressAdm,pressAdm,areia[i].pressAdm,100,0)
;
inc(savex);writeln(arq,savex:2,' - Segundo a classificacao NB-1 há
(possivelmente)',(100-ereal):3:0,'%  de:');
        writeln(arq,'      ',areia[i].msg);
        writeln(arq,'    E ',ereal:3:0,'%  de:');
        writeln(arq,'      ',areia[i+1].msg);
end;                                              end;
procedure inicio52;
const  max=11; var i :byte;
procedure sairAgora;
var i:integer;
begin res1:=primeir^.proximo;
for i:=2 to max-2 do begin case i of 2:N:=trunc(wiv);3:carga:=wiv;
4:begin prompt:=res1^.str80D[1];res1:=res1^.proximo;end;
5:lac:=wiv;6:lab:=wiv;7:seg:=wiv;8:H:=wiv;9:Lqc:=wiv;end;
if erro<>0 then begin iniciartela(max);exit;end;end;
ch:=#23;
end;
procedure exemplo;
begin
res1:=primeir;res1^.str80D:='Marinha-Fiscal-2.5Mrasa-submar-praia-
arsenal-vermelh.';
Ws('10');Ws('17.9');Ws('N');Ws('0');Ws('0.5');Ws('3');Ws('2.5');Ws('1.5');
end;

begin
MaxPerg:=max;
if lequi('nicasi52.dat') then begin EncherMemoria(max);
```
208

```
L:=primeir;LerArqNom(3100+1,1);LerArqNom(3459+1,8);LerArqNom(289
4+1,2);
L:=primeir;LerArqMsg(3110+1,1);LerArqMsg(3467+1,8);LerArqMsg(2896
+1,2);exemplo;end;
posy:=1;posx:=2; IniciarTela(max);
repeat
textattr:=$1E;
with res1^do
case perg of
1: BEGIN gotoxy(2,posy);entrada:=str80D;Erro:=1;
str80D:=instring(msg,nom,[#0,#32..#255],[],(75-length(nom)),0);end;
2,3,5..max-2: BEGIN gotoxy(2,posy); entrada:=str80D;Erro:=1;
str80D:=tiranulo(instring(Msg,nom,[#0,#32,'.','0'..'9'],[],(75-
length(nom)),0));
if (perg=2) and (pos('.',str80D)<>0)then
Delete(str80D,pos('.',str80D),length(str80D)); end;
else case perg of
4: BEGIN gotoxy(2,posy);entrada:=str80D;Erro:=1;
str80D:=tiranulo(instring(msg,nom,['g','n','o','G','N','O'],[],(75-
length(nom)),0));str80D:=upcase(str80D[1]);end;
max-1: BEGIN
cursoroff;gotoxy(2,posy);input:=1;entrada:=#0;entrada:=instring(msg,nom
,[#0],[],(75-length(nom)),0);cursoron;
if ch=#13 then sairagora;end;
max: BEGIN   cursoroff;gotoxy(2,posy);
write(nom);input:=1;entrada:=#0;entrada:=instring(msg,'',[#0],[],(75-
length(nom)),0);
cursoron;if ch=#13 then begin ch:=#63;exemplo;end;end;end;end;
case ch of
#2:begin OndY(max);if ch=#13 then sairagora;if ch=#63 then begin
exemplo;irfinal(max);end;end;
#63,#64: IrFinal(max);
#72: previousact(max);
#80,#13: nextact(max);
end;
until ch in [#27,#45,#23{,#47,#19,#31,#75,#77,#83,#72,#80,#71,#73,#81,
#13,#9,#82,#8 ,#63,#64,#65,#66}];
      (*  esc x i    r  s  L  R  DEL  up   dn home pgu pgd ent tab ins
bsp f5  f6  f7  f8 *)

if (ch in [#27,#45]) or (trunc(N)=0) then begin limpmemoini;halt;end;
saitxt(max,'nilson52.txt'); toquivi('nicasi52.dat');limpmemoini;
end;
procedure calculo;
var Lbloco,aux,auxA,auxB,trA:real;
begin
savex:=trunc(maxperg)-2;
```

```
assign(arq,'nilson52.txt');append(arq);


                        { solo de areia}
if prompt[1]='N' then begin
C:=0;                            { solo de areia e submersa}
if (lac<>0)and (N>15) then begin
aux:=N;N:=15+0.5*(n-15);
inc(savex);writeln(arq,savex:2,' - Correção de "N" conf. Terzaghi para
Fundação no lençol: : ',(N/aux):4:2);
                end;
ClassAreia(trunc(N));curvaAreia(trunc(N));
inc(savex);writeln(arq,savex:2,' - Solo escolhido é o de areia.');
            end;
                        { solo de argila e silte}
if (prompt[1]='O')or (prompt[1]='G') then begin
ClassAreia(trunc(N));ClassArgila(trunc(N));
curvaArgila(trunc(iota));curvaAreia(trunc(N));
if prompt[1]='O' then begin
inc(savex);writeln(arq,savex:2,' - Solo escolhido é o de silte.');end;
if prompt[1]='G' then begin
inc(savex);writeln(arq,savex:2,' - Solo escolhido é o de argila.');end;
            end;

if Lac<>0 then        begin
if prompt[1]='N' then kx:=0.6;if prompt[1]='G' then kx:=0.8;if prompt[1]='O'
then kx:=0.7;
inc(savex);writeln(arq,savex:2,' - Correção para o peso específico:
',(Kx*(H-lac)/H):4:2);
fi:=fi-(Kx*(H-lac)/H);
                end;
                    { solo muito compressivel}
if (escolha='mole')or(escolha='muito fôfa')or(escolha='muito mole')
then   begin
C:=2/3*C; iota:=2/3*iota;curvaArgila(trunc(iota));
inc(savex);writeln(arq,savex:2,' - Correção a aplicar em "C" pelo tipo de
solo muito compressivel: ',(2/3):2:0);
    end;

inc(savex);writeln(arq,savex:2,' - Índices: NY=',Nfi:3:1,' Nq=',Nq:3:1,'
Nc=',Nc:3:1);
inc(savex);writeln(arq,savex:2,' - Resistência ao cisalhamento ou
coesão=',C:3:1);
inc(savex);writeln(arq,savex:2,' - Ângulo de atrito=',iota:2:0,' graus.');
inc(savex);writeln(arq,savex:2,' - Peso específico: ',fi:3:1,' t/m3.');
Kz:=C;fck:=H;
            writeln(arq);
```

```pascal
            writeln(arq,'    SAPATA QUADRADA');
            writeln(arq,'    ===============');

                              { sapata quadrada variando B}
auxB:=0.2; savey:=0; done:=false;PressAdm:=0;area:=0;
repeat C:=kz;H:=fck;B:=auxB; Ereal:=B;  aux:=PressAdm;
auxA:=area;inc(savey);
C:=1.3*C; H:=1.2*H; B:=0.7*B;
pressAdm:=((C*Nc)+(Fi*B/2*Nfi)+(fi*H*Nq))/seg/10;
                    { correcao da equacao quando areia}
if (prompt[1]='N') and (lab<>0) then  begin
trA:=(B+0.3)/(1.3*B)*(1+0.1*(H-
1))*0.5*(B+lab)/B;pressAdm:=pressadm*trA;end;
area:= carga/(B*B)/10;
if (savey=1) and (area<=pressAdm) then begin
savey:=0;aux:=pressAdm;end;
if done and (area>=pressAdm) then savey:=0;
if (area>PressAdm)  then begin  auxB:=auxB+0.2;done:=false;end else
begin auxB:=auxB-0.005;done:=true;end;
until ((area<=(pressAdm+0.01)) and (area>=(pressAdm-0.01))) or
(savey=0);

inc(savex);writeln(arq,savex:2,' - A dimensao ideal da sapata quadrada
é: ',Ereal*100:4:1,' Cm.');
inc(savex);
writeln(arq,savex:2,' - Pressão admissível neste terreno (com índice de
segurança e correção): ',aux:3:1,' Kg/Cm2.');


            writeln(arq);
            writeln(arq,'    SAPATA CIRCULAR');
            writeln(arq,'    ==============');

                              { sapata circular}
saveY:=0; done:=false; auxB:=0.2;C:=Kz;H:=fck;pressAdm:=0;
C:=1.3*C;
repeat     B:=auxB;
Ereal:=B/0.6;inc(saveY);aux:=pressAdm;auxA:=area;
pressAdm:=((C*Nc)+(Fi*B/2*Nfi)+(fi*H*Nq))/seg/10;
                  { correcao da equacao quando areia}
if (prompt[1]='N') and (lab<>0) then pressAdm:=pressadm*trA;
area:= carga/(Ereal*Ereal*pi/4)/10;
if (savey=1) and (area<=pressAdm) then begin
savey:=0;Ereal:=B;aux:=pressAdm;end;
if done and (area>=pressAdm) then savey:=0;
if (area>PressAdm) then begin  auxB:=auxB+0.2;done:=false;end else
begin auxB:=auxB-0.005;done:=true;end;
```

```
until ((area<=(pressAdm+0.01)) and (area>=(pressAdm-0.01))) or
(savey=0);
inc(savex);writeln(arq,savex:2,' - A dimensao ideal para diametro da
sapata circular é: ',Ereal*100:4:1,' Cm.');
inc(savex);
writeln(arq,savex:2,' - Pressão admissível neste terreno (com índice de
segurança e correção): ',Aux:3:1,' Kg/Cm2.');


                writeln(arq);
                writeln(arq,'      SAPATA RETANGULAR');
                writeln(arq,'      ================');


                              { sapata retangular variando Lqc}
if Lqc=0 then lqc:=2;  auxB:=0.2; savey:=0;
done:=false;PressAdm:=0;area:=0;
repeat C:=kz;H:=fck;B:=auxB; Ereal:=B;  aux:=PressAdm;
auxA:=area;inc(savey);
C:=(1+(0.3*B/Lqc))*C; H:=(1+(0.2*B/Lqc))*H; B:=(1-(0.3*B/Lqc))*B;
pressAdm:=((C*Nc)+(Fi*B/2*Nfi)+(fi*H*Nq))/seg/10;
                { correcao da equacao quando areia}
if (prompt[1]='N') and (lab<>0) then pressAdm:=pressadm*trA;
area:= carga/(B*lqc)/10;
{writeln;write(savey:2,'- B =',auxB:6:3,' area=',area:6:3,'
pressAdm=',pressadm:6:3);
if savey=100 then readkey;readkey;}
if (savey=1) and (area<=pressAdm) then repeat
                        lqc:=lqc-0.005;area:= carga/(B*lqc)/10;
                        if (lqc<=0.205) then begin
savey:=0;aux:=pressAdm;auxA:=area;end;
                        until (area>=PressAdm) or (lqc<=0.205);
if done and (area>=pressAdm) then savey:=0;
if area>PressAdm then begin  auxB:=auxB+0.2;done:=false;end else
begin auxB:=auxB-0.005;done:=true;end;
until ((area<=(pressAdm+0.01)) and (area>=(pressAdm-0.01))) or
(savey=0);
inc(savex);writeln(arq,savex:2,' - A dimensão ideal da sapata retangular
é: ',Ereal*100:4:1,' X ',lqc*100:4:1,' Cm.');
inc(savex);
writeln(arq,savex:2,' - Pressão admissível neste terreno (com índice de
segurança e correção): ',aux:4:2,' Kg/Cm2.');


                writeln(arq);
                writeln(arq,'      OBSERVAÇÕES ');
                writeln(arq,'      ==========');
```

```
{            writeln(arq,'    Embora os calculos dados acima sao os
resultados da formulacao para a fundacao');
            writeln(arq,'    rasa recomendo o uso da area da fundacao
retangular desta forma a sapata circu-');
            writeln(arq,'    lar teria um
diametro=',(sqrt(aux/(pi/4))*100):4:1,' Cm.');
            writeln(arq,'    A sapata quadrada de lado
igual=',(sqrt(aux)*100):4:1,' Cm.');   }
            writeln(arq);
 if (prompt[1]='N') and (lab<>0) then begin inc(savex);
writeln(arq,savex:2,' - Correção aplicado na pressão admissível devido a
areia: ',trA:4:2,'.'); end;


            ClassTerreno(aux);
inc(savex);writeln(arq,savex:2,' - Em todos os Cálculos foram utilizados a
equação  de Terzaghi.');
inc(savex);writeln(arq,savex:2,' - Agora que as dimensões da sapata
(comprimento e largura) foram determinadas,');
            writeln(arq,'    a altura será determinada calculando-se a
sapata como viga biapoiada.');
inc(savex);writeln(arq,savex:2,' - No menu-cargas calcule        p        p =
carga do pilar.');
            writeln(arq,'                                =================- a+b =
lado da sapata.');
            writeln(arq,'                             ——a———|———b——
');
inc(savex);writeln(arq,savex:2,' - Com  as explicações do menu-laje, e
com os momentos calculados,');
            writeln(arq,'    e com o menu-vigas determina-se as
ferragens e demais dimensões.');
inc(savex);writeln(arq,savex:2,' - Para sapatas circulares utilizar-se do
menu-pilares.');
close(arq);iniciartextoarq(false,'nilson52.txt');
end;
procedure nilso52.entradado;
begin inicio52;calculo;end;
end.                    {


BEGIN
if not getparamstr then exit;DadosEntreProgr;DadoIniMouse;
ESCREVERODAPE;WINDOW(2,5,79,22);textattr:=$70;clrscr;
entrada:='';entrada2:='';entrada1:='';inicio52;calculo;
leituraarquivotexto('nilson52.txt',1);
END.                       }
```

program nilson53;

uses
crt,nilson30,nilson36,nilson38,nilson34,nilson35,nilson39,nilson74,nilson73;
type
tab4R=array [1..5] of real;
const
tab4:array [1..336] of tab4R=(
(1,4,4,2,1),(0.9,4.3,4.08,2.08,1),(0.8,4.74,4.24,2.25,1),(0.7,5.23,4.38,2.39,1),
(0.6,5.88,4.55,2.58,1),(0.5,6.74,4.77,2.83,1),(0.4,7.99,5.05,3.17,1),(0.3,9.94,5.44,3.67,1),
(0.2,13.55,6.05,4.51,1),(0.15,16.9,6.54,5.22,1),(0.12,20.07,6.94,5.85,1),
(0.1,23.11,7.29,6.42,1),(0.08,27.43,7.68,7.14,1),(0.06,34.37,8.38,8.35,1),
(0.05,39.63,8.81,9.17,1),(0.04,47.2,9.37,10.29,1),(0.03,59.17,10.15,11.95,1),
(0.02,81.51,11.37,14.76,1),(0.01,141.57,13.85,21.22,1),(0.005,247.26,16.93,30.59,1),(0,10000,10000,10000,1),

(1,4,4,2,0.9),(0.9,4.3,4.06,2.08,0.9),(0.8,4.71,4.18,2.23,0.9),(0.7,5.19,4.27,2.36,0.9),
(0.6,5.8,4.4,2.54,0.9),(0.5,6.63,4.55,2.76,0.9),(0.4,7.8,4.74,3.06,0.9),(0.3,9.63,4.99,3.5,0.9),
(0.2,12.97,5.37,4.22,0.9),(0.15,16.02,5.65,4.83,0.9),(0.12,18.88,5.88,5.36,0.9),
(0.1,21.6,6.07,5.84,0.9),(0.08,25.45,6.29,6.47,0.9),(0.06,31.49,6.63,7.43,0.9),
(0.05,36.03,6.84,8.1,0.9),(0.04,42.5,7.1,9.01,0.9),(0.03,52.58,7.45,10.34,0.9),
(0.02,70.99,7.97,12.57,0.9),(0.01,118.55,8.93,17.66,0.9),(0.005,197.46,10.02,24.99,0.9),(0,10000,10000,10000,0.9),

(1,4,4,2,0.8),(0.9,4.29,4.05,2.08,0.8),(0.8,4.69,4.13,2.21,0.8),(0.7,5.14,4.21,2.35,0.8),
(0.6,5.73,4.3,2.52,0.8),(0.5,6.52,4.42,2.73,0.8),(0.4,7.62,4.56,3.02,0.8),(0.3,9.33,4.75,3.45,0.8),
(0.2,12.4,5.03,4.15,0.8),(0.15,15.17,5.24,4.75,0.8),(0.12,17.73,5.4,5.27,0.8),
(0.1,20.13,5.55,5.74,0.8),(0.08,23.51,5.72,6.37,0.8),(0.06,28.68,5.97,7.31,0.8),
(0.05,32.51,6.13,7.97,0.8),(0.04,37.88,6.34,8.87,0.8),(0.03,46.06,6.62,10.18,0.8),
(0.02,60.45,7.05,12.38,0.8),(0.01,95.02,7.89,17.28,0.8),(0.005,146.04,8.9,23.97,0.8),(0,1220,20,130,0.8),

(1,4,4,2,0.7),(0.9,4.29,4.04,2.09,0.7),(0.8,4.66,4.11,2.21,0.7),(0.7,5.09,4.17,2.35,0.7),

(0.6,6.38,4.34,2.73,0.7),(0.5,7.41,4.46,3.02,0.7),(0.4,8.97,4.62,3.44,0.7),(0.3,11.72,4.86,4.14,0.7),

(0.2,11.72,4.86,4.14,0.7),(0.15,14.13,5.05,4.73,0.7),(0.12,16.32,5.2,5.24,0.7),

(0.1,18.33,5.33,5.7,0.7),(0.08,21.1,5.49,6.31,0.7),(0.06,25.23,5.72,7.2,0.7),

(0.05,28.21,5.87,7.82,0.7),(0.04,32.26,6.06,8.65,0.7),(0.03,38.21,6.33,9.84,0.7),

(0.02,48.08,6.74,11.74,0.7),(0.01,69.27,7.51,15.63,0.7),(0.005,95.73,8.36,20.23,0.7),(0,324.44,13.33,53.33,0.7),

(1,4,4,2,0.6),(0.9,4.27,4.04,2.09,0.6),(0.8,4.62,4.1,2.21,0.6),(0.7,5.02,4.15,2.34,0.6),

(0.6,5.54,4.22,2.51,0.6),(0.5,6.21,4.3,2.72,0.6),(0.4,7.13,4.41,3.01,0.6),(0.3,8.5,4.56,3.42,0.6),

(0.2,10.84,4.78,4.09,0.6),(0.15,12.82,4.96,4.64,0.6),(0.12,14.55,5.1,5.11,0.6),

(0.1,16.11,5.22,5.52,0.6),(0.08,18.19,5.37,6.06,0.6),(0.06,21.18,5.58,6.82,0.6),

(0.05,23.25,5.72,7.34,0.6),(0.04,25.97,5.9,8,0.6),(0.03,29.76,6.13,8.92,0.6),

(0.02,35.63,6.47,10.3,0.6),(0.01,46.74,7.07,12.82,0.6),(0.005,58.52,7.64,15.38,0.6),(0,122.5,10,27.5,0.6),

(1,4,4,2,0.5),(0.9,4.25,4.04,2.09,0.5),(0.8,4.56,4.09,2.21,0.5),(0.7,4.93,4.14,2.34,0.5),

(0.6,5.39,4.2,2.5,0.5),(0.5,5.98,4.28,2.7,0.5),(0.4,6.76,4.38,2.97,0.5),(0.3,87.91,4.52,3.35,0.5),

(0.2,9.76,4.73,3.95,0.5),(0.15,11.26,4.89,4.42,0.5),(0.12,12.52,5.01,4.81,0.5),

(0.1,13.61,5.12,5.14,0.5),(0.08,15.02,5.26,5.56,0.5),(0.06,16.96,5.43,6.13,0.5),

(0.05,18.24,5.54,6.51,0.5),(0.04,19.86,5.68,6.97,0.5),(0.03,22,5.86,7.58,0.5),

(0.02,25.09,6.1,8.44,0.5),(0.01,30.34,6.5,9.85,0.5),(0.005,35.22,6.84,11.13,0.5),(0,56,8,16,0.5),

(1,4,4,2,0.45),(0.9,4.24,4.04,2.09,0.45),(0.8,4.53,4.08,2.2,0.45),(0.7,4.87,4.14,2.33,0.45),

(0.6,5.3,4.2,2.48,0.45),(0.5,5.84,4.27,2.68,0.45),(0.4,6.55,4.37,2.93,0.45),(0.3,7.56,4.5,3.29,0.45),

(0.2,9.16,4.7,3.83,0.45),(0.15,10.42,4.84,4.25,0.45),(0.12,11.46,4.96,4.59,0.45),

(0.1,12.34,5.06,4.87,0.45),(0.08,13.44,5.17,5.23,0.45),(0.06,14.95,5.33,5.7,0.45),

(0.05,15.91,5.43,6.01,0.45),(0.04,17.11,5.54,6.37,0.45),(0.03,18.66,5.69,
6.85,0.45),
(0.02,20.83,5.89,7.5,0.45),(0.01,24.33,6.19,8.52,0.45),(0.005,27.44,6.45,
9.4,0.45),(0,39.73,7.27,12.56,0.45),

(1,4,4,2,0.4),(0.9,4.23,4.04,2.09,0.4),(0.8,4.49,4.08,2.19,0.4),(0.7,4.81,4.
13,2.32,0.4),
(0.6,5.2,4.19,2.46,0.4),(0.5,5.68,4.26,2.64,0.4),(0.4,6.31,4.36,2.88,0.4),(0
.3,7.19,4.48,3.2,0.4),
(0.2,8.54,4.66,3.69,0.4),(0.15,9.57,4.79,4.05,0.4),(0.12,10.4,4.89,4.34,0.
4),
(0.1,11.09,4.98,4.57,0.4),(0.08,11.94,5.08,4.86,0.4),(0.06,13.07,5.21,5.2
4,0.4),
(0.05,13.78,5.29,5.48,0.4),(0.04,14.64,5.39,5.76,0.4),(0.03,15.74,5.5,6.1
2,0.4),
(0.02,17.22,5.66,6.6,0.4),(0.01,19.54,5.89,7.33,0.4),(0.005,21.51,6.08,7.
93,0.4),(0,28.89,6.67,10,0.4),

(1,4,4,2,0.35),(0.9,4.21,4.04,2.08,0.35),(0.8,4.45,4.08,2.18,0.35),(0.7,4.7
4,4.13,2.3,0.35),
(0.6,5.08,4.18,2.43,0.35),(0.5,5.51,4.25,2.6,0.35),(0.4,6.05,4.34,2.81,0.3
5),(0.3,6.8,4.45,3.1,0.35),
(0.2,7.91,4.61,3.52,0.35),(0.15,8.72,4.72,3.82,0.35),(0.12,9.36,4.81,4.06,
0.35),
(0.1,9.89,4.88,4.25,0.35),(0.08,10.52,4.97,4.48,0.35),(0.06,11.35,5.07,4.
77,0.35),
(0.05,11.86,5.14,4.95,0.35),(0.04,12.47,5.22,5.16,0.35),(0.03,13.22,5.31,
5.43,0.35),
(0.02,14.22,5.43,5.77,0.35),(0.01,15.73,5.6,6.28,0.35),(0.005,16.97,5.74,
6.68,0.35),(0,21.45,6.15,8.05,0.35),

(1,4,4,2,0.3),(0.9,4.19,4.03,2.08,0.3),(0.8,4.4,4.07,2.17,0.3),(0.7,4.66,4.1
2,2.27,0.3),
(0.6,4.96,4.17,2.4,0.3),(0.5,5.32,4.23,2.55,0.3),(0.4,5.78,4.31,2.73,0.3),(0
.3,6.39,4.41,2.98,0.3),
(0.2,7.27,4.55,3.33,0.3),(0.15,7.90,4.65,3.57,0.3),(0.12,8.38,4.72,3.76,0.
3),
(0.1,8.77,4.78,3.9,0.3),(0.08,9.22,4.84,4.68,0.3),(0.06,9.81,4.93,4.3,0.3),
(0.05,10.17,4.98,4.43,0.3),(0.04,10.58,5.04,4.59,0.3),(0.03,11.09,5.11,4.
78,0.3),
(0.02,11.75,5.20,5.02,0.3),(0.01,12.72,5.32,5.36,0.3),(0.005,13.49,5.42,5
.64,0.3),(0,16.21,5.71,6.53,0.3),

(1,4,4,2,0.25),(0.9,4.16,4.03,2.07,0.25),(0.8,4.35,4.07,2.15,0.25),(0.7,4.5
7,4.11,2.24,0.25),
(0.6,4.82,4.15,2.35,0.25),(0.5,5.12,4.21,2.48,0.25),(0.4,5.49,4.28,2.64,0.
25),(0.3,5.98,4.36,2.84,0.25),

(0.2,6.65,4.48,3.12,0.25),(0.15,7.11,4.56,3.31,0.25),(0.12,7.46,4.61,3.45,
0.25),

(0.1,7.73,4.66,3.56,0.25),(0.08,8.05,4.71,3.69,0.25),(0.06,8.45,4.78,3.85,
0.25),

(0.05,8.69,4.81,3.94,0.25),(0.04,8.97,4.86,4.05,0.25),(0.03,9.3,4.91,4.18,
0.25),

(0.02,9.73,4.97,4.34,0.25),(0.01,10.33,5.06,4.57,0.25),(0.005,10.81,5.13,
4.75,0.25),(0,12.44,5.33,5.33,0.25),

(1,4,4,2,0.2),(0.9,4.14,4.03,2.06,0.2),(0.8,4.29,4.06,2.13,0.2),(0.7,4.47,4.
09,2.21,0.2),

(0.6,4.67,4.13,2.3,0.2),(0.5,4.91,4.18,2.4,0.2),(0.4,5.2,4.24,2.53,0.2),

(0.3,5.56,4.31,2.69,0.2),(0.2,6.05,4.4,2.9,0.2),(0.15,6.37,4.46,3.04,0.2),

(0.12,6.61,4.5,3.14,0.2),(0.1,6.8,4.53,3.22,0.2),(0.08,7.01,4.57,3.31,0.2),

(0.06,7.27,4.62,3.42,0.2),(0.05,7.43,4.64,3.48,0.2),(0.04,7.6,4.67,3.55,0.
2),

(0.03,7.81,4.71,3.64,0.2),(0.02,8.07,4.75,3.75,0.2),(0.01,8.44,4.81,3.90,0
.2),

(0.005,8.73,4.86,4.01,0.2),(0,9.69,5,4.38,0.2),

(1,4,4,2,0.15),(0.9,4.11,4.02,2.05,0.15),(0.8,4.23,4.05,2.11,0.15),(0.7,4.3
6,4.08,2.17,0.15),

(0.6,4.51,4.11,2.24,0.15),(0.5,4.69,4.15,2.32,0.15),(0.4,4.9,4.19,2.41,0.1
5),

(0.3,5.15,4.24,2.52,0.15),(0.2,5.48,4.31,2.67,0.15),(0.15,5.69,4.35,2.77,0
.15),

(0.12,5.84,4.38,2.83,0.15),(0.1,5.96,4.4,2.89,0.15),(0.08,6.09,4.43,2.94,0
.15),

(0.06,6.25,4.46,3.01,0.15),(0.05,6.35,4.48,3.06,0.15),(0.04,6.45,4.5,3.1,0
.15),

(0.03,6.57,4.52,3.15,0.15),(0.02,6.73,4.55,3.22,0.15),(0.01,6.94,4.59,3.3
1,0.15),

(0.005,7.10,4.62,3.38,0.15),(0,7.64,4.71,3.6,0.15),

(1,4,4,2,0.1),(0.9,4.08,4.02,2.04,0.1),(0.8,4.16,4.04,2.08,0.1),(0.7,4.25,4.
06,2.12,0.1),

(0.6,4.35,4.08,2.17,0.1),(0.5,4.46,4.1,2.22,0.1),(0.4,4.59,4.13,2.28,0.1),

(0.3,4.75,4.17,2.35,0.1),(0.2,4.94,4.21,2.44,0.1),(0.15,5.07,4.24,2.5,0.1),

(0.12,5.15,4.25,2.54,0.1),(0.1,5.22,4.27,2.57,0.1),(0.08,5.29,4.28,2.6,0.1)
,

(0.06,5.38,4.3,2.64,0.1),(0.05,5.43,4.31,2.67,0.1),(0.04,5.48,4.32,2.69,0.
1),

(0.03,5.55,4.34,2.72,0.1),(0.02,5.63,4.35,2.76,0.1),(0.01,5.74,4.38,2.81,0
.1),

(0.005,5.82,4.39,2.84,0.1),(0,6.09,4.44,2.96,0.1),

(1,4,4,2,0.05),(0.9,4.04,4.01,2.02,0.05),(0.8,4.08,4.02,2.04,0.05),(0.7,4.1
3,4.03,2.06,0.05),
(0.6,4.18,4.04,2.09,0.05),(0.5,4.23,4.06,2.11,0.05),(0.4,4.29,4.07,2.14,0.
05),
(0.3,4.36,4.09,2.18,0.05),(0.2,4.45,4.11,2.22,0.05),(0.15,4.5,4.12,2.24,0.
05),
(0.12,4.54,4.13,2.26,0.05),(0.1,4.57,4.13,2.28,0.05),(0.08,4.6,4.14,2.29,0
.05),
(0.06,4.63,4.15,2.31,0.05),(0.05,4.65,4.15,2.32,0.05),(0.04,4.68,4.16,2.3
3,0.05),
(0.03,4.7,4.16,2.34,0.05),(0.02,4.73,4.17,2.35,0.05),(0.01,4.78,4.18,2.37,
0.05),
(0.005,4.81,4.19,2.39,0.05),(0,4.91,4.21,2.44,0.05),

(1,4,4,2,0),(0.9,4,4,2,0),(0.8,4,4,2,0),(0.7,4,4,2,0),
(0.6,4,4,2,0),(0.5,4,4,2,0),(0.4,4,4,2,0),
(0.3,4,4,2,0),(0.2,4,4,2,0),(0.15,4,4,2,0),
(0.12,4,4,2,0),(0.1,4,4,2,0),(0.08,4,4,2,0),
(0.06,4,4,2,0),(0.05,4,4,2,0),(0.04,4,4,2,0),
(0.03,4,4,2,0),(0.02,4,4,2,0),(0.01,4,4,2,0),
(0.005,4,4,2,0),(0,4,4,2,0));

tab5:array [1..336] of tab4R=(
(1,4,34,2,1),(0.9,4.38,4.06,2.09,1),(0.8,4.61,4.12,2.2,1),(0.7,5.01,4.2,2.33
,1),
(0.6,5.52,4.29,2.49,1),(0.5,6.19,4.4,2.7,1),(0.4,7.12,4.54,2.97,1),(0.3,8.52
,4.72,3.36,1),
(0.2,10.95,5.01,4,1),(0.15,13.08,5.22,4.52,1),(0.12,15,5.4,4.97,1),
(0.1,16.77,5.55,5.36,1),(0.08,19.21,5.74,5.89,1),(0.06,22.87,5.99,6.65,1),
(0.05,25.53,6.16,7.18,1),(0.04,29.2,6.38,7.87,1),(0.03,34.67,6.67,8.86,1),
(0.02,44.16,7.11,10.49,1),(0.01,166.43,7.94,13.91,1),(0.005,99.40,8.88,1
6.38,1),(0,0,0,0,1),

(1,4,4,2,0.9),(0.9,4.27,4.05,2.09,0.9),(0.8,4.58,4.1,2.2,0.9),(0.7,4.97,4.17,
2.32,0.9),
(0.6,5.45,4.24,2.48,0.9),(0.5,6.08,4.34,2.68,0.9),(0.4,6.94,4.45,2.94,0.9),(
0.3,8.23,4.61,3.31,0.9),
(0.2,10.44,4.85,3.91,0.9),(0.15,12.33,5.02,4.4,0.9),(0.12,14.01,5.17,4.81,
0.9),
(0.1,15.55,5.29,5.18,0.9),(0.08,17.64,5.44,5.66,0.9),(0.06,20.63,5.65,6.3
5,0.9),
(0.05,22.94,5.78,6.82,0.9),(0.04,25.95,5.96,7.44,0.9),(0.03,30.35,6.18,8.
31,0.9),
(0.02,37.77,6.53,9.72,0.9),(0.01,54.38,7.17,12.6,0.9),(0.005,77.38,7.87,1
6.21,0.9),(0,0,0,0,0.9),

(1,4,4,2,0.8),(0.9,4.25,4.04,2.09,0.8),(0.8,4.55,4.09,2.19,0.8),(0.7,4.91,4.15,2.32,0.8),

(0.6,5.36,4.21,2.47,0.8),(0.5,5.95,4.30,2.66,0.8),(0.4,6.74,4.4,2.91,0.8),(0.3,7.91,4.54,3.26,0.8),

(0.2,9.87,4.75,3.83,0.8),(0.15,11.51,4.90,4.29,0.8),(0.12,12.95,5.03,4.67,0.8),

(0.1,14.25,5.14,5.01,0.8),(0.08,15.99,5.27,5.45,0.8),(0.06,18.5,5.45,6.07,0.8),

(0.05,20.27,5.57,6.49,0.8),(0.04,22.63,5.72,7.04,0.8),(0.03,26.01,5.92,7.8,0.8),

(0.02,31.53,6.22,8.99,0.8),(0.01,43.2,6.76,11.35,0.8),(0.005,58.15,7.35,14.14,0.8),(0,1220,20,130,0.8),

(1,4,4,2,0.7),(0.9,4.24,4.04,2.09,0.7),(0.8,4.52,4.08,2.19,0.7),(0.7,4.85,4.14,2.31,0.7),

(0.6,5.27,4.2,2.45,0.7),(0.5,5.8,4.27,2.64,0.7),(0.4,6.51,4.36,2.87,0.7),(0.3,7.54,4.49,3.21,0.7),

(0.2,9.23,4.68,3.74,0.7),(0.15,10.61,4.82,4.15,0.7),(0.12,11.79,4.94,4.5,0.7),

(0.1,12.84,5.03,4.8,0.7),(0.08,14.22,5.16,5.19,0.7),(0.06,16.17,5.32,5.72,0.7),

(0.05,17.51,5.42,6.08,0.7),(0.04,19.27,5.55,6.53,0.7),(0.03,21.71,5.73,7.16,0.7),

(0.02,25.56,5.98,8.11,0.7),(0.01,33.18,6.43,9.9,0.7),(0.005,42.16,6.90,11.88,0.7),(0,324.44,13.33,53.33,0.7),

(1,4,4,2,0.6),(0.9,4.22,4.04,2.08,0.6),(0.8,4.47,4.08,2.18,0.6),(0.7,4.78,4.13,2.29,0.6),

(0.6,5.15,4.18,2.43,0.6),(0.5,5.62,4.25,2.6,0.6),(0.4,6.24,4.34,2.82,0.6),(0.3,7.12,4.45,3.13,0.6),

(0.2,8.52,4.63,3.6,0.6),(0.15,9.62,4.76,3.96,0.6),(0.12,10.55,4.86,4.26,0.6),

(0.1,11.35,4.94,4.51,0.6),(0.08,12.39,5.05,4.84,0.6),(0.06,13.82,5.19,5.27,0.6),

(0.05,14.77,5.28,5.55,0.6),(0.04,16,5.39,5.91,0.6),(0.03,17.66,5.53,6.39,0.6),

(0.02,20.16,5.71,7.09,0.6),(0.01,24.81,6.09,8.34,0.6),(0.005,29.86,6.44,9.64,0.6),(0,122.5,10,27.50,0.6),

(1,4,4,2,0.5),(0.9,4.2,4.03,2.08,0.5),(0.8,4.42,4.07,2.17,0.5),(0.7,4.69,4.12,2.27,0.5),

(0.6,5.05,4.17,2.4,0.5),(0.5,5.41,4.23,2.55,0.5),(0.4,5.93,4.31,2.75,0.5),(0.3,6.65,4.42,3.02,0.5),

(0.2,7.75,4.57,3.42,0.5),(0.15,8.59,4.68,3.72,0.5),(0.12,9.27,4.77,3.96,0.5),

(0.1,9.85,4.84,4.16,0.5),(0.08,10.98,4.93,4.41,0.5),(0.06,11.56,5.04,4.73,0.5),

(0.05,12.2,5.11,4.95,0.5),(0.04,13,5.2,5.21,0.5),(0.03,14.05,5.31,5.54,0.5),

(0.02,15.57,5.47,6.02,0.5),(0.01,18.24,5.72,6.84,0.5),(0.005,20.94,5.96,7.63,0.5),(0,56,8,16,0.5),

(1,4,4,2,0.45),(0.9,4.18,4.03,2.08,0.45),(0.8,4.39,4.07,2.16,0.45),(0.7,4.64,4.11,2.26,0.45),

(0.6,4.93,4.16,2.38,0.45),(0.5,5.30,4.22,2.52,0.45),(0.4,5.76,4.30,2.71,0.45),(0.3,6.40,4.39,2.95,0.45),

(0.2,7.35,4.53,3.31,0.45),(0.15,8.06,4.64,3.57,0.45),(0.12,8.64,4.71,3.78,0.45),

(0.1,9.12,4.78,3.96,0.45),(0.08,9.72,4.86,4.17,0.45),(0.06,10.50,4.96,4.45,0.45),

(0.05,11.01,5.02,4.62,0.45),(0.04,11.64,5.09,4.84,0.45),(0.03,12.46,5.19,5.11,0.45),

(0.02,13.62,5.32,5.50,0.45),(0.01,15.59,5.53,6.14,0.45),(0.005,17.53,5.72,6.74,0.45),(0,39.73,7.27,12.56,0.45),

(1,4,4,2,0.4),(0.9,4.17,4.03,2.07,0.4),(0.8,4.36,4.07,2.15,0.4),(0.7,4.58,4.11,2.24,0.4),

(0.6,4.85,4.15,2.35,0.4),(0.5,5.17,4.21,2.49,0.4),(0.4,5.59,4.28,2.65,0.4),(0.3,6.14,4.37,2.87,0.4),

(0.2,6.95,4.49,3.19,0.4),(0.15,7.54,4.58,3.42,0.4),(0.12,8.01,4.65,3.60,0.4),

(0.1,8.40,4.71,3.74,0.4),(0.08,8.88,4.78,3.92,0.4),(0.06,9.51,4.86,4.15,0.4),

(0.05,9.90,4.92,4.29,0.4),(0.04,10.39,4.98,4.47,0.4),(0.03,11.01,5.06,4.69,0.4),

(0.02,11.88,5.17,4.99,0.4),(0.01,13.32,5.34,5.49,0.4),(0.005,14.70,5.49,5.94,0.4),(0,28.89,6.67,10,0.4),

(1,4,4,2,0.35),(0.9,4.15,4.03,2.07,0.35),(0.8,4.33,4.06,2.14,0.35),(0.7,4.53,4.10,2.23,0.35),

(0.6,4.76,4.14,2.32,0.35),(0.5,5.04,4.19,2.44,0.35),(0.4,5.40,4.26,2.59,0.35),(0.3,5.87,4.34,2.79,0.35),

(0.2,6.55,4.45,3.06,0.35),(0.15,7.03,4.53,3.25,0.35),(0.12,7.41,4.59,3.40,0.35),

(0.1,7.72,4.64,3.52,0.35),(0.08,8.09,4.69,3.67,0.35),(0.06,8.58,4.77,3.85,0.35),

(0.05,8.88,4.81,3.97,0.35),(0.04,9.24,4.86,4.11,0.35),(0.03,9.71,4.93,4.28,0.35),

(0.02,10.35,5.02,4.51,0.35),(0.01,11.38,5.15,4.89,0.35),(0.005,12.34,5.27,5.23,0.35),(0,21.45,6.15,8.05,0.35),

(1,4,4,2,0.3),(0.9,4.14,4.03,2.06,0.3),(0.8,4.29,4.06,2.13,0.3),(0.7,4.46,4.09,2.20,0.3),

(0.6,4.67,4.13,2.29,0.3),(0.5,4.91,4.18,2.40,0.3),(0.4,5.21,4.23,2.53,0.3),(0.3,5.60,4.30,2.69,0.3),

(0.2,6.15,4.40,2.92,0.3),(0.15,6.53,4.47,3.08,0.3),(0.12,6.83,4.52,3.20,0.3),

(0.1,7.06,4.56,3.30,0.3),(0.08,7.35,4.60,3.41,0.3),(0.06,7.72,4.66,3.56,0.3),

(0.05,7.94,4.70,3.65,0.3),(0.04,8.21,4.74,3.75,0.3),(0.03,8.55,4.79,3.89,0.3),

(0.02,9.01,4.86,4.06,0.3),(0.01,9.73,4.97,4.34,0.3),(0.005,10.40,5.06,4.58,0.3),(0,16.21,5.71,6.53,0.3),

(1,4,4,2,0.25),(0.9,4.12,4.02,2.05,0.25),(0.8,4.25,4.05,2.11,0.25),(0.7,4.40,4.08,2.18,0.25),

(0.6,4.57,4.12,2.25,0.25),(0.5,4.77,4.16,2.34,0.25),(0.4,5.01,4.20,2.45,0.25),(0.3,5.32,4.26,2.59,0.25),

(0.2,5.75,4.34,2.77,0.25),(0.15,6.05,4.40,2.90,0.25),(0.12,6.27,4.44,2.99,0.25),

(0.1,6.45,4.47,3.07,0.25),(0.08,6.66,4.51,3.16,0.25),(0.06,6.93,4.56,3.27,0.25),

(0.05,7.09,4.58,3.34,0.25),(0.04,7.28,4.62,3.42,0.25),(0.03,7.52,4.66,3.51,0.25),

(0.02,7.84,4.71,3.64,0.25),(0.01,8.34,4.79,3.84,0.25),(0.005,8.78,4.86,4.01,0.25),(0,12.44,5.33,5.33,0.25),

(1,4,4,2,0.2),(0.9,4.10,4.02,2.04,0.2),(0.8,4.20,4.04,2.09,0.2),(0.7,4.32,4.07,2.15,0.2),

(0.6,4.46,4.10,2.21,0.2),(0.5,4.62,4.13,2.28,0.2),(0.4,4.81,4.17,2.37,0.2),

(0.3,5.05,4.22,2.48,0.2),(0.2,5.37,4.28,2.62,0.2),(0.15,5.59,4.33,2.72,0.2),

(0.12,5.75,4.36,2.79,0.2),(0.1,5.88,4.38,2.84,0.2),(0.08,6.03,4.41,2.91,0.2),

(0.06,6.21,4.45,2.99,0.2),(0.05,6.32,4.47,3.04,0.2),(0.04,6.46,4.49,3.09,0.2),

(0.03,6.62,4.52,3.16,0.2),(0.02,6.83,4.56,3.25,0.2),(0.01,7.16,4.62,3.39,0.2),

(0.005,7.45,4.66,3.51,0.2),(0,9.69,5,4.38,0.2),

(1,4,4,2,0.15),(0.9,4.08,4.02,2.04,0.15),(0.8,4.16,4.04,2.07,0.15),(0.7,4.25,4.06,2.12,0.15),

(0.6,4.35,4.08,2.07,0.15),(0.5,4.47,4.10,2.22,0.15),(0.4,4.61,4.13,2.29,0.15),

(0.3,4.78,4.17,2.36,0.15),(0.2,5.00,4.22,2.47,0.15),(0.15,5.15,4.25,2.54,0.15),

(0.12,5.26,4.27,2.58,0.15),(0.1,5.35,4.29,2.62,0.15),(0.08,5.44,4.31,2.67,0.15),

(0.06,5.56,4.33,2.72,0.15),(0.05,5.64,4.35,2.75,0.15),(0.04,5.72,4.37,2.7
9,0.15),
(0.03,5.82,4.39,2.84,0.15),(0.02,5.96,4.41,2.90,0.15),(0.01,6.16,4.45,2.9
9,0.15),
(0.005,6.34,4.48,3.06,0.15),(0,7.64,4.71,3.6,0.15),

(1,4,4,2,0.1),(0.9,4.05,4.01,2.03,0.1),(0.8,4.11,4.03,2.05,0.1),(0.7,4.17,4.
04,2.08,0.1),
(0.6,4.24,4.06,2.11,0.1),(0.5,4.32,4.07,2.15,0.1),(0.4,4.41,4.09,2.19,0.1),
(0.3,4.51,4.12,2.25,0.1),(0.2,4.65,4.15,2.31,0.1),(0.15,4.74,4.17,2.35,0.1)
,
(0.12,4.81,4.18,2.38,0.1),(0.1,4.86,4.19,2.41,0.1),(0.08,4.91,4.21,2.43,0.
1),
(0.06,4.98,4.22,2.47,0.1),(0.05,5.02,4.23,2.49,0.1),(0.04,5.07,4.24,2.51,0
.1),
(0.03,5.13,4.25,2.54,0.1),(0.02,5.21,4.27,2.57,0.1),(0.01,5.32,4.29,2.62,0
.1),
(0.005,4.41,4.31,2.66,0.1),(0,6.09,4.44,2.96,0.1),

(1,4,4,2,0.05),(0.9,4.03,4.01,2.01,0.05),(0.8,4.06,4.01,2.03,0.05),(0.7,4.0
9,4.02,2.04,0.05),
(0.6,4.12,4.03,2.06,0.05),(0.5,4.16,4.04,2.08,0.05),(0.4,4.20,4.05,2.10,0.
05),
(0.3,4.25,4.06,2.12,0.05),(0.2,4.32,4.08,2.16,0.05),(0.15,4.36,4.09,2.18,0
.05),
(0.12,4.39,4.09,2.19,0.05),(0.1,4.41,4.10,2.20,0.05),(0.08,4.44,4.11,2.21,
0.05),
(0.06,4.47,4.11,2.23,0.05),(0.05,4.48,4.12,2.24,0.05),(0.04,4.50,4.12,2.2
5,0.05),
(0.03,4.53,4.13,2.26,0.05),(0.02,4.56,4.14,2.27,0.05),(0.01,4.61,4.15,2.3
0,0.05),
(0.005,4.65,4.16,2.32,0.05),(0,4.91,4.21,2.44,0.05),

(1,4,4,2,0),(0.9,4,4,2,0),(0.8,4,4,2,0),(0.7,4,4,2,0),
(0.6,4,4,2,0),(0.5,4,4,2,0),(0.4,4,4,2,0),
(0.3,4,4,2,0),(0.2,4,4,2,0),(0.15,4,4,2,0),
(0.12,4,4,2,0),(0.1,4,4,2,0),(0.08,4,4,2,0),
(0.06,4,4,2,0),(0.05,4,4,2,0),(0.04,4,4,2,0),
(0.03,4,4,2,0),(0.02,4,4,2,0),(0.01,4,4,2,0),
(0.005,4,4,2,0),(0,4,4,2,0));

tab6:array [1..231] of tab4R=(
(1,4,2,0,0.5),(0.9,4.00,2.00,0,0.5),(0.8,4.29,2.19,0,0.5),(0.7,4.67,2.43,0,0.
5),
(0.6,5.12,2.73,0,0.5),(0.5,5.69,3.12,0,0.5),(0.4,6.47,3.66,0,0.5),(0.3,7.56,
4.43,0,0.5),

(0.2,9.26,5.68,0,0.5),(0.15,12.36,8.04,0,0.5),(0.12,15.20,10.28,0,0.5),(0.1
0,17.86,12.43,0,0.5),
(0.08,20.40,14.52,0,0.5),(0.06,24.02,17.55,0,0.5),(0.05,29.73,22.38,0,0.5
),(0.04,34.05,26.11,0,0.5),
(0.03,40.24,31.53,0,0.5),(0.02,50.51,40.19,0,0.5),(0.01,68.16,56.57,0,0.5
),(0.005,116.72,101.44,0,0.5),
(0,202.00,182.02,0,0.5),

(1,4,2,0,0.45),(0.9,4.28,2.18,0,0.45),(0.8,4.63,2.42,0,0.45),(0.7,5.05,2.71,
0,0.45),
(0.6,5.59,3.09,0,0.45),(0.5,6.31,3.61,0,0.45),(0.4,7.31,4.35,0,0.45),(0.3,8.
44,5.52,0,0.45),
(0.2,11.58,7.71,0,0.45),(0.15,14.04,9.75,0,0.45),(0.12,16.31,11.67,0,0.45
),(0.10,18.44,13.51,0,0.45),
(0.08,21.43,16.14,0,0.45),(0.06,26.06,20.26,0,0.45),(0.05,29.49,23.37,0,
0.45),(0.04,34.33,27.81,0,0.45),
(0.03,41.77,34.71,0,0.45),(0.02,55.08,47.25,0,0.45),(0.01,88.24,79.06,0,
0.45),(0.005,140.41,129.89,0,0.45),
(0,0,0,0,0.45),

(1,4,2,0,0.4),(0.9,4.26,2.18,0,0.4),(0.8,4.59,2.41,0,0.4),(0.7,4.98,2.68,0,0.
4),
(0.6,4.48,3.04,0,0.4),(0.5,6.13,3.53,0,0.4),(0.4,7.02,2.21,0,0.4),(0.3,8.37,
5.28,0,0.4),
(0.2,10.72,7.22,0,0.4),(0.15,12.77,8.97,0,0.4),(0.12,14.72,10.57,0,0.4),(0.
10,16.32,12.08,0,0.4),
(0.08,18.64,14.17,0,0.4),(0.06,22.14,17.35,0,0.4),(0.05,24.65,19.67,0,0.4
),(0.04,28.09,22.87,0,0.4),
(0.03,33.16,27.65,0,0.4),(0.02,41.67,35.76,0,0.4),(0.01,60.45,53.89,0,0.4
),(0.005,85.01,77.87,0,0.4),
(0,375.50,370.00,0,0.4),

(1,4,2,0,0.35),(0.9,4.25,2.17,0,0.35),(0.8,4.54,2.39,0,0.35),
(0.7,4.90,2.64,0,0.35),(0.6,5.35,2.98,0,0.35),(0.5,5.92,3.42,0,0.35),
(0.4,6.70,4.03,0,0.35),(0.3,7.86,4.96,0,0.35),(0.2,9.79,6.59,0,0.35),
(0.15,11.41,7.99,0,0.35),(0.12,12.83,9.24,0,0.35),(0.10,14.10,10.38,0,0.3
5),
(0.08,15.77,11.90,0,0.35),(0.06,18.21,14.13,0,0.35),(0.05,19.88,15.68,0,
0.35),
(0.04,22.09,17.75,0,0.35),(0.03,25.18,20.66,0,0.35),(0.02,30.00,25.25,0,
0.35),
(0.01,39.30,34.19,0,0.35),(0.005,49.45,44.04,0,0.35),(0,114.40,107.90,0,
0.35),

(1,4,2,0,0.3),(0.9,4.22,2.16,0,0.3),(0.8,4.49,2.36,0,0.3),
(0.7,4.81,2.59,0,0.3),(0.6,5.20,2.89,0,0.3),(0.5,5.69,3.27,0,0.3),

(0.4,6.35,3.80,0,0.3),(0.3,7.30,4.58,0,0.3),(0.2,8.82,5.87,0,0.3),
(0.15,10.03,6.92,0,0.3),(0.12,11.05,7.83,0,0.3),(0.10,11.93,8.62,0,0.3),
(0.08,13.05,9.64,0,0.3),(0.06,14.62,11.07,0,0.3),(0.05,15.65,12.03,0,0.3),
(0.04,16.96,13.24,0,0.3),(0.03,18.70,14.87,0,0.3),(0.02,21.23,17.26,0,0.3
),
(0.01,25.57,21.39,0,0.3),(0.005,29.74,25.39,0,0.3),(0,49.38,44.38,0,0.3),

(1,4,2,0,0.25),(0.9,4.20,2.14,0,0.25),(0.8,4.43,2.32,0,0.25),
(0.7,4.70,2.52,0,0.25),(0.6,5.03,2.78,0,0.25),(0.5,5.44,3.10,0,0.25),
(0.4,5.97,3.53,0,0.25),(0.3,6.71,4.14,0,0.25),(0.2,7.84,5.10,0,0.25),
(0.15,8.69,5.85,0,0.25),(0.12,9.38,6.45,0,0.25),(0.10,9.95,6.97,0,0.25),
(0.08,10.66,7.60,0,0.25),(0.06,11.61,8.46,0,0.25),(0.05,12.20,9.01,0,0.25
),
(0.04,12.98,9.72,0,0.25),(0.03,13.86,10.54,0,0.25),(0.02,15.14,11.73,0,0.
25),
(0.01,17.16,13.62,0,0.25),(0.005,18.92,15.28,0,0.25),(0,26.00,22.00,0,0.
25),

(1,4,2,0,0.2),(0.9,4.17,2.13,0,0.2),(0.8,4.36,4.27,0,0.2),
(0.7,4.58,2.44,0,0.2),(0.6,4.85,2.65,0,0.2),(0.5,5.17,2.91,0,0.2),
(0.4,5.58,3.24,0,0.2),(0.3,6.12,3.69,0,0.2),(0.2,6.90,4.35,0,0.2),
(0.15,7.46,4.84,0,0.2),(0.12,7.89,5.21,0,0.2),(0.10,8.24,5.52,0,0.2),
(0.08,8.66,5.89,0,0.2),(0.06,9.20,3.38,0,0.2),(0.05,9.53,6.67,0,0.2),
(0.04,9.92,7.03,0,0.2),(0.03,10.40,7.46,0,0.2),(0.02,11.02,8.03,0,0.2),
(0.01,11.96,8.90,0,0.2),(0.005,12.73,9.60,0,0.2),(0,15.56,12.22,0,0.2),

(1,4,2,0,0.15),(0.9,4.13,2.10,0,0.15),(0.8,4.28,2.22,0,0.15),
(0.7,4.45,2.35,0,0.15),(0.6,4.65,2.51,0,0.15),(0.5,4.88,2.69,0,0.15),
(0.4,5.17,2.93,0,0.15),(0.3,5.53,3.23,0,0.15),(0.2,6.03,3.65,0,0.15),
(0.15,6.37,3.94,0,0.15),(0.12,6.62,4.16,0,0.15),(0.10,6.82,4.33,0,0.15),
(0.08,7.05,4.53,0,0.15),(0.06,7.34,4.68,0,0.15),(0.05,7.51,4.93,0,0.15),
(0.04,7.70,5.10,0,0.15),(0.03,7.94,5.31,0,0.15),(0.02,8.24,5.58,0,0.15),
(0.01,8.67,5.96,0,0.15),(0.005,9.00,6.26,0,0.15),(0,10.14,7.29,0,0.15),

(1,4,2,0,0.1),(0.9,4.09,2.07,0,0.1),(0.8,4.20,2.15,0,0.1),
(0.7,4.31,2.24,0,0.1),(0.6,4.44,2.35,0,0.1),(0.5,4.59,2.47,0,0.1),
(0.4,4.76,2.61,0,0.1),(0.3,4.98,2.79,0,0.1),(0.2,5.26,3.02,0,0.1),
(0.15,5.44,3.17,0,0.1),(0.12,5.57,3.28,0,0.1),(0.10,5.67,3.36,0,0.1),
(0.08,5.78,3.46,0,0.1),(0.06,5.92,3.58,0,0.1),(0.05,5.99,3.64,0,0.1),
(0.04,6.08,3.72,0,0.1),(0.03,6.19,3.81,0,0.1),(0.02,6.32,3.92,0,0.1),
(0.01,6.50,4.08,0,0.1),(0.005,6.64,4.20,0,0.1),(0,7.11,4.61,0,0.1),

(1,4,2,0,0.05),(0.9,4.05,2.04,0,0.05),(0.8,4.10,2.08,0,0.05),
(0.7,4.16,2.13,0,0.05),(0.6,4.22,2.18,0,0.05),(0.5,4.29,2.23,0,0.05),
(0.4,4.37,2.30,0,0.05),(0.3,4.47,2.37,0,0.05),(0.2,4.58,2.47,0,0.05),
(0.15,4.65,2.53,0,0.05),(0.12,4.70,2.57,0,0.05),(0.10,4.74,2.60,0,0.05),
(0.08,4.78,2.63,0,0.05),(0.06,4.83,2.67,0,0.05),(0.05,4.86,2.70,0,0.05),

(0.04,4.89,2.72,0,0.05),(0.03,4.93,2.75,0,0.05),(0.02,4.97,2.79,0,0.05),
(0.01,5.03,2.84,0,0.05),(0.005,5.08,2.88,0,0.05),(0,5.23,3.00,0,0.05),

(1,4,2,0,0),(0.9,4,2,0,0),(0.8,4,2,0,0),
(0.7,4,2,0,0),(0.6,4,2,0,0),(0.5,4,2,0,0),
(0.4,4,2,0,0),(0.3,4,2,0,0),(0.2,4,2,0,0),
(0.15,4,2,0,0),(0.12,4,2,0,0),(0.10,4,2,0,0),
(0.08,4,2,0,0),(0.06,4,2,0,0),(0.05,4,2,0,0),
(0.04,4,2,0,0),(0.03,4,2,0,0),(0.02,4,2,0,0),
(0.01,4,2,0,0),(0.005,4,2,0,0),(0,4,2,0,0));

tab7:array [1..231] of tab4R=(
(1,4,2,0,0.5),(0.9,4.23,2.16,0,0.5),(0.8,4.51,2.35,0,0.5),(0.7,4.84,2.59,0,0.5),
(0.6,5.25,2.89,0,0.5),(0.5,5.78,3.29,0,0.5),(0.4,6.51,3.84,0,0.5),(0.3,7.58,4.68,0,0.5),
(0.2,9.38,6.14,0,0.5),(0.15,10.92,7.42,0,0.5),(0.12,12.28,8.57,0,0.5),(0.10,13.52,9.64,0,0.5),
(0.08,15.21,11.10,0,0.5),(0.06,17.69,13.29,0,0.5),(0.05,19.47,14.88,0,0.5),(0.04,21.90,17.06,0,0.5),
(0.03,25.46,20.30,0,0.5),(0.02,31.52,25.87,0,0.5),(0.01,45.32,38.79,0,0.5),(0.005,65.09,57.58,0,0.5),
(0,0,0,0,0.5),

(1,4,2,0,0.45),(0.9,4.22,2.15,0,0.45),(0.8,4.47,2.34,0,0.45),(0.7,4.78,2.56,0,0.45),
(0.6,5.16,2.84,0,0.45),(0.5,5.64,3.21,0,0.45),(0.4,6.30,3.71,0,0.45),(0.3,7.24,4.47,0,0.45),
(0.2,8.81,5.75,0,0.45),(0.15,10.11,6.85,0,0.45),(0.12,11.24,7.82,0,0.45),(0.10,12.25,8.70,0,0.45),
(0.08,13.61,9.89,0,0.45),(0.06,15.56,11.63,0,0.45),(0.05,16.94,12.87,0,0.45),(0.04,18.77,14.53,0,0.45),
(0.03,21.40,16.94,0,0.45),(0.02,25.69,20.92,0,0.45),(0.01,34.89,29.56,0,0.45),(0.005,46.95,41.06,0,0.45),
(0,0,0,0,0.45),

(1,4,2,0,0.4),(0.9,4.20,2.14,0,0.4),(0.8,4.44,2.32,0,0.4),(0.7,4.72,2.52,0,0.4),
(0.6,5.06,2.78,0,0.4),(0.5,5.49,3.12,0,0.4),(0.4,6.07,3.57,0,0.4),(0.3,6.89,4.23,0,0.4),
(0.2,8.21,5.33,0,0.4),(0.15,9.28,6.24,0,0.4),(0.12,10.19,7.03,0,0.4),(0.10,10.99,7.72,0,0.4),
(0.08,12.05,8.65,0,0.4),(0.06,13.52,9.97,0,0.4),(0.05,14.54,10.89,0,0.4),(0.04,15.86,12.09,0,0.4),
(0.03,17.71,13.79,0,0.4),(0.02,20.61,16.47,0,0.4),(0.01,26.40,21.91,0,0.4),(0.005,33.33,28.49,0,0.4),
(0,375.50,370.00,0,0.4),

(1,4,2,0,0.35),(0.9,4.18,2.13,0,0.35),(0.8,4.40,2.29,0,0.35),
(0.7,4.65,2.48,0,0.35),(0.6,4.95,2.71,0,0.35),(0.5,5.33,3.01,0,0.35),
(0.4,5.83,3.40,0,0.35),(0.3,6.52,3.97,0,0.35),(0.2,7.61,4.88,0,0.35),
(0.15,8.46,5.60,0,0.35),(0.12,9.17,6.22,0,0.35),(0.10,9.78,6.75,0,0.35),
(0.08,10.56,7.44,0,0.35),(0.06,11.64,8.40,0,0.35),(0.05,12.36,9.05,0,0.35
),
(0.04,13.27,9.88,0,0.35),(0.03,14.52,11.02,0,0.35),(0.02,16.39,12.74,0,0.
35),
(0.01,19.90,16.01,0,0.35),(0.005,23.75,19.64,0,0.35),(0,114.40,107.90,0,
0.35),

(1,4,2,0,0.3),(0.9,4.16,2.12,0,0.3),(0.8,4.35,2.26,0,0.3),
(0.7,4.57,2.43,0,0.3),(0.6,4.84,2.63,0,0.3),(0.5,5.16,2.89,0,0.3),
(0.4,5.58,3.22,0,0.3),(0.3,6.15,3.69,0,0.3),(0.2,7.01,4.41,0,0.3),
(0.15,7.67,4.97,0,0.3),(0.12,8.19,5.43,0,0.3),(0.10,8.64,5.82,0,0.3),
(0.08,9.20,6.31,0,0.3),(0.06,9.95,6.98,0,0.3),(0.05,10.44,7.42,0,0.3),
(0.04,11.05,7.97,0,0.3),(0.03,11.86,8.70,0,0.3),(0.02,13.03,9.77,0,0.3),
(0.01,15.10,11.67,0,0.3),(0.005,17.21,13.64,0,0.3),(0,49.38,44.38,0,0.3),

(1,4,2,0,0.25),(0.9,4.14,2.11,0,0.25),(0.8,4.30,2.23,0,0.25),
(0.7,4.49,2.37,0,0.25),(0.6,4.71,2.55,0,0.25),(0.5,4.98,2.76,0,0.25),
(0.4,5.32,3.03,0,0.25),(0.3,5.77,3.40,0,0.25),(0.2,6.43,3.95,0,0.25),
(0.15,6.91,4.36,0,0.25),(0.12,7.29,4.69,0,0.25),(0.10,7.60,4.96,0,0.25),
(0.08,7.99,5.30,0,0.25),(0.06,8.49,5.74,0,0.25),(0.05,8.81,6.02,0,0.25),
(0.04,9.20,6.37,0,0.25),(0.03,9.71,6.82,0,0.25),(0.02,10.42,7.46,0,0.25),
(0.01,11.60,8.54,0,0.25),(0.005,12.75,9.59,0,0.25),(0,26.00,22.00,0,0.25)
,

(1,4,2,0,0.2),(0.9,4.12,2.09,0,0.2),(0.8,4.25,2.19,0,0.2),
(0.7,4.40,2.31,0,0.2),(0.6,4.58,2.45,0,0.2),(0.5,4.79,2.62,0,0.2),
(0.4,5.05,2.83,0,0.2),(0.3,5.39,3.11,0,0.2),(0.2,5.87,3.50,0,0.2),
(0.15,6.20,3.79,0,0.2),(0.12,6.46,4.01,0,0.2),(0.10,6.67,4.19,0,0.2),
(0.08,6.92,4.41,0,0.2),(0.06,7.24,4.68,0,0.2),(0.05,7.44,4.86,0,0.2),
(0.04,7.68,5.07,0,0.2),(0.03,7.99,5.34,0,0.2),(0.02,8.40,5.70,0,0.2),
(0.01,9.07,6.30,0,0.2),(0.005,9.68,6.85,0,0.2),(0,15.56,12.22,0,0.2),

(1,4,2,0,0.15),(0.9,4.09,2.07,0,0.15),(0.8,4.19,2.15,0,0.15),
(0.7,4.31,2.24,0,0.15),(0.6,4.44,2.35,0,0.15),(0.5,4.60,2.47,0,0.15),
(0.4,4.78,2.62,0,0.15),(0.3,5.02,2.81,0,0.15),(0.2,5.34,3.08,0,0.15),
(0.15,5.56,3.26,0,0.15),(0.12,5.72,3.40,0,0.15),(0.10,5.85,3.51,0,0.15),
(0.08,6.00,3.64,0,0.15),(0.06,6.20,3.80,0,0.15),(0.05,6.31,3.90,0,0.15),
(0.04,6.45,4.02,0,0.15),(0.03,6.62,4.17,0,0.15),(0.02,6.85,4.37,0,0.15),
(0.01,7.21,4.68,0,0.15),(0.005,7.52,4.96,0,0.15),(0,10.14,7.29,0,0.15),

(1,4,2,0,0.1),(0.9,4.06,2.05,0,0.1),(0.8,4.13,2.11,0,0.1),
(0.7,4.21,2.17,0,0.1),(0.6,4.30,2.24,0,0.1),(0.5,4.40,2.32,0,0.1),

(0.4,4.52,2.41,0,0.1),(0.3,4.66,2.53,0,0.1),(0.2,4.85,2.68,0,0.1),
(0.15,4.98,2.79,0,0.1),(0.12,5.07,2.86,0,0.1),(0.10,5.14,2.92,0,0.1),
(0.08,5.22,2.99,0,0.1),(0.06,5.32,3.08,0,0.1),(0.05,5.39,3.13,0,0.1),
(0.04,5.46,3.19,0,0.1),(0.03,5.54,3.26,0,0.1),(0.02,5.66,3.36,0,0.1),
(0.01,5.83,3.51,0,0.1),(0.005,5.98,3.63,0,0.1),(0,7.11,4.61,0,0.1),

(1,4,2,0,0.05),(0.9,4.03,2.03,0,0.05),(0.8,4.07,2.06,0,0.05),
(0.7,4.11,2.09,0,0.05),(0.6,4.15,2.12,0,0.05),(0.5,4.20,2.16,0,0.05),
(0.4,4.26,2.21,0,0.05),(0.3,4.32,2.26,0,0.05),(0.2,4.41,2.33,0,0.05),
(0.15,4.46,2.37,0,0.05),(0.12,4.50,2.40,0,0.05),(0.10,4.53,2.43,0,0.05),
(0.08,4.56,2.46,0,0.05),(0.06,4.61,2.49,0,0.05),(0.05,4.63,2.51,0,0.05),
(0.04,4.66,2.53,0,0.05),(0.03,4.69,2.56,0,0.05),(0.02,4.74,2.60,0,0.05),
(0.01,4.80,2.65,0,0.05),(0.005,4.86,2.70,0,0.05),(0,5.23,3.00,0,0.05),

(1,4,2,0,0),(0.9,4,2,0,0),(0.8,4,2,0,0),
(0.7,4,2,0,0),(0.6,4,2,0,0),(0.5,4,2,0,0),
(0.4,4,2,0,0),(0.3,4,2,0,0),(0.2,4,2,0,0),
(0.15,4,2,0,0),(0.12,4,2,0,0),(0.10,4,2,0,0),
(0.08,4,2,0,0),(0.06,4,2,0,0),(0.05,4,2,0,0),
(0.04,4,2,0,0),(0.03,4,2,0,0),(0.02,4,2,0,0),
(0.01,4,2,0,0),(0.005,4,2,0,0),(0,4,2,0,0));

tab8:array [1..336] of tab4R=(
(1,1,1,0,1),(0.9,1.018,0.978,0,1),(0.8,1.043,0.955,0,1),(0.7,1.071,0.931,0,
1),
(0.6,1.110,0.897,0,1),(0.5,1.146,0.865,0,1),(0.4,1.193,0.826,0,1),
(0.3,1.255,0.777,0,1),(0.2,1.348,0.709,0,1),(0.15,1.416,0.663,0,1),
(0.12,1.469,0.629,0,1),(0.10,1.513,0.602,0,1),(0.08,1.571,0.566,0,1),
(0.06,1.638,0.531,0,1),(0.05,1.683,0.507,0,1),(0.04,1.739,0.479,0,1),
(0.03,1.812,0.445,0,1),(0.02,1.916,0.400,0,1),(0.01,2.095,0.331,0,1),
(0.005,2.274,0.272,0,1),(0,6.000,0,0,1),

(1,1,1,0,0.9),(0.9,1.020,0.978,0,0.9),(0.8,1.046,0.954,0,0.9),(0.7,1.077,0.
929,0,0.9),
(0.6,1.116,0.896,0,0.9),(0.5,1.157,0.863,0,0.9),(0.4,1.209,0.822,0,0.9),
(0.3,1.278,0.772,0,0.9),(0.2,1.381,0.704,0,0.9),(0.15,1.456,0.658,0,0.9),
(0.12,1.516,0.624,0,0.9),(0.10,1.566,0.597,0,0.9),(0.08,1.629,0.565,0,0.9
),
(0.06,1.711,0.528,0,0.9),(0.05,1.764,0.504,0,0.9),(0.04,1.830,0.477,0,0.9
),
(0.03,1.916,0.444,0,0.9),(0.02,2.042,0.401,0,0.9),(0.01,2.266,0.336,0,0.9
),
(0.005,2.502,0.280,0,0.9),(0,5.410,0.010,0,0.9),

(1,1,1,0,0.8),(0.9,1.022,0.979,0,0.8),(0.8,1.049,0.959,0,0.8),(0.7,1.081,0.
934,0,0.8),
(0.6,1.120,0.904,0,0.8),(0.5,1.164,0.873,0,0.8),(0.4,1.219,0.836,0,0.8),
227

(0.3,1.293,0.789,0,0.8),(0.2,1.404,0.727,0,0.8),(0.15,1.487,0.685,0,0.8),
(0.12,1.553,0.654,0,0.8),(0.10,1.609,0.629,0,0.8),(0.08,1.679,0.600,0,0.8
),
(0.06,1.773,0.564,0,0.8),(0.05,1.834,0.542,0,0.8),(0.04,1.911,0.516,0,0.8
),
(0.03,2.014,0.485,0,0.8),(0.02,2.167,0.442,0,0.8),(0.01,2.448,0.375,0,0.8
),
(0.005,2.754,0.314,0,0.8),(0,4.840,0.040,0,0.8),

(1,1,1,0,0.7),(0.9,1.024,0.982,0,0.7),(0.8,1.052,0.963,0,0.7),(0.7,1.085,0.
941,0,0.7),
(0.6,1.126,0.915,0,0.7),(0.5,1.173,0.887,0,0.7),(0.4,1.232,0.853,0,0.7),
(0.3,1.315,0.810,0,0.7),(0.2,1.435,0.752,0,0.7),(0.15,1.527,0.713,0,0.7),
(0.12,1.602,0.683,0,0.7),(0.10,1.665,0.659,0,0.7),(0.08,1.745,0.631,0,0.7
),
(0.06,1.852,0.594,0,0.7),(0.05,1.923,0.572,0,0.7),(0.04,2.012,0.545,0,0.7
),
(0.03,2.131,0.511,0,0.7),(0.02,2.306,0.465,0,0.7),(0.01,2.619,0.391,0,0.7
),
(0.005,2.938,0.323,0,0.7),(0,4.290,0.090,0,0.7),

(1,1,1,0,0.6),(0.9,1.026,0.983,0,0.6),(0.8,1.056,0.966,0,0.6),(0.7,1.091,0.
947,0,0.6),
(0.6,1.134,0.924,0,0.6),(0.5,1.184,0.898,0,0.6),(0.4,1.249,0.866,0,0.6),
(0.3,1.338,0.826,0,0.6),(0.2,1.471,0.770,0,0.6),(0.15,1.572,0.731,0,0.6),
(0.12,1.653,0.701,0,0.6),(0.10,1.722,0.676,0,0.6),(0.08,1.809,0.647,0,0.6
),
(0.06,1.923,0.610,0,0.6),(0.05,1.997,0.587,0,0.6),(0.04,2.090,0.559,0,0.6
),
(0.03,2.211,0.523,0,0.6),(0.02,2.382,0.476,0,0.6),(0.01,2.667,0.401,0,0.6
),
(0.005,2.926,0.337,0,0.6),(0,3.760,0.160,0,0.6),

(1,1,1,0,0.5),(0.9,1.028,0.984,0,0.5),(0.8,1.061,0.968,0,0.5),(0.7,1.097,0.
951,0,0.5),
(0.6,1.142,0.930,0,0.5),(0.5,1.196,0.905,0,0.5),(0.4,1.266,0.874,0,0.5),
(0.3,1.359,0.835,0,0.5),(0.2,1.498,0.779,0,0.5),(0.15,1.601,0.740,0,0.5),
(0.12,1.683,0.710,0,0.5),(0.10,1.751,0.686,0,0.5),(0.08,1.835,0.657,0,0.5
),
(0.06,1.943,0.620,0,0.5),(0.05,2.012,0.598,0,0.5),(0.04,2.095,0.571,0,0.5
),
(0.03,2.200,0.538,0,0.5),(0.02,2.342,0.494,0,0.5),(0.01,2.559,0.430,0,0.5
),
(0.005,2.739,0.379,0,0.5),(0,3.250,0.250,0,0.5),

(1,1,1,0,0.45),(0.9,1.027,0.985,0,0.45),(0.8,1.059,0.969,0,0.45),(0.7,1.10
0,0.952,0,0.45),

(0.6,1.145,0.931,0,0.45),(0.5,1.200,0.907,0,0.45),(0.4,1.271,0.877,0,0.45),

(0.3,1.364,0.838,0,0.45),(0.2,1.502,0.783,0,0.45),(0.15,1.602,0.745,0,0.45),

(0.12,1.681,0.716,0,0.45),(0.10,1.746,0.692,0,0.45),(0.08,1.825,0.664,0,0.45),

(0.06,1.925,0.629,0,0.45),(0.05,1.987,0.608,0,0.45),(0.04,2.062,0.583,0,0.45),

(0.03,2.154,0.552,0,0.45),(0.02,2.276,0.512,0,0.45),(0.01,2.457,0.456,0,0.45),

(0.005,2.601,0.412,0,0.45),(0,3.003,0.303,0,0.45),

(1,1,1,0,0.4),(0.9,1.026,0.985,0,0.4),(0.8,1.059,0.970,0,0.4),(0.7,1.101,0.953,0,0.4),

(0.6,1.147,0.933,0,0.4),(0.5,1.202,0.909,0,0.4),(0.4,1.272,0.879,0,0.4),

(0.3,1.364,0.841,0,0.4),(0.2,1.496,0.788,0,0.4),(0.15,1.591,0.751,0,0.4),

(0.12,1.665,0.723,0,0.4),(0.10,1.724,0.701,0,0.4),(0.08,1.796,0.675,0,0.4),

(0.06,1.885,0.642,0,0.4),(0.05,1.940,0.623,0,0.4),(0.04,2.004,0.600,0,0.4),

(0.03,2.083,0.572,0,0.4),(0.02,2.185,0.538,0,0.4),(0.01,2.332,0.489,0,0.4),

(0.005,2.445,0.452,0,0.4),(0,2.760,0.360,0,0.4),

(1,1,1,0,0.35),(0.9,1.026,0.985,0,0.35),(0.8,1.058,0.971,0,0.35),(0.7,1.101,0.954,0,0.35),

(0.6,1.146,0.934,0,0.35),(0.5,1.200,0.911,0,0.35),(0.4,1.267,0.882,0,0.35),

(0.3,1.355,0.846,0,0.35),(0.2,1.479,0.795,0,0.35),(0.15,1.566,0.760,0,0.35),

(0.12,1.632,0.735,0,0.35),(0.10,1.685,0.714,0,0.35),(0.08,1.747,0.690,0,0.35),

(0.06,1.824,0.661,0,0.35),(0.05,1.871,0.644,0,0.35),(0.04,1.925,0.624,0,0.35),

(0.03,1.990,0.600,0,0.35),(0.02,2.072,0.571,0,0.35),(0.01,2.189,0.530,0,0.35),

(0.005,2.277,0.500,0,0.35),(0,2.523,0.423,0,0.35),

(1,1,1,0,0.3),(0.9,1.025,0.986,0,0.3),(0.8,1.060,0.972,0,0.3),(0.7,1.098,0.956,0,0.3),

(0.6,1.141,0.937,0,0.3),(0.5,1.193,0.914,0,0.3),(0.4,1.256,0.887,0,0.3),

(0.3,1.337,0.853,0,0.3),(0.2,1.449,0.806,0,0.3),(0.15,1.526,0.775,0,0.3),

(0.12,1.583,0.752,0,0.3),(0.10,1.628,0.734,0,0.3),(0.08,1.681,0.713,0,0.3),

(0.06,1.745,0.688,0,0.3),(0.05,1.782,0.673,0,0.3),(0.04,1.826,0.656,0,0.3),

(0.03,1.878,0.636,0,0.3),(0.02,1.943,0.612,0,0.3),(0.01,2.033,0.578,0,0.3
),
(0.005,2.100,0.554,0,0.3),(0,2.290,0.490,0,0.3),

(1,1,1,0,0.25),(0.9,1.024,0.987,0,0.25),(0.8,1.057,0.973,0,0.25),(0.7,1.09
3,0.958,0,0.25),
(0.6,1.183,0.940,0,0.25),(0.5,1.180,0.919,0,0.25),(0.4,1.237,0.984,0,0.25
),
(0.3,1.309,0.863,0,0.25),(0.2,1.406,0.822,0,0.25),(0.15,1.471,0.794,0,0.2
5),
(0.12,1.518,0.775,0,0.25),(0.10,1.555,0.759,0,0.25),(0.08,1.597,0.742,0,
0.25),
(0.06,1.648,0.718,0,0.25),(0.05,1.681,0.709,0,0.25),(0.04,1.712,0.695,0,
0.25),
(0.03,1.752,0.679,0,0.25),(0.02,1.801,0.660,0,0.25),(0.01,1.868,0.634,0,
0.25),
(0.005,1.919,0.615,0,0.25),(0,2.063,0.563,0,0.25),

(1,1,1,0,0.2),(0.9,1.023,0.988,0,0.2),(0.8,1.052,0.976,0,0.2),(0.7,1.084,0.
962,0,0.2),
(0.6,1.119,0.946,0,0.2),(0.5,1.160,0.927,0,0.2),(0.4,1.209,0.905,0,0.2),
(0.3,1.270,0.878,0,0.2),(0.2,1.349,0.840,0,0.2),(0.15,1.400,0.821,0,0.2),
(0.12,1.438,0.805,0,0.2),(0.10,1.466,0.792,0,0.2),(0.08,1.498,0.779,0,0.2
),
(0.06,1.537,0.763,0,0.2),(0.05,1.559,0.753,0,0.2),(0.04,1.581,0.743,0,0.2
),
(0.03,1.614,0.730,0,0.2),(0.02,1.650,0.715,0,0.2),(0.01,1.698,0.695,0,0.2
),
(0.005,1.734,0.681,0,0.2),(0,1.840,0.640,0,0.2),

(1,1,1,0,0.15),(0.9,1.022,0.990,0,0.15),(0.8,1.045,0.979,0,0.15),(0.7,1.07
1,0.967,0,0.15),
(0.6,1.100,0.954,0,0.15),(0.5,1.133,0.938,0,0.15),(0.4,1.172,0.920,0,0.15
),
(0.3,1.219,0.899,0,0.15),(0.2,1.279,0.872,0,0.15),(0.15,1.316,0.855,0,0.1
5),
(0.12,1.344,0.843,0,0.15),(0.10,1.364,0.834,0,0.15),(0.08,1.387,0.823,0,
0.15),
(0.06,1.414,0.811,0,0.15),(0.05,1.430,0.804,0,0.15),(0.04,1.447,0.797,0,
0.15),
(0.03,1.467,0.788,0,0.15),(0.02,1.492,0.777,0,0.15),(0.01,1.525,0.763,0,
0.15),
(0.005,1.549,0.753,0,0.15),(0,1.623,0.723,0,0.15),

(1,1,1,0,0.1),(0.9,1.016,0.993,0,0.1),(0.8,1.034,0.984,0,0.1),(0.7,1.053,0.
975,0,0.1),

(0.6,1.074,0.965,0,0.1),(0.5,1.098,0.954,0,0.1),(0.4,1.125,0.941,0,0.1),
(0.3,1.157,0.926,0,0.1),(0.2,1.196,0.907,0,0.1),(0.15,1.221,0.896,0,0.1),
(0.12,1.238,0.888,0,0.1),(0.10,1.251,0.882,0,0.1),(0.08,1.266,0.875,0,0.1
),
(0.06,1.282,0.867,0,0.1),(0.05,1.292,0.863,0,0.1),(0.04,1.303,0.858,0,0.1
),
(0.03,1.315,0.852,0,0.1),(0.02,1.330,0.846,0,0.1),(0.01,1.350,0.837,0,0.1
),
(0.005,1.364,0.830,0,0.1),(0,1.410,0.810,0,0.1),

(1,1,1,0,0.05),(0.9,1.009,0.996,0,0.05),(0.8,1.019,0.991,0,0.05),(0.7,1.02
9,0.986,0,0.05),
(0.6,1.041,0.980,0,0.05),(0.5,1.053,0.974,0,0.05),(0.4,1.067,0.967,0,0.05
),
(0.3,1.084,0.959,0,0.05),(0.2,1.103,0.950,0,0.05),(0.15,1.115,0.944,0,0.0
5),
(0.12,1.123,0.940,0,0.05),(0.10,1.129,0.937,0,0.05),(0.08,1.136,0.934,0,
0.05),
(0.06,1.144,0.930,0,0.05),(0.05,1.148,0.928,0,0.05),(0.04,1.153,0.926,0,
0.05),
(0.03,1.159,0.923,0,0.05),(0.02,1.165,0.920,0,0.05),(0.01,1.175,0.916,0,
0.05),
(0.005,1.181,0.913,0,0.05),(0,1.203,0.903,0,0.05),

(1,1,1,0,0),(0.9,1,1,0,0),(0.8,1,1,0,0),
(0.7,1,1,0,0),(0.6,1,1,0,0),(0.5,1,1,0,0),
(0.4,1,1,0,0),(0.3,1,1,0,0),(0.2,1,1,0,0),
(0.15,1,1,0,0),(0.12,1,1,0,0),(0.10,1,1,0,0),
(0.08,1,1,0,0),(0.06,1,1,0,0),(0.05,1,1,0,0),
(0.04,1,1,0,0),(0.03,1,1,0,0),(0.02,1,1,0,0),
(0.01,1,1,0,0),(0.005,1,1,0,0),(0,1,1,0,0));

tab9:array [1..336] of tab4R=(
(1,1,1,0,1),(0.9,1.025,0.983,0,1),(0.8,1.053,0.963,0,1),(0.7,1.086,0.941,0,
1),
(0.6,1.124,0.916,0,1),(0.5,1.170,0.887,0,1),(0.4,1.229,0.852,0,1),
(0.3,1.307,0.808,0,1),(0.2,1.421,0.748,0,1),(0.15,1.505,0.707,0,1),
(0.12,1.572,0.676,0,1),(0.10,1.628,0.652,0,1),(0.08,1.697,0.622,0,1),
(0.06,1.789,0.586,0,1),(0.05,1.847,0.563,0,1),(0.04,1.920,0.536,0,1),
(0.03,2.012,0.504,0,1),(0.02,2.153,0.458,0,1),(0.01,2.391,0.389,0,1),
(0.005,2.632,0.327,0,1),(0,6.000,0,0,1),

(1,1,1,0,0.9),(0.9,1.025,0.984,0,0.9),(0.8,1.054,0.965,0,0.9),(0.7,1.088,0.
944,0,0.9),
(0.6,1.127,0.921,0,0.9),(0.5,1.175,0.893,0,0.9),(0.4,1.235,0.860,0,0.9),

(0.3,1.316,0.818,0,0.9),(0.2,1.434,0.760,0,0.9),(0.15,1.521,0.721,0,0.9),
(0.12,1.590,0.691,0,0.9),(0.10,1.648,0.667,0,0.9),(0.08,1.720,0.638,0,0.9
),
(0.06,1.814,0.603,0,0.9),(0.05,1.875,0.581,0,0.9),(0.04,1.951,0.555,0,0.9
),
(0.03,2.047,0.523,0,0.9),(0.02,2.191,0.478,0,0.9),(0.01,2.436,0.410,0,0.9
),
(0.005,2.683,0.349,0,0.9),(0,5.410,0.010,0,0.9),

(1,1,1,0,0.8),(0.9,1.026,0.985,0,0.8),(0.8,1.056,0.967,0,0.8),(0.7,1.090,0.
948,0,0.8),
(0.6,1.130,0.926,0,0.8),(0.5,1.179,0.899,0,0.8),(0.4,1.241,0.869,0,0.8),
(0.3,1.323,0.829,0,0.8),(0.2,1.444,0.774,0,0.8),(0.15,1.534,0.736,0,0.8),
(0.12,1.604,0.708,0,0.8),(0.10,1.663,0.685,0,0.8),(0.08,1.737,0.657,0,0.8
),
(0.06,1.833,0.622,0,0.8),(0.05,1.894,0.601,0,0.8),(0.04,1.971,0.576,0,0.8
),
(0.03,2.069,0.544,0,0.8),(0.02,2.212,0.501,0,0.8),(0.01,2.454,0.432,0,0.8
),
(0.005,2.694,0.373,0,0.8),(0,4.840,0.040,0,0.8),

(1,1,1,0,0.7),(0.9,1.027,0.986,0,0.7),(0.8,1.057,0.970,0,0.7),(0.7,1.092,0.
952,0,0.7),
(0.6,1.133,0.931,0,0.7),(0.5,1.183,0.906,0,0.7),(0.4,1.246,0.877,0,0.7),
(0.3,1.330,0.839,0,0.7),(0.2,1.452,0.786,0,0.7),(0.15,1.542,0.750,0,0.7),
(0.12,1.613,0.723,0,0.7),(0.10,1.672,0.700,0,0.7),(0.08,1.744,0.674,0,0.7
),
(0.06,1.839,0.640,0,0.7),(0.05,1.900,0.619,0,0.7),(0.04,1.974,0.595,0,0.7
),
(0.03,2.069,0.564,0,0.7),(0.02,2.205,0.522,0,0.7),(0.01,2.432,0.457,0,0.7
),
(0.005,2.648,0.399,0,0.7),(0,4.290,0.090,0,0.7),

(1,1,1,0,0.6),(0.9,1.027,0.987,0,0.6),(0.8,1.058,0.971,0,0.6),(0.7,1.093,0.
954,0,0.6),
(0.6,1.135,0.935,0,0.6),(0.5,1.185,0.912,0,0.6),(0.4,1.248,0.883,0,0.6),
(0.3,1.331,0.847,0,0.6),(0.2,1.452,0.797,0,0.6),(0.15,1.540,0.762,0,0.6),
(0.12,1.609,0.736,0,0.6),(0.10,1.665,0.715,0,0.6),(0.08,1.734,0.689,0,0.6
),
(0.06,1.825,0.657,0,0.6),(0.05,1.880,0.638,0,0.6),(0.04,1.948,0.614,0,0.6
),
(0.03,2.035,0.585,0,0.6),(0.02,2.156,0.546,0,0.6),(0.01,2.353,0.486,0,0.6
),
(0.005,2.534,0.433,0,0.6),(0,3.760,0.160,0,0.6),

(1,1,1,0,0.5),(0.9,1.027,0.987,0,0.5),(0.8,1.057,0.973,0,0.5),(0.7,1.093,0.
957,0,0.5),

(0.6,1.134,0.938,0,0.5),(0.5,1.183,0.916,0,0.5),(0.4,1.244,0.889,0,0.5),
(0.3,1.324,0.855,0,0.5),(0.2,1.439,0.808,0,0.5),(0.15,1.520,0.776,0,0.5),
(0.12,1.583,0.751,0,0.5),(0.10,1.634,0.731,0,0.5),(0.08,1.696,0.708,0,0.5
),
(0.06,1.775,0.679,0,0.5),(0.05,1.824,0.661,0,0.5),(0.04,1.883,0.640,0,0.5
),
(0.03,1.956,0.614,0,0.5),(0.02,2.057,0.579,0,0.5),(0.01,2.215,0.527,0,0.5
),
(0.005,2.355,0.482,0,0.5),(0,3.250,0.250,0,0.5),

(1,1,1,0,0.45),(0.9,1.027,0.988,0,0.45),(0.8,1.057,0.974,0,0.45),(0.7,1.09
1,0.958,0,0.45),
(0.6,1.131,0.940,0,0.45),(0.5,1.179,0.919,0,0.45),(0.4,1.239,0.893,0,0.45
),
(0.3,1.316,0.860,0,0.45),(0.2,1.425,0.815,0,0.45),(0.15,1.501,0.784,0,0.4
5),
(0.12,1.560,0.761,0,0.45),(0.10,1.607,0.742,0,0.45),(0.08,1.664,0.720,0,
0.45),
(0.06,1.736,0.693,0,0.45),(0.05,1.781,0.693,0,0.45),(0.04,1.834,0.656,0,
0.45),
(0.03,1.899,0.632,0,0.45),(0.02,1.988,0.601,0,0.45),(0.01,2.126,0.553,0,
0.45),
(0.005,2.246,0.513,0,0.45),(0,3.003,0.303,0,0.45),

(1,1,1,0,0.4),(0.9,1.026,0.988,0,0.4),(0.8,1.055,0.975,0,0.4),(0.7,1.089,0.
960,0,0.4),
(0.6,1.128,0.942,0,0.4),(0.5,1.174,0.922,0,0.4),(0.4,1.230,0.897,0,0.4),
(0.3,1.303,0.866,0,0.4),(0.2,1.405,0.823,0,0.4),(0.15,1.475,0.794,0,0.4),
(0.12,1.529,0.772,0,0.4),(0.10,1.572,0.755,0,0.4),(0.08,1.623,0.735,0,0.4
),
(0.06,1.688,0.710,0,0.4),(0.05,1.727,0.695,0,0.4),(0.04,1.774,0.677,0,0.4
),
(0.03,1.831,0.655,0,0.4),(0.02,1.908,0.627,0,0.4),(0.01,2.025,0.585,0,0.4
),
(0.005,2.127,0.549,0,0.4),(0,2.760,0.360,0,0.4),

(1,1,1,0,0.35),(0.9,1.025,0.989,0,0.35),(0.8,1.053,0.976,0,0.35),(0.7,1.08
5,0.961,0,0.35),
(0.6,1.122,0.945,0,0.35),(0.5,1.165,0.925,0,0.35),(0.4,1.218,0.902,0,0.35
),
(0.3,1.286,0.873,0,0.35),(0.2,1.378,0.833,0,0.35),(0.15,1.442,0.807,0,0.3
5),
(0.12,1.490,0.787,0,0.35),(0.10,1.528,0.771,0,0.35),(0.08,1.572,0.754,0,
0.35),
(0.06,1.629,0.731,0,0.35),(0.05,1.663,0.717,0,0.35),(0.04,1.703,0.701,0,
0.35),

(0.03,1.752,0.682,0,0.35),(0.02,1.817,0.657,0,0.35),(0.01,1.915,0.620,0,0.35),

(0.005,1.999,0.590,0,0.35),(0,2.523,0.423,0,0.35),

(1,1,1,0,0.3),(0.9,1.024,0.989,0,0.3),(0.8,1.050,0.977,0,0.3),(0.7,1.080,0.964,0,0.3),

(0.6,1.114,0.948,0,0.3),(0.5,1.154,0.930,0,0.3),(0.4,1.202,0.909,0,0.3),

(0.3,1.263,0.882,0,0.3),(0.2,1.345,0.846,0,0.3),(0.15,1.401,0.822,0,0.3),

(0.12,1.442,0.805,0,0.3),(0.10,1.475,0.791,0,0.3),(0.08,1.514,0.775,0,0.3),

(0.06,1.561,0.755,0,0.3),(0.05,1.590,0.744,0,0.3),(0.04,1.623,0.730,0,0.3),

(0.03,1.664,0.714,0,0.3),(0.02,1.718,0.692,0,0.3),(0.01,1.796,0.662,0,0.3),

(0.005,1.866,0.635,0,0.3),(0,2.290,0.490,0,0.3),

(1,1,1,0,0.25),(0.9,1.022,0.990,0,0.25),(0.8,1.046,0.979,0,0.25),(0.7,1.073,0.967,0,0.25),

(0.6,1.103,0.953,0,0.25),(0.5,1.139,0.936,0,0.25),(0.4,1.181,0.917,0,0.25),

(0.3,1.234,0.893,0,0.25),(0.2,1.305,0.862,0,0.25),(0.15,1.352,0.842,0,0.25),

(0.12,1.387,0.826,0,0.25),(0.10,1.414,0.815,0,0.25),(0.08,1.446,0.801,0,0.25),

(0.06,1.484,0.785,0,0.25),(0.05,1.508,0.775,0,0.25),(0.04,1.535,0.763,0,0.25),

(0.03,1.568,0.750,0,0.25),(0.02,1.610,0.732,0,0.25),(0.01,1.674,0.706,0,0.25),

(0.005,1.727,0.685,0,0.25),(0,2.063,0.563,0,0.25),

(1,1,1,0,0.2),(0.9,1.019,0.991,0,0.2),(0.8,1.040,0.981,0,0.2),(0.7,1.063,0.970,0,0.2),

(0.6,1.090,0.958,0,0.2),(0.5,1.120,0.944,0,0.2),(0.4,1.156,0.928,0,0.2),

(0.3,1.200,0.908,0,0.2),(0.2,1.258,0.882,0,0.2),(0.15,1.296,0.864,0,0.2),

(0.12,1.323,0.852,0,0.2),(0.10,1.345,0.843,0,0.2),(0.08,1.370,0.832,0,0.2),

(0.06,1.400,0.818,0,0.2),(0.05,1.418,0.811,0,0.2),(0.04,1.439,0.801,0,0.2),

(0.03,1.464,0.791,0,0.2),(0.02,1.496,0.777,0,0.2),(0.01,1.544,0.756,0,0.2),

(0.005,1.585,0.740,0,0.2),(0,1.840,0.640,0,0.2),

(1,1,1,0,0.15),(0.9,1.016,0.993,0,0.15),(0.8,1.033,0.984,0,0.15),(0.7,1.052,0.976,0,0.15),

(0.6,1.073,0.966,0,0.15),(0.5,1.097,0.954,0,0.15),(0.4,1.125,0.941,0,0.15),

(0.3,1.159,0.925,0,0.15),(0.2,1.203,0.905,0,0.15),(0.15,1.231,0.892,0,0.1
5),
(0.12,1.252,0.882,0,0.15),(0.10,1.268,0.875,0,0.15),(0.08,1.286,0.867,0,
0.15),
(0.06,1.308,0.857,0,0.15),(0.05,1.321,0.851,0,0.15),(0.04,1.336,0.844,0,
0.15),
(0.03,1.354,0.836,0,0.15),(0.02,1.377,0.826,0,0.15),(0.01,1.412,0.811,0,
0.15),
(0.005,1.440,0.798,0,0.15),(0,1.623,0.723,0,0.15),

(1,1,1,0,0.1),(0.9,1.011,0.994,0,0.1),(0.8,1.024,0.988,0,0.1),(0.7,1.037,0.
982,0,0.1),
(0.6,1.052,0.975,0,0.1),(0.5,1.069,0.967,0,0.1),(0.4,1.089,0.957,0,0.1),
(0.3,1.152,0.946,0,0.1),(0.2,1.142,0.932,0,0.1),(0.15,1.160,0.923,0,0.1),
(0.12,1.174,0.917,0,0.1),(0.10,1.184,0.912,0,0.1),(0.08,1.196,0.907,0,0.1
),
(0.06,1.210,0.900,0,0.1),(0.05,1.219,0.896,0,0.1),(0.04,1.228,0.892,0,0.1
),
(0.03,1.240,0.886,0,0.1),(0.02,1.254,0.879,0,0.1),(0.01,1.276,0.870,0,0.1
),
(0.005,1.294,0.861,0,0.1),(0,1.410,0.810,0,0.1),

(1,1,1,0,0.05),(0.9,1.006,0.997,0,0.05),(0.8,1.013,0.994,0,0.05),(0.7,1.02
0,0.990,0,0.05),
(0.6,1.028,0.986,0,0.05),(0.5,1.037,0.982,0,0.05),(0.4,1.047,0.977,0,0.05
),
(0.3,1.059,0.971,0,0.05),(0.2,1.074,0.964,0,0.05),(0.15,1.083,0.959,0,0.0
5),
(0.12,1.090,0.956,0,0.05),(0.10,1.095,0.954,0,0.05),(0.08,1.102,0.951,0,
0.05),
(0.06,1.108,0.948,0,0.05),(0.05,1.112,0.946,0,0.05),(0.04,1.116,0.944,0,
0.05),
(0.03,1.122,0.941,0,0.05),(0.02,1.129,0.938,0,0.05),(0.01,1.139,0.933,0,
0.05),
(0.005,1.147,0.929,0,0.05),(0,1.203,0.903,0,0.05),

(1,1,1,0,0),(0.9,1,1,0,0),(0.8,1,1,0,0),
(0.7,1,1,0,0),(0.6,1,1,0,0),(0.5,1,1,0,0),
(0.4,1,1,0,0),(0.3,1,1,0,0),(0.2,1,1,0,0),
(0.15,1,1,0,0),(0.12,1,1,0,0),(0.10,1,1,0,0),
(0.08,1,1,0,0),(0.06,1,1,0,0),(0.05,1,1,0,0),
(0.04,1,1,0,0),(0.03,1,1,0,0),(0.02,1,1,0,0),
(0.01,1,1,0,0),(0.005,1,1,0,0),(0,1,1,0,0));

tab10:array [1..231] of tab4R=(
(1,1,0,0,0.5),(0.9,1.012,0,0,0.5),(0.8,1.028,0,0,0.5),(0.7,1.044,0,0,0.5),

(0.6,1.062,0,0,0.5),(0.5,1.084,0,0,0.5),(0.4,1.109,0,0,0.5),
(0.3,1.141,0,0,0.5),(0.2,1.183,0,0,0.5),(0.15,1.211,0,0,0.5),
(0.12,1.231,0,0,0.5),(0.10,1.247,0,0,0.5),(0.08,1.267,0,0,0.5),
(0.06,1.289,0,0,0.5),(0.05,1.302,0,0,0.5),(0.04,1.318,0,0,0.5),
(0.03,1.337,0,0,0.5),(0.02,1.361,0,0,0.5),(0.01,1.395,0,0,0.5),
(0.005,1.422,0,0,0.5),(0,1.500,0,0,5),

(1,1,0,0,0.45),(0.9,1.013,0,0,0.45),(0.8,1.031,0,0,0.45),(0.7,1.088,0,0,0.4
5),
(0.6,1.068,0,0,0.45),(0.5,1.091,0,0,0.45),(0.4,1.119,0,0,0.45),
(0.3,1.154,0,0,0.45),(0.2,1.199,0,0,0.45),(0.15,1.229,0,0,0.45),
(0.12,1.251,0,0,0.45),(0.10,1.269,0,0,0.45),(0.08,1.289,0,0,0.45),
(0.06,1.304,0,0,0.45),(0.05,1.326,0,0,0.45),(0.04,1.342,0,0,0.45),
(0.03,1.362,0,0,0.45),(0.02,1.385,0,0,0.45),(0.01,1.419,0,0,0.45),
(0.005,1.442,0,0,0.45),(0,1.495,0,0,45),

(1,1,0,0,0.4),(0.9,1.014,0,0,0.4),(0.8,1.032,0,0,0.4),(0.7,1.050,0,0,0.4),
(0.6,1.072,0,0,0.4),(0.5,1.096,0,0,0.4),(0.4,1.125,0,0,0.4),
(0.3,1.160,0,0,0.4),(0.2,1.207,0,0,0.4),(0.15,1.237,0,0,0.4),
(0.12,1.259,0,0,0.4),(0.10,1.276,0,0,0.4),(0.08,1.296,0,0,0.4),
(0.06,1.318,0,0,0.4),(0.05,1.331,0,0,0.4),(0.04,1.347,0,0,0.4),
(0.03,1.364,0,0,0.4),(0.02,1.385,0,0,0.4),(0.01,1.413,0,0,0.4),
(0.005,1.434,0,0,0.4),(0,1.480,0,0,0.4),

(1,1,0,0,0.35),(0.9,1.015,0,0,0.35),(0.8,1.033,0,0,0.35),(0.7,1.052,0,0,0.3
5),
(0.6,1.073,0,0,0.35),(0.5,1.097,0,0,0.35),(0.4,1.126,0,0,0.35),
(0.3,1.161,0,0,0.35),(0.2,1.207,0,0,0.35),(0.15,1.236,0,0,0.35),
(0.12,1.256,0,0,0.35),(0.10,1.272,0,0,0.35),(0.08,1.290,0,0,0.35),
(0.06,1.311,0,0,0.35),(0.05,1.323,0,0,0.35),(0.04,1.337,0,0,0.35),
(0.03,1.352,0,0,0.35),(0.02,1.371,0,0,0.35),(0.01,1.396,0,0,0.35),
(0.005,1.413,0,0,0.35),(0,1.455,0,0,0.35),

(1,1,0,0,0.3),(0.9,1.015,0,0,0.3),(0.8,1.032,0,0,0.3),(0.7,1.051,0,0,0.3),
(0.6,1.072,0,0,0.3),(0.5,1.095,0,0,0.3),(0.4,1.123,0,0,0.3),
(0.3,1.156,0,0,0.3),(0.2,1.199,0,0,0.3),(0.15,1.225,0,0,0.3),
(0.12,1.244,0,0,0.3),(0.10,1.257,0,0,0.3),(0.08,1.274,0,0,0.3),
(0.06,1.293,0,0,0.3),(0.05,1.303,0,0,0.3),(0.04,1.315,0,0,0.3),
(0.03,1.329,0,0,0.3),(0.02,1.345,0,0,0.3),(0.01,1.367,0,0,0.3),
(0.005,1.382,0,0,0.3),(0,1.420,0,0,0.3),

(1,1,0,0,0.25),(0.9,1.015,0,0,0.25),(0.8,1.031,0,0,0.25),(0.7,1.048,0,0,0.2
5),
(0.6,1.068,0,0,0.25),(0.5,1.090,0,0,0.25),(0.4,1.115,0,0,0.25),
(0.3,1.145,0,0,0.25),(0.2,1.183,0,0,0.25),(0.15,1.207,0,0,0.25),
(0.12,1.223,0,0,0.25),(0.10,1.235,0,0,0.25),(0.08,1.249,0,0,0.25),
(0.06,1.265,0,0,0.25),(0.05,1.264,0,0,0.25),(0.04,1.284,0,0,0.25),

(0.03,1.296,0,0,0.25),(0.02,1.310,0,0,0.25),(0.01,1.328,0,0,0.25),
(0.005,1.340,0,0,0.25),(0,1.375,0,0,0.25),

(1,1,0,0,0.2),(0.9,1.013,0,0,0.2),(0.8,1.028,0,0,0.2),(0.7,1.043,0,0,0.2),
(0.6,1.061,0,0,0.2),(0.5,1.080,0,0,0.2),(0.4,1.102,0,0,0.2),
(0.3,1.128,0,0,0.2),(0.2,1.160,0,0,0.2),(0.15,1.180,0,0,0.2),
(0.12,1.194,0,0,0.2),(0.10,1.204,0,0,0.2),(0.08,1.215,0,0,0.2),
(0.06,1.228,0,0,0.2),(0.05,1.236,0,0,0.2),(0.04,1.244,0,0,0.2),
(0.03,1.253,0,0,0.2),(0.02,1.265,0,0,0.2),(0.01,1.280,0,0,0.2),
(0.005,1.290,0,0,0.2),(0,1.320,0,0,0.2),

(1,1,0,0,0.15),(0.9,1.011,0,0,0.15),(0.8,1.023,0,0,0.15),(0.7,1.036,0,0,0.1
5),
(0.6,1.051,0,0,0.15),(0.5,1.067,0,0,0.15),(0.4,1.084,0,0,0.15),
(0.3,1.105,0,0,0.15),(0.2,1.131,0,0,0.15),(0.15,1.146,0,0,0.15),
(0.12,1.157,0,0,0.15),(0.10,1.164,0,0,0.15),(0.08,1.173,0,0,0.15),
(0.06,1.183,0,0,0.15),(0.05,1.189,0,0,0.15),(0.04,1.195,0,0,0.15),
(0.03,1.203,0,0,0.15),(0.02,1.211,0,0,0.15),(0.01,1.223,0,0,0.15),
(0.005,1.231,0,0,0.15),(0,1.255,0,0,0.15),

(1,1,0,0,0.1),(0.9,1.008,0,0,0.1),(0.8,1.017,0,0,0.1),(0.7,1.027,0,0,0.1),
(0.6,1.037,0,0,0.1),(0.5,1.049,0,0,0.1),(0.4,1.062,0,0,0.1),
(0.3,1.077,0,0,0.1),(0.2,1.094,0,0,0.1),(0.15,1.104,0,0,0.1),
(0.12,1.112,0,0,0.1),(0.10,1.117,0,0,0.1),(0.08,1.123,0,0,0.1),
(0.06,1.130,0,0,0.1),(0.05,1.134,0,0,0.1),(0.04,1.138,0,0,0.1),
(0.03,1.143,0,0,0.1),(0.02,1.149,0,0,0.1),(0.01,1.157,0,0,0.1),
(0.005,1.163,0,0,0.1),(0,1.180,0,0,0.1),

(1,1,0,0,0.05),(0.9,1.005,0,0,0.05),(0.8,1.010,0,0,0.05),(0.7,1.015,0,0,0.0
5),
(0.6,1.020,0,0,0.05),(0.5,1.027,0,0,0.05),(0.4,1.033,0,0,0.05),
(0.3,1.041,0,0,0.05),(0.2,1.050,0,0,0.05),(0.15,1.056,0,0,0.05),
(0.12,1.060,0,0,0.05),(0.10,1.062,0,0,0.05),(0.08,1.065,0,0,0.05),
(0.06,1.069,0,0,0.05),(0.05,1.071,0,0,0.05),(0.04,1.073,0,0,0.05),
(0.03,1.076,0,0,0.05),(0.02,1.079,0,0,0.05),(0.01,1.083,0,0,0.05),
(0.005,1.086,0,0,0.05),(0,1.095,0,0,0.05),

(1,1,0,0,0),(0.9,1,0,0,0),(0.8,1,0,0,0),(0.7,1,0,0,0),
(0.6,1,0,0,0),(0.5,1,0,0,0),(0.4,1,0,0,0),
(0.3,1,0,0,0),(0.2,1,0,0,0),(0.15,1,0,0,0),
(0.12,1,0,0,0),(0.10,1,0,0,0),(0.08,1,0,0,0),
(0.06,1,0,0,0),(0.05,1,0,0,0),(0.04,1,0,0,0),
(0.03,1,0,0,0),(0.02,1,0,0,0),(0.01,1,0,0,0),
(0.005,1,0,0,0),(0,1,0,0,0));
                              (*
                1
tab4:array [1..336]   336

```
tab5:array [1..336]    672
tab6:array [1..231]    903
tab7:array [1..231]    1134
tab8:array [1..336]    1470
tab9:array [1..336]    1806
tab10:array[1..231]    2016          *)
var i:integer;  arquivo:file of tab4R;

begin  assign(arquivo,'nilson53.tab');rewrite(arquivo);
     for i:=1 to 336 do
     write(arquivo,tab4[i]);
     for i:=1 to 336 do
     write(arquivo,tab5[i]);
     for i:=1 to 231 do
     write(arquivo,tab6[i]);
     for i:=1 to 231 do
     write(arquivo,tab7[i]);
     for i:=1 to 336 do
     write(arquivo,tab8[i]);
     for i:=1 to 336 do
     write(arquivo,tab9[i]);
      for i:=1 to 231 do
     write(arquivo,tab10[i]);

     close(arquivo);
end.
program nilson54;
uses
crt,nilson30,nilson36,nilson38,nilson34,nilson35,nilson39,nilson74,nilson
73;
type
tab4R=array [1..5] of real;
const


tab13:array [1..616] of tab4R=(
(1,0.083,0,0,1),(2,0.167,0,0,1),(3,0.250,0,0,1),(4,0.333,0,0,1),(5,0.417,0,0
,1),
(6,0.500,0,0,1),(7,0.583,0,0,1),(8,0.667,0,0,1),(9,0.750,0,0,1),
(10,0.833,0,0,1),(11,0.917,0,0,1),

(1,0.080,0.001,0.03,1),(2,0.151,0.004,0.03,1),(3,0.207,0.010,0.03,1),(4,0.
254,0.019,0.03,1),
(5,0.279,0.031,0.03,1),(6,0.286,0.045,0.03,1),(7,0.265,0.063,0.03,1),(8,0.
221,0.080,0.03,1),
(9,0.159,0.091,0.03,1),(10,0.088,0.088,0.03,1),(11,0.027,0.062,0.03,1),
```

(1,0.078,0.001,0.05,1),(2,0.146,0.006,0.05,1),(3,0.200,0.013,0.05,1),(4,0.240,0.024,0.05,1),
(5,0.259,0.039,0.05,1),(6,0.259,0.055,0.05,1),(7,0.235,0.074,0.05,1),(8,0.194,0.090,0.05,1),
(9,0.136,0.098,0.05,1),(10,0.073,0.093,0.05,1),(11,0.022,0.063,0.05,1),

(1,0.078,0.002,0.1,1),(2,0.141,0.008,0.1,1),(3,0.188,0.019,0.1,1),(4,0.220,0.033,0.1,1),
(5,0.231,0.050,0.1,1),(6,0.224,0.070,0.1,1),(7,0.199,0.089,0.1,1),(8,0.158,0.104,0.1,1),
(9,0.108,0.109,0.1,1),(10,0.057,0.099,0.1,1),(11,0.016,0.065,0.1,1),

(1,0.076,0.003,0.2,1),(2,0.135,0.011,0.2,1),(3,0.176,0.025,0.2,1),(4,0.199,0.042,0.2,1),
(5,0.204,0.063,0.2,1),(6,0.191,0.085,0.2,1),(7,0.166,0.103,0.2,1),(8,0.128,0.117,0.2,1),
(9,0.085,0.119,0.2,1),(10,0.043,0.104,0.2,1),(11,0.012,0.067,0.2,1),

(1,0.070,0.006,0.5,1),(2,0.122,0.019,0.5,1),(3,0.154,0.037,0.5,1),(4,0.168,0.060,0.5,1),
(5,0.166,0.085,0.5,1),(6,0.151,0.108,0.5,1),(7,0.125,0.126,0.5,1),(8,0.094,0.136,0.5,1),
(9,0.060,0.132,0.5,1),(10,0.030,0.111,0.5,1),(11,0.008,0.069,0.5,1),

(1,0.070,0.007,1,1),(2,0.116,0.023,1,1),(3,0.141,0.047,1,1),(4,0.148,0.074,1,1),
(5,0.142,0.101,1,1),(6,0.125,0.125,1,1),(7,0.101,0.142,1,1),(8,0.074,0.148,1,1),
(9,0.047,0.141,1,1),(10,0.023,0.116,1,1),(11,0.007,0.070,1,1),

(1,0.083,0.0,0,0.5),(2,0.167,0.0,0,0.5),(3,0.250,0.0,0,0.5),(4,0.333,0.0,0,0.5),(5,0.417,0.0,0,0.5),
(6,0.500,0.0,0,0.5),(7,0.521,0.012,0,0.5),(8,0.444,0.037,0,0.5),(9,0.313,0.063,0,0.5),
(10,0.167,0.074,0,0.5),(11,0.048,0.058,0,0.5),

(1,0.082,0.000,0.03,0.5),(2,0.157,0.003,0.03,0.5),(3,0.222,0.010,0.03,0.5),(4,0.269,0.021,0.03,0.5),
(5,0.293,0.039,0.03,0.5),(6,0.281,0.062,0.03,0.5),(7,0.242,0.086,0.03,0.5),(8,0.184,0.105,0.03,0.5),
(9,0.120,0.112,0.03,0.5),(10,0.062,0.100,0.03,0.5),(11,0.018,0.065,0.03,0.5),

(1,0.082,0.001,0.05,0.5),(2,0.154,0.005,0.05,0.5),(3,0.216,0.013,0.05,0.5),(4,0.259,0.026,0.05,0.5),
(5,0.274,0.047,0.05,0.5),(6,0.260,0.071,0.05,0.5),(7,0.222,0.095,0.05,0.5),(8,0.168,0.112,0.05,0.5),

(9,0.110,0.117,0.05,0.5),(10,0.055,0.104,0.05,0.5),(11,0.016,0.067,0.05, 0.5),

(1,0.079,0.002,0.1,0.5),(2,0.148,0.008,0.1,0.5),(3,0.202,0.018,0.1,0.5),(4, 0.235,0.035,0.1,0.5),
(5,0.244,0.058,0.1,0.5),(6,0.228,0.083,0.1,0.5),(7,0.193,0.105,0.1,0.5),(8, 0.144,0.120,0.1,0.5),
(9,0.094,0.122,0.1,0.5),(10,0.047,0.106,0.1,0.5),(11,0.014,0.067,0.1,0.5),

(1,0.078,0.002,0.2,0.5),(2,0.141,0.011,0.2,0.5),(3,0.187,0.025,0.2,0.5),(4, 0.211,0.046,0.2,0.5),
(5,0.212,0.070,0.2,0.5),(6,0.195,0.095,0.2,0.5),(7,0.162,0.116,0.2,0.5),(8, 0.122,0.129,0.2,0.5),
(9,0.078,0.128,0.2,0.5),(10,0.038,0.110,0.2,0.5),(11,0.011,0.068,0.2,0.5),

(1,0.074,0.004,0.5,0.5),(2,0.127,0.017,0.5,0.5),(3,0.161,0.037,0.5,0.5),(4, 0.175,0.061,0.5,0.5),
(5,0.171,0.088,0.5,0.5),(6,0.153,0.112,0.5,0.5),(7,0.126,0.131,0.5,0.5),(8, 0.093,0.140,0.5,0.5),
(9,0.060,0.135,0.5,0.5),(10,0.029,0.113,0.5,0.5),(11,0.008,0.069,0.5,0.5),

(1,0.070,0.007,1,0.5),(2,0.116,0.023,1,0.5),(3,0.141,0.047,1,0.5),(4,0.148 ,0.074,1,0.5),
(5,0.142,0.101,1,0.5),(6,0.125,0.125,1,0.5),(7,0.101,0.142,1,0.5),(8,0.074 ,0.148,1,0.5),
(9,0.047,0.141,1,0.5),(10,0.023,0.116,1,0.5),(11,0.007,0.070,1,0.5),

(1,0.083,0.0,0,0.4),(2,0.167,0,0,0.4),(3,0.250,0,0,0.4),(4,0.333,0,0,0.4),(5, 0.416,0.001,0,0.4),
(6,0.440,0.014,0,0.4),(7,0.521,0.038,0,0.4),(8,0.444,0.014,0,0.4),(9,0.313 ,0.085,0,0.4),
(10,0.109,0.087,0,0.4),(11,0.032,0.062,0,0.4),

(1,0.082,0.000,0.03,0.4),(2,0.160,0.003,0.03,0.4),(3,0.224,0.010,0.03,0.4),(4,0.268,0.024,0.03,0.4),
(5,0.280,0.044,0.03,0.4),(6,0.259,0.071,0.03,0.4),(7,0.218,0.095,0.03,0.4),(8,0.164,0.113,0.03,0.4),
(9,0.105,0.117,0.03,0.4),(10,0.053,0.104,0.03,0.4),(11,0.016,0.066,0.03, 0.4),

(1,0.081,0.001,0.05,0.4),(2,0.156,0.004,0.05,0.4),(3,0.215,0.013,0.05,0.4),(4,0.253,0.030,0.05,0.4),
(5,0.260,0.052,0.05,0.4),(6,0.240,0.077,0.05,0.4),(7,0.202,0.101,0.05,0.4),(8,0.151,0.117,0.05,0.4),
(9,0.097,0.120,0.05,0.4),(10,0.048,0.106,0.05,0.4),(11,0.014,0.067,0.05, 0.4),

(1,0.080,0.001,0.1,0.4),(2,0.149,0.008,0.1,0.4),(3,0.203,0.018,0.1,0.4),(4,
0.233,0.037,0.1,0.4),
(5,0.234,0.062,0.1,0.4),(6,0.215,0.087,0.1,0.4),(7,0.178,0.110,0.1,0.4),(8,
0.133,0.124,0.1,0.4),
(9,0.085,0.125,0.1,0.4),(10,0.043,0.108,0.1,0.4),(11,0.012,0.068,0.1,0.4),

(1,0.078,0.002,0.2,0.4),(2,0.141,0.011,0.2,0.4),(3,0.186,0.026,0.2,0.4),(4,
0.208,0.047,0.2,0.4),
(5,0.207,0.073,0.2,0.4),(6,0.188,0.098,0.2,0.4),(7,0.154,0.119,0.2,0.4),(8,
0.115,0.131,0.2,0.4),
(9,0.074,0.129,0.2,0.4),(10,0.037,0.110,0.2,0.4),(11,0.011,0.068,0.2,0.4),

(1,0.074,0.004,0.5,0.4),(2,0.126,0.018,0.5,0.4),(3,0.160,0.037,0.5,0.4),(4,
0.172,0.061,0.5,0.4),
(5,0.170,0.089,0.5,0.4),(6,0.151,0.113,0.5,0.4),(7,0.123,0.132,0.5,0.4),(8,
0.091,0.141,0.5,0.4),
(9,0.058,0.135,0.5,0.4),(10,0.029,0.113,0.5,0.4),(11,0.008,069,0.5,0.4),

(1,0.070,0.007,1,0.4),(2,0.116,0.023,1,0.4),(3,0.141,0.047,1,0.4),(4,0.148
,0.074,1,0.4),
(5,0.142,0.101,1,0.4),(6,0.125,0.125,1,0.4),(7,0.101,0.142,1,0.4),(8,0.074
,0.148,1,0.4),
(9,0.047,0.141,1,0.4),(10,0.023,0.116,1,0.4),(11,0.007,0.070,1,0.4),

(1,0.083,0,0,0.35),(2,0.167,0,0,0.35),(3,0.250,0,0,0.35),(4,0.333,0,0,0.35)
,(5,0.393,0.006,0,0.35),
(6,0.391,0.027,0,0.35),(7,0.342,0.054,0,0.35),(8,0.264,0.080,0,0.35),(9,0.
174,0.095,0,0.35),
(10,0.088,0.092,0,0.35),(11,0.025,0.063,0,0.35),

(1,0.082,0.000,0.03,0.35),(2,0.159,0.003,0.03,0.35),(3,0.222,0.011,0.03,
0.35),(4,0.260,0.026,0.03,0.35),
(5,0.265,0.050,0.03,0.35),(6,0.243,0.076,0.03,0.35),(7,0.204,0.099,0.03,
0.35),(8,0.152,0.116,0.03,0.35),
(9,0.097,0.121,0.03,0.35),(10,0.048,0.106,0.03,0.35),(11,0.014,0.067,0.0
3,0.35),

(1,0.081,0.001,0.05,0.35),(2,0.155,0.005,0.05,0.35),(3,0.215,0.014,0.05,
0.35),(4,0.248,0.031,0.05,0.35),
(5,0.251,0.055,0.05,0.35),(6,0.229,0.081,0.05,0.35),(7,0.190,0.104,0.05,
0.35),(8,0.141,0.120,0.05,0.35),
(9,0.090,0.123,0.05,0.35),(10,0.046,0.106,0.05,0.35),(11,0.013,0.068,0.0
5,0.35),

(1,0.080,0.001,0.1,0.35),(2,0.149,0.008,0.1,0.35),(3,0.201,0.020,0.1,0.35
),(4,0.228,0.039,0.1,0.35),

241

(5,0.238,0.065,0.1,0.35),(6,0.207,0.090,0.1,0.35),(7,0.171,0.112,0.1,0.35
),(8,0.126,0.127,0.1,0.35),
(9,0.081,0.126,0.1,0.35),(10,0.041,0.108,0.1,0.35),(11,0.012,0.068,0.1,0.
35),

(1,0.078,0.002,0.2,0.35),(2,0.142,0.011,0.2,0.35),(3,0.185,0.026,0.2,0.35
),(4,0.205,0.048,0.2,0.35),
(5,0.203,0.075,0.2,0.35),(6,0.182,0.101,0.2,0.35),(7,0.150,0.121,0.2,0.35
),(8,0.111,0.132,0.2,0.35),
(9,0.070,0.131,0.2,0.35),(10,0.035,0.111,0.2,0.35),(11,0.010,0.068,0.2,0.
35),

(1,0.074,0.005,0.5,0.35),(2,0.126,0.018,0.5,0.35),(3,0.160,0.038,0.5,0.35
),(4,0.152,0.062,0.5,0.35),
(5,0.168,0.090,0.5,0.35),(6,0.149,0.114,0.5,0.35),(7,0.122,0.133,0.5,0.35
),(8,0.090,0.141,0.5,0.35),
(9,0.057,0.135,0.5,0.35),(10,0.028,0.114,0.5,0.35),(11,0.008,0.069,0.5,0.
35),

(1,0.070,0.007,1,0.35),(2,0.116,0.023,1,0.35),(3,0.141,0.047,1,0.35),(4,0.
148,0.074,1,0.35),
(5,0.142,0.101,1,0.35),(6,0.125,0.125,1,0.35),(7,0.101,0.142,1,0.35),(8,0.
074,0.148,1,0.35),
(9,0.047,0.141,1,0.35),(10,0.023,0.116,1,0.35),(11,0.007,0.070,1,0.35),

(1,0.083,0.0,0,0.3),(2,0.167,0.0,0,0.3),(3,0.250,0,0,0.3),(4,0.327,0.002,0,
0.3),(5,0.358,0.016,0,0.3),
(6,0.341,0.041,0,0.3),(7,0.291,0.067,0,0.3),(8,0.222,0.091,0,0.3),(9,0.143
,0.103,0,0.3),
(10,0.073,0.096,0,0.3),(11,0.021,0.063,0,0.3),

(1,0.082,0.001,0.03,0.3),(2,0.159,0.003,0.03,0.3),(3,0.218,0.013,0.03,0.3
),(4,0.249,0.030,0.03,0.3),
(5,0.250,0.055,0.03,0.3),(6,0.226,0.082,0.03,0.3),(7,0.188,0.105,0.03,0.3
),(8,0.138,0.121,0.03,0.3),
(9,0.090,0.123,0.03,0.3),(10,0.045,0.106,0.03,0.3),(11,0.013,0.068,0.03,
0.3),

(1,0.082,0.000,0.05,0.3),(2,0.155,0.005,0.05,0.3),(3,0.211,0.016,0.05,0.3
),(4,0.239,0.034,0.05,0.3),
(5,0.238,0.060,0.05,0.3),(6,0.215,0.086,0.05,0.3),(7,0.177,0.109,0.05,0.3
),(8,0.131,0.124,0.05,0.3),
(9,0.084,0.125,0.05,0.3),(10,0.042,0.108,0.05,0.3),(11,0.012,0.067,0.05,
0.3),

(1,0.080,0.001,0.1,0.3),(2,0.150,0.007,0.1,0.3),(3,0.199,0.021,0.1,0.3),(4,
0.221,0.042,0.1,0.3),

(5,0.218,0.068,0.1,0.3),(6,0.196,0.094,0.1,0.3),(7,0.161,0.116,0.1,0.3),(8,
0.119,0.129,0.1,0.3),
(9,0.076,0.129,0.1,0.3),(10,0.038,0.109,0.1,0.3),(11,0.011,0.068,0.1,0.3),

(1,0.078,0.002,0.2,0.3),(2,0.141,0.011,0.2,0.3),(3,0.184,0.027,0.2,0.3),(4,
0.202,0.050,0.2,0.3),
(5,0.197,0.077,0.2,0.3),(6,0.176,0.103,0.2,0.3),(7,0.144,0.123,0.2,0.3),(8,
0.106,0.135,0.2,0.3),
(9,0.068,0.132,0.2,0.3),(10,0.034,0.111,0.2,0.3),(11,0.010,0.069,0.2,0.3),

(1,0.074,0.005,0.5,0.3),(2,0.126,0.018,0.5,0.3),(3,0.160,0.038,0.5,0.3),(4,
0.172,0.063,0.5,0.3),
(5,0.166,0.090,0.5,0.3),(6,0.147,0.115,0.5,0.3),(7,0.120,0.133,0.5,0.3),(8,
0.088,0.142,0.5,0.3),
(9,0.056,0.136,0.5,0.3),(10,0.028,0.114,0.5,0.3),(11,0.008,0.069,0.5,0.3),

(1,0.070,0.007,1,0.3),(2,0.116,0.023,1,0.3),(3,0.141,0.047,0.1,0.3),(4,0.1
48,0.074,1,0.3),
(5,0.142,0.101,1,0.3),(6,0.125,0.125,1,0.3),(7,0.101,0.142,1,0.3),(8,0.074
,0.148,1,0.3),
(9,0.047,0.141,1,0.3),(10,0.023,0.116,1,0.3),(11,0.007,0.070,1,0.3),

(1,0.083,0,0,0.25),(2,0.167,0,0,0.25),(3,0.250,0,0,0.25),(4,0.307,0.009,0,
0.25),(5,0.320,0.029,0,0.25),
(6,0.295,0.055,0,0.25),(7,0.249,0.084,0,0.25),(8,0.186,0.104,0,0.25),(9,0.
120,0.111,0,0.25),
(10,0.161,0.102,0,0.25),(11,0.018,0.065,0,0.25),

(1,0.082,0.000,0.03,0.25),(2,0.158,0.004,0.03,0.25),(3,0.212,0.015,0.03,
0.25),(4,0.236,0.036,0.03,0.25),
(5,0.233,0.061,0.03,0.25),(6,0.210,0.088,0.03,0.25),(7,0.172,0.111,0.03,
0.25),(8,0.128,0.125,0.03,0.25),
(9,0.081,0.126,0.03,0.25),(10,0.041,0.108,0.03,0.25),(11,0.011,0.068,0.0
3,0.25),

(1,0.082,0.001,0.05,0.25),(2,0.154,0.006,0.05,0.25),(3,0.205,0.018,0.05,
0.25),(4,0.227,0.039,0.05,0.25),
(5,0.223,0.065,0.05,0.25),(6,0.200,0.092,0.05,0.25),(7,0.164,0.114,0.05,
0.25),(8,0.121,0.127,0.05,0.25),
(9,0.077,0.128,0.05,0.25),(10,0.039,0.109,0.05,0.25),(11,0.011,0.068,0.0
5,0.25),

(1,0.080,0.001,0.1,0.25),(2,0.148,0.008,0.1,0.25),(3,0.194,0.023,0.1,0.25
),(4,0.212,0.046,0.1,0.25),
(5,0.207,0.072,0.1,0.25),(6,0.185,0.098,0.1,0.25),(7,0.152,0.119,0.1,0.25
),(8,0.112,0.132,0.1,0.25),

(9,0.072,0.130,0.1,0.25),(10,0.036,0.110,0.1,0.25),(11,0.010,0.069,0.1,0.25),

(1,0.078,0.002,0.2,0.25),(2,0.141,0.012,0.2,0.25),(3,0.180,0.029,0.2,0.25),(4,0.196,0.053,0.2,0.25),
(5,0.190,0.080,0.2,0.25),(6,0.169,0.106,0.2,0.25),(7,0.139,0.125,0.2,0.25),(8,0.101,0.136,0.2,0.25),
(9,0.065,0.133,0.2,0.25),(10,0.032,0.112,0.2,0.25),(11,0.009,0.069,0.2,0.25),

(1,0.074,0.005,0.5,0.25),(2,0.125,0.018,0.5,0.25),(3,0.159,0.038,0.5,0.25),(4,0.170,0.064,0.5,0.25),
(5,0.163,0.091,0.5,0.25),(6,0.145,0.116,0.5,0.25),(7,0.118,0.134,0.5,0.25),(8,0.086,0.143,0.5,0.25),
(9,0.055,0.136,0.5,0.25),(10,0.027,0.114,0.5,0.25),(11,0.007,0.070,0.5,0.25),

(1,0.070,0.007,1,0.25),(2,0.116,0.023,1,0.25),(3,0.141,0.047,1,0.25),(4,0.148,0.074,1,0.25),
(5,0.142,0.101,1,0.25),(6,0.125,0.125,1,0.25),(7,0.101,0.142,1,0.25),(8,0.074,0.148,1,0.25),
(9,0.047,0.141,1,0.25),(10,0.023,0.116,1,0.25),(11,0.007,0.070,1,0.25),

(1,0.083,0,0,0.2),(2,0.167,0,0,0.2),(3,0.240,0.003,0,0.2),(4,0.279,0.019,0,0.2),(5,0.278,0.042,0,0.2),
(6,0.254,0.070,0,0.2),(7,0.210,0.096,0,0.2),(8,0.156,0.113,0,0.2),(9,0.100,0.118,0,0.2),
(10,0.049,0.104,0,0.2),(11,0.013,0.067,0,0.2),

(1,0.081,0.000,0.03,0.2),(2,0.155,0.006,0.03,0.2),(3,0.202,0.019,0.03,0.2),(4,0.220,0.042,0.03,0.2),
(5,0.215,0.069,0.03,0.2),(6,0.192,0.095,0.03,0.2),(7,0.157,0.117,0.03,0.2),(8,0.115,0.130,0.03,0.2),
(9,0.074,0.128,0.03,0.2),(10,0.036,0.110,0.03,0.2),(11,0.010,0.068,0.03,0.2),

(1,0.081,0.001,0.05,0.2),(2,0.151,0.007,0.05,0.2),(3,0.196,0.022,0.05,0.2),(4,0.213,0.045,0.05,0.2),
(5,0.207,0.072,0.05,0.2),(6,0.185,0.098,0.05,0.2),(7,0.151,0.119,0.05,0.2),(8,0.111,0.132,0.05,0.2),
(9,0.071,0.129,0.05,0.2),(10,0.035,0.110,0.05,0.2),(11,0.010,0.069,0.05,0.2),

(1,0.079,0.001,0.1,0.2),(2,0.146,0.009,0.1,0.2),(3,0.187,0.026,0.1,0.2),(4,0.201,0.050,0.1,0.2),
(5,0.195,0.077,0.1,0.2),(6,0.174,0.103,0.1,0.2),(7,0.142,0.123,0.1,0.2),(8,0.104,0.135,0.1,0.2),

(9,0.067,0.131,0.1,0.2),(10,0.033,0.111,0.1,0.2),(11,0.009,0.069,0.1,0.2),

(1,0.077,0.003,0.2,0.2),(2,0.140,0.013,0.2,0.2),(3,0.170,0.033,0.2,0.2),(4,
0.188,0.056,0.2,0.2),
(5,0.182,0.083,0.2,0.2),(6,0.161,0.104,0.2,0.2),(7,0.131,0.128,0.2,0.2),(8,
0.096,0.138,0.2,0.2),
(9,0.062,0.133,0.2,0.2),(10,0.030,0.113,0.2,0.2),(11,0.008,0.069,0.2,0.2),

(1,0.073,0.005,0.5,0.2),(2,0.125,0.019,0.5,0.2),(3,0.157,0.039,0.5,0.2),(4,
0.167,0.066,0.5,0.2),
(5,0.160,0.093,0.5,0.2),(6,0.142,0.117,0.5,0.2),(7,0.115,0.135,0.5,0.2),(8,
0.084,0.143,0.5,0.2),
(9,0.054,0.137,0.5,0.2),(10,0.026,0.114,0.5,0.2),(11,0.007,0.070,0.5,0.2),

(1,0.070,0.007,1,0.2),(2,0.116,0.023,1,0.2),(3,0.141,0.047,1,0.2),(4,0.148
,0.074,1,0.2),
(5,0.142,0.101,1,0.2),(6,0.125,0.125,1,0.2),(7,0.101,0.142,1,0.2),(8,0.074
,0.148,1,0.2),
(9,0.047,0.141,1,0.2),(10,0.023,0.116,1,0.2),(11,0.007,0.070,1,0.2),

(1,0.083,0.0,0,0.1),(2,0.156,0.005,0,0.1),(3,0.198,0.022,0,0.1),(4,0.211,0.
045,0,0.1),(5,0.205,0.073,0,0.1),
(6,0.183,0.100,0,0.1),(7,0.149,0.120,0,0.1),(8,0.108,0.133,0,0.1),(9,0.069
,0.130,0,0.1),
(10,0.035,0.110,0,0.1),(11,0.011,0.068,0,0.1),

(1,0.077,0.003,0.03,0.1),(2,0.141,0.011,0.03,0.1),(3,0.174,0.031,0.03,0.1
),(4,0.185,0.057,0.03,0.1),
(5,0.178,0.084,0.03,0.1),(6,0.157,0.110,0.03,0.1),(7,0.128,0.129,0.03,0.1
),(8,0.094,0.139,0.03,0.1),
(9,0.060,0.134,0.03,0.1),(10,0.029,0.113,0.03,0.1),(11,0.008,0.069,0.03,
0.1),

(1,0.077,0.003,0.05,0.1),(2,0.139,0.012,0.05,0.1),(3,0.171,0.032,0.05,0.1
),(4,0.181,0.058,0.05,0.1),
(5,0.174,0.086,0.05,0.1),(6,0.154,0.111,0.05,0.1),(7,0.125,0.130,0.05,0.1
),(8,0.092,0.140,0.05,0.1),
(9,0.059,0.134,0.05,0.1),(10,0.029,0.113,0.05,0.1),(11,0.008,0.069,0.05,
0.1),

(1,0.075,0.003,0.1,0.1),(2,0.135,0.014,0.1,0.1),(3,0.166,0.035,0.1,0.1),(4,
0.176,0.061,0.1,0.1),
(5,0.169,0.088,0.1,0.1),(6,0.150,0.113,0.1,0.1),(7,0.121,0.132,0.1,0.1),(8,
0.089,0.141,0.1,0.1),
(9,0.057,0.135,0.1,0.1),(10,0.028,0.114,0.1,0.1),(11,0.008,0.069,0.1,0.1),

(1,075,0.004,0.2,0.1),(2,131,0.016,0.2,0.1),(3,160,0.037,0.2,0.1),(4,170,0
.064,0.2,0.1),
(5,0.163,0.091,0.2,0.1),(6,0.144,0.116,0.2,0.1),(7,0.177,0.134,0.2,0.1),(8,
0.085,0.143,0.2,0.1),
(9,0.055,0.136,0.2,0.1),(10,0.027,0.114,0.2,0.1),(11,0.007,0.070,0.2,0.1),

(1,0.073,0.006,0.5,0.1),(2,0.123,0.020,0.5,0.1),(3,0.150,0.042,0.5,0.1),(4,
0.159,0.069,0.5,0.1),
(5,0.152,0.096,0.5,0.1),(6,0.124,0.121,0.5,0.1),(7,0.109,0.138,0.5,0.1),(8,
0.080,0.146,0.5,0.1),
(9,0.051,0.138,0.5,0.1),(10,0.025,0.115,0.5,0.1),(11,0.007,0.070,0.5,0.1),

(1,0.070,0.007,1,0.1),(2,0.116,0.023,1,0.1),(3,0.141,0.047,1,0.1),(4,0.148
,0.074,1,0.1),
(5,0.142,0.101,1,0.1),(6,0.125,0.125,1,0.1),(7,0.101,0.142,1,0.1),(8,0.074
,0.148,1,0.1),
(9,0.047,0.141,1,0.1),(10,0.023,0.116,1,0.1),(11,0.007,0.070,1,0.1));

tab14:array [1..462] of tab4R=(
(1,0.083,0,0,0.5),(2,0.167,0,0,0.5),(3,0.250,0,0,0.5),(4,0.333,0,0,0.5),(5,0.
417,0,0,0.5),
(6,0.500,0.500,0,0.5),(7,0,0.417,0,0.5),(8,0,0.333,0,0.5),(9,0,0.250,0,0.5),
(10,0,0.167,0,0.5),(11,0,0.083,0,0.5),

(1,0.078,0.004,0.03,0.5),(2,0.142,0.019,0.03,0.5),(3,0.192,0.044,0.03,0.5
),(4,0.222,0.082,0.03,0.5),
(5,0.222,0.135,0.03,0.5),(6,0.191,0.191,0.03,0.5),(7,0.135,0.222,0.03,0.5
),(8,0.082,0.222,0.03,0.5),
(9,0.044,0.192,0.03,0.5),(10,0.019,0.142,0.03,0.5),(11,0.004,0.078,0.03,
0.5),

(1,0.077,0.005,0.05,0.5),(2,0.139,0.021,0.05,0.5),(3,0.185,0.047,0.05,0.5
),(4,0.210,0.085,0.05,0.5),
(5,0.211,0.132,0.05,0.5),(6,0.183,0.183,0.05,0.5),(7,0.132,0.211,0.05,0.5
),(8,0.085,0.210,0.05,0.5),
(9,0.047,0.185,0.05,0.5),(10,0.021,0.139,0.05,0.5),(11,0.005,0.077,0.05,
0.5),

(1,0.076,0.005,0.1,0.5),(2,0.136,0.020,0.1,0.5),(3,0.178,0.047,0.1,0.5),(4,
0.198,0.085,0.1,0.5),
(5,0.197,0.128,0.1,0.5),(6,0.171,0.171,0.1,0.5),(7,0.128,0.197,0.1,0.5),(8,
0.085,0.198,0.1,0.5),
(9,0.047,0.178,0.1,0.5),(10,0.020,0.136,0.1,0.5),(11,0.005,0.076,0.1,0.5),

(1,0.074,0.006,0.2,0.5),(2,0.131,0.022,0.2,0.5),(3,0.168,0.048,0.2,0.5),(4,
0.185,0.082,0.2,0.5),

(5,0.181,0.121,0.2,0.5),(6,0.158,0.158,0.2,0.5),(7,0.121,0.181,0.2,0.5),(8, 0.082,0.185,0.2,0.5),
(9,0.048,0.168,0.2,0.5),(10,0.022,0.131,0.2,0.5),(11,0.006,0.074,0.2,0.5),

(1,0.073,0.006,0.5,0.5),(2,0.123,0.024,0.5,0.5),(3,0.151,0.051,0.5,0.5),(4, 0.163,0.082,0.5,0.5),
(5,0.157,0.114,0.5,0.5),(6,0.139,0.139,0.5,0.5),(7,0.114,0.157,0.5,0.5),(8, 0.082,0.163,0.5,0.5),
(9,0.051,0.151,0.5,0.5),(10,0.024,0.123,0.5,0.5),(11,0.006,0.073,0.5,0.5),

(1,0.070,0.007,1,0.5),(2,0.116,0.023,1,0.5),(3,0.141,0.047,1,0.5),(4,0.148 ,0.074,1,0.5),
(5,0.142,0.101,1,0.5),(6,0.125,0.125,1,0.5),(7,0.101,0.142,1,0.5),(8,0.074 ,0.148,1,0.5),
(9,0.047,0.141,1,0.5),(10,0.023,0.116,1,0.5),(11,0.007,0.070,1,0.5),

(1,0.083,0.0,0,0.4),(2,0.167,0,0,0.4),(3,0.250,0,0,0.4),(4,0.333,0,0,0.4),(5, 0.416,0.009,0,0.4),
(6,0.225,0.225,0,0.4),(7,0.009,0.406,0,0.4),(8,0,0.333,0,0.4),(9,0,0.250,0, 0.4),
(10,0,0.167,0,0.4),(11,0,0.063,0,0.4),

(1,0.081,0.003,0.03,0.4),(2,0.149,0.014,0.03,0.4),(3,0.205,0.035,0.03,0.4),(4,0.241,0.071,0.03,0.4),
(5,0.240,0.125,0.03,0.4),(6,0.192,0.192,0.03,0.4),(7,0.125,0.240,0.03,0.4),(8,0.071,0.241,0.03,0.4),
(9,0.035,0.205,0.03,0.4),(10,0.014,0.149,0.03,0.4),(11,0.003,0.081,0.03, 0.4),

(1,0.079,0.003,0.05,0.4),(2,0.146,0.016,0.05,0.4),(3,0.198,0.039,0.05,0.4),(4,0.229,0.075,0.05,0.4),
(5,0.226,0.127,0.05,0.4),(6,0.186,0.186,0.05,0.4),(7,0.127,0.226,0.05,0.4),(8,0.075,0.229,0.05,0.4),
(9,0.039,0.198,0.05,0.4),(10,0.016,0.146,0.05,0.4),(11,0.003,0.079,0.05, 0.4),

(1,0.078,0.004,0.1,0.4),(2,0.141,0.019,0.1,0.4),(3,0.186,0.044,0.1,0.4),(4, 0.211,0.080,0.1,0.4),
(5,0.206,0.127,0.1,0.4),(6,0.174,0.174,0.1,0.4),(7,0.127,0.206,0.1,0.4),(8, 0.080,0.211,0.1,0.4),
(9,0.044,0.186,0.1,0.4),(10,0.019,0.141,0.1,0.4),(11,0.004,0.078,0.1,0.4),

(1,0.075,0.005,0.2,0.4),(2,0.134,0.021,0.2,0.4),(3,0.174,0.047,0.2,0.4),(4, 0.192,0.081,0.2,0.4),
(5,0.188,0.122,0.2,0.4),(6,0.161,0.161,0.2,0.4),(7,0.122,0.188,0.2,0.4),(8, 0.081,0.192,0.2,0.4),

(9,0.047,0.174,0.2,0.4),(10,0.021,0.134,0.2,0.4),(11,0.005,0.075,0.2,0.4),

(1,0.074,0.006,0.5,0.4),(2,0.126,0.023,0.5,0.4),(3,0.155,0.049,0.5,0.4),(4,
0.168,0.079,0.5,0.4),
(5,0.161,0.112,0.5,0.4),(6,0.141,0.141,0.5,0.4),(7,0.112,0.161,0.5,0.4),(8,
0.079,0.168,0.5,0.4),
(9,0.049,0.155,0.5,0.4),(10,0.023,0.126,0.5,0.4),(11,0.006,0.074,0.5,0.4),

(1,0.070,0.007,1,0.4),(2,0.116,0.023,1,0.4),(3,0.141,0.047,1,0.4),(4,0.148
,0.074,1,0.4),
(5,0.142,0.101,1,0.4),(6,0.125,0.125,1,0.4),(7,0.101,0.142,1,0.4),(8,0.074
,0.148,1,0.4),
(9,0.047,0.141,1,0.4),(10,0.023,0.116,1,0.4),(11,0.007,0.070,1,0.4),

(1,0.083,0.0,0,0.35),(2,0.167,0.0,0,0.35),(3,0.250,0,0,0.35),(4,0.333,0,0,0
.35),(5,0.348,0.058,0,0.35),
(6,0.212,0.212,0,0.35),(7,0.058,0.348,0,0.35),(8,0,0.333,0,0.35),(9,0,0.25
0,0,0.35),
(10,0,0.167,0,0.35),(11,0,0.083,0,0.35),

(1,0.081,0.002,0.03,0.35),(2,0.152,0.012,0.03,0.35),(3,0.211,0.030,0.03,
0.35),(4,0.246,0.065,0.03,0.35),
(5,0.240,0.118,0.03,0.35),(6,0.187,0.187,0.03,0.35),(7,0.118,0.240,0.03,
0.35),(8,0.652,0.246,0.03,0.35),
(9,0.097,0.121,0.03,0.35),(10,0.012,0.152,0.03,0.35),(11,0.002,0.081,0.0
3,0.35),

(1,0.080,0.002,0.05,0.35),(2,0.148,0.014,0.05,0.35),(3,0.204,0.034,0.05,
0.35),(4,0.235,0.068,0.05,0.35),
(5,0.226,0.122,0.05,0.35),(6,0.118,0.118,0.05,0.35),(7,0.122,0.226,0.05,
0.35),(8,0.068,0.235,0.05,0.35),
(9,0.034,0.204,0.05,0.35),(10,0.014,0.148,0.05,0.35),(11,0.002,0.080,0.0
5,0.35),

(1,0.078,0.003,0.1,0.35),(2,0.142,0.017,0.1,0.35),(3,0.192,0.039,0.1,0.35
),(4,0.215,0.076,0.1,0.35),
(5,0.207,0.123,0.1,0.35),(6,0.171,0.171,0.1,0.35),(7,0.123,0.207,0.1,0.35
),(8,0.076,0.215,0.1,0.35),
(9,0.039,0.192,0.1,0.35),(10,0.017,0.142,0.1,0.35),(11,0.003,0.078,0.1,0.
35),

(1,0.076,0.005,0.2,0.35),(2,0.136,0.019,0.2,0.35),(3,0.176,0.045,0.2,0.35
),(4,0.194,0.080,0.2,0.35),
(5,0.188,0.120,0.2,0.35),(6,0.160,0.160,0.2,0.35),(7,0.120,0.188,0.2,0.35
),(8,0.080,0.194,0.2,0.35),
(9,0.045,0.176,0.2,0.35),(10,0.019,0.136,0.2,0.35),(11,0.005,0.076,0.2,0.
35),

(1,0.074,0.006,0.5,0.35),(2,0.126,0.022,0.5,0.35),(3,0.157,0.048,0.5,0.35
),(4,0.169,0.078,0.5,0.35),
(5,0.162,0.111,0.5,0.35),(6,0.141,0.141,0.5,0.35),(7,0.111,0.162,0.5,0.35
),(8,0.078,0.169,0.5,0.35),
(9,0.048,0.157,0.5,0.35),(10,0.022,0.126,0.5,0.35),(11,0.006,0.074,0.5,0.
35),

(1,0.070,0.007,1,0.35),(2,0.116,0.023,1,0.35),(3,0.141,0.047,1,0.35),(4,0.
148,0.074,1,0.35),
(5,0.142,0.101,1,0.35),(6,0.125,0.125,1,0.35),(7,0.101,0.142,1,0.35),(8,0.
074,0.148,1,0.35),
(9,0.047,0.141,1,0.35),(10,0.023,0.116,1,0.35),(11,0.007,0.070,1,0.35),

(1,0.083,0,0,0.3),(2,0.167,0,0,0.3),(3,0.250,0,0,0.3),(4,0.322,0.009,0,0.3),
(5,0.298,0.087,0,0.3),
(6,0.200,0.200,0,0.3),(7,0.087,0.298,0,0.3),(8,0.009,0.322,0,0.3),(9,0,0.2
50,0,0.3),
(10,0,0.167,0,0.3),(11,0,0.083,0,0.3),

(1,0.082,0.001,0.03,0.3),(2,0.156,0.008,0.03,0.3),(3,0.217,0.025,0.03,0.3
),(4,0.249,0.058,0.03,0.3),
(5,0.230,0.117,0.03,0.3),(6,0.188,0.188,0.03,0.3),(7,0.117,0.250,0.03,0.3
),(8,0.058,0.249,0.03,0.3),
(9,0.025,0.217,0.03,0.3),(10,0.008,0.156,0.03,0.3),(11,0.001,0.082,0.03,
0.3),

(1,0.081,0.002,0.05,0.3),(2,0.153,0.010,0.05,0.3),(3,0.208,0.030,0.05,0.3
),(4,0.236,0.064,0.05,0.3),
(5,0.220,0.117,0.05,0.3),(6,0.175,0.175,0.05,0.3),(7,0.117,0.220,0.05,0.3
),(8,0.064,0.236,0.05,0.3),
(9,0.030,0.208,0.05,0.3),(10,0.010,0.153,0.05,0.3),(11,0.002,0.081,0.05,
0.3),

(1,0.079,0.003,0.1,0.3),(2,0.145,0.015,0.1,0.3),(3,0.195,0.036,0.1,0.3),(4,
0.216,0.072,0.1,0.3),
(5,0.230,0.120,0.1,0.3),(6,0.167,0.167,0.1,0.3),(7,0.120,0.203,0.1,0.3),(8,
0.072,0.216,0.1,0.3),
(9,0.036,0.195,0.1,0.3),(10,0.015,0.145,0.1,0.3),(11,0.003,0.079,0.1,0.3),

(1,0.076,0.005,0.2,0.3),(2,0.137,0.018,0.2,0.3),(3,0.179,0.042,0.2,0.3),(4,
0.196,0.077,0.2,0.3),
(5,0.186,0.118,0.2,0.3),(6,0.157,0.157,0.2,0.3),(7,0.118,0.186,0.2,0.3),(8,
0.077,0.196,0.2,0.3),
(9,0.042,0.179,0.2,0.3),(10,0.018,0.137,0.2,0.3),(11,0.005,0.076,0.2,0.3),

(1,0.074,0.006,0.5,0.3),(2,0.127,0.022,0.5,0.3),(3,0.157,0.047,0.5,0.3),(4,
0.169,0.077,0.5,0.3),
(5,0.161,0.110,0.5,0.3),(6,0.140,0.140,0.5,0.3),(7,0.110,0.161,0.5,0.3),(8,
0.077,0.169,0.5,0.3),
(9,0.047,0.157,0.5,0.3),(10,0.022,0.127,0.5,0.3),(11,0.006,0.074,0.5,0.3),

(1,0.070,0.007,1,0.3),(2,0.116,0.023,1,0.3),(3,0.149,0.047,1,0.3),(4,0.148
,0.074,1,0.3),
(5,0.142,0.101,1,0.3),(6,0.125,0.125,1,0.3),(7,0.101,0.142,1,0.3),(8,0.074
,0.148,1,0.3),
(9,0.047,0.141,1,0.3),(10,0.023,0.116,1,0.3),(11,0.007,0.070,1,0.3),

(1,0.083,0.167,0,0.25),(2,0.250,000,0,0.25),(3,0.290,0.030,0,0.25),(4,0.2
59,0.102,0,0.25),(5,0.320,0.029,0,0.25),
(6,0.188,0.188,0,0.25),(7,0.102,0.259,0,0.25),(8,0.030,0.290,0,0.25),(9,0.
000,0.250,0,0.25),
(10,0,0.167,0,0.25),(11,0,0.083,0,0.25),

(1,0.083,0.001,0.03,0.25),(2,0.158,0.006,0.03,0.25),(3,0.218,0.022,0.03,
0.25),(4,0.238,0.060,0.03,0.25),
(5,0.217,0.115,0.03,0.25),(6,0.172,0.172,0.03,0.25),(7,0.115,0.217,0.03,
0.25),(8,0.060,0.238,0.03,0.25),
(9,0.022,0.218,0.03,0.25),(10,0.006,0.158,0.03,0.25),(11,0.001,0.083,0.0
3,0.25),

(1,0.081,0.002,0.05,0.25),(2,0.154,0.009,0.05,0.25),(3,0.210,0.026,0.05,
0.25),(4,0.228,0.064,0.05,0.25),
(5,0.211,0.115,0.05,0.25),(6,0.168,0.168,0.05,0.25),(7,0.115,0.211,0.05,
0.25),(8,0.064,0.228,0.05,0.25),
(9,0.026,0.210,0.05,0.25),(10,0.009,0.054,0.05,0.25),(11,0.002,0.081,0.0
5,0.25),

(1,0.080,0.002,0.1,0.25),(2,0.148,0.012,0.1,0.25),(3,0.197,0.033,0.1,0.25
),(4,0.211,0.071,0.1,0.25),
(5,0.196,0.117,0.1,0.25),(6,0.162,0.162,0.1,0.25),(7,0.117,0.196,0.1,0.25
),(8,0.071,0.211,0.1,0.25),
(9,0.033,0.197,0.1,0.25),(10,0.012,0.148,0.1,0.25),(11,0.002,0.080,0.1,0.
25),

(1,0.078,0.003,0.2,0.25),(2,0.140,0.017,0.2,0.25),(3,0.181,0.040,0.2,0.25
),(4,0.194,0.074,0.2,0.25),
(5,0.182,0.115,0.2,0.25),(6,0.153,0.153,0.2,0.25),(7,0.115,0.182,0.2,0.25
),(8,0.074,0.194,0.2,0.25),
(9,0.040,0.181,0.2,0.25),(10,0.017,0.140,0.2,0.25),(11,0.003,0.078,0.2,0.
25),

(1,0.074,0.006,0.5,0.25),(2,0.126,0.021,0.5,0.25),(3,0.157,0.046,0.5,0.25),(4,0.168,0.076,0.5,0.25),
(5,0.160,0.109,0.5,0.25),(6,0.139,0.139,0.5,0.25),(7,0.109,0.160,0.5,0.25),(8,0.076,0.168,0.5,0.25),
(9,0.046,0.157,0.5,0.25),(10,0.021,0.126,0.5,0.25),(11,0.006,0.074,0.5,0.25),

(1,0.070,0.007,1,0.25),(2,0.116,0.023,1,0.25),(3,0.141,0.047,1,0.25),(4,0.148,0.074,1,0.25),
(5,0.142,0.101,1,0.25),(6,0.125,0.125,1,0.25),(7,0.101,0.142,1,0.25),(8,0.074,0.148,1,0.25),
(9,0.047,0.141,1,0.25),(10,0.023,0.116,1,0.25),(11,0.007,0.070,1,0.25),

(1,0.083,0.0,0,0.2),(2,0.167,0.0,0,0.2),(3,0.238,0.008,0,0.2),(4,0.256,0.048,0,0.2),(5,0.229,0.110,0,0.2),
(6,0.175,0.175,0,0.2),(7,0.110,0.229,0,0.2),(8,0.048,0.256,0,0.2),(9,0.008,0.238,0,0.2),
(10,0,0.167,0,0.2),(11,0,0.083,0,0.2),

(1,0.081,0.001,0.03,0.2),(2,0.154,0.006,0.03,0.2),(3,0.207,0.027,0.03,0.2),(4,0.220,0.064,0.03,0.2),
(5,0.203,0.113,0.03,0.2),(6,0.163,0.163,0.03,0.2),(7,0.113,0.203,0.03,0.2),(8,0.064,0.222,0.03,0.2),
(9,0.027,0.207,0.03,0.2),(10,0.006,0.154,0.03,0.2),(11,0.001,0.081,0.03,0.2),

(1,0.080,0.001,0.05,0.2),(2,0.151,0.008,0.05,0.2),(3,0.201,0.030,0.05,0.2),(4,0.214,0.067,0.05,0.2),
(5,0.197,0.114,0.05,0.2),(6,0.160,0.160,0.05,0.2),(7,0.114,0.197,0.05,0.2),(8,0.067,0.214,0.05,0.2),
(9,0.030,0.201,0.05,0.2),(10,0.008,0.151,0.05,0.2),(11,0.001,0.080,0.05,0.2),

(1,0.078,0.002,0.1,0.2),(2,0.145,0.012,0.1,0.2),(3,0.190,0.035,0.1,0.2),(4,0.202,0.070,0.1,0.2),
(5,0.188,0.114,0.1,0.2),(6,0.155,0.155,0.1,0.2),(7,0.114,0.188,0.1,0.2),(8,0.070,0.202,0.1,0.2),
(9,0.035,0.190,0.1,0.2),(10,0.012,0.145,0.1,0.2),(11,0.002,0.078,0.1,0.2),

(1,0.076,0.003,0.2,0.2),(2,0.136,0.017,0.2,0.2),(3,0.177,0.040,0.2,0.2),(4,0.188,0.074,0.2,0.2),
(5,0.176,0.112,0.2,0.2),(6,0.149,0.149,0.2,0.2),(7,0.112,0.176,0.2,0.2),(8,0.074,0.188,0.2,0.2),
(9,0.040,0.177,0.2,0.2),(10,0.017,0.136,0.2,0.2),(11,0.003,0.076,0.2,0.2),

(1,0.073,0.006,0.5,0.2),(2,0.125,0.021,0.5,0.2),(3,0.157,0.045,0.5,0.2),(4,0.166,0.075,0.5,0.2),

(5,0.158,0.108,0.5,0.2),(6,0.137,0.137,0.5,0.2),(7,0.108,0.158,0.5,0.2),(8,
0.075,0.166,0.5,0.2),
(9,0.045,0.157,0.5,0.2),(10,0.021,0.125,0.5,0.2),(11,0.006,0.073,0.5,0.2),

(1,0.070,0.007,1,0.2),(2,0.116,0.023,1,0.2),(3,0.141,0.047,1,0.2),(4,0.148
,0.074,1,0.2),
(5,0.142,0.101,1,0.2),(6,0.125,0.125,1,0.2),(7,0.101,0.142,1,0.2),(8,0.074
,0.148,1,0.2),
(9,0.047,0.141,1,0.2),(10,0.023,0.116,1,0.2),(11,0.007,0.070,1,0.2));

tab15:array [1..462] of tab4R=(
(1,0.083,0,0,0.5),(2,0.167,0,0,0.5),(3,0.250,0,0,0.5),(4,0.333,0,0,0.5),(5,0.
417,0,0,0.5),
(6,0.500,0.500,0,0.5),(7,0,0.417,0,0.5),(8,0,0.333,0,0.5),(9,0,0.250,0,0.5),
(10,0,0.167,0,0.5),(11,0,0.083,0,0.5),

(1,0.080,0.002,0.03,0.5),(2,0.150,0.013,0.03,0.5),(3,0.206,0.033,0.03,0.5
),(4,0.234,0.070,0.03,0.5),
(5,0.228,0.123,0.03,0.5),(6,0.184,0.184,0.03,0.5),(7,0.123,0.228,0.03,0.5
),(8,0.070,0.234,0.03,0.5),
(9,0.033,0.206,0.03,0.5),(10,0.013,0.150,0.03,0.5),(11,0.002,0.080,0.03,
0.5),

(1,0.080,0.002,0.05,0.5),(2,0.147,0.014,0.05,0.5),(3,0.199,0.036,0.05,0.5
),(4,0.225,0.072,0.05,0.5),
(5,0.215,0.124,0.05,0.5),(6,0.178,0.178,0.05,0.5),(7,0.124,0.215,0.05,0.5
),(8,0.072,0.225,0.05,0.5),
(9,0.036,0.199,0.05,0.5),(10,0.014,0.147,0.05,0.5),(11,0.002,0.080,0.05,
0.5),

(1,0.079,0.003,0.1,0.5),(2,0.141,0.018,0.1,0.5),(3,0.187,0.041,0.1,0.5),(4,
0.206,0.078,0.1,0.5),
(5,0.199,0.122,0.1,0.5),(6,0.168,0.168,0.1,0.5),(7,0.122,0.199,0.1,0.5),(8,
0.078,0.206,0.1,0.5),
(9,0.041,0.187,0.1,0.5),(10,0.018,0.141,0.1,0.5),(11,0.003,0.079,0.1,0.5),

(1,0.076,0.004,0.2,0.5),(2,0.135,0.020,0.2,0.5),(3,0.174,0.044,0.2,0.5),(4,
0.190,0.079,0.2,0.5),
(5,0.182,0.119,0.2,0.5),(6,0.156,0.156,0.2,0.5),(7,0.119,0.182,0.2,0.5),(8,
0.079,0.190,0.2,0.5),
(9,0.044,0.174,0.2,0.5),(10,0.020,0.135,0.2,0.5),(11,0.004,0.076,0.2,0.5),

(1,0.074,0.005,0.5,0.5),(2,0.124,0.022,0.5,0.5),(3,0.155,0.047,0.5,0.5),(4,
0.167,0.077,0.5,0.5),
(5,0.159,0.110,0.5,0.5),(6,0.139,0.139,0.5,0.5),(7,0.110,0.159,0.5,0.5),(8,
0.077,0.167,0.5,0.5),

(9,0.047,0.155,0.5,0.5),(10,0.022,0.124,0.5,0.5),(11,0.005,0.074,0.5,0.5),

(1,0.070,0.007,1,0.5),(2,0.116,0.023,1,0.5),(3,0.141,0.047,1,0.5),(4,0.148
,0.074,1,0.5),
(5,0.142,0.101,0.1,0.5),(6,0.125,0.125,1,0.5),(7,0.101,0.142,1,0.5),(8,0.0
74,0.148,1,0.5),
(9,0.047,0.141,1,0.5),(10,0.023,0.116,1,0.5),(11,0.007,0.070,1,0.5),

(1,0.083,0,0,0.4),(2,0.167,0,0,0.4),(3,0.250,0,0,0.4),(4,0.333,0,0,0.4),(5,0.
406,0.009,0,0.4),
(6,0.225,0.225,0,0.4),(7,0.009,0.406,0,0.4),(8,0,0.333,0,0.4),(9,0,0.250,0,
0.4),
(10,0,0.167,0,0.4),(11,0,0.083,0,0.4),

(1,0.082,0.001,0.03,0.4),(2,0.154,0.009,0.03,0.4),(3,0.210,0.029,0.03,0.4
),(4,0.238,0.064,0.03,0.4),
(5,0.222,0.120,0.03,0.4),(6,0.178,0.178,0.03,0.4),(7,0.120,0.222,0.03,0.4
),(8,0.064,0.238,0.03,0.4),
(9,0.029,0.210,0.03,0.4),(10,0.009,0.154,0.03,0.4),(11,0.001,0.082,0.03,
0.4),

(1,0.080,0.002,0.05,0.4),(2,0.149,0.012,0.05,0.4),(3,0.201,0.034,0.05,0.4
),(4,0.224,0.069,0.05,0.4),
(5,0.212,0.120,0.05,0.4),(6,0.172,0.172,0.05,0.4),(7,0.120,0.212,0.05,0.4
),(8,0.069,0.224,0.05,0.4),
(9,0.034,0.201,0.05,0.4),(10,0.012,0.149,0.05,0.4),(11,0.002,0.080,0.05,
0.4),

(1,0.079,0.003,0.1,0.4),(2,0.143,0.016,0.1,0.4),(3,0.192,0.039,0.1,0.4),(4,
0.208,0.074,0.1,0.4),
(5,0.197,0.119,0.1,0.4),(6,0.163,0.163,0.1,0.4),(7,0.119,0.197,0.1,0.4),(8,
0.074,0.208,0.1,0.4),
(9,0.039,0.192,0.1,0.4),(10,0.016,0.143,0.1,0.4),(11,0.003,0.079,0.1,0.4),

(1,0.076,0.004,0.2,0.4),(2,0.138,0.018,0.2,0.4),(3,0.176,0.043,0.2,0.4),(4,
0.191,0.077,0.2,0.4),
(5,0.180,0.117,0.2,0.4),(6,0.154,0.154,0.2,0.4),(7,0.117,0.180,0.2,0.4),(8,
0.077,0.191,0.2,0.4),
(9,0.043,0.176,0.2,0.4),(10,0.018,0.138,0.2,0.4),(11,0.004,0.076,0.2,0.4),

(1,0.073,0.005,0.5,0.4),(2,0.124,0.022,0.5,0.4),(3,0.155,0.046,0.5,0.4),(4,
0.167,0.076,0.5,0.4),
(5,0.159,0.109,0.5,0.4),(6,0.138,0.138,0.5,0.4),(7,0.109,0.159,0.5,0.4),(8,
0.076,0.167,0.5,0.4),
(9,0.046,0.155,0.5,0.4),(10,0.022,0.124,0.5,0.4),(11,0.005,0.073,0.5,0.4),

(1,0.070,0.007,1,0.4),(2,0.116,0.023,1,0.4),(3,0.141,0.047,1,0.4),(4,0.148
,0.074,1,0.4),
(5,0.142,0.101,1,0.4),(6,0.125,0.125,1,0.4),(7,0.101,0.142,1,0.4),(8,0.074
,0.148,1,0.4),
(9,0.047,0.141,1,0.4),(10,0.023,0.116,1,0.4),(11,0.007,0.070,1,0.4),

(1,0.083,0.0,0,0.35),(2,0.167,0.0,0,0.35),(3,0.250,0.0,0,0.35),(4,0.333,0,0
,0.35),(5,0.348,0.058,0,0.35),
(6,0.212,0.212,0,0.35),(7,0.058,0.348,0,0.35),(8,0,0.333,0,0.35),(9,0,0.25
0,0,0.35),
(10,0,0.167,0,0.35),(11,0,0.083,0,0.35),

(1,0.082,0.000,0.03,0.35),(2,0.156,0.008,0.03,0.35),(3,0.210,0.027,0.03,
0.35),(4,0.234,0.063,0.03,0.35),
(5,0.216,0.118,0.03,0.35),(6,0.173,0.173,0.03,0.35),(7,0.118,0.216,0.03,
0.35),(8,0.063,0.234,0.03,0.35),
(9,0.027,0.210,0.03,0.35),(10,0.008,0.156,0.03,0.35),(11,0.000,0.082,0.0
3,0.35),

(1,0.081,0.002,0.05,0.35),(2,0.150,0.011,0.05,0.35),(3,0.203,0.031,0.05,
0.35),(4,0.221,0.069,0.05,0.35),
(5,0.206,0.119,0.05,0.35),(6,0.168,0.168,0.05,0.35),(7,0.119,0.206,0.05,
0.35),(8,0.069,0.221,0.05,0.35),
(9,0.031,0.203,0.05,0.35),(10,0.011,0.150,0.05,0.35),(11,0.002,0.081,0.0
5,0.35),

(1,0.080,0.002,0.1,0.35),(2,0.145,0.014,0.1,0.35),(3,0.190,0.036,0.1,0.35
),(4,0.206,0.072,0.1,0.35),
(5,0.193,0.117,0.1,0.35),(6,0.160,0.160,0.1,0.35),(7,0.117,0.193,0.1,0.35
),(8,0.072,0.206,0.1,0.35),
(9,0.036,0.190,0.1,0.35),(10,0.014,0.145,0.1,0.35),(11,0.002,0.080,0.1,0.
35),

(1,0.077,0.004,0.2,0.35),(2,0.137,0.018,0.2,0.35),(3,0.177,0.041,0.2,0.35
),(4,0.189,0.075,0.2,0.35),
(5,0.179,0.115,0.2,0.35),(6,0.151,0.151,0.2,0.35),(7,0.115,0.179,0.2,0.35
),(8,0.075,0.189,0.2,0.35),
(9,0.041,0.177,0.2,0.35),(10,0.018,0.137,0.2,0.35),(11,0.004,0.077,0.2,0.
35),

(1,0.073,0.005,0.5,0.35),(2,0.124,0.021,0.5,0.35),(3,0.156,0.046,0.5,0.35
),(4,0.166,0.076,0.5,0.35),
(5,0.158,0.109,0.5,0.35),(6,0.137,0.137,0.5,0.35),(7,0.109,0.158,0.5,0.35
),(8,0.076,0.166,0.5,0.35),
(9,0.046,0.156,0.5,0.35),(10,0.021,0.124,0.5,0.35),(11,0.005,0.073,0.5,0.
35),

(1,0.070,0.007,1,0.35),(2,0.116,0.023,1,0.35),(3,0.141,0.047,1,0.35),(4,0.148,0.074,1,0.35),
(5,0.142,0.101,1,0.35),(6,0.125,0.125,1,0.35),(7,0.101,0.142,1,0.35),(8,0.074,0.148,1,0.35),
(9,0.047,0.141,1,0.35),(10,0.023,0.116,1,0.35),(11,0.007,0.070,1,0.35),

(1,0.083,0.0,0,0.3),(2,0.167,0,0,0.3),(3,0.250,0,0,0.3),(4,0.322,0.009,0,0.3),(5,0.298,0.087,0,0.3),
(6,0.200,0.200,0,0.3),(7,0.087,0.298,0,0.3),(8,0.009,0.322,0,0.3),(9,0,0.250,0,0.3),
(10,0,0.167,0,0.3),(11,0,0.083,0,0.3),

(1,0.082,0.001,0.03,0.3),(2,0.156,0.007,0.03,0.3),(3,0.210,0.025,0.03,0.3),(4,0.225,0.065,0.03,0.3),
(5,0.209,0.115,0.03,0.3),(6,0.167,0.167,0.03,0.3),(7,0.115,0.209,0.03,0.3),(8,0.065,0.225,0.03,0.3),
(9,0.025,0.210,0.03,0.3),(10,0.007,0.156,0.03,0.3),(11,0.001,0.082,0.03,0.3),

(1,0.082,0.002,0.05,0.3),(2,0.151,0.011,0.05,0.3),(3,0.202,0.030,0.05,0.3),(4,0.216,0.068,0.05,0.3),
(5,0.200,0.116,0.05,0.3),(6,0.163,0.163,0.05,0.3),(7,0.116,0.200,0.05,0.3),(8,0.068,0.216,0.05,0.3),
(9,0.030,0.202,0.05,0.3),(10,0.011,0.151,0.05,0.3),(11,0.002,0.082,0.05,0.3),

(1,0.080,0.003,0.1,0.3),(2,0.146,0.013,0.1,0.3),(3,0.189,0.036,0.1,0.3),(4,0.202,0.072,0.1,0.3),
(5,0.189,0.115,0.1,0.3),(6,0.157,0.157,0.1,0.3),(7,0.115,0.189,0.1,0.3),(8,0.072,0.202,0.1,0.3),
(9,0.036,0.189,0.1,0.3),(10,0.013,0.146,0.1,0.3),(11,0.003,0.080,0.1,0.3),

(1,0.078,0.004,0.2,0.3),(2,0.138,0.017,0.2,0.3),(3,0.175,0.041,0.2,0.3),(4,0.187,0.075,0.2,0.3),
(5,0.176,0.113,0.2,0.3),(6,0.149,0.149,0.2,0.3),(7,0.113,0.176,0.2,0.3),(8,0.075,0.187,0.2,0.3),
(9,0.041,0.175,0.2,0.3),(10,0.017,0.138,0.2,0.3),(11,0.004,0.078,0.2,0.3),

(1,0.073,0.005,0.5,0.3),(2,0.124,0.021,0.5,0.3),(3,0.156,0.046,0.5,0.3),(4,0.165,0.076,0.5,0.3),
(5,0.157,0.108,0.5,0.3),(6,0.136,0.136,0.5,0.3),(7,0.108,0.157,0.5,0.3),(8,0.076,0.165,0.5,0.3),
(9,0.046,0.156,0.5,0.3),(10,0.021,0.124,0.5,0.3),(11,0.005,0.073,0.5,0.3),

(1,0.070,0.007,1,0.3),(2,0.116,0.023,1,0.3),(3,0.149,0.047,1,0.3),(4,0.148,0.074,1,0.3),

(5,0.142,0.101,1,0.3),(6,0.125,0.125,1,0.3),(7,0.101,0.142,1,0.3),(8,0.074,0.148,1,0.3),

(9,0.047,0.141,1,0.3),(10,0.023,0.116,1,0.3),(11,0.007,0.070,1,0.3),

(1,0.083,0.167,0,0.25),(2,0.250,0,0,0.25),(3,0.290,0.030,0,0.25),(4,0.259,0.102,0,0.25),(5,0.320,0.029,0,0.25),

(6,0.188,0.188,0,0.25),(7,0.102,0.259,0,0.25),(8,0.030,0.290,0,0.25),(9,0,0.250,0,0.25),

(10,0,0.167,0,0.25),(11,0,0.083,0,0.25),

(1,0.082,0.001,0.03,0.25),(2,0.155,0.008,0.03,0.25),(3,0.204,0.028,0.03,0.25),(4,0.216,0.066,0.03,0.25),

(5,0.197,0.114,0.03,0.25),(6,0.161,0.161,0.03,0.25),(7,0.114,0.197,0.03,0.25),(8,0.066,0.216,0.03,0.25),

(9,0.028,0.204,0.03,0.25),(10,0.008,0.155,0.03,0.25),(11,0.001,0.082,0.03,0.25),

(1,0.081,0.001,0.05,0.25),(2,0.151,0.010,0.05,0.25),(3,0.196,0.032,0.05,0.25),(4,0.208,0.069,0.05,0.25),

(5,0.192,0.114,0.05,0.25),(6,0.158,0.158,0.05,0.25),(7,0.114,0.192,0.05,0.25),(8,0.069,0.208,0.05,0.25),

(9,0.032,0.196,0.05,0.25),(10,0.010,0.151,0.05,0.25),(11,0.001,0.081,0.05,0.25),

(1,0.080,0.002,0.1,0.25),(2,0.146,0.012,0.1,0.25),(3,0.186,0.036,0.1,0.25),(4,0.196,0.072,0.1,0.25),

(5,0.182,0.114,0.1,0.25),(6,0.152,0.152,0.1,0.25),(7,0.114,0.182,0.1,0.25),(8,0.072,0.196,0.1,0.25),

(9,0.036,0.186,0.1,0.25),(10,0.012,0.146,0.1,0.25),(11,0.002,0.080,0.1,0.25),

(1,0.078,0.003,0.2,0.25),(2,0.138,0.016,0.2,0.25),(3,0.173,0.041,0.2,0.25),(4,0.183,0.074,0.2,0.25),

(5,0.171,0.112,0.2,0.25),(6,0.146,0.146,0.2,0.25),(7,0.112,0.171,0.2,0.25),(8,0.074,0.183,0.2,0.25),

(9,0.041,0.173,0.2,0.25),(10,0.016,0.138,0.2,0.25),(11,0.003,0.078,0.2,0.25),

(1,0.073,0.005,0.5,0.25),(2,0.123,0.020,0.5,0.25),(3,0.154,0.046,0.5,0.25),(4,0.164,0.075,0.5,0.25),

(5,0.156,0.107,0.5,0.25),(6,0.135,0.135,0.5,0.25),(7,0.107,0.156,0.5,0.25),(8,0.075,0.164,0.5,0.25),

(9,0.046,0.154,0.5,0.25),(10,0.020,0.123,0.5,0.25),(11,0.005,0.073,0.5,0.25),

(1,0.070,0.007,1,0.25),(2,0.116,0.023,1,0.25),(3,0.141,0.047,1,0.25),(4,0.148,0.074,1,0.25),

(5,0.142,0.101,1,0.25),(6,0.125,0.125,1,0.25),(7,0.101,0.142,1,0.25),(8,0.074,0.148,1,0.25),
(9,0.047,0.141,1,0.25),(10,0.023,0.116,1,0.25),(11,0.007,0.070,1,0.25),

(1,0.083,0.0,0,0.2),(2,0.167,0,0,0.2),(3,0.238,0.008,0,0.2),(4,0.256,0.048,0,0.2),(5,0.229,0.110,0,0.2),
(6,0.175,0.175,0,0.2),(7,0.110,0.229,0,0.2),(8,0.048,0.256,0,0.2),(9,0.008,0.238,0,0.2),
(10,0,0.167,0,0.2),(11,0,0.083,0,0.2),

(1,0.082,0.001,0.03,0.2),(2,0.152,0.008,0.03,0.2),(3,0.192,0.033,0.03,0.2),(4,0.203,0.069,0.03,0.2),
(5,0.187,0.112,0.03,0.2),(6,0.154,0.154,0.03,0.2),(7,0.112,0.187,0.03,0.2),(8,0.069,0.203,0.03,0.2),
(9,0.033,0.192,0.03,0.2),(10,0.008,0.152,0.03,0.2),(11,0.001,0.082,0.03,0.2),

(1,0.081,0.001,0.05,0.2),(2,0.149,0.010,0.05,0.2),(3,0.187,0.035,0.05,0.2),(4,0.197,0.070,0.05,0.2),
(5,0.182,0.112,0.05,0.2),(6,0.152,0.152,0.05,0.2),(7,0.112,0.182,0.05,0.2),(8,0.070,0.197,0.05,0.2),
(9,0.035,0.187,0.05,0.2),(10,0.010,0.149,0.05,0.2),(11,0.001,0.081,0.05,0.2),

(1,0.080,0.002,0.1,0.2),(2,0.140,0.014,0.1,0.2),(3,0.178,0.038,0.1,0.2),(4,0.188,0.072,0.1,0.2),
(5,0.175,0.111,0.1,0.2),(6,0.147,0.147,0.1,0.2),(7,0.111,0.175,0.1,0.2),(8,0.072,0.188,0.1,0.2),
(9,0.038,0.178,0.1,0.2),(10,0.014,0.140,0.1,0.2),(11,0.002,0.080,0.1,0.2),

(1,0.077,0.003,0.2,0.2),(2,0.131,0.017,0.2,0.2),(3,0.168,0.042,0.2,0.2),(4,0.178,0.074,0.2,0.2),
(5,0.167,0.109,0.2,0.2),(6,0.142,0.142,0.2,0.2),(7,0.109,0.167,0.2,0.2),(8,0.074,0.178,0.2,0.2),
(9,0.042,0.168,0.2,0.2),(10,0.017,0.131,0.2,0.2),(11,0.003,0.077,0.2,0.2),

(1,0.073,0.005,0.5,0.2),(2,0.123,0.020,0.5,0.2),(3,0.153,0.046,0.5,0.2),(4,0.162,0.075,0.5,0.2),
(5,0.154,0.106,0.5,0.2),(6,0.133,0.133,0.5,0.2),(7,0.106,0.154,0.5,0.2),(8,0.075,0.162,0.5,0.2),
(9,0.046,0.153,0.5,0.2),(10,0.020,0.123,0.5,0.2),(11,0.005,0.073,0.5,0.2),

(1,0.070,0.007,1,0.2),(2,0.116,0.023,1,0.2),(3,0.141,0.047,1,0.2),(4,0.148,0.074,1,0.2),
(5,0.142,0.101,1,0.2),(6,0.125,0.125,1,0.2),(7,0.101,0.142,1,0.2),(8,0.074,0.148,1,0.2),
(9,0.047,0.141,1,0.2),(10,0.023,0.116,1,0.2),(11,0.007,0.070,1,0.2));

```
                          (*
tab13:array [1..616]
tab14:array [1..462]
tab15:array [1..462]        *)


var i:integer;  arquivo,arquiv:file of tab4R; tab:tab4R;

begin  assign(arquivo,'nilson54.tab');rewrite(arquivo);
    for i:=1 to 616 do
    write(arquivo,tab13[i]);
    for i:=1 to 462 do
    write(arquivo,tab14[i]);
    for i:=1 to 462 do
    write(arquivo,tab15[i]);
    close(arquivo);
end.
```

program nilson55;

```
uses
crt,nilson30,nilson36,nilson38,nilson34,nilson35,nilson39,nilson74,nilson
73;
type
tab4R=array [1..5] of real;
const
tab11:array [1..231] of tab4R=(
(1,1,0,0,0.5),(0.9,1.014,0,0,0.5),(0.8,1.029,0,0,0.5),(0.7,1.046,0,0,0.5),
(0.6,1.065,0,0,0.5),(0.5,1.087,0,0,0.5),(0.4,1.113,0,0,0.5),
(0.3,1.145,0,0,0.5),(0.2,1.186,0,0,0.5),(0.15,1.213,0,0,0.5),
(0.12,1.233,0,0,0.5),(0.10,1.248,0,0,0.5),(0.08,1.266,0,0,0.5),
(0.06,1.287,0,0,0.5),(0.05,1.299,0,0,0.5),(0.04,1.314,0,0,0.5),
(0.03,1.331,0,0,0.5),(0.02,1.352,0,0,0.5),(0.01,1.384,0,0,0.5),
(0.005,1.408,0,0,0.5),(0,1.500,0,0,5),

(1,1,0,0,0.45),(0.9,1.014,0,0,0.45),(0.8,1.029,0,0,0.45),(0.7,1.046,0,0,0.4
5),
(0.6,1.066,0,0,0.45),(0.5,1.088,0,0,0.45),(0.4,1.113,0,0,0.45),
(0.3,1.145,0,0,0.45),(0.2,1.185,0,0,0.45),(0.15,1.212,0,0,0.45),
(0.12,1.231,0,0,0.45),(0.10,1.246,0,0,0.45),(0.08,1.263,0,0,0.45),
(0.06,1.283,0,0,0.45),(0.05,1.295,0,0,0.45),(0.04,1.309,0,0,0.45),
(0.03,1.326,0,0,0.45),(0.02,1.346,0,0,0.45),(0.01,1.376,0,0,0.45),
(0.005,1.400,0,0,0.45),(0,1.495,0,0,45),

(1,1,0,0,0.4),(0.9,1.014,0,0,0.4),(0.8,1.029,0,0,0.4),(0.7,1.046,0,0,0.4),
```
258

(0.6,1.064,0,0,0.4),(0.5,1.086,0,0,0.4),(0.4,1.111,0,0,0.4),
(0.3,1.141,0,0,0.4),(0.2,1.180,0,0,0.4),(0.15,1.206,0,0,0.4),
(0.12,1.224,0,0,0.4),(0.10,1.238,0,0,0.4),(0.08,1.254,0,0,0.4),
(0.06,1.273,0,0,0.4),(0.05,1.285,0,0,0.4),(0.04,1.298,0,0,0.4),
(0.03,1.313,0,0,0.4),(0.02,1.333,0,0,0.4),(0.01,1.360,0,0,0.4),
(0.005,1.383,0,0,0.4),(0,1.480,0,0,0.4),

(1,1,0,0,0.35),(0.9,1.013,0,0,0.35),(0.8,1.028,0,0,0.35),(0.7,1.044,0,0,0.35),
(0.6,1.062,0,0,0.35),(0.5,1.082,0,0,0.35),(0.4,1.106,0,0,0.35),
(0.3,1.135,0,0,0.35),(0.2,1.172,0,0,0.35),(0.15,1.195,0,0,0.35),
(0.12,1.212,0,0,0.35),(0.10,1.225,0,0,0.35),(0.08,1.240,0,0,0.35),
(0.06,1.258,0,0,0.35),(0.05,1.268,0,0,0.35),(0.04,1.280,0,0,0.35),
(0.03,1.294,0,0,0.35),(0.02,1.312,0,0,0.35),(0.01,1.338,0,0,0.35),
(0.005,1.358,0,0,0.35),(0,1.455,0,0,0.35),

(1,1,0,0,0.3),(0.9,1.013,0,0,0.3),(0.8,1.026,0,0,0.3),(0.7,1.041,0,0,0.3),
(0.6,1.058,0,0,0.3),(0.5,1.077,0,0,0.3),(0.4,1.099,0,0,0.3),
(0.3,1.125,0,0,0.3),(0.2,1.159,0,0,0.3),(0.15,1.180,0,0,0.3),
(0.12,1.196,0,0,0.3),(0.10,1.207,0,0,0.3),(0.08,1.221,0,0,0.3),
(0.06,1.237,0,0,0.3),(0.05,1.246,0,0,0.3),(0.04,1.257,0,0,0.3),
(0.03,1.269,0,0,0.3),(0.02,1.285,0,0,0.3),(0.01,1.308,0,0,0.3),
(0.005,1.326,0,0,0.3),(0,1.420,0,0,0.3),

(1,1,0,0,0.25),(0.9,1.011,0,0,0.25),(0.8,1.024,0,0,0.25),(0.7,1.038,0,0,0.25),
(0.6,1.053,0,0,0.25),(0.5,1.070,0,0,0.25),(0.4,1.089,0,0,0.25),
(0.3,1.113,0,0,0.25),(0.2,1.142,0,0,0.25),(0.15,1.161,0,0,0.25),
(0.12,1.174,0,0,0.25),(0.10,1.185,0,0,0.25),(0.08,1.196,0,0,0.25),
(0.06,1.210,0,0,0.25),(0.05,1.218,0,0,0.25),(0.04,1.227,0,0,0.25),
(0.03,1.238,0,0,0.25),(0.02,1.252,0,0,0.25),(0.01,1.272,0,0,0.25),
(0.005,1.288,0,0,0.25),(0,1.375,0,0,0.25),

(1,1,0,0,0.2),(0.9,1.010,0,0,0.2),(0.8,1.021,0,0,0.2),(0.7,1.033,0,0,0.2),
(0.6,1.046,0,0,0.2),(0.5,1.060,0,0,0.2),(0.4,1.077,0,0,0.2),
(0.3,1.097,0,0,0.2),(0.2,1.122,0,0,0.2),(0.15,1.137,0,0,0.2),
(0.12,1.149,0,0,0.2),(0.10,1.157,0,0,0.2),(0.08,1.167,0,0,0.2),
(0.06,1.178,0,0,0.2),(0.05,1.185,0,0,0.2),(0.04,1.193,0,0,0.2),
(0.03,1.202,0,0,0.2),(0.02,1.213,0,0,0.2),(0.01,1.230,0,0,0.2),
(0.005,1.243,0,0,0.2),(0,1.320,0,0,0.2),

(1,1,0,0,0.15),(0.9,1.008,0,0,0.15),(0.8,1.017,0,0,0.15),(0.7,1.026,0,0,0.15),
(0.6,1.037,0,0,0.15),(0.5,1.049,0,0,0.15),(0.4,1.062,0,0,0.15),
(0.3,1.078,0,0,0.15),(0.2,1.097,0,0,0.15),(0.15,1.109,0,0,0.15),
(0.12,1.118,0,0,0.15),(0.10,1.125,0,0,0.15),(0.08,1.132,0,0,0.15),
(0.06,1.141,0,0,0.15),(0.05,1.146,0,0,0.15),(0.04,1.152,0,0,0.15),

(0.03,1.160,0,0,0.15),(0.02,1.168,0,0,0.15),(0.01,1.181,0,0,0.15),
(0.005,1.192,0,0,0.15),(0,1.255,0,0,0.15),

(1,1,0,0,0.1),(0.9,1.006,0,0,0.1),(0.8,1.012,0,0,0.1),(0.7,1.019,0,0,0.1),
(0.6,1.027,0,0,0.1),(0.5,1.035,0,0,0.1),(0.4,1.044,0,0,0.1),
(0.3,1.055,0,0,0.1),(0.2,1.069,0,0,0.1),(0.15,1.077,0,0,0.1),
(0.12,1.083,0,0,0.1),(0.10,1.088,0,0,0.1),(0.08,1.093,0,0,0.1),
(0.06,1.099,0,0,0.1),(0.05,1.103,0,0,0.1),(0.04,1.107,0,0,0.1),
(0.03,1.112,0,0,0.1),(0.02,1.118,0,0,0.1),(0.01,1.127,0,0,0.1),
(0.005,1.134,0,0,0.1),(0,1.180,0,0,0.1),

(1,1,0,0,0.05),(0.9,1.003,0,0,0.05),(0.8,1.007,0,0,0.05),(0.7,1.010,0,0,0.0
5),
(0.6,1.014,0,0,0.05),(0.5,1.019,0,0,0.05),(0.4,1.024,0,0,0.05),
(0.3,1.029,0,0,0.05),(0.2,1.037,0,0,0.05),(0.15,1.041,0,0,0.05),
(0.12,1.044,0,0,0.05),(0.10,1.047,0,0,0.05),(0.08,1.049,0,0,0.05),
(0.06,1.053,0,0,0.05),(0.05,1.054,0,0,0.05),(0.04,1.057,0,0,0.05),
(0.03,1.059,0,0,0.05),(0.02,1.062,0,0,0.05),(0.01,1.067,0,0,0.05),
(0.005,1.071,0,0,0.05),(0,1.095,0,0,0.05),

(1,1,0,0,0),(0.9,1,0,0,0),(0.8,1,0,0,0),(0.7,1,0,0,0),
(0.6,1,0,0,0),(0.5,1,0,0,0),(0.4,1,0,0,0),
(0.3,1,0,0,0),(0.2,1,0,0,0),(0.15,1,0,0,0),
(0.12,1,0,0,0),(0.10,1,0,0,0),(0.08,1,0,0,0),
(0.06,1,0,0,0),(0.05,1,0,0,0),(0.04,1,0,0,0),
(0.03,1,0,0,0),(0.02,1,0,0,0),(0.01,1,0,0,0),
(0.005,1,0,0,0),(0,1,0,0,0));

tab12:array [1..616] of tab4R=(
(1,0.083,0,0,1),(2,0.167,0,0,1),(3,0.250,0,0,1),(4,0.333,0,0,1),(5,0.417,0,0
,1),
(6,0.500,0,0,1),(7,0.583,0,0,1),(8,0.667,0,0,1),(9,0.750,0,0,1),
(10,0.833,0,0,1),(11,0.957,0,0,1),

(1,0.077,0.001,0.03,1),(2,0.141,0.005,0.03,1),(3,0.190,0.011,0.03,1),(4,0.
225,0.020,0.03,1),
(5,0.241,0.031,0.03,1),(6,0.245,0.043,0.03,1),(7,0.249,0.055,0.03,1),(8,0.
194,0.068,0.03,1),
(9,0.147,0.075,0.03,1),(10,0.088,0.074,0.03,1),(11,0.029,0.056,0.03,1),

(1,0.077,0.002,0.05,1),(2,0.138,0.006,0.05,1),(3,0.186,0.014,0.05,1),(4,0.
215,0.025,0.05,1),
(5,0.229,0.037,0.05,1),(6,0.227,0.051,0.05,1),(7,0.208,0.065,0.05,1),(8,0.
173,0.078,0.05,1),
(9,0.126,0.085,0.05,1),(10,0.074,0.081,0.05,1),(11,0.024,0.058,0.05,1),

(1,0.076,0.002,0.1,1),(2,0.134,0.009,0.1,1),(3,0.176,0.019,0.1,1),(4,0.202,0.032,0.1,1),
(5,0.210,0.048,0.1,1),(6,0.202,0.065,0.1,1),(7,0.180,0.081,0.1,1),(8,0.147,0.092,0.1,1),
(9,0.103,0.098,0.1,1),(10,0.057,0.090,0.1,1),(11,0.018,0.061,0.1,1),

(1,0.075,0.002,0.2,1),(2,0.129,0.012,0.2,1),(3,0.167,0.025,0.2,1),(4,0.186,0.042,0.2,1),
(5,0.190,0.061,0.2,1),(6,0.180,0.080,0.2,1),(7,0.156,0.097,0.2,1),(8,0.128,0.108,0.2,1),
(9,0.084,0.111,0.2,1),(10,0.044,0.098,0.2,1),(11,0.013,0.065,0.2,1),

(1,0.075,0.003,0.5,1),(2,0.126,0.015,0.5,1),(3,0.156,0.034,0.5,1),(4,0.169,0.056,0.5,1),
(5,0.167,0.080,0.5,1),(6,0.153,0.101,0.5,1),(7,0.127,0.119,0.5,1),(8,0.097,0.128,0.5,1),
(9,0.064,0.126,0.5,1),(10,0.034,0.107,0.5,1),(11,0.010,0.067,0.5,1),

(1,0.070,0.007,1,1),(2,0.116,0.023,1,1),(3,0.141,0.047,1,1),(4,0.148,0.074,1,1),
(5,0.142,0.101,1,1),(6,0.125,0.125,1,1),(7,0.101,0.142,1,1),(8,0.074,0.148,1,1),
(9,0.047,0.141,1,1),(10,0.023,0.116,1,1),(11,0.007,0.070,1,1),

(1,0.083,0.0,0,0.5),(2,0.167,0.0,0,0.5),(3,0.250,0.0,0,0.5),(4,0.333,0.0,0,0.5),(5,0.417,0.0,0,0.5),
(6,0.500,0.0,0,0.5),(7,0.521,0.012,0,0.5),(8,0.444,0.037,0,0.5),(9,0.313,0.063,0,0.5),
(10,0.167,0.074,0,0.5),(11,0.048,0.058,0,0.5),

(1,0.080,0.001,0.03,0.5),(2,0.156,0.004,0.03,0.5),(3,0.222,0.009,0.03,0.5),(4,0.279,0.017,0.03,0.5),
(5,0.318,0.030,0.03,0.5),(6,0.332,0.047,0.03,0.5),(7,0.301,0.070,0.03,0.5),(8,0.238,0.091,0.03,0.5),
(9,0.161,0.101,0.03,0.5),(10,0.082,0.096,0.03,0.5),(11,0.023,0.065,0.03,0.5),

(1,0.080,0.001,0.05,0.5),(2,0.153,0.005,0.05,0.5),(3,0.215,0.012,0.05,0.5),(4,0.263,0.023,0.05,0.5),
(5,0.293,0.039,0.05,0.5),(6,0.298,0.058,0.05,0.5),(7,0.267,0.081,0.05,0.5),(8,0.209,0.100,0.05,0.5),
(9,0.140,0.108,0.05,0.5),(10,0.072,0.099,0.05,0.5),(11,0.019,0.066,0.05,0.5),

(1,0.079,0.002,0.1,0.5),(2,0.146,0.008,0.1,0.5),(3,0.200,0.018,0.1,0.5),(4,0.238,0.032,0.1,0.5),

(5,0.256,0.052,0.1,0.5),(6,0.251,0.074,0.1,0.5),(7,0.220,0.096,0.1,0.5),(8,
0.169,0.113,0.1,0.5),
(9,0.112,0.117,0.1,0.5),(10,0.057,0.104,0.1,0.5),(11,0.017,0.066,0.1,0.5),

(1,0.076,0.003,0.2,0.5),(2,0.137,0.011,0.2,0.5),(3,0.183,0.025,0.2,0.5),(4,
0.211,0.043,0.2,0.5),
(5,0.220,0.066,0.2,0.5),(6,0.208,0.089,0.2,0.5),(7,0.177,0.111,0.2,0.5),(8,
0.135,0.124,0.2,0.5),
(9,0.088,0.125,0.2,0.5),(10,0.044,0.108,0.2,0.5),(11,0.013,0.068,0.2,0.5),

(1,0.074,0.004,0.5,0.5),(2,0.126,0.018,0.5,0.5),(3,0.159,0.037,0.5,0.5),(4,
0.174,0.062,0.5,0.5),
(5,0.172,0.068,0.5,0.5),(6,0.157,0.110,0.5,0.5),(7,0.130,0.129,0.5,0.5),(8,
0.096,0.139,0.5,0.5),
(9,0.062,0.133,0.5,0.5),(10,0.031,0.113,0.5,0.5),(11,0.009,0.069,0.5,0.5),

(1,0.070,0.007,1,0.5),(2,0.116,0.023,1,0.5),(3,0.141,0.047,1,0.5),(4,0.148
,0.074,1,0.5),
(5,0.142,0.101,1,0.5),(6,0.125,0.125,1,0.5),(7,0.101,0.142,1,0.5),(8,0.074
,0.148,1,0.5),
(9,0.047,0.141,1,0.5),(10,0.023,0.116,1,0.5),(11,0.007,0.070,1,0.5),

(1,0.083,0.0,0,0.4),(2,0.167,0.0,0,0.4),(3,0.250,0,0,0.4),(4,0.333,0,0,0.4),(
5,0.416,001,0,0.4),
(6,0.440,0.014,0,0.4),(7,0.399,0.038,0,0.4),(8,0.316,0.014,0,0.4),(9,0.212
,0.085,0,0.4),
(10,0.109,0.087,0,0.4),(11,0.032,0.062,0,0.4),

(1,0.082,000,0.03,0.4),(2,0.159,0.002,0.03,0.4),(3,0.228,0.008,0.03,0.4),(
4,0.286,0.017,0.03,0.4),
(5,0.320,0.031,0.03,0.4),(6,0.311,0.054,0.03,0.4),(7,0.269,0.079,0.03,0.4
),(8,0.206,0.099,0.03,0.4),
(9,0.134,0.109,0.03,0.4),(10,0.069,0.099,0.03,0.4),(11,0.020,0.065,0.03,
0.4),

(1,0.081,0.001,0.05,0.4),(2,0.155,0.004,0.05,0.4),(3,0.219,0.011,0.05,0.4
),(4,0.271,0.022,0.05,0.4),
(5,0.296,0.039,0.05,0.4),(6,0.284,0.063,0.05,0.4),(7,0.245,0.087,0.05,0.4
),(8,0.186,0.106,0.05,0.4),
(9,0.123,0.112,0.05,0.4),(10,0.063,0.101,0.05,0.4),(11,0.018,0.066,0.05,
0.4),

(1,0.080,0.001,0.1,0.4),(2,0.149,0.007,0.1,0.4),(3,0.205,0.017,0.1,0.4),(4,
0.246,0.031,0.1,0.4),
(5,0.260,0.053,0.1,0.4),(6,0.245,0.077,0.1,0.4),(7,0.208,0.100,0.1,0.4),(8,
0.157,0.116,0.1,0.4),
(9,0.103,0.119,0.1,0.4),(10,0.151,0.105,0.1,0.4),(11,0.015,0.067,0.1,0.4),

(1,0.077,0.003,0.2,0.4),(2,0.140,0.011,0.2,0.4),(3,0.187,0.025,0.2,0.4),(4,
0.216,0.044,0.2,0.4),
(5,0.222,0.067,0.2,0.4),(6,0.206,0.092,0.2,0.4),(7,0.172,0.113,0.2,0.4),(8,
0.130,0.126,0.2,0.4),
(9,0.084,0.126,0.2,0.4),(10,0.041,0.109,0.2,0.4),(11,0.012,0.068,0.2,0.4),

(1,0.074,0.005,0.5,0.4),(2,0.126,0.018,0.5,0.4),(3,0.161,0.037,0.5,0.4),(4,
0.176,0.061,0.5,0.4),
(5,0.175,0.087,0.5,0.4),(6,0.157,0.111,0.5,0.4),(7,0.129,0.130,0.5,0.4),(8,
0.096,0.139,0.5,0.4),
(9,0.061,0.134,0.5,0.4),(10,0.030,0.113,0.5,0.4),(11,0.008,0.069,0.5,0.4),

(1,0.070,0.007,1,0.4),(2,0.116,0.023,1,0.4),(3,0.141,0.047,1,0.4),(4,0.148
,0.074,1,0.4),
(5,0.142,0.101,1,0.4),(6,0.125,0.125,1,0.4),(7,0.101,0.142,1,0.4),(8,0.074
,0.148,1,0.4),
(9,0.047,0.141,1,0.4),(10,0.023,0.116,1,0.4),(11,0.007,0.070,1,0.4),

(1,0.083,0.0,0,0.35),(2,0.167,0.0,0,0.35),(3,0.250,0.0,0,0.35),(4,0.333,0,0
,0.35),(5,0.393,0.006,0,0.35),
(6,0.391,0.027,0,0.35),(7,0.342,0.054,0,0.35),(8,0.264,0.080,0,0.35),(9,0.
174,0.095,0,0.35),
(10,0.088,0.092,0,0.35),(11,0.025,0.063,0,0.35),

(1,0.083,0.000,0.03,0.35),(2,0.160,0.002,0.03,0.35),(3,0.229,0.008,0.03,
0.35),(4,0.285,0.017,0.03,0.35),
(5,0.306,0.036,0.03,0.35),(6,0.291,0.060,0.03,0.35),(7,0.246,0.085,0.03,
0.35),(8,0.186,0.105,0.03,0.35),
(9,0.122,0.112,0.03,0.35),(10,0.061,0.101,0.03,0.35),(11,0.018,0.066,0.0
3,0.35),

(1,0.081,0.001,0.05,0.35),(2,0.156,0.004,0.05,0.35),(3,0.221,0.011,0.05,
0.35),(4,0.270,0.023,0.05,0.35),
(5,0.286,0.043,0.05,0.35),(6,0.269,0.068,0.05,0.35),(7,0.227,0.092,0.05,
0.35),(8,0.171,0.110,0.05,0.35),
(9,0.111,0.110,0.05,0.35),(10,0.056,0.103,0.05,0.35),(11,0.016,0.066,0.0
5,0.35),

(1,0.080,0.001,0.1,0.35),(2,0.150,0.007,0.1,0.35),(3,0.207,0.017,0.1,0.35
),(4,0.246,0.032,0.1,0.35),
(5,0.256,0.054,0.1,0.35),(6,0.237,0.079,0.1,0.35),(7,0.199,0.103,0.1,0.35
),(8,0.148,0.119,0.1,0.35),
(9,0.097,0.121,0.1,0.35),(10,0.048,0.106,0.1,0.35),(11,0.014,0.067,0.1,0.
35),

(1,0.077,0.002,0.2,0.35),(2,0.141,0.010,0.2,0.35),(3,0.190,0.024,0.2,0.35
),(4,0.216,0.044,0.2,0.35),
(5,0.220,0.068,0.2,0.35),(6,0.201,0.094,0.2,0.35),(7,0.167,0.115,0.2,0.35
),(8,0.125,0.128,0.2,0.35),
(9,0.080,0.128,0.2,0.35),(10,0.039,0.109,0.2,0.35),(11,0.011,0.068,0.2,0.
35),

(1,0.074,0.005,0.5,0.35),(2,0.127,0.018,0.5,0.35),(3,0.162,0.037,0.5,0.35
),(4,0.177,0.061,0.5,0.35),
(5,0.174,0.087,0.5,0.35),(6,0.156,0.112,0.5,0.35),(7,0.128,0.130,0.5,0.35
),(8,0.094,0.140,0.5,0.35),
(9,0.061,0.134,0.5,0.35),(10,0.030,0.113,0.5,0.35),(11,0.008,0.069,0.5,0.
35),

(1,0.070,0.007,1,0.35),(2,0.116,0.023,1,0.35),(3,0.141,0.047,1,0.35),(4,0.
148,0.074,1,0.35),
(5,0.142,0.101,1,0.35),(6,0.125,0.125,1,0.35),(7,0.101,0.142,1,0.35),(8,0.
074,0.148,1,0.35),
(9,0.047,0.141,1,0.35),(10,0.023,0.116,1,0.35),(11,0.007,0.070,1,0.35),

(1,0.083,0.0,0,0.3),(2,0.167,0.0,0,0.3),(3,0.250,0.0,0,0.3),(4,0.327,0.002,
0,0.3),(5,0.358,0.016,0,0.3),
(6,0.341,0.041,0,0.3),(7,0.291,0.067,0,0.3),(8,0.222,0.091,0,0.3),(9,0.143
,0.103,0,0.3),
(10,0.073,0.096,0,0.3),(11,0.021,0.063,0,0.3),

(1,0.082,0.000,0.03,0.3),(2,0.160,0.002,0.03,0.3),(3,0.230,0.008,0.03,0.3
),(4,0.278,0.020,0.03,0.3),
(5,0.287,0.042,0.03,0.3),(6,0.266,0.068,0.03,0.3),(7,0.223,0.093,0.03,0.3
),(8,0.167,0.111,0.03,0.3),
(9,0.108,0.116,0.03,0.3),(10,0.054,0.104,0.03,0.3),(11,0.015,0.067,0.03,
0.3),

(1,0.081,0.001,0.05,0.3),(2,0.156,0.004,0.05,0.3),(3,0.221,0.011,0.05,0.3
),(4,0.264,0.025,0.05,0.3),
(5,0.270,0.048,0.05,0.3),(6,0.250,0.074,0.05,0.3),(7,0.209,0.097,0.05,0.3
),(8,0.155,0.115,0.05,0.3),
(9,0.101,0.119,0.05,0.3),(10,0.050,0.105,0.05,0.3),(11,0.015,0.066,0.05,
0.3),

(1,0.080,0.001,0.1,0.3),(2,0.151,0.007,0.1,0.3),(3,0.209,0.016,0.1,0.3),(4,
0.243,0.034,0.1,0.3),
(5,0.246,0.058,0.1,0.3),(6,0.225,0.083,0.1,0.3),(7,0.187,0.107,0.1,0.3),(8,
0.138,0.122,0.1,0.3),
(9,0.089,0.124,0.1,0.3),(10,0.045,0.107,0.1,0.3),(11,0.013,0.067,0.1,0.3),

(1,0.078,0.002,0.2,0.3),(2,0.142,0.010,0.2,0.3),(3,0.190,0.025,0.2,0.3),(4,
0.215,0.045,0.2,0.3),
(5,0.215,0.070,0.2,0.3),(6,0.194,0.096,0.2,0.3),(7,0.161,0.117,0.2,0.3),(8,
0.119,0.130,0.2,0.3),
(9,0.077,0.128,0.2,0.3),(10,0.038,0.110,0.2,0.3),(11,0.011,0.068,0.2,0.3),

(1,0.073,0.005,0.5,0.3),(2,0.128,0.018,0.5,0.3),(3,0.163,0.037,0.5,0.3),(4,
0.177,0.061,0.5,0.3),
(5,0.173,0.088,0.5,0.3),(6,0.154,0.112,0.5,0.3),(7,0.126,0.131,0.5,0.3),(8,
0.093,0.140,0.5,0.3),
(9,0.060,0.134,0.5,0.3),(10,0.029,0.113,0.5,0.3),(11,0.008,0.069,0.5,0.3),

(1,0.070,0.007,1,0.3),(2,0.116,0.023,1,0.3),(3,0.141,0.047,1,0.3),(4,0.148
,0.074,1,0.3),
(5,0.142,0.101,1,0.3),(6,0.125,0.125,1,0.3),(7,0.101,0.142,1,0.3),(8,0.074
,0.148,1,0.3),
(9,0.047,0.141,1,0.3),(10,0.023,0.116,1,0.3),(11,0.007,0.070,1,0.3),

(1,0.083,0.0,0,0.25),(2,0.167,0.0,0,0.25),(3,0.250,0.0,0,0.25),(4,0.307,0.0
09,0,0.25),(5,0.320,0.029,0,0.25),
(6,0.295,0.055,0,0.25),(7,0.249,0.084,0,0.25),(8,0.186,0.104,0,0.25),(9,0.
120,0.111,0,0.25),
(10,0.161,0.102,0,0.25),(11,0.018,0.065,0,0.25),

(1,0.081,0.001,0.03,0.25),(2,0.157,0.004,0.03,0.25),(3,0.221,0.012,0.03,
0.25),(4,0.252,0.030,0.03,0.25),
(5,0.252,0.055,0.03,0.25),(6,0.229,0.081,0.03,0.25),(7,0.190,0.105,0.03,
0.25),(8,0.141,0.120,0.03,0.25),
(9,0.091,0.122,0.03,0.25),(10,0.046,0.106,0.03,0.25),(11,0.013,0.067,0.0
3,0.25),

(1,0.081,0.001,0.05,0.25),(2,0.157,0.004,0.05,0.25),(3,0.221,0.012,0.05,
0.25),(4,0.252,0.030,0.05,0.25),
(5,0.252,0.055,0.05,0.25),(6,0.229,0.081,0.05,0.25),(7,0.190,0.105,0.05,
0.25),(8,0.141,0.120,0.05,0.25),
(9,0.091,0.122,0.05,0.25),(10,0.046,0.106,0.05,0.25),(11,0.013,0.067,0.0
5,0.25),

(1,0.081,0.001,0.1,0.25),(2,0.152,0.007,0.1,0.25),(3,0.207,0.018,0.1,0.25
),(4,0.234,0.037,0.1,0.25),
(5,0.232,0.063,0.1,0.25),(6,0.209,0.089,0.1,0.25),(7,0.173,0.111,0.1,0.25
),(8,0.128,0.125,0.1,0.25),
(9,0.082,0.126,0.1,0.25),(10,0.041,0.108,0.1,0.25),(11,0.011,0.068,0.1,0.
25),

(1,0.079,0.002,0.2,0.25),(2,0.143,0.010,0.2,0.25),(3,0.190,0.025,0.2,0.25
),(4,0.211,0.047,0.2,0.25),

(5,0.208,0.073,0.2,0.25),(6,0.187,0.098,0.2,0.25),(7,0.153,0.120,0.2,0.25
),(8,0.113,0.131,0.2,0.25),
(9,0.073,0.130,0.2,0.25),(10,0.036,0.110,0.2,0.25),(11,0.010,0.068,0.2,0.
25),

(1,0.074,0.005,0.5,0.25),(2,0.129,0.018,0.5,0.25),(3,0.163,0.037,0.5,0.25
),(4,0.176,0.062,0.5,0.25),
(5,0.171,0.089,0.5,0.25),(6,0.152,0.113,0.5,0.25),(7,0.124,0.132,0.5,0.25
),(8,0.091,0.141,0.5,0.25),
(9,0.058,0.135,0.5,0.25),(10,0.029,0.113,0.5,0.25),(11,0.008,0.069,0.5,0.
25),

(1,0.070,0.007,1,0.25),(2,0.116,0.023,1,0.25),(3,0.141,0.047,1,0.25),(4,0.
148,0.074,1,0.25),
(5,0.142,0.101,1,0.25),(6,0.125,0.125,1,0.25),(7,0.101,0.142,1,0.25),(8,0.
074,0.148,1,0.25),
(9,0.047,0.141,1,0.25),(10,0.023,0.116,1,0.25),(11,0.007,0.070,1,0.25),

(1,0.083,0.0,0,0.2),(2,0.167,0.0,0,0.2),(3,0.240,0.003,0,0.2),(4,0.279,0.01
9,0,0.2),(5,0.278,0.042,0,0.2),
(6,0.254,0.070,0,0.2),(7,0.210,0.096,0,0.2),(8,0.156,0.113,0,0.2),(9,0.100
,0.118,0,0.2),
(10,0.049,0.104,0,0.2),(11,0.013,0.067,0,0.2),

(1,0.083,0.001,0.03,0.2),(2,0.160,0.003,0.03,0.2),(3,0.218,0.012,0.03,0.2
),(4,0.243,0.032,0.03,0.2),
(5,0.240,0.058,0.03,0.2),(6,0.216,0.085,0.03,0.2),(7,0.178,0.108,0.03,0.2
),(8,0.131,0.123,0.03,0.2),
(9,0.085,0.124,0.03,0.2),(10,0.042,0.108,0.03,0.2),(11,0.012,0.068,0.03,
0.2),

(1,0.082,0.001,0.05,0.2),(2,0.157,0.005,0.05,0.2),(3,0.212,0.015,0.05,0.2
),(4,0.235,0.036,0.05,0.2),
(5,0.231,0.062,0.05,0.2),(6,0.208,0.089,0.05,0.2),(7,0.171,0.112,0.05,0.2
),(8,0.126,0.125,0.05,0.2),
(9,0.081,0.125,0.05,0.2),(10,0.040,0.108,0.05,0.2),(11,0.011,0.068,0.05,
0.2),

(1,0.081,0.001,0.1,0.2),(2,0.151,0.008,0.1,0.2),(3,0.201,0.020,0.1,0.2),(4,
0.220,0.042,0.1,0.2),
(5,0.216,0.068,0.1,0.2),(6,0.193,0.095,0.1,0.2),(7,0.158,0.117,0.1,0.2),(8,
0.117,0.129,0.1,0.2),
(9,0.075,0.128,0.1,0.2),(10,0.037,0.110,0.1,0.2),(11,0.010,0.068,0.1,0.2),

(1,0.079,0.002,0.2,0.2),(2,0.143,0.011,0.2,0.2),(3,0.186,0.026,0.2,0.2),(4,
0.202,0.050,0.2,0.2),

(5,0.197,0.077,0.2,0.2),(6,0.176,0.102,0.2,0.2),(7,0.144,0.123,0.2,0.2),(8,
0.106,0.134,0.2,0.2),
(9,0.068,0.131,0.2,0.2),(10,0.033,0.111,0.2,0.2),(11,0.009,0.069,0.2,0.2),

(1,0.074,0.005,0.5,0.2),(2,0.129,0.018,0.5,0.2),(3,0.162,0.037,0.5,0.2),(4,
0.173,0.063,0.5,0.2),
(5,0.067,0.090,0.5,0.2),(6,0.148,0.115,0.5,0.2),(7,0.120,0.133,0.5,0.2),(8,
0.088,0.142,0.5,0.2),
(9,0.056,0.136,0.5,0.2),(10,0.028,0.114,0.5,0.2),(11,0.008,0.069,0.5,0.2),

(1,0.070,0.007,1,0.2),(2,0.116,0.023,1,0.2),(3,0.141,0.047,1,0.2),(4,0.148
,0.074,1,0.2),
(5,0.142,0.101,1,0.2),(6,0.125,0.125,1,0.2),(7,0.101,0.142,1,0.2),(8,0.074
,0.148,1,0.2),
(9,0.047,0.141,1,0.2),(10,0.023,0.116,1,0.2),(11,0.007,0.070,1,0.2),

(1,0.083,0.0,0,0.1),(2,0.156,0.005,0,0.1),(3,0.198,0.022,0,0.1),(4,0.211,0.
045,0,0.1),(5,0.205,0.073,0,0.1),
(6,0.183,0.100,0,0.1),(7,0.149,0.120,0,0.1),(8,0.108,0.133,0,0.1),(9,0.069
,0.130,0,0.1),
(10,0.035,0.110,0,0.1),(11,0.011,0.068,0,0.1),

(1,0.083,0.002,0.03,0.1),(2,0.147,0.008,0.03,0.1),(3,0.184,0.027,0.03,0.1
),(4,0.196,0.051,0.03,0.1),
(5,0.190,0.079,0.03,0.1),(6,0.168,0.105,0.03,0.1),(7,0.137,0.125,0.03,0.1
),(8,0.100,0.136,0.03,0.1),
(9,0.064,0.132,0.03,0.1),(10,0.031,0.112,0.03,0.1),(11,0.009,0.069,0.03,
0.1),

(1,0.082,0.002,0.05,0.1),(2,0.145,0.009,0.05,0.1),(3,0.181,0.028,0.05,0.1
),(4,0.193,0.053,0.05,0.1),
(5,0.186,0.081,0.05,0.1),(6,0.165,0.106,0.05,0.1),(7,0.134,0.127,0.05,0.1
),(8,0.098,0.137,0.05,0.1),
(9,0.063,0.132,0.05,0.1),(10,0.031,0.112,0.05,0.1),(11,0.008,0.069,0.05,
0.1),

(1,0.081,0.002,0.1,0.1),(2,0.141,0.011,0.1,0.1),(3,0.175,0.031,0.1,0.1),(4,
0.187,0.056,0.1,0.1),
(5,0.180,0.083,0.1,0.1),(6,0.159,0.109,0.1,0.1),(7,0.129,0.129,0.1,0.1),(8,
0.095,0.138,0.1,0.1),
(9,0.061,0.134,0.1,0.1),(10,0.030,0.113,0.1,0.1),(11,0.008,0.069,0.1,0.1),

(1,0.079,0.003,0.2,0.1),(2,0.136,0.014,0.2,0.1),(3,0.168,0.034,0.2,0.1),(4,
0.178,0.060,0.2,0.1),
(5,0.171,0.087,0.2,0.1),(6,0.152,0.112,0.2,0.1),(7,0.123,0.132,0.2,0.1),(8,
0.090,0.141,0.2,0.1),
(9,0.058,0.135,0.2,0.1),(10,0.028,0.113,0.2,0.1),(11,0.008,0.069,0.2,0.1),

```
(1,0.075,0.006,0.5,0.1),(2,0.126,0.018,0.5,0.1),(3,0.154,0.040,0.5,0.1),(4,
0.163,0.067,0.5,0.1),
(5,0.156,0.094,0.5,0.1),(6,0.138,0.119,0.5,0.1),(7,0.112,0.137,0.5,0.1),(8,
0.082,0.144,0.5,0.1),
(9,0.052,0.137,0.5,0.1),(10,0.026,0.115,0.5,0.1),(11,0.007,0.070,0.5,0.1),

(1,0.070,0.007,1,0.1),(2,0.116,0.023,1,0.1),(3,0.141,0.047,1,0.1),(4,0.148
,0.074,1,0.1),
(5,0.142,0.101,1,0.1),(6,0.125,0.125,1,0.1),(7,0.101,0.142,1,0.1),(8,0.074
,0.148,1,0.1),
(9,0.047,0.141,1,0.1),(10,0.023,0.116,1,0.1),(11,0.007,0.070,1,0.1));
var    arquivo,arquiv:file of tab4R; tab:tab4R;
                                    (*

begin  assign(arquivo,'nilson55.tab');rewrite(arquivo);
    for i:=1 to 231 do
    write(arquivo,tab11[i]);
    for i:=1 to 616 do
    write(arquivo,tab12[i]); close(arquivo);
end.                                *)
(*
        tab4:array [1..336]    337
        tab5:array [1..336]    673
        tab6:array [1..231]    904
        tab7:array [1..231]    1135
        tab8:array [1..336]    1471
        tab9:array [1..336]    1807
        tab10:array[1..231]    2038
        tab11:array [1..231]   2269
        tab12:array [1..616]   2885
        tab13:array [1..616]   3501
        tab14:array [1..462]   3963
        tab15:array [1..462]   4425   *)
    procedure lerArquivo(strin:str80);
    begin
    assign(arquivo,strin);reset(arquivo);
    while not eof(arquivo) do begin
    read(arquivo,tab);write(arquiv,tab);end; close(arquivo);
    end;


begin
    assign(arquiv,'nilson56.dat');rewrite(arquiv);
    lerArquivo('nilson53.tab' );
    lerArquivo('nilson55.tab' );
    lerArquivo('nilson54.tab' );
```

```pascal
      close(arquiv);
end.
```

unit nilson56;

```pascal
interface
(*program nilson56; *)
uses crt,nilson30,nilson36,nilson38,nilson35,nilson39,nilson74,
nilson32,nilson73;
type
ptr_nilso56 =^nilso56;
nilso56 = object
PROCEDURE ENTRADADO;
        end;
var k56:ptr_nilso56;
implementation
const maxBp=25;
type
bp=array[1..2] of real;
tab4R=array [1..5] of real;
ta4R=array [1..154] of tab4R;
tbp=array [1..maxbp] of bp;

var tab:ta4R;Vbp:Tbp;
   apoio1,apoio2,apoio3,viga1,viga2,viga3,viga4:boolean;

lc,ac,bc1,pt1,qt,lambda,neta,alf1,alf2,beta,j1,j2,KL1,kL2,M1,M2,T12,T21:
real;
procedure LerArqTab(n1,n2:longint);
var arquiv:file;
begin
assign(arquiv,'nilson56.dat');reset(arquiv,SizeOf(tab4R));seek(arquiv,n1-
1);
blockread(arquiv,tab,n2); close(arquiv);
end;
procedure inicio56;
const  max=17; var i :integer;
procedure sairAgora; var i :integer;

procedure sair11e12; var i:byte;s,s1:str80;
begin s:=res1^.str80D;s:=s+';'; i:=0; s1:='';
repeat
while (Pos(';', s)=1)  do delete(s,1,1);
if length(s)>0 then       begin     inc(i);
case res1^.perg of 11: Val(Copy(s,1,Pos(';',s)-1),Vbp[i,1],erro);
          12: Val(Copy(s,1,Pos(';',s)-1),Vbp[i,2],erro);end;
s1:=s1+Copy(s,1,Pos(';',s));delete(s,1,Pos(';', s));  end;
```
269

```pascal
until ((length(s)=0)  or (erro<>0) or (i>=maxBp));
if i>0 then res1^.str80D:=s1;res1:=res1^.proximo;
end;

begin res1:=primeir^.proximo; erro:=0;
for i:=2 to max-2 do begin case i of 2..8:begin
done:=res1^.str80D='S';res1:=res1^.proximo;end;end;
case i of
2:apoio1:=done;3:apoio2:=done;4:apoio3:=done;5:viga1:=done;6:viga2:=
done;7:viga3:=done;8:viga4:=done;
9:ac:=wiv;10:lc:=wiv;11:sair11e12;12:sair11e12;
13:qt:=wiv;14:j1:=wiv;15:j2:=wiv;end;
if erro<>0 then begin iniciartela(max);exit;end;end;
ch:=#23;
end;
procedure exemplo;
begin
res1:=primeir;res1^.str80D:='Ponte-Rio-Niteroi-praia-arsenal-cabeceira1-
S-N.';
Ws('S');Ws('N');Ws('N');Ws('N');Ws('N');Ws('N');Ws('S');Ws('3');Ws('12');
ws('3.0;9.0');ws('5.0;5.0');Ws('0.0');Ws('1');Ws('5');
end;
begin
MaxPerg:=max;
if lequi('nicasi56.dat') then begin EncherMemoria(max);
L:=primeir;LerArqNom(3100+1,1);LerArqNom(3475+1,14);LerArqNom(28
94+1,2);
L:=primeir;LerArqMsg(3110+1,1);LerArqMsg(3489+1,10);
L^.msg:=L^.anterior^.msg;L:=L^.proximo;LerArqMsg(3499+1,3);
LerArqMsg(2896+1,2);exemplo;  end;
posy:=1;posx:=2; IniciarTela(max);
repeat
textattr:=$1E;
with res1^do
case perg of
1: BEGIN gotoxy(2,posy);entrada:=str80D;Erro:=1;
str80D:=instring(msg,nom,[#0,#32..#255],[],(75-length(nom)),0);end;
2..8: BEGIN gotoxy(2,posy);entrada:=str80D;Erro:=1; L:=res1;
str80D:=tiranulo(instring(msg,nom,['N','n','s','S'],[],(75-
length(nom)),0));str80D:=upcase(str80D[1]);
case perg of 2: if str80D='S'then begin
res1^.proximo^.str80D:='N';res1^.proximo^.proximo^.str80D:='N';end;
        3: if str80D='S'then begin res1^.anterior^.str80D:='N';
res1^.proximo^.str80D:='N'; end;
        4: if str80D='S'then begin
res1^.anterior^.str80D:='N';res1^.anterior^.anterior^.str80D:='N';end;
        5: if str80D='S'then begin
```

```
res1^.proximo^.str80D:='N';res1^.proximo^.proximo^.str80D:='N';res1^.pr
oximo^.proximo^.proximo^.str80D:='N';end;
        6: if str80D='S'then begin
res1^.proximo^.str80D:='N';res1^.proximo^.proximo^.str80D:='N';res1^.an
terior^.str80D:='N';end;
        7: if str80D='S'then begin
res1^.proximo^.str80D:='N';res1^.anterior^.anterior^.str80D:='N';res1^.ant
erior^.str80D:='N';end;
        8: if str80D='S'then begin
res1^.anterior^.str80D:='N';res1^.anterior^.anterior^.str80D:='N';res1^.ant
erior^.anterior^.anterior^.str80D:='N';end;
end;end;
9,10: BEGIN gotoxy(2,posy); entrada:=str80D;Erro:=1;
str80D:=tiranulo(instring(Msg,nom,[#0,#32,'.','0'..'9'],[],(75-
length(nom)),0)); end;
11,12: BEGIN gotoxy(2,posy); entrada:=str80D;Erro:=1;
str80D:=tiranul(instring(Msg,nom,[#0,#32,';','.','0'..'9'],[],(75-
length(nom)),0)); end;
13..15: BEGIN gotoxy(2,posy); entrada:=str80D;Erro:=1;
str80D:=tiranulo(instring(Msg,nom,[#0,#32,'.','0'..'9'],[],(75-
length(nom)),0)); end;
max-1: BEGIN
cursoroff;gotoxy(2,posy);input:=1;entrada:=#0;entrada:=instring(msg,nom
,[#0],[],(75-length(nom)),0);cursoron;
if ch=#13 then sairagora;end;
max: BEGIN   cursoroff;gotoxy(2,posy);
write(nom);input:=1;entrada:=#0;entrada:=instring(msg,'',[#0],[],(75-
length(nom)),0);
cursoron;if ch=#13 then begin ch:=#63;exemplo;end;end;end;
case ch of
#2:begin OndY(max);if ch=#13 then sairagora;if ch=#63 then begin
exemplo;irfinal(max);end;end;
#63,#64: IrFinal(max);
#72: previousact(max);
#80,#13: nextact(max);
end;
until ch in [#27,#45,#23{,#47,#19,#31,#75,#77,#83,#72,#80,#71,#73,#81,
#13,#9,#82,#8 ,#63,#64,#65,#66}];
      (* esc x i    r s L R DEL up  dn home pgu pgd ent tab ins
bsp f5  f6  f7  f8 *)
if (ch in [#27,#45]) then begin limpmemoini;halt;end;
saitxt(max,'nilson56.txt'); toquivi('nicasi56.dat');limpmemoini;
end;

procedure tab4e5e6e7;
var i,u:integer;
begin  lambda:=ac/lc;neta:=J1/J2;
```
271

```pascal
                          (*      writeln('lambda =',lambda:8:4,'
neta=',neta:8:4);*)
if viga1 then i:=1;if viga2 then i:=337;if viga3 then i:=673;if viga4 then
i:=904;
repeat LerArqTab(i,42);    { for u:=1 to 15 do write('tab[',u,']
=',tab[u,2]:8:4,'  i=',i:4);readkey; }

if (lambda<=tab[1,5])  and  (lambda>=tab[22,5]) then  begin
for u:=1 to 20 do begin
if (neta<=tab[u,1])  and  (neta>=tab[u+1,1]) then begin
tab[u,2]:=regrade3(tab[u,1],neta,tab[u+1,1],tab[u,2],tab[u+1,2]);
tab[u,3]:=regrade3(tab[u,1],neta,tab[u+1,1],tab[u,3],tab[u+1,3]);
tab[u,4]:=regrade3(tab[u,1],neta,tab[u+1,1],tab[u,4],tab[u+1,4]);
tab[u+21,2]:=regrade3(tab[u,1],neta,tab[u+1,1],tab[u+21,2],tab[u+21+1,2]
);
tab[u+21,3]:=regrade3(tab[u,1],neta,tab[u+1,1],tab[u+21,3],tab[u+21+1,3]
);
tab[u+21,4]:=regrade3(tab[u,1],neta,tab[u+1,1],tab[u+21,4],tab[u+21+1,4]
);
alf1:=regrade3(tab[u,5],lambda,tab[u+21,5],tab[u,2],tab[u+21,2]);
alf2:=regrade3(tab[u,5],lambda,tab[u+21,5],tab[u,3],tab[u+21,3]);
beta:=regrade3(tab[u,5],lambda,tab[u+21,5],tab[u,4],tab[u+21,4]);
if viga3 or viga4 then begin beta:=alf2;alf2:=alf1;end;
if apoio1 then begin kL1:=j1/lc*alf1;
kL2:=j1/lc*alf2;T12:=beta/alf1;T21:=beta/alf2;end;
if apoio2 then  begin kL1:=j1/(lc*alf2)*(alf1*alf2-
(beta*beta));kL2:=0;T12:=0;T21:=0;end;
if apoio3 then  begin kL1:=0;kL2:=j1/(lc*alf1)*(alf1*alf2-
(beta*beta));T12:=0;T21:=0;end;
{writeln(' alfa1 =',alf1:8:4,'  alfa2 =',alf2:8:4,'  beta =',beta:8:4);readkey;
writeln(' kl1 =',kl1:8:4,'  kl2 =',kl2:8:4,'  T12 =',t12:8:4,'   t21 =',t21:8:4,'
beta =',beta:8:4);readkey; }
exit;
                 end;                          end; end; i:=i+21;
until i>=4423;
end;
procedure tab8e9e10e11;
var i,u:integer; a1,a2:real;
begin
if viga1 then i:=1135;if viga2 then i:=1471;if viga3 then i:=1807;if viga4
then i:=2038;
repeat LerArqTab(i,42);
if (lambda<=tab[1,5])  and  (lambda>=tab[21,5]) then  begin
for u:=1 to 20 do begin
if (neta<=tab[u,1])  and  (neta>=tab[u+1,1]) then begin
tab[u,2]:=regrade3(tab[u,1],neta,tab[u+1,1],tab[u,2],tab[u+1,2]);
tab[u,3]:=regrade3(tab[u,1],neta,tab[u+1,1],tab[u,3],tab[u+1,3]);
```

```
tab[u+21,2]:=regrade3(tab[u,1],neta,tab[u+1,1],tab[u+21,2],tab[u+21+1,2]
);
tab[u+21,3]:=regrade3(tab[u,1],neta,tab[u+1,1],tab[u+21,3],tab[u+21+1,3]
);
a1:=regrade3(tab[u,5],lambda,tab[u+21,5],tab[u,2],tab[u+21,2]);
a2:=regrade3(tab[u,5],lambda,tab[u+21,5],tab[u,3],tab[u+21,3]);
{writeln('    tab[u,2] =',a1:8:4,'   tab[u,3] =',a2:8:4);readkey; }
if viga3 or viga4 then a2:=a1;
if apoio1 then begin
m1:=m1+(a1*qt*lc*lc/12);m2:=m2+(a2*qt*lc*lc/12);end;
if apoio2 then   m1:=m1+(a1*qt*lc*lc/12)+(beta/alf2*(a2*qt*lc*lc/12));
if apoio3 then   m2:=m2+(a2*qt*lc*lc/12)+(beta/alf1*(a1*qt*lc*lc/12)); exit;
              end;                    end; end; inc(i,21);
until i>=4423;
end;
procedure tab12e13e14e15;
var i,u,w:integer; a1,a2:real;
begin
if viga1 then i:=2269;if viga2 then i:=2885;if viga3 then i:=3501;if viga4
then i:=3963;
repeat LerArqTab(i,154);
if (lambda<=tab[1,5]) and (lambda>=tab[78,5]) then  begin
for u:=0 to 5 do begin
if (neta>=tab[u*11+1,4]) and (neta<=tab[u*11+1+11,4]) then  begin
bc1:=regrade3(lc,bc1,0,12,0);if (bc1=0) or (bc1=12) then exit;
i:=trunc(bc1);  w:=u*11+i;
if (i=0)or(i=11)then begin if i=11 then tab[w+1,1]:=12; if (i=0) then begin
inc(w);tab[w+1,1]:=0;end;
tab[w+1,2]:=0; tab[w+1,3]:=0;   tab[w+1+11,2]:=0; tab[w+1+11,3]:=0;
tab[w+1+77,2]:=0;
tab[w+1+77,3]:=0;tab[w+1+11+77,2]:=0;tab[w+1+11+77,3]:=0;
              end;
tab[w,2]:=regrade3(tab[w,1],bc1,tab[w+1,1],tab[w,2],tab[w+1,2]);
tab[w,3]:=regrade3(tab[w,1],bc1,tab[w+1,1],tab[w,3],tab[w+1,3]);
tab[w+11,2]:=regrade3(tab[w,1],bc1,tab[w+1,1],tab[w+11,2],tab[w+11+1,
2]);
tab[w+11,3]:=regrade3(tab[w,1],bc1,tab[w+1,1],tab[w+11,3],tab[w+11+1,
3]);

tab[w,2]:=regrade3(tab[w,4],neta,tab[w+11,4],tab[w,2],tab[w+11,2]);
tab[w,3]:=regrade3(tab[w,4],neta,tab[w+11,4],tab[w,3],tab[w+11,3]);

tab[w+77,2]:=regrade3(tab[w,1],bc1,tab[w+1,1],tab[w+77,2],tab[w+77+1,
2]);
tab[w+77,3]:=regrade3(tab[w,1],bc1,tab[w+1,1],tab[w+77,3],tab[w+77+1,
3]);
```

```
tab[w+77+11,2]:=regrade3(tab[w,1],bc1,tab[w+1,1],tab[w+77+11,2],tab[w
+77+11+1,2]);
tab[w+77+11,3]:=regrade3(tab[w,1],bc1,tab[w+1,1],tab[w+77+11,3],tab[w
+77+11+1,3]);

tab[w+77,2]:=regrade3(tab[w,4],neta,tab[w+11,4],tab[w+77,2],tab[w+77+
11,2]);
tab[w+77,3]:=regrade3(tab[w,4],neta,tab[w+11,4],tab[w+77,3],tab[w+77+
11,3]);

a1:=regrade3(tab[w,5],lambda,tab[w+77,5],tab[w,2],tab[w+77,2]);
a2:=regrade3(tab[w,5],lambda,tab[w+77,5],tab[w,3],tab[w+77,3]);

if apoio1 then begin m1:=m1+(a1*pt1*lc);m2:=m2+(a2*pt1*lc);end;
if apoio2 then  m1:=m1+(a1*pt1*lc)+(beta/alf2*(a2*pt1*lc));
if apoio3 then  m2:=m2+(a2*pt1*lc)+(beta/alf1*(a1*pt1*lc));

{writeln('  m1 =',m1:8:4,'   m2 =',m2:8:4);
writeln('  a1 =',a1:8:4,'   a2 =',a2:8:4);
writeln('  tab[',w,',2] =',tab[w,2]:8:4,'   tab[',w,',3] =',tab[w,3]:8:4);
writeln('  tab[',w+11,',2] =',tab[w+11,2]:8:4,'   tab[',w+11,',3]
=',tab[w+11,3]:8:4);
writeln('  tab[',w+77,',2] =',tab[w+77,2]:8:4,'   tab[',w+77,',3]
=',tab[w+77,3]:8:4);
writeln('  tab[',w+88,',2] =',tab[w+88,2]:8:4,'   tab[',w+88,',3]
=',tab[w+88,3]:8:4);
writeln('  bc1=',bc1:8:4,'  pt1=',pt1:8:4,'  i=',i:2);readkey;  }

                          exit;
end;end;end;inc(i,77);
until i>=4423;
end;
procedure calculo;  var S:str80;
begin
m1:=0;m2:=0;tab4e5e6e7;
for n:=1 to 25 do begin bc1:=Vbp[n,1];pt1:=Vbp[n,2];
    if (bc1<>0) and (pt1<>0) then tab12e13e14e15;end;
if (qt<>0) then tab8e9e10e11;
savex:=trunc(maxperg)-2;
assign(arq,'nilson56.txt');append(arq);
{writeln(arq,'alf1: ',alf1:6:4,'  alf2: ',alf2:6:4,'  beta ', beta:6:4); }
if apoio2 then begin
Str(m1:7:3,S);inc(savex);writeln(arq,savex:2,' - Momento negativo no
apoio esquerdo = ',tiranulo(s),' mt.');
Str(kL1:7:5,S);inc(savex);writeln(arq,savex:2,' - Coeficiente de
distribuicao de momentos esquerdo (KE)= ',tiranulo(s));
          end;
```

274

```pascal
if apoio3 then begin
Str(m2:7:3,S);inc(savex);writeln(arq,savex:2,' - Momento negativo no
apoio esquerdo = ',tiranulo(s),' mt.');
Str(kL2:7:5,S);inc(savex);writeln(arq,savex:2,' - Coeficiente de
distribuicao de momentos esquerdo (KD)= ',tiranulo(s));
          end;
if apoio1 then begin
Str(m1:6:2,S);inc(savex);writeln(arq,savex:2,' - Momento negativo no
apoio esquerdo = ',tiranulo(s),' mt.');
Str(m2:6:2,S);inc(savex);writeln(arq,savex:2,' - Momento negativo no
apoio direito  = ',tiranulo(s),' mt.');
Str(T12:7:5,S);inc(savex);writeln(arq,savex:2,' - Transmissão de
momentos esquerdo para o direito (T12)= ',tiranulo(s));
Str(T21:7:5,S);inc(savex);writeln(arq,savex:2,' - Transmissão de
momentos direito para o esquerdo (T21)= ',tiranulo(s));
Str(kL2:7:5,S);inc(savex);writeln(arq,savex:2,' - Distribuição de
momentos direito (KD)= ',tiranulo(s));
Str(kL1:7:5,S);inc(savex);writeln(arq,savex:2,' - Distribuição de
momentos esquerdo (KE)= ',tiranulo(s));end;
close(arq);iniciartextoarq(false,'nilson56.txt');
end;

procedure nilso56.entradado;
begin inicio56;calculo;end;
end.                    (*

BEGIN
if not getparamstr then exit;DadosEntreProgr;DadoIniMouse;
ESCREVERODAPE;WINDOW(2,5,79,22);textattr:=$70;clrscr;
entrada:='';entrada2:='';entrada1:='';inicio56;calculo;
leituraarquivotexto('nilson56.txt',1);
END.                              *)
```

unit nilson57;

```pascal
interface
{program nilson57; }
uses
crt,nilson36,nilson38,nilson35,nilson32,nilson73,nilson39,nilson70,nilson
74,nilson30;
type
ptr_nilso57 =^nilso57;
nilso57=object
procedure entradado;
       end;
ptr_nil57 =^nil57;
nil57=object
procedure entradado;
```
275

```pascal
      end;
var k57:ptr_nil57;kn57:ptr_nilso57;
implementation
type
str4=string[4];
str2=string[2];
str41=string[41];
ptr_cr = ^cr;
        cr = record
perg:integer;byt:boolean;x,y:byte;TA:char;
SM,
Cc,Cb,Cd,Ce,
Mc,Mb,Md,Me,
Dc,Db,Dd,De,
Jc,Jb,Jd,Je,
Sc,Sb,Se,Sd,
VMc,VMb,VMd,VMe,
TRc,TRb,TRd,TRe,
Cnre,Cnro,Csuo,Csue,
Mnre,Mnro,Msuo,Msue,
Dnre,Dnro,Dsuo,Dsue,
VMnre,VMnro,VMsuo,VMsue,
TRnre,TRnro,TRsuo,TRsue,
Jnre,Jnro,Jsuo,Jsue,
Snre,Snro,Ssuo,Ssue:real;
pro,ant,cim,bai,nre,nro,suo,sue:ptr_cr;
            end;
const max=73;
var
re1,pri,ult,kc,Lc:ptr_Cr; i:integer;  pox,poy,ix,iy:byte;
arqui:file of cr;
procedure coKc(num:integer);
begin kc:=pri;if num=1 then exit;
for i:=2 to num do kc:=kc^.pro;
end;
procedure irWB(done:boolean);  begin kc:=re1;
if done then repeat  re1:=re1^.pro;until re1^.byt else
repeat  re1:=re1^.ant;until re1^.byt;
end;
procedure Toquiv;
begin
assign(arqui,'ncs57.dat');rewrite(arqui);
re1:=pri;repeat write(arqui,re1^); re1:=re1^.pro; until re1=pri;
close(arqui);
end;
procedure limpmemoC;
begin
```
276

```
re1:=pri;
while (re1<>pri^.ant) do  begin
Lc:=re1^.pro;dispose(re1);re1:=Lc;end;dispose(re1);
end;
function Lequiv:boolean;
begin lequiv:=false;  {$I-}assign(arqui,'ncs57.dat'); reset(arqui);{$I+}
if ioresult<>0 then exit;Lequiv:=true; limpmemoC;
iy:=0;i:=0;
while not Eof(arqui) do  begin
for ix:=1 to 50 do begin  inc(i);
new(re1);Read(arqui, re1^);

re1^.pro:=nil;re1^.ant:=nil;re1^.cim:=nil;re1^.bai:=nil;re1^.nre:=nil;re1^.nro
:=nil;re1^.suo:=nil;re1^.sue:=nil;
if i=1 then begin kc:=re1;pri:=re1;Lc:=re1;end;
if i>1 then begin Lc^.pro:=re1;re1^.ant:= Lc;Lc:=re1;end;
if i>50 then begin re1^.cim:=kc;kc^.bai:=re1;kc:=kc^.pro;end;
            end;                        end;
ult:=re1;ult^.pro:=pri;pri^.ant:=ult; re1:=re1^.pro;
if i>50  then begin for ix:=1 to 50 do begin
re1^.cim:=kc;kc^.bai:=re1;kc:=kc^.pro;re1:=re1^.pro;end;
lc:=pri^.pro;re1:=pri^.bai;kc:=pri^.ant;
repeat
if re1^.x <> 50 then begin re1^.nre:=lc;lc^.suo:=re1;end;
if re1^.x <> 1 then begin re1^.nro:=kc;kc^.sue:=re1;end;
        re1:=re1^.pro;lc:=lc^.pro;kc:=kc^.pro;until re1=pri;
            end; close(arqui);end;

procedure Ws(var i:real); begin k:=k^.proximo;if i=0 then begin
k^.str80D:='0';exit;end;
            str(i:12:4,k^.str80D);k^.str80D:=tiranulo(k^.str80D);end;
procedure Wv(var i:real); begin k:=k^.proximo;val(k^.str80D,i,erro);
            if erro<>0 then ch:=#255;end;

procedure coK(num:integer);
begin k:=primeir;if num=1 then exit;
for i:=2 to num do k:=k^.proximo;
end;
procedure EncherM;  var u:byte;
begin    iy:=0;i:=0;
while (maxavail>60*sizeof(Cr)) do  begin inc(iy);
for ix:=1 to 50 do begin  inc(i);
new(re1);  with re1^ do  begin perg:=i; byt:=false; x:=ix; y:=iy;Ta:='.';
SM:=0;Cc:=0;Cb:=0;Cd:=0;Ce:=0;Mc:=0;Mb:=0;Md:=0;Me:=0;Dc:=0;Db:=
0;Dd:=0;De:=0;Jc:=0;Jb:=0;Jd:=0;Je:=0;Sc:=0;Sb:=0;Se:=0;Sd:=0;
Cnre:=0;Cnro:=0;Csuo:=0;Csue:=0;Mnre:=0;Mnro:=0;Msuo:=0;Msue:=0;
Dnre:=0;Dnro:=0;Dsuo:=0;Dsue:=0;
```

```pascal
VMc:=0;VMb:=0;VMd:=0;VMe:=0;TRc:=0;TRb:=0;TRd:=0;TRe:=0;
VMnre:=0;VMnro:=0;VMsuo:=0;VMsue:=0;
TRnre:=0;TRnro:=0;TRsuo:=0;TRsue:=0;
Jnre:=0;Jnro:=0;Jsuo:=0;Jsue:=0;Snre:=0;Snro:=0;Ssuo:=0;Ssue:=0;
            end;
re1^.pro:=nil;re1^.ant:=nil;re1^.cim:=nil;re1^.bai:=nil;re1^.nre:=nil;re1^.nro
:=nil;re1^.suo:=nil;re1^.sue:=nil;
if i=1 then begin kc:=re1;pri:=re1;Lc:=re1;end;
if i>1 then begin Lc^.pro:=re1;re1^.ant:= Lc;Lc:=re1;end;
if i>50 then begin re1^.cim:=kc;kc^.bai:=re1;kc:=kc^.pro;end;
            end;                        end;
ult:=re1;ult^.pro:=pri;pri^.ant:=ult; re1:=re1^.pro;
if i>50  then begin for ix:=1 to 50 do begin
re1^.cim:=kc;kc^.bai:=re1;kc:=kc^.pro;re1:=re1^.pro;end;

lc:=pri^.pro;re1:=pri^.bai;kc:=pri^.ant;
repeat
if re1^.x <> 50 then begin re1^.nre:=lc;lc^.suo:=re1;end;
if re1^.x <> 1 then begin re1^.nro:=kc;kc^.sue:=re1;end;
       re1:=re1^.pro;lc:=lc^.pro;kc:=kc^.pro;until re1=pri;end;
end;
procedure enchemini;
var  sr:str2;
begin   if ch<>#0 then                    { #72u:=0;#80d, #75L  #77R }
case ch of  #72:for i:=1 to 15 do ult:=ult^.cim;
        #80:for i:=1 to 15 do ult:=ult^.bai;
        #77:for i:=1 to 10 do ult:=ult^.pro;
        #75:for i:=1 to 10 do ult:=ult^.ant;end;
Lc:=ult; ix:=5; linhaV(green,green,5,6,34,5,' ');
for i:=1 to 10 do begin
str(Lc^.x:2,sr);escrevaLinhaV(black,green,sr,ix,6);inc(ix,3);Lc:=Lc^.pro;en
d;Lc:=ult;
for i:=1 to 15 do begin
str(Lc^.y:2,sr);escrevaLinhaV(black,green,sr,2,i+6);Lc:=Lc^.bai;end;Lc:=u
lt; kc:=ult;
for iy:=7 to 21 do begin kc:=kc^.bai;i:=5;for ix:=1 to 10 do begin
escrevaLinhaV(black,lightgray,Lc^.ta,i,iy);inc(i,3);Lc:=Lc^.pro;end;
                    Lc:=kc;end;
end;
procedure ColocarNo; { colocar no no}
begin with re1^ do begin
cok(9);Wv(Ce);Wv(Me);Wv(Je);Wv(Vme);Wv(De);Wv(Tre);
cok(17);Wv(Cd);Wv(Md);Wv(Jd);Wv(Vmd);Wv(Dd);Wv(Trd);
cok(25);Wv(Cc);Wv(Mc);Wv(Jc);Wv(Vmc);Wv(Dc);Wv(Trc);
cok(33);Wv(Cb);Wv(Mb);Wv(Jb);Wv(Vmb);Wv(Db);Wv(Trb);
cok(41);Wv(Cnre);Wv(Mnre);Wv(Jnre);Wv(Vmnre);Wv(Dnre);Wv(Trnre);
cok(49);Wv(Cnro);Wv(Mnro);Wv(Jnro);Wv(Vmnro);Wv(Dnro);Wv(Trnro);
```

```
cok(57);Wv(Csue);Wv(Msue);Wv(Jsue);Wv(Vmsue);Wv(Dsue);Wv(Trsue
);
cok(65);Wv(Csuo);Wv(Msuo);Wv(Jsuo);Wv(Vmsuo);Wv(Dsuo);Wv(Trsuo
);end;
end;
procedure tirarno; { tirar do no}
begin with re1^ do begin
cok(2);case re1^.ta of '■':k^.str80D:='■ = engaste';'c':k^.str80D:='c =
continua';'#':k^.str80D:='# = rotula';end;
cok(3);str(x:2,k^.str80D);str(y:2,prompt);k^.str80D:=k^.str80D+','+prompt;
cok(9);Ws(Ce);Ws(Me);Ws(Je);Ws(Vme);Ws(De);Ws(Tre);
cok(17);Ws(Cd);Ws(Md);Ws(Jd);Ws(Vmd);Ws(Dd);Ws(Trd);
cok(25);Ws(Cc);Ws(Mc);Ws(Jc);Ws(Vmc);Ws(Dc);Ws(Trc);
cok(33);Ws(Cb);Ws(Mb);Ws(Jb);Ws(Vmb);Ws(Db);Ws(Trb);
cok(41);Ws(Cnre);Ws(Mnre);Ws(Jnre);Ws(Vmnre);Ws(Dnre);Ws(Trnre);
cok(49);Ws(Cnro);Ws(Mnro);Ws(Jnro);Ws(Vmnro);Ws(Dnro);Ws(Trnro);
cok(57);Ws(Csue);Ws(Msue);Ws(Jsue);Ws(Vmsue);Ws(Dsue);Ws(Trsue
);
cok(65);Ws(Csuo);Ws(Msuo);Ws(Jsuo);Ws(Vmsuo);Ws(Dsuo);Ws(Trsuo
);end;
end;
procedure limparRe1;
begin
re1:=pri;repeat with re1^ do begin byt:=false;ta:='.';
Cc:=0;Cb:=0;Cd:=0;Ce:=0;Mc:=0;Mb:=0;Md:=0;Me:=0;Jc:=0;Jb:=0;Jd:=0;
Je:=0;
Cnre:=0;Cnro:=0;Csuo:=0;Csue:=0;Mnre:=0;Mnro:=0;Msuo:=0;Msue:=0;
Jnre:=0;Jnro:=0;Jsuo:=0;Jsue:=0;
Ce:=0;Me:=0;Je:=0;Vme:=0;Tre:=0;De:=0;
Cd:=0;Md:=0;Jd:=0;Vmd:=0;Trd:=0;Dd:=0;
Cc:=0;Mc:=0;Jc:=0;Vmc:=0;Trc:=0;Dc:=0;
Cb:=0;Mb:=0;Jb:=0;Vmb:=0;Trb:=0;Db:=0;
Cnre:=0;Mnre:=0;Jnre:=0;Vmnre:=0;Trnre:=0;Dnre:=0;
Cnro:=0;Mnro:=0;Jnro:=0;Vmnro:=0;Trnro:=0;Dnro:=0;
Csue:=0;Msue:=0;Jsue:=0;Vmsue:=0;Trsue:=0;Dsue:=0;
Csuo:=0;Msuo:=0;Jsuo:=0;Vmsuo:=0;Trsuo:=0;Dsuo:=0;
end;re1:=re1^.pro;
          until re1=pri;
end;
procedure exemplo;
begin  LimparRe1;
primeir^.str80D:='3QWE-98-00@ place765';
for ix:=1 to 7 do for iy:=2 to 4 do  begin cokc(ix+(iy-1)*50);

if (ix=4) and (iy=2)then with kc^ do begin byt:=true;Ta:='■';
Csuo:=5;Csue:=5;Msuo:=4;Msue:=-4;{Jsuo:=5/3;Jsue:=5/3;}
```

```
vmsuo:=1;vmsue:=1;Dsuo:=1.96;Dsue:=1.96;Trsuo:=0.65051;Trsue:=0.6
5051;end;

if (ix=1) and (iy=3)then with kc^ do begin byt:=true;Ta:='■';
Cb:=3;Cd:=6;Mb:=0;Md:=9;{Jb:=1;Jd:=2;}
vmb:=1;vmd:=1;Db:=1.50747;Dd:=1.3067;Trb:=0;Trd:=0.65051;end;

if (ix=3) and (iy=3)then with kc^ do begin byt:=true;Ta:='■';
Cb:=3;Cd:=8;Mb:=0;Md:=2;{Jb:=1;Jd:=2;}Ce:=6;Me:=9;{Je:=2;}Cnre:=5;M
nre:=4;{Jnre:=5/3;}
vmb:=1;vmd:=1;vmnre:=1;vme:=1;Db:=2.61333;Dd:=0.98;Dnre:=1.96;De:
=1.30667;
Trb:=0.65051;Trd:=0.65051;Trnre:=0.65051;Tre:=0.65051;end;

if (ix=7) and (iy=3)then with kc^ do begin byt:=true;Ta:='■';
Cb:=3;Ce:=6;Mb:=0;Me:=9;{Jb:=1;Je:=2; }
vmb:=1;vme:=1;Db:=1.50747;De:=1.3067;Trb:=0;Tre:=0.65051;end;

if (ix=5) and (iy=3)then with kc^ do begin byt:=true;Ta:='■';
Cb:=3;Cd:=6;Mb:=0;Md:=9;{Jb:=1;Jd:=2;}Ce:=8;Me:=2;{Je:=2;}Cnro:=5;M
nro:=-4;{Jnro:=5/3;}
vmb:=1;vmd:=1;vmnro:=1;vme:=1;Db:=2.61333;Dd:=1.30667;Dnro:=1.96
;De:=0.98;
Trb:=0.65051;Trd:=0.65051;Trnro:=0.65051;Tre:=0.65051;end;

re1:=kc;
if (ix in[3,5]) and (iy=4)then begin
kc^.byt:=true;kc^.Ta:='■';kc^.Cc:=3;kc^.vmc:=1;kc^.Dc:=2.61333;kc^.trc:=
0.65051;end;
if (ix in[1,7]) and (iy=4)then kc^.Ta:='#';
if (ix in[2,4,6]) and (iy=3)then kc^.Ta:='c';

end;ult:=pri;ch:=#0;enchemini;re1:=pri^.ant;irwb(true);tirarno;
      end;
procedure writeEsc;
const sr='        ESCOLHA DOS NÓS        ';
ms:='<TAB>=muda a janela, direcao=setas, <f2>=continua <f3>=engaste
<f4>=rotula.';
var msg:str80;
procedure xy(w,r:word); begin
str(re1^.x:2,prompt);escrevaLinhaV(w,r,prompt,pox,6);
str(re1^.y:2,prompt);escrevaLinhaV(w,r,prompt,2,poy);
escrevaLinhaV(red,lightgray,'■',pox,poy);
end;
procedure baixcimC;begin
colunaV(green,black,35,8+1,35,20-1,'▓');
iy:=trunc(re1^.y*11/pri^.ant^.y);      if iy<=0 then iy:=1;
```
280

```
ix:=trunc(re1^.x*26/50);                    if ix<=0 then ix:=1;
escrevaLinhaV(cyan,blue,'■',35,8+iy);
linhaV(green,black,6+1,22,33-
1,22,▓');escrevaLinhaV(cyan,blue,'■',6+ix,22);
end;
begin   msg:=ms;feito:=true; re1:=pri;ult:=pri; pox:=5;poy:=7;
writemsg(16*blue+yellow,sr,2,5);
repeat   xy(white,red);
input:=0;entrada:=#255;entrada:=instring(msg,'',[#0],[],1,0); msg:=ms;
if (ch in [#27,#45]) then begin limpmemoini;limpmemoC;halt;end;
xy(black,green);escrevaLinhaV(black,lightgray,re1^.ta,pox,poy);
case ch of
#9:begin re1:=pri;irWb(true);lc:=kc;irWb(true);irWb(true);if (lc<>re1) and
(re1<>kc) then ch:=#8 else
    msg:='Precisa selecionar pelo menos tres nos, sua selecao ate agora
e menor que 3.';end;
#60:{f2} if re1^.ta='c' then begin re1^.ta:='.';re1^.byt:=false;end else begin
re1^.ta:='c';re1^.byt:=false;end;
#61:{f3} if re1^.ta='■' then begin re1^.ta:='.';re1^.byt:=false;end else begin
re1^.ta:='■';re1^.byt:=true;end;
#62:{F4} if re1^.ta='#' then begin re1^.ta:='.';re1^.byt:=false;end else
begin re1^.ta:='#';re1^.byt:=false;end;
#77:{right77}begin inc(pox,3);re1:=re1^.pro;if pox>32 then begin
pox:=5;enchemini;end;end;
#71:{home}begin limparRe1;enchemini;end;
#75:{left}begin dec(pox,3);re1:=re1^.ant;if pox<5 then begin
pox:=32;enchemini;end;end;
#72:{up}begin dec(poy);re1:=re1^.cim;if poy<7 then begin
poy:=21;enchemini;end;end;
#80:{down}begin inc(poy);re1:=re1^.bai;if poy>21 then begin  poy:=7
;enchemini;end;end;end;
 baixcimC;
until ch in [#8];  writemsg(16*lightgray+black,sr,2,5); feito:=false;
re1:=pri^.ant;irwb(true);
end;
procedure writedados;  var ms:str80; crc:ptr_cr;
begin window(37,5,79,22);posy:=1;posx:=1;
exemplo;IniciarTela(trunc(maxPerg));
writeEsc;tirarno;IniciarTela(trunc(maxPerg));ms:=#0;
repeat
repeat textattr:=$1E;
with res1^ do
case perg of
1: BEGIN gotoxy(posx,posy);entrada:=str80D;Erro:=1;
str80D:=instring(msg,nom,[#0,#32..#255],[],(41-length(nom)),0);end;
2: BEGIN cursorOff;gotoxy(posx,posy);entrada:=str80D;Erro:=1;
entrada:=instring(msg,nom,[#0],[],(41-length(nom)),0);cursorOn;end;
```

```
3:BEGIN cursorOff;gotoxy(posx,posy);entrada:=str80D;
entrada:=instring(msg,nom,[#0],[],(41-length(nom)),0);cursorOn;end;
4: BEGIN cursorOff;gotoxy(posx,posy);input:=0;entrada:=#255;
entrada:=instring(msg,nom,[#0],[],41-length(nom),0);cursorOn;
if ch=#73 then begin colocarno;irWB(true);tirarno;iniciartela(max);end;
if ch=#81 then begin
colocarno;irWB(false);tirarno;iniciartela(max);end;end;
5:BEGIN cursorOff;gotoxy(posx,posy);entrada:=str80D;
entrada:=instring(msg,nom,[#0],[],(41-length(nom)),0);cursorOn;
if ch=#13 then begin
irWB(false);tirarNo;irwB(true);iniciartela(max);end;end;
6: BEGIN cursorOff;gotoxy(posx,posy);input:=0;entrada:=#255;
entrada:=instring(msg,nom,[#0],[],41-length(nom),0);cursorOn;
if ch in [#59,#60,#61,#62] then begin
case ch of
#61:ch:=#72;#62:ch:=#80;#59:ch:=#77;#60:ch:=#75;end;enchemini;ch:=#
255;end;end;
7: BEGIN cursorOff;gotoxy(posx,posy);input:=0;entrada:=#255;if ms=#0
then ms:=msg;
entrada:=instring(ms,nom,[#0],[],41-length(nom),0);cursorOn;
if ch=#71 then begin
if (lequiv) then begin
ult:=pri;ch:=#0;enchemini;re1:=pri^.ant;irwb(true);tirarno;iniciartela(max);
ms:='Os dados de projeto anterior estão disponíveis para serem
utilizados.';
                end
else begin ms:='Nao há dados de projeto anterior que possa ser
utilizado.';end;
                end else ms:=#0;end;
8,9,16,17,24,25,32,33,40,41,48,49,56,57,64,65: BEGIN
cursorOff;gotoxy(posx,posy);input:=0;entrada:=#255;
entrada:=instring(msg,nom,[#0],[],41-length(nom),0);cursorOn;end;
else
case perg of
10..15,18..23,26..31,34..39,42..47,50..55,58..63,66..71: BEGIN
gotoxy(posx,posy);entrada:=str80D;Erro:=1;
str80D:=tiranulo(instring(msg,nom,[#0,#32,'-','.','0'..'9'],[],(41-
length(nom)),0));
case perg of 13,21,29,37,45,53,61,69:if str80D[1] in ['0','1'] then
str80D:=str80D[1] else str80D[1]:=#0; end;end;

max-1: BEGIN   cursorOff;
repeat
gotoxy(posx,posy);input:=1;entrada:=#0;entrada:=instring(msg,nom,[#0],[
],(41-length(nom)),0);
until ch in [#2,#27,#45,#72,#80,#13,#63,#64,#79,#9,#71] ;cursorOn;
```

```
          if ch=#13 then begin colocarno;if ch=#255 then
iniciartela(max) else ch:=#254;end;end;
max: BEGIN      cursorOff;
repeat
gotoxy(posx,posy);input:=1;entrada:=#0;entrada:=instring(msg,nom,[#0],[
],(41-length(nom)),0);
          until ch in [#2,#27,#45,#72,#80,#13,#63,#64,#9,#71]
;cursorOn;
          if ch=#13 then begin
exemplo;iniciartela(max);ch:=#63;end;end;end;end;
case ch of
#9:begin reverte(res1);colocarno;writeEsc;tirarno;iniciartela(max);end;
#2:OndY(max);
#63,#64: IrFinal(max);
#71:{home}begin limparRe1;enchemini;res1:=primeir;repeat
res1^.str80D:=#0;res1:=res1^.proximo; until
res1=primeir;iniciartela(max);end;
#72: previousact(max);
#80,#13: nextact(max); end;
if (ch in [#27,#45]) then begin limpmemoini;limpmemoC;halt;end;
until ch in
[#23,#253,#254{,#47,#19,#31,#75,#77,#83,#72,#80,#71,#73,#81,
#13,#9,#82,#8 ,#63,#64,#65,#66}];
    (*  esc  x  i   r  s  L  R  DEL up  dn home      pgu pgd ent tab ins
bsp f5  f6  f7  f8 *)
until ch:=#254;
saitt('nilson57.txt');
writeln(arq,primeir^.nom,primeir^.str80D); writeln(arq);
writeln(arq,'         Traço da figura escolhida ');writeln(arq);
re1:=pri;irwb(false); ult:=re1;
re1:=pri^.ant;irWb(true);cokc(50*(re1^.y-1)+1);lc:=kc;
write(arq,'   ');i:=0;
for ix:=1 to 50 do begin inc(i);if i>9 then i:=0; write(arq,i,' ');end;
for iy:=lc^.y to ult^.y do begin
writeln(arq);re1:=kc;kc:=kc^.bai;write(arq,re1^.y:2,' ');
for ix:=1 to 50 do begin write(arq,re1^.ta,' ');re1:=re1^.pro;end;end;
writeln(arq);
re1:=pri;irWb(false);lc:=re1;
repeat  irwb(true);tirarno;cok(8);done:=false;
repeat
if
(k^.proximo^.proximo^.str80D<>'0')and(k^.proximo^.proximo^.proximo^.s
tr80D<>'0')
then begin   done:=true; writeln(arq);
for iy:=1 to 8 do begin  if (iy=6) then writeln(arq);
if iy=1 then write(arq,copy(k^.nom,12,length(k^.nom)));
```

```pascal
if iy in[3,4,5] then write(arq,copy(k^.nom,4,length(k^.nom)),k^.str80D,'
');
if iy in[6,7,8] then write(arq,copy(k^.nom,4,length(k^.nom)),k^.str80D,'
');
k:=k^.proximo;end;end else for i:=1 to 8 do k:=k^.proximo;
until k^.perg>=max-2;
if done then begin writeln(arq);
cok(2);
write(arq,'==========',copy(k^.nom,4,length(k^.nom)),k^.str80D,'
');k:=k^.proximo;
write(arq,copy(k^.nom,4,length(k^.nom)),k^.str80D,' ==========');end;
until re1=lc; writeln(arq);
NoFinal;toquiv;toquivi('nicasi57.dat');limpmemoini;
end;
(*         #63,#64,#65,#66,#67,#68,#9, #59,#60,#61,#62, #81, #73, #71,
#72,#80, #75   #77
          F5 F6  F7  F8  F9  F10 tab  f1   f2  f3  f4
pgdn,pgup,home,up,down ,left,right*)


procedure distribuicao;  var aux,ud,ue,uc,ub,unre,unro,usue,usuo:real;
begin re1:=pri; irwB(false); lc:=re1;
repeat irWB(true);  with re1^ do begin
i:=0;me:=-me;mb:=-mb;msue:=-msue;msuo:=-msuo;
if ce<>0 then inc(i);if cd<>0 then inc(i);if cc<>0 then inc(i);if cb<>0 then
inc(i);
if cnre<>0 then inc(i);if cnro<>0 then inc(i);if csuo<>0 then inc(i);if
csue<>0 then inc(i);
if i<=1 then perg:=0; if perg<>0 then begin
aux:=0;ud:=0;ue:=0;uc:=0;ub:=0;unre:=0;unro:=0;usue:=0;usuo:=0;

if (cd<>0) then begin kc:=re1; repeat kc:=kc^.pro;until kc^.ta<>'c';
ud:=(3/4)*jd/cd;if kc^.byt then ud:=jd/cd;if (vmd=1) then ud:=Dd;end;
if (ce<>0) then begin kc:=re1; repeat kc:=kc^.ant;until kc^.ta<>'c';
ue:=(3/4)*je/ce;if kc^.byt then ue:=je/ce;if (vme=1) then ue:=De;end;
if (cc<>0)  then begin kc:=re1; repeat kc:=kc^.cim;until kc^.ta<>'c';
uc:=(3/4)*jc/cc;if kc^.byt then uc:=jc/cc;if (vmc=1) then uc:=Dc;end;
if (cb<>0)  then begin kc:=re1; repeat kc:=kc^.bai;until kc^.ta<>'c';
ub:=(3/4)*jb/cb;if kc^.byt then ub:=jb/cb;if (vmb=1) then ub:=Db;end;
if (cnro<>0)  then begin kc:=re1; repeat kc:=kc^.nro;until kc^.ta<>'c';
unro:=(3/4)*jnro/cnro;if kc^.byt then unro:=jnro/cnro;if (vmnro=1) then
unro:=Dnro;end;
if (cnre<>0)  then begin kc:=re1; repeat kc:=kc^.nre;until kc^.ta<>'c';
unre:=(3/4)*jnre/cnre;if kc^.byt then unre:=jnre/cnre;if (vmnre=1) then
unre:=Dnre;end;
if (csuo<>0)  then begin kc:=re1; repeat kc:=kc^.suo;until kc^.ta<>'c';
usuo:=(3/4)*jsuo/csuo;if kc^.byt then usuo:=jsuo/csuo;if (vmsuo=1) then
usuo:=Dsuo;end;
```
284

```pascal
if (csue<>0)  then begin kc:=re1; repeat kc:=kc^.sue;until kc^.ta<>'c';
usue:=(3/4)*jsue/csue;if kc^.byt then usue:=jsue/csue;if (vmsue=1) then
usue:=Dsue;end;

aux:=ud+ue+uc+ub+unre+unro+usue+usuo;
if aux<>0 then begin
if (cd<>0) then dd:=ud/aux;if (ce<>0) then de:=ue/aux;
if (cc<>0) then dc:=uc/aux;if (cb<>0) then  db:=ub/aux;
if (cnre<>0) then dnre:=unre/aux;if (cnro<>0) then dnro:=unro/aux;
if (csue<>0) then dsue:=usue/aux;if (csuo<>0) then  dsuo:=usuo/aux;
{
writeln('x= ', x:2,' y=',y:2,' de=',de:5:3,' dd=',dd:5:3,'  dc=',dc:5:3,'
db=',db:5:3);
writeln('dnre=',dnre:5:3,' dnro=',dnro:5:3,'  dsue=',dsue:5:3,'
dsuo=',dsuo:5:3); readkey;}
               end;            end;    end;
until lc=re1;end;
procedure EscDeseq; var aux:real;      {   acha o mais desequilibrado}
begin  re1:=pri; irwB(false); lc:=re1;   aux:=0;
repeat irWb(true); with re1^ do  begin  if perg<>0 then begin
SM:=mc+mb+md+me+mnre+mnro+msuo+msue;
if abs(aux)<abs(SM) then begin aux:=SM;ult:=re1;end;end;end;
until lc=re1;re1:=ult;done:=(abs(re1^.sm)<0.0000000001) and
(re1^.sm<>0);
end;
procedure EqualNo;   var m,u:real;
begin
with re1^ do begin Sm:=-Sm;
{write('x= ', x:2,' y=',y:2);writeln(' sm=',sm:10:8);  }

if(cd<>0)then begin m:=sm * dd;sd:=sd+m+md;md:=0;kc:=re1; u:=0.5;if
vmd=1 then u:=trd; repeat
kc:=kc^.pro;until kc^.ta<>'c';if kc^.byt then kc^.me:=kc^.me+ (m*u) ;end;

if(ce<>0)then begin m:=sm * de;se:=se+m+me;me:=0;kc:=re1;u:=0.5;if
vme=1 then u:=tre; repeat
kc:=kc^.ant;until kc^.ta<>'c';if kc^.byt then kc^.md:=kc^.md+ (m*u); end;

if(cc<>0)then begin m:=sm * dc;sc:=sc+m+mc;mc:=0;kc:=re1;u:=0.5;if
vmc=1 then u:=trc; repeat
kc:=kc^.cim;until kc^.ta<>'c';if kc^.byt then kc^.mb:=kc^.mb+ (m*u); end;

if(cb<>0)then begin m:=sm * db;sb:=sb+m+mb; mb:=0;kc:=re1;u:=0.5; if
vmb=1 then u:=trb; repeat
kc:=kc^.bai;until kc^.ta<>'c';if kc^.byt then kc^.mc:=kc^.mc+ (m*u);end;
```

```
if(cnre<>0)then begin m:=sm *
dnre;snre:=snre+m+mnre;mnre:=0;kc:=re1;u:=0.5;if vmnre=1 then
u:=trnre; repeat
kc:=kc^.nre;until kc^.ta<>'c';if kc^.byt then kc^.msuo:=kc^.msuo+
(m*u);end;

if(cnro<>0)then begin m:=sm *
dnro;snro:=snro+m+mnro;mnro:=0;kc:=re1;u:=0.5;if vmnro=1 then
u:=trnro; repeat
kc:=kc^.nro;until kc^.ta<>'c';if kc^.byt then kc^.msue:=kc^.msue+
(m*u);end;

if(csue<>0)then begin m:=sm *
dsue;ssue:=ssue+m+msue;msue:=0;kc:=re1;u:=0.5;if vmsue=1 then
u:=trsue; repeat
kc:=kc^.sue;until kc^.ta<>'c';if kc^.byt then kc^.mnro:=kc^.mnro+
(m*u);end;

if(csuo<>0)then begin m:=sm *
dsuo;ssuo:=ssuo+m+msuo;msuo:=0;kc:=re1;u:=0.5;if vmsuo=1 then
u:=trsuo; repeat
kc:=kc^.suo;until kc^.ta<>'c';if kc^.byt then kc^.mnre:=kc^.mnre+
(m*u);end;
end;          end;
procedure nil57.entradado;    var sr:str41;
begin
distribuicao; repeat EscDeseq;EqualNo;until done;
assign(arq,'nilson57.txt');append(arq);
re1:=pri; irWB(false);lc:=re1;
repeat  irWB(true);      with re1^ do begin done:=false;
if ce <>0 then begin done:=true; str(abs(se+me):12:3,sr);writeln(arq,'
Momento Esquerdo Final: ',tiranulo(sr));end;
if cd <>0 then begin done:=true; str(abs(sd+md):12:3,sr);writeln(arq,'
Momento Direito Final: ',tiranulo(sr));end;
if cc <>0 then begin done:=true; str(abs(sc+mc):12:3,sr);writeln(arq,'
Momento de Cima Final: ',tiranulo(sr));end;
if cb <>0 then begin done:=true; str(abs(sb+mb):12:3,sr);writeln(arq,'
Momento de baixo Final: ',tiranulo(sr));end;
if cnre <>0 then begin done:=true;
str(abs(snre+mnre):12:3,sr);writeln(arq,' Momento Nordeste Final:
',tiranulo(sr));end;
if cnro <>0 then begin done:=true;
str(abs(snro+mnro):12:3,sr);writeln(arq,' Momento Noroeste Final:
',tiranulo(sr));end;
if csue <>0 then begin done:=true;
str(abs(ssue+msue):12:3,sr);writeln(arq,' Momento Sudeste Final:
',tiranulo(sr));end;
```

```
if csuo <>0 then begin done:=true;
str(abs(ssuo+msuo):12:3,sr);writeln(arq,' Momento Sudoeste Final:
',tiranulo(sr));end;
if done then writeln(arq,' ========== Nó :',x:2,',',y:2,'
===============');  end;
until lc=re1;limpmemoC;CLOSE(arq);
iniciartextoarq(false,'nilson57.txt');
end;


procedure nilso57.entradado;
begin
write('Aguarde estou processando...');
MaxPerg:=max;
if lequi('nicasi57.dat') then
begin EncherMemoria(max);
L:=primeir^.proximo;LerArqMsg(3192+1,1);LerArqMsg(3192+13,2);LerAr
qMsg(3192+16,3);
for ix:=1 to 8 do begin LerArqMsg(3192+4+ix,1);LerArqMsg(3192+15,1);
LerArqMsg(3192+2,3);LerArqMsg(3505+1,3);end;
L:=primeir^.proximo;LerArqNom(3210+1,1);LerArqNom(3210+13,2);LerA
rqNom(3210+16,3);
for ix:=1 to 8 do begin LerArqNom(3210+4+ix,1);LerArqNom(3210+15,1);
LerArqNom(3210+2,3);LerArqNom(3502+1,3);end;
cok(2);for ix:=2 to 7 do begin str(ix:2,prompt);K^.nom:=prompt+'-
'+k^.nom;k:=k^.proximo;end;
for ix:=1 to 8 do begin
case ix of 1:K^.nom:=' 8 -'+k^.nom;2:K^.nom:=' 16-'+k^.nom;3:K^.nom:='
24-'+K^.nom;
4:K^.nom:=' 32-'+K^.nom;5:K^.nom:=' 40-'+K^.nom;6:K^.nom:=' 48-
'+K^.nom;7:K^.nom:=' 56-'+K^.nom;
8:K^.nom:=' 64-'+K^.nom;end;for i:=1 to 8 do k:=k^.proximo;end;
L:=ultim^.anterior;LerArqNom(2894+1,2);
L:=ultim^.anterior;LerArqMsg(2896+1,2);
L:=primeir; LerArqNom(3132+1,1);L:=primeir;LerArqMsg(3110+1,1);
Delete(primeir^.nom,3,3);Insert('-',primeir^.nom,3);
Insert(' para todos os nos', ultim^.anterior^.nom,11);
                end;
encherM;ult:=pri;ch:=#0;enchemini;re1:=pri;ult:=pri; pox:=5;poy:=7;
colunaV(white,black,36,5,36,22,'‖');
baixcim(green,black,35,8,35,20);escrevaLinhaV(cyan,blue,'■',35,8+1);
baixcimx(green,black,6,22,33,22); escrevaLinhaV(cyan,blue,'■',6+1,22);
writedados;
end;
end.
        {
BEGIN
if not getparamstr then exit;clrscr;ESCREVERODAPE;
```

```
DadoIniMouse;WINDOW(2,5,79,22);textattr:=$70;clrscr;
entrada:=";entrada2:=";entrada1:=";
nilso57entradado;nil57entradado;leituraarquivotexto('nilson57.txt');

end.            }
```

unit nilson58;   { vigas elasticas}

```
interface
uses crt,nilson36,nilson38,nilson35,nilson32,nilson74,nilson30,
nilson39,nilson31,nilson73,nilson71;
type
ptr_nilso58 =^nilso58;
nilso58 = object
PROCEDURE ENTRADADO;
          end;
var k58:ptr_nilso58;
implementation


type
str4=string[4];
str24=string[24];
porecord= record
        po:array[1..4]of str24;
        end;
 lessproc=procedure;
const  maxapoio=7; maxcarga=4;

x1=2; y1=5; x11=28;y11=12;
x2=2; y2=15;x22=28;y22=22;
x3=42;y3=5; x33=68;y33=12;
x4=42;y4=15;x44=68;y44=22;
ticarga=   ' ESCOLHA DAS CARGAS   ';
tiApoio=   ' ESCOLHA DOS APOIOS   ';
apoioti=   ' APOIO ESCOLHIDO      ';
cargati=   ' CARGAS ESCOLHIDAS    ';
le:array[1..maxcarga]of str4=('pab','qabs','qabs','qabs');
apoio : array[1..maxapoio] of porecord=
      ((po:('                   ',
         '1 - ═══════════════   ',
         '                    ',
         '   viga infinita   ')),
        (po:('                   ',
         '2 - ╠═══════════════   ',
         '                    ',
         '   semi-infinita   ')),
        (po:('                   ',
```

```
   '3 - |⊨═══════════⊨|   ',
   '                      ',
   '   viga finita     ')),
(po:('                   ,
   '4 - -═══════════-   ',
   '                    ',
   '                    ',
                ')),
(po:('                   ,
   '5 - -═══════════    ',
   '                    ',
                ')),
(po:('                   ,
   '6 - ▒═══════════    ',
   '                    ',
                ')),
(po:('                   ,
   '7 - ▒═══════════▒   ',
   '                    ',
                '))));
carga : array[1..maxcarga] of porecord=
```

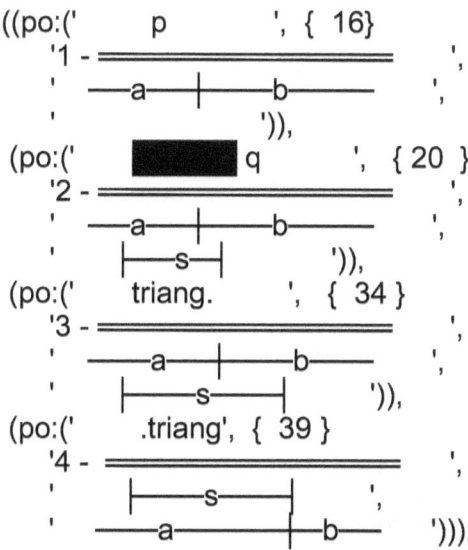

```
((po:('       p        ', {  16}
   '1 - ═══════════    ',
   '   ─a─┼───b──       ',
                ')),
(po:('   ████    q       ', { 20 }
   '2 - ═══════════    ',
   '   ─a─┼──b──        ',
   '   ┼──s──┼   ')),
(po:('   triang.       ', { 34 }
   '3 - ═══════════    ',
   '   ──a─┼──b──       ',
   '   ┼───s──┼   ')),
(po:('   .triang', { 39 }
   '4 - ═══════════    ',
   '   ┼──s──┼          ',
   '   ──a────┼─b─   ')));
```

var varEscolhaapoio,varescolhaCarga,varcargaEsc,varapoioesc:byte;
arraycarga: array[1..maxcarga] of boolean;
momento,cortante,fi,ypfi,Ms,Ma,Qs,Qa:array[0..250] of real;
MaxM:integer;
less:LessProc;
l,Ej,Rsolo,lamb,ME,QE,YE,FIE:real;
identificacao,ton,metro:str24;
res:array[1..maxcarga,1..4]of real;
procedure M1; var x,M,a,b,ux,mX:real; i:byte;

```pascal
begin  M:=res[1,1];a:=res[1,2];b:=res[1,3];l:=a+b; X:=0;i:=0;
while i<=MaxM  do begin ux:=abs(a-X);mX:=lamb*ux;
ypfi[i]:=ypfi[i]+(M*lamb*lamb)/Rsolo*Exp(-mX)*sin(mX);
fi[i]:=fi[i]+(M*lamb*lamb*lamb)/Rsolo*Exp(-mX)*(cos(mX)-sin(mX));
Momento[i]:=Momento[i]+M/2*Exp(-mX)*cos(mX);
cortante[i]:=cortante[i]-M/2*lamb*Exp(-mX)*(cos(mX)+sin(mX));
X:=X+(l/MaxM);inc(i);end;end;
{$F+}
procedure LessP1; var  x,p,a,b,ux,mX{,AX,BX,CX,DX}:real; i:byte;{
pontual infinita}
begin  p:=res[1,1];a:=res[1,2];b:=res[1,3];l:=a+b; X:=0;
lamb:= exp(1/4*ln(Rsolo/(4*ej)));i:=0;
while i<=MaxM  do begin  ux:=abs(a-X); mX:=lamb*ux;
{AX:=Exp(-mX)*(cos(mX)+sin(mX));
BX:=Exp(-mX)*sin(mX);
CX:=Exp(-mX)*(cos(mX)-sin(mX));
DX:=Exp(-mX)*cos(mX);  }
ypfi[i]:=ypfi[i]+p*lamb/2/Rsolo*Exp(-mX)*(cos(mX)+sin(mX));
fi[i]:=fi[i]-p*lamb*lamb/Rsolo*Exp(-mX)*sin(mX);
Momento[i]:=Momento[i]+p/4/lamb*Exp(-mX)*(cos(mX)-sin(mX));
cortante[i]:=cortante[i]-p/2*Exp(-mX)*cos(mX);
if i=0 then begin fie:=-(p*lamb*lamb)/Rsolo*Exp(-mX)*sin(mX);
me:=p/(4*lamb)*Exp(-mX)*(cos(mX)-sin(mX));qe:=-p/2*Exp(-
mX)*cos(mX);
ye:=(p*lamb)/(2*Rsolo)*Exp(-mX)*(cos(mX)+sin(mX));end;
X:=X+(l/MaxM);inc(i);end;end;
procedure LessP2; var  P,a,b,l:real; i:byte; { pontual V. semi inf.}
begin   p:=res[1,1];a:=res[1,2];b:=res[1,3];l:=a+b;
lessP1;res[1,1]:=p*((Exp(-lamb*a)*(cos(lamb*a)-sin(lamb*a)))+
2*Exp(-lamb*a)*cos(lamb*a));res[1,2]:=0;res[1,3]:=l;lessP1;
res[1,1]:=-p/lamb*((Exp(-lamb*a)*(cos(lamb*a)-sin(lamb*a)))+
Exp(-lamb*a)*cos(lamb*a));res[1,2]:=0;res[1,3]:=l; M1;
end;
procedure LessP3; var
P,a,b,l,ms,qs,ma,qa,mL,AX,CX,DX,EsX,EaX:real; i:byte; { pontual 2
bordos livres}
begin   p:=res[1,1];a:=res[1,2];b:=res[1,3];l:=a+b;
res[1,1]:=p/2;lessP1;ms:=me;qs:=qe;res[1,1]:=p/2;res[1,2]:=b;res[1,3]:=a;l
essP1;ms:=ms+me;qs:=qs+qe;

res[1,1]:=p/2;res[1,2]:=a;res[1,3]:=b;lessP1; ma:=me;qa:=qe;res[1,1]:=-
p/2;res[1,2]:=b;res[1,3]:=a;
lessP1;ma:=ma+me;qa:=qa+qe; mL:=lamb*l;
EsX:=Exp(mL)/(2*(1/cos(mL)+sin(mL)));
EaX:=Exp(mL)/(2*(1/cos(mL)-sin(mL)));
AX:=Exp(-mL)*(cos(mL)+sin(mL));
CX:=Exp(-mL)*(cos(mL)-sin(mL));
```

```
DX:=Exp(-mL)*cos(mL);
res[1,1]:=4*ESX*(Qs*(1+DX)+lamb*Ms*(1-
AX));res[1,2]:=0;res[1,3]:=l;lessP1;
res[1,2]:=l;res[1,3]:=0;lessP1;
res[1,1]:=-2/lamb*ESX*(Qs*(1+CX)+2*lamb*Ms*(1-
DX));res[1,2]:=0;res[1,3]:=l;M1;
res[1,1]:=-res[1,1];res[1,2]:=l;res[1,3]:=0;M1;

res[1,1]:=4*EaX*(Qa*(1-
DX)+lamb*Ma*(1+AX));res[1,2]:=0;res[1,3]:=l;lessP1;
res[1,1]:=-res[1,1];res[1,2]:=l;res[1,3]:=0;lessP1;
res[1,1]:=-2/lamb*EaX*(Qa*(1-
CX)+2*lamb*Ma*(1+DX));res[1,2]:=0;res[1,3]:=l;M1;
res[1,2]:=l;res[1,3]:=0;M1;
end;
procedure LessP4; var
P,a,b,l,ms,ys,ma,ya,mL,AX,BX,CX,DX,FsX,FaX:real; i:byte;{pontual 2
bordos c/ apoio simples}
begin   p:=res[1,1];a:=res[1,2];b:=res[1,3];l:=a+b;
res[1,1]:=p/2;lessP1;ms:=me;ys:=ye;res[1,2]:=b;res[1,3]:=a;lessP1;
ms:=ms+me;ys:=ys+ye;

res[1,1]:=p/2;res[1,2]:=a;res[1,3]:=b;lessP1; ma:=me;ya:=ye;res[1,1]:=-
p/2;res[1,2]:=b;res[1,3]:=a;
lessP1;ma:=ma+me;ya:=ya+ye;mL:=lamb*l;
AX:=Exp(-mL)*(cos(mL)+sin(mL));
BX:=Exp(-mL)*sin(mL);
CX:=Exp(-mL)*(cos(mL)-sin(mL));
DX:=Exp(-mL)*cos(mL);
FsX:=Exp(mL)/(2*(1/sin(mL)+cos(mL)));
FaX:=Exp(mL)/(2*(1/sin(mL)-cos(mL)));

res[1,1]:=4*lamb*FSX*(Ms*Bx-
2*lamb*lamb*ej*Ys*(1+DX));res[1,2]:=0;res[1,3]:=l;lessP1;
res[1,2]:=l;res[1,3]:=0;lessP1;
res[1,1]:=2*FSX*(-
Ms*(1+Ax)+2*lamb*lamb*ej*Ys*(1+CX));res[1,2]:=0;res[1,3]:=l;M1;
res[1,1]:=-res[1,1];res[1,2]:=l;res[1,3]:=0;M1;

res[1,1]:=-
4*lamb*FaX*(Ma*Bx+2*lamb*lamb*ej*Ya*(1+DX));res[1,2]:=0;res[1,3]:=l;l
essP1;
res[1,1]:=-res[1,1];res[1,2]:=l;res[1,3]:=0;lessP1;
res[1,1]:=-2*FaX*(Ma*(1-Ax)-2*lamb*lamb*ej*Ya*(1-
CX));res[1,2]:=0;res[1,3]:=l;M1;
res[1,2]:=l;res[1,3]:=0;M1;
end;
```

```
procedure LessP7; var
P,a,b,l,ys,ya,mL,AX,BX,CX,DX,EsX,EaX,FiS,Fia:real; i:byte; { pontual 2
bordos engastados}
begin   p:=res[1,1];a:=res[1,2];b:=res[1,3];l:=a+b;
res[1,1]:=p/2;lessP1;ys:=ye;fis:=fie;res[1,2]:=b;res[1,3]:=a;lessP1;ys:=ys+
ye;fis:=fis+fie;

res[1,1]:=p/2;res[1,2]:=a;res[1,3]:=b;lessP1; ya:=ye;fia:=fie;;res[1,1]:=-
p/2;res[1,2]:=b;res[1,3]:=a;
lessP1;ya:=ya+ye;fia:=fia+fie;mL:=lamb*l;
AX:=Exp(-mL)*(cos(mL)+sin(mL));
BX:=Exp(-mL)*sin(mL);
CX:=Exp(-mL)*(cos(mL)-sin(mL));
DX:=Exp(-mL)*cos(mL);
EsX:=Exp(mL)/(2*(1/cos(mL)+sin(mL)));
EaX:=Exp(mL)/(2*(1/cos(mL)-sin(mL)));

res[1,1]:=8*lamb*lamb*EJ*ESX*(fis*Bx-lamb*Ys*(1-
CX));res[1,2]:=0;res[1,3]:=l;lessP1;
res[1,2]:=l;res[1,3]:=0;lessP1;
res[1,1]:=-4*lamb*EJ*ESX*(fis*(1+AX)-
2*lamb*Ys*BX);res[1,2]:=0;res[1,3]:=l;M1;
res[1,1]:=-res[1,1];res[1,2]:=l;res[1,3]:=0;M1;

res[1,1]:=-
8*lamb*lamb*EJ*EAX*(fiA*Bx+lamb*YA*(1+CX));res[1,2]:=0;res[1,3]:=l;le
ssP1;
res[1,1]:=-res[1,1];res[1,2]:=l;res[1,3]:=0;lessP1;
res[1,1]:=-4*lamb*EJ*EAX*(fiA*(1-
AX)+2*lamb*YA*BX);res[1,2]:=0;res[1,3]:=l;M1;
res[1,2]:=l;res[1,3]:=0;M1;
end;
procedure LessP6; var  P,a,b,l:real; { pontual V. engastada semi inf.}
begin   p:=res[1,1];a:=res[1,2];b:=res[1,3];l:=a+b;
lessP1;res[1,1]:=-p*(Exp(-
lamb*a)*cos(lamb*a)+sin(lamb*a));res[1,2]:=0;res[1,3]:=l;lessP1;
res[1,1]:=-p/lamb*Exp(-lamb*a)*sin(lamb*a);res[1,2]:=0;res[1,3]:=l; M1;
end;
procedure LessP5; var  P,a,b,l,m,y:real; { pontual V. apoiada semi inf.}
begin   p:=res[1,1];a:=res[1,2];b:=res[1,3];l:=a+b;
lessP1;m:=me;y:=ye;res[1,1]:=-
2*Rsolo/lamb*y;res[1,2]:=0;res[1,3]:=l;lessP1;
res[1,1]:=Rsolo/lamb*lamb*y-2*m;res[1,2]:=0;res[1,3]:=l; M1;
end;
{$F+}
procedure TPD; var  W,q,a,b,c,s,l:real; { triangular ponta direita}
begin   q:=res[3,1];a:=res[3,2];b:=res[3,3];s:=res[3,4]; l:=a+b;
```

```
a:=a-s/3;c:=l-a-s;b:=s;W:=0;
while W<b do begin res[1,1]:=q*(b-w-
0.005)/b*0.01;w:=w+0.01;res[1,2]:=abs(a+w-0.005);
res[1,3]:=l-res[1,2];less;end;end;

procedure TPE; var  W,q,a,b,c,s,l:real;   { triangular ponta esquerda }
begin q:=res[4,1];a:=res[4,2];b:=res[4,3];s:=res[4,4];
l:=a+b;a:=a-s/3*2;c:=l-a-s;b:=s;W:=0;
while W<b do begin w:=w+0.01;res[1,1]:=q*(w-
0.005)/b*0.01;res[1,2]:=abs(a+w-0.005);
res[1,3]:=l-res[1,2];less;end;end;

procedure QUADR; var  W,q,a,b,c,s,l:real;   { quadrada }
begin  q:=res[2,1];a:=res[2,2];b:=res[2,3];s:=res[2,4];
l:=a+b;a:=a-s/2;c:=l-a-s;b:=s;W:=0;
while W<b do begin w:=w+0.01;res[1,1]:=q*0.01;res[1,2]:=abs(a+w-
0.005);

res[1,3]:=l-res[1,2];less;end;end;


procedure sairmenu;
begin salveinfo(msg^[11],'','Quer mesmo voltar ao menu (Sim,Não)?
','n','s',#13,2,5,57,6,1);Porlinha(5,6);
if prompt[1]='S' then begin dispose(msg);cursorOn;halt;end;end;

procedure baixcim(corfrente,corfundo:word;x1,y1,x2,y2:byte);
begin
colunaV(corfrente,corfundo,x2-1,y1+2,x2-1,y2-1,'▓');
escrevaLinhaV(cyan,red,'-',x2-1,y1+1);
escrevaLinhaV(cyan,red,'',x2-1,y2-1);
end;
procedure caixaEsc(x1,y1,x2,y2:byte;frente,fundo:word;mensg:str24);
var y:byte;
begin
quadradoV(white,black,x1,y1,x2,y2,'═','║','╔','╗','╝','╚');
writemsg(16*frente+fundo,mensg,x1+1,y1+1);
for y:=y1+2 to y2-1 do linhaV(black,black,x1+1,y,x2-2,y,' ');
baixcim(green,black,x1,y1,x2,y2);
end;

procedure escolhaapoio;       { '▓','▓','▓' }
var y,i:byte;
begin
caixaEsc(x1,y1,x11,y11,blue,white,tiapoio);  i:=varescolhaApoio;
for y:=1 to 4 do writemsg(16*black+white,apoio[i].po[y],x1+1,y1+2+y);
escrevaLinhaV(cyan,blue,'■',x11-1,y1+1+i);
```
293

```
repeat         erro:=1;
gotoxy(x33,y33+6);input:=0;entrada:=#0;entrada:=instring(msg^[1],'',[#0],[
],0,0);axfunc44;
case ch of
{up}#80:begin
        baixcim(green,black,x1,y1,x11,y11);
        if i=1 then i:=maxapoio else dec(i);
        for y:=1 to 4 do
writemsg(16*black+white,apoio[i].po[y],x1+1,y1+2+y);
        escrevaLinhaV(cyan,blue,'■',x11-1,y1+1+i); end;
{dn}#72:begin baixcim(green,black,x1,y1,x11,y11);
        if i=maxapoio then i:=1 else inc(i);
        for y:=1 to 4 do
writemsg(16*black+white,apoio[i].po[y],x1+1,y1+2+y);
        escrevaLinhaV(cyan,blue,'■',x11-1,y1+1+i);end;
    #13:begin   varapoioesc:=i;
    for y:=1 to 4 do writemsg(16*black+white,apoio[i].po[y],x3+1,y3+2+y);
    escrevaLinhaV(cyan,blue,'■',x33-1,y3+1+1);
       end;end;
until ch in [#59,#60,#61,#62,#63,#64,#27,#45];
{         esc  x  f1 f2 f3 f4 f5 }
writemsg(16*green+white,tiapoio,x1+1,y1+1);varescolhaapoio:=i;
end;
procedure escolhacarga;
var y,i,k,j,l:byte;
begin
caixaEsc(x2,y2,x22,y22,blue,white,ticarga);  i:=varEscolhaCarga;
for y:=1 to 4 do writemsg(16*black+white,carga[i].po[y],x2+1,y2+2+y);
case i of 0,1:k:=1;2..5:k:=2;6..maxcarga-1:k:=3;maxcarga:k:=4;end;
escrevaLinhaV(cyan,blue,'■',x22-1,y2+1+k);
repeat     erro:=1;
gotoxy(x33,y33+6);input:=0;entrada:=#0;entrada:=instring(msg^[2],'',[#0],[
],0,0);axfunc44;
case ch of
{up}#80:begin baixcim(green,black,x2,y2,x22,y22);
        if i=1 then i:=maxcarga else i:=i-1;
        for y:=1 to 4 do
writemsg(16*black+white,carga[i].po[y],x2+1,y2+2+y);
        case i of 0,1:k:=1;2..5:k:=2;6..maxcarga-
1:k:=3;maxcarga:k:=4;end;
        escrevaLinhaV(cyan,blue,'■',x22-1,y2+1+k); end;
{dn}#72:begin baixcim(green,black,x2,y2,x22,y22);
        if i=maxcarga then i:=1 else i:=i+1;
        for y:=1 to 4 do
writemsg(16*black+white,carga[i].po[y],x2+1,y2+2+y);
        case i of 0,1:k:=1;2..5:k:=2;6..maxcarga-
1:k:=3;maxcarga:k:=4;end;
```
294

```
          escrevaLinhaV(cyan,blue,'■',x22-1,y2+1+k);end;
    #13:  begin arraycarga[i]:=true; varcargaEsc:=i;
      for y:=1 to 4 do writemsg(16*black+white,carga[i].po[y],x4+1,y+2+y4);
          end; end;
until ch in [#59,#60,#61,#62,#63,#64,#27,#45];
{         esc  x   f1  f2  f3  f4  f5 }
writemsg(16*green+white,ticarga,x2+1,y2+1); varescolhacarga:=i;
end;
procedure apoioesc;
 var y,i:byte;
begin
ch:=#59;if varapoioesc=0 then exit;
caixaEsc(x3,y3,x33,y33,blue,white,apoioti); i:=varapoioesc;
for y:=1 to 4 do writemsg(16*black+white,apoio[i].po[y],x3+1,y3+2+y);
escrevaLinhaV(cyan,blue,'■',x33-1,y3+5+i);
repeat    erro:=1;
gotoxy(x33,y33+6);input:=0;entrada:=#0;entrada:=instring(msg^[3],'',[#0],[
],0,0);axfunc44;
case ch of
{Del}#71: begin
for y:=1 to 4 do writemsg(16*black+black,apoio[i].po[y],x3+1,y3+2+y);
    baixcim(green,black,x3,y3,x33,y33); varapoioesc:=0;ch:=#59;
        end;end;
until ch in [#59,#60,#61,#62,#63,#64,#27,#45];
{         f1  f2  f4  f5 }
writemsg(16*green+white,apoioti,x3+1,y3+1);
end;
procedure cargaEsc;
var y,i,k,j,masK:byte;
begin
ch:=#60;if varcargaEsc=0 then exit;
caixaEsc(x4,y4,x44,y44,blue,white,cargati); i:=varcargaEsc;
for y:=1 to 4 do writemsg(16*black+white,carga[i].po[y],x4+1,y4+2+y);
case i of 0,1:k:=1;2..maxcarga-1:k:=3;maxcarga:k:=4;end;
escrevaLinhaV(cyan,blue,'■',x44-1,y4+1+k);
repeat   erro:=1;
gotoxy(x33,y33+6);input:=1;entrada:=#0;entrada:=instring(msg^[4],'',[#0],[
],0,0);axfunc44;
case ch of
{up}#80:begin  if varCargaEsc <> 0 then begin
      if i=1 then i:=maxcarga else dec(i);
      baixcim(green,black,x4,y4,x44,y44);
      while not arraycarga[i] do begin
      if i=1 then i:=maxcarga else dec(i);  end;
      for y:=1 to 4 do
writemsg(16*black+white,carga[i].po[y],x4+1,y4+2+y);
      case i of 0,1:k:=1;2..maxcarga-1:k:=3;maxcarga:k:=4;end;
```

```
                escrevaLinhaV(cyan,blue,'■',x44-1,y4+1+k); end;end;
{dn}#72:begin if varCargaEsc <> 0 then begin
        if i=maxcarga then i:=1 else inc(i);
        baixcim(green,black,x4,y4,x44,y44);
        while not arraycarga[i] do begin
        if i=maxcarga then i:=1 else inc(i); end;
        for y:=1 to 4 do
writemsg(16*black+white,carga[i].po[y],x4+1,y4+2+y);
        case i of 0,1:k:=1;2..maxcarga-1:k:=3;maxcarga:k:=4;end;
        escrevaLinhaV(cyan,blue,'■',x44-1,y4+1+k);end;end;
{Del}#71:  begin
    baixcim(green,black,x4,y4,x44,y44);
    arraycarga[i]:=false;
    for y:=1 to 4 do writemsg(16*black+black,carga[i].po[y],x4+1,y4+2+y);
    j:=0;
    while ((not arraycarga[i]) and (j<=maxcarga)) do begin inc(j);
    if i=maxcarga then i:=1 else inc(i); end;
    if j>maxcarga then begin varcargaEsc:=0;ch:=#60;end else begin
    varcargaEsc:=i;
    for y:=1 to 4 do writemsg(16*black+white,carga[i].po[y],x4+1,y4+2+y);
    case i of 0,1:k:=1;2..maxcarga-1:k:=3;maxcarga:k:=4;end;
    escrevaLinhaV(cyan,blue,'■',x44-1,y4+1+k);end;
    end;end;
until ch in [#59,#60,#61,#62,#63,#64,#27,#45];
{         f1  f2  f3  f5  }
writemsg(16*green+white,cargati,x4+1,y4+1);
end;
procedure processa(i:byte);
begin case varescolhaapoio of
1:begin less:=lessP1;case i of 1:Less;2:quadr;3:TPD;4:TPE;end;end;
2:begin less:=lessP2;case i of 1:Less;2:quadr;3:TPD;4:TPE;end;end;
3:begin less:=lessP3;case i of 1:Less;2:quadr;3:TPD;4:TPE;end;end;
4:begin less:=lessP4;case i of 1:Less;2:quadr;3:TPD;4:TPE;end;end;
5:begin less:=lessP5;case i of 1:Less;2:quadr;3:TPD;4:TPE;end;end;
6:begin less:=lessP6;case i of 1:Less;2:quadr;3:TPD;4:TPE;end;end;
7:begin less:=lessP7;case i of 1:Less;2:quadr;3:TPD;4:TPE;end;end;
end;end;

procedure arquive;
var i,k:byte; s,s1:str24;
begin
iniciartextoarq(true,'nilson58.txt');
ASSIGN(arq,'nilson58.txt');
append(arq);
writeln(arq,'                    DADOS DE ENTRADA');
writeln(arq,'                    ================');
writeln(arq);
```

```pascal
writeln(arq,' Identificação: ',identificacao);
writeln(arq,' Rigidez (EJ) : ',EJ);
writeln(arq,' Reação do solo : ',Rsolo);
writeln(arq,' Unidade de peso: '+tiranul(ton)+' ( # )');
writeln(arq,' Unidade de comprimento : '+tiranul(metro)+' ( * )');
   str(maxM:15,s);
writeln(arq,' Número de seções examinadas: ',tiranul(s));
writeln(arq);
writeln(arq,' Tipo do apoio');
writeln(arq,' =============');
for k:=1 to 4 do begin
if k=2 then
writeln(arq,            '        Apoio do tipo '+apoio[varapoioesc].po[k])
else writeln(arq,        '                     '+apoio[varapoioesc].po[k]);
            end;
writeln(arq,' Carga existente');
writeln(arq,' ================');
end;
procedure WriteArqCarga(i:byte);
var k:byte; s:str24;
begin
for k:=1 to 4 do begin
if k=2 then  write(arq,' Carga do tipo '+carga[i].po[k]) else
write(arq,'               '+carga[i].po[k]);
if (k<=length(le[i])) then begin  str(res[i,k]:15:2,s);write(arq,'   ',le[i,k],' =
',tiranul(s));
if le[i,k] in ['p','q'] then
if i in [2..4] then writeln(arq,' # / *') else writeln(arq,' #')
else writeln(arq,' *');end else writeln(arq);
            end;        writeln(arq);
end;
procedure WriteEndArq;
var i:byte; s,s1:str24; x:real;
begin
writeln(arq);
writeln(arq);
writeln(arq,'                    DADOS DE SAÍDA');
writeln(arq,'                    ==============');
writeln(arq);
writeln(arq,' Momentos da esquerda para a direita.');
writeln(arq,' Momentos negativos tracionam fibras superiores.');
writeln(arq,' Momentos positivos tracionam fibras inferiores.');
writeln(arq);
writeln(arq,' Mom. Fletor     Cortante     Tangente     Coord. Y
Coord. X');
writeln(arq,' ============     ========     ==========
==========     ======== ');
```

```
writeln(arq);
x:=0;                    inicializarTela(80,25);input:=0;
for i:=0 to maxM do begin
if input=25 then begin input:=0;
escreverArquivo(80,25);inicializarTela(80,25);end;inc(input);

str(+momento[i]:15:2,s);str(i:3,s1); if (momento[i]>0) then s:='+'+s;
escrevaLinha('['+tiranul(s1)+'] = '+tiranul(s)+'*# ',2,input*1);
str((cortante[i]):15:2,s); if (cortante[i]>0) then s:='+'+s;
escrevaLinha(tiranul(s)+'# ',24,input*1);
str((fi[i]):9,s); if (fi[i]>0) then s:='+'+s;
escrevaLinha(tiranul(s)+'# ',36,input*1);
str((Ypfi[i]):9,s); if (Ypfi[i]>0) then s:='+'+s;
escrevaLinha(tiranul(s)+'# ',51,input*1); str(x:15:2,s);
escrevaLinha(tiranul(s)+'* ',68,input*1); x:=x+l/MaxM;
            end;
escreverArquivo(80,input);close(arq);iniciartextoarq(false,'nilson58.txt');
end;
procedure digite;
var i,k,j,y,u: byte; repet:boolean; var s:str24; auxl:real;
procedure reverte2;
begin   textattr:=$70;
case k of
1 : begin gotoxy(2,9); str(res[i,1]:15:2,s);write(le[i,1]+' =
'+tiranul(s));clreol; end;
2 :  begin gotoxy(2,10); str(res[i,2]:15:2,s);write(le[i,2]+' =
'+tiranul(s));clreol; end;
3 :  begin gotoxy(2,11); if length(le[i])in [3,4] then begin
str(res[i,3]:15:2,s);
write(le[i,3]+' =  '+tiranul(s));clreol; end;end;
4 :  begin gotoxy(2,12); if length(le[i])=4 then begin str(res[i,4]:15:2,s);
write(le[i,4]+' =  '+tiranul(s));clreol; end;end;
10:  begin gotoxy(2,14); write('F6 - OK Repetir este tipo de carga');clreol;
end;
11:  begin gotoxy(2,15); write('F6 - OK Ir em Frente');clreol;  end;end;
end;
procedure reverte1;
begin   textattr:=$70;
case k of
3:begin gotoxy(1,3); write(' Identificação : ',identificacao);clreol;end;
4:begin gotoxy(1,4); write(' Rigidez (EJ) : ',EJ);clreol;end;
5:begin gotoxy(1,5); write(' Reação do solo : ',Rsolo);clreol;end;
6:begin gotoxy(1,6); write(' Unidade de peso : ',ton);clreol;end;
7:begin gotoxy(1,7); write(' Unidade de comprimento : ',metro);clreol;end;
8:begin gotoxy(1,8); str(maxM:8,s);write(' Número de seções (2 a
',maxM,'): ',tiranul(s));clreol;end;end;
end;
```

```
begin      u:=1 ;
window(2,5,41,22);textattr:=$70;clrscr;  i:=1;   repet:=false;
writeln('   DADOS PARA A CARGA AO LADO ');
WRITELN('  ============================');
for k:=3 to 8 do reverte1;
while (not arraycarga[i]) do inc(i); for k:=1 to 11 do reverte2;
if i>maxcarga then exit;k:=1;
for y:=1 to 4 do writemsg(16*black+white,carga[i].po[y],x4+1,y4+2+y);

k:=3;
repeat     textattr:=$1E;
case k of
3:repeat gotoxy(1,3); entrada:=";input:=0; write(' Identificação : ');
        erro:=1;
        identificacao:=instring(msg^[5],",[#0,#32..#255],[],22,0);axfunc44;
        if ch in [#27,#45] then begin Sairmenu;entrada:=";end;
until ch in [#13,#80,#72];
4:repeat gotoxy(1,4); entrada:=";input:=0; write(' Rigidez (EJ) : ');
        erro:=1;

entrada:=instring(msg^[14],",[#0,#32..#255],[],20,0);axfunc44;val(tiranul(e
ntrada),EJ,erro);
        if ch in [#27,#45] then begin Sairmenu;entrada:=";end;
until ch in [#13,#80,#72];
5:repeat gotoxy(1,5); entrada:=";input:=0; write(' Reação do solo : ');
        erro:=1;

entrada:=instring(msg^[15],",[#0,#32..#255],[],20,0);axfunc44;val(tiranul(e
ntrada),Rsolo,erro);
        if ch in [#27,#45] then begin Sairmenu;entrada:=";end;
until ch in [#13,#80,#72];
6:repeat gotoxy(1,6); entrada:=";input:=0; write(' Unidade de peso : ');
        erro:=1;
        ton:=instring(msg^[6],",[#0,#32..#255],[],20,0);axfunc44;
        if ch in [#27,#45] then begin Sairmenu;entrada:=";end;
until ch in [#13,#80,#72];
7:repeat gotoxy(1,7); entrada:=";input:=0; write(' Unidade de
comprimento : ');

        metro:=instring(msg^[7],",[#0,#32..#255],[],13,0);axfunc44;
        if ch in [#27,#45] then begin Sairmenu;entrada:=";end;
until ch in [#13,#80,#72];
8:repeat gotoxy(1,8);entrada:=";input:=0;write(' Número de seções (2 a
',maxm,'): ');
        erro:=1;
        entrada:=instring(msg^[8],",[#0,#32,'0'..'9'],[],10,1);axfunc44;
val(tiranul(entrada),MaxM,erro);
```

```pascal
        if ch in [#27,#45] then begin Sairmenu;entrada:='';end;
        if ch=#13 then ch:=#200;
until (maxM>=2) and (maxM<=250) and (erro=0) and (ch in
[#200,#80,#72]);end;
case ch of
#72: begin reverte1;if k=3 then k:=8 else dec(k);end;
#80,#13: begin reverte1;if k=8  then k:=3 else inc(k);end;end;
until ch=#200;reverte1;        arquive;
l:=0;
repeat if not repet then inc(i);
for y:=1 to 14 do  begin gotoxy(2,8+y);clreol; end;

while (not arraycarga[i]) do inc(i);  if i>maxcarga then exit;
for y:=1 to 4 do writemsg(16*black+white,carga[i].po[y],x4+1,y4+2+y);
for k:=1 to 11 do reverte2; k:=1;
repeat  repet:=false;     textattr:=$1E;
case k of
1..4:begin entrada:='';input:=0;
        repeat gotoxy(2,k+8);write(le[i,k]+' = ');  erro:=1;
        entrada:=instring(msg^[9],'',[#0,#32,'-','.','0'..'9'],[],33,1);axfunc44;
        val(tiranul(entrada),res[i,k],erro);
        if ch in [#27,#45] then begin Sairmenu;ch:=#0;end;
        until ((ch in [#13,#72,#80]) and (erro=0));
    end;
10:BEGIN repeat gotoxy(2,14);write('F6 - OK Repetir este tipo de carga');
entrada:='';input:=0;
erro:=1;cursorOff;entrada:=instring(msg^[10],'',[#0],[],4,0);axfunc44;curso
rOn;if ch=#13 then begin repet:=true;ch:=#64;end;
if (ch=#27) or (ch=#45) then begin Sairmenu;ch:=#80;end;
until( ch in [#72,#80,#64]);
if ch=#64 then for j:=1 to length(le[i]) do if
(res[i,j]=0)and(i<>maxcarga)then ch:=#80;
    end;

11:BEGIN repeat gotoxy(2,15);write('F6 - OK Ir em Frente');
entrada:='';input:=0;
erro:=1;cursorOff;entrada:=instring(msg^[10],'',[#0],[],18,0);axfunc44;curs
orOn;if ch=#13 then ch:=#64;
if (ch=#27) or (ch=#45) then begin Sairmenu;ch:=#80;end;
until( ch in [#72,#80,#64]);
if ch=#64 then for j:=1 to length(le[i]) do if
(res[i,j]=0)and(i<>maxcarga)then ch:=#80;
        end;end;

case ch of
#72: begin reverte2;if k=1 then k:=11 else if k=11 then k:=10 else
begin dec(k);if k>length(le[i]) then k:=length(le[i])end;end;
```

```
#80,#13: begin reverte2;if k=11  then k:=1 else if k=10 then k:=11 else
begin inc(k);if k>length(le[i]) then k:=11;end;end;end;
until ch=#64;{
[#64,#27,#45,#23,#22,#47,#19,#31,#75,#77,#83,#72,#80,#71,#73,#81,
#13,#9,#82,#8 ,#63,#64,#65,#66];  }
      (*   f1 esc  x  i  v  r  s  L  R DEL up  dn home pgu pgd     ent
tab ins bsp    f5 f6 f7 f8 *)

reverte2;processa(i); if u=1 then auxl:=l;inc(u);
if auxl<> l then begin salveinfo(msg^[11],'','Cometeu êrro comece de
novo   <enter>.',#13,#27,#45,2,5,57,6,1);
Porlinha(5,6);halt;end;
writeArqCarga(i);
until (i>=maxcarga) and (not repet);
end;
procedure nilso58.entradado;
var y,u:byte;
begin   cursoroff; textattr:=$07;clrscr; @Less := nil;
escrevaLinhaV(red,cyan,' F6  RODAR UM EXEMPLO ',x1,y11+1);
escrevaLinhaV(red,cyan,' F5 OK ',x22+4,y11+1);
escrevaLinhaV(red,cyan,'F1',x11+1,y11-3);
escrevaLinhaV(red,cyan,'F2',x22+1,y22-3);
escrevaLinhaV(red,cyan,'F3',x3-2,y33-3);
escrevaLinhaV(red,cyan,'F4',x4-2,y44-3);
caixaEsc(x2,y2,x22,y22,green,white,ticarga);
caixaEsc(x3,y3,x33,y33,green,white,apoioti);
caixaEsc(x4,y4,x44,y44,green,white,cargati);
for y:=1 to 4 do writemsg(16*black+white,carga[1].po[y],x2+1,y2+2+y);
escrevaLinhaV(cyan,blue,'■',x22-1,y2+1+1);
varescolhaApoio:=1;varescolhaCarga:=1;
for y:=1 to maxcarga do
for u:=1 to 4 do  res[y,u]:=0;
MaxM:=0;
varcargaEsc:=0;varapoioesc:=0;
ch:=#59;
identificacao:='';ton:='';metro:='';EJ:=0;Rsolo:=0;
for y:=1 to maxcarga do arraycarga[y]:=false;
for y:=0 to maxM do momento[y]:=0;
for y:=0 to maxM do cortante[y]:=0;
for y:=0 to maxM do fi[y]:=0;
for y:=0 to maxM do ypfi[y]:=0;
LerAr(3322,15);
msg^[14]:=' Módulo de lastitidade longitudinal e Momento de inércia de
seção transversal.';
msg^[15]:=' Em F1-CIVIL-FUNDAÇÃO existem várias constantes para o
solo.';
repeat
```

```
case ch of
{f1}#59: escolhaapoio;
{f2}#60: escolhacarga;
{f3}#61: apoioEsc;
{f4}#62: cargaEsc;
#27,#45:begin sairmenu;ch:=#59;end;

{f6}#64: BEGIN  escrevaLinhaV(white,blue,' F6  RODAR UM EXEMPLO
',x1,y11+1);
      repeat erro:=1;

gotoxy(10,20);input:=0;entrada:='';entrada:=instring(msg^[12],'',[#0],[],0,0)
; axfunc44;
      if ch=#13 then ch:=#200;
      escrevaLinhaV(white,green,' F6  RODAR UM EXEMPLO
',x1,y11+1);
      until ch in[#200,#60,#61,#59,#62,#63,#64,#27,#45]; end;

{f5}#63: BEGIN  escrevaLinhaV(white,blue,' F5 OK ',x22+4,y11+1);
      repeat erro:=1;

gotoxy(10,20);input:=0;entrada:='';entrada:=instring(msg^[12],'',[#0],[],0,0)
;axfunc44;
      y:=1;while (not(arraycarga[y]) and (ch=#13)) and (y<=maxcarga) do
inc(y);
      if ((y>maxcarga) or (varcargaEsc=0) or (varapoioesc=0)) then
ch:=#59;
      escrevaLinhaV(white,green,' F5 OK ',x22+4,y11+1);
      until ch in[#13,#60,#61,#62,#63,#64,#59,#27,#45]; end; end;
until ch in [#13,#200];   cursoron;
(*        #63,#64,#65,#66,#67,#68,#9, #59,#60,#61,#62, #81, #73, #71,
#72,#80,
          F5 F6  F7  F8  F9  F10 tab  f1   f2  f3  f4
pgdn,pgup,home,up,down }
*)   escrevaLinhaV(white,red,'Aguarde estou processando...',15,10);
if ch=#13 then digite else begin
ton:='tonelada ';metro:='metro
';arraycarga[1]:=true;EJ:=1e+03;Rsolo:=4e+03;
identificacao:='Viga V1-2MQLE-500';MaxM:=100;varapoioesc:=2;
arquive;
res[1,1]:=5;res[1,2]:=1;res[1,3]:=9;writeArqcarga(1);lessp1;
res[1,1]:=5;res[1,2]:=2;res[1,3]:=8;writeArqcarga(1);lessp1;
res[1,1]:=5;res[1,2]:=3;res[1,3]:=7;writeArqcarga(1);lessp1;
res[1,1]:=5;res[1,2]:=4;res[1,3]:=6;writeArqcarga(1);lessp1;   (*
ton:='tonelada ';metro:='metro
';arraycarga[2]:=true;EJ:=1e+03;Rsolo:=4e+03;
identificacao:='Viga V1-2MQLE-500';MaxM:=10;varapoioesc:=7; arquive;
```

```
res[2,1]:=1;res[2,2]:=5;res[2,3]:=5;res[2,4]:=3;writeArqcarga(2);less:=less
p7;quadr;
                                                      *)
                    end;  dispose(msg);
writeEndArq;
end;
end.    (*
var k,p:ptr_nilso58;
BEGIN
if   not GETPARAMSTR  then exit;
WINDOW(2,5,79,22);textattr:=$07;clrscr;
entrada:='';entrada2:='';entrada1:='';ESCREVERODAPE;DadoIniMouse;
mark(p);getmem(k,sizeof(p));k^.entradado;release(p);halt(20);
END.
```

unit nilson59;

```
interface
{program nilson59; }
uses
crt,dos,nilson36,nilson38,nilson35,nilson32,nilson73,nilson39,nilson70,nil
son74,nilson30;
type
ptr_nilso59 =^nilso59;
nilso59=object
procedure entradado;
      end;
var k59:ptr_nilso59;
implementation
type
ptr_mat = ^mat;
      mat = record
lin,col:word;dat:real;
pro,ant,cim,bai:ptr_mat;
           end;
var
re1,pri,ult,kc,Lc:ptr_mat;ix,iy,linha,coluna:word;arqui:file of mat;

procedure EncherM;
begin
if MaxAvail < linha*coluna*SizeOf(mat) then begin
escrevaLinhaV(white,red,'Uma matriz deste tamanho não é possível
executar. Volte com novos dados.      ',2,24);
readkey;halt;end;
for ix:=1 to linha do for iy:=1 to coluna do begin
new(re1);  re1^.lin:=ix;re1^.col:=iy;re1^.dat:=0;re1^.cim:=nil;re1^.bai:=nil;
```

```pascal
if (ix or iy) > 1 then begin Lc^.pro:=re1;re1^.ant:= Lc;end else begin
pri:=re1;kc:=re1;end;
if ix > 1 then begin re1^.cim:=kc;kc^.bai:=re1;kc:=kc^.pro;end;Lc:=re1;
                         end; pri^.ant:=re1;re1^.pro:=pri;
{re1:=pri;for ix:=1 to 20 do begin
Str(re1^.lin,escolha);prompt:='('+escolha;
Str(re1^.col,escolha);prompt:=prompt+escolha+')=';Str(re1^.dat:30:15,es
colha);escolha:=tiranulo(escolha);
prompt:=prompt+escolha;write(prompt);re1:=re1^.pro;end;readkey;}

end;

procedure matriz;
begin
lc:=pri;
while lc<> nil do begin re1:=lc;
while re1<>nil do begin kc:=re1^.pro;
while  kc^.lin=re1^.lin do
begin kc^.dat:=kc^.dat /
re1^.dat;{write(kc^.dat:7:2);readkey;}kc:=kc^.pro;end;
re1^.dat:=1;re1:=re1^.bai; end;
ult:=lc^.bai;
while ult<>nil do begin kc:=ult;re1:=Lc;
while  kc^.lin=ult^.lin do
begin kc^.dat:=re1^.dat - kc^.dat;kc:=kc^.pro;re1:=re1^.pro;end;
ult:=ult^.bai; end; lc:=lc^.pro^.bai;end;
end;
procedure resultGauss;
begin lc:=pri^.ant;ult:=lc^.ant;
while lc<>nil do begin kc:=ult^.pro;
while kc<>Lc do begin lc^.dat:=lc^.dat-kc^.dat;kc:=kc^.pro;end;
kc:=ult^.cim;
while kc<>nil do begin kc^.dat:=lc^.dat*kc^.dat;kc:=kc^.cim;end;
ult:=ult^.cim^.ant;lc:=lc^.cim;end;
end;
procedure limpmemo;
begin
re1:=pri^.pro;repeat Lc:=re1^.pro;dispose(re1);re1:=Lc;until
re1=pri;dispose(re1);
end;
procedure Toquiv;
begin
assign(arqui,'ncs59.dat');rewrite(arqui);re1:=pri;
repeat write(arqui,re1^); re1:=re1^.pro; until re1=pri;close(arqui);
end;
function Lequiv:boolean;
begin lequiv:=false;  {$I-}assign(arqui,'ncs59.dat'); reset(arqui);{$I+}
```

```
if ioresult<>0 then exit;Lequiv:=true; limpmemo;
linha:=trunc(sqrt(FileSize(arqui))); coluna:=ix+1;

for ix:=1 to linha do for iy:=1 to coluna do begin
new(re1); Read(arqui, re1^);
re1^.pro:=nil;re1^.ant:=nil;re1^.cim:=nil;re1^.bai:=nil;

if (ix or iy) > 1 then begin Lc^.pro:=re1;re1^.ant:= Lc;Lc:=re1;end else
begin pri:=re1;Lc:=re1;kc:=re1;end;
if ix > 1 then begin re1^.cim:=kc;kc^.bai:=re1;kc:=kc^.pro;end;
                        end; pri^.ant:=re1;re1^.pro:=pri;
close(arqui);end;
procedure W(i:real); begin re1^.dat:=i;re1:=re1^.pro;end;

procedure writeEsc; const  max=18;
procedure Ere1;begin
re1:=kc;res1:=primeir^.proximo^.proximo^.proximo;for i:=4 to 13 do begin
Str(re1^.dat:30:15,res1^.Str80D);
res1^.str80D:=tiranulo(res1^.str80D);Str(re1^.lin,escolha);prompt:=escolh
a+',';Str(re1^.col,escolha);prompt:=prompt+escolha;
Str(i,escolha);res1^.nom:=' '+escolha+' -
('+prompt+')=';res1:=res1^.proximo;re1:=re1^.pro;end;end;

procedure sairAgora;begin
re1:=pri;iy:=linha*coluna;for ix:=1 to iy do begin if re1^.dat=0 then
begin
kc:=re1;Ere1;res1:=primeir;exit;end;re1:=re1^.pro;end;ch:=#23;end;
procedure Pre1;begin re1:=kc;if posy=4 then exit;for i:=5 to posy do
re1:=re1^.pro;end;

procedure exemplo;begin
res1:=primeir;res1^.str80D:=('Gauss-tabela periodica elementos 5
colunas 4 linhas.');
Ws('4');Ws('5');linha:=4;coluna:=5;encherM;re1:=pri;kc:=pri;
w(2);w(2);w(1);w(1);w(7);w(1);w(-1);w(2);w(-1);w(1);w(3);w(2);w(-3);w(-2);
w(4);w(4);w(3);w(2);w(1);w(12);Ere1;end;

begin
MaxPerg:=max;if lequi('nicasi59.dat') then begin EncherMemoria(max);
L:=primeir;LerArqNom(3100+1,1);LerArqNom(3523+1,1);Delete(L^.anteri
or^.Nom,27,length(L^.anterior^.Nom));
LerArqNom(3523+1,1);L^.anterior^.nom:= Copy(L^.anterior^.nom,
26,27);
for i:=4 to 13 do begin
Str(i,escolha);L^.nom:=' '+escolha+' - ( 1,'+escolha+')=';L:=L^.proximo;
end;
```

```
LerArqNom(3525+1,1); L^.anterior^.nom:=' 14 -'+
Copy(L^.anterior^.nom,16,16);
LerArqNom(3525+1,1); L^.anterior^.nom:=' 15 -'+
Copy(L^.anterior^.nom,1,16);
LerArqNom(3523+1,1); L^.anterior^.nom:=' 16 -'+
Copy(L^.anterior^.nom,51,26);
LerArqNom(2894+1,2);
L:=primeir;LerArqMsg(3110+1,1);LerArqMsg(3524+1,1);LerArqMsg(3524
+1,1); LerArqMsg(3525+1,1);Delete(L^.anterior^.msg,1,29);
res1:=l^.anterior;
for i:=5 to 16 do begin L^.msg:=res1^.msg;L:=L^.proximo;end;
LerArqMsg(2896+1,2); exemplo;end;
posx:=2; IniciarTela(max);
res1:=primeir^.proximo; posy:=2;
repeat
textattr:=$1E;with res1^do case perg of
1: BEGIN gotoxy(2,posy);entrada:=str80D;Erro:=1;
str80D:=instring(msg,nom,[#0,#32..#255],[],(75-length(nom)),0);end;

2: repeat textattr:=$1E;gotoxy(2,posy);entrada:=str80D;erro:=1;
str80D:=tiranulo(instring(msg,nom,[#0,#32,'0'..'9'],[],(75-length(nom)),0));
if (ch in [#27,#45]) then halt;reverte(res1);
Val(str80D,linha,erro);ch:=#80;until linha>1;

3: begin repeat textattr:=$1E;gotoxy(2,posy);entrada:=str80D;erro:=1;
str80D:=tiranulo(instring(msg,nom,[#0,#32,'0'..'9'],[],(75-length(nom)),0));
if (ch in [#27,#45]) then halt;reverte(res1);
Val(str80D,coluna,erro);until coluna>2;
if (linha+1=coluna) then begin encherM;re1:=pri;
kc:=pri;Ere1;IniciarTela(trunc(maxPerg));end else
begin res1:=primeir^.proximo; posy:=2;ch:=#22;end;end;

4..13: repeat Pre1;gotoxy(2,posy);
Str(re1^.dat:30:15,Str80D);str80D:=tiranulo(str80D);entrada:=str80D;erro:
=1;
str80D:=tiranulo(instring(msg,nom,[#0,#32,'-','.','0'..'9'],[],(75-
length(nom)),0));
Val(str80D,re1^.dat,erro); until (re1^.dat <> 0) or (ch in
[#2,#27,#45,#63,#64,#72,#80,#13]);
max-4: BEGIN cursoroff;
gotoxy(2,posy);input:=1;erro:=1;entrada:=#0;entrada:=instring(msg,nom,[
#0],[],(75-length(nom)),0);cursoron;
if ch=#13 then begin for ix:=4 to 13 do
kc:=kc^.pro;ere1;re1:=kc;IniciarTela(trunc(maxPerg));
res1:=res1^.proximo^.proximo^.proximo;posy:=4;end;end;
max-3: BEGIN cursoroff;
```

```
gotoxy(2,posy);input:=1;entrada:=#0;erro:=1;entrada:=instring(msg,nom,[
#0],[],(75-length(nom)),0);cursoron;
if ch=#13 then begin for ix:=4 to 13 do
kc:=kc^.ant;Ere1;re1:=kc;IniciarTela(trunc(maxPerg));
res1:=res1^.proximo^.proximo^.proximo;posy:=4;end;end;
max-2: BEGIN cursoroff;
gotoxy(2,posy);input:=1;entrada:=#0;erro:=1;entrada:=instring(msg,nom,[
#0],[],(75-length(nom)),0);cursoron;
if (ch=#13) and Iequiv then begin
kc:=pri;ere1;IniciarTela(trunc(maxPerg));end;end;
max-1: BEGIN cursoroff;
gotoxy(2,posy);input:=1;entrada:=#0;erro:=1;entrada:=instring(msg,nom,[
#0],[],(75-length(nom)),0);cursoron;
if ch=#13 then sairagora;end;
max: BEGIN   cursoroff;
gotoxy(2,posy);input:=1;entrada:=#0;erro:=1;entrada:=instring(msg,nom,[
#0],[],(75-length(nom)),0);cursoron;
if ch=#13 then begin limpmemo;exemplo;ch:=#63;end;end;end;
case ch of
#2:begin OndY(max);if ch=#13 then sairagora;if res1^.perg in [ 2,3] then
irfinal(max);
if ch=#63 then begin limpmemo;exemplo;irfinal(max);end;end;
#63,#64: IrFinal(max);
#72: begin previousact(max);if res1^.perg=3 then begin
res1:=primeir;posy:=1;end;end;
#80,#13: begin nextact(max);if res1^.perg=2 then begin
res1:=res1^.proximo^.proximo;posy:=4;end;end;
end;
until ch in [#27,#45,#23{,#47,#19,#31,#75,#77,#83,#72,#80,#71,#73,#81,
#13,#9,#82,#8 ,#63,#64,#65,#66}];
        (*  esc  x  i     r  s  L  R  DEL  up   dn home pgu pgd ent tab ins
bsp f5  f6  f7  f8 *)

if (ch in [#27,#45]) then begin limpmemoini;halt;end;
res1:=primeir;saitt('nilson59.txt');
for i:=1 to 3 do  begin
writeln(arq,res1^.nom,res1^.str80D);res1:=res1^.proximo;end;

re1:=pri;iy:=linha*coluna;
for ix:=1 to iy do begin
str(re1^.dat:25:10,entrada);entrada:=tiranulo(entrada);write(arq,'(',re1^.lin
,',',re1^.col,')= ',
entrada,' ':(12-length(entrada)));
if ix mod 4 =0 then writeln(arq);re1:=re1^.pro;
            end; writeln(arq);nofinal;

toquivi('nicasi59.dat');toquiv; limpmemoini;
```

```
end;

procedure nilso59.entradado;
begin
writeEsc;matriz;resultGauss;
assign(arq,'nilson59.txt');append(arq);
writeln(arq,'  Da última variável até a primeira :');
re1:=pri^.ant; ix:=0;
while re1<> nil do begin  inc(ix);
str(re1^.dat:25:10,entrada);write(arq,'   ',re1^.lin,' = ',tiranulo(entrada));
if ix mod 4 =0 then writeln(arq);re1:=re1^.cim;
          end; close(arq);iniciartextoarq(false,'nilson59.txt');

end;
                              {
begin
if not getparamstr then exit;DadosEntreProgr;
ESCREVERODAPE;WINDOW(2,5,79,22);textattr:=$70;clrscr;
DadoIniMouse;
entrada:='';entrada2:='';entrada1:='';entradado;
halt(20);                              }
end.
```

unit nilson60;

```
interface
{program nilson60;}
uses crt,nilson36,nilson38,nilson35,nilson32,nilson73,nilson39,
nilson70,nilson74,nilson30;
type
ptr_nilso60 =^nilso60;
nilso60=object
procedure entradado;
       end;
var k60:ptr_nilso60;
implementation
type
ptr_mat = ^mat;
       mat = record
lin,col:word;dat:real;
pro,ant,cim,bai:ptr_mat;
            end;
var
re1,pri,ult,kc,Lc:ptr_mat;ix,iy,linha,coluna:word;arqui:file of mat;

procedure EncherM;
```

```
begin
if MaxAvail < linha*coluna*SizeOf(mat) then begin
escrevaLinhaV(white,red,'Uma matriz deste tamanho não é possível
executar. Volte com novos dados.     ',2,24);
readkey;halt;end;
for ix:=1 to linha do for iy:=1 to coluna do begin
new(re1);  re1^.lin:=ix;re1^.col:=iy;re1^.dat:=0;re1^.cim:=nil;re1^.bai:=nil;

if (ix or iy) > 1 then begin Lc^.pro:=re1;re1^.ant:= Lc;end else begin
pri:=re1;kc:=re1;end;
if ix > 1 then begin re1^.cim:=kc;kc^.bai:=re1;kc:=kc^.pro;end;Lc:=re1;
                              end; pri^.ant:=re1;re1^.pro:=pri;
{re1:=pri;for ix:=1 to 20 do begin
Str(re1^.lin,escolha);prompt:='('+escolha;
Str(re1^.col,escolha);prompt:=prompt+escolha+')=';Str(re1^.dat:30:15,es
colha);escolha:=tiranulo(escolha);
prompt:=prompt+escolha;write(prompt);re1:=re1^.pro;end;readkey;}

end;

procedure matriz;
begin
lc:=pri;
while lc<> nil do begin re1:=lc;
while re1<>nil do begin kc:=re1^.pro;
while  kc^.lin=re1^.lin do
begin kc^.dat:=kc^.dat /
re1^.dat;{write(kc^.dat:7:2);readkey;}kc:=kc^.pro;end;
re1^.dat:=1;re1:=re1^.bai; end;
ult:=lc^.bai;
while ult<>nil do begin kc:=ult;re1:=Lc;
while  kc^.lin=ult^.lin do
begin kc^.dat:=re1^.dat - kc^.dat;kc:=kc^.pro;re1:=re1^.pro;end;
ult:=ult^.bai; end;

ult:=lc^.cim;
while ult<>nil do begin kc:=ult^.pro;re1:=Lc^.pro;
while  kc^.lin=ult^.lin do
begin kc^.dat:=-ult^.dat * re1^.dat + kc^.dat
;kc:=kc^.pro;re1:=re1^.pro;end;
ult^.dat:=0;ult:=ult^.cim; end;

lc:=lc^.pro^.bai;end;
end;
procedure limpmemo;
begin
```

```
re1:=pri^.pro;repeat Lc:=re1^.pro;dispose(re1);re1:=Lc;until
re1=pri;dispose(re1);
end;
procedure Toquiv;
begin assign(arqui,'ncs60.dat');rewrite(arqui);re1:=pri;
repeat write(arqui,re1^); re1:=re1^.pro; until re1=pri;close(arqui);
end;
procedure Lequiv;
begin {$I-}assign(arqui,'ncs60.dat'); reset(arqui);{$I+}
if ioresult<>0 then exit; limpmemo;
while not Eof(arqui) do begin
new(re1);read(arqui,re1^);re1^.cim:=nil;re1^.bai:=nil;

if (re1^.lin=1) and (re1^.col=1) then begin pri:=re1;Lc:=re1;kc:=re1;end
else begin Lc^.pro:=re1;re1^.ant:= Lc;Lc:=re1;
if re1^.lin > 1 then begin re1^.cim:=kc;kc^.bai:=re1;kc:=kc^.pro;end;
                end;            end; pri^.ant:=re1;re1^.pro:=pri;
close(arqui);linha:=pri^.ant^.lin;coluna:=pri^.ant^.col;
end;
procedure W(i:real); begin re1^.dat:=i;re1:=re1^.pro;end;

procedure writeEsc; const  max=18;
procedure Ere1;begin
re1:=kc;res1:=primeir^.proximo^.proximo^.proximo;for i:=4 to 13 do begin
Str(re1^.dat:30:15,res1^.Str80D);
res1^.str80D:=tiranulo(res1^.str80D);Str(re1^.lin,escolha);prompt:=escolh
a+',';Str(re1^.col,escolha);prompt:=prompt+escolha;
Str(i,escolha);res1^.nom:=' '+escolha+' -
('+prompt+')=';res1:=res1^.proximo;re1:=re1^.pro;end;end;

procedure sairAgora;begin
re1:=pri;iy:=linha*coluna;for ix:=1 to iy do begin if re1^.dat=0 then
begin
kc:=re1;Ere1;res1:=primeir;exit;end;re1:=re1^.pro;end;ch:=#23;end;
procedure Pre1;begin re1:=kc;if posy=4 then exit;for i:=5 to posy do
re1:=re1^.pro;end;

procedure exemplo;begin
res1:=primeir;res1^.str80D:=('Gauss-Jordan tabela matricial de 5 colunas
4 linhas.');
Ws('4');Ws('5');linha:=4;coluna:=5;encherM;re1:=pri;kc:=pri;
w(2);w(2);w(1);w(1);w(7);w(1);w(-1);w(2);w(-1);w(1);w(3);w(2);w(-3);w(-2);
w(4);w(4);w(3);w(2);w(1);w(12);Ere1;end;

begin
MaxPerg:=max;if lequi('nicasi60.dat') then begin EncherMemoria(max);
```
310

```
L:=primeir;LerArqNom(3100+1,1);LerArqNom(3523+1,1);Delete(L^.anteri
or^.Nom,27,50);
LerArqNom(3523+1,1);L^.anterior^.nom:= Copy(L^.anterior^.nom,
26,27);
for i:=4 to 13 do begin
Str(i,escolha);L^.nom:=' '+escolha+' - ( 1,'+escolha+')=';L:=L^.proximo;
end;
LerArqNom(3525+1,1); L^.anterior^.nom:=' 14 -'+
Copy(L^.anterior^.nom,16,16);
LerArqNom(3525+1,1); L^.anterior^.nom:=' 15 -'+
Copy(L^.anterior^.nom,1,16);
LerArqNom(3523+1,1); L^.anterior^.nom:=' 16 -'+
Copy(L^.anterior^.nom,51,26);
LerArqNom(2894+1,2);
L:=primeir;LerArqMsg(3110+1,1);LerArqMsg(3524+1,1);LerArqMsg(3524
+1,1); LerArqMsg(3525+1,1);Delete(L^.anterior^.Msg,1,29);
res1:=l^.anterior;
for i:=5 to 16 do begin L^.msg:=res1^.msg;L:=L^.proximo;end;
LerArqMsg(2896+1,2); exemplo;end;
posx:=2; IniciarTela(max);
res1:=primeir^.proximo; posy:=2;
repeat
textattr:=$1E;with res1^do case perg of
1: BEGIN gotoxy(2,posy);entrada:=str80D;Erro:=1;
str80D:=instring(msg,nom,[#0,#32..#255],[],(75-length(nom)),0);end;

2: repeat textattr:=$1E;gotoxy(2,posy);entrada:=str80D;erro:=1;
str80D:=tiranulo(instring(msg,nom,[#0,#32,'0'..'9'],[],(75-length(nom)),0));
if (ch in [#27,#45]) then halt;reverte(res1);
Val(str80D,linha,erro);ch:=#80;until linha>1;

3: begin repeat textattr:=$1E;gotoxy(2,posy);entrada:=str80D;erro:=1;
str80D:=tiranulo(instring(msg,nom,[#0,#32,'0'..'9'],[],(75-length(nom)),0));
if (ch in [#27,#45]) then halt;reverte(res1);
Val(str80D,coluna,erro);until coluna>2;
if (linha+1=coluna) then begin encherM;re1:=pri;
kc:=pri;Ere1;IniciarTela(trunc(maxPerg));end else
begin res1:=primeir^.proximo; posy:=2;ch:=#22;end;end;

4..13: repeat Pre1;gotoxy(2,posy);
Str(re1^.dat:30:15,Str80D);str80D:=tiranulo(str80D);entrada:=str80D;erro:
=1;
str80D:=tiranulo(instring(msg,nom,[#0,#32,'-','.','0'..'9'],[],(75-
length(nom)),0));
Val(str80D,re1^.dat,erro); until (re1^.dat <> 0) or (ch in
[#2,#27,#45,#63,#64,#72,#80,#13]);
max-4: BEGIN cursoroff;
```

```
gotoxy(2,posy);input:=1;erro:=1;entrada:=#0;entrada:=instring(msg,nom,[
#0],[],(75-length(nom)),0);cursoron;
if ch=#13 then begin for ix:=4 to 13 do
kc:=kc^.pro;ere1;re1:=kc;IniciarTela(trunc(maxPerg));
res1:=res1^.proximo^.proximo^.proximo;posy:=4;end;end;
max-3: BEGIN cursoroff;
gotoxy(2,posy);input:=1;entrada:=#0;erro:=1;entrada:=instring(msg,nom,[
#0],[],(75-length(nom)),0);cursoron;
if ch=#13 then begin for ix:=4 to 13 do
kc:=kc^.ant;Ere1;re1:=kc;IniciarTela(trunc(maxPerg));
res1:=res1^.proximo^.proximo^.proximo;posy:=4;end;end;
max-2: BEGIN cursoroff;
gotoxy(2,posy);input:=1;entrada:=#0;erro:=1;entrada:=instring(msg,nom,[
#0],[],(75-length(nom)),0);cursoron;
if (ch=#13) then begin
lequiv;kc:=pri;ere1;IniciarTela(trunc(maxPerg));end;end;
max-1: BEGIN cursoroff;
gotoxy(2,posy);input:=1;entrada:=#0;erro:=1;entrada:=instring(msg,nom,[
#0],[],(75-length(nom)),0);cursoron;
if ch=#13 then sairagora;end;
max: BEGIN   cursoroff;
gotoxy(2,posy);input:=1;entrada:=#0;erro:=1;entrada:=instring(msg,nom,[
#0],[],(75-length(nom)),0);cursoron;
if ch=#13 then begin limpmemo;exemplo;ch:=#63;end;end;end;
case ch of
#2:begin OndY(max);if ch=#13 then sairagora;if res1^.perg in [ 2,3] then
irfinal(max);
if ch=#63 then begin limpmemo;exemplo;irfinal(max);end;end;
#63,#64: IrFinal(max);
#72: begin previousact(max);if res1^.perg=3 then begin
res1:=primeir;posy:=1;end;end;
#80,#13: begin nextact(max);if res1^.perg=2 then begin
res1:=res1^.proximo^.proximo;posy:=4;end;end;
end;
until ch in [#27,#45,#23{,#47,#19,#31,#75,#77,#83,#72,#80,#71,#73,#81,
#13,#9,#82,#8 ,#63,#64,#65,#66}];
       (* esc x i    r s L R DEL up  dn home pgu pgd ent tab ins
bsp f5 f6 f7 f8 *)

if (ch in [#27,#45]) then begin limpmemoini;halt;end;
res1:=primeir;saitt('nilson60.txt');
for i:=1 to 3 do  begin
writeln(arq,res1^.nom,res1^.str80D);res1:=res1^.proximo;end;

re1:=pri;iy:=linha*coluna;
```

```
for ix:=1 to iy do begin
str(re1^.dat:25:10,entrada);entrada:=tiranulo(entrada);write(arq,'(',re1^.lin
,',',re1^.col,')= ',
entrada,' ':(12-length(entrada)));
if ix mod 4 =0 then writeln(arq);re1:=re1^.pro;
            end; writeln(arq);nofinal;

toquivi('nicasi60.dat');toquiv;limpmemoini;
end;

procedure nilso60.entradado;
begin
writeEsc;matriz;
assign(arq,'nilson60.txt');append(arq);
writeln(arq,'  Da última variável até a primeira :');
re1:=pri^.ant; ix:=0;
while re1<> nil do begin  inc(ix);
str(re1^.dat:25:10,entrada);write(arq,'  ',re1^.lin,' = ',tiranulo(entrada));
if ix mod 4 =0 then writeln(arq);re1:=re1^.cim;
            end; close(arq);iniciartextoarq(false,'nilson60.txt');

end;                            {
begin
if not getparamstr then exit;DadosEntreProgr;
ESCREVERODAPE;WINDOW(2,5,79,22);textattr:=$70;clrscr;
DadoIniMouse;
entrada:='';entrada2:='';entrada1:='';entradado;
halt(20);
                            }
end.
```

unit nilson61;

```
interface
{program nilson61; }
uses crt,nilson36,nilson38,nilson35,nilson32,nilson73,nilson39,
nilson70,nilson74,nilson30;
type
ptr_nilso61 =^nilso61;
nilso61=object
procedure entradado;
      end;
var k61:ptr_nilso61;
implementation
type
str2=string[2];str78=string[78];
ptr_tab=^tab;tab = record
             taba:array [1..15] of str80;pro,ant:ptr_tab;end;
```
313

```
ptr_ne = ^ne;  ne = record
netipo,nereal:byte;tipo:str2;pass:boolean;pro,Q:ptr_ne;end;
var
Ke,le,m:ptr_ne;    u:string;
re1,pri,ult,kc,Lc:ptr_tab; rqui:file of tab;

procedure posL(w,x:byte;y:str2);
begin le:=ke;for i:=2 to w do le:=le^.pro;
le^.netipo:=x;le^.tipo:=y;m^.q:=le;end;

procedure posM(w1,x1:byte;y1:str2);
begin m:=ke;for i:=2 to w1 do m:=m^.pro;
m^.netipo:=x1;m^.tipo:=y1;le^.q:=m;end;

procedure Enchertab;
begin
for i:=1 to 112 do begin new(re1);if i=1 then pri:=re1
else begin Lc^.pro:=re1;re1^.ant:= Lc;end;Lc:=re1;
                end; ult:=re1;ult^.pro:=pri;pri^.ant:=ult;kc:=pri;
end;

procedure EncherNe;
begin
for i:=1 to 28 do begin
new(le);if i=1 then begin ke:=le;m:=le;end else m^.pro:=le;m:=le;
                end; m^.pro:=nil;
end;
procedure fullNe;
begin ke^.netipo:=2;ke^.tipo:='1s';m:=ke;
posL(2,2,'2s');posM(3,6,'2p');posL(4,2,'3s');posM(5,6,'3p');posl(7,10,'3d');
posM(6,2,'4s');posl(8,6,'4p');posM(10,10,'4d');posl(13,14,'4f');
posM(9,2,'5s');posl(11,6,'5p');posM(14,10,'5d');posl(17,14,'5f');
posM(20,18,'5g');posl(12,2,'6s');posM(15,6,'6p');posl(18,10,'6d');posM(21,
14,'6f');
posl(23,18,'6g');posM(25,22,'6h');posl(16,2,'7s');posM(19,6,'7p');
posl(22,10,'7d');posM(24,14,'7f');posl(26,18,'7g');posM(27,22,'7h');
posl(28,36,'7i');le^.q:=nil;
end;
procedure KNe(n:integer); var i,x:byte;
procedure re(a:byte;b:str2;c:str25);begin  le:=ke; x:=0;
for jx:=2 to a do le:=le^.q; if le^.pass then begin Insert(c, U, length(u));
while (le^.tipo[1]=b)  and le^.pass do begin  Str(le^.nereal,escolha);
Insert(le^.tipo+escolha+',', U, length(u));x:=x+le^.nereal;le:=le^.q;end;
Str(x,escolha);Insert('='+escolha, U, length(u)-1);end;end;
begin
if n=0 then exit;
```

```
le:=ke;
for i:=1 to 28 do begin le^.nereal:=0;le^.pass:=false;le:=le^.pro;end;
le:=ke;

while n>0 do begin
if n>=le^.netipo then le^.nereal:=le^.netipo else le^.nereal:=n;
le^.pass:=true;n:=n-le^.netipo;le:=le^.pro;end;

le:=ke;  Str(le^.nereal,escolha);U:='K = '+le^.tipo+escolha+'='+escolha+',
';
re(2,'2',' L = ');  re(4,'3',' M = ');re(7,'4',' N = ');re(11,'5',' O = ');
re(16,'6',' P = ');re(22,'7',' Q = ');
end;
procedure limpNe;begin le:=ke;repeat le:=le^.pro;dispose(ke);ke:=le;until
le=nil;end;
procedure Toquiv;
begin assign(rqui,'ncs61.dat');rewrite(rqui);re1:=pri;
for i:=1 to 112 do begin Write(rqui, re1^);re1:=re1^.pro;end;close(rqui);
end;
procedure Lequiv;
begin  {$I-}assign(rqui,'ncs61.dat');reset(rqui);{$I+}
for i:=1 to 112 do begin new(re1);Read(rqui, re1^);if i=1 then pri:=re1
else begin Lc^.pro:=re1;re1^.ant:= Lc;end;Lc:=re1;
                end; ult:=re1;ult^.pro:=pri;pri^.ant:=ult;close(rqui);
end;
procedure writeEsc;const max=18;
procedure Ere1;begin L:=primeir;for i:=1 to 15 do begin
L^.nom:=kc^.taba[i];L:=L^.proximo;end;
L:=primeir;for i:=1 to 18 do begin l^.msg:=
primeir^.nom;l:=l^.proximo;end;end;

begin
write('     Aguarde estou processando...');
MaxPerg:=max;if lequi('nicasi61.dat') then begin
EncherMemoria(max);enchertab;encherne;fullNe;erro:=0;
for i:=1 to 112 do  begin
L:=primeir;LerArqNom(3527+i,1);Delete(L^.anterior^.nom,25,9);
Insert(' Massa atomica: ',L^.anterior^.nom, 16);
Insert(' Simbolo: ',L^.anterior^.nom, 13);Insert('Elemento:
',L^.anterior^.nom, 1);
LerArqNom(3527+i,1);Delete(L^.anterior^.nom,1,27);Insert('Eletronegativi
dade de Pauling:',L^.anterior^.nom,1);
LerArqNom(3527+i,1);L^.anterior^.nom:=
Copy(L^.anterior^.nom,24,4);Insert('Numero
atomico:',L^.anterior^.nom,1);

n:=i;KNe(n);L^.nom:='distribuicao eletronica: ';
```

```
if pos('N',u)<>0 then L^.nom:=L^.nom + copy(u,1,pos('N',u)-4) else
L^.nom:=L^.nom+copy(u,1,length(u));L:=L^.proximo;
if pos('N',u)<>0 then begin if pos('P',u)<>0 then
L^.nom:=copy(u,pos('N',u),pos('P',u)-pos('N',u)-3) else
L^.nom:=copy(u,pos('N',u),length(u)-pos('N',u));end;L:=L^.proximo;
if pos('P',u)<>0 then  L^.nom:=copy(u,pos('P',u),length(u)-
pos('P',u));L:=L^.proximo;

if i in[53,58..72,84] then dec(erro);j:=i+erro+112;
case i of 43,53,72,84..86:LerArqNom(3527+j,1);end;
case i of 1..42,44..52,54..57,73..83:begin
LerArqNom(3527+j,2);inc(erro);end;end;

L:=primeir;for n:=1 to 15 do begin
kc^.taba[n]:=l^.nom;l^.nom:='';l:=l^.proximo;end; kc:=kc^.pro;
              end;limpNe;end else lequiv;kc:=pri;Ere1;
ultim^.anterior^.anterior^.nom:='Proximo';res1:=res1^.proximo;ultim^.ante
rior^.nom:='Anterior';
ultim^.nom:='Voltar Menu';posx:=2;IniciarTela(max);
repeat
textattr:=$1E;with res1^do case perg of
1..8: BEGIN cursoroff;
gotoxy(2,posy);input:=1;entrada:=str80D;erro:=1;entrada:=instring(msg,n
om,[#0],[],(75-length(nom)),0);cursoron;end;

9..15: BEGIN gotoxy(2,posy);input:=1;entrada:=str80D;Erro:=1;
str80D:=instring(msg,nom,[#0,#32..#255],[],(75-length(nom)),0);end;

max-2: BEGIN cursoroff;
gotoxy(2,posy);input:=1;entrada:=#0;erro:=1;entrada:=instring(msg,nom,[
#0],[],(75-length(nom)),0);cursoron;
if (ch=#13) then begin l:=primeir;for n:=1 to 15 do begin
kc^.taba[n]:=l^.nom;l:=l^.proximo; end;
kc:=kc^.pro;ere1;IniciarTela(trunc(maxPerg));end;end;

max-1: BEGIN cursoroff;
gotoxy(2,posy);input:=1;entrada:=#0;erro:=1;entrada:=instring(msg,nom,[
#0],[],(75-length(nom)),0);cursoron;
if (ch=#13) then begin l:=primeir;for n:=1 to 15 do begin
kc^.taba[n]:=l^.nom;l:=l^.proximo; end;
kc:=kc^.ant;ere1;IniciarTela(trunc(maxPerg));end;end;

max: BEGIN   cursoroff;
gotoxy(2,posy);input:=1;entrada:=#0;erro:=1;entrada:=instring(msg,nom,[
#0],[],(75-length(nom)),0);cursoron;
if ch=#13 then ch:=#23;end;end;
```

```
case ch of
#2:begin OndY(max);irfinal(max);end;
#63,#64: IrFinal(max);
#72: previousact(max);
#80,#13: nextact(max);end;

until ch in [#27,#45,#23{,#47,#19,#31,#75,#77,#83,#72,#80,#71,#73,#81,
#13,#9,#82,#8 ,#63,#64,#65,#66}];
     (* esc x i   r s L R DEL up  dn home pgu pgd ent tab ins
bsp f5 f6 f7 f8 *)

if (ch in [#27,#45]) then begin limpmemoini;halt;end;
toquivi('nicasi61.dat');toquiv;halt;
end;

procedure nilso61.entradado;begin  writeEsc;end;
                         {
begin
if not getparamstr then exit;DadosEntreProgr;
ESCREVERODAPE;WINDOW(2,5,79,22);textattr:=$70;clrscr;
DadoIniMouse;
entrada:='';entrada2:='';entrada1:='';entradado;
halt(20);                        }
end.
```

{program nilson62; }
unit nilson62;

```
interface
uses
crt,nilson36,nilson38,nilson32,nilson39,nilson31,nilson35,nilson30,nilson
72,nilson73;
type
ptr_nilso62 = ^nilso62;
nilso62 = object
PROCEDURE entradado;
        end;
var k62:ptr_nilso62;
implementation
 VAR
 sub:array [0..6] of string;
 ARQ_ENT,ARQ_SAI:file;nomeEnt,nomeSai:str40;
 NumRead, NumWritten: Word;
 buf:array [0..1023] of char;
 senha: STRING[6];
procedure digite;
const  max=7;
procedure sairAgora;
```

```pascal
var i:integer;
begin

if (length(primeir^.str80D) <> 6) or
(pos('.',primeir^.proximo^.str80D)<>(length(primeir^.proximo^.str80D)-3))
or
(pos('.',primeir^.proximo^.proximo^.str80D)<>(length(primeir^.proximo^.pr
oximo^.str80D)-3)) or
not(primeir^.proximo^.proximo^.proximo^.str80D[1] in['C','D','c','d'])
then begin iniciartela(max);exit;end;

nomeEnt:=primeir^.proximo^.str80D;
nomeSai:=primeir^.proximo^.proximo^.str80D;

ASSIGN(ARQ_sai,nomesai);{$I-}RESET(ARQ_sai);{$I+};if IOResult=0
then begin
antes:=textattr;textattr:=$F4;
repeat gotoxy(2,posy); write(ultim^.anterior^.nom);input:=1;entrada:=#0;
entrada:=instring('Existe um arquivo igual ao de saída. Continuar ?
sim=<enter>  não=<esc>     ','.',
[#0],[],(75-length(ultim^.anterior^.nom)),0);
until ch in [#27,#13] ; end; textattr:=antes;

ASSIGN(ARQ_ENT,nomeEnt);{$I-}RESET(ARQ_ENT);{$I+};

if (ioresult<>0) or (ch=#27) then begin iniciartela(max);exit;end;

senha:=primeir^.str80D;feito:=upcase(primeir^.proximo^.proximo^.proxim
o^.str80D[1])='C';
ch:=#23;
end;
procedure exemplo;
begin
primeir^.str80D:='asdfgh';
primeir^.proximo^.str80D:='digiteme.doc';
primeir^.proximo^.proximo^.str80D:='nilson62.crp';
primeir^.proximo^.proximo^.proximo^.str80D:='C';
end;
procedure Dexemplo;
begin
primeir^.str80D:='asdfgh';
primeir^.proximo^.str80D:='nilson62.crp';
primeir^.proximo^.proximo^.str80D:='ncs62.Doc';
primeir^.proximo^.proximo^.proximo^.str80D:='D';
end;
var i :byte;
begin
```

```
MaxPerg:=max;EncherMemoria(max);
L:=primeir;LerArqNom(3120+1,2);
L:=primeir;LerArqMsg(3126+1,2);
L:=primeir^.proximo^.proximo;LerArqNom(3121+1,5);
L:=primeir^.proximo^.proximo;LerArqMsg(3127+1,5);
Insert('(Entrada)',primeir^.proximo^.nom,25);
Insert('(Saída)',primeir^.proximo^.proximo^.nom,25);
posy:=1;posx:=2; IniciarTela(trunc(maxPerg));
repeat
textattr:=$1E;
with res1^do
case perg of
1: BEGIN gotoxy(2,posy);entrada:=str80D;Erro:=1;
str80D:=instring(msg,nom,[#0,#32..#255],[],(75-length(nom)),0);
if length(str80D) <> 6 then str80D:=#0; end;
2,3: BEGIN gotoxy(2,posy);entrada:=str80D;Erro:=1;
str80D:=instring(msg,nom,[#0,#32..#255],[],(75-length(nom)),0);
if pos('.',str80D)<>(length(str80D)-3) then str80D:=#0; end;
4: BEGIN gotoxy(2,posy);entrada:=str80D;Erro:=1;
str80D:=tiranulo(instring(msg,nom,[#0,'c','C','d','D',#32..#255],[],(75-
length(nom)),0));
if not((str80D ='c')or (str80D ='C')or (str80D ='d')or (str80D ='D')) then
str80D:=#0;end;
max-2: BEGIN
repeat gotoxy(2,posy);
write(nom);input:=1;entrada:=#0;entrada:=instring(msg,'',[#0],[],(75-
length(nom)),0);
                until ch in [#27,#45,#72,#80,#13,#63,#64,#79];
                if (ch=#13) then begin ch:=#63;
                exemplo;end;end;
max-1: BEGIN
repeat gotoxy(2,posy);
write(nom);input:=1;entrada:=#0;entrada:=instring(msg,'',[#0],[],(75-
length(nom)),0);
until ch in [#2,#27,#45,#72,#80,#13,#63,#64] ;
                if (ch=#13) then sairagora;end;
max: BEGIN
repeat gotoxy(2,posy);
write(nom);input:=1;entrada:=#0;entrada:=instring(msg,'',[#0],[],(75-
length(nom)),0);
                until ch in [#2,#27,#45,#72,#80,#13,#63,#64,#79];
                if (ch=#13) then begin ch:=#63;
                Dexemplo;end;end;end;
case ch of
#2:begin OndY(max);if ch=#13 then sairagora;if ch=#63 then begin
exemplo;irfinal(max);end;end;
#63,#64: IrFinal(max);
```

```
#72: previousact(max);
#80,#13: nextact(max);
end;
until ch in [#27,#45,#23{,#47,#19,#31,#75,#77,#83,#72,#80,#71,#73,#81,
#13,#9,#82,#8 ,#63,#64,#65,#66}];
      (*  esc  x  i     r  s  L  R  DEL  up   dn home pgu pgd ent tab ins
bsp f5  f6  f7  f8 *)
if (ch in [#27,#45]) then halt;
GOTOXY(40,15); WRITELN(' ESTOU PROCESSANDO...   ');
end;{nilson6}{ decidi nao limpar a memoria e so faze-lo quando aplicar
nas variaveis}
procedure orgSub;
begin
for j:=1 to 6 do begin
for i:=254 downto ord(senha[j]) do sub[j]:=sub[j]+chr(i);
for i:=0 to ord(senha[j])-1 do sub[j]:=sub[j]+chr(i);
for i:=0 to 254 do sub[0]:=sub[0]+chr(254-i);
end;end;
procedure orgSenha;
const a: array[1..6] of byte = (42, 85, 170, 146, 36,128);
begin
for j:=1 to 6 do for i:=1 to 6 do if (senha[j]=senha[i]) and (i<>j) then
senha[i]:=chr(ord(senha[i]) xor a[j]);
end;
procedure cifra; begin jx:=j and 6;buf[j]:=chr(pos(buf[j],sub[jx]));inc(j);end;
procedure decifra; begin jx:=j and 6;buf[j]:=sub[jx,ord(buf[j])];inc(j);end;
procedure nilso62.entradado;
type str80=string[80];nilson1F1 = record Lstr80:str80;end;
var arquiv:file of nilson1F1;F1nilson1:nilson1F1;
BEGIN
digite;orgSenha;orgSub;
ASSIGN(ARQ_ENT,nomeEnt);{$I-}RESET(ARQ_ENT,1);{$I+};if IOResult
<> 0 then halt;
ASSIGN(ARQ_SAI,nomeSai);RESET(ARQ_ENT,1);REWRITE(ARQ_SAI
,1);
        repeat
BlockRead(ARQ_ENT, Buf, SizeOf(Buf), NumRead);  j:=0;
        while (j<=Numread) and (numread<>0) do
if feito then Cifra else decifra;
BlockWrite(arq_sai, Buf, NumRead, NumWritten);
        until (NumRead = 0) or (NumWritten <> NumRead);
CLOSE(ARQ_ENT);CLOSE(ARQ_SAI);
{$I-}assign(arquiv,'nilson1.ncs');reset(arquiv) {$I+};
seek(arquiv,3514);F1nilson1.Lstr80:=nomesai;
write(arquiv,F1nilson1);close(arquiv);

end;
```

(*
```pascal
begin
if not getparamstr then exit;DadosEntreProgr;
ESCREVERODAPE;WINDOW(2,5,79,22);textattr:=$70;clrscr;
DadoIniMouse;
entrada:='';entrada2:='';entrada1:='';entradado;
if feito then leituraarquivotexto('nilson62.crp') else
leituraarquivotexto('ncs62.doc')                    *)
end.
```

unit nilson63;

```pascal
{program nilson63;  }
interface
uses
crt,Dos,Graph,nilson36,nilson38,nilson39,nilson31,nilson35,nilson72,nils
on30,
    BGIDriv,   { all the BGI drivers }
    BGIFont;   { all the BGI fonts  }
type
ptr_nilso63 =^nilso63;
nilso63 = object
PROCEDURE ENTRADADO;
          end;
var k63:ptr_nilso63;
implementation
var gm,gd,maxX,maxY:integer;
procedure arqGrafPut(entrada:str80);
type
vid_ptr=^vid;  vid=array[1..30720] of byte; var
arqG:file;vide:vid_ptr;NumRead: Word;
begin    new(vide);
{$I-}assign(arqG,entrada);RESET(arqG,1);{$I+}
if loresult<>0 then halt; erro:=1;
for savex:=0 to maxx{639} do for savey:=0 to maxy{479} do begin
if (erro=1) or (erro=30721) then begin
BlockRead(arqG,vide^,SizeOf(vid),NumRead);erro:=1;end;
putPixel(savex,savey,vide^[erro]);inc(erro);end;
dispose(vide);close(arqG);
end;
procedure nilso63.entradado;
procedure Abort(Msg : string);
begin
  Writeln(Msg, ': ', GraphErrorMsg(GraphResult));
  Halt(1);
end;

begin
```

```
repeat
textattr:=$1E;gotoxy(2,2); erro:=1;input:=1;
entrada:=instring(' O nome do arquivo gráfico que aparecerá na tela.
<esc> = sair.',
'Nome do arquivo : ',[#0,#32..#255],[],(75-18),0);
if (ch in [#27,#45]) then halt;
until ch=#13;

  { Register all the drivers }
  if RegisterBGIdriver(@CGADriverProc) < 0 then
   Abort('CGA');
  if RegisterBGIdriver(@EGAVGADriverProc) < 0 then
   Abort('EGA/VGA');
  if RegisterBGIdriver(@HercDriverProc) < 0 then
   Abort('Herc');
  if RegisterBGIdriver(@ATTDriverProc) < 0 then
   Abort('AT&T');
  if RegisterBGIdriver(@PC3270DriverProc) < 0 then
   Abort('PC 3270');


  { Register all the fonts }
  if RegisterBGIfont(@GothicFontProc) < 0 then
   Abort('Gothic');
  if RegisterBGIfont(@SansSerifFontProc) < 0 then
   Abort('SansSerif');
  if RegisterBGIfont(@SmallFontProc) < 0 then
   Abort('Small');
  if RegisterBGIfont(@TriplexFontProc) < 0 then
   Abort('Triplex');

gd:=detect; initgraph(gd,gm,''); if graphresult<>grok then halt;


maxX:=getmaxX;    maxY:=getmaxy;
cleardevice;arqGrafPut(entrada);
repeat ch:=readkey;until ch=#27;
cleardevice;graphdefaults; CloseGraph;
end;                          (*
begin
if not getparamstr then exit;DadosEntreProgr;
ESCREVERODAPE;WINDOW(2,5,79,22);textattr:=$70;clrscr;
DadoIniMouse;
entrada:='';entrada2:='';entrada1:=''; entradado;   *)
end.
```

program nilson64; { calculadora}

```
uses
crt,nilson36,nilson38,nilson35,nilson32,nilson74,nilson30,nilson39,nilson
31,nilson73;
const oper=100;
type regAto=record x,y:byte;mg:str80;ch:char;strc:str5;c1,c2:word;end;
st=array[1..oper] of str40;
const
x=5;y=8;espx=5;
Numset=['(',')','.','0'..'9'];

hotkey=
['A','B','C','D','E','q','j','R','a','b','c','d','e',''','$','#','"',
''','?','l','_','^','u','k','Z',''','i','x','r','s','S','t','G',''',
'N','X','[',']','!','z','l','n','"','W','y','p','m','P','v',''','{',
':',';','Y','~','Q','@','H',''','O','&','L','F','g','V',''','<',
''','o','|','}','\','J','U','f','K','>','M','%','h','T',''];
opkey=['*','/','+','-','='];

ativ:array[1..100] of regAto =(
(x:x+0*espx;y:y+0;mg:'label A ';ch:'A';strc:' A ';c1:blue;c2:yellow),
(x:x+1*espx;y:y+0;mg:'label B ';ch:'B';strc:' B ';c1:blue;c2:yellow),
(x:x+2*espx;y:y+0;mg:'label C ';ch:'C';strc:' C ';c1:blue;c2:yellow),
(x:x+3*espx;y:y+0;mg:'label D ';ch:'D';strc:' D ';c1:blue;c2:yellow),
(x:x+4*espx;y:y+0;mg:'label E ';ch:'E';strc:' E ';c1:blue;c2:yellow),
(x:x+5*espx;y:y+0;mg:'notação científica';ch:'q';strc:'EE
';c1:blue;c2:yellow),
(x:x+6*espx;y:y+0;mg:'abre parênteses';ch:'(';strc:' ( ';c1:blue;c2:yellow),
(x:x+7*espx;y:y+0;mg:'fecha parênteses';ch:')';strc:' ) ';c1:blue;c2:yellow),
(x:x+8*espx;y:y+0;mg:'elimina a entrada de dados efetuada';ch:'j';strc:'CE
';c1:blue;c2:yellow),
(x:x+9*espx;y:y+0;mg:'elimina a operação
efetuada';ch:'R';strc:'CLR';c1:red;c2:yellow),


(x:x+0*espx;y:y+1;mg:'label a ';ch:'a';strc:' a ';c1:black;c2:darkgray),
(x:x+1*espx;y:y+1;mg:'label b ';ch:'b';strc:' b ';c1:black;c2:darkgray),
(x:x+2*espx;y:y+1;mg:'label c ';ch:'c';strc:' c ';c1:black;c2:darkgray),
(x:x+3*espx;y:y+1;mg:'label d ';ch:'d';strc:' d ';c1:black;c2:darkgray),
(x:x+4*espx;y:y+1;mg:'label e ';ch:'e';strc:' e ';c1:black;c2:darkgray),
(x:x+5*espx;y:y+1;mg:'média
aritmética';ch:"#17";strc:'Med';c1:black;c2:darkgray),
(x:x+6*espx;y:y+1;mg:'limpa operação
estatística';ch:'$';strc:'CSR';c1:black;c2:darkgray),
(x:x+7*espx;y:y+1;mg:'limpa todas as
memórias';ch:'#';strc:'CMs';c1:black;c2:darkgray),
```

(x:x+8*espx;y:y+1;mg:'Desvio
padrão';ch:'"';strc:'DeP';c1:black;c2:darkgray),
(x:x+9*espx;y:y+1;mg:'Variancia';ch:'`';strc:'Va ';c1:black;c2:darkgray),

(x:x+0*espx;y:y+2;mg:'logaritmo base
2';ch:'?';strc:'lg2';c1:blue;c2:yellow),
(x:x+1*espx;y:y+2;mg:'Funcao inversa';ch:'I';strc:'INV';c1:blue;c2:yellow),
(x:x+2*espx;y:y+2;mg:'armazena o
dado';ch:'_';strc:'STO';c1:blue;c2:yellow),
(x:x+3*espx;y:y+2;mg:'recupera
memória';ch:'^';strc:'RCL';c1:blue;c2:yellow),
(x:x+4*espx;y:y+2;mg:'acumula valor';ch:'u';strc:'SUM';c1:blue;c2:yellow),
(x:x+5*espx;y:y+2;mg:'número 7';ch:'7';strc:' 7 ';c1:blue;c2:yellow),
(x:x+6*espx;y:y+2;mg:'número 8';ch:'8';strc:' 8 ';c1:blue;c2:yellow),
(x:x+7*espx;y:y+2;mg:'número 9';ch:'9';strc:' 9 ';c1:blue;c2:yellow),
(x:x+8*espx;y:y+2;mg:'divisão';ch:'/';strc:' / ';c1:blue;c2:yellow),
(x:x+9*espx;y:y+2;mg:'tecla voltar
operacao';ch:'k';strc:'Bac';c1:blue;c2:yellow),

(x:x+0*espx;y:y+3;mg:'fatorial ';ch:'Z';strc:'n! ';c1:black;c2:darkgray),
(x:x+1*espx;y:y+3;mg:'estatística
x';ch:"#18";strc:'EsX';c1:black;c2:darkgray),
(x:x+2*espx;y:y+3;mg:'endereçamento
indireto';ch:'i';strc:'ind';c1:black;c2:darkgray),
(x:x+3*espx;y:y+3;mg:'troca visor por
memória';ch:'x';strc:'Exc';c1:black;c2:darkgray),
(x:x+4*espx;y:y+3;mg:'produtos na
memória';ch:'r';strc:'PRD';c1:black;c2:darkgray),
(x:x+5*espx;y:y+3;mg:'seno';ch:'s';strc:'sin';c1:lightgray;c2:darkgray),
(x:x+6*espx;y:y+3;mg:'cosseno';ch:'S';strc:'cos';c1:lightgray;c2:darkgray),
(x:x+7*espx;y:y+3;mg:'tangente';ch:'t';strc:'tan';c1:lightgray;c2:darkgray),
(x:x+8*espx;y:y+3;mg:'unidade
angular';ch:'G';strc:'Deg';c1:lightgray;c2:darkgray),
(x:x+9*espx;y:y+3;mg:'tecla especial F1';ch:"#19";strc:'F1
';c1:black;c2:darkgray),

(x:x+0*espx;y:y+4;mg:'logarítmo de base
E';ch:'N';strc:'lnx';c1:blue;c2:yellow),
(x:x+1*espx;y:y+4;mg:'recíproco';ch:'X';strc:'1/x';c1:blue;c2:yellow),
(x:x+2*espx;y:y+4;mg:'elevação ao quadrado';ch:'[';strc:'x2
';c1:blue;c2:yellow),
(x:x+3*espx;y:y+4;mg:'raiz quadrada';ch:']';strc:'Vx ';c1:blue;c2:yellow),
(x:x+4*espx;y:y+4;mg:'eleva a uma potência';ch:'!';strc:'yx
';c1:blue;c2:yellow),
(x:x+5*espx;y:y+4;mg:'número 4';ch:'4';strc:' 4 ';c1:blue;c2:yellow),
(x:x+6*espx;y:y+4;mg:'número 5';ch:'5';strc:' 5 ';c1:blue;c2:yellow),
(x:x+7*espx;y:y+4;mg:'número 6';ch:'6';strc:' 6 ';c1:blue;c2:yellow),

(x:x+8*espx;y:y+4;mg:'vezes';ch:'*';strc:' * ';c1:blue;c2:yellow),
(x:x+9*espx;y:y+4;mg:'Inserir ultimo
dado';ch:'z';strc:'Ins';c1:blue;c2:yellow),

(x:x+0*espx;y:y+5;mg:'logarítmo
decimal';ch:'l';strc:'log';c1:black;c2:darkgray),
(x:x+1*espx;y:y+5;mg:'parte inteira';ch:'n';strc:'int';c1:black;c2:darkgray),
(x:x+2*espx;y:y+5;mg:'valor absoluto';ch:'"';strc:'|x|';c1:black;c2:darkgray),
(x:x+3*espx;y:y+5;mg:'valor médio';ch:'W';strc:'.x.';c1:black;c2:darkgray),
(x:x+4*espx;y:y+5;mg:'dados
bidimensionais';ch:'y';strc:'E+';c1:black;c2:darkgray),
(x:x+5*espx;y:y+5;mg:'polar para
cartesiana';ch:'p';strc:'P>R';c1:lightgray;c2:darkgray),
(x:x+6*espx;y:y+5;mg:'conversão graus mm
ss';ch:'m';strc:'DMS';c1:lightgray;c2:darkgray),
(x:x+7*espx;y:y+5;mg:'o número pi';ch:'P';strc:'pi
';c1:lightgray;c2:darkgray),
(x:x+8*espx;y:y+5;mg:'modo
radiano';ch:'v';strc:'Rad';c1:lightgray;c2:darkgray),
(x:x+9*espx;y:y+5;mg:'tecla especial F2';ch:'#21';strc:'F2
';c1:black;c2:darkgray),

(x:x+0*espx;y:y+6;mg:'inserir e
informar';ch:'{';strc:'LRN';c1:blue;c2:yellow),
(x:x+1*espx;y:y+6;mg:'um passo para
trás';ch:':';strc:'BST';c1:blue;c2:yellow),
(x:x+2*espx;y:y+6;mg:'um passo para
frente';ch:';';strc:'SST';c1:blue;c2:yellow),
(x:x+3*espx;y:y+6;mg:'operação especial';ch:'Y';strc:'OP
';c1:blue;c2:yellow),
(x:x+4*espx;y:y+6;mg:'testa registrador';ch:'~';strc:'x#t';c1:blue;c2:yellow),
(x:x+5*espx;y:y+6;mg:'número 1';ch:'1';strc:' 1 ';c1:blue;c2:yellow),
(x:x+6*espx;y:y+6;mg:'número 2';ch:'2';strc:' 2 ';c1:blue;c2:yellow),
(x:x+7*espx;y:y+6;mg:'número 3';ch:'3';strc:' 3 ';c1:blue;c2:yellow),
(x:x+8*espx;y:y+6;mg:'menos';ch:'-';strc:' - ';c1:blue;c2:yellow),
(x:x+9*espx;y:y+6;mg:'inserir penultimo
dado';ch:'Q';strc:'End';c1:blue;c2:yellow),

(x:x+0*espx;y:y+7;mg:'partição da
memória';ch:'@';strc:'Par';c1:black;c2:darkgray),
(x:x+1*espx;y:y+7;mg:'limpa passo de
programa';ch:'H';strc:'Del';c1:black;c2:darkgray),
(x:x+2*espx;y:y+7;mg:'estatística
y';ch:'#16';strc:'EsY';c1:black;c2:darkgray),
(x:x+3*espx;y:y+7;mg:'passo de programa
vazio';ch:'O';strc:'Nop';c1:black;c2:darkgray),

```
(x:x+4*espx;y:y+7;mg:'conferir
registrador';ch:'&';strc:'x=t';c1:black;c2:darkgray),
(x:x+5*espx;y:y+7;mg:'limpa programa';ch:'L';strc:'CP
';c1:lightgray;c2:darkgray),
(x:x+6*espx;y:y+7;mg:'fixa ponto
decimal';ch:'F';strc:'Fix';c1:lightgray;c2:darkgray),
(x:x+7*espx;y:y+7;mg:'notação de
engenharia';ch:'g';strc:'ENG';c1:lightgray;c2:darkgray),
(x:x+8*espx;y:y+7;mg:'unidade
grados';ch:'V';strc:'Gra';c1:lightgray;c2:darkgray),
(x:x+9*espx;y:y+7;mg:'tecla F3';ch:"#22";strc:'F3 ';c1:black;c2:darkgray),

(x:x+0*espx;y:y+8;mg:'executar
processamento';ch:'<';strc:'R/S';c1:blue;c2:yellow),
(x:x+1*espx;y:y+8;mg:'resetar o
programa';ch:',';strc:'RST';c1:blue;c2:yellow),
(x:x+2*espx;y:y+8;mg:'ir para o label';ch:'o';strc:'GTO';c1:blue;c2:yellow),
(x:x+3*espx;y:y+8;mg:'chama a
subrotina';ch:'|';strc:'SBR';c1:blue;c2:yellow),
(x:x+4*espx;y:y+8;mg:'nome ao label';ch:'}';strc:'LBL';c1:blue;c2:yellow),
(x:x+5*espx;y:y+8;mg:'número 0';ch:'0';strc:' 0 ';c1:blue;c2:yellow),
(x:x+6*espx;y:y+8;mg:'ponto';ch:'.';strc:' . ';c1:blue;c2:yellow),
(x:x+7*espx;y:y+8;mg:'troca de sinal';ch:'\';strc:'+/-';c1:blue;c2:yellow),
(x:x+8*espx;y:y+8;mg:'mais';ch:'+';strc:' + ';c1:blue;c2:yellow),
(x:x+9*espx;y:y+8;mg:'igual';ch:'=';strc:' = ';c1:red;c2:yellow),

(x:x+0*espx;y:y+9;mg:'declementa e
salta';ch:'J';strc:'Dsz';c1:black;c2:darkgray),
(x:x+1*espx;y:y+9;mg:'pausa a
execução';ch:'U';strc:'Pau';c1:black;c2:darkgray),
(x:x+2*espx;y:y+9;mg:'se flag então';ch:'f';strc:'ifF';c1:black;c2:darkgray),
(x:x+3*espx;y:y+9;mg:'estabelece
flag';ch:'K';strc:'StF';c1:black;c2:darkgray),
(x:x+4*espx;y:y+9;mg:'visor X
registrador';ch:'>';strc:'xXt';c1:black;c2:darkgray),
(x:x+5*espx;y:y+9;mg:'avança';ch:'M';strc:'Adv';c1:black;c2:darkgray),
(x:x+6*espx;y:y+9;mg:'imprimir';ch:'%';strc:'Prt';c1:black;c2:darkgray),
(x:x+7*espx;y:y+9;mg:'lista a
programação';ch:'h';strc:'Lis';c1:black;c2:darkgray),
(x:x+8*espx;y:y+9;mg:'faz roteiro';ch:'T';strc:'Tra';c1:black;c2:darkgray),
(x:x+9*espx;y:y+9;mg:'tecla f4';ch:"#23";strc:'F4 ';c1:black;c2:darkgray));
var
aux,ind,indiha,decimal,k,iacti:integer;xsetast:array[1..30]of real;
p1,stat:st;
c1,c2:char;
r:real;
inv,Rad,Gra,Deg,prt:boolean;
```

```
procedure acti;
begin
writeMsg(ativ[iacti].c1*16+ativ[iacti].c2,ativ[iacti].strc,ativ[iacti].x,ativ[iacti].
y);
for erro:=1 to 100 do if ch=ativ[erro].ch then
begin prompt:=ativ[erro].mg+' hotkey= '+ativ[erro].ch;iacti:=erro;
writeMsg(red*16+white,ativ[erro].strc,ativ[erro].x,ativ[erro].y);exit;end;
end;
procedure posch;
procedure posc;
begin
if botao=1 then for erro:=1 to 100 do
  if(xmouse>=ativ[erro].x) and (xmouse<=ativ[erro].x+2) and
(ymouse=ativ[erro].y) then
    begin if (ativ[erro].ch in (numset+hotkey+opkey)) then begin
ch:=ativ[erro].ch;exit;end;
    end;
end;
begin
posc;if (ch in numset) and (input<37)then if jx=1 then entrada:=ch else
entrada:=entrada+ch;
acti;
end;

procedure entradageral(a:str25;good,good1:validset);
begin
  repeat gotoxy(x+4,y-5);erro:=wherex+length(entrada);inc(jx);
  entrada:=tiranul(instring(prompt,a,[],good,37-length(a),0));
  if ch=#27 then halt;
  posch;
  until (entrada<> '') and (ch in good1);
end;

procedure separa;
begin  c1:=#0;c2:=c1;
  while  pos(')',entrada)>0 do begin
c2:=')';delete(entrada,pos(')',entrada),1);end;
  while  pos('(',entrada)>0 do begin
c1:='(';delete(entrada,pos('(',entrada),1);end;
  entrada:=tiranul(entrada);val(entrada,r,erro);
end;
procedure junta;
begin  if decimal>0 then Str(r:37:decimal,entrada) else
Str(r,entrada);entrada:=tiranul(entrada);
if c1='(' then entrada:='('+entrada;if c2=')' then entrada:=entrada+')';
end;
```

```
procedure diha(var p1:st;var ind:integer);
var r1,r2:real;
erro1,erro2,aux2,auxind:integer;

procedure normaliz;
begin
ind:=ind-2;aux2:=aux;
while aux2<auxind do begin p1[aux2]:=p1[aux2+2];inc(aux2);end;
end;

begin  jx:=0;
separa;if r=0 then exit;
if c1='(' then begin inc(ind);p1[ind]:=c1;end;

inc(ind);p1[ind]:=entrada;
if c2=')' then begin inc(ind);p1[ind]:=c2;end;
inc(ind);p1[ind]:=ch;
aux2:=ind-1;

while aux2>1 do begin

    aux:=1;aux2:=1;
    repeat aux2:=1; auxind:=ind-1;
     while (p1[aux][1] <> '*') and (p1[aux][1] <> '/') and (aux<auxind) do
inc(aux);
     if (( p1[aux] = '*')or( p1[aux] = '/'))then  begin inc(aux);
       val(p1[aux-2],r1,erro1);val(p1[aux],r2,erro2);
       if (erro1=0) and (erro2=0) then begin
         if p1[aux-1] = '*' then r1:=r1*r2 else r1:=r1/r2;
        str(r1,p1[aux-2]);r:=r1;dec(aux);normaliz;
                            end; if auxind<2 then exit;end;
    until aux>auxind-1 ;

    aux:=1;
    repeat if (p1[ind][1] in ['*','/']) and (p1[ind-1]<>')') then auxind:=ind-3
else auxind:=ind-1;
     while (p1[aux][1] <> '+') and (p1[aux][1] <> '-') and (aux<auxind) do
inc(aux);
     if (( p1[aux] = '+')or( p1[aux] = '-')) then  begin inc(aux);
       val(p1[aux-2],r1,erro1);val(p1[aux],r2,erro2);
       if (erro1=0) and (erro2=0) then begin
       if p1[aux-1] = '+' then r1:=r1+r2 else r1:=r1-r2;
       str(r1,p1[aux-2]);r:=r1;dec(aux);normaliz;
                            end; if auxind<2 then exit;   end;
    until aux>auxind-1;

    aux:=1;
```

```
   repeat auxind:=ind-1;
    while (p1[aux][1] <> '(') and (aux<auxind) do inc(aux);
    if p1[aux] = '(' then begin inc(aux);
     if p1[aux+1] = ')' then begin
     p1[aux-1]:=p1[aux];normaliz;
                 end;end;
    until aux>auxind-1;


if (ch='=') and (aux2=1)then  begin
    aux:=1;
    while (p1[aux][1] <> '(') and (p1[aux][1] <> ')') and (aux<auxind) do
inc(aux);
    if (p1[aux] = '(') or (p1[aux] = ')')  then begin inc(aux);
    p1[aux-1]:=p1[aux];inc(ind);normaliz;
                              end;
            end;end;
if (ch='=') or (ch=#13) then ind:=0;
if decimal>0 then Str(r:37:decimal,entrada) else
Str(r,entrada);entrada:=tiranul(entrada);
end;

procedure nodiha; var r1,r2,r3:real; erro2:integer;s:str25;

begin
separa;
case ch of
  #16 { EsY  estatística y 73} :
  begin  xsetast[1]:=xsetast[1]+r;xsetast[2]:=xsetast[2]+sqr(r);
  xsetast[3]:=xsetast[3]+1;end;
  #17 { Med  média aritmética 16} :;
  #18 { EsX  estatística x 32} :
  begin
  xsetast[4]:=xsetast[4]+r;xsetast[5]:=xsetast[5]+sqr(r);
  xsetast[16]:=xsetast[16]+1;end;
  #19 { F1   tecla especial F1 40} :;
  #21 {  F2   tecla especial F2 60} :;
  #22 { F3   tecla F3 80} :;
  #23 { F4   tecla f4 100} :;
  #33 { ! yx   eleva a uma potência 45} :begin r2:=r;entrada:='';
  prompt:='Digite agora o valor da potencia do numero + <enter>.';
  repeat  entradageral('potencia:
',(hotkey+opkey+numset),(hotkey+opkey+[chr(13)]));
   if (ch in hotkey) then  nodiha;
   if (ch in opkey) then  diha(stat,indiha);
   until ch=#13;  separa; r:=exp(r*ln(r2));end;
```

#34 { " |x| valor absoluto 53} :r:=abs(r);
#35 { # CMs limpa todas as memórias 18} :for i:=1 to 30 do
xsetast[i]:=0;
#36 { $ CSR limpa operação estatística 17} :for i:=1 to 30 do
xsetast[i]:=0;
#37 { % Prt imprimir 97} :;
#38 { & x=t conferir registrador 75} :;
#39 { ' DeP Desvio padrao 19} :;
#44 { , RST resetar o programa 82} :;
#58 { : BST um passo para trás 62} :;
#59 { ; SST um passo para frente 63} :;
#60 { < R/S executar processamento 81} :;
#62 { > xXt visor X registrador 95} :;
#63 { ? lg2 logaritmo base 2 21} :r:=ln(r)/ln(2);
#64 { @ Par partição da memória 71} :;
#65 { A A label A 1} :;
#66 { B B label B 2} :;
#67 { C C label C 3} :;
#68 { D D label D 4} :;
#69 { E E label E 5} :;
#70 { F Fix fixa ponto decimal 77} :decimal:=trunc(r);
#71 { G Deg unidade angular 39} :begin
rad:=false;Gra:=false;Deg:=true;end;
#72 { H Del limpa passo de programa 72} :;
#73 { I INV Funcao inversa 22} :begin inv:=not inv;if not inv then

writeMsg(ativ[22].c1*16+ativ[22].c2,ativ[22].strc,ativ[22].x,ativ[22].y);end;
#74 { J Dsz declementa e salta 91} :;
#75 { K StF estabelece flag 94} :;
#76 { L CP limpa programa 76} :;
#77 { M Adv avança 96} :;
#78 { N lnx logarítmo de base E 41} :r:=ln(r);
#79 { O Nop passo de programa vazio 74} :;
#80 { P pi o número pi 58} :r:=pi;
#81 { Q End 70} :;
#82 { R CLR elimina a operação efetuada 10} :;
#83 { S cos cosseno 37} :r:=cos(r*pi/180);
#84 { T Tra faz roteiro 99} :;
#85 { U Pau pausa a execução 92} :;
#86 { V Gra unidade grados 79} :begin
rad:=false;Gra:=true;Deg:=false;end;
#87 { W .x. valor médio 54} :begin
  if inv then r:=xsetast[9] else r:=xsetast[7] ;
                  end;
#88 { X 1/x recíproco 42} :r:=1/r;
#89 { Y OP operação especial 64} :begin case trunc(r) of
    1:prompt:= 'somatório de y';

```pascal
        2:prompt:= 'somatório de y ao quadrado';
        3:prompt:= 'contagem dos dados';
        4:prompt:= 'soma de dados x';
        5:prompt:= 'somatório de x ao quadrado';
        6:prompt:= 'somatório de y vezes x';
        7:prompt:= 'media aritmética de x';
        8:prompt:= '';
        end;
        if (r>=1) or (r<=15) then r:=xsetast[trunc(r)];

                        ;end;
  #90 { Z fatorial  31} :begin r:=trunc(r);erro2:=1;if r<>1 then begin
erro:=2;
    while erro<=r do begin
erro2:=erro2*erro;inc(erro);end;end;r:=erro2;end;
  #91 { [ elevação ao quadrado 43} :r:=r*r;
  #92 { \ troca de sinal 88} :r:=-r;
  #93 { ] raiz quadrada 44} : r:=sqrt(r);
  #94 { ^  RCL  recupera memória 24} :;
  #95 { _  STO  armazena o dado 23} :;
  #96 { ` Va  Variancia 20} :;
  #97 { a   a   label a  11} :;
  #98 { b   b   label b  12} :;
  #99 { c   c   label c  13} :;
  #100 { d   d   label d  14} :;
  #101 { e   e   label e  15} :;
  #102 { f  ifF  se flag então 93} :;
  #103 { g  ENG  notação de engenharia 78} :decimal:=0;
  #104 { h  Lis  lista a programação 98} :;
  #105 { i  ind  endereçamento indireto 33} :;
  #106 { j  CE   elimina a entrada de dados efetuada 9} :;
  #107 { k  Bac   30} :;
  #108 { l  log  logarítmo decimal 51} :r:=ln(r)/ln(10);
  #109 { m  DMS  conversão graus mm ss 57} :begin
      erro2:=pos('.',entrada);i:=length(entrada);
      if inv then begin
      val(Copy(entrada,1,erro2-1),r1,erro);
      val(Copy(entrada,erro2,i),r2,erro);
      r2:=r2*60;r3:=frac(r2)*60/10000;r2:=int(r2)/100;r:=r1+r2+r3;
    {   gotoxy(1,10);write(r1:20:10,' ',r2:20:10,' ',r3:20:10,' ',r:20:10,' '); }
      end else begin
      s:=Copy(entrada,erro2+3,i);Insert('.',s,3);  val(s,r1,erro);
      val(Copy(entrada,1,erro2-1),r3,erro);
      val(Copy(entrada,erro2+1,2),r2,erro);
      r1:=r1/60;r2:=r2+r1;r2:=r2/60;r3:=r3+r2;r:=r3;
            end;
                        end;
```
331

```
#110 { n  int  parte inteira 52} :if inv then r:=Frac(r) else r:=Int(r);
#111 { o  GTO  ir para o label 83} :;
#112 { p  P>R  polar para cartesiana 56} :begin jx:=0;xsetast[29]:=r;
    xsetast[28]:=xsetast[30]*sin(xsetast[29]*pi/180);r:=xsetast[28];
                            end;

#113 { q  EE  notação científica 6} :;
#114 { r  PRD  produtos na memória 35} :;
#115 { s  seno 36} :r:=sin(r*pi/180);
#116 { t tangente 38} :r:=sin(r*pi/180)/cos(r*pi/180);
#117 { u  SUM  acumula valor 25} :;
#118 { v  Rad  modo radiano 59} :begin
rad:=true;Gra:=false;Deg:=false;end;
#120 { x  Exc  troca visor por memória 34} :;
#121 { y  E+  dados bidimensionais 55} :begin
if not inv then begin
case ch of 'y':begin
val(entrada,r,erro); xsetast[1]:=xsetast[1]+r;xsetast[2]:=xsetast[2]+sqr(r);
xsetast[3]:=xsetast[3]+1;end;
        '~':begin
val(entrada,r,erro); xsetast[4]:=xsetast[4]+r;xsetast[5]:=xsetast[2]+sqr(r);
xsetast[6]:=xsetast[6]+xsetast[1]*xsetast[4]end;end;
                        end else begin
case ch of 'y':begin
val(entrada,r,erro); xsetast[1]:=xsetast[1]-r;xsetast[2]:=xsetast[2]-sqr(r);
xsetast[3]:=xsetast[3]-1;end;
        '~':begin
val(entrada,r,erro); xsetast[4]:=xsetast[4]-r;xsetast[5]:=xsetast[2]-sqr(r);
xsetast[6]:=xsetast[6]-xsetast[1]*xsetast[4];end;end;
                        end;
xsetast[7]:=xsetast[4]/xsetast[3];
xsetast[8]:=xsetast[1]/xsetast[6];
xsetast[9]:=xsetast[5]-sqr(xsetast[4])/xsetast[3]/(xsetast[3]-1);
xsetast[10]:=xsetast[2]-sqr(xsetast[1])/xsetast[3]/(xsetast[3]-1);
xsetast[11]:=xsetast[5]/xsetast[3]-sqr(xsetast[9]);
xsetast[12]:=xsetast[2]/xsetast[3]-sqr(xsetast[10]);
xsetast[13]:=(xsetast[6]-(xsetast[1]*xsetast[4]/xsetast[3]))/(xsetast[5]-
sqr(xsetast[4]/xsetast[3]));
xsetast[14]:=(xsetast[1]-xsetast[13]*xsetast[4])/xsetast[3];
xsetast[15]:=xsetast[13]*xsetast[9]*xsetast[12];
                        end;

#122 { z  Ins  50} :;
#123 { {  LRN  inserir e informar 61} :;
#124 { |  SBR  chama a subrotina 84} :;
#125 {  LBL  nome ao label 85} :;
```

```
#126 { ~ x#t  testa registrador 65} :begin
    jx:=0;if xsetast[1]=0 then begin xsetast[30]:=r; xsetast[1]:=1;end else
begin

xsetast[1]:=0;xsetast[28]:=xsetast[30]*cos(xsetast[29]*pi/180);r:=xsetast[
28];end;
                              end;

end;
gotoxy(1,1);write('xsetast[1]=',xsetast[1]:4:2, '
xsetast[30]=',xsetast[30]:4:2,'   xsetast[29]=',xsetast[29]:4:2,
' xsetast[28]=',xsetast[28]:4:2);
if inv and (ch<>'I') then inv:=false;
Str(r,entrada);  { write(entrada);}
if pos('E',entrada) <> 0 then begin
 val(Copy(entrada,1,pos('E',entrada)-1),r,erro);
 if entrada[pos('E',entrada)+1]='+' then
 val(Copy(entrada,pos('E',entrada)+2,2),r1,erro) else
 val(Copy(entrada,pos('E',entrada)+2,2),r1,erro);
 r:=exp(r1*ln(10))*r;str(r:80:40,entrada);
                    end; entrada:=tiranulo(entrada);
end;

procedure Ordem;
var d: array[1..100]of str80;
procedure QuickSort(L, R: Integer);
var I, J: Integer; X, Y: str80;
begin
 I := L; J := R; X := d[(L + R) div 2];
 repeat
   while d[I]< X do Inc(I);  while X< d[J] do Dec(J);
   if I <= J then  begin Y := d[I]; d[I]:=d[J]; d[J]:=Y; Inc(I); Dec(J);end;
   until I > J;
 if L < J then QuickSort(L, J);if I < R then QuickSort(I, R);
end;
begin
for j:=1 to 100 do d[j]:='111'; j:=0;assign(arq,'nilson50.txt');reset(arq);
while not eof(arq) do begin inc(j);readln(arq,d[j]);end;close(arq);
quicksort(1,100);
assign(arq,'nilson50.txt');rewrite(arq);for j:=1 to 100 do
writeln(arq,d[j]);close(arq);
end;

procedure entradado;
begin (*  ordem;halt;     *)  (*
repeat Ch:=ReadKey; if ch=#0 then Ch:=ReadKey; gotoxy(1,1);ClrEol;
for i:=1 to 100 do if ch=ativ[i].ch  then writeln(ativ[i].ch,' ',i,' ');
```

```
until ch=#27; halt;

assign(arq,'nilson50.txt');rewrite(arq);
for i:=1 to 100 do for j:=1 to 100 do if (ativ[i].ch=ativ[j].ch) and (i<>j)
then writeln(arq,' #',ord(ativ[i].ch),'  ',ativ[j].ch,' { ',ativ[i].ch,' ',i,' ',j,'} :');
close(arq);halt;
for i:=1 to 100 do if (ativ[i].ch in hotkey) then
writeln(arq,' #',ord(ativ[i].ch),' { ',ativ[i].ch,' ',i,'} :');
close(arq);halt;
assign(arq,'nilson50.txt');rewrite(arq);
for i:=1 to 100 do if (ativ[i].ch<>' ')and not(ativ[i].ch in numset)and
not(ativ[i].ch in opkey) then
write(arq,{' #',ord(ativ[i].ch),' { ',}ativ[i].ch,',','{,ativ[i].strc,' ',ativ[i].mg,' ',i,'
:'});
close(arq);halt;            *)

for i:=x-1 to (x+9*espx+3) do for ind:=y-2 to y+9 do
writeMsg(black*16+black,' ',i,ind);
for i:=1 to 100 do begin
 if (ativ[i].x in[(x+5*espx)..(x+8*espx)]) and (ativ[i].y in[(y+2)..(y+8)])
 then writeMsg(lightgray*16+lightgray,'   ',ativ[i].x-1,ativ[i].y);
 writeMsg(ativ[i].c1*16+ativ[i].c2,ativ[i].strc,ativ[i].x,ativ[i].y);
             end;
 for i:=1 to 30 do xsetast[i]:=0;
ind:=0;decimal:=2; textattr:=$70; prompt:='wellcolme, bienvenido, bem
vindo.     ';
entrada:='0.0';inv:=false;Rad:=false;Gra:=false;Deg:=true;prt:=false;
 repeat c1:=#255;c2:=c1;
 entradageral('',(hotkey+opkey+numset),(hotkey+opkey));
  if (ch in hotkey) then  nodiha;
  if (ch in opkey) then  diha(p1,ind);

until  (ch=#27);
end;
begin window(1, 1, 80, 25);
DadoIniMouse;ESCREVERODAPE;WINDOW(2,5,79,22);textattr:=$70;clr
scr;
entrada:='';entrada2:='';entrada1:='';entradado;
end.

program nilson64; { calculadora}
uses
crt,nilson36,nilson38,nilson35,nilson32,nilson74,nilson30,nilson39,nilson
31,nilson73;
const oper=100;
type regAto=record x,y:byte;mg:str80;ch:char;strc:str5;c1,c2:word;end;
st=array[1..oper] of str40;
```

334

```
const
x=5;y=8;espx=5;
Numset=['(',')','.','0'..'9'];

hotkey=
['A','B','C','D','E','q','j','R','a','b','c','d','e','','$','#','"',
'`','?','l','_','^','u','k','Z','','i','x','r','s','S','t','G','',
'N','X','[',']','!','z','l','n','"','W','y','p','m','P','v','','{',
':',';','Y','~','Q','@','H','','O','&','L','F','g','V','','<',
'','o','|','}','\','J','U','f','K','>','M','%','h','T',''];
opkey=['*','/','+','-','='];

ativ:array[1..100] of regAto =(
(x:x+0*espx;y:y+0;mg:'label A ';ch:'A';strc:' A ';c1:blue;c2:yellow),
(x:x+1*espx;y:y+0;mg:'label B ';ch:'B';strc:' B ';c1:blue;c2:yellow),
(x:x+2*espx;y:y+0;mg:'label C ';ch:'C';strc:' C ';c1:blue;c2:yellow),
(x:x+3*espx;y:y+0;mg:'label D ';ch:'D';strc:' D ';c1:blue;c2:yellow),
(x:x+4*espx;y:y+0;mg:'label E ';ch:'E';strc:' E ';c1:blue;c2:yellow),
(x:x+5*espx;y:y+0;mg:'notação científica';ch:'q';strc:'EE
';c1:blue;c2:yellow),
(x:x+6*espx;y:y+0;mg:'abre parênteses';ch:'(';strc:' ( ';c1:blue;c2:yellow),
(x:x+7*espx;y:y+0;mg:'fecha parênteses';ch:')';strc:' ) ';c1:blue;c2:yellow),
(x:x+8*espx;y:y+0;mg:'elimina a entrada de dados efetuada';ch:'j';strc:'CE
';c1:blue;c2:yellow),
(x:x+9*espx;y:y+0;mg:'elimina a operação
efetuada';ch:'R';strc:'CLR';c1:red;c2:yellow),

(x:x+0*espx;y:y+1;mg:'label a ';ch:'a';strc:' a ';c1:black;c2:darkgray),
(x:x+1*espx;y:y+1;mg:'label b ';ch:'b';strc:' b ';c1:black;c2:darkgray),
(x:x+2*espx;y:y+1;mg:'label c ';ch:'c';strc:' c ';c1:black;c2:darkgray),
(x:x+3*espx;y:y+1;mg:'label d ';ch:'d';strc:' d ';c1:black;c2:darkgray),
(x:x+4*espx;y:y+1;mg:'label e ';ch:'e';strc:' e ';c1:black;c2:darkgray),
(x:x+5*espx;y:y+1;mg:'média
aritmética';ch:"#17";strc:'Med';c1:black;c2:darkgray),
(x:x+6*espx;y:y+1;mg:'limpa operação
estatística';ch:'$';strc:'CSR';c1:black;c2:darkgray),
(x:x+7*espx;y:y+1;mg:'limpa todas as
memórias';ch:'#';strc:'CMs';c1:black;c2:darkgray),
(x:x+8*espx;y:y+1;mg:'Desvio
padrão';ch:'"';strc:'DeP';c1:black;c2:darkgray),
(x:x+9*espx;y:y+1;mg:'Variancia';ch:'`';strc:'Va ';c1:black;c2:darkgray),

(x:x+0*espx;y:y+2;mg:'logaritmo base
2';ch:'?';strc:'lg2';c1:blue;c2:yellow),
(x:x+1*espx;y:y+2;mg:'Funcao inversa';ch:'l';strc:'INV';c1:blue;c2:yellow),
(x:x+2*espx;y:y+2;mg:'armazena o
dado';ch:'_';strc:'STO';c1:blue;c2:yellow),
```

(x:x+3*espx;y:y+2;mg:'recupera
memória';ch:'^';strc:'RCL';c1:blue;c2:yellow),
(x:x+4*espx;y:y+2;mg:'acumula valor';ch:'u';strc:'SUM';c1:blue;c2:yellow),
(x:x+5*espx;y:y+2;mg:'número 7';ch:'7';strc:' 7 ';c1:blue;c2:yellow),
(x:x+6*espx;y:y+2;mg:'número 8';ch:'8';strc:' 8 ';c1:blue;c2:yellow),
(x:x+7*espx;y:y+2;mg:'número 9';ch:'9';strc:' 9 ';c1:blue;c2:yellow),
(x:x+8*espx;y:y+2;mg:'divisão';ch:'/';strc:' / ';c1:blue;c2:yellow),
(x:x+9*espx;y:y+2;mg:'tecla voltar
operacao';ch:'k';strc:'Bac';c1:blue;c2:yellow),

(x:x+0*espx;y:y+3;mg:'fatorial ';ch:'Z';strc:'n! ';c1:black;c2:darkgray),
(x:x+1*espx;y:y+3;mg:'estatística
x';ch:"#18";strc:'EsX';c1:black;c2:darkgray),
(x:x+2*espx;y:y+3;mg:'endereçamento
indireto';ch:'i';strc:'ind';c1:black;c2:darkgray),
(x:x+3*espx;y:y+3;mg:'troca visor por
memória';ch:'x';strc:'Exc';c1:black;c2:darkgray),
(x:x+4*espx;y:y+3;mg:'produtos na
memória';ch:'r';strc:'PRD';c1:black;c2:darkgray),
(x:x+5*espx;y:y+3;mg:'seno';ch:'s';strc:'sin';c1:lightgray;c2:darkgray),
(x:x+6*espx;y:y+3;mg:'cosseno';ch:'S';strc:'cos';c1:lightgray;c2:darkgray),
(x:x+7*espx;y:y+3;mg:'tangente';ch:'t';strc:'tan';c1:lightgray;c2:darkgray),
(x:x+8*espx;y:y+3;mg:'unidade
angular';ch:'G';strc:'Deg';c1:lightgray;c2:darkgray),
(x:x+9*espx;y:y+3;mg:'tecla especial F1';ch:"#19";strc:'F1
';c1:black;c2:darkgray),

(x:x+0*espx;y:y+4;mg:'logarítmo de base
E';ch:'N';strc:'lnx';c1:blue;c2:yellow),
(x:x+1*espx;y:y+4;mg:'recíproco';ch:'X';strc:'1/x';c1:blue;c2:yellow),
(x:x+2*espx;y:y+4;mg:'elevação ao quadrado';ch:'[';strc:'x2
';c1:blue;c2:yellow),
(x:x+3*espx;y:y+4;mg:'raiz quadrada';ch:']';strc:'Vx ';c1:blue;c2:yellow),
(x:x+4*espx;y:y+4;mg:'eleva a uma potência';ch:'!';strc:'yx
';c1:blue;c2:yellow),
(x:x+5*espx;y:y+4;mg:'número 4';ch:'4';strc:' 4 ';c1:blue;c2:yellow),
(x:x+6*espx;y:y+4;mg:'número 5';ch:'5';strc:' 5 ';c1:blue;c2:yellow),
(x:x+7*espx;y:y+4;mg:'número 6';ch:'6';strc:' 6 ';c1:blue;c2:yellow),
(x:x+8*espx;y:y+4;mg:'vezes';ch:'*';strc:' * ';c1:blue;c2:yellow),
(x:x+9*espx;y:y+4;mg:'Inserir ultimo
dado';ch:'z';strc:'Ins';c1:blue;c2:yellow),

(x:x+0*espx;y:y+5;mg:'logarítmo
decimal';ch:'l';strc:'log';c1:black;c2:darkgray),
(x:x+1*espx;y:y+5;mg:'parte inteira';ch:'n';strc:'int';c1:black;c2:darkgray),
(x:x+2*espx;y:y+5;mg:'valor absoluto';ch:'"';strc:'|x|';c1:black;c2:darkgray),
(x:x+3*espx;y:y+5;mg:'valor médio';ch:'W';strc:'.x.';c1:black;c2:darkgray),

(x:x+4*espx;y:y+5;mg:'dados
bidimensionais';ch:'y';strc:'E+';c1:black;c2:darkgray),
(x:x+5*espx;y:y+5;mg:'polar para
cartesiana';ch:'p';strc:'P>R';c1:lightgray;c2:darkgray),
(x:x+6*espx;y:y+5;mg:'conversão graus mm
ss';ch:'m';strc:'DMS';c1:lightgray;c2:darkgray),
(x:x+7*espx;y:y+5;mg:'o número pi';ch:'P';strc:'pi
';c1:lightgray;c2:darkgray),
(x:x+8*espx;y:y+5;mg:'modo
radiano';ch:'v';strc:'Rad';c1:lightgray;c2:darkgray),
(x:x+9*espx;y:y+5;mg:'tecla especial F2';ch:"#21";strc:'F2
';c1:black;c2:darkgray),

(x:x+0*espx;y:y+6;mg:'inserir e
informar';ch:'{';strc:'LRN';c1:blue;c2:yellow),
(x:x+1*espx;y:y+6;mg:'um passo para
trás';ch:':';strc:'BST';c1:blue;c2:yellow),
(x:x+2*espx;y:y+6;mg:'um passo para
frente';ch:';';strc:'SST';c1:blue;c2:yellow),
(x:x+3*espx;y:y+6;mg:'operação especial';ch:'Y';strc:'OP
';c1:blue;c2:yellow),
(x:x+4*espx;y:y+6;mg:'testa registrador';ch:'~';strc:'x#t';c1:blue;c2:yellow),
(x:x+5*espx;y:y+6;mg:'número 1';ch:'1';strc:' 1 ';c1:blue;c2:yellow),
(x:x+6*espx;y:y+6;mg:'número 2';ch:'2';strc:' 2 ';c1:blue;c2:yellow),
(x:x+7*espx;y:y+6;mg:'número 3';ch:'3';strc:' 3 ';c1:blue;c2:yellow),
(x:x+8*espx;y:y+6;mg:'menos';ch:'-';strc:' - ';c1:blue;c2:yellow),
(x:x+9*espx;y:y+6;mg:'inserir penultimo
dado';ch:'Q';strc:'End';c1:blue;c2:yellow),

(x:x+0*espx;y:y+7;mg:'partição da
memória';ch:'@';strc:'Par';c1:black;c2:darkgray),
(x:x+1*espx;y:y+7;mg:'limpa passo de
programa';ch:'H';strc:'Del';c1:black;c2:darkgray),
(x:x+2*espx;y:y+7;mg:'estatística
y';ch:"#16";strc:'EsY';c1:black;c2:darkgray),
(x:x+3*espx;y:y+7;mg:'passo de programa
vazio';ch:'O';strc:'Nop';c1:black;c2:darkgray),
(x:x+4*espx;y:y+7;mg:'conferir
registrador';ch:'&';strc:'x=t';c1:black;c2:darkgray),
(x:x+5*espx;y:y+7;mg:'limpa programa';ch:'L';strc:'CP
';c1:lightgray;c2:darkgray),
(x:x+6*espx;y:y+7;mg:'fixa ponto
decimal';ch:'F';strc:'Fix';c1:lightgray;c2:darkgray),
(x:x+7*espx;y:y+7;mg:'notação de
engenharia';ch:'g';strc:'ENG';c1:lightgray;c2:darkgray),
(x:x+8*espx;y:y+7;mg:'unidade
grados';ch:'V';strc:'Gra';c1:lightgray;c2:darkgray),

```
(x:x+9*espx;y:y+7;mg:'tecla F3';ch:"#22";strc:'F3 ';c1:black;c2:darkgray),

(x:x+0*espx;y:y+8;mg:'executar
processamento';ch:'<';strc:'R/S';c1:blue;c2:yellow),
(x:x+1*espx;y:y+8;mg:'resetar o
programa';ch:',';strc:'RST';c1:blue;c2:yellow),
(x:x+2*espx;y:y+8;mg:'ir para o label';ch:'o';strc:'GTO';c1:blue;c2:yellow),
(x:x+3*espx;y:y+8;mg:'chama a
subrotina';ch:'|';strc:'SBR';c1:blue;c2:yellow),
(x:x+4*espx;y:y+8;mg:'nome ao label';ch:'}';strc:'LBL';c1:blue;c2:yellow),
(x:x+5*espx;y:y+8;mg:'número 0';ch:'0';strc:' 0 ';c1:blue;c2:yellow),
(x:x+6*espx;y:y+8;mg:'ponto';ch:'.';strc:' . ';c1:blue;c2:yellow),
(x:x+7*espx;y:y+8;mg:'troca de sinal';ch:'\';strc:'+/-';c1:blue;c2:yellow),
(x:x+8*espx;y:y+8;mg:'mais';ch:'+';strc:' + ';c1:blue;c2:yellow),
(x:x+9*espx;y:y+8;mg:'igual';ch:'=';strc:' = ';c1:red;c2:yellow),

(x:x+0*espx;y:y+9;mg:'declementa e
salta';ch:'J';strc:'Dsz';c1:black;c2:darkgray),
(x:x+1*espx;y:y+9;mg:'pausa a
execução';ch:'U';strc:'Pau';c1:black;c2:darkgray),
(x:x+2*espx;y:y+9;mg:'se flag então';ch:'f';strc:'ifF';c1:black;c2:darkgray),
(x:x+3*espx;y:y+9;mg:'estabelece
flag';ch:'K';strc:'StF';c1:black;c2:darkgray),
(x:x+4*espx;y:y+9;mg:'visor X
registrador';ch:'>';strc:'xXt';c1:black;c2:darkgray),
(x:x+5*espx;y:y+9;mg:'avança';ch:'M';strc:'Adv';c1:black;c2:darkgray),
(x:x+6*espx;y:y+9;mg:'imprimir';ch:'%';strc:'Prt';c1:black;c2:darkgray),
(x:x+7*espx;y:y+9;mg:'lista a
programação';ch:'h';strc:'Lis';c1:black;c2:darkgray),
(x:x+8*espx;y:y+9;mg:'faz roteiro';ch:'T';strc:'Tra';c1:black;c2:darkgray),
(x:x+9*espx;y:y+9;mg:'tecla f4';ch:"#23";strc:'F4 ';c1:black;c2:darkgray));
var
aux,ind,indiha,decimal,k,iacti:integer;xsetast:array[1..30]of real;
p1,stat:st;
c1,c2:char;
r:real;
inv,Rad,Gra,Deg,prt:boolean;
procedure acti;
begin
writeMsg(ativ[iacti].c1*16+ativ[iacti].c2,ativ[iacti].strc,ativ[iacti].x,ativ[iacti].
y);
for erro:=1 to 100 do if ch=ativ[erro].ch then
begin prompt:=ativ[erro].mg+' hotkey= '+ativ[erro].ch;iacti:=erro;
writeMsg(red*16+white,ativ[erro].strc,ativ[erro].x,ativ[erro].y);exit;end;
end;
procedure posch;
procedure posc;
```

```
begin
if botao=1 then for erro:=1 to 100 do
  if(xmouse>=ativ[erro].x) and (xmouse<=ativ[erro].x+2) and
(ymouse=ativ[erro].y) then
    begin if (ativ[erro].ch in (numset+hotkey+opkey)) then begin
ch:=ativ[erro].ch;exit;end;
    end;
end;
begin
posc;if (ch in numset) and (input<37)then if jx=1 then entrada:=ch else
entrada:=entrada+ch;
acti;
end;

procedure entradageral(a:str25;good,good1:validset);
begin
  repeat gotoxy(x+4,y-5);erro:=wherex+length(entrada);inc(jx);
  entrada:=tiranul(instring(prompt,a,[],good,37-length(a),0));
  if ch=#27 then halt;
  posch;
  until (entrada<> '') and (ch in good1);
end;

procedure separa;
begin  c1:=#0;c2:=c1;
  while  pos(')',entrada)>0 do begin
c2:=')';delete(entrada,pos(')',entrada),1);end;
  while  pos('(',entrada)>0 do begin
c1:='(';delete(entrada,pos('(',entrada),1);end;
  entrada:=tiranul(entrada);val(entrada,r,erro);
end;
procedure junta;
begin  if decimal>0 then Str(r:37:decimal,entrada) else
Str(r,entrada);entrada:=tiranul(entrada);
if c1='(' then entrada:='('+entrada;if c2=')' then entrada:=entrada+')';
end;

procedure diha(var p1:st;var ind:integer);
var r1,r2:real;
erro1,erro2,aux2,auxind:integer;

procedure normaliz;
begin
ind:=ind-2;aux2:=aux;
while aux2<auxind do begin p1[aux2]:=p1[aux2+2];inc(aux2);end;
end;
```

```pascal
begin jx:=0;
separa;if r=0 then exit;
if c1='(' then begin inc(ind);p1[ind]:=c1;end;

inc(ind);p1[ind]:=entrada;
if c2=')' then begin inc(ind);p1[ind]:=c2;end;
inc(ind);p1[ind]:=ch;
aux2:=ind-1;

while aux2>1 do begin

   aux:=1;aux2:=1;
   repeat aux2:=1; auxind:=ind-1;
   while (p1[aux][1] <> '*') and (p1[aux][1] <> '/')  and (aux<auxind) do
inc(aux);
   if (( p1[aux] = '*')or( p1[aux] = '/'))then  begin inc(aux);
     val(p1[aux-2],r1,erro1);val(p1[aux],r2,erro2);
     if (erro1=0) and (erro2=0) then begin
       if p1[aux-1] = '*' then r1:=r1*r2 else r1:=r1/r2;
      str(r1,p1[aux-2]);r:=r1;dec(aux);normaliz;
                        end; if auxind<2 then exit;end;
   until aux>auxind-1 ;

   aux:=1;
   repeat if (p1[ind][1] in ['*','/']) and (p1[ind-1]<>')') then auxind:=ind-3
else auxind:=ind-1;
    while (p1[aux][1] <> '+') and (p1[aux][1] <> '-')  and (aux<auxind) do
inc(aux);
   if (( p1[aux] = '+')or( p1[aux] = '-')) then  begin inc(aux);
     val(p1[aux-2],r1,erro1);val(p1[aux],r2,erro2);
     if (erro1=0) and (erro2=0) then begin
     if p1[aux-1] = '+' then r1:=r1+r2 else r1:=r1-r2;
     str(r1,p1[aux-2]);r:=r1;dec(aux);normaliz;
                        end; if auxind<2 then exit;   end;
   until aux>auxind-1;

   aux:=1;
   repeat auxind:=ind-1;
   while (p1[aux][1] <> '(') and (aux<auxind) do inc(aux);
   if p1[aux] = '('  then begin inc(aux);
    if p1[aux+1] = ')' then begin
    p1[aux-1]:=p1[aux];normaliz;
                  end;end;
   until aux>auxind-1;


if (ch='=') and (aux2=1)then  begin
340
```

```pascal
    aux:=1;
    while (p1[aux][1] <> '(') and (p1[aux][1] <> ')') and (aux<auxind) do
inc(aux);
    if (p1[aux] = '(') or (p1[aux] = ')')  then begin inc(aux);
    p1[aux-1]:=p1[aux];inc(ind);normaliz;
                                 end;
            end;end;
if (ch='=') or (ch=#13) then ind:=0;
if decimal>0 then Str(r:37:decimal,entrada) else
Str(r,entrada);entrada:=tiranul(entrada);
end;

procedure nodiha; var r1,r2,r3:real; erro2:integer;s:str25;

begin
separa;
case ch of
  #16 { EsY  estatística y 73} :
  begin  xsetast[1]:=xsetast[1]+r;xsetast[2]:=xsetast[2]+sqr(r);
  xsetast[3]:=xsetast[3]+1;end;
  #17 { Med  média aritmética 16} :;
  #18 { EsX  estatística x 32} :
  begin
  xsetast[4]:=xsetast[4]+r;xsetast[5]:=xsetast[5]+sqr(r);
  xsetast[16]:=xsetast[16]+1;end;
  #19 { F1   tecla especial F1 40} :;
  #21 {  F2   tecla especial F2 60} :;
  #22 { F3   tecla F3 80} :;
  #23 { F4   tecla f4 100} :;
  #33 { ! yx   eleva a uma potência 45} :begin r2:=r;entrada:='';
  prompt:='Digite agora o valor da potencia do numero + <enter>.';
  repeat  entradageral('potencia:
',(hotkey+opkey+numset),(hotkey+opkey+[chr(13)]));
   if (ch in hotkey) then  nodiha;
   if (ch in opkey) then  diha(stat,indiha);
   until ch=#13;  separa; r:=exp(r*ln(r2));end;

  #34 { " |x|  valor absoluto 53} :r:=abs(r);
  #35 { # CMs  limpa todas as memórias 18} :for i:=1 to 30 do
xsetast[i]:=0;
  #36 { $ CSR  limpa operação estatística 17} :for i:=1 to 30 do
xsetast[i]:=0;
  #37 { % Prt  imprimir 97} :;
  #38 { & x=t  conferir registrador 75} :;
  #39 { ' DeP  Desvio padrao 19} :;
  #44 { , RST  resetar o programa 82} :;
  #58 { : BST  um passo para trás 62} :;
```

#59 { ; SST um passo para frente 63} :;
#60 { < R/S executar processamento 81} :;
#62 { > xXt visor X registrador 95} :;
#63 { ? lg2 logaritmo base 2 21} :r:=ln(r)/ln(2);
#64 { @ Par partição da memória 71} :;
#65 { A   A   label A 1} :;
#66 { B   B   label B 2} :;
#67 { C   C   label C 3} :;
#68 { D   D   label D 4} :;
#69 { E   E   label E 5} :;
#70 { F Fix fixa ponto decimal 77} :decimal:=trunc(r);
#71 { G Deg unidade angular 39} :begin
rad:=false;Gra:=false;Deg:=true;end;
#72 { H Del limpa passo de programa 72} :;
#73 { I INV Funcao inversa 22} :begin inv:=not inv;if not inv then

writeMsg(ativ[22].c1*16+ativ[22].c2,ativ[22].strc,ativ[22].x,ativ[22].y);end;
#74 { J Dsz declementa e salta 91} :;
#75 { K StF estabelece flag 94} :;
#76 { L CP   limpa programa 76} :;
#77 { M Adv avança 96} :;
#78 { N Inx logarítmo de base E 41} :r:=ln(r);
#79 { O Nop passo de programa vazio 74} :;
#80 { P pi   o número pi 58} :r:=pi;
#81 { Q End   70} :;
#82 { R CLR elimina a operação efetuada 10} :;
#83 { S cos cosseno 37} :r:=cos(r*pi/180);
#84 { T Tra faz roteiro 99} :;
#85 { U Pau pausa a execução 92} :;
#86 { V Gra unidade grados 79} :begin
rad:=false;Gra:=true;Deg:=false;end;
#87 { W .x. valor médio 54} :r:=xsetast[7];
#88 { X 1/x recíproco 42} :r:=1/r;
#89 { Y OP   operação especial 64} :begin case trunc(r) of
    1:prompt:= 'somatório de y';
    2:prompt:= 'somatório de y ao quadrado';
    3:prompt:= 'contagem dos dados';
    4:prompt:= 'soma de dados x';
    5:prompt:= 'somatório de x ao quadrado';
    6:prompt:= 'somatório de y vezes x';
    7:prompt:= 'media aritmética de x';
    8:prompt:= '';
    end;
    if (r>=1) or (r<=15) then r:=xsetast[trunc(r)];

                    ;end;

```
#90 { Z fatorial  31} :begin r:=trunc(r);erro2:=1;if r<>1 then begin
erro:=2;
   while erro<=r do begin
erro2:=erro2*erro;inc(erro);end;end;r:=erro2;end;
   #91 { [ elevação ao quadrado 43} :r:=r*r;
   #92 { \ troca de sinal 88} :r:=-r;
   #93 { ] raiz quadrada 44} : r:=sqrt(r);
   #94 { ^  RCL  recupera memória 24} :;
   #95 { _  STO  armazena o dado 23} :;
   #96 { `  Va   Variancia 20} :;
   #97 { a   a   label a  11} :;
   #98 { b   b   label b  12} :;
   #99 { c   c   label c  13} :;
   #100 { d   d   label d  14} :;
   #101 { e   e   label e  15} :;
   #102 { f  ifF  se flag então 93} :;
   #103 { g  ENG  notação de engenharia 78} :decimal:=0;
   #104 { h  Lis  lista a programação 98} :;
   #105 { i  ind  endereçamento indireto 33} :;
   #106 { j  CE   elimina a entrada de dados efetuada 9} :;
   #107 { k  Bac   30} :;
   #108 { l  log  logarítmo decimal 51} :r:=ln(r)/ln(10);
   #109 { m  DMS  conversão graus mm ss 57} :begin
       erro2:=pos('.',entrada);i:=length(entrada);
       if inv then begin
       val(Copy(entrada,1,erro2-1),r1,erro);
       val(Copy(entrada,erro2,i),r2,erro);
       r2:=r2*60;r3:=frac(r2)*60/10000;r2:=int(r2)/100;r:=r1+r2+r3;
     {   gotoxy(1,10);write(r1:20:10,' ',r2:20:10,' ',r3:20:10,' ',r:20:10,' '); }
       end else begin
       s:=Copy(entrada,erro2+3,i);Insert('.',s,3);  val(s,r1,erro);
       val(Copy(entrada,1,erro2-1),r3,erro);
       val(Copy(entrada,erro2+1,2),r2,erro);
       r1:=r1/60;r2:=r2+r1;r2:=r2/60;r3:=r3+r2;r:=r3;
             end;
                         end;

   #110 { n  int  parte inteira 52} :if inv then r:=Frac(r) else r:=Int(r);
   #111 { o  GTO  ir para o label 83} :;
   #112 { p  P>R  polar para cartesiana 56} :begin jx:=0;xsetast[29]:=r;
       xsetast[28]:=xsetast[30]*sin(xsetast[29]*pi/180);r:=xsetast[28];
                         end;

   #113 { q  EE   notação científica 6} :;
   #114 { r  PRD  produtos na memória 35} :;
   #115 { s seno 36} :r:=sin(r*pi/180);
   #116 { t tangente 38} :r:=sin(r*pi/180)/cos(r*pi/180);
```

```
 #117 { u  SUM  acumula valor 25} :;
 #118 { v  Rad  modo radiano 59} :begin
rad:=true;Gra:=false;Deg:=false;end;
 #120 { x  Exc  troca visor por memória 34} :;
 #121 { y  E+  dados bidimensionais 55} :begin r2:=r;entrada:='';
   val(entrada,r,erro);
xsetast[1]:=xsetast[1]+r;xsetast[2]:=xsetast[2]+sqr(r);
 xsetast[3]:=xsetast[3]+1;
                                                (*
 prompt:='Digite dados para as operações estatísticas + <enter>.';
 repeat  entradageral('estatística: ',(['-']+numset-
['(',')']),[#13,#27,'~','Y','I','y','W']);
 if (ch in ['I','Y','W']) then  nodiha;
 if ch=#13 then  if not inv then begin
 case ch of 'y':begin
 val(entrada,r,erro); xsetast[1]:=xsetast[1]+r;xsetast[2]:=xsetast[2]+sqr(r);
 xsetast[3]:=xsetast[3]+1;end;
         '~':begin
 val(entrada,r,erro); xsetast[4]:=xsetast[4]+r;xsetast[5]:=xsetast[2]+sqr(r);
 xsetast[6]:=xsetast[6]+xsetast[1]*xsetast[4]end;end;
                     end else begin
 case ch of 'y':begin
 val(entrada,r,erro); xsetast[1]:=xsetast[1]-r;xsetast[2]:=xsetast[2]-sqr(r);
 xsetast[3]:=xsetast[3]-1;end;
          '~':begin
 val(entrada,r,erro); xsetast[4]:=xsetast[4]-r;xsetast[5]:=xsetast[2]-sqr(r);
 xsetast[6]:=xsetast[6]-xsetast[1]*xsetast[4];end;end;
                     end;
 xsetast[7]:=xsetast[4]/xsetast[3];
 xsetast[8]:=xsetast[1]/xsetast[6];
 xsetast[9]:=xsetast[5]-sqr(xsetast[4])/xsetast[3]/(xsetast[3]-1);
 xsetast[10]:=xsetast[2]-sqr(xsetast[1])/xsetast[3]/(xsetast[3]-1);
 xsetast[11]:=xsetast[5]/xsetast[3]-sqr(xsetast[9]);
 xsetast[12]:=xsetast[2]/xsetast[3]-sqr(xsetast[10]);
 xsetast[13]:=(xsetast[6]-(xsetast[1]*xsetast[4]/xsetast[3]))/(xsetast[5]-
sqr(xsetast[4]/xsetast[3]));
 xsetast[14]:=(xsetast[1]-xsetast[13]*xsetast[4])/xsetast[3];
 xsetast[15]:=xsetast[13]*xsetast[9]*xsetast[12];
 until ch in [#27];                            *)

                    end;

 #122 { z  Ins   50} :;
 #123 { {  LRN  inserir e informar 61} :;
 #124 { |  SBR  chama a subrotina 84} :;
 #125 {   LBL  nome ao label 85} :;
 #126 { ~  x#t  testa registrador 65} :begin
                     344
```

```
      jx:=0;if xsetast[1]=0 then begin xsetast[30]:=r; xsetast[1]:=1;end else
begin

xsetast[1]:=0;xsetast[28]:=xsetast[30]*cos(xsetast[29]*pi/180);r:=xsetast[
28];end;
                            end;

end;
gotoxy(1,1);write('xsetast[1]=',xsetast[1]:4:2, '
xsetast[30]=',xsetast[30]:4:2,'    xsetast[29]=',xsetast[29]:4:2,
' xsetast[28]=',xsetast[28]:4:2);
Str(r,entrada);  { write(entrada);}
if pos('E',entrada) <> 0 then begin
 val(Copy(entrada,1,pos('E',entrada)-1),r,erro);
 if entrada[pos('E',entrada)+1]='+' then
 val(Copy(entrada,pos('E',entrada)+2,2),r1,erro) else
 val(Copy(entrada,pos('E',entrada)+2,2),r1,erro);
 r:=exp(r1*ln(10))*r;str(r:80:40,entrada);
                            end; entrada:=tiranulo(entrada);
end;

procedure Ordem;
var d: array[1..100]of str80;
procedure QuickSort(L, R: Integer);
var I, J: Integer; X, Y: str80;
begin
  I := L; J := R; X := d[(L + R) div 2];
  repeat
    while d[I]< X do Inc(I);  while X< d[J] do Dec(J);
    if I <= J then  begin Y := d[I]; d[I]:=d[J]; d[J]:=Y; Inc(I); Dec(J);end;
  until I > J;
  if L < J then QuickSort(L, J);if I < R then QuickSort(I, R);
end;
begin
for j:=1 to 100 do d[j]:='111'; j:=0;assign(arq,'nilson50.txt');reset(arq);
while not eof(arq) do begin inc(j);readln(arq,d[j]);end;close(arq);
quicksort(1,100);
assign(arq,'nilson50.txt');rewrite(arq);for j:=1 to 100 do
writeln(arq,d[j]);close(arq);
end;

procedure entradado;
begin (*   ordem;halt;      *)  (*
repeat Ch:=ReadKey; if ch=#0 then Ch:=ReadKey;  gotoxy(1,1);ClrEol;
for i:=1 to 100 do if ch=ativ[i].ch then writeln(ativ[i].ch,' ',i,' ');
until ch=#27; halt;
```

```
assign(arq,'nilson50.txt');rewrite(arq);
for i:=1 to 100 do for j:=1 to 100 do if (ativ[i].ch=ativ[j].ch) and (i<>j)
then writeln(arq,' #',ord(ativ[i].ch),'   ',ativ[j].ch,' { ',ativ[i].ch,' ',i,' ',j,'} :');
close(arq);halt;
for i:=1 to 100 do if (ativ[i].ch in hotkey) then
writeln(arq,' #',ord(ativ[i].ch),' { ',ativ[i].ch,' ',i,'} :');
close(arq);halt;
assign(arq,'nilson50.txt');rewrite(arq);
for i:=1 to 100 do if (ativ[i].ch<>' ')and not(ativ[i].ch in numset)and
not(ativ[i].ch in opkey) then
write(arq,{' #',ord(ativ[i].ch),' { ',}ativ[i].ch,',','{,ativ[i].strc,' ',ativ[i].mg,' ',i,'
:'});
close(arq);halt;              *)

for i:=x-1 to (x+9*espx+3) do for ind:=y-2 to y+9 do
writeMsg(black*16+black,' ',i,ind);
for i:=1 to 100 do begin
 if (ativ[i].x in[(x+5*espx)..(x+8*espx)]) and (ativ[i].y in[(y+2)..(y+8)])
 then writeMsg(lightgray*16+lightgray,'   ',ativ[i].x-1,ativ[i].y);
 writeMsg(ativ[i].c1*16+ativ[i].c2,ativ[i].strc,ativ[i].x,ativ[i].y);
            end;
 for i:=1 to 30 do xsetast[i]:=0;
ind:=0;decimal:=2; textattr:=$70; prompt:='wellcolme, bienvenido, bem
vindo.     ';
entrada:='0.0';inv:=false;Rad:=false;Gra:=false;Deg:=true;prt:=false;
 repeat c1:=#255;c2:=c1;
 entradageral('',(hotkey+opkey+numset),(hotkey+opkey));
 if (ch in hotkey) then  nodiha;
 if (ch in opkey) then  diha(p1,ind);

until  (ch=#27);
end;
begin window(1, 1, 80, 25);
DadoIniMouse;ESCREVERODAPE;WINDOW(2,5,79,22);textattr:=$70;clr
scr;
entrada:='';entrada2:='';entrada1:='';entradado;
end.

{program nilson65;  {  ===== polinômios===}
```

unit nilson65;

```
interface
uses
crt,nilson36,nilson38,nilson32,nilson39,nilson31,nilson35,nilson30,nilson
72,nilson73;
type
```

```pascal
ptr_nilso65 = ^nilso65;
nilso65 = object
PROCEDURE entradado;
         end;
var k65:ptr_nilso65;
implementation

type
dados=record
    coef,grau:real;
    end;

pno=^no;
no=record
   d:dados;
   prox:pno;
   end;

descr=record
    i1,i2,i3,i4,i5,i6,a,b,c:pno;
    n1,n2,n3,n4,n5,n6:integer;
    end;

var
d:descr;dad:dados;
i,j:integer;
opcao:char;
{escreve lista b    (d.i,b)}
procedure LteLa(n:byte);
begin for i:=n to 22 do begin gotoxy(1,i);ClrEol;end;
end;
procedure es1(var a,b:pno);
begin  b:=a;
while b<>nil do begin write('   ',b^.d.coef:5:2,'
x',b^.d.grau:1:0);b:=b^.prox;end;
end;
{escreve lista b    (d.i,b)}
procedure es(var a,b:pno;var u:integer;x,y:integer;s1:string);
begin  b:=a;  gotoxy(x,y); clreol;write(s1);
for i:=1 to u do begin write('  ');
if b^.d.coef>0 then write('+',b^.d.coef:4:2)else write(b^.d.coef:4:2);
if b^.d.grau>1 then write('x',b^.d.grau:1:0) else
if b^.d.grau=1 then write('x');b:=b^.prox;end;
end;
procedure esarq(var a,b:pno;var u:integer;x,y:integer;s1:string);
begin  b:=a;   writeln(arq);write(arq,s1);
for i:=1 to u do begin write(arq,'   ');
```
347

```pascal
if b^.d.coef>0 then write(arq,'+',b^.d.coef:4:2)else write(arq,b^.d.coef:4:2);
if b^.d.grau>1 then write(arq,'x',b^.d.grau:1:0) else
if b^.d.grau=1 then write(arq,'x');b:=b^.prox;end;
end;
{ ordenação da lista b  (d.ib,b,c,d,d.nb)     }
procedure orden(var a,b,c,d:pno;var u:integer);
begin b:=a;
for i:=1 to u-1 do begin c:=b^.prox;dad:=b^.d;d:=b;
    for j:=i+1 to u do begin
      if (c^.d.grau>dad.grau) then begin d:=c;dad:=c^.d;end;c:=c^.prox;
                  end;d^.d:=b^.d;  b^.d:=dad;   b:=b^.prox;
              end;
end;
{apaga lista com descritor-inicio     (di,b)}
procedure apaga(var a,b:pno);
begin b:=a^.prox;
while a<>nil do begin dispose(a);a:=b;b:=b^.prox;end;
end;
{a lista c coloca dados na d  (d.ic, d.id,c,d, d.nd ou dnc)  }
procedure atr(var a,b,c,d:pno;var u:integer);
begin c:=a;d:=b;
for i:=1 to u do begin d^.d:=c^.d; d:=d^.prox;c:=c^.prox;end;
end;
{achar uma posição na lista b    (d.ib,b,uqq}
procedure posd(var a,b:pno;var u:integer);
begin b:=a; for i:=1 to u do b:=b^.prox;
end;
{troca sinal na lista b    (d.ib,b,uqq}
procedure sinal(var a,b:pno;var u:integer);
begin b:=a; for i:=1 to u do begin b^.d.coef:=-1 *
b^.d.coef;b:=b^.prox;end;
end;
{final real da lista b  (d.ib , b)}
procedure D_n(var a,b:pno;var u:integer);{d.i1,d.a,d.n1}
begin b:=a;i:=1;
while ((b^.d.grau<>0) or (b^.d.coef<>0)) and (b^.prox<>nil) do begin
b:=b^.prox;inc(i);end;u:=i;
end;
{ constroi lista a com  u posições     (a,b,d.na) }
procedure lista(var a,b:pno;var u:integer);
begin
for i:=1 to u do begin new(a);
if i=1 then a^.prox := nil else a^.prox:=b;
a^.d.grau:=0;a^.d.coef:=0;b:=a;end;
end;
procedure remov(var a,b,c:pno;var u:integer);
begin
```

```
while (a^.d.coef=0)  and (a<>nil) do begin
b:=a^.prox;dispose(a);a:=b;end;
b:=a;c:=a;if c<>nil then c:=b^.prox;
while (c<>nil)  do begin
while (c^.d.coef=0)  and (c<>nil) do begin
b^.prox:=c^.prox;dispose(c);c:=b^.prox;end;
c:=c^.prox;b:=b^.prox;
                end;
b:=a;i:=0;
while b<>nil do begin b:=b^.prox;inc(i);u:=i;end;
end;
 {d.ia,d.a,d.n1,'txt'  cria exemplo}
procedure exemplo(var d1,d2,a,b,c:pno;var u1,u2:integer);
begin
u1:=5;lista(d1,a,u1);
for i:=1 to u1 do begin
if i=1 then begin a^.d.grau:=4;a^.d.coef:=4;end;
if i=2 then begin a^.d.grau:=3;a^.d.coef:=-4;end;
if i=3 then begin a^.d.grau:=2;a^.d.coef:=3;end;
if i=4 then begin a^.d.grau:=1;a^.d.coef:=-2;end;
if i=5 then begin a^.d.grau:=0;a^.d.coef:=2;end;a:=a^.prox;
                end; orden(d1,b,c,a,u1);
u2:=3; lista(d2,a,u2);
for i:=1 to u2 do begin
if i=1 then begin a^.d.grau:=2;a^.d.coef:=1;end;
if i=2 then begin a^.d.grau:=1;a^.d.coef:=1;end;
if i=3 then begin a^.d.grau:=0;a^.d.coef:=-1;end;a:=a^.prox;
             end; orden(d2,b,c,a,u2);
es(d1,a,u1,1,12,'P1='); es(d2,b,u2,1,13,'P2=');esarq(d1,a,u1,1,12,'P1=');
esarq(d2,b,u2,1,13,'P2=');writeln(arq);NoFinal;Assign(arq,'nilson65.txt');a
ppend(arq);
end;
{d.ia,d.a,d.b,d.c,d.n1}
procedure cria_p(var a,b,c,d:pno;var u:integer;s,s1:string;x,y:integer);
begin
for i:=1 to 16 do begin gotoxy(1,i);ClrEol;end;
gotoxy(25,1);write(s);
gotoxy(25,2);for i:=1 to length(s) do write('=');
gotoxy(1,4);write('Digite o número de termos que terá o seu polinômio :
');
readln(u);lista(a,b,u);
for i:=1 to u do begin
gotoxy(1,5+i);clreol;write('Entre com o coeficiente do termo ',i,' do
polinomio: ');
readln(b^.d.coef);
b:=b^.prox;      end; b:=a;j:=i;
for i:=1 to u do begin
```

```
gotoxy(1,5+j+i);clreol;write('Entre com o grau do termo',i,' do polinomio :
');
readln(b^.d.grau);
b:=b^.prox;
                end; for i:=1 to 16 do begin
gotoxy(1,i);ClrEol;end;orden(a,b,c,d,u);es(a,b,u,x,y,s1);esarq(a,b,u,x,y,s1
);
end;
{soma os dois polinomios existindo lista a e b constroi e soma  c }
procedure o_u(var d1,d2,d3:pno;var u1,u2,u3:integer;car:char); {soma os
dois polinomios}
var k:integer;a,b,c:pno;
  procedure achei;  begin
    for i:=1 to u2 do begin
        if (a^.d.grau= b^.d.grau) then begin c^.d.coef:= a^.d.coef+b^.d.coef;
        c^.d.grau:= a^.d.grau;exit; end;b:=b^.prox;c:=c^.prox;
                end;posd(d3,b,u3);inc(u3);b^.d:= a^.d;
            end;
begin
u3:=u1+u2; lista(d3,c,u3);if car='U' then
sinal(d2,b,u2);atr(d2,d3,b,c,u2);a:=d1;b:=d2;c:=d3;u3:=u2;
for k:=1 to u1 do begin b:=d2;c:=d3;achei;a:=a^.prox;end;
remov(d3,c,b,u3);orden(d3,c,b,a,u3);if car='U' then sinal(d2,b,u2);
end;

{entra [d1,d2] sai[d1,d2,d4=produto]}
procedure multpoli(var d1,d2,d4:pno;var u1,u2,u4:integer);
var k:integer;a,b,c,e,f,d3,d5:pno;u3,u5:integer;
begin
u3:=u2;lista(d3,c,u3);u4:=u2;lista(d4,e,u4);a:=d1;b:=d2;c:=d3;
for k:=1 to u1 do begin
   for i:=1 to u2 do begin
      c^.d.coef:= a^.d.coef*b^.d.coef; c^.d.grau:= a^.d.grau+b^.d.grau;
      c:=c^.prox;b:=b^.prox;end;
   o_u(d3,d4,d5,u3,u4,u5,'O');
   apaga(d4,e); d4:=d5;u4:=u5; b:=d2;c:=d3;
   a:=a^.prox;   end; apaga(d3,e);remov(d4,e,f,u4);
end;
{entra [d1 e d2]    sai [d1,d2,d3=quoc,d5=resto]}
procedure divpoli(var d1,d2,d3,d5:pno;var u1,u2,u3,u5:integer);
var a,b,c,e,f,d4,d6:pno;u4,u6:integer;
begin
u3:=u1;lista(d3,c,u3);u4:=u2;lista(d4,f,u4);u6:=u1;lista(d6,a,u6);
atr(d1,d6,a,e,u1);c:=d3;a:=d6;b:=d2;
while a^.d.grau>=b^.d.grau do begin f:=d4;
 c^.d.grau:=a^.d.grau - b^.d.grau; c^.d.coef:=a^.d.coef / b^.d.coef;
   for i:=1 to u2 do    begin
```

350

```
      f^.d.coef:= c^.d.coef*b^.d.coef; f^.d.grau:= c^.d.grau+b^.d.grau;
      b:=b^.prox;f:=f^.prox;end; c:=c^.prox;
      o_u(d6,d4,d5,u6,u4,u5,'U');
       apaga(d6,a); d6:=d5;u6:=u5;a:=d6;b:=d2;
                       end;
        apaga(d4,f);remov(d3,e,f,u3);orden(d3,e,f,a,u3);
end;

procedure potenc(var d1,d3:pno;var u1,u3:integer);
var a,b,c,d2:pno;N,k,u2:integer;
begin
repeat gotoxy(1,15);entrada:=tiranul(instring('','A potência : ',
['0'..'9'],[],40,1));val(entrada,N,erro);
until (erro=0) or (ch in [#27,#45]);write(ch);
if (N<2) or (ch in [#27,#45])then halt;
u2:=u1;lista(d2,a,u2);atr(d1,d2,a,b,u1);
for k:=2 to N do begin  multpoli(d1,d2,d3,u1,u2,u3);
apaga(d2,a);d2:=d3;end;
end;

procedure nilso65.entradado;
begin
 saitt('nilson65.txt');
repeat
       gotoxy(5, 1);write(' a ....... Criar o Polinomio P1');
       gotoxy(5, 2);write(' b ....... Criar o Polinomio P2');
       gotoxy(5, 3);write(' c ............. Calcular P1+P2');
       gotoxy(5, 4);write(' d ............. Calcular P1-P2');
       gotoxy(5, 5);write(' e ............. Calcular P1*P2');
       gotoxy(5, 6);write(' f ............. Calcular P1/P2');
       gotoxy(5, 7);write(' g ............. Potenciação');
       gotoxy(5, 8);write(' x ................... exemplo');
       gotoxy(5, 9);write(' s ..................... Sair');
       gotoxy(5, 10);write(' Escolha uma opcao : ');
repeat entrada:=tiranul(instring('','',[],['a','b','c','d','e','f','g','x','s'],1,0));
     opcao:=upcase(ch); if (ch in ['S',#27,#45]) then halt;
until opcao in ['A','B','C','D','E','F','G','X','S',#27,#45];write(ch);
    Ltela(14);

        case opcao of
        'A' :cria_p(d.i1,d.a,d.b,d.c,d.n1,'criar polinômio P1','P1=',1,12);
        'B' :begin cria_p(d.i2,d.b,d.a,d.c,d.n2,'criar polinômio
P2','P2=',1,13);writeln(arq);NoFinal;
        Assign(arq,'nilson65.txt');append(arq);end;
        'C' :begin o_u(d.i1,d.i2,d.i3,d.n1,d.n2,d.n3,'O');
                esarq(d.i3,d.c,d.n3,1,14,'Pc=');apaga(d.i3,d.c);end;
        'D' :begin o_u(d.i1,d.i2,d.i3,d.n1,d.n2,d.n3,'U');
```
351

```
                esarq(d.i3,d.c,d.n3,1,14,'Pd=');apaga(d.i3,d.c);end;
       'E' :begin  multpoli(d.i1,d.i2,d.i4,d.n1,d.n2,d.n4);
                esarq(d.i4,d.a,d.n4,1,14,'Pe=');apaga(d.i3,d.c);end;
       'F' :begin  divpoli(d.i1,d.i2,d.i3,d.i5,d.n1,d.n2,d.n3,d.n5);
                esarq(d.i5,d.a,d.n5,1,14,'Pf
Res=');esarq(d.i3,d.a,d.n3,1,15,'Pf Quoc=');
                apaga(d.i3,d.c);apaga(d.i5,d.c);end;
       'G' :begin  repeat gotoxy(1,14);entrada:=tiranul(instring(',' Qual o
polinômio (1=p1,2=p2)? ',
                [],['1','2'],1,1));write(ch);
                until ch in ['1','2',#27,#45];
                if (ch in [#27,#45])then halt;
                if ch='1' then potenc(d.i1,d.i3,d.n1,d.n3) else
                if ch='2' then potenc(d.i2,d.i3,d.n2,d.n3);Ltela(14);
                esarq(d.i3,d.a,d.n3,1,14,'Pg=');apaga(d.i3,d.c);end;
       'X' :exemplo(d.i1,d.i2,d.a,d.b,d.c,d.n1,d.n2);
        end;
  until opcao in ['C','D','E','F','G'];
  close(arq);iniciartextoarq(false,'nilson65.txt');
end;
end.                            {

BEGIN
if not getparamstr then exit;clrscr;ESCREVERODAPE;
DadoIniMouse;WINDOW(2,5,79,22);textattr:=$70;clrscr;
entrada:='';entrada2:='';entrada1:='';
entradado;leituraarquivotexto('nilson65.txt');
END.                            }

        {arvores }
                    unit nilson66;
interface
uses
crt,nilson36,nilson38,nilson32,nilson39,nilson31,nilson35,nilson30,nilson
72,nilson73;
type
ptr_nilso66 = ^nilso66;
nilso66 = object
PROCEDURE entradado;
        end;
var k66:ptr_nilso66;
implementation

type
dados=record
   inf:char;
```

```
        end;

pno=^no;
no=record
   d:dados;
   dir,esq,pai:pno;
  end;

descr=record
   rr,r,a,b,c,e:pno;
   n:integer;
  end;

var
d:descr;
i,w:integer;car:char;s:string;cont:integer; opcao:char;

procedure constroi(var a:pno);
begin  car:=s[1];Delete(s,1,1);
if car<> '.' then begin new(a);
 a^.d.inf:=car; constroi(a^.esq);constroi(a^.dir);end else a:=nil;
end;
{caminhamento pre-fixado}
procedure ppre(var a:pno); begin if a<>nil then begin
write(a^.d.inf);ppre(a^.esq);ppre(a^.dir);end;end;
{caminhamento pos-fixado}
procedure ppos(var a:pno); begin if a<>nil then begin
ppos(a^.esq);ppos(a^.dir);write(a^.d.inf);end;end;
{caminhamento central}
procedure pcen(var a:pno); begin if a<>nil then begin
pcen(a^.esq);write(a^.d.inf);pcen(a^.dir);end;end;

{deleta árvore}
procedure delarvpos(var a:pno);
begin if a<>nil then begin
delarvpos(a^.esq);delarvpos(a^.dir);dispose(a);end;
end;
{procura info a variável d.a fornece a informação  }
procedure procura(var a:pno;var u:char);
begin
   if a<>nil then begin procura(a^.esq,u);procura(a^.dir,u);
   if a^.d.inf=u then begin d.a:=a;exit;end;end;
end;

{constroi uma lista em nivel esq-dir}
procedure diretNivel(var a:pno);
type
```

353

```
  po=^o;
  o=record
    inf:char;
    prox:po;
    end;
var q,r,s,t:po;
begin    new(q);q^.inf:=a^.d.inf;r:=q;s:=r;
 while  r<>nil  do begin procura(a,r^.inf);
   if d.a^.esq<> nil then begin
new(t);s^.prox:=t;t^.prox:=nil;t^.inf:=d.a^.esq^.d.inf;s:=t;end;
    if d.a^.dir<> nil then begin
new(t);s^.prox:=t;t^.prox:=nil;t^.inf:=d.a^.dir^.d.inf;s:=t;end;
   r:=r^.prox;    end;
{ escreve a lista feita}
 r:=q;while r<>nil do begin write(r^.inf);r:=r^.prox;end;
{ deleta a lista feita}
 r:=q;while q<>nil do begin r:=r^.prox;dispose(q);q:=r;end;
end;
{filho aponta para o pai}
procedure paicen(var a:pno);
 begin
 if a<>nil then begin paicen(a^.esq);
 if a^.esq<>nil then begin a^.esq^.pai:=a;end;
 if a^.dir<>nil then begin a^.dir^.pai:=a;end;
 paicen(a^.dir);end;
end;
{procura por uma informação}
procedure proc;
begin
write('======Procura info ======, digite a letra: ');read(opcao);
paicen(d.r);procura(d.r,opcao);
if d.a^.d.inf<>opcao then write('==Sua opção não exite==') else
write(' a letra é :',d.a^.d.inf,' Pai : ',d.a^.pai^.d.inf); writeln;
end;
{especular a árvore }
procedure Espelho(var a:pno);
begin
  if a<>nil then begin Espelho(a^.esq);Espelho(a^.dir);
  d.a:=a^.esq;d.b:=a^.dir;a^.esq:=d.b;a^.dir:=d.a;end;
end;
procedure removefolhas(var a:pno);
 begin
 if a<>nil then begin
 if (a^.esq^.esq=nil) and (a^.esq^.dir=nil) then
 begin write(a^.esq^.d.inf);dispose(a^.esq);a^.esq:=nil;end;
 if (a^.dir^.esq=nil) and (a^.dir^.dir=nil) then
 begin write(a^.dir^.d.inf);dispose(a^.dir);a^.dir:=nil;end;
```

```pascal
        removefolhas(a^.esq);
        removefolhas(a^.dir);end;
end;


procedure show;
begin
cont:=0;
for i:=1 to length(s) do if s[i]='.'then inc(cont);
if (s[1]='.') or (cont<(length(s)-cont)) or (s[1]='') then exit;  d.n:=i-cont;
gotoxy(33,7);writeln(' =====SAÍDA===== ');
writeln('String digitada: ',s);
constroi(d.r);                          (*
write('Modo central ainda com as folhas : ');pcen(d.r);writeln;

writeln('====retirando as folhas abaixo====');
removefolhas(d.r); writeln;

writeln('====caminhamento central sem as folhas ====');
pcen(d.r);writeln;                      *)


writeln('====caminhamentos====');
write('Modo pre-fixado : ');ppre(d.r);writeln;
write('Modo pos-fixado: ');ppos(d.r);writeln;
write('Modo central: ');pcen(d.r);writeln;
{lista de uma arvore em nivel da esquerda para a direita}
write('Em lista de nivel esq-dir fora da árvore: ');diretNivel(d.r);writeln;
{proc; }
{especular a árvore }
writeln('==== imagem refletida====');
espelho(d.r);
write('Modo pre-fixado : ');ppre(d.r);writeln;
write('Modo pos-fixado: ');ppos(d.r);writeln;
write('Modo central: ');pcen(d.r);
{deleta a arvore}
writeln;delarvpos(d.r);{writeln('==desalocada, (apagada), a árvore=='); }
end;
procedure nilso66.entradado;

begin clrscr; repeat
      gotoxy(5, 1); write('1 ....... Exemplo 1');
      gotoxy(5, 2); write('2 ....... Exemplo 2');
      gotoxy(5, 3); write('3 ........Digitar');
      gotoxy(5, 4); write('4 ........sair');
      gotoxy(5,5); write('Escolha uma opcão :  ');
repeat  entrada:=tiranul(instring(",",[],['1','2','3','4'],1,0));
```

```
        opcao:=upcase(ch);
until opcao in ['1','2','3','4',#27,#45];
      case opcao of
         '1' :s:='abc..de..fg...hi..jkl..m..n..';
         '2' :s:='abg..c.de.f....';
         '3' :begin writeln;
s:=tiranul(instring('','escreva a string: ',[#0,#32..#255],[],(75-
18),0));entrada:=#0;
         gotoxy(1,6);ClrEol;end;
      end;
      if (opcao in ['1'..'3']) and (s<>'')then begin
      for i:=7 to 22 do begin gotoxy(1,i);ClrEol;end;
                        show;       end;
         until opcao='4';
end;
end.


program lebits;
uses nilson30,crt;
var num,x,y,z:integer;stri:str80;
begin stri:='        '; num:= 127;   writeln;

for x:=7 downto 0 do
if (odd(128 shr x)) then stri[8-x]:='1' else stri[8-x]:='0';
writeln('  128 : ',stri);

for x:=7 downto 0 do
if (odd(127 shr x)) then stri[8-x]:='1' else stri[8-x]:='0';
writeln('  127 : ',stri);

y:=117 shl 1;

for x:=7 downto 0 do  { for x:=0 to 7 do }
if (odd(y shr x)) then stri[8-x]:='1' else stri[8-x]:='0';
writeln('  y : ',stri,'  ',y);

num:=125 and 127;      z:=num;

for x:=7 downto 0 do   { for x:=0 to 7 do}
if (odd(num shr x)) then stri[8-x]:='1' else stri[8-x]:='0';
writeln('  125 and 127 : ',stri,'  ',num);

num:=y shl 0;

for x:=7 downto 0 do  { for x:=0 to 7 do}
if (odd(num shr x)) then stri[8-x]:='1' else stri[8-x]:='0';
```

```
writeln('  y shl 0 :  ',stri,'   ',num);

num:=num and 128;

for x:=7 downto 0 do  { for x:=0 to 7 do }
if (odd(num shr x)) then stri[8-x]:='1' else stri[8-x]:='0';
writeln('  ( y shl 0) and 128 : ',stri,'   ',num);

num:=z or num;

for x:=7 downto 0 do   { for x:=0 to 7 do}
if (odd(num shr x)) then stri[8-x]:='1' else stri[8-x]:='0';
writeln('  car2 :  ',stri,'   ',num);

{num:=z or((y shl 0) and 128);writeln('num:',num);  }
readkey;

end.
```

Unit nilson70;

```
interface
uses crt,nilson30;
(*type
str80=string[80];
nilson1F1 = record
        Lstr80:str80;
        end;

NOME = str80;
str140 = string [140] ;
ptr_linhamensagem = ^linhamensagem ;
            linhamensagem  =  record
            linhamensag : str140;
            proximo: ptr_linhamensagem;
            anterior: ptr_linhamensagem;
                        end;

CONST
 INICIOTELA=0;FIMTELA=16;
 msgok=' O arquivo que está lendo está no disco, pode levá-lo para o
WORD e imprimir. ';

VAR
arquivo,arquiv:file of nilson1F1;

linhatela,l,CIMATELA,N,movelat,j,escorreg,jx,escorregx:INTEGER;
inicio, listar, aux, A,desmonte                 : ptr_linhamensagem;
```

```pascal
linhamensage:str140;{arq:text;}
F1nilson1:nilson1F1;                              *)
PROCEDURE ERROIORESULT(ioresult:integer);
implementation
PROCEDURE ERROIORESULT( ioresult:integer);
BEGIN
CASE ioresult OF
      1:BEGIN WRITE(' NUMERO DE FUNCAO INVALIDO');  END;
      2:BEGIN WRITE(' ARQUIVO NAO ENCONTRADO');  END;
      3:BEGIN WRITE(' PATH NAO ENCONTRADO');  END;
      4:BEGIN WRITE(' MUITOS ARQUIVOS ABERTOS
SIMULTANEAMENTE'); END;
      5:BEGIN WRITE(' ERRO DE ACESSO A ARQUIVOS');  END;
      6:BEGIN WRITE(' HANDLE DO ARQUIVO INVALIDO'); END;
      12:BEGIN WRITE(' CODIGO DE ACESSO DE ARQUIVO
INVALIDO'); END;
      15:BEGIN WRITE(' NUMERO DE DRIVE INVALIDO'); END;
      16:BEGIN WRITE(' DIRETORIO ATUAL; NAO PODE SER
REMOVIDO'); END;
      17:BEGIN WRITE(' NAO PODE HAVER RENOMEACAO DE
ARQUIVOS ENTRE DISCOS');  END;
      18: BEGIN WRITE(' NAO HA MAIS ARQUIVOS'); END;
      100:BEGIN WRITE(' ERRO DE LEITURA EM DISCO');   END;
      101:BEGIN WRITE(' ERRO DE GRAVACAO EM DISCO'); END;
      102:BEGIN WRITE(' ARQUIVO NAO ASSINALADO'); END;
      103:BEGIN WRITE(' ARQUIVO FECHADO'); END;
      104:BEGIN WRITE(' ARQUIVO NAO FOI ABERTO PARA INPUT');
END;
      105:BEGIN WRITE(' ARQUIVO NAO FOI ABERTO PARA
OUTPUT'); END;
      106:BEGIN WRITE(' FORMATO NUMERICO INVALIDO'); END;
      150:BEGIN WRITE(' DISCO PROTEGIDO');  END;
      151:BEGIN WRITE(' ERRO INTERNO DO DISPOSITIVO DO
DOS');  END;
      152:BEGIN WRITE(' DRIVE NAO ESTA PRONTO');  END;
      154:BEGIN WRITE(' ERRO NA CRT'); END;
      156:BEGIN WRITE(' ERRO DE POSICIONAMENTO EM DISCO');
END;
      157:BEGIN WRITE(' ERRO DE TIPO DE DISCO');  END;
      158:BEGIN WRITE(' SETOR NAO ENCONTRADO');  END;
      159:BEGIN WRITE(' IMPRESSORA SEM PAPEL');  END;
      160:BEGIN WRITE(' FALTA DISPOSITIVO DE SAIDA'); END;
      161:BEGIN WRITE(' FALTA DISPOSITIVO DE LEITURA'); END;
      162:BEGIN WRITE(' FALTA DE EQUIPAMENTO'); END;
      200:BEGIN WRITE(' DIVISÃO POR ZERO'); END;
      201:BEGIN WRITE(' ERRO NA CHECAGEM DA FAIXA '); END;
      202:BEGIN WRITE(' ESTOURO NA PILHA DE "STACK" '); END;
```

```
       203:BEGIN WRITE(' ESTOURO " HEAP " DE MEMÓRIA');  END;
       204:BEGIN WRITE(' OPERAÇAO INVÁLIDA COM PONTO
FLUTUANTE'); END;
       205:BEGIN WRITE(' ESTOURO EM OPERAÇÃO COM PONTO
FLUTUANTE'); END;
       206:BEGIN WRITE(' ERRO DE "UNDERFLOW" '); END;
       207:BEGIN WRITE(' OPERAÇÃO INVÁLIDA COM PONTO
FLUTUANTE');  END;
       208:BEGIN WRITE(' GERENCIADOR DE "OVERLAY" NÃO
INSTALADO'); END;
       209:BEGIN WRITE(' ERRO DE LEITURA EM UM ARQUIVO
"OVERLAY" '); END;
       210:BEGIN WRITE(' OBJETO NÃO INICIALIZADO '); END;
       211:BEGIN WRITE(' CHAMADA EM UM MÉTODO ABSTRATO');
END;
       212:BEGIN WRITE(' ERRO NO REGISTRO "STREAM" ');  END;
       213:BEGIN WRITE(' INDICE DA "COLLECTION" FORA DE
FAIXA'); END;
       214:BEGIN WRITE(' ESTOURO NO OBJETO COLLECTION" ');
END;
       215:BEGIN WRITE(' ERRO DE ESTOURO EM OPERAÇÃO
ARITMÉTICA'); END;
       216:BEGIN WRITE(' FALTA PROTEÇÃO GERAL'); END;
ELSE
       WRITE('ESTOU DETECTANDO UM ERRO... VERIFIQUE...');
END;
END;
end.


Unit nilson71;
interface
uses crt,nilson35,nilson30;
procedure axfunc;
procedure axfunc43;
procedure axfunc44;
procedure axfunc47;
implementation
type str80=string[80];nilson1F1 = record Lstr80:str80;end;
var arquiv:file of nilson1F1;F1nilson1:nilson1F1;dosexit,erro:integer;

procedure axfunc43;
begin
if botao=1 then case ymouse of
   23:  case xmouse of      17:ch:=#72;
                    21:ch:=#80;
              {    25..27: ch:=#202; del,end,ins retirados
                  31..33: ch:=#200;
```
359

```
                 37..39: ch:=#200;    }
                 44..50: ch:=#81;
                 55..63: ch:=#73;
                 68..70: ch:=#45;
                 74..79: ch:=#45;end;
  6: case xmouse of    60..66: ch:=#59;
                 2..57: ch:=#202;
                 70..78:ch:=#47;end;
  7: case xmouse of    2..57: ch:=#202;end;
  8: case xmouse of    2..57: ch:=#202;end;
  9: case xmouse of    60..66:ch:=#46;
                 2..57: ch:=#202;
                 70..78:ch:=#32;end;
  10: case xmouse of    2..57: ch:=#202;end;
  11: case xmouse of    2..57: ch:=#202;end;
  12: case xmouse of    60..66:ch:=#81;
                 2..57: ch:=#202;
                 70..78:ch:=#73;end;
  13: case xmouse of    2..57: ch:=#202;end;
  14: case xmouse of    2..57: ch:=#202;end;
  15: case xmouse of    60..66:ch:=#23;
                 2..57: ch:=#202;
                 70..78:ch:=#22;end;
  16: case xmouse of    2..57: ch:=#202;end;
  17: case xmouse of    2..57: ch:=#202;end;
  18: case xmouse of    60..66:ch:=#31;
                 2..57: ch:=#202;
                 70..78:ch:=#19;end;
  19: case xmouse of    2..57: ch:=#202;end;
  20: case xmouse of    2..57: ch:=#202;end;
  21: case xmouse of    60..66:ch:=#37;
                 2..57: ch:=#202;
                 70..78:ch:=#38;end;
  22: case xmouse of    2..57: ch:=#202;end;end;

end;
   (*  PARA NILSON44.PAS    CARGAS - ENG. CIVIL  *)

procedure axfunc44;  { e axfunc58 }
begin
if botao=1 then case ymouse of
     6:  case xmouse of 27,67:ch:=#80;end;
   7..10:  case xmouse of 2..26:ch:=#59;42..66:ch:=#61;end;
    11:  case xmouse of 27,67:ch:=#72;end;
    13:  case xmouse of 31..38:ch:=#63;2..23:ch:=#64;end;
    16:  case xmouse of 27,67:ch:=#80; end;
  17..20:  case xmouse of 2..26:ch:=#60;42..66:ch:=#62;end;
```

```pascal
      21:  case xmouse of 27,67:ch:=#72; end;end;
end;
procedure axfunc47;
begin
if feito and (botao=1) then
case ymouse of
                5:case xmouse of 2..35:ch:=#9;{tab}end;
                8..13:case xmouse of 35:ch:=#72;{up}end;
                14..20:case xmouse of 35:ch:=#80;{down}end;
                22: case xmouse of
                        7..21:ch:=#75;{left}
                        22..34: ch:=#77;{right}end;end
else begin
if (ymouse=5) and (xmouse in [2..35]) and (botao=1) then
ch:=#9;{tab}{axfunc05;}end;
end;

procedure axfunc;
begin
case dosexit of 43:axfunc43;
        44,58:axfunc44;
        47:begin if feito then axfunc47 else begin
if (ymouse=5) and (xmouse in [2..35])  then
ch:=#9;{tab}{axfunc05;}end;end;end;
end;
begin
{$I-}assign(arquiv,'nilson1.ncs');reset(arquiv) {$I+};
if IOResult<>0 then exit;
seek(arquiv,3512);read(arquiv,F1nilson1);Val(F1nilson1.Lstr80,dosexit,er
ro);close(arquiv);
end.
```

Unit nilson72;

```pascal
interface
uses crt;
type
Qua=array [0..50,1..5] of byte;
Pxy=array [0..50,1..2] of real;
const
P1V0:array [0..30,1..2] of real = ((0,0),(0,0.75),(0,1.15),(0,1.5),(0,1.85),
(0,2.25),(0,2.65),(0,3.02),(0,3.38),(0,3.4),(0,3.75),(0.35,0.38),(0.65,0.7),
(0.9,1.0),(1.15,1.2),(1.35,1.38),(1.5,1.55),(1.7,1.75),(1.9,2.0),(2.1,2.15),
(2.3,2.35),(0.94,1.35),(0.94,1.7),(0.94,2.1),(0.94,2.5),(0.94,2.9),
(0.94,3.25),(0.93,3.65),(1.88,2.4),(1.88,2.8),(4.65,4.72));
P1V2:array [0..33,1..2] of real = ((0,0),(0,0.7),(0,1.02),(0,1.41),(0,1.8),
```

(0,2.15),(0,2.5),(0,2.9),(0,3.3),(0,3.63),(0,4.0),(0,4.4),(0.45,0.45),(0.7,0.75
),
(0.85,0.9),(1.05,1.05),(1.25,1.25),(1.45,1.45),
(1.65,1.65),(1.85,1.85),(2.0,2.0),(2.2,2.2),(2.35,2.35),(1.88,2.6),(1.88,3.05
),
(0.94,1.25),(0.94,1.6),(0.94,2.0),(0.94,2.35),(0.94,2.7),(0.94,3.1),
(0.94,3.45),(0.94,3.45),(0.94,3.85));
P1V4:array [0..31,1..2] of real = ((0,0),(0,0.95),(0,1.35),(0,1.7),(0,2.05),
(0,2.4),(0,2.45),(0,2.75),(0,3.15),(0,3.5),(0,3.85),(0,4.25),(0.6,0.6),
(0.7,0.7),(1.0,1.0),(1.15,1.15),(1.3,1.3),(1.48,1.48),(1.68,1.68),
(1.88,1.88),(2.05,2.05),(2.2,2.2),(2.4,2.4),(0.94,1.7),(0.94,2.0),(0.94,2.4),
(0.94,2.75),(0.94,3.05),(0.94,3.48),(0.94,3.78),(1.88,2.6),(1.88,3.0));
P1V6:array [0..31,1..2] of real = ((0,0),(0,0.75),(0,1.05),(0,1.38),(0,1.68),
(0,2.05),(0,2.38),(0,2.72),(0,3.12),(0,3.4),(0,3.8),(0,4.15),(0.45,0.45),
(0.7,0.7),(0.9,0.9),(1.05,1.05),(1.25,1.25),(1.45,1.45),
(1.65,1.65),(1.9,1.9),(2.05,2.05),(2.25,2.25),(2.45,2.45),(0.94,1.55),
(0.94,1.95),(0.94,2.3),(0.94,2.7),(0.94,3.1),(0.94,3.5),(0.94,3.85),(1.88,2.6
),
(1.88,3.05));
P1V8:array [0..28,1..2] of real = ((0,0),(0,0.15),(0,0.5),(0,0.85),(0,1.2),
(0,1.5),(0,1.85),(0,2.15),(0,2.5),(0,2.8),(0,3.2),(0,3.5),(0.15,0.15),
(0.45,0.45),(0.6,0.6),(0.8,0.8),(1.0,1.0),(1.2,1.2),(1.4,1.4),(1.6,1.6),
(1.8,1.8),(2.0,2.0),(2.25,2.25),(0.94,1.5),(0.94,1.85),(0.94,2.15),
(0.94,2.55),(0.94,2.9),(0.94,3.3));
P1V10:array [0..23,1..2] of real = ((0,0),(0,0.15),(0,0.55),(0,0.9),(0,1.25),
(0,1.55),(0,1.95),(0,2.25),(0,2.6),(0,2.95),(0.15,0.15),(0.45,0.45),(0.75,0.7
5),
(0.95,0.95),(1.15,1.15),(1.30,1.30),(1.5,1.5),(1.75,1.75),(1.95,1.95),
(0.94,1.3),(0.94,1.7),(0.94,2.0),(0.94,2.4),(0.94,2.8));
P1V12:array [0..17,1..2] of real = ((0,0),(0,0.15),(0,0.55),(0,0.9),(0,1.25),
(0,1.6),(0,1.95),(0,2.3),(0.15,0.15),(0.5,0.5),(0.75,0.75),(1.0,1.0),(1.2,1.2),
(1.4,1.4),(1.6,1.6),(0.94,1.4),(0.94,1.7),(0.94,2.2));
P1V14:array [0..12,1..2] of real = ((0,0),(0,0.2),(0,0.55),(0,0.9),(0,1.25),
(0,1.62),(0.2,0.2),(0.5,0.5),(0.9,0.9),(1.1,1.1),(1.3,1.3),(0.94,1.15),(0.94,1.
52));
P2V0:array [0..25,1..2] of real = ((0,0),(0,0.35),(0,0.75),(0,1.15),(0,1.5),
(0,1.85),(0,2.22),(0,2.55),(0,2.9),(0,3.25),(0,3.55),(0.3,0.3),(0.6,0.6),
(0.8,0.8),(1.0,1.0),(1.2,1.2),(1.4,1.4),(1.6,1.6),(1.8,1.8),(2.0,2.0),(2.2,2.2),
(0.96,1.8),(0.96,2.12),(0.96,2.48),(0.96,2.75),(0.96,3.22));
P2V2:array [0..31,1..2] of real = ((0,0),(0,0.7),(0,1.02),(0,1.3),(0,1.62),
(0,1.9),(0,2.2),(0,2.5),(0,2.8),(0,3.05),(0,3.3),(0,3.65),(0.45,0.45),
(0.65,0.65),(0.8,0.8),(1,1),(1.2,1.2),(1.38,1.38),(1.55,1.55),(1.7,1.7),(1.9,1
.9),
(2.05,2.05),(2.23,2.23),(0.96,1.5),(0.96,1.8),(0.96,2.2),(0.96,2.5),
(0.96,2.8),(0.96,3.05),(0.96,3.35),(1.92,2.3),(1.92,2.65));
P2V4:array [0..32,1..2] of real = ((0,0),(0,0.95),(0,1.25),(0,1.52),(0,1.75),
(0,2.05),(0,2.35),(0,2.6),(0,2.88),(0,3.15),(0,3.42),(0,3.7),(0.6,0.6),

(0.8,0.8),(0.9,0.9),(1.1,1.1),(1.25,1.25),(1.4,1.4),(1.55,1.55),(1.7,1.7),(1.85,1.85),

(2.0,2.0),(2.2,2.2),(0.96,1.2),(0.96,1.5),(0.96,1.8),(0.96,2.1),(0.96,2.4),(0.96,2.7),

(0.96,3.0),(0.96,3.3),(1.92,2.18),(1.92,2.52));
P2V6:array [0..31,1..2] of real = ((0,0),(0,0.75),(0,1.02),(0,1.25),(0,1.55),
(0,1.85),(0,2.1),(0,2.4),(0,2.65),(0,2.95),(0,3.25),(0,3.5),(0.5,0.5),
(0.7,0.7),(0.8,0.8),(1,1),(1.15,1.15),(1.3,1.3),(1.5,1.5),(1.7,1.7),(1.9,1.9),
(2.0,2.0),(2.2,2.2),(0.96,1.4),(0.96,1.7),(0.96,2),(0.96,2.3),(0.96,2.6),(0.96,2.9),

(0.96,3.2),(1.92,2.2),(1.92,2.5));
P2V8:array [0..27,1..2] of real = ((0,0),(0,0.52),(0,0.85),(0,1.15),(0,1.42),
(0,1.7),(0,1.95),(0,2.25),(0,2.55),(0,2.7),(0,3.08),(0.1,0.1),(0.4,0.4),
(0.6,0.6),(0.8,0.8),(0.95,0.95),(1.1,1.1),(1.2,1.2),(1.45,1.45),(1.6,1.6),(1.8,1.8),

(2.0,2.0),(0.96,1.6),(0.96,1.9),(0.96,2.2),(0.96,2.5),(0.96,2.7),(0.96,2.7));

P2V10:array [0..22,1..2] of real = ((0,0),(0,0.15),(0,0.5),(0,0.85),(0,1.2),
(0,1.5),(0,1.85),(0,2.05),(0,2.4),(0,2.6),(0.15,0.15),(0.4,0.4),
(0.6,0.6),(0.85,0.85),(1,1),(1.2,1.2),(1.4,1.4),(1.6,1.6),(1.8,1.8),
(0.92,1.4),(0.92,1.8),(0.92,2.1),(0.92,2.4));

P2V12:array [0..10,1..2] of real = ((0,0),(0,0.85),(0,1.2),(0,1.55),(0,1.85),
(0,2.15),(0.65,0.65),(0.88,0.88),(1.05,1.05),(1.2,1.2),(1.43,1.43));
P2V14:array [0..10,1..2] of real = ((0,0),(0,0.15),(0,0.52),(0,0.9),(0,1.2),
(0,1.6),(0.1,0.1),(0.4,0.4),(0.6,0.6),(0.9,0.9),(1.05,1.05));
P3V0:array [0..26,1..2] of real = ((0,0),(0,0.38),(0,0.75),(0,1.1),(0,1.45),
(0,1.75),(0,2.08),(0,2.4),(0,2.72),(0,3.02),(0,3.3),(0.35,0.35),
(0.6,0.6),(0.9,0.9),(1,1),(1.2,1.2),(1.4,1.4),(1.55,1.55),(1.7,1.7),(1.9,1.9),
(2.1,2.1),(0.92,1.4),(0.92,1.7),(0.92,2.05),(0.92,2.35),(0.92,2.65),(0.92,3))
;
P3V2:array [0..32,1..2] of real = ((0,0),(0,0.7),(0,1),(0,1.3),(0,1.55),
(0,1.55),(0,1.85),(0,2.1),(0,2.4),(0,2.65),(0,3.2),(0,3.45),(0.45,0.45),
(0.62,0.62),(0.8,0.8),(1,1),(1.15,1.15),(1.3,1.3),(1.5,1.5),(1.05,1.65),(1.8,1.8),

(1.95,1.95),(2.1,2.1),(0.92,1.1),(0.92,1.4),(0.92,1.7),(0.92,2),(0.92,2.3),(0.92,2.6),

(0.92,2.85),(0.92,3.15),(1.8,2.2),(1.8,2.55));
P3V4:array [0..30,1..2] of real = ((0,0),(0,1.15),(0,1.4),(0,1.65),(0,1.95),
(0,2.2),(0,2.45),(0,2.7),(0,2.95),(0,3.25),(0,3.5),(0.6,0.6),
(0.8,0.8),(0.9,0.9),(1,1),(1.15,1.15),(1.3,1.3),(1.5,1.5),(1.65,1.65),(1.8,1.8)
,
(1.95,1.95),(2.1,2.1),(0.92,1.1),(0.92,1.4),(0.92,1.7),(0.92,2),(0.92,2.2),(0.92,2.4),

(0.92,2.5),(0.92,2.8),(0.92,3.1));
P3V6:array [0..29,1..2] of real = ((0,0),(0,0.75),(0,1),(0,1.2),(0,1.45),

(0,1.7),(0,2),(0,2.25),(0,2.5),(0,2.8),(0,3.1),(0,3.3),(0.5,0.5),
(0.65,0.65),(0.8,0.8),(0.95,0.95),(1.1,1.1),(1.2,1.2),(1.4,1.4),(1.55,1.55),(1
.7,1.7),
(1.87,1.87),(2.05,2.05),(0.92,0.7),(0.92,1.5),(0.92,1.8),(0.92,2.1),(0.92,2.4
),(0.92,2.7),
(0.92,2.95));
P3V8:array [0..28,1..2] of real = ((0,0),(0,0.15),(0,0.45),(0,0.7),(0,1.1),
(0,1.35),(0,1.62),(0,1.86),(0,2.15),(0,2.4),(0,2.65),(0,2.95),(0.35,0.35),
(0.55,0.55),(0.7,0.7),(0.9,0.9),(1.05,1.05),(1.2,1.2),(1.35,1.35),(1.5,1.5),(1
.65,1.65),
(1.8,1.8),(1.95,1.95),(0.92,1.25),(0.92,1.6),(0.92,1.9),(0.92,2.2),(0.92,2.5),
(0.92,2.7));
P3V10:array [0..23,1..2] of real = ((0,0),(0,0.15),(0,45),(0,0.8),(0,1.1),
(0,1.4),(0,1.7),(0,1.95),(0,2.2),(0,2.45),(0.1,0.1),
(0.4,0.4),(0.6,0.6),(0.75,0.75),(0.95,0.95),(1.15,1.15),(1.3,1.3),(1.45,1.45),
(1.6,1.6),
(0.92,0.95),(0.92,1.3),(0.92,1.6),(0.92,1.9),(0.92,2.2));
P3V12:array [0..17,1..2] of real = ((0,0),(0,0.15),(0,0.48),(0,0.8),(0,1.15),
(0,1.4),(0,1.75),(0,2),(0.15,0.15),
(0.35,0.35),(0.6,0.6),(0.8,0.8),(1,1),(1.2,1.2),(1.35,1.35),(0.92,1.1),(0.92,1
.4),(0.92,1.7));
P3V14:array [0..10,1..2] of real = ((0,0),(0,0.15),(0,0.48),(0,0.8),(0,1.15),
(0,1.45),(0.15,0.15),(0.35,0.35),(0.62,0.62),(0.8,0.8),(1.15,1.15));
P4AV0:array [0..36,1..2] of real = ((0,0),(0,0.4),(0,0.7),(0,1.02),(0,1.25),
(0,1.45),(0,1.7),(0,1.9),(0,2.1),(0,2.25),(0,2.5),(0.35,0),
(0.75,0),(1.15,0),(1.5,0),(1.9,0),(2.25,0),(2.65,0),(3,0),(3.38,0),
(3.75,0),(0.3,0.3),(0.55,0.55),(0.75,0.75),(0.92,0.92),(1.4,0.92),(1.8,0.92),
(2.2,0.92),(2.5,0.92),(2.9,0.92),(3.3,0.92),(0.92,1.3),(0.92,1.5),(0.92,1.7),
(0.92,1.9),(0.92,2.1),(0.92,2.4));
P4AV2:array [0..40,1..2] of real = ((0,0),(0,0.65),(0,0.9),(0,1.1),(0,1.3),
(0,1.5),(0,1.7),(0,1.85),(0,2.05),(0,2.2),(0,2.4),(0,2.55),(0.65,0),
(1.05,0),(1.4,0),(1.8,0),(2.1,0),(2.5,0),(2.9,0),(3.2,0),(3.6,0),
(3.9,0),(4.4,0),(0.45,0.45),(0.65,0.65),(0.78,0.78),(0.92,0.92),(0.92,1.15),(
0.92,1.35),
(0.92,1.55),(0.92,1.75),(0.92,1.95),(0.92,2.15),(0.92,2.35),(1.45,0.92),(1.9
,0.92),
(2.2,0.92),(2.6,0.92),(2.9,0.92),(3.3,0.92),(3.7,0.92));
P4AV4:array [0..41,1..2] of real = ((0,0),(0,0.9),(0,1.1),(0,1.25),
(0,1.4),(0,1.6),(0,1.8),(0,1.9),(0,2.05),(0,2.3),(0,2.45),(0,2.65),(0.95,0),
(1.35,0),(1.7,0),(2.05,0),(2.5,0),(2.9,0),(3.2,0),(3.5,0),(3.9,0),
(4.4,0),(4.6,0),(0.6,0.6),(0.72,0.72),(0.92,0.92),(1.2,0.92),(1.5,0.92),
(1.95,0.92),(2.2,0.92),(2.6,0.92),(2.95,0.92),(3.3,0.92),(3.7,0.92),(0.92,1.1
),
(0.92,1.3),(0.92,1.45),(0.92,1.65),(0.92,1.8),(0.92,2),(0.92,2.2),(0.92,2.35)
);
P4AV6:array [0..40,1..2] of real = ((0,0),(0,0.75),(0,0.9),(0,1.1),(0,1.25),
(0,1.45),(0,1.55),(0,1.8),(0,2),(0,2.15),(0,2.3),(0,2.45),(0.75,0),

(1.05,0),(1.35,0),(1.65,0),(2,0),(2.3,0),(2.7,0),(3,0),(3.4,0),
(3.75,0),(4.1,0),(0.45,0.45),(0.6,0.6),(0.8,0.8),(0.9,0.9),(0.92,1.1),(0.92,1.3),
(0.92,1.5),(0.92,1.7),(0.92,1.8),(0.92,2.1),(0.92,2.3),(1.3,0.92),(1.8,0.92),
(2.0,0.92),(2.3,0.92),(2.7,0.92),(3.5,0.92),(3.1,0.92));
P4BV8:array [0..38,1..2] of real = ((0,0),(0,0.15),(0,0.5),(0,0.75),(0,1),
(0,1.15),(0,1.35),(0,1.55),(0,1.7),(0,1.9),(0,2.1),(0,2.25),(0.15,0),
(0.5,0),(0.8,0),(1.15,0),(1.5,0),(1.8,0),(2.1,0),(2.5,0),(2.8,0),
(3.2,0),(3.5,0),(0.1,0.1),(0.3,0.3),(0.5,0.5),(0.7,0.7),(0.85,0.85),(1,1),
(0.92,1.3),(0.92,1.5),(0.92,1.7),(0.92,1.9),(0.92,2.1),(1.5,0.92),(1.8,0.92),
(2.2,0.92),(2.5,0.92),(3.0,0.92));
P4BV10:array [0..31,1..2] of real = ((0,0),(0,0.15),(0,0.45),(0,0.8),(0,1),
(0,1.2),(0,1.4),(0,1.6),(0,1.8),(0,2),(0.15,0),
(0.5,0),(0.9,0),(1.2,0),(1.6,0),(1.9,0),(2.2,0),(2.6,0),(2.9,0),
(0.1,0.1),(0.3,0.3),(0.5,0.5),(0.7,0.7),(0.9,0.9),(1.4,0.92),(1.8,0.92),
(2.1,0.92),(2.5,0.92),(0.92,1.15),(0.92,1.35),(0.92,1.55),(0.92,1.75));
P4BV12:array [0..23,1..2] of real =
((0,0),(0,0.15),(0,0.45),(0,0.75),(0,1.05),
(0,1.2),(0,1.45),(0,1.65),(0.15,0),(0.5,0),(0.9,0),(1.2,0),(1.55,0),(1.9,0),
(2.25,0),(0.1,0.1),(0.35,0.35),(0.6,0.6),(0.8,0.8),(0.92,0.92),(0.92,1.25),
(0.92,1.5),(1.3,0.92),(1.7,0.92));
P4BV14:array [0..15,1..2] of real = ((0,0),(0,0.15),(0,0.4),(0,0.8),(0,1),
(0,1.2),(0.15,0),(0.5,0),(0.9,0),(1.3,0),(1.7,0),(0.1,0.1),(0.4,0.4),
(0.6,0.6),(0.8,0.8),(1,1));
P5A0:array [0..36,1..2] of real = ((0,0),(0,0.38),(0,0.7),(0,1),(0,1.3),
(0,1.6),(0,1.8),(0,2.1),(0,2.35),(0,2.6),(0,2.85),
(0.4,0),(0.75,0),(1.1,0),(1.45,0),(1.8,0),(2.1,0),(2.5,0),(2.9,0),(3.2,0),
(3.5,0),(0.4,0.4),(0.6,0.6),(0.8,0.8),(0.92,0.92),(0.92,1.3),(0.92,1.6),(0.92,
1.8),
(0.92,2.1),(0.92,2.3),(0.92,2.6),(1.8,0.92),(2.1,0.92),(2.5,0.92),(2.9,0.92),
(3.2,0.92),(3.5,0.92));
P5A2:array [0..40,1..2] of real = ((0,0),(0,0.1),(0,0.9),(0,1.1),(0,1.4),
(0,1.6),(0,1.8),(0,2.1),(0,2.3),(0,2.5),(0,2.7),
(0,3),(0.6,0),(0.95,0),(1.3,0),(1.6,0),(1.95,0),(2.3,0),(2.6,0),(2.9,0),(3.3,0),
(3.6,0),(3.85,0),(0.45,0.45),(0.62,0.62),(0.8,0.8),(0.98,0.98),(0.92,1.2),
(0.92,1.15),(0.92,1.7),(0.92,2),(0.92,2.2),(0.92,2.4),(0.92,2.65),
(1.4,0.92),(1.8,0.92),(2.1,0.92),(2.4,0.92),(2.9,0.92),(3.1,0.92),(3.4,0.92));
P5A4:array [0..41,1..2] of real = ((0,0),(0,0.9),(0,1.15),(0,1.3),(0,1.5),
(0,1.7),(0,1.9),(0,2.15),(0,2.35),(0,2.55),(0,2.75),
(0,3),(0.9,0),(1.2,0),(1.55,0),(1.9,0),(2.15,0),(2.5,0),(2.8,0),(3.1,0),
(3.4,0),(3.7,0),(4,0),(0.55,0.55),(0.65,0.65),(0.92,0.92),(0.92,1.2),
(0.92,1.4),(0.92,1.6),(0.92,1.8),(0.92,2.1),(0.92,2.3),(0.92,2.5),(0.92,2.7),
(1.2,0.92),(1.4,0.92),(1.7,0.92),(2.1,0.92),(2.4,0.92),(2.8,0.92),(3.1,0.92),
(3.4,0.92));
P5A6:array [0..40,1..2] of real = ((0,0),(0,0.75),(0,0.9),(0,1.2),(0,1.4),
(0,1.6),(0,1.8),(0,2),(0,2.2),(0,2.4),(0,2.6),(0,2.9),
(0.7,0),(1,0),(1.2,0),(1.5,0),(1.8,0),(2.1,0),(2.4,0),(2.7,0),(3.1,0),

(3.4,0),(3.7,0),(0.45,0.45),(0.6,0.6),(0.72,0.72),(0.86,0.86),(0.92,1.2),
(0.92,1.35),(0.92,1.6),(0.92,1.8),(0.92,2.1),(0.92,2.3),(0.92,2.5),
(1.2,0.92),(1.6,0.92),(1.9,0.92),(2.2,0.92),(2.5,0.92),(2.9,0.92),(3.2,0.92));
P5B8:array [0..39,1..2] of real = ((0,0),(0,0.2),(0,0.5),(0,0.8),(0,1.1),
(0,1.25),(0,1.5),(0,1.7),(0,1.95),(0,2.15),(0,2.4),
(0,2.65),(0.15,0),(0.45,0),(0.8,0),(1.15,0),(1.4,0),(1.7,0),(2.05,0),(2.3,0),(2.
65,0),
(2.9,0),(3.3,0),(0.15,0.15),(0.35,0.35),(0.5,0.5),(0.75,0.75),(0.92,1.2),
(0.92,1.2),(0.92,1.4),(0.92,1.65),(0.92,1.85),(0.92,2.1),(0.92,2.3),
(1.15,0.92),(1.5,0.92),(1.9,0.92),(2.15,0.92),(2.5,0.92),(2.8,0.92));
P5B10:array [0..31,1..2] of real = ((0,0),(0,0.15),(0,0.5),(0,0.8),(0,1.05),
(0,1.3),(0,1.55),(0,1.8),(0,2.05),(0,2.25),(0.15,0),(0.5,0),(0.85,0),
(1.2,0),(1.5,0),(1.8,0),(2.1,0),(2.4,0),(2.75,0),
(0.15,0.15),(0.3,0.3),(0.6,0.6),(0.75,0.75),(0.924,0.924),
(0.924,1.2),(0.924,1.5),(0.924,1.75),(0.924,2.0),
(1.35,0.924),(1.7,0.924),(2,0.924),(2.3,0.924));
P5B12:array [0..23,1..2] of real = ((0,0),(0,0.15),(0,0.5),(0,0.85),(0,1.1),
(0,1.35),(0,1.6),(0,1.8),(0.15,0),(0.5,0),(0.85,0),(1.2,0),(1.55,0),(1.9,0),
(2.2,0),(0.1,0.1),(0.4,0.4),(0.6,0.6),(0.75,0.75),(0.92,0.92),
(0.92,1.3),(0.92,1.6),(1.9,0.92),(2.2,0.92));
P5B14:array [0..15,1..2] of real = ((0,0),(0,0.15),(0,0.5),(0,0.75),(0,1.1),
(0,1.4),(0.15,0),(0.5,0),(0.8,0),(1.2,0),(1.6,0),
(0.1,0.1),(0.35,0.35),(0.6,0.6),(0.8,0.8),
(1,1));
P6A0:array [0..37,1..2] of real = ((0,0),(0,0.4),(0,0.7),(0,1),(0,1.2),
(0,1.4),(0,1.7),(0,1.9),(0,2.0),(0,2.2),(0,2.4),
(0.6,0),(1.2,0),(1.7,0),(2.2,0),(2.7,0),(3.1,0),(3.6,0),(3.9,0),(4.2,0),
(4.4,0),(0.35,0.35),(0.6,0.6),(0.92,0.92),(0.92,1.1),
(0.92,1.3),(0.92,1.6),(0.92,1.8),(0.92,2),(0.92,2.2),(0.92,2.4),
(1.3,0.92),(1.8,0.92),(2.2,0.92),(2.6,0.92),(3,0.92),(3.4,0.92),(3.7,0.92));
P6A0A:array [0..30,1..2] of real = ((0,0),(0,0.4),(0,0.7),(0,0.95),(0,1.2),
(0,1.4),(0,1.65),(0,1.8),(0,2),(0,2.2),(0,2.4),
(0.2,0),(0.4,0),(0.6,0),(0.8,0),(1,0),(1.2,0),(1.4,0),(1.5,0),(1.7,0),
(1.9,0),(0.25,0.25),(0.45,0.45),(0.6,0.6),(0.75,0.75),(0.92,0.92),
(1.05,1),(1.25,1.1),(1.4,1.2),(1.6,1.35),(1.8,1.5));
P6A2:array [0..41,1..2] of real = ((0,0),(0,0.7),(0,0.95),(0,1.15),(0,1.35),
(0,1.55),(0,1.7),(0,1.9),(0,2.08),(0,2.3),(0,2.45),
(0,2.6),(0.7,0),(1.2,0),(1.8,0),(2.1,0),(2.4,0),(2.8,0),(3,0),(3.2,0),(3.4,0),
(3.6,0),(3.8,0),(0.5,0.5),(0.7,0.7),(0.8,0.8),(0.92,1.05),
(0.92,1.25),(0.92,1.45),(0.92,1.65),(0.92,1.85),(0.92,2.05),(0.92,2.2),(0.92
,2.4),
(1.2,0.92),(1.5,0.92),(1.8,0.92),(2.2,0.92),(2.4,0.92),(2.7,0.92),(2.9,0.92),(
3.3,0.92));
P6A2A:array [0..40,1..2] of real = ((0,0),(0,0.7),(0,0.9),(0,1.1),(0,1.3),
(0,1.5),(0,1.7),(0,1.9),(0,2.05),(0,2.25),(0,2.4),
(0,2.6),(0.7,0),(0.9,0),(1.1,0),(1.3,0),(1.5,0),(1.7,0),(1.85,0),(2.05,0),(2.25,
0),

```
(2.4,0),(2.65,0),(0.5,0.5),(0.6,0.6),(0.75,0.75),(0.85,0.85),(1.1,0.7),
(0.92,1.3),(0.92,1.55),(0.92,1.7),(0.92,1.9),(0.92,2.1),(0.92,2.3),
(1.1,0.92),(1.3,0.92),(1.6,0.92),(1.9,0.92),(2.1,0.92),(2.35,0.92),(2.6,0.92)
);
P6B4:array [0..40,1..2] of real = ((0,0),(0,0.75),(0,1),(0,1.15),(0,1.3),
(0,1.45),(0,1.6),(0,1.75),(0,1.9),(0,2.05),(0,2.2),
(0,2.4),(0.8,0),(1.15,0),(1.4,0),(1.6,0),(1.8,0),(2,0),(2.15,0),(2.3,0),(2.5,0),
(2.7,0),(2.9,0),(0.55,0.55),(0.65,0.65),(0.8,0.8),(0.85,0.85),(0.85,1.1),
(0.85,1.2),(0.85,1.4),(0.85,1.6),(0.85,1.7),(0.85,1.9),(0.85,2.1),
(1.1,0.85),(1.3,0.85),(1.6,0.85),(1.8,0.85),(2,0.85),(2.2,0.85),(2.4,0.85));
P6B4A:array [0..41,1..2] of real = ((0,0),(0,0.8),(0,1),(0,1.1),(0,1.3),
(0,1.45),(0,1.6),(0,1.7),(0,1.9),(0,2.05),(0,2.2),
(0,2.4),(0.85,0),(1.2,0),(1.5,0),(1.8,0),(2,0),(2.2,0),(2.4,0),(2.6,0),(2.8,0),
(3,0),(3.1,0),(0.58,0.58),(0.7,0.7),(0.85,0.85),(0.85,1),(0.85,1.2),(0.85,1.3)
,
(0.85,1.5),(0.85,1.7),(0.85,1.9),(0.85,2),(0.85,2.2),
(1,0.85),(1.3,0.85),(1.7,0.85),(2,0.85),(2.4,0.85),(2.6,0.85),(2.9,0.85),(3.2,
0.85));
P6B6:array [0..38,1..2] of real = ((0,0),(0,0.7),(0,0.8),(0,1),(0,1.1),
(0,1.15),(0,1.25),(0,1.5),(0,1.7),(0,1.9),(0,2),
(0,2.2),(0.7,0),(0.8,0),(1,0),(1.1,0),(1.3,0),(1.4,0),(1.6,0),(1.9,0),(2,0),
(2.1,0),(2.3,0),(0.45,0.45),(0.5,0.5),(0.6,0.6),(0.7,0.7),(0.8,0.8),(0.9,0.9),
(0.85,1.1),(0.85,1.25),(0.85,1.4),(0.85,1.55),(0.85,1.8),
(1.2,0.85),(1.3,0.85),(1.5,0.85),(1.7,0.85),(1.9,0.85));
P6B6A:array [0..41,1..2] of real = ((0,0),(0,0.7),(0,0.9),(0,1),(0,1.1),
(0,1.3),(0,1.4),(0,1.6),(0,1.7),(0,1.9),(0,2),
(0,2.2),(0.7,0),(0.8,0),(1.1,0),(1.8,0),(2.2,0),(2.5,0),(2.8,0),(3.1,0),(3.3,0),
(3.5,0),(3.7,0),(0.4,0.4),(0.65,0.65),(0.8,0.8),(0.85,1),(0.85,1.2),(0.85,1.3),
(0.85,1.5),(0.85,1.6),(0.85,1.8),(0.85,2),(0.85,2.1),
(1,0.85),(1.3,0.85),(1.7,0.85),(2,0.85),(2.3,0.85),(2.5,0.85),(2.9,0.85),(3.2,
0.85));
P6C8:array [0..36,1..2] of real = ((0,0),(0,0.1),(0,0.4),(0,0.6),(0,0.8),
(0,1),(0,1.1),(0,1.3),(0,1.4),(0,1.55),(0,1.7),
(0,1.9),(0.15,0),(0.3,0),(0.4,0),(0.6,0),(0.75,0),(0.9,0),(1.1,0),(1.2,0),(1.35,
0),
(1.55,0),(1.7,0),(0.1,0.1),(0.25,0.25),(0.3,0.3),(0.4,0.4),(0.5,0.5),(0.6,0.6),
(0.75,0.75),(0.85,0.85),(0.85,1.05),(0.85,1.2),(0.85,1.4),
(1,0.85),(1.2,0.85),(1.4,0.85));
P6C8A:array [0..40,1..2] of real = ((0,0),(0,0.15),(0,0.4),(0,0.55),(0,0.8),
(0,1),(0,1.1),(0,1.2),(0,1.4),(0,1.6),(0,1.7),
(0,1.9),(0.15,0),(0.45,0),(1,0),(1.4,0),(1.6,0),(1.8,0),(2.4,0),(2.7,0),(3.1,0),
(3.5,0),(4.1,0),(0.1,0.1),(0.35,0.35),(0.6,0.6),(0.85,0.85),(0.85,1),(0.85,1.2
),
(0.85,1.35),(0.85,1.5),(0.85,1.7),(0.85,1.85),(0.85,2),
(1,0.85),(1.5,0.85),(1.8,0.85),(2.2,0.85),(2.6,0.85),(2.9,0.85),(3.2,0.85));
P6C10:array [0..21,1..2] of real = ((0,0),(0,0.5),(0,0.7),(0,0.9),(0,1),
(0,1.2),(0,1.4),(0,1.5),
```

(0.15,0),(0.3,0),(0.45,0),(0.6,0),(0.8,0),(0.9,0),(1.1,0),(0.1,0.1),(0.3,0.3),
(0.4,0.4),(0.5,0.5),(0.6,0.6),(0.7,0.7),(0.85,0.85));
P6C10A:array [0..48,1..2] of real = ((0,0),(0,0.5),(0,0.7),(0,0.9),(0,1),
(0,1.2),(0,1.3),(0,1.5),(0.2,0),(0.3,0),(0.85,0.15),(0.85,0.4),(0.85,0.6),
(0.85,0.8),(0.85,1),(0.85,1.2),(0.85,1.4),(0.85,1.5),(0.85,1.7),
(0.8,0),(1,0),(1.4,0),(1.9,0),(1.9,0),(2.3,0),(2.8,0),(3.1,0),(3.5,0),(4,0),
(0.85,0.4),(0.85,0.65),(0.85,0.9),(0.85,1.1),(0.85,1.3),(0.85,1.5),(0.85,1.65
),
(0.85,1.8),(0.95,0.15),(1.2,0.45),(1.4,0.75),(1.6,0.85),(1.7,1),(1.7,1.2),
(1.7,1.4),(1.7,1.6),(1.9,0.85),(2.3,0.85),(2.8,0.85),(3.2,0.85));
P6D12:array [0..7,1..2] of real = ((0,0),(0,0.6),(0,1.0),(0,1.2),(0.15,0),
(0.3,0),(0.5,0),(0.2,0.9));
P6D12A:array [0..30,1..2] of real =((0,0),(0,0.6),(0,0.9),(0,1.2),(0.2,0),
(0.35,0),(0.55,0),(0.7,0),(0.9,0),(1.45,0),(1.95,0),
(2.45,0),(2.95,0),(3.45,0),(3.9,0),(0.7,0.15),(0.65,0.4),(0.55,0.65),
(0.45,0.8),(0.4,1.05),(0.35,1.2),(0.3,1.35),(1.3,0.3),(1.55,0.6),(1.7,0.8),
(2.1,0.92),(2.7,0.92),(3.2,0.92),(1.85,1.05),(1.85,1.3),(1.85,1.5));
P6D14:array [0..20,1..2] of real = ((0,0),(0.2,0),(0.4,0),(0.6,0),(0.7,0),
(0.9,0),(1.8,0),(2.3,0),(2.75,0),(3.4,0),(2.25,0.35),
(2.5,0.65),(2.7,0.9),(1.85,0.3),(1.85,1.65),(1.85,0.95),(1.85,1.25),(0.9,0.3),
(0.85,0.6),(0.65,0.8),(0.6,1));
P7:array [0..42,1..2] of real = ((0,4.7),(0.4,0.44),(0.8,4.2),(1.2,3.9),
(1.7,3.5),(2.3,3.1),(2.9,2.7),(3.5,2.2),(4.1,1.8),(4.6,1.2),(5.2,0.5),
(5.8,-0.5),(5.7,-2.4),(5.2,-3.3),(4.7,-4.1),(3.9,-5),(3.1,-6),(2.4,-6.7),
(1.8,-7.2),(1.2,-7.6),(0.8,-8),(0.3,-8.4),(0,-8.6),(0,0),(0.1,-0.5),(0.2,-0.1),
(0.4,-0.2),(0.6,-0.3),(0.7,-0.4),(0.8,-0.5),(1,-0.6),(1.2,-0.8),(1.4,-1.2),
(1.6,-1.8),(1.6,-2),(1.5,-2.3),(0.9,-2.6),(1.1,-3),(0.8,-3.3),(0.5,-3.6),
(0.3,-3.7),(0.1,-3.85),(0,-4));
P8:array [0..42,1..2] of real = ((0,4.5),(0.9,3.9),(1.5,3.6),(2.1,3.2),
(3,2.7),(3.8,2.2),(4.6,1.6),(5.3,1.2),(5.7,0.8),(6.1,0.3),(6.6,-0.2),
(6.9,-1.1),(6.5,-2.5),(6,-3.2),(5.4,-3.9),(4.7,-4.7),(3.6,-5.5),(3.3,-5.9),
(2.4,-6.5),(1.6,-7),(1,-7.5),(0.5,-7.8),(0,-8.2),(0,0),(0.3,-0.1),(0.7,-0.3),
(1,-0.5),(1.3,-0.7),(1.5,-0.8),(1.6,-1),(1.8,-1.1),(2,-1.3),(2.1,-1.5),
(2.2,-1.8),(2.2,-2),(2.1,-2.1),(2,-2.4),(1.6,-2.7),(1.3,-2.9),(0.9,-3.2),
(0.5,-3.4),(0.2,-3.6),(0,-3.8));
P9:array [0..42,1..2] of real = ((0,4.5),(0.4,4.3),(0.8,4),(1.3,3.7),
(1.8,3.3),(2.5,3),(3.1,2.4),(3.7,2),(4.4,1.5),(4.9,0.9),(5.5,0.2),
(6,-0.8),(5.8,-2.4),(5.3,-3.2),(4.8,-3.8),(4.6,-3.7),(3.3,-5.6),(2.6,-6.3),
(1.9,-6.8),(1.3,-7.3),(0.8,-7.7),(0.4,-8),(0,-8.3),(0,0),(0.2,-0.1),(0.4,-0.2),
(0.6,-0.3),(0.8,-0.4),(1,-0.6),(1.2,-0.8),(1.4,-0.9),(1.6,-1.1),(1.8,-1.4),
(2,-1.8),(2,-1.9),(1.9,-2.1),(1.8,-2.4),(1.4,-2.7),(1,-3),(0.7,-3.3),
(0.4,-3.5),(0.2,-3.7),(0,-3.8));
P10:array [0..42,1..2] of real = ((0,4.5),(0.5,4.2),(0.9,3.9),(1.4,3.6),
(2,3.2),(2.7,2.7),(3.4,2.2),(4,1.8),(4.5,1.3),(5,0.7),(5.7,0),
(6.1,-1),(5.6,-2.8),(5.2,-3.5),(4.6,-4.2),(4,-5),(3,-5.9),(2.6,-6.3),
(2,-6.8),(1.3,-7.3),(0.8,-7.7),(0.4,-8),(0,-8.3),(0,0),(0.2,-0.1),(0.4,-0.2),
(0.6,-0.3),(0.9,-0.5),(1.1,-0.7),(1.3,-0.8),(1.5,-1),(1.7,-1.2),(1.9,-1.5),

(2,-1.7),(2,-2),(1.9,-2.2),(1.7,-2.5),(1.3,-2.9),(1,-3),(0.7,-3.3),
(0.4,-3.6),(0.2,-3.7),(0,-3.8));
P11:array [0..42,1..2] of real = ((0,4.4),(1.6,3.4),(2.5,2.8),(3.5,2.3),
(4.5,1.6),(5.5,1),(6.5,0.5),(7.5,-0.2),(8.4,-0.7),(8.6,0.9),(8.7,-1.1),
(8.9,-1.3),(9.1,-1.8),(8.2,-2.5),(7.3,-3.3),(6.2,-4.1),(5,-4.9),(4,-5.6),
(3,-6.2),(2.2,-6.8),(1.3,-7.3),(0.6,-7.8),(0,-8.2),(0,0),(0.3,-0.1),(0.5,-0.2),
(0.7,-0.4),(0.9,-0.5),(1.1,-0.6),(1.2,-0.7),(1.4,-0.8),(1.5,-1),(1.7,-1.3),
(1.9,-1.7),(1.9,-1.9),(1.8,-2.1),(1.7,-2.4),(1.4,-2.7),(1,-3),(0.7,-3.3),
(0.4,-3.5),(0.2,-3.6),(0,-3.7));
P12:array [0..42,1..2] of real = ((0,4.5),(1,4),(1.5,3.6),(2.2,3.2),
(2.9,2.7),(3.7,2.2),(4.4,1.7),(5.2,1.2),(5.8,0.8),(6.3,0.4),(6.6,-0.1),
(7,-0.9),(7.1,-2.2),(6.4,-3),(5.7,-3.8),(5,-4.6),(4,-5.5),(3.2,-6.2),
(2.3,-6.7),(1.6,-7.2),(1,-7.7),(0.5,-8.1),(0,-8.4),(0,0),(0.2,-0.1),(0.5,-0.2),
(0.8,-0.4),(1,-0.5),(1.1,-0.6),(1.2,-0.7),(1.4,-0.8),(1.6,-1.1),(1.8,-1.3),
(1.9,-1.8),(1.9,-2),(1.9,-2.2),(1.8,-2.5),(1.5,-2.8),(1.1,-3.2),(0.7,-3.4),
(0.4,-3.6),(0.2,-3.7),(0,-3.8));
Q1V0:array[1..17,1..5] of byte =((0,11,1,0,1),(11,12,2,1,2),(12,13,3,2,3),
(13,14,4,3,4),
(21,22,5,4,5),(22,23,6,5,6),(23,24,7,6,7),(24,25,8,7,8),(25,26,9,8,9),
(26,27,10,9,10),(14,15,22,21,5),(15,16,23,22,6),(16,17,24,23,7),
(17,18,25,24,8),(18,19,26,25,9),(28,29,27,26,10),(19,20,29,28,10));
Q1V2:array[1..19,1..5] of byte =((0,12,1,0,0),(12,13,2,1,1),(13,14,3,2,2),
(14,15,4,3,3),
(25,26,5,4,4),(26,27,6,5,5),(27,28,7,6,6),(28,29,8,7,7),(29,30,9,8,8),
(30,31,10,9,9),(31,32,11,10,10),(15,16,26,25,4),(16,17,27,26,5),
(17,18,28,27,6),(18,19,29,28,7),(19,20,30,29,8),(20,21,31,30,9),
(21,22,24,23,10),(23,24,32,31,10));
Q1V4:array[1..19,1..5] of byte =((0,12,1,0,0),(12,13,2,1,1),(13,14,3,2,2),
(14,15,4,3,3),
(15,16,5,4,4),(23,24,6,5,5),(24,25,7,6,6),(25,26,8,7,7),(26,27,9,8,8),
(27,28,10,9,9),(28,29,11,10,10),(16,17,24,23,5),(17,18,25,24,6),
(18,19,26,25,7),(19,20,27,26,8),(20,21,28,27,9),(21,22,29,28,10),
(20,21,29,28,10),(21,22,31,30,10));
{Q1V6 = Q1V4 }
Q1V8:array[1..16,1..5] of byte =((0,12,1,0,0),(12,13,2,1,1),(13,14,3,2,2),
(14,15,4,3,3),
(15,16,5,4,4),(16,17,6,5,5),(23,24,7,6,6),(24,25,8,7,7),(25,26,9,8,8),
(26,27,10,9,9),(27,28,11,10,10),(17,18,24,23,6),(18,19,25,24,7),
(19,20,26,25,8),(20,21,27,26,9),(21,22,28,27,10));
Q1V10:array[1..13,1..5] of byte =((0,10,1,0,2),(10,11,2,1,3),(11,12,3,2,4),
(12,13,4,3,5),
(13,14,5,4,6),(19,20,6,5,7),(20,21,7,6,8),(21,22,8,7,9),(22,23,9,8,10),
(14,15,20,19,7),(15,16,21,20,8),(16,17,22,21,9),(17,18,23,22,10));
Q1V12:array[1..9,1..5] of byte =((0,8,1,0,4),(8,9,2,1,5),(9,10,3,2,6),
(10,11,4,3,7),
(11,12,5,4,8),(15,16,6,5,9),(16,17,7,6,10),(12,13,8,7,9),(13,14,9,8,10));
Q1V14:array[1..6,1..5] of byte =((0,6,1,0,6),(6,7,2,1,7),(7,8,3,2,8),
369

```
(8,9,4,3,9),
(11,12,5,4,10),(9,10,12,11,10));
Q2V0:array[1..14,1..5] of byte =((0,11,1,0,1),(11,12,2,1,2),(12,13,3,2,3),
(13,14,4,3,4),
(14,15,5,4,5),(15,16,6,5,6),(21,22,7,6,7),(22,23,8,7,8),(23,24,9,8,9),
(24,25,10,9,10),(16,17,22,21,7),(17,18,23,22,8),(18,19,24,23,9),
(19,20,25,24,10));
{Q2V2 =Q1V4}
Q2V4:array[1..19,1..5] of byte =((0,12,1,0,0),(12,13,2,1,1),(13,14,3,2,2),
(14,15,4,3,3),
(23,24,5,4,4),(24,25,6,5,5),(25,26,7,6,6),(26,27,8,7,7),(27,28,9,8,8),
(28,29,10,9,9),(29,30,11,10,10),(15,16,24,23,4),(16,17,25,24,5),
(17,18,26,25,6),(18,19,27,26,7),(19,20,28,27,8),(20,21,29,28,9),
(21,22,32,31,10),(31,32,30,29,10));
{Q2V6 = Q1V4 }
Q2V8:array[1..16,1..5] of byte =((0,12,1,0,0),(12,13,2,1,1),(13,14,3,2,2),
(14,15,4,3,3),(15,16,5,4,4),(16,17,6,5,5),(22,23,7,6,6),(23,24,8,7,7),
(24,25,9,8,8),(25,26,10,9,9),(26,27,11,10,10),(17,18,24,23,6),
(18,19,25,24,7),(19,20,26,25,8),(20,21,27,26,9),(21,22,28,27,10));
Q2V10:array[1..12,1..5] of byte =((0,10,1,0,2),(10,11,2,1,1),(11,12,3,2,4),
(12,13,4,3,5),(13,14,5,4,6),(14,15,6,5,7),(15,16,20,19,8),(16,17,21,20,9),
(17,18,22,21,10),(19,20,7,6,8),(20,21,8,7,9),(21,22,9,8,10));
Q2V12:array[1..5,1..5] of byte =((0,6,1,0,6),(12,13,2,1,7),(13,14,3,2,8),
(14,15,4,3,9),(15,16,5,4,10));
{Q2V14 = Q2V12}
Q3V0:array[1..15,1..5] of byte =((0,11,1,0,1),(11,12,2,1,2),(12,13,3,2,3),
(13,14,4,3,4),(14,15,5,4,5),(15,16,6,5,6),(21,22,7,6,7),(22,23,8,7,8),
(23,24,9,8,9),(24,25,10,9,10),(15,16,22,21,6),(16,17,23,22,7),(17,18,24,2
3,8),
(18,19,25,24,9),(19,20,26,25,10));
{Q3V2=Q2V4}
Q3V4:array[1..18,1..5] of byte =((0,12,1,0,0),(12,13,2,1,1),(13,14,3,2,2),
(14,15,4,3,3),(23,24,5,4,4),(24,25,6,5,5),(25,26,7,6,6),(26,27,8,7,7),
(27,28,9,8,8),(28,29,10,9,9),(29,30,11,10,10),(15,16,24,23,4),
(16,17,25,24,5),(17,18,26,25,6),(18,19,27,26,7),(19,20,28,27,8),
(20,21,29,28,9),(21,22,30,29,10));
Q3V6:array[1..16,1..5] of byte =((0,12,1,0,0),(12,13,2,1,1),(13,14,3,2,2),
(14,15,4,3,3),(15,16,5,4,4),(23,24,6,5,5),(24,25,7,6,6),(25,26,8,7,7),
(26,27,9,8,8),(27,28,10,9,9),(28,29,11,10,10),(16,17,25,24,6),
(17,18,26,25,7),(18,19,27,26,8),(19,20,28,27,9),(21,22,29,28,10));
{Q3V8 = Q2V8}
{Q3V10 = Q1V10}
{Q3V12 = Q1V12}
{Q3V14 = Q2V12}
Q4A0:array[1..26,1..5] of byte =((0,21,1,0,1),(21,22,2,1,2),(22,23,3,2,3),
(23,24,4,3,4),(24,31,5,4,5),(31,32,6,5,6),(32,33,7,6,7),(33,34,8,7,8),
(34,35,9,8,9),(35,36,10,9,10),
```

(0,11,21,0,1),(11,12,22,21,2),(12,13,23,22,3),
(13,14,24,23,4),(14,15,25,24,5),(15,16,26,25,6),(16,17,27,26,7),
(17,18,28,27,8),(18,19,29,28,9),(19,20,30,29,10),(24,25,31,24,5),
(25,26,32,31,6),(26,27,33,32,7),(27,28,34,33,8),(28,29,35,34,9),
(29,30,36,35,10));
Q4A2:array[1..29,1..5] of byte =((0,23,1,0,0),(23,24,2,1,1),(24,25,3,2,2),
(25,26,4,3,3),(26,27,5,4,4),(27,28,6,5,5),(28,29,7,6,6),(29,30,8,7,7),
(30,31,9,8,8),(31,32,10,9,9),(32,33,11,10,10),(0,12,23,0,0),(12,13,24,23,1
),
(13,14,25,24,2),(14,15,26,25,3),(15,16,34,26,4),(16,17,35,34,5),(17,18,36
,35,6),
(18,19,37,36,7),(19,20,38,37,8),(20,21,39,38,9),(21,22,40,39,10),
(26,34,27,26,4),(34,35,28,27,5),(35,36,29,28,6),(36,37,30,29,7),
(37,38,31,30,8),(38,39,32,31,9),(39,40,33,32,10));

Q4A4:array[1..30,1..5] of byte =((0,23,1,0,0),(23,24,2,1,1),(24,25,3,2,2),
(25,34,4,3,3),(34,35,5,4,4),(35,36,6,5,5),(36,37,7,6,6),(37,38,8,7,7),
(38,39,9,8,8),(39,40,10,9,9),(40,41,11,10,10),(0,12,23,0,0),(12,13,24,23,1
),
(13,14,25,24,2),(14,15,26,25,3),(15,16,27,26,4),(16,17,28,27,5),(17,18,29
,28,6),
(18,19,30,29,7),(19,20,31,30,8),(20,21,32,31,9),(21,22,33,32,10),
(25,26,34,25,3),(26,27,35,34,4),(27,28,36,35,5),(28,29,37,36,6),
(29,30,38,37,7),(30,31,39,38,8),(31,32,40,39,9),(32,33,41,40,10));

{Q4A6=Q4A2}
Q4B8:array[1..27,1..5] of byte =((0,23,1,0,0),(23,24,2,1,1),(24,25,3,2,2),
(25,26,4,3,3),(26,27,5,4,4),(27,28,6,5,5),(28,29,7,6,6),(29,30,8,7,7),
(30,31,9,8,8),(31,32,10,9,9),(32,33,11,10,10),(0,12,23,0,0),(12,13,24,23,1
),
(13,14,25,24,2),(14,15,26,25,3),(15,16,27,26,4),(16,17,28,27,5),(17,18,34
,28,6),
(18,19,35,34,7),(19,20,36,35,8),(20,21,37,36,9),(21,22,38,37,10),
(28,34,29,28,6),(34,35,30,29,7),(35,36,31,30,8),(36,37,32,31,9),
(37,38,33,32,10));
Q4B10:array[1..22,1..5] of byte =((0,19,1,0,2),(19,20,2,1,3),(20,21,3,2,4),
(21,22,4,3,5),(22,23,5,4,6),(23,28,6,5,7),(28,29,7,6,8),(29,30,8,7,9),
(30,31,9,8,10),(0,10,19,0,2),(10,11,20,19,3),(11,12,21,20,4),(12,13,22,21,
5),
(13,14,23,22,6),(14,15,24,23,7),(15,16,25,24,8),(16,17,26,25,9),(17,18,27
,26,10),
(23,24,28,23,7),(24,25,29,28,8),(25,26,30,29,9),(26,27,31,30,10));
Q4B12:array[1..16,1..5] of byte
=((0,8,15,0,4),(8,9,16,15,5),(9,10,17,16,6),
(10,11,18,17,7),(11,12,19,18,8),(12,13,22,19,9),(13,14,23,22,10),
(0,15,1,0,4),(15,16,2,1,5),(16,17,3,2,6),(17,18,4,3,7),(18,19,5,4,8),
(19,20,6,5,9),(20,21,7,6,10),(19,22,4,3,9),(22,23,5,4,10));
371

Q4B14:array[1..10,1..5] of byte =((0,11,1,0,6),(11,12,2,1,7),(12,13,3,2,8),
(13,14,4,3,9),(14,15,5,4,10),
(0,6,11,0,6),(6,7,12,11,7),(7,8,13,12,8),(8,9,14,13,9),(9,10,15,14,10));

Q5A0:array[1..26,1..5] of byte =((0,21,1,0,1),(21,22,2,1,2),(22,23,3,2,3),
(23,24,4,3,4),(24,25,5,4,5),(25,26,6,5,6),(26,27,7,6,7),(27,28,8,7,8),
(28,29,9,8,9),(29,30,10,9,10),
(0,21,1,0,1),(11,12,2,1,2),(12,13,3,2,3),(13,14,4,3,4),
(14,15,5,4,5),(15,16,6,5,6),(16,17,7,6,7),(17,18,8,7,8),(18,19,9,8,9),
(19,20,10,9,10),
(24,31,25,24,5),(31,32,26,25,6),(32,33,27,26,7),
(33,34,28,27,8),(34,35,29,28,9),(35,36,30,29,10));

{Q5A2 = Q4A2}
Q5A4:array[1..30,1..5] of byte =((0,23,1,0,0),(23,24,2,1,1),(24,25,3,2,2),
(25,26,4,3,3),(26,27,5,4,4),(27,28,6,5,5),(28,29,7,6,6),(29,30,8,7,7),
(30,31,9,8,8),(31,32,10,9,9),(32,33,11,10,10),
(0,12,23,0,0),(12,13,24,23,1),(13,14,25,24,2),(14,15,34,25,3),
(15,16,35,34,4),(16,17,36,35,5),(17,18,37,36,6),(18,19,38,37,7),(19,20,39
,38,8),
(20,21,40,39,9),(21,22,41,40,10),
(25,34,26,25,3),(34,35,27,26,4),(35,36,28,27,5),
(36,37,29,28,6),(37,38,30,29,7),(38,39,31,30,8),(39,40,32,31,9),(40,41,33
,32,10));
{ Q5A6 = Q4A2 }
Q5B8:array[1..28,1..5] of byte =((0,23,1,0,0),(23,24,2,1,1),(24,25,3,2,2),
(25,26,4,3,3),(26,27,5,4,4),(27,28,6,5,5),(28,29,7,6,6),(29,30,8,7,7),
(30,31,9,8,8),(31,32,10,9,9),(32,33,11,10,10),
(0,12,23,0,0),(12,13,24,23,1),(13,14,25,24,2),(14,15,26,25,3),
(15,16,27,26,4),(16,17,34,27,5),(17,18,35,34,6),(18,19,36,35,7),(19,20,37
,36,8),
(20,21,38,37,9),(21,22,39,38,10),
(27,34,28,27,5),(34,35,29,28,6),(35,36,30,29,7),
(36,37,31,30,8),(37,38,32,31,9),(38,39,33,32,10));
Q5B10:array[1..22,1..5] of byte =((0,19,1,0,2),(19,20,2,1,3),(20,21,3,2,4),
(21,22,4,3,5),(22,23,5,4,6),(23,24,6,5,7),(24,25,7,6,8),(25,26,8,7,9),
(26,27,9,8,10),
(0,10,19,0,2),(10,11,20,19,3),(11,12,21,20,4),(12,13,22,21,5),
(13,14,23,22,6),(14,15,28,23,7),(15,16,29,28,8),(16,17,30,29,9),
(17,18,31,30,10),
(23,28,24,23,7),(28,29,25,24,8),(29,30,26,25,9),(30,31,27,26,10));
{Q5B12 = Q4B12}
{Q5B14 = Q4B14}
Q6A0:array[1..27,1..5] of byte =((0,21,1,0,1),(21,22,2,1,2),(22,23,3,2,3),
(23,24,4,3,4),(24,25,5,4,5),(25,26,6,5,6),(26,27,7,6,7),(27,28,8,7,8),
(28,29,9,8,9),(29,30,10,9,10),
(0,11,21,0,1),(11,12,22,21,2),(12,13,23,22,3),(13,14,31,23,4),

```
(14,15,32,31,5),(15,16,33,32,6),(16,17,34,33,7),(17,18,35,34,8),(18,19,36
,35,9),
(19,20,37,36,10),
(23,31,24,23,5),(31,32,25,24,6),(32,33,26,25,7),
(33,34,27,26,8),(34,35,28,27,9),(35,36,29,28,10),(36,37,30,29,10));

Q6A0A:array[1..20,1..5] of byte =((0,21,1,0,1),(21,22,2,1,2),(22,23,3,2,3),
(23,24,4,3,4),(24,25,5,4,5),(25,26,6,5,6),(26,27,7,6,7),(27,28,8,7,8),
(28,29,9,8,9),(29,30,10,9,10),
(0,11,21,0,1),(11,12,22,21,2),(12,13,23,22,3),(13,14,24,23,4),
(14,15,25,24,5),(15,16,26,25,6),(16,17,27,26,7),(17,18,28,27,8),(18,19,29
,28,9),
(19,20,30,29,10));
{Q6A2  = Q5A4}
{Q6A2A = Q5A2}
{Q6B4  = Q5A2}
{Q6B4A = Q6A2}
{Q6B6  = Q4B8}
{Q6B6A = Q6A2}
Q6C8:array[1..25,1..5] of byte =((0,23,1,0,0),(23,24,2,1,1),(24,25,3,2,2),
(25,26,4,3,3),(26,27,5,4,4),(27,28,6,5,5),(28,29,7,6,6),(29,30,8,7,7),
(30,31,9,8,8),(31,32,10,9,9),(32,33,11,10,10),
(0,12,23,0,0),(12,13,24,23,1),(13,14,25,24,2),(14,15,26,25,3),
(15,16,27,26,4),(16,17,28,27,5),(17,18,29,28,6),(18,19,30,29,7),(19,20,34
,30,8),
(20,21,35,34,9),(21,22,36,35,10),
(30,34,31,30,8),(34,35,32,31,9),(35,36,33,32,10));
{Q6C8A = Q6B4}
Q6C10:array[1..14,1..5] of byte
=((0,8,15,0,4),(8,9,16,15,5),(9,10,17,16,6),
(10,11,18,17,7),(11,12,19,18,8),(12,13,20,19,9),(13,14,21,20,10),
(0,15,1,0,4),(15,16,2,1,5),(16,17,3,2,6),(17,18,4,3,7),
(18,19,5,4,8),(19,20,6,5,9),(20,21,7,6,10));
Q6C10A:array[1..39,1..5] of byte
=((9,10,8,8,2),(10,11,0,8,3),(11,12,1,0,4),
(12,13,2,1,5),(13,14,3,2,6),(14,15,4,3,7),(15,16,5,4,8),(16,17,6,5,9),
(17,18,7,6,10),
(9,19,10,9,2),(19,20,10,10,2),(20,29,11,10,3),(29,30,12,11,4),
(30,31,13,12,5),(31,32,14,13,6),(32,33,15,14,7),(33,34,16,15,8),
(34,35,17,16,9),(35,36,18,17,10),
(20,21,37,20,3),(21,22,38,37,4),(22,23,39,38,5),
(23,24,40,39,6),(24,25,45,40,7),(25,26,46,45,8),
(26,27,47,46,9),(27,28,48,47,10),
(20,37,29,20,3),(37,38,30,29,4),(38,39,31,30,5),(39,40,32,31,6),(40,41,33
,32,7),
(41,42,34,33,8),(42,43,35,34,9),(43,44,36,35,10),
(40,45,41,40,7),(45,46,42,41,8),(46,47,43,42,9),(47,48,44,43,10));
```

```
Q6D12:array[1..4,1..5] of byte =((0,4,1,0,8),(4,5,2,7,9),(5,6,7,2,10),
(2,7,3,2,10));
Q6D12A:array[1..23,1..5] of byte
=((7,15,6,7,4),(15,16,5,6,5),(16,17,4,5,6),
(17,18,0,4,7),
(18,19,1,0,8),(19,20,2,1,9),(20,21,3,2,10),
(7,8,15,7,4),(8,22,16,15,5),(22,23,17,16,6),
(23,24,18,17,7),(24,28,19,18,8),(28,29,20,19,9),(29,30,21,20,10),
(8,9,22,8,5),(9,10,23,22,6),(10,11,24,23,7),(11,12,25,24,8),
(12,13,26,25,9),(13,14,27,26,10),(24,25,28,24,8),(25,26,29,28,9),
(26,27,30,29,10));
Q6D14:array[1..14,1..5] of byte =
((5,4,17,5,7),(4,3,18,17,8),(3,2,19,18,9),(2,1,20,19,10),
(5,17,13,6,7),(17,18,14,13,8),(18,19,15,14,9),(19,20,16,15,10),
(6,14,10,6,8),(14,15,11,10,9),(15,16,12,11,10),
(6,10,7,6,8),(10,11,8,7,9),(11,12,9,8,10));
QII7:array[1..22,1..5] of byte =
((23,0,1,23,1),(23,1,2,23,1),(23,2,3,24,1),(24,3,4,25,1),
(25,4,5,26,1),(26,5,6,27,1),(27,6,7,28,1),(28,7,8,29,1),
(29,8,9,30,1),(30,9,10,31,1),(31,10,11,32,1),
(32,11,12,33,1),(33,12,13,34,1),(34,13,14,35,1),
(35,14,15,36,1),(36,15,16,37,1),(37,16,17,38,1),(38,17,18,39,1),
(39,18,19,40,1),(40,19,20,41,1),(41,19,20,42,1),
(42,21,22,42,1));
{QII8  = QII7}
{QII9  = QII7}
{QII10 = QII7}
{QII11 = QII7}
{QII12 = QII7}
var VP:Pxy;  VQ:qua;maxQ:byte;
procedure ProcP1V0(V:real);procedure ProcP2V0(V:real);
procedure ProcP3V0(V:real);procedure ProcP4V0(V:real);
procedure ProcP5V0(V:real);procedure ProcP6V0(V:real);
procedure ProcP6V0A(V:real);
procedure ProcP7V0;procedure ProcP8V0;
procedure ProcP9V0;procedure ProcP10V0;
procedure ProcP11V0;procedure ProcP12V0;
implementation
procedure ProcP1V0(V:real); var i,ii:byte;
begin {writeln(' v=',v,' procp1v0   ',trunc(round(abs(v)*10)):2,' procp1v0 ');
}
v:=trunc(round(abs(v)*10));
if v<0 then v:=0;if v>14 then v:=14;
if (v<>0) and (odd(trunc(v))) then v:=v+1;
{writeln(' v=',v,' procp1v0   ');readkey; }
case trunc(v) of
```
374

```pascal
0: begin
for i:=1 to 17 do for ii:=1 to 5 do Vq[i,ii]:=Q1V0[i,ii];
for i:=0 to 30 do for ii:=1 to 2 do VP[i,ii]:=P1V0[i,ii];maxQ:=17;
{ P1V0:array [0..30,1..2] P1V2:array [0..33,1..2]
Q1V0:array[1..17,1..5] Q1V2:array[1..19,1..5]}exit;end;
2: begin
for i:=1 to 19 do for ii:=1 to 5 do Vq[i,ii]:=Q1V2[i,ii];
for i:=0 to 33 do for ii:=1 to 2 do VP[i,ii]:=P1V2[i,ii];maxQ:=19;
                              exit;    end;
4:begin
for i:=1 to 19 do for ii:=1 to 5 do Vq[i,ii]:=Q1V4[i,ii];
for i:=0 to 31 do for ii:=1 to 2 do VP[i,ii]:=P1V4[i,ii]; maxQ:=19;
{P1V4:array [0..31,1..2] P1V6:array [0..31,1..2]
Q1V4:array[1..19,1..5]      {Q1V6 = Q1V4 }        exit;  end;
6: begin
for i:=1 to 19 do for ii:=1 to 5 do Vq[i,ii]:=Q1V4[i,ii];
for i:=0 to 31 do for ii:=1 to 2 do VP[i,ii]:=P1V6[i,ii]; maxQ:=19;
                              exit;  end;
8:begin
for i:=1 to 27 do for ii:=1 to 5 do Vq[i,ii]:=Q1V8[i,ii];
for i:=0 to 28 do for ii:=1 to 2 do VP[i,ii]:=P1V8[i,ii]; maxQ:=27;
{P1V8:array [0..28,1..2] P1V10:array [0..23,1..2]
Q4B8:array[1..27,1..5] Q1V10:array[1..13,1..5]   } exit; end;
10:begin
for i:=1 to 13 do for ii:=1 to 5 do Vq[i,ii]:=Q1V10[i,ii];
for i:=0 to 23 do for ii:=1 to 2 do VP[i,ii]:=P1V10[i,ii];  maxQ:=13;
                              exit;  end;
12:begin
for i:=1 to 9 do for ii:=1 to 5 do Vq[i,ii]:=Q1V12[i,ii];
for i:=0 to 17 do for ii:=1 to 2 do VP[i,ii]:=P1V12[i,ii];  maxQ:=9;
{P1V12:array [0..17,1..2]P1V14:array [0..12,1..2]
Q1V12:array[1..9,1..5] Q1V14:array[1..6,1..5]      }     exit; end;
14:begin
for i:=1 to 6 do for ii:=1 to 5 do Vq[i,ii]:=Q1V14[i,ii];
for i:=0 to 12 do for ii:=1 to 2 do VP[i,ii]:=P1V14[i,ii];
maxQ:=6;exit;end;end;
{writeln(' v=',v);
for i:=1 to 10 do for ii:=1 to 5 do write(Vq[i,ii],' ');
for i:=0 to 15 do for ii:=1 to 2 do write(VP[i,ii]:4:2,' '); readkey;}

end;
procedure ProcP2V0(V:real); var i,ii:byte;
begin
v:=trunc(round(abs(v)*10));
if v<0 then v:=0;if v>14 then v:=14;
if (v<>0) and (odd(trunc(v))) then v:=v+1;
case trunc(v) of
```

```
0:begin
for i:=1 to 14 do for ii:=1 to 5 do Vq[i,ii]:=Q2V0[i,ii];
for i:=0 to 25 do for ii:=1 to 2 do VP[i,ii]:=P2V0[i,ii];maxQ:=14;
{P2V0:array [0..25,1..2] P2V2:array [0..31,1..2]
Q2V0:array [1..14,1..5] {Q2V2:array[1..19,1..5]}exit;end;
2:begin
for i:=1 to 19 do for ii:=1 to 5 do Vq[i,ii]:=Q1V4[i,ii];
for i:=0 to 31 do for ii:=1 to 2 do VP[i,ii]:=P2V2[i,ii];   maxQ:=19;
                                        exit;   end;
4:begin
for i:=1 to 19 do for ii:=1 to 5 do Vq[i,ii]:=Q2V4[i,ii];
for i:=0 to 32 do for ii:=1 to 2 do VP[i,ii]:=P2V4[i,ii]; maxQ:=19;
{P2V4:array [0..32,1..2] P2V6:array [0..31,1..2]
Q2V4:array[1..19,1..5]  {Q2V6:array[1..19,1..5]} exit;   end;
6:begin
for i:=1 to 19 do for ii:=1 to 5 do Vq[i,ii]:=Q2V4[i,ii];
for i:=0 to 31 do for ii:=1 to 2 do VP[i,ii]:=P2V6[i,ii]; maxQ:=19;
                                        exit; end;
8:begin
for i:=1 to 16 do for ii:=1 to 5 do Vq[i,ii]:=Q2V8[i,ii];
for i:=0 to 27 do for ii:=1 to 2 do VP[i,ii]:=P2V8[i,ii]; maxQ:=16;
{P2V8:array [0..27,1..2] P2V10:array [0..22,1..2]
 Q2V8:array [1..16,1..5] Q2V10:array[1..12,1..5] } exit; end;
10: begin
for i:=1 to 12 do for ii:=1 to 5 do Vq[i,ii]:=Q2V10[i,ii];
for i:=0 to 22 do for ii:=1 to 2 do VP[i,ii]:=P2V10[i,ii];maxQ:=12;
                                        exit;  end;
12:begin
for i:=1 to 5 do for ii:=1 to 5 do Vq[i,ii]:=Q2V12[i,ii];
for i:=0 to 10 do for ii:=1 to 2 do VP[i,ii]:=P2V12[i,ii];maxQ:=5;
{P2V12:array [0..10,1..2] P2V14:array [0..10,1..2]
  Q2V12:array[1..5,1..5]   Q2V14 = Q2V12   }    exit; end;
14:begin
for i:=1 to 5 do for ii:=1 to 5 do Vq[i,ii]:=Q2V12[i,ii];
for i:=0 to 10 do for ii:=1 to 2 do VP[i,ii]:=P2V14[i,ii];
maxQ:=5;exit;end;end;
end;
procedure ProcP3V0(V:real); var i,ii:byte;
begin
v:=trunc(round(abs(v)*10));
if v<0 then v:=0;if v>14 then v:=14;
if (v<>0) and (odd(trunc(v))) then v:=v+1;
case trunc(v) of
0:begin
for i:=1 to 15 do for ii:=1 to 5 do Vq[i,ii]:=Q3V0[i,ii];
for i:=0 to 26 do for ii:=1 to 2 do VP[i,ii]:=P3V0[i,ii];maxQ:=15;
{ P3V0:array [0..26,1..2] P3V2:array   [0..32,1..2]
```

```
Q3V0:array[1..15,1..5] {Q3V2=Q2V4:array[1..19,1..5]}exit;end;
2:begin
for i:=1 to 19 do for ii:=1 to 5 do Vq[i,ii]:=Q2V4[i,ii];
for i:=0 to 32 do for ii:=1 to 2 do VP[i,ii]:=P3V2[i,ii];maxQ:=19;
                                    exit;   end;
4:begin
for i:=1 to 18 do for ii:=1 to 5 do Vq[i,ii]:=Q3V4[i,ii];
for i:=0 to 30 do for ii:=1 to 2 do VP[i,ii]:=P3V4[i,ii];maxQ:=18;
{P3V4:array [0..30,1..2] P3V6:array [0..29,1..2]
Q3V4:array[1..18,1..5] Q3V6:array[1..16,1..5] }      exit;   end;
6:begin
for i:=1 to 16 do for ii:=1 to 5 do Vq[i,ii]:=Q3V4[i,ii];
for i:=0 to 29 do for ii:=1 to 2 do VP[i,ii]:=P3V6[i,ii];maxQ:=16;
                                    exit;   end;
8:begin
for i:=1 to 16 do for ii:=1 to 5 do Vq[i,ii]:=Q2V8[i,ii];
for i:=0 to 28 do for ii:=1 to 2 do VP[i,ii]:=P3V8[i,ii];maxQ:=16;
{P3V8:array [0..28,1..2] P3V10:array [0..23,1..2]
Q3V8:array[1..16,1..5]  Q3V10:array[1..13,1..5]   } exit; end;
10:begin
for i:=1 to 13 do for ii:=1 to 5 do Vq[i,ii]:=Q1V10[i,ii];
for i:=0 to 23 do for ii:=1 to 2 do VP[i,ii]:=P3V10[i,ii];maxQ:=13;
                                    exit;  end;
12:begin
for i:=1 to 9 do for ii:=1 to 5 do Vq[i,ii]:=Q1V12[i,ii];
for i:=0 to 17 do for ii:=1 to 2 do VP[i,ii]:=P3V12[i,ii];maxQ:=9;
{P3V12:array [0..17,1..2] P3V14:array [0..10,1..2]
Q3V12 :array[1..9,1..5] Q3V14:array[1..5,1..5]   }      exit;  end;
14:begin
for i:=1 to 5 do for ii:=1 to 5 do Vq[i,ii]:=Q2V12[i,ii];
for i:=0 to 10 do for ii:=1 to 2 do VP[i,ii]:=P3V14[i,ii];
maxQ:=5;exit;end;end;
end;
procedure ProcP4V0(V:real); var i,ii:byte;
begin
v:=trunc(round(abs(v)*10));
if v<0 then v:=0;if v>14 then v:=14;
if (v<>0) and (odd(trunc(v))) then v:=v+1;
case trunc(v) of
0:begin
for i:=1 to 26 do for ii:=1 to 5 do Vq[i,ii]:=Q4A0[i,ii];
for i:=0 to 36 do for ii:=1 to 2 do VP[i,ii]:=P4AV0[i,ii];maxQ:=26;
{P4AV0:array [0..36,1..2]P4AV2:array [0..40,1..2]
Q4A0:array[1..26,1..5] Q4A2:array[1..29,1..5]}exit;end;
2:begin
for i:=1 to 29 do for ii:=1 to 5 do Vq[i,ii]:=Q4A2[i,ii];
for i:=0 to 40 do for ii:=1 to 2 do VP[i,ii]:=P4AV2[i,ii];maxQ:=29;
```

```pascal
                              exit;   end;
4:begin
for i:=1 to 30 do for ii:=1 to 5 do Vq[i,ii]:=Q4A4[i,ii];
for i:=0 to 41 do for ii:=1 to 2 do VP[i,ii]:=P4AV4[i,ii];maxQ:=30;
{P4AV4:array [0..41,1..2] P4AV6:array [0..40,1..2]
Q4A4:array[1..30,1..5]   Q4A6:array[1..29,1..5]}        exit;   end;
6:begin
for i:=1 to 29 do for ii:=1 to 5 do Vq[i,ii]:=Q4A2[i,ii];
for i:=0 to 40 do for ii:=1 to 2 do VP[i,ii]:=P4AV6[i,ii];maxQ:=29;
                              exit;   end;
8:begin
for i:=1 to 27 do for ii:=1 to 5 do Vq[i,ii]:=Q4B8[i,ii];
for i:=0 to 38 do for ii:=1 to 2 do VP[i,ii]:=P4BV8[i,ii];maxQ:=27;
{P4BV8:array [0..38,1..2] P4BV10:array [0..31,1..2]
Q4B8:array[1..27,1..5] Q4B10:array[1..22,1..5]}exit;end;
10:begin
for i:=1 to 22 do for ii:=1 to 5 do Vq[i,ii]:=Q4B10[i,ii];
for i:=0 to 31 do for ii:=1 to 2 do VP[i,ii]:=P4BV10[i,ii];maxQ:=22;
                              exit;   end;
12:begin
for i:=1 to 16 do for ii:=1 to 5 do Vq[i,ii]:=Q4B12[i,ii];
for i:=0 to 23 do for ii:=1 to 2 do VP[i,ii]:=P4BV12[i,ii];maxQ:=16;
{P4BV12:array [0..23,1..2] P4BV14:array [0..15,1..2]
Q4B12:array[1..16,1..5] Q4B14:array[1..10,1..5]}        exit;   end;
14:begin
for i:=1 to 10 do for ii:=1 to 5 do Vq[i,ii]:=Q4B14[i,ii];
for i:=0 to 15 do for ii:=1 to 2 do VP[i,ii]:=P4BV14[i,ii];maxQ:=10;
                              exit;   end;end;

end;
procedure ProcP5V0(V:real); var i,ii:byte;
begin
v:=trunc(round(abs(v)*10));
if v<0 then v:=0;if v>14 then v:=14;
if (v<>0) and (odd(trunc(v))) then v:=v+1;
case trunc(v) of
0:begin
for i:=1 to 26 do for ii:=1 to 5 do Vq[i,ii]:=Q5A0[i,ii];
for i:=0 to 36 do for ii:=1 to 2 do VP[i,ii]:=P5A0[i,ii];maxQ:=26;
{P5A0:array [0..36,1..2] P5A2:array [0..40,1..2]
Q5A0:array[1..26,1..5]  Q5A2=Q4A2:array[1..29,1..5]}end;
2:begin
for i:=1 to 29 do for ii:=1 to 5 do Vq[i,ii]:=Q4A2[i,ii];
for i:=0 to 40 do for ii:=1 to 2 do VP[i,ii]:=P5A2[i,ii];maxQ:=29;
                              end;
4:begin
for i:=1 to 30 do for ii:=1 to 5 do Vq[i,ii]:=Q4A2[i,ii];
```
378

```
for i:=0 to 41 do for ii:=1 to 2 do VP[i,ii]:=P5A4[i,ii];maxQ:=30;
{P5A4:array [0..41,1..2] P5A6:array [0..40,1..2]
Q5A4:array[1..30,1..5]   Q5A6 = Q4A2:array[1..29,1..5]}   end;
6:begin
for i:=1 to 29 do for ii:=1 to 5 do Vq[i,ii]:=Q4A2[i,ii];
for i:=0 to 40 do for ii:=1 to 2 do VP[i,ii]:=P5A6[i,ii];maxQ:=29;
                                              end;
8:begin
for i:=1 to 28 do for ii:=1 to 5 do Vq[i,ii]:=Q5B8[i,ii];
for i:=0 to 39 do for ii:=1 to 2 do VP[i,ii]:=P5B8[i,ii];maxQ:=28;
{P5B8:array [0..39,1..2] P5B10:array [0..31,1..2]
Q5B8:array[1..28,1..5] Q5B10:array[1..22,1..5]}end;
10:begin
for i:=1 to 22 do for ii:=1 to 5 do Vq[i,ii]:=Q5B10[i,ii];
for i:=0 to 31 do for ii:=1 to 2 do VP[i,ii]:=P5B10[i,ii];maxQ:=22;
                                              end;
12:begin
for i:=1 to 16 do for ii:=1 to 5 do Vq[i,ii]:=Q4B12[i,ii];
for i:=0 to 23 do for ii:=1 to 2 do VP[i,ii]:=P5B12[i,ii];maxQ:=16;
{P5B12:array [0..23,1..2] P5B14:array [0..15,1..2]
Q5B12 = Q4B12   Q5B14 = Q4B14}         end;
14:begin
for i:=1 to 10 do for ii:=1 to 5 do Vq[i,ii]:=Q4B14[i,ii];
for i:=0 to 15 do for ii:=1 to 2 do VP[i,ii]:=P5B14[i,ii];maxQ:=10;
                                              end;end;{
write(' v=',trunc(round(abs(v)*10)):2,' ');
for i:=1 to 10 do for ii:=1 to 5 do write(Vq[i,ii],' ');
for i:=0 to 15 do for ii:=1 to 2 do write(VP[i,ii]:4:2,' '); readkey; }

end;
procedure ProcP6V0(V:real); var i,ii:byte;
begin
v:=trunc(round(abs(v)*10));
if v<0 then v:=0;if v>14 then v:=14;
if (v<>0) and (odd(trunc(v))) then v:=v+1;
case trunc(v) of
0:begin
for i:=1 to 27 do for ii:=1 to 5 do Vq[i,ii]:=Q6A0[i,ii];
for i:=0 to 37 do for ii:=1 to 2 do VP[i,ii]:=P6A0[i,ii];maxQ:=27;
{P6A0:array [0..37,1..2] P6A2:array [0..41,1..2] of real
Q6A0:array[1..27,1..5]   Q6A2=Q5A4:array[1..30,1..5]} exit;end;
2:begin
for i:=1 to 30 do for ii:=1 to 5 do Vq[i,ii]:=Q5A4[i,ii];
for i:=0 to 41 do for ii:=1 to 2 do VP[i,ii]:=P6A2[i,ii];maxQ:=30;
                                    exit;   end;
4:begin
for i:=1 to 29 do for ii:=1 to 5 do Vq[i,ii]:=Q4A2[i,ii];
```

```pascal
for i:=0 to 40 do for ii:=1 to 2 do VP[i,ii]:=P6B4[i,ii];maxQ:=29;
{P6B4:array [0..40,1..2]   P6B6:array [0..38,1..2]
{Q6B4 =Q5A2=Q4A2:array[1..29,1..5] Q6B6=Q4B8:array[1..27,1..5]}
exit; end;
6:begin
for i:=1 to 27 do for ii:=1 to 5 do Vq[i,ii]:=Q4B8[i,ii];
for i:=0 to 38 do for ii:=1 to 2 do VP[i,ii]:=P6B6[i,ii];maxQ:=27;
                                exit;  end;

8:begin
for i:=1 to 25 do for ii:=1 to 5 do Vq[i,ii]:=Q6C8[i,ii];
for i:=0 to 36 do for ii:=1 to 2 do VP[i,ii]:=P6C8[i,ii];maxQ:=25;
{P6C8:array [0..36,1..2] P6C10:array [0..21,1..2]      }
{Q6C8:array[1..25,1..5] Q6C10:array[1..14,1..5]}exit;end;
10:begin
for i:=1 to 14 do for ii:=1 to 5 do Vq[i,ii]:=Q6C10[i,ii];
for i:=0 to 21 do for ii:=1 to 2 do VP[i,ii]:=P6C10[i,ii];maxQ:=14;
                                exit;   end;

12:begin
for i:=1 to 4 do for ii:=1 to 5 do Vq[i,ii]:=Q6D12[i,ii];
for i:=0 to 7 do for ii:=1 to 2 do VP[i,ii]:=P6D12[i,ii];maxQ:=4;
{P6D12:array [0..7,1..2]   P6D14:array [0..20,1..2]
 Q6D12:array[1..4,1..5]   Q6D14:array[1..14,1..5]}  exit;   end;
14:begin
for i:=1 to 14 do for ii:=1 to 5 do Vq[i,ii]:=Q6D14[i,ii];
for i:=0 to 20 do for ii:=1 to 2 do VP[i,ii]:=P6D14[i,ii];maxQ:=14;
                                exit;  end;end;

end;
procedure ProcP6V0A(V:real); var i,ii:byte;
begin
v:=trunc(round(abs(v)*10));
if v<0 then v:=0;if v>14 then v:=14;
if (v<>0) and (odd(trunc(v))) then v:=v+1;
case trunc(v) of
0:begin
for i:=1 to 20 do for ii:=1 to 5 do Vq[i,ii]:=Q6A0A[i,ii];
for i:=0 to 30 do for ii:=1 to 2 do VP[i,ii]:=P6A0A[i,ii];maxQ:=20;
{P6A0A:array [0..30,1..2] P6A2A:array [0..40,1..2]
 Q6A0A:array[1..20,1..5]   Q6A2A = Q5A2=Q4A2:array[1..29,1..5]}
exit;end;
2:begin
for i:=1 to 29 do for ii:=1 to 5 do Vq[i,ii]:=Q4A2[i,ii];
for i:=0 to 40 do for ii:=1 to 2 do VP[i,ii]:=P6A2A[i,ii];maxQ:=29;
                                exit;   end;

4:begin
for i:=1 to 30 do for ii:=1 to 5 do Vq[i,ii]:=Q5A4[i,ii];
for i:=0 to 41 do for ii:=1 to 2 do VP[i,ii]:=P6B4A[i,ii];maxQ:=30;
{P6B4A:array [0..41,1..2] P6B6A:array [0..41,1..2]
```

```
   Q6B4A = Q6A2=Q5A4:array[1..30,1..5] Q6B6A
=Q6A2=Q5A4:array[1..30,1..5]} exit; end;
6:begin
for i:=1 to 30 do for ii:=1 to 5 do Vq[i,ii]:=Q5A4[i,ii];
for i:=0 to 41 do for ii:=1 to 2 do VP[i,ii]:=P6B6A[i,ii];maxQ:=30;
                                   exit;  end;

8:begin
for i:=1 to 29 do for ii:=1 to 5 do Vq[i,ii]:=Q4A2[i,ii];
for i:=0 to 40 do for ii:=1 to 2 do VP[i,ii]:=P6C8A[i,ii];maxQ:=29;
{P6C8A:array [0..40,1..2] P6C10A:array [0..48,1..2]    }
{{Q6C8A = Q6B4 =Q5A2=Q4A2:array[1..29,1..5]
Q6C10A:array[Q6D12A:array[1..23,1..5]}exit;end;
10:begin
for i:=1 to 29 do for ii:=1 to 5 do Vq[i,ii]:=Q4A2[i,ii];
for i:=0 to 40 do for ii:=1 to 2 do VP[i,ii]:=P6C10A[i,ii];maxQ:=29;
                                   exit;   end;

12:begin
for i:=1 to 23 do for ii:=1 to 5 do Vq[i,ii]:=Q6D12[i,ii];
for i:=0 to 30 do for ii:=1 to 2 do VP[i,ii]:=P6D12[i,ii];maxQ:=23;
{P6D12A:array [0..30,1..2]
 Q6D12A:array[1..23,1..5]   Q6D14:array[1..14,1..5]}  exit;   end;
                                   end;
end;


procedure ProcP7V0; var i,ii:byte;
begin
for i:=1 to 22 do for ii:=1 to 5 do Vq[i,ii]:=QII7[i,ii];
for i:=0 to 42 do for ii:=1 to 2 do VP[i,ii]:=P7[i,ii];maxQ:=22;end;
procedure ProcP8V0; var i,ii:byte;
begin
for i:=1 to 22 do for ii:=1 to 5 do Vq[i,ii]:=QII7[i,ii];
for i:=0 to 42 do for ii:=1 to 2 do VP[i,ii]:=P8[i,ii];maxQ:=22;end;
procedure ProcP9V0; var i,ii:byte;
begin
for i:=1 to 22 do for ii:=1 to 5 do Vq[i,ii]:=QII7[i,ii];
for i:=0 to 42 do for ii:=1 to 2 do VP[i,ii]:=P9[i,ii];maxQ:=22;end;
procedure ProcP10V0; var i,ii:byte;
begin
for i:=1 to 22 do for ii:=1 to 5 do Vq[i,ii]:=QII7[i,ii];
for i:=0 to 42 do for ii:=1 to 2 do VP[i,ii]:=P10[i,ii];maxQ:=22;end;
 procedure ProcP11V0; var i,ii:byte;
begin
for i:=1 to 22 do for ii:=1 to 5 do Vq[i,ii]:=QII7[i,ii];
for i:=0 to 42 do for ii:=1 to 2 do VP[i,ii]:=P11[i,ii];maxQ:=22;end;
procedure ProcP12V0; var i,ii:byte;
begin
for i:=1 to 22 do for ii:=1 to 5 do Vq[i,ii]:=QII7[i,ii];
```

```
for i:=0 to 42 do for ii:=1 to 2 do VP[i,ii]:=P12[i,ii];maxQ:=22;end;
end.


unit nilson73;
interface
uses
crt,nilson36,nilson38,nilson39,nilson31,nilson32,nilson35,nilson72,nilson
70,nilson71,nilson30;
(*type
ptr_resp = ^resp;
        resp = record
        perg:word;msg,nom,str80D:str80;
        proximo,anterior:ptr_resp;
            end;
var  Escolha:str25; NomePilar:str80;  MaxPerg,pilarEsc:real;ML:boolean;
res1,primeir,ultim,k,L:ptr_resp; arqu:file of resp;
posx,posy,i:byte;                        *)
function Wiv:real;
procedure Wv;
procedure Ws(i:str80);
function tiranul( s:str80):str80;
function tiranulo( s:str80):str80;
procedure saitxt(max:byte;arqStr:str80);
procedure saiTxtCompl;
procedure limpmemoini;
procedure reverte(var res1:ptr_resp);
PROCEDURE PREVIOUSACT(MaxPerg:word);
PROCEDURE NEXTACT(MaxPerg:word);
procedure IniciarTela(MaxPerg:word);
procedure IrFinal(MaxPerg:word);
procedure EncherMemoria(MaxPerg:word);
procedure OndY(MaxPerg:word);
procedure LerArqNom(n1,n2:longint);
procedure LerArqMsg(n1,n2:longint);
procedure NoInicio;
procedure NoFinal;
procedure saitt(arqStr:str80);
procedure Toquivi(strquiv:str25);
function Lequi(strquiv:str25):boolean;
implementation
procedure Wv;var r:real;begin val(res1^.str80D,r,erro);if(erro <> 0) or
(res1^.str80D=#48)then erro:=1;res1:=res1^.proximo;end;
function Wiv:real;var r:real;begin
val(res1^.str80D,r,erro);res1:=res1^.proximo;Wiv:=r;end;
procedure Ws(i:str80); begin res1:=res1^.proximo;res1^.str80D:=i;end;
function tiranul( s:str80):str80;
begin
```

```pascal
while Pos(#0, S) > 0 do
  delete(s,Pos(#0, S),1);
while Pos(#32, S) > 0 do
  delete(s,Pos(#32, S),1); tiranul:=s;
end;
function tiranulo( s:str80):str80;
begin
 while Pos(#0, S) > 0 do delete(s,Pos(#0, S),1);
 while Pos(#32, S) > 0 do delete(s,Pos(#32, S),1);
while (Pos('.', S) > 0) and (S[length(s)] = '0') and ((Pos('.', S) +1)<
length(s)) do
  delete(s,length(s),1);  { tira muitos zeros depois do ponto deixando
apenas um}
while (S[1]='0') and (S[2] = '0') do delete(s,1,1);  { tira muitos zeros antes
do ponto deixando apenas um}
tiranulo:=s;
end;
procedure LerArqNom(n1,n2:longint);
var i:byte;
begin  assign(arquiv,'nilson1.ncs');reset(arquiv);
    seek(arquiv,abs(n1));
    for i:=1 to n2 do begin
    read(arquiv,F1nilson1);L^.nom:=F1nilson1.Lstr80;L:=L^.proximo;
              end; close(arquiv);
end;
procedure LerArqMsg(n1,n2:longint);
var i:byte;
begin  assign(arquiv,'nilson1.ncs');reset(arquiv);
    seek(arquiv,abs(n1));
    for i:=1 to n2 do  begin
    read(arquiv,F1nilson1);L^.msg:=F1nilson1.Lstr80;L:=L^.proximo;
              end; close(arquiv);
end;
procedure NoInicio;
begin
writeln(arq,'            DADOS  DE  ENTRADA        ');
writeln(arq,'            ==================        ');
writeln(arq,'');
end;
procedure NoFinal;
begin
writeln(arq);
writeln(arq,'            DADOS  DE  SAÖDA        ');
writeln(arq,'            ================        ');writeln(arq);
close(arq);
end;
procedure saitt(arqStr:str80); begin
```

```
iniciartextoarq(true,arqstr);
Assign(arq,arqStr);append(arq);NoInicio;end;

procedure saitxt(max:byte;arqStr:str80); var i:byte;begin
saitt(arqStr);
res1:=primeir;
for i:=1 to (max-2) do  begin
writeln(arq,res1^.nom,res1^.str80D);res1:=res1^.proximo;end;
NoFinal;
end;
procedure saiTxtCompl;
begin
Assign(arq,'nilson40.txt');append(arq);
case trunc(pilaresc) of
1:writeln(arq,trunc(Maxperg-1):2,' - Se‡Æo: Uma barra de a‡o em cada
canto.');
2:writeln(arq,trunc(Maxperg-1):2,' - Se‡Æo: oito barras de a‡o
distribu¡das.');
3,12:writeln(arq,trunc(Maxperg-1):2,' - Se‡Æo: µreas de a‡o iguais para
os quatro lados.');
4,11:writeln(arq,trunc(Maxperg-1):2,' - Se‡Æo: µreas de a‡o iguais em
apenas lados Dx.');
5:writeln(arq,trunc(Maxperg-1):2,' - Se‡Æo: Tr^s  reas de a‡o para cada
lado Dx, Uma para cada Dy.');
6:writeln(arq,trunc(Maxperg-1):2,' - Se‡Æo: Tr^s  reas de a‡o para Dx de
baixo e uma para Dx de cima.');
7:writeln(arq,trunc(Maxperg-1):2,' - Se‡Æo: Circular maci‡a com uma
circunfer^ncia de barras.');
8,9:writeln(arq,trunc(Maxperg-1):2,' - Se‡Æo: Circular oca com uma
circunfer^ncia de barras.');
10:writeln(arq,trunc(Maxperg-1):2,' - Se‡Æo:Circular oca com duas
circunfer^ncias de barras.');
end; close(arq);
end;
procedure limpmemoini;
begin
res1:=primeir^.proximo;repeat
L:=res1^.proximo;dispose(res1);res1:=L;until res1=primeir;dispose(res1);
end;
procedure reverte(var res1:ptr_resp);begin
textattr:=$70;gotoxy(posx,posy);write(res1^.nom,res1^.str80D);clreol;end;
PROCEDURE PREVIOUSACT(MaxPerg:word);
var i:byte;
BEGIN
if (posy<=2) and (MaxPerg>18) then begin
k:=res1^.proximo;res1:=res1^.anterior;textattr:=$70;clrscr;posy:=18;
for i:=1 to 18 do begin reverte(k); k:=k^.anterior;dec(posy);end;posy:=16;
```

```pascal
                     end else
if (res1=primeir) and (maxPerg<=18) then begin
reverte(res1);res1:=ultim;posy:=maxPerg;
            end else begin
reverte(res1);res1:=res1^.anterior;dec(posy);end;
END;
PROCEDURE NEXTACT(MaxPerg:word);
var i:byte;
BEGIN
if (posy>=17) and (maxPerg>18) then begin
k:=res1^.anterior;res1:=res1^.proximo;textattr:=$70;clrscr;posy:=1;
for i:=1 to 18 do begin reverte(k); k:=k^.proximo;inc(posy);end;posy:=3;
                   end  else
if (maxPerg<=18) and (res1=ultim) then begin
reverte(res1);res1:=primeir;posy:=1;end
          else begin reverte(res1);res1:=res1^.proximo;inc(posy);end;
END;
procedure IniciarTela(MaxPerg:word);
var i:byte;
begin
ch:=#0;i:=1; k:=primeir;
while (i<>19) and (maxPerg+1>i) do begin
posy:=i;reverte(k);k:=k^.proximo; inc(i); end;res1:=primeir;posy:=1;
end;
procedure IrFinal(MaxPerg:word);
var i:byte;
begin  textattr:=$70;clrscr;K:=primeir;posy:=1;
    if maxPerg<=18 then begin for posy:=1 to maxperg do begin
reverte(k);k:=k^.proximo;end;
    res1:=ultim^.anterior;posy:=maxPerg-1;
             end else begin
    K:=ultim;posy:=18;
     FOR i:=1 TO 18 do  begin reverte(k); k:=k^.anterior;dec(posy);end;
     posy:=17; res1:=ultim^.anterior;end;end;

procedure EncherMemoria(MaxPerg:word);
begin
for i:=1 to (maxPerg) do begin
new(res1);res1^.perg:=i;res1^.str80D:=#0;res1^.nom:=#0;res1^.msg:=#0;
if i=1 then primeir:=res1
else begin L^.proximo:=res1;res1^.anterior:= L;end;L:=res1;
                end;
ultim:=res1;ultim^.proximo:=primeir;primeir^.anterior:=ultim;
end;
procedure OndY(MaxPerg:word); var i,AY:byte;
begin
ay:=wherey; ymouse:=ymouse-4;if ymouse>maxperg then exit;
```

```
if ymouse=AY then begin if res1^.perg=trunc(maxperg)-1 then ch:=#13;
if res1^.perg=trunc(maxperg) then ch:=#63;exit;end;
if ymouse>AY then begin for i:=AY+1 to ymouse do
nextact(maxperg);exit;end;
if ymouse<AY then begin for i:=AY-1 downto ymouse do
previousact(maxperg);exit;end;
end;
procedure Toquivi(strquiv:str25);
begin
assign(arqu,strquiv);rewrite(arqu);res1:=primeir;
repeat write(arqu,res1^); res1:=res1^.proximo; until res1=primeir;
close(arqu);
end;
function Lequi(strquiv:str25):boolean;
begin lequi:=true;
{$I-}assign(arqu,strquiv);Reset(arqu);{$I+}
if loresult<>0 then exit;
while not Eof(arqu) do begin  new(res1);read(arqu,res1^);
if res1^.perg=1 then begin ultim:=res1;primeir:=res1 end else begin
ultim^.proximo:=res1;res1^.anterior:= ultim;end;ultim:=res1;
              end;close(arqu); lequi:=false;
ultim^.proximo:=primeir;primeir^.anterior:=ultim;res1:=primeir;
end;
end.
```

unit nilson74;

```
INTERFACE
uses
crt,nilson36,nilson38,nilson39,nilson35,nilson73,nilson71,nilson32,nilson
30;
procedure
salveInfo(msgL24,msg,msg1:str80;ch1,ch2,ch3:char;x1,y1,x2,y2,N:byte);
procedure baixcim(corfrente,corfundo:word;x1,y1,x2,y2:byte);
procedure baixcimx(corfrente,corfundo:word;x1,y1,x2,y2:byte);
procedure LerAr(n1,n2:longint);
function regrade3(a,b,c,d,f:real):real;
implementation
     {
salvarlinha(y1,y2:byte);
linhaV(corfrente,corfundo,x1,y1,x2,y2:byte;A:char);
writeMsg(cor:word;mensagem:string;x1,y1:byte);
Porlinha(y1,y2:byte);                          }
procedure
salveInfo(msgL24,msg,msg1:str80;ch1,ch2,ch3:char;x1,y1,x2,y2,N:byte);
var antes:byte;erroaux:integer;
begin antes:=textattr;textattr:=$4F;erroaux:=erro;
salvarlinha(y1,y2);
```

```
linhaV(red,red,x1,y1,x2,y1,#0);writemsg(16*red+white,msg,x1,y1);entrad
a:=";input:=1;erro:=1;
repeat
linhaV(red,red,x1,y2,x2,y2,#0);escrevaLinhaV(white,red,msg1,x1,y2);{wri
temsg(16*red+white,msg1,x1,y2);}
gotoxy(x1+length(msg1)-1,y2-
hi(windmin));entrada:=instring(msgL24,",[#32..#255],[],N,0);
ch1:=upcase(ch1);ch2:=upcase(ch2);ch3:=upcase(ch3);
prompt:=upcase(entrada[1]);
until (prompt[1] in[ch1,ch2,ch3]) or (ch in[ch1,ch2,ch3]) or (ch
in[#27,#45,#13]);
erro:=erroaux;textattr:=antes;
end;
procedure baixcim(corfrente,corfundo:word;x1,y1,x2,y2:byte);
begin
colunaV(corfrente,corfundo,x1,y1+1,x2,y2-1,'█');
escrevaLinhaV(cyan,red,'-',x1,y1);
escrevaLinhaV(cyan,red,",x2,y2);
end;
procedure baixcimx(corfrente,corfundo:word;x1,y1,x2,y2:byte);
begin
linhaV(corfrente,corfundo,x1+1,y1,x2-1,y2,'█');
escrevaLinhaV(cyan,red,",x2,y2);
escrevaLinhaV(cyan,red,",x1,y2);
end;
procedure LerAr(n1,n2:longint); var i:byte;
begin  assign(arquiv,'nilson1.ncs');reset(arquiv); new(msg);
seek(arquiv,abs(n1));for i:=1 to n2 do begin
read(arquiv,F1nilson1);msg^[i-1]:=F1nilson1.Lstr80; end; close(arquiv);
end;
function regrade3(a,b,c,d,f:real):real;
begin  regrade3:=d;
if ((a>=b)and(b>=c))or((a<=b)and(b<=c)) then begin
if (a=c)  or (d=f) then begin regrade3:=(d+f)/2;exit;end;
if (a<c) and (d<f) then begin regrade3:=(b-a)/(c-a)*(f-d)+d;exit;end;
if (a>c) and (d>f) then begin regrade3:=(b-c)/(a-c)*(d-f)+f;exit;end;
if (a>c) and (d<f) then begin regrade3:=(a-b)/(a-c)*(f-d)+d;exit;end;
if (a<c) and (d>f) then begin regrade3:=(c-b)/(c-a)*(d-f)+f;exit;end;end;
end;
{ a d regrade3=e }
{ b e   f<e<d }
{ c f   c<b<a }
end.
```

unit nilson75; {tabela de marcus 1 e 1A - livro do Aderson Moreira}

interface

```
uses    crt;
const
tabm1:array [1..151,1..4] of
real=((0.50,0.59,169.18,42.29),(0.51,0.063,158.42,41.20),(0.52,0.068,14
8.64,40.19),
(0.53,0.073,139.70,39.24),(0.54,0.078,131.55,38.36),(0.55,0.084,124.10,
37.53),(0.56,0.089,117.25,36.77),
(0.57,0.095,110.96,36.05),(0.58,0.102,105.19,35.38),(0.59,0.108,99.86,3
4.76),(0.60,0.115,94.94,34.18),
(0.61,0.122,90.40,33.64),(0.62,0.129,86.20,33.13),(0.63,0.136,82.30,32.
66),(0.64,0.144,78.68,32.23),
(0.65,0.151,75.32,31.82),(0.66,0.159,72.19,31.44),(0.67,0.168,69.27,31.
09),(0.68,0.176,6654,30.77),
(0.69,0.185,63.99,30.46),(0.70,0.194,61.60,30.18),(0.71,0.203,59.37,29.
93),(0.72,0.212,57.27,29.69),
(0.73,0.221,55.29,29.47),(0.74,0.231,53.44,29.26),(0.75,0.240,51.69,29.
07),(0.76,0.250,50.04,28.90),
(0.77,0.60,48.48,28.74),(0.78,0.270,47.01,28.60),(0.79,0.280,45.61,28.4
6),(0.80,0.290,44.29,28.34),
(0.81,0.301,43.03,28.23),(0.82,0.311,41.84,28.13),(0.83,0.322,40.70,28.
04),(0.84,0.332,32.62,27.96),
(0.85,0.343,38.59,27.88),(0.86,0.354,37.61,27.81),(0.87,0.364,36.67,27.
75),(0.88,0.375,35.77,27.70),
(0.89,0.385,34.91,27.65),(0.90,0.396,34.09,27.61),(0.91,0.407,33.30,27.
57),(0.92,0.417,32.54,27.54),
(0.93,0.428,31.81,27.51),(0.94,0.438,31.11,27.49),(0.95,0.449,30.44,27.
47),(0.96,0.459,29.79,27.45),
(0.97,0.469,29.17,27.44),(0.98,0.480,28.57,27.43),(0.99,0.490,27.99,27.
43),(1,0.5,27.43,27.43),
(1.01,0.510,26.89,27.43),(1.02,0.520,26.37,27.44),(1.03,0.529,25.87,27.
44),(1.04,0.539,25.38,27.45),
(1.05,0.549,24.91,27.47),(1.06,0.558,24.46,27.48),(1.07,0.567,24.02,27.
5),(1.08,0.576,23.6,27.52),
(1.09,0.585,23.19,27.55),(1.10,0.594,22.79,27.57),(1.11,0.603,22.41,27.
61),(1.12,0.611,22.03,27.64),
(1.13,0.620,21.67,27.67),(1.14,0.628,21.32,27.71),(1.15,0.636,20.99,27.
76),(1.16,0.644,20.66,27.80),
(1.17,0.652,20.34,27.85),(1.18,0.660,20.04,27.90),(1.19,0.667,19.74,27.
95),(1.20,0.675,19.45,28.01),
(1.21,0.682,19.17,28.07),(1.22,0.689,18.90,28.13),(1.23,0.696,18.64,28.
20),(1.24,0.703,18.39,28.27),
(1.25,0.709,18.14,28.34),(1.26,0.716,17.90,28.42),(1.27,0.722,17.67,28.
50),(1.28,0.729,17.44,28.58),
(1.29,0.735,17.23,28.67),(1.30,0.741,17.01,28.76),(1.31,0.746,16.81,28.
85),(1.32,0.752,16.61,28.94),
(1.33,0.758,16.42,29.04),(1.34,0.763,16.23,29.14),(1.35,0.769,16.05,29.
25),(1.36,0.774,15.87,29.36),
```

(1.37,0.779,15.70,29.47),(1.38,0.784,15.53,29.58),(1.39,0.789,15.37,29.70),(1.40,0.793,15.21,29.82),
(1.41,0.798,15.06,29.95),(1.42,0.803,14.91,30.07),(1.43,0.807,14.77,30.20),(1.44,0.811,14.63,30.34),
(1.45,0.815,14.49,30.47),(1.46,0.820,14.36,30.61),(1.47,0.824,14.23,30.76),(1.48,0.827,14.11,30.90),
(1.49,0.831,13.99,31.05),(1.50,0.835,13.87,31.21),(1.51,0.839,13.75,31.36),(1.52,0.842,13.64,31.52),
(1.53,0.846,13.53,31.68),(1.54,0.849,13.43,31.85),(1.55,0.852,13.32,32.01),(1.56,0.855,13.22,32.18),
(1.57,0.859,13.13,32.36),(1.58,0.862,13.03,32.53),(1.59,0.865,12.94,32.71),(1.60,0.868,12.85,32.89),
(1.61,0.870,12.76,33.08),(1.62,0.873,12.68,33.27),(1.63,0.876,12.59,33.46),(1.64,0.878,12.51,33.65),
(1.65,0.881,12.43,33.85),(1.66,0.884,12.35,34.04),(1.67,0.886,12.28,34.24),(1.68,0.888,12.21,34.45),
(1.69,0.891,12.13,34.65),(1.70,0.893,12.06,34.87),(1.71,0.895,12.0,35.08),(1.72,0.897,11.93,35.29),
(1.73,0.899,11.86,35.51),(1.74,0.902,11.80,35.73),(1.75,0.904,11.74,35.95),(1.76,0.906,11.68,36.17),
(1.77,0.907,11.62,36.40),(1.78,0.909,11.56,36.63),(1.79,0.911,11.51,36.86),(1.80,0.913,11.45,37.10),
(1.81,0.915,11.40,37.33),(1.82,0.916,11.34,37.58),(1.83,0.918,11.29,37.82),(1.84,0.920,11.24,38.06),
(1.85,0.921,11.19,38.31),(1.86,0.923,11.15,38.56),(1.87,0.924,11.10,38.81),(1.88,0.926,11.05,39.07),
(1.89,0.927,11.01,39.32),(1.90,0.929,10.96,39.58),(1.91,0.930,10.92,39.84),(1.92,0.931,10.88,40.10),
(1.93,0.923,10.84,40.37),(1.94,0.934,10.8,40.63),(1.95,0.935,10.76,40.91),(1.96,0.936,10.72,41.18),
(1.97,0.938,10.68,41.45),(1.98,0.939,10.64,41.73),(1.99,0.94,10.61,42.01),(2,0.941,10.57,42.29));
tabm2:array [1..101,1..5] of
real=((0.50,0.135,140.93,59.20,45.13),(0.51,0.145,132.96,55.31,44.11),(0.52,0.154,125.68,51.77,43.22),(0.53,0.165,119.03,48.56,42.38),(0.54,0.175,112.94,45.64,41.60),
(0.55,0.186,107.35,42.97,40.88),(0.56,0.197,102.20,40.54,40.21),(0.57,0.209,97.46,38.32,39.60),(0.58,0.220,93.08,36.28,39.03),
(0.59,0.232,89.03,34.41,38.51),(0.60,0.245,85.28,32.69,38.04),
(0.61,0.257,81.79,31.11,37.60),(0.62,0.270,78.55,29.66,37.20),(0.63,0.282,75.53,28.31,36.83),(0.64,0.295,72.71,27.07,36.49),
(0.65,0.308,70.07,25.93,36.19),(0.66,0.322,67.60,24.86,35.92),(0.67,0.335,65.28,23.88,35.67),(0.68,0.348,63.10,22.97,35.44),
(0.69,0.362,61.05,22.12,35.25),(0.70,0.375,59.12,21.33,35.07),(0.71,0.388,57.30,20.59,34.92),(0.72,0.402,55.58,19.91,34.78),
(0.73,0.415,53.95,19.27,34.67),(0.74,0.428,52.41,18.67,34.57),(0.75,0.442,50.94,18.11,34.50),(0.76,0.455,49.56,17.59,34.44),

(0.77,0.468,48.24,17.10,34.39),(0.78,0.481,46.98,16.64,34.36),(0.79,0.4
93,45.79,16.21,34.35),(0.80,0.506,44.65,15.81,34.35),
(0.81,0.518,43.56,15.43,34.36),(0.82,0.531,42.53,15.08,34.39),(0.83,0.5
43,41.54,14.74,34.42),(0.84,0.554,40.60,14.43,34.48),
(0.85,0.566,39.69,14.13,34.54),(0.86,0.578,38.83,13.85,34.62),(0.87,0.5
89,38.01,13.59,34.70),(0.88,0.600,37.22,13.34,34.80),
(0.89,0.611,36.46,13.10,34.91),(0.90,0.621,35.73,12.88,35.03),(0.91,0.6
32,35.04,12.67,35.16),(0.92,0.642,34.37,12.47,35.29),
(0.93,0.652,33.73,12.28,35.44),(0.94,0.661,33.12,12.10,35.60),(0.95,0.6
71,32.53,11.93,35.77),(0.96,0.680,31.97,11.77,35.95),
(0.97,0.689,31.43,11.61,36.13),(0.98,0.697,30.91,11.47,36.33),(0.99,0.7
06,30.41,11.33,36.53),(1.00,0.714,29.93,11.20,36.74),
(1.02,0.730,29.02,10.96,37.19),(1.04,0.745,28.18,10.73,37.68),(1.06,0.7
59,27.41,10.53,38.19),(1.08,0.773,26.69,10.35,38.74),
(1.10,0.785,26.02,10.18,39.31),(1.12,0.797,25.40,10.03,39.92),(1.14,0.8
08,24.83,9.89,40.55),(1.16,0.819,24.29,9.77,41.21),
(1.18,0.829,23.79,9.65,41.90),(1.20,0.838,23.33,9.45,43.62),(1.22,0.847,
22.89,9.44,43.36),(1.24,0.855,22.49,9.35,44.13),
(1.26,0.863,22.11,9.27,44.93),(1.28,0.870,21.75,9.19,45.75),(1.30,0.877,
21.42,9.12,46.59),(1.32,0.884,21.11,9.05,47.46),
(1.34,0.889,20.82,8.99,48.34),(1.36,0.895,20.54,8.93,49.26),(1.38,0.901,
20.28,8.88,50.20),(1.40,0.906,20.04,8.83,51.15),
(1.42,0.910,19.81,8.79,52.14),(1.44,0.915,19.59,8.74,53.14),(1.46,0.919,
19.39,8.70,54.16),(1.48,0.923,19.20,8.67,55.21),
(1.50,0.927,19.01,8.63,56.28),(1.52,0.930,18.84,8.60,57.36),(1.54,0.934,
18.68,8.57,58.47),(1.56,0.937,18.52,8.54,59.60),
(1.58,0.940,18.37,8.51,60.74),(1.60,0.942,18.23,8.49,61.91),(1.62,0.945,
18.10,8.46,63.11),(1.64,0.948,17.97,8.44,64.31),
(1.66,0.950,17.85,8.42,65.53),(1.68,0.952,17.74,8.40,66.78),(1.70,0.954,
17.63,8.38,68.04),(1.72,0.956,17.52,8.36,69.33),
(1.74,0.958,17.42,8.35,70.63),(1.76,0.960,17.33,8.33,71.96),(1.78,0.962,
17.24,8.32,73.30),(1.80,0.963,17.15,8.30,74.65),
(1.82,0.965,17.07,8.29,76.03),(1.84,0.966,16.99,8.28,77.42),(1.86,0.968,
16.91,8.27,78.85),(1.90,0.970,16.77,8.24,81.73),
(1.90,0.970,16.77,8.24,81.73),(1.92,0.971,16.70,8.23,83.18),(1.94,0.972,
16.64,8.23,84.67),(1.96,0.974,16.57,8.22,86.19),
(1.98,0.975,16.51,8.21,87.70),(2.00,0.976,16.46,8.20,89.22));
tabm3:array [1..101,1..6] of real=
((1.00,0.500,37.14,16.00,37.14,16.00),(1.01,0.510,36.42,15.69,37.15,16.
00),
(1.02,0.520,35.72,15.39,37.16,16.01),(1.03,0.529,35.05,15.11,37.19,16.0
3),(1.04,0.539,34.42,14.84,37.22,16.05),
(1.05,0.549,33.81,14.58,37.27,16.08),(1.06,0.558,33.21,14.34,37.32,16.1
1),(1.07,0.567,32.65,14.10,37.38,16.15),
(1.08,0.576,32.11,13.88,37.45,16.19),(1.09,0.585,31.59,13.67,37.53,16.2
4),(1.10,0.594,31.09,13.46,37.61,16.29),

(1.11,0.603,30.61,13.27,37.71,16.35),(1.12,0.611,30.14,13.08,37.81,16.4
1),(1.13,0.620,29.70,12.91,37.92,16.48),

(1.14,0.628,29.27,12.74,38.04,16.55),(1.15,0.636,28.85,12.57,38.16,16.6
3),(1.16,0.644,28.46,12.42,38.29,16.71),

(1.17,0.652,28.08,12.27,38.43,16.79),(1.18,0.660,27.71,12.13,35.58,16.8
8),(1.19,0.667,27.35,11.99,38.73,16.98),

(1.20,0.674,27.00,11.85,38.89,17.07),(1.21,0.682,26.68,11.73,39.06,17.1
8),(1.22,0.690,26.36,11.61,39.23,17.28),

(1.23,0.696,26.05,11.49,39.41,17.39),(1.24,0.703,25.75,11.38,39.59,17.5
0),(1.25,0.709,25.46,11.28,39.78,17.62),

(1.26,0.716,25.18,11.17,39.98,17.74),(1.27,0.722,24.92,11.07,40.19,17.8
6),(1.28,0.729,24.66,10.98,40.40,17.99),

(1.29,0.735,24.40,10.89,40.61,18.12),(1.30,0.741,24.16,10.80,40.83,18.2
5),(1.31,0.746,23.93,10.72,41.06,18.39),

(1.32,0.752,23.70,10.63,41.29,18.53),(1.33,0.758,23.48,10.56,41.53,18.6
7),(1.34,0.763,23.26,10.48,41.77,18.82),

(1.35,0.769,23.06,10.41,42.02,18.97),(1.36,0.774,22.86,10.34,42.28,19.1
2),(1.37,0.779,22.66,10.27,42.54,19.28),

(1.38,0.784,22.48,10.21,42.80,19.43),(1.39,0.789,22.29,10.14,43.07,19.6
0),(1.40,0.793,22.12,10.08,43.35,19.76),

(1.41,0.798,21.95,10.02,43.63,19.93),(1.42,0.803,21.78,09.97,43.92,20.1
0),(1.43,0.807,21.62,09.91,44.21,20.27),

(1.44,0.811,21.46,09.86,44.50,20.45),(1.45,0.815,21.31,09.81,44.80,20.6
2),(1.46,0.820,21.16,09.76,45.11,20.80),

(1.47,0.824,21.02,09.71,45.42,20.99),(1.48,0.827,20.88,09.67,45.74,21.1
7),(1.49,0.831,20.75,09.62,46.06,21.36),

(1.50,0.835,20.61,09.58,46.38,21.55),(1.51,0.839,20.49,09.54,46.71,21.7
5),(1.52,0.842,20.36,09.50,47.05,21.94),

(1.53,0.846,20.24,09.46,47.38,22.14),(1.54,0.849,20.12,09.42,47.73,22.3
4),(1.55,0.852,20.01,09.39,48.07,22.55),

(1.56,0.855,19.90,09.35,48.43,22.76),(1.57,0.859,19.79,09.82,48.78,22.9
6),(1.58,0.862,19.69,09.28,49.14,23.14),

(1.59,0.865,19.58,09.25,49.51,23.09),(1.60,0.868,19.48,09.22,49.88,23.6
0),(1.61,0.870,19.39,09.19,50.25,23.82),

(1.62,0.873,19.29,09.16,50.63,24.04),(1.63,0.876,19.20,9.13,51.01,24.26
),(1.64,0.878,19.11,9.11,51.40,24.49),

(1.65,0.881,19.02,9.08,51.79,24.72),(1.66,0.884,18.94,9.05,52.19,24.95),
(1.67,0.886,18.86,9.03,52.58,25.18),

(1.68,0.888,18.77,9.00,52.99,25.41),(1.69,0.891,18.70,8.98,53.39,25.65),
(1.70,0.893,18.62,8.96,53.81,25.89),

(1.71,0.895,18.54,8.93,54.22,26.13),(1.72,0.897,18.47,8.91,54.64,26.37),
(1.73,0.899,18.40,8.89,55.07,26.61),

(1.74,0.902,18.33,8.87,55.49,26.86),(1.75,0.904,18.26,8.85,55.92,27.11),
(1.76,0.906,18.18,8.83,56.36,27.36),

(1.77,0.907,18.13,8.81,56.80,27.61),(1.78,0.909,18.07,8.80,57.24,27.87),
(1.79,0.911,18.00,8.78,57.68,28.13),

(1.80,0.913,17.94,8.76,58.14,28.39),(1.81,0.915,17.88,8.74,58.59,28.65),
(1.82,0.916,17.83,8.73,59.05,28.91),
(1.83,0.918,17.77,8.71,59.51,29.18),(1.84,0.920,17.72,8.70,59.97,29.44),
(1.85,0.921,17.66,8.68,60.44,29.72),
(1.86,0.923,17.61,8.67,60.92,29.99),(1.87,0.924,17.56,8.65,61.39,30.26),
(1.88,0.926,17.51,8.64,61.88,30.54),
(1.89,0.827,17.46,8.63,62.36,30.81),(1.90,0.929,17.41,8.61,62.85,31.09),
(1.91,0.930,17.36,8.60,63.34,31.38),
(1.92,0.931,17.32,8.59,63.83,31.66),(1.93,0.933,17.27,8.58,64.33,31.94),
(1.94,0.934,17.23,8.56,64.83,32.23),
(1.95,0.935,17.18,8.55,65.34,32.52),(1.96,0.936,17.14,8.54,65.84,32.81),
(1.97,0.938,17.10,8.53,66.36,33.10),
(1.98,0.939,17.06,8.52,66.88,33.40),(1.99,0.940,17.02,8.51,67.39,33.70),
(2.00,0.941,16.98,8.50,67.92,34.00));

tabm4:array [1..101,1..5] of
real=((0.50,0.238,137.06,50.40,49.92),(0.51,0.253,130.06,47.48,49.11),
(0.52,0.268,123.66,44.83,48.38),(0.53,0.283,117.79,43.42,47.72),(0.54,0
.298,112.39,40.23,47.13),
(0.55,0.314,107.42,38.23,46.60),(0.56,0.330,102.83,36.40,46.13),(0.57,0
.345,98.59,34.74,45.72),(0.58,0.361,94.67,33.21,45.35),
(0.59,0.377,91.02,31.81,45.04),(0.60,0.393,87.62,30.52,44.77),
(0.61,0.409,84.46,29.33,44.54),(0.62,0.425,81.51,28.24,44.35),(0.63,0.4
41,78.76,27.24,44.21),(0.64,0.456,76.18,26.30,44.10),
(0.65,0.472,73.76,25.45,44.02),(0.66,0.487,71.49,24.65,43.98),(0.67,0.5
02,69.36,23.91,43.97),(0.68,0.517,67.36,23.22,43.98),
(0.69,0.531,65.47,22.59,44.03),(0.70,0.545,63.69,22.00,44.11),(0.71,0.5
59,62.01,21.44,44.21),(0.72,0.573,60.42,20.93,44.34),
(0.73,0.587,58.92,20.45,44.49),(0.74,0.600,57.51,20.00,44.66),(0.75,0.6
13,56.16,19.58,44.86),(0.76,0.625,54.89,19.19,45.08),
(0.77,0.637,53.69,18.83,45.33),(0.78,0.649,52.54,18.48,45.59),(0.79,0.6
61,51.46,18.16,45.87),(0.80,0.672,50.42,17.86,46.17),
(0.81,0.683,49.44,17.57,46.50),(0.82,0.693,48.51,17.31,46.84),(0.83,0.7
03,47.62,17.06,47.20),(0.84,0.713,46.78,16.82,47.57),
(0.85,0.723,45.97,16.60,47.97),(0.86,0.732,45.21,16.39,48.38),(0.87,0.7
41,44.48,16.19,48.81),(0.88,0.750,43.78,16.00,49.25),
(0.89,0.758,43.12,15.82,49.71),(0.90,0.766,42.48,15.66,50.19),(0.91,0.7
74,41.87,15.50,50.68),(0.92,0.782,41.30,15.35,51.18),
(0.93,0.789,40.74,15.21,51.50),(0.94,0.796,40.21,15.07,52.24),(0.95,0.8
03,39.70,14.95,52.78),(0.96,0.809,39.22,14.82,53.35),
(0.97,0.816,38.75,14.71,53.92),(0.98,0.822,38.31,14.60,54.52),(0.99,0.8
28,37.88,14.50,55.12),(1.00,0.833,37.47,14.40,55.74),
(1.02,0.844,36.71,14.22,57.01),(1.04,0.854,36.00,14.05,58.53),(1.06,0.8
63,35.34,13.90,59.70),(1.08,0.872,34.74,13.76,61.12),
(1.10,0.880,34.18,13.64,62.59),(1.12,0.887,33.66,13.52,64.10),(1.14,0.8
94,33.18,13.42,65.66),(1.16,0.900,32.74,13.32,67.26),
392

(1.18,0.906,32.32,13.24,68.91),(1.20,0.912,31.93,13.16,70.60),(1.22,0.9
17,31.57,13.08,72.33),(1.24,0.922,31.23,13.01,74.11),
(1.26,0.926,30.92,12.95,75.92),(1.28,0.931,30.62,12.89,77.78),(1.30,0.9
34,30.34,12.84,79.66),(1.32,0.938,30.08,12.79,81.60),
(1.34,0.942,29.83,12.74,83.58),(1.36,0.945,29.60,12.70,85.58),(1.38,0.9
48,29.39,12.66,87.63),(1.40,0.950,29.18,12.62,89.72),
(1.42,0.953,28.99,12.59,91.84),(1.44,0.955,28.80,12.56,94.01),(1.46,0.9
58,28.63,12.53,96.20),(1.48,0.960,28.47,12.50,98.45),
(1.50,0.962,28.61,12.47,100.72),(1.52,0.964,28.16,12.45,103.02),(1.54,0
.966,28.02,12.43,105.38),
(1.56,0.967,27.89,12.40,107.76),(1.58,0.969,27.76,12.38,110.16),(1.60,0
.970,27.64,12.37,112.61),
(1.62,0.972,27.53,12.35,115.12),(1.64,0.973,27.42,12.33,117.62),(1.66,0
.974,27.31,12.32,110.17),
(1.68,0.975,27.21,12.30,122.76),(1.70,0.977,27.12,12.29,125.41),(1.72,0
.978,27.03,12.27,128.04),
(1.74,0.979,26.94,12.26,130.75),(1.76,0.980,26.86,12.25,133.50),(1.78,0
.980,26.78,12.24,136.24),
(1.80,0.981,26.70,12.23,139.05),(1.82,0.982,26.63,12.22,141.85),(1.84,0
.983,26.56,12.21,144.78),
(1.86,0.983,26.49,12.20,147.65),(1.88,0.984,26.43,12.19,150.60),(1.90,0
.985,26.37,12.18,153.54),
(1.92,0.985,26.31,12.18,156.53),(1.94,0.986,26.25,12.17,159.56),(1.96,0
.987,26.19,12.16,162.60),
(1.98,0.987,26.14,12.16,165.75),(2.00,0.988,26.09,12.15,168.89));
tabm5:array [1..101,1..6] of real=
((0.50,0.111,246.42,108.00,71.43,36.00),(0.51,0.119,230.76,100.70,69.5
3,34.92),
(0.52,0.127,216.51,95.07,67.77,33.91),(0.53,0.136,203.52,88.05,66.13,3
2.97),(0.54,0.145,191.66,82.56,64.60,32.10),
(0.55,0.155,180.83,77.57,63.18,31.29),(0.56,0.164,170.91,73.01,61.86,3
0.53),(0.57,0.174,161.79,68.84,60.84,60.63),
(0.58,0.184,153.42,65.02,59.49,29.16),(0.59,0.195,145.72,61.52,58.42,2
8.55),(0.60,0.206,138.61,58.30,57.43,27.98),
(0.61,0.217,132.05,55.34,56.52,27.45),(0.62,0.228,125.98,52.61,55.67,2
6.96),(0.63,0.239,120.36,50.09,54.88,26.51),
(0.64,0.251,115.15,47.76,54.15,26.08),(0.65,0.263,110.30,45.61,53.48,2
5.69),(0.66,0.275,105.81,43.62,52.85,25.33),
(0.67,0.287,101.61,41.77,52.28,25.00),(0.68,0.299,97.70,40.06,51.76,24.
70),(0.69,0.312,94.06,38.47,51.28,24.42),
(0.70,0.324,90.65,36.99,50.84,24.17),(0.71,0.337,87.46,35.61,50.45,23.9
3),(0.72,0.349,84.48,34.33,50.09,23.73),
(0.73,0.362,81.68,33.13,49.77,23.54),(0.74,0.375,82.05,32.48,49.05,23.3
7),(0.75,0.387,76.58,30.96,49.23,23.22),
(0.76,0.400,74.26,29.98,49.00,23.09),(0.77,0.413,72.08,29.07,48.81,22.9
8),(0.78,0.425,70.02,28.21,48.65,22.88),

(0.79,0.438,68.08,27.40,48.51,22.80),(0.80,0.450,66.24,26.65,48.40,22.7
4),(0.81,0.463,64.51,25.94,48.32,22.69),
(0.82,0.475,62.88,25.27,48.26,22.65),(0.83,0.487,61.33,24.64,48.26,22.6
5),(0.84,0.499,59.86,24.05,48.21,22.63),
(0.85,0.511,58.47,23.49,48.22,22.63),(0.86,0.522,57.15,22.97,48.25,22.6
5),(0.87,0.543,55.90,22.47,48.30,22.68),
(0.88,0.545,54.71,22.00,48.37,22.72),(0.89,0.556,53.58,21.56,48.46,22.7
7),(0.90,0.567,52.51,21.14,48.57,22.84),
(0.91,0.578,51.49,20.75,48.69,22.91),(0.92,0.589,50.51,20.37,48.83,22.9
9),(0.93,0.599,49.59,20.02,48.99,23.09),
(0.94,0.610,48.70,19.68,49.17,23.19),(0.95,0.620,47.86,19.37,49.06,23.3
0),(0.96,0.629,47.06,19.06,49.57,23.42),
(0.97,0.639,46.29,18.78,49.80,23.56),(0.98,0.648,45.55,18.50,50.04,23.7
0),(0.99,0.658,44.85,18.25,50.29,23.84),
(1.00,0.667,44.18,18.00,50.56,24.00),(1.02,0.684,42.92,17.54,51.14,24.3
3),(1.04,0.700,41.77,17.13,51.76,24.70),
(1.06,0.716,40.71,16.75,52.44,25.10),(1.08,0.731,39.74,16.41,53.18,25.5
2),(1.10,0.745,38.84,16.10,53.95,25.97),
(1.12,0.759,38.01,15.81,54.78,26.45),(1.14,0.772,37.25,15.55,55.64,26.9
5),(1.16,0.784,36.54,15.31,56.55,27.47),
(1.18,0.795,35.88,15.09,57.50,28.02),(1.20,0.806,35.27,14.89,58.50,28.5
9),(1.22,0.816,34.70,14.71,59.53,29.19),
(1.24,0.825,34.17,14.54,60.60,29.80),(1.26,0.834,33.68,14.38,61.71,30.4
4),(1.28,0.843,33.22,14.23,62.85,31.10),
(1.30,0.851,32.79,14.10,64.03,31.77),(1.32,0.859,32.38,13.98,65.25,32.4
7),(1.34,0.866,32.01,13.86,66.50,33.18),
(1.36,0.872,31.65,13.75,66.78,33.92),(1.38,0.879,31.32,13.65,69.10,34.6
7),(1.40,0.885,31.01,13.56,70.45,35.44),
(1.42,0.890,30.72,13.47,71.83,36.23),(1.44,0.896,30.44,13.39,73.24,37.0
3),(1.46,0.901,30.18,13.32,74.69,37.86),
(1.48,0.906,29.94,13.25,76.17,38.70),(1.50,0.910,29.71,13.18,77.67,39.5
5),(1.52,0.914,29.49,13.12,79.20,40.23),
(1.54,0.918,29.28,13.04,80.77,41.32),(1.56,0.922,29.09,13.01,82.36,42.2
2),(1.58,0.926,28.90,12.96,83.98,43.14),
(1.60,0.929,28.73,12.91,85.64,44.08),(1.62,0.932,28.56,12.87,87.31,45.0
3),(1.64,0.935,28.40,12.83,89.02,46.00),
(1.66,0.938,28.25,12.79,90.77,46.99),(1.68,0.941,28.11,12.75,92.52,47.9
8),(1.70,0.943,27.97,12.72,94.32,49.00),
(1.72,0.946,27.84,12.68,96.13,50.03),(1.74,0.948,27.72,12.65,97.98,51.0
8),(1.76,0.950,27.60,12.62,99.86,52.14),
(1.78,0.952,27.49,12.60,101.75,53.21),(1.80,0.954,27.38,12.57,103.68,5
4.30),(1.82,0.956,27.28,12.55,105.63,55.41),
(1.84,0.958,27.18,12.52,107.62,56.63),(1.86,0.960,27.09,12.50,109.63,5
7.67),(1.88,0.961,27.00,12.48,111.65,58.81),
(1.90,0.963,26.91,12.46,110.71,59.97),(1.92,0.964,26.83,12.44,115.79,6
1.15),(1.94,0.966,26.75,12.42,117.89,61.15),

(1.96,0.967,26.68,12.41,120.04,63.55),(1.98,0.968,26.61,12.39,122.19,6
4.76),(2.00,0.970,26.54,12.37,124.35,65.98));
tabm6:array [1..101,1..6] of real=
((1.00,0.500,55.74,24.00,55.74,24.00),(1.01,0.510,54.65,32.53,55.75,24.
00),
(1.02,0.520,53.61,32.09,55.78,24.02),(1.03,0.529,52.62,22.66,55.82,24.0
2),(1.04,0.539,51.76,22.26,55.88,24.07),
(1.05,0.549,50.76,21.87,55.96,24.11),(1.06,0.558,49.89,21.50,56.06,24.1
6),(1.07,0.567,49.06,21.15,56.17,24.22),
(1.08,0.576,48.27,20.82,56.30,24.28),(1.09,0.585,47.50,20.50,56.44,24.3
6),(1.10,0.594,46.77,20.20,56.59,24.44),
(1.11,0.603,46.07,19.90,56.76,24.52),(1.12,0.611,45.40,19.63,56.95,24.6
2),(1.13,0.620,44.75,19.36,57.14,24.72),
(1.14,0.628,44.13,19.10,57.36,24.83),(1.15,0.636,43.54,18.86,57.88,24.9
4),(1.16,0.644,42.97,18.63,57.82,25.06),
(1.17,0.652,42.42,18.40,58.07,25.19),(1.18,0.660,41.89,18.19,58.33,25.3
3),(1.19,0.667,41.38,17.98,58.60,25.47),
(1.20,0.675,40.90,17.79,58.89,25.61),(1.21,0.682,40.42,17.60,59.19,25.7
6),(1.22,0.689,39.97,17.42,59.49,25.92),
(1.23,0.696,39.54,17.24,59.81,26.09),(1.24,0.703,39.12,17.07,60.15,26.2
5),(1.25,0.709,38.71,16.91,60.49,26.43),
(1.26,0.716,38.32,16.76,60.84,26.61),(1.27,0.722,37.95,16.61,61.20,26.7
9),(1.28,0.729,37.58,16.47,61.57,26.98),
(1.29,0.735,37.23,16.33,61.96,27.18),(1.30,0.741,36.89,16.20,62.05,27.3
8),(1.31,0.746,36.57,16.07,62.75,27.58),
(1.32,0.752,36.25,15.95,63.16,27.79),(1.33,0.758,35.95,15.83,63.59,28.0
1),(1.34,0.763,35.65,15.72,64.02,28.23),
(1.35,0.769,35.37,15.61,64.46,28.45),(1.36,0.774,35.09,15.51,64.91,28.6
8),(1.37,0.779,34.83,15.41,65.36,28.91),
(1.38,0.784,34.57,15.31,65.83,29.15),(1.39,0.789,34.32,15.21,66.31,29.3
9),(1.40,0.793,34.08,15.12,66.79,29.64),
(1.41,0.798,33.85,15.04,67.29,29.89),(1.42,0.803,33.62,14.95,67.79,30.1
5),(1.43,0.807,33.40,14.87,68.30,30.40),
(1.44,0.811,33.19,14.79,68.82,30.67),(1.45,0.815,32.98,14.71,69.34,30.9
4),(1.46,0.820,32.78,14.64,69.88,31.21),
(1.47,0.824,32.59,14.57,70.42,31.48),(1.48,0.827,32.40,14.50,7.097,31.7
6),(1.49,0.831,32.22,14.43,71.53,32.04),
(1.50,0.835,32.04,14.37,72.10,32.33),(1.51,0.839,31.87,14.31,72.67,32.6
2),(1.52,0.842,31.71,14.25,73.25,32.92),
(1.53,0.846,31.54,14.19,73.84,33.22),(1.54,0.849,31.39,14.13,74.44,33.5
2),(1.55,0.852,31.24,14.08,75.04,33.82),
(1.56,0.855,31.09,14.03,75.65,34.13),(1.57,0.859,30.94,13.97,76.27,34.4
5),(1.58,0.862,30.80,13.92,76.90,34.76),
(1.59,0.865,30.67,13.88,77.52,35.08),(1.60,0.868,30.54,13.83,78.17,35.4
1),(1.61,0.870,30.41,13.79,78.81,35.73),
(1.62,0.873,30.28,13.74,79.47,36.06),(1.63,0.876,30.16,13.70,80.13,36.4
0),(1.64,0.878,30.04,13.66,80.80,36.74),

(1.65,0.881,29.93,13.62,81.48,37.08),(1.66,0.884,29.82,13.58,82.16,37.4
2),(1.67,0.886,29.71,13.54,82.84,37.77),
(1.68,0.888,29.60,13.51,83.54,38.12),(1.69,0.891,29.50,13.47,84.24,38.4
7),(1.70,0.893,29.40,13.44,84.95,38.83),
(1.71,0.895,29.30,13.40,85.67,39.19),(1.72,0.897,29.20,13.57,86.38,39.5
5),(1.73,0.899,29.11,13.34,87.12,39.92),
(1.74,0.902,29.02,13.31,87.85,40.29),(1.75,0.904,28.93,13.28,88.60,40.6
7),(1.76,0.906,28.84,13.25,89.34,41.04),
(1.77,0.907,28.76,13.22,90.09,41.42),(1.78,0.909,28.68,13.19,90.86,41.8
1),(1.79,0.911,28.60,13.17,91.61,42.19),
(1.80,0.913,28.52,13.14,92.39,42.58),(1.81,0.915,28.44,13.12,93.17,42.9
7),(1.82,0.916,28.37,13.09,93.96,43.37),
(1.83,0.918,28.29,13.07,94.75,43.77),(1.84,0.920,28.22,13.05,95.54,44.1
7),(1.85,0.921,28.15,13.02,96.35,44.57),
(1.86,0.923,28.09,13.00,97.16,44.98),(1.87,0.924,28.02,12.98,97.98,45.0
9),(1.88,0.926,27.95,12.96,98.80,45.81),
(1.89,0.927,27.89,12.94,99.62,46.22),(1.90,0.929,27.83,12.92,100.46,46.
64),(1.91,0.930,27.77,12.90,101.30,47.06),
(1.92,0.931,27.71,12.88,102.14,47.49),(1.93,0.933,27.65,12.86,103.00,4
7.92),(1.94,0.934,27.60,12.85,103.85,48.35),
(1.95,0.935,27.54,12.83,104.72,48.78),(1.96,0.936,27.49,12.81,105.58,4
9.21),(1.97,0.938,27.43,12.80,106.45,49.65),
(1.98,0.939,27.38,12.78,107.35,50.10),(1.99,0.940,27.33,12.76,108.23,5
0.55),(2.00,0.941,27.28,12.75,109.12,50.99));
implementation
begin end.

unit nilson77;

interface
uses
crt,nilson36,nilson38,nilson39,nilson31,nilson35,nilson30,nilson72,nilson
73;
type
ptr_nilso7 =^ nilso7;
nilso7 = object
PROCEDURE ENTRADADO;
        end;
ptr_ar7=^ar7;
ar7 = object
PROCEDURE entradado;
        end;
var r7:ptr_ar7;k7:ptr_nilso7;
implementation

var

```pascal
G,H,I,EAP,DECa,DEF,EAV,EQU,DF,W,RECOLON,RECOLAT,LargTerr,
ComprTerr,VelocAvi,
 AreaTerr, aux1,
aux,NumModFaix,NumFaix,NumTotalMod,Iexp,HV,basealtura:REAL;

    AA,MM,DD,DIS,COR :WORD;
    OPCAO,OP,ESCOLHA         :INTEGER;
    CH:CHAR;
    ANTES,CORTEXTO,CORFUNDO,SAVEX,SAVEY      :BYTE;
    OK                    :BOOLEAN;

    S,S1,COMPR,LARG,FAIXAA,FAIXAB,
    A,B,C,D,E,F,A1,B1,dfoto,afoto:REAL;     x,y:byte;

    arquivo:TEXT;

 FUNCTION AVERT( MO:REAL):REAL;

 VAR
   AV,ARL,L,K,F :REAL;
   A,B,C,D,DELTA,R1,R2,RECLON:REAL;

BEGIN
    AV:=(DF*DEF);
    L:= (0.5*EQU/1.66);
    ARL:=((1-RECOLON)*0.23*DEF);
    K:=((MO*SQR(AV))/(ARL*DF));
    F:=(K*2.304);
    G:=(K*(-0.506));
    H:=(K*0.250);
    I:=(-(F-L));
    C:=I;
    B:=G;
    A:=H;
     DELTA:= (SQR (B) - (4*A*C));
     IF DELTA <0  THEN BEGIN
  GOTOXY(3,5);  CLRSCR;gotoxy(3,5);
    WRITELN('RAIZES IMAGINÁRIAS : IMPOSSIBILIDADE DE
CÁLCULO');
    WRITELN('SINTO MUITO MAS SEUS DADOS NAO ESTÃO
CORRETOS. ');
            WRITELN;WRITELN;
            WRITELN;
            WRITELN;
    WRITELN('VOCÊ IRÁ PARA O MENU E REÇOMECAR');
```

```
              WRITELN;WRITELN;WRITELN;
WRITELN('              APERTE      ENTER');
           READ;



           HALT;
           END;

 IF DELTA >0  THEN BEGIN
              R1:=((-B+SQRT(DELTA))/(2*A));
              R2:=((-B-SQRT(DELTA))/(2*A));
           END;
  IF DELTA = 0 THEN
           EAV:=R1;


           IF R1>R2 THEN
              EAV:=R1;
           IF R1<R2 THEN  EAV:=R2;
AVERT:=EAV;
END;

procedure fazfigura;  var xa,xb,xc,xd,xi,ye,yf,yg,yh,yj,i,j,antes:byte;
tela: array[1..78,1..30] of char;
aux,xr,xn,yl,ym,AUX1:real;

procedure linha(x1,y1,x2,y2:byte); var i:byte ;begin for i:=x1 to x2 do
begin tela[i,y1]:=#196;end;end;
procedure linhadupla(x1,y1,x2,y2:byte); var i:byte ;begin for i:=x1 to x2
do begin tela[i,y1]:=#205;end;end;
procedure coluna(x1,y1,x2,y2:byte); var i:byte ;begin for i:=y1 to y2 do
begin tela[x1,i]:=#179;end;end;
procedure quadrado( x1,y1,x2,y2:byte); begin tela[x1,y1]:=
#218;tela[x1,y2]:=#192;
linha(x1+1,y1,x2-1,y1);tela[x2,y1]:=#191;coluna(x2,y1+1,x2,y2-
1);tela[x2,y2]:=#192;
linha(x1+1,y2,x2-1,y2);tela[x2,y2]:=#217;coluna(x1,y1+1,x1,y2-1); end;
procedure desenhafoto;
begin
linhadupla(xa-(xb-xa)-round(0.25*(xb-xa)),yh+3,xb+round(0.25*(xb-
xa)),yh+3);
linhadupla(xa-round(0.25*(xb-xa)),yh+4,xc+round(0.25*(xb-xa)),yh+4);
linhadupla(xb-round(0.25*(xb-xa)),yh+5,xd+round(0.25*(xb-xa)),yh+5);
linhadupla(xc-round(0.25*(xb-xa)),yh+6,xd+(xb-xa)+round(0.25*(xb-
xa)),yh+6);
```

```
end;
procedure escreva( mensagem:string;x1,y1:byte);
var i,k:byte;
begin i:=1;
for i:=1 to length(mensagem) do
tela[x1+i,y1]:=mensagem[i];
end;

begin

    for j:=1 to 30 do begin
        for i:=1 to 78 do begin
      tela[i,j]:=#0;end;
              end;

{for j:=1 to 25 do tela [77,j]:=#13;   este caracter dificulta a impressora}
xa:=20;xb:=xa+10;xc:=xb+10;xd:=xc+10;xi:=xd+5;ye:=3;yf:=8;yg:=13;yh:
=18;yj:=yh+2;
xn:=xa+0.2*(yf-ye);yl:=yg+0.8*(yh-yg);ym:=ye+0.2*(yf-ye);
{antes:=textattr;  textcolor(yellow); }
quadrado(xa+round(0.2*(xb-xa)),ye+round(0.2*(yf-ye)),xc+round(0.8*(xd-
xc)),yg+round(0.8*(yh-yg)));
{textattr:=antes;  }
linha(xa,ye,xd,ye);linha(xa,yf,xd,yf);linha(xa,yg,xd,yg); linha(xa,yh,xd,yh);
coluna(xa,ye,xa,yh);coluna(xb,ye,xb,yh);coluna(xc,ye,xc,yh);coluna(xd,ye
,xd,yh);
tela[xa,ye]:=#218; tela[xa,yf]:=#195;tela[xa,yg]:=#195;
tela[xa,yh]:=#192;tela[xb,ye]:=#194;tela[xc,ye]:=#194;
tela[xd,ye]:=#191; tela[xd,yf]:=#180;tela[xd,yg]:=#180;
tela[xd,yh]:=#217; tela[xc,yh]:=#193;tela[xb,yh]:=#193;
tela[xb,yf]:=#197;tela[xc,yf]:=#197;tela[xb,yg]:=#197;tela[xc,yg]:=#197;
linha(xa,yj,xd,yj);tela[xa,yj]:=#179;
tela[xb,yj]:=#179;tela[xc,yj]:=#179;tela[xd,yj]:=#179;
coluna(xi,ye,xi,yh);tela[xi,ye]:=#196;
tela[xi,yf]:=#196;tela[xi,yg]:=#196;tela[xi,yh]:=#196;

linha(xa+round(0.2*(xb-xa)),ye-1,xd-round(0.2*(xb-xa)),ye-
1);tela[xa+round(0.2*(xb-xa)),ye-1]:=#179;
tela[xd-round(0.2*(xb-xa)),ye-1]:=#179;
coluna(xa-5,round(0.2*(yh-yg))+ye,xa-5,yh-round(0.2*(yh-yg)));tela[xa-
5,ye+round(0.2*(yh-yg))]:=#196;
tela[xa-5,yh-round(0.2*(yh-yg))]:=#196;

tela[xi+1,ye+round((yf-ye)/2)]:='A';  tela[xi+1,yf+round((yg-yf)/2)]:='B';
tela[xi+1,yg+round((yh-yg)/2)]:='C';
tela[xa+round((xb-xa)/2),yh+1]:='D';  tela[xb+round((xc-xb)/2),yh+1]:='E';
tela[xc+round((xd-xc)/2),yh+1]:='F'; writeln(arquivo,'');writeln(arquivo,'');
```

```pascal
tela[xa-6,yf+round((yg-yf)/2)]:='G';
tela[xb+round((xc-xb)/2),ye-2]:='H';

linha(xi+5,ye+round((yf-ye)/2),xi+10,ye+round((yf-
ye)/2));tela[xi+12,ye+round((yf-ye)/2)]:='V';
tela[xi+5,ye+round((yf-ye)/2)]:=#60;
desenhafoto;
escreva('Na primeira faixa - foto 4',xc,yh+3);escreva('foto 3',xc+2*(xd-
xc),yh+4);
escreva('foto 2',xc+2*(xd-xc),yh+5);escreva('foto 1',xc+2*(xd-xc),yh+6);

antes:=textattr;  textcolor(yellow); { parece que no arquivo cores nõ
adianta}
for j:=1 to 30 do begin
    for i:=1 to 76 do begin
     gotoxy(i,j);write(arquivo,tela[i,j]);
    end;
    i:=i+1;
    writeln(arquivo,'');
         end;        textattr:=antes;




writeln(arquivo,'');
writeln(arquivo,' Área da foto no terreno (',dfoto:5:3,' X ',dfoto:5:3,') =
',afoto:5:3,' kilômetros  quadrados.');
writeln(arquivo,' V = Direção de Vôo. ');
writeln(arquivo,' Na primeira faixa da figura acima, temos três
modelos.');
writeln(arquivo,' As fotos 4 e 3, 3 e 2, 2 e 1, formam três modelos
estereoscópicos.');
writeln(arquivo,' Área do modelo (C X D) = ', S:5:3,' Kilômetros
quadrados.');
writeln(arquivo,' A = B = C = ',B:5:3, ' Kilômetros.'); xr:=xc+0.8*(xd-xc);
writeln(arquivo,' D = E = F = ',A:5:3, ' Kilômetros.');  AUX1:=2*(0.8*A)+A;
writeln(arquivo,' H = ', aux1:5:3 ,' kilômetros. ');    AUX:=2*(0.8*B)+B;
writeln(arquivo,' G = ', aux:5:3 ,' kilômetros .');   aux:=aux*aux1;
writeln(arquivo,' Área de exemplo (G X H) embaixo das fotos = ',
aux:5:3,' kilômetros quadrados.');
writeln(arquivo,'');

writeln(arquivo,'');
writeln(arquivo,' Remark: O desenho acima é uma montagem para 9
modelos com os dados');
writeln(arquivo,'        que foram digitados.');
writeln(arquivo,'        Cada modelo estereoscópico é constituido de
duas fotos.');
```

```
writeln(arquivo,'           Reduzindo a área que você quer fotografar, de
acordo  com ');
writeln(arquivo,'           os dados que foram digitados, para que se encaixe
9 mode-');
writeln(arquivo,'           los, tem-se então o desenho acima.  ');
writeln(arquivo,'           Importante lembrar que o desenho acima pode ser
utilizado');
writeln(arquivo,'           para reproduzir sôbre outras áreas. Tendo apenas
que saber');
writeln(arquivo,'           que para fazer os 9 modelos acima são
necessárias 12 ');
writeln(arquivo,'           fotos. Em cada faixa é somado uma foto a mais
que a quan-');
writeln(arquivo,'           tidade de modelos.');
writeln(arquivo,'           Não foram desenhados os pontos necessários a
aerotriangu- ');
writeln(arquivo,'           lação, em planta são colocados uma figura
representativa ');
writeln(arquivo,'           de cada um deles, e uma numeração.
');
writeln(arquivo,'           O ponto 32105 é de ligação de modelo, é o quinto
ponto na ');
writeln(arquivo,'           faixa 21.                          ');
writeln(arquivo,'           A  numeração está listada abaixo:
');
writeln(arquivo,'           -  Todo ponto HV o último algarismo é impar.
');
writeln(arquivo,'           -  Todo ponto V  o último algarismo é par.
');
writeln(arquivo,'           -  1xxxx   ponto de apoio.                    ');
writeln(arquivo,'           -  2xxxx   ponto de centro de foto.              ');
writeln(arquivo,'           -  3xxxx   ponto de ligação de modelo.
');
writeln(arquivo,'           -  4xxxx   ponto de ligação de faixa.           ');
writeln(arquivo,'           -  5xxxx   ponto de ligação de bloco.           ');
writeln(arquivo,'           -  6xxxx   ponto de referência de nivel.         ');
writeln(arquivo,'           -  7xxxx   ponto de lago.                      ');
writeln(arquivo,'           -  8xxxx   vértices.                         ');
end;
procedure fazfigura2;  var
a,b,c,d,e,f,g,h,i,j,k,l,m,n,o,p,q,r,s,t,u,v,x,y,z,aux,aux1,aux2,antes:byte;
tela: array[1..78,1..30] of char;


procedure linhamais (x1,y1,x2,y2:byte;A:char); var i:byte ;begin for i:=x1
to x2 do begin tela[i,y1]:=A;y1:=y1+1 end;end;
```

```
procedure linhamenos(x1,y1,x2,y2:byte;A:char); var i:byte ;begin for i:=x1
to x2 do begin tela[i,y1]:=A;y1:=Y1-1 end;end;
procedure linha(x1,y1,x2,y2:byte;A:char); var i:byte ;begin for i:=x1 to x2
do begin tela[i,y1]:=A;end;end;
procedure coluna(x1,y1,x2,y2:byte;A:char); var i:byte ;begin for i:=y1 to
y2 do begin tela[x1,i]:=A;end;end;
(* A=char da linha,B=char da coluna,C,D,E,F=char canto do quadrado
(esquerda
direita sentido do relógio)                    *)
procedure quadrado( x1,y1,x2,y2:byte;A,B,C,D,E,F:char); begin
linha(x1+1,y1,x2-1,y1,A);tela[x2,y1]:=D;coluna(x2,y1+1,x2,y2-1,B);
tela[x1,y1]:=C;tela[x1,y1]:=C;
linha(x1+1,y2,x2-1,y2,A);tela[x2,y2]:=E;coluna(x1,y1+1,x1,y2-1,B);
tela[x1,y2]:=F;tela[x1,y2]:=F;end;

begin   A:=5;
B:=A+10;C:=B+10;D:=C+10;E:=D+10;F:=E+10;aux1:=A;aux:=A;aux2:=B;
     G:=3; H:=G+5;I:=H+5;J:=I+5;
   for j:=1 to 30 do begin
        for i:=1 to 78 do begin
     tela[i,j]:=#0;end;
              end;

quadrado(aux1,G-1,aux2,G,#196,#179,#218,#191,#217,#192);

for i:=A to F do begin
quadrado(aux1,G-1,aux2,G,#196,#179,#194,#194,#197,#197);
aux1:=aux1+aux;aux2:=aux2+aux;end;
for i:=A to F do begin
quadrado(aux1,H-1,aux2,H,#196,#179,#197,#197,#197,#197);
aux1:=aux1+aux;aux2:=aux2+aux;end;
for i:=A to F do begin
quadrado(aux1,I-1,aux2,I,#196,#179,#197,#197,#197,#197);
aux1:=aux1+aux;aux2:=aux2+aux;end;
for i:=A to F do begin
quadrado(aux1,J-1,aux2,J,#196,#179,#197,#197,#193,#193);
aux1:=aux1+aux;aux2:=aux2+aux;end;
linhamais(A,J,E,G-1,#47);
 for j:=1 to 26 do begin
      for i:=1 to 76 do begin
      gotoxy(i,j);write(arquivo,tela[i,j]);
     end;
     i:=i+1;
     writeln(arquivo,'');
              end;      textattr:=antes;
end;
procedure ar7.entradado;
```

```
BEGIN        { nao apaguei memoria vou apagar agora}
res1:=res1^.proximo;DEF:=Wiv; DF:=Wiv; RECOLON:=Wiv;
RECOLAT:=Wiv; ComprTerr:=Wiv;LargTerr:=Wiv; VelocAvi:=Wiv;
limpmemoini;
{ DEF DF RECOLON RECOLAT ComprTerr LargTerr VelocAvi }
end;
PROCEDURE nilso7.entradado;
begin
  ASSIGN(arquivo,'Nilson7.txt');
  append(arquivo);

  WRITELN(arquivo,'');

        A:=((1-RECOLON)*0.23*DEF/1000);
        B:=((1-RECOLAT)*0.23*DEF/1000);
        S:=(A*B);
        A1:=(RECOLON*0.23*DEF/1000);
        B1:=(RECOLAT*0.23*DEF/1000);
        S1:=(A*B);
        dfoto:=(0.23*def/1000);
        afoto:=dfoto*dfoto;
  AreaTerr:=LargTerr * ComprTerr;
  LargTerr:=LargTerr + (0.4*B);ComprTerr:= ComprTerr + (0.4*B);
  aux1:=trunc( ComprTerr / A ); aux:= ComprTerr / A;
  if (aux > aux1) then aux:=1 else aux:=0;
  NumModFaix:=trunc(ComprTerr / A)+1+ aux;

   aux1:=trunc( LargTerr / B); aux:= LargTerr / B;
  if (aux > aux1) then aux:=1 else aux:=0;
  NumFaix:=trunc( LargTerr / B) + aux;
  NumTotalMod:=NumFaix * NumModFaix;
  lexp:= (A *3600) / VelocAvi;
  ASSIGN(arquivo,'Nilson7.txt');
  append(arquivo);
WRITELN(arquivo,' 1-    A área que um modêlo ocupa no terreno a ser
fotografado é ');
writeln(arquivo,'        ',S:5:3, ' Kilômetros quadrados.' );
WRITELN(arquivo,' 2-    O Comprimento de um modêlo no terreno
(sentido do vôo) é ');
writeln(arquivo,'        ',A:5:3, ' Kilômetros.');
WRITELN(arquivo,' 3-    A largura de um modêlo no terreno (transversal
ao vôo) é ');
writeln(arquivo,'        ',B:5:3, ' Kilômetros.');
        HV:=(DF/1000*DEF);
WRITELN(arquivo,' 4-    A altura de vôo é ',HV:5:2,' Metros.');
WRITELN(arquivo,' 5-    A aerobase, distância entre pontos de disparo
ou entre os');
```

```
WRITELN(arquivo,'        os centros de perspectivas, é ',A:5:3,'
Kilômetros.');
WRITELN(arquivo,' 6-    A distância entre linhas de vôos em faixas
adjacentes  é ');
writeln(arquivo,'        ', B:5:3,' Kilômetros.');
        basealtura:=(A*1000)/(HV);
WRITELN(arquivo,' 7-    A relação base/altura é ',basealtura:3:2);
WRITELN(arquivo,' 8 -    O número de fotos por faixa é
',NumModFaix:5:0);
WRITELN(arquivo,' 9 -    A quantidade de faixas é ',NumFaix:5:0);
WRITELN(arquivo,' 10 -    O número total de fotos é ',NumTotalMod:5:0);
writeln(arquivo,' 11 -    A área do terreno é ',AreaTerr:7:3,' kilômetros
quadrados.');
WRITELN(arquivo,' 12 -    Intervalo entre as exposições é ',Iexp:5:2,'
segundos.');
WRITELN(arquivo,' 13 -    O desenho abaixo é um === GABARITO
===.');
WRITELN(arquivo,'        Serve para que possa reproduzir os dados
sôbre a carta no local ');
WRITELN(arquivo,'        onde se fará o vôo. A vantagem é a rapidez e
segurança para definir');
writeln(arquivo,'        sem possibilidades de êrros, até mesmo na reunião
com o cliente.');
                fazfigura;
WRITELN(arquivo,'');
WRITELN(arquivo,'');
close(arquivo);
iniciartextoarq(false,'Nilson7.txt');
END;
end.
   {program nilson78;   calculo de lajes pela teoria de marcus}

unit nilson78;
interface
uses
crt,nilson30,nilson36,nilson38,nilson35,nilson32,nilson73,nilson39,nilson
70,
nilson74,nilson71,nilson75;

type
ptr_nilso78 =^nilso78;
nilso78 = object
PROCEDURE ENTRADADO;
        end;
var k78:ptr_nilso78;
implementation
```

```pascal
var tab:integer;
ppr,pav,sob,vlx,vly,lam,x2,x3,x4,x5,x6,mx,my,Xx,Xy,q,qx:real;
    s:str25;
procedure inicio;
const  max=14; var i :byte;
procedure sairAgora;
var i:integer;
begin res1:=primeir^.proximo;
for i:=2 to 7 do begin  if res1^.str80D[1]in['s','S']
then tab:=res1^.perg-1;res1:=res1^.proximo;
            end;
ppr:=wiv;pav:=wiv;sob:=wiv;vlx:=wiv;vly:=wiv;

if (erro<>0)or (tab=0) then begin iniciartela(max);exit;end;
ch:=#23;
end;
procedure exemplo;
begin
res1:=primeir;res1^.str80D:='LAJE-MARCUS-Marinha-Fiscal-2.5Mrasa-
submar-praia-ars.';
Ws('n');Ws('n');Ws('s');Ws('n');Ws('n');Ws('n');Ws('0.192');Ws('0.050');
Ws('0.150');Ws('3.38');Ws('4.48');
end;

begin
MaxPerg:=max; tab:=0;
if lequi('nicasi78.dat') then begin EncherMemoria(max);
L:=primeir;LerArqNom(3101,1);LerArqNom(3778,11);LerArqNom(2895,2)
;
L:=primeir;LerArqMsg(3111,1);LerArqMsg(3789,11);LerArqMsg(2897,2);
exemplo;end;
posy:=1;posx:=2; IniciarTela(max);
repeat
textattr:=$1E;
with res1^do
case perg of
1: BEGIN gotoxy(2,posy);entrada:=str80D;Erro:=1;
str80D:=instring(msg,nom,[#0,#32..#255],[],(75-length(nom)),0);end;
2..7: BEGIN gotoxy(2,posy); entrada:=str80D;Erro:=1;clreol;
str80D:=instring(Msg,nom,['s','S','n','N'],[],1,0);
if str80D[1] in ['s','S'] then begin L:=primeir^.proximo;
for i:=2 to 7 do begin
L^.str80D:='N';L:=L^.proximo;end;L:=res1;str80D:=entrada[1];
for i:=res1^.perg to 13+res1^.perg do nextact(max);res1:=L;end;
end;
8..12: BEGIN gotoxy(2,posy);entrada:=str80D;Erro:=1;
str80D:=instring(msg,nom,['.','0'..'9'],[],(75-length(nom)),0);end;
```

```
max-1: BEGIN
cursoroff;gotoxy(2,posy);input:=1;entrada:=#0;entrada:=instring(msg,nom
,[#0],[],(75-length(nom)),0);cursoron;
if ch=#13 then sairagora;end;
max: BEGIN
cursoroff;gotoxy(2,posy);input:=1;entrada:=#0;entrada:=instring(msg,nom
,[#0],[],(75-length(nom)),0);
cursoron;if ch=#13 then begin ch:=#63;exemplo;end;end;end;
case ch of
#2:begin OndY(max);if ch=#13 then sairagora;if ch=#63 then begin
exemplo;irfinal(max);end;end;
#63,#64: IrFinal(max);
#72: previousact(max);
#80,#13: nextact(max);
end;
until ch in [#27,#45,#23{,#47,#19,#31,#75,#77,#83,#72,#80,#71,#73,#81,
#13,#9,#82,#8 ,#63,#64,#65,#66}];
      (*  esc x  i      r  s  L  R  DEL  up   dn home pgu pgd ent tab ins
bsp f5  f6  f7  f8 *)

if (ch in [#27,#45]) then begin limpmemoini;halt;end;
saitxt(max,'nilson78.txt'); toquivi('nicasi78.dat');limpmemoini;
end;
procedure calculo1;
begin
              {      Ã àã ÂâáÁéÉêÊíÍóÓõÕôÔúÚçÇ
 extenções . Área Seção  SEÇÃO Ângulo}
if (lam<tabm1[1,1]) or (lam>tabm1[151,1]) then         begin
  writeln(arq,'Esta laje não  é  armada em cruz');exit;end;
i:=1;
while tabm1[i,1]<lam do l:=i+1;
if tabm1[i,1]>lam then begin
  x2:=regrade3(tabm1[i,1],lam,tabm1[i-1,1],tabm1[i,2],tabm1[i-1,2]);
  x3:=regrade3(tabm1[i,1],lam,tabm1[i-1,1],tabm1[i,3],tabm1[i-1,3]);
  x4:=regrade3(tabm1[i,1],lam,tabm1[i-1,1],tabm1[i,4],tabm1[i-1,4]);
              end;
if tabm1[i,1]=lam then begin x2:=tabm1[i,2];
x3:=tabm1[i,3];x4:=tabm1[i,4];end;
q:=sob+pav+ppr;
mx:=q*sqr(vlx)/x3;
my:=q*sqr(vlx)/x4;
qx:=x2*q;writeln(arq);
writeln(arq,' == ESTES SÃO OS MOMENTOS SEGUNDO A TEORIA DE
MARCUS==');
str(x2:10:3,s);writeln(arq,' Êndice utilizado na linha neutra = ',tiranulo(s));
str(x3:10:3,s);writeln(arq,' Êndice utilizado no positivo x = ',tiranulo(s));
str(x4:10:3,s);writeln(arq,' Êndice utilizado no positivo y = ',tiranulo(s));
```

```
str(mx:10:3,s);writeln(arq,' Momento fletor na direção x = ',tiranulo(s),'
tonM2');
str(my:10:3,s);writeln(arq,' Momento fletor na direção y = ',tiranulo(s),'
tonM2');
str(qx:10:3,s);writeln(arq,' Linha neutra = ',tiranulo(s),'
ton/M2');writeln(arq);
writeln(arq,' == ESTES SÃO OS MOMENTOS SEGUNDO A TEORIA
DAS GRELHAS==');
mx:=q*sqr(vlx)/8;
my:=q*sqr(vly)/8;
str(mx:10:3,s);
writeln(arq,' Momento fletor na direção x = ',tiranulo(s));str(my:10:3,s);
writeln(arq,' Momento fletor na direção y = ',tiranulo(s));
end;
procedure calculo2;
begin                    {      Ã àã ÂâáÁéÉêÊíÍóÓõÕôÔúÚçÇ
extenções . Área Seção  SEÇÃO Ângulo}
if (lam<tabm2[1,1]) or (lam>tabm2[101,1]) then         begin
   writeln(arq,'Esta laje não  é  armada em cruz');exit;end;
i:=1;
while tabm2[i,1]<lam do l:=i+1;
if tabm2[i,1]>lam then begin
   x2:=regrade3(tabm2[i,1],lam,tabm2[i-1,1],tabm2[i,2],tabm2[i-1,2]);
   x3:=regrade3(tabm2[i,1],lam,tabm2[i-1,1],tabm2[i,3],tabm2[i-1,3]);
   x4:=regrade3(tabm2[i,1],lam,tabm2[i-1,1],tabm2[i,4],tabm2[i-1,4]);
   x5:=regrade3(tabm2[i,1],lam,tabm2[i-1,1],tabm2[i,5],tabm2[i-1,5]);
               end;
if tabm2[i,1]=lam then begin x2:=tabm2[i,2];
x3:=tabm2[i,3];x4:=tabm2[i,4];x5:=tabm2[i,5];end;
q:=sob+pav+ppr;
mx:=q*sqr(vlx)/x3;
my:=q*sqr(vlx)/x5;
Xx:=-q*sqr(vlx)/x4;
qx:=x2*q; writeln(arq);
writeln(arq,' == ESTES SÃO OS MOMENTOS SEGUNDO A TEORIA DE
MARCUS==');
str(x2:10:3,s);writeln(arq,' Êndice utilizado na linha neutra = ',tiranulo(s));
str(x3:10:3,s);writeln(arq,' Êndice utilizado no positivo x = ',tiranulo(s));
str(x4:10:3,s);writeln(arq,' Êndice utilizado na positivo y = ',tiranulo(s));
str(x5:10:3,s);writeln(arq,' Êndice utilizado no negativo x = ',tiranulo(s));
str(mx:10:3,s);writeln(arq,' Momento fletor na direção x = ',tiranulo(s));
str(my:10:3,s);writeln(arq,' Momento fletor na direção y = ',tiranulo(s));
str(Xx:10:3,s);writeln(arq,' Momento negativo na direção x = ',tiranulo(s));
str(qx:10:3,s);writeln(arq,' Linha neutra = ',tiranulo(s));writeln(arq);
writeln(arq,' == ESTES SÃO OS MOMENTOS SEGUNDO A TEORIA
DAS GRELHAS==');
mx:=q*sqr(vlx)/14.22;
```

```
my:=q*sqr(vly)/8;
Xx:=-q*sqr(vlx)/8;
str(mx:10:3,s);writeln(arq,' Momento fletor na direção x = ',tiranulo(s));
str(my:10:3,s);writeln(arq,' Momento fletor na direção y = ',tiranulo(s));
str(Xx:10:3,s);writeln(arq,' Momento negativo na direção x = ',tiranulo(s));
end;
procedure calculo3;
begin                        {      Ã àã ÂâáÁéÉêÊíÍóÓõÕôÔúÚçÇ
 extenções . Área Seção  SEÇÃO Ângulo}
if (lam<tabm3[1,1]) or (lam>tabm3[101,1]) then        begin
  writeln(arq,'Esta laje não é  armada em cruz');exit;end;
i:=1;
while tabm3[i,1]<lam do l:=i+1;
if tabm3[i,1]>lam then begin
  x2:=regrade3(tabm3[i,1],lam,tabm3[i-1,1],tabm3[i,2],tabm3[i-1,2]);
  x3:=regrade3(tabm3[i,1],lam,tabm3[i-1,1],tabm3[i,3],tabm3[i-1,3]);
  x4:=regrade3(tabm3[i,1],lam,tabm3[i-1,1],tabm3[i,4],tabm3[i-1,4]);
  x5:=regrade3(tabm3[i,1],lam,tabm3[i-1,1],tabm3[i,5],tabm3[i-1,5]);
  x6:=regrade3(tabm3[i,1],lam,tabm3[i-1,1],tabm3[i,6],tabm3[i-1,6]);
             end;
if tabm3[i,1]=lam then begin x2:=tabm3[i,2];
x3:=tabm3[i,3];x4:=tabm3[i,4];x5:=tabm3[i,5];x6:=tabm3[i,6];end;
q:=sob+pav+ppr;
mx:=q*sqr(vlx)/x3;
my:=q*sqr(vlx)/x5;
Xx:=-q*sqr(vlx)/x4;
Xy:=-q*sqr(vlx)/x6;
qx:=x2*q; writeln(arq);
writeln(arq,' == ESTES SÃO OS MOMENTOS SEGUNDO A TEORIA DE
MARCUS==');
str(x2:10:3,s);writeln(arq,' Êndice utilizado na linha neutra = ',tiranulo(s));
str(x3:10:3,s);writeln(arq,' Êndice utilizado no positivo x = ',tiranulo(s));
str(x5:10:3,s);writeln(arq,' Êndice utilizado na positivo y = ',tiranulo(s));
str(x4:10:3,s);writeln(arq,' Êndice utilizado no negativo x = ',tiranulo(s));
str(x6:10:3,s);writeln(arq,' Êndice utilizado no negativo y = ',tiranulo(s));
str(mx:10:3,s);writeln(arq,' Momento fletor na direção x = ',tiranulo(s));
str(my:10:3,s);writeln(arq,' Momento fletor na direção y = ',tiranulo(s));
str(Xx:10:3,s);writeln(arq,' Momento negativo na direção x = ',tiranulo(s));
str(Xy:10:3,s);writeln(arq,' Momento negativo na direção y = ',tiranulo(s));
str(qx:10:3,s);writeln(arq,' Linha neutra = ',tiranulo(s));writeln(arq);
writeln(arq,' == ESTES SÃO OS MOMENTOS SEGUNDO A TEORIA
DAS GRELHAS==');
mx:=q*sqr(vlx)/14.22;
my:=q*sqr(vly)/8;
Xx:=-q*sqr(vlx)/8;
Xy:=-q*sqr(vly)/8;
str(mx:10:3,s);writeln(arq,' Momento fletor na direção x = ',tiranulo(s));
```

```
str(my:10:3,s);writeln(arq,' Momento fletor na direção y = ',tiranulo(s));
str(Xx:10:3,s);writeln(arq,' Momento negativo na direção x = ',tiranulo(s));
str(Xy:10:3,s);writeln(arq,' Momento negativo na direção y = ',tiranulo(s));
end;
procedure calculo4;
begin                    {      Ã àã ÂâáÁéÉêÊíÍóÓõÕôÔúÚçÇ
 extenções . Área Seção  SEÇÃO Ângulo}
if (lam<tabm4[1,1]) or (lam>tabm4[101,1]) then        begin
   writeln(arq,'Esta laje não é armada em cruz');exit;end;
i:=1;
while tabm4[i,1]<lam do I:=i+1;
if tabm4[i,1]>lam then begin
   x2:=regrade3(tabm4[i,1],lam,tabm4[i-1,1],tabm4[i,2],tabm4[i-1,2]);
   x3:=regrade3(tabm4[i,1],lam,tabm4[i-1,1],tabm4[i,3],tabm4[i-1,3]);
   x4:=regrade3(tabm4[i,1],lam,tabm4[i-1,1],tabm4[i,4],tabm4[i-1,4]);
   x5:=regrade3(tabm4[i,1],lam,tabm4[i-1,1],tabm4[i,5],tabm4[i-1,5]);
                 end;
if tabm4[i,1]=lam then begin x2:=tabm4[i,2];
x3:=tabm4[i,3];x4:=tabm4[i,4];x5:=tabm4[i,5];end;
q:=sob+pav+ppr;
mx:=q*sqr(vlx)/x3;
my:=q*sqr(vlx)/x5;
Xx:=-q*sqr(vlx)/x4;
qx:=x2*q; writeln(arq);
writeln(arq,' == ESTES SÃO OS MOMENTOS SEGUNDO A TEORIA DE
MARCUS==');
str(x2:10:3,s);writeln(arq,' Êndice utilizado na linha neutra = ',tiranulo(s));
str(x3:10:3,s);writeln(arq,' Êndice utilizado no positivo x = ',tiranulo(s));
str(x5:10:3,s);writeln(arq,' Êndice utilizado na positivo y = ',tiranulo(s));
str(x4:10:3,s);writeln(arq,' Êndice utilizado no negativo x = ',tiranulo(s));
str(mx:10:3,s);writeln(arq,' Momento fletor na direção x = ',tiranulo(s));
str(my:10:3,s);writeln(arq,' Momento fletor na direção y = ',tiranulo(s));
str(Xx:10:3,s);writeln(arq,' Momento negativo na direção x = ',tiranulo(s));
str(qx:10:3,s);writeln(arq,' Linha neutra = ',tiranulo(s));writeln(arq);
writeln(arq,' == ESTES SÃO OS MOMENTOS SEGUNDO A TEORIA
DAS GRELHAS==');
mx:=q*sqr(vlx)/24;
my:=q*sqr(vly)/8;
Xx:=-q*sqr(vlx)/12;
str(mx:10:3,s);writeln(arq,' Momento fletor na direção x = ',tiranulo(s));
str(my:10:3,s);writeln(arq,' Momento fletor na direção y = ',tiranulo(s));
str(Xx:10:3,s);writeln(arq,' Momento negativo na direção x = ',tiranulo(s));
end;
procedure calculo5;
begin                    {      Ã àã ÂâáÁéÉêÊíÍóÓõÕôÔúÚçÇ
 extenções . Área Seção  SEÇÃO Ângulo}
if (lam<tabm5[1,1]) or (lam>tabm5[101,1]) then        begin
```

```pascal
  writeln(arq,'Esta laje não  é  armada em cruz');exit;end;
i:=1;
while tabm5[i,1]<lam do l:=i+1;
if tabm5[i,1]>lam then begin
  x2:=regrade3(tabm5[i,1],lam,tabm5[i-1,1],tabm5[i,2],tabm5[i-1,2]);
  x3:=regrade3(tabm5[i,1],lam,tabm5[i-1,1],tabm5[i,3],tabm5[i-1,3]);
  x4:=regrade3(tabm5[i,1],lam,tabm5[i-1,1],tabm5[i,4],tabm5[i-1,4]);
  x5:=regrade3(tabm5[i,1],lam,tabm5[i-1,1],tabm5[i,5],tabm5[i-1,5]);
  x6:=regrade3(tabm5[i,1],lam,tabm5[i-1,1],tabm5[i,6],tabm5[i-1,6]);
              end;
if tabm5[i,1]=lam then begin x2:=tabm5[i,2];
x3:=tabm5[i,3];x4:=tabm5[i,4];x5:=tabm5[i,5];x6:=tabm5[i,6];end;
q:=sob+pav+ppr;
mx:=q*sqr(vlx)/x3;
my:=q*sqr(vlx)/x5;
Xx:=-q*sqr(vlx)/x4;
Xy:=-q*sqr(vlx)/x6;
qx:=x2*q; writeln(arq);
writeln(arq,' == ESTES SÃO OS MOMENTOS SEGUNDO A TEORIA DE
MARCUS==');
str(x2:10:3,s);writeln(arq,' Êndice utilizado na linha neutra = ',tiranulo(s));
str(x3:10:3,s);writeln(arq,' Êndice utilizado no positivo x = ',tiranulo(s));
str(x5:10:3,s);writeln(arq,' Êndice utilizado na positivo y = ',tiranulo(s));
str(x4:10:3,s);writeln(arq,' Êndice utilizado no negativo x = ',tiranulo(s));
str(x6:10:3,s);writeln(arq,' Êndice utilizado no negativo y = ',tiranulo(s));
str(mx:10:3,s);writeln(arq,' Momento fletor na direção x = ',tiranulo(s));
str(my:10:3,s);writeln(arq,' Momento fletor na direção y = ',tiranulo(s));
str(Xx:10:3,s);writeln(arq,' Momento negativo na direção x = ',tiranulo(s));
str(Xy:10:3,s);writeln(arq,' Momento negativo na direção y = ',tiranulo(s));
str(qx:10:3,s);writeln(arq,' Linha neutra = ',tiranulo(s));writeln(arq);
writeln(arq,' == ESTES SÃO OS MOMENTOS SEGUNDO A TEORIA
DAS GRELHAS==');
mx:=q*sqr(vlx)/24;
my:=q*sqr(vly)/14.22;
Xx:=-q*sqr(vlx)/8;
Xy:=-q*sqr(vly)/12;
str(mx:10:3,s);writeln(arq,' Momento fletor na direção x = ',tiranulo(s));
str(my:10:3,s);writeln(arq,' Momento fletor na direção y = ',tiranulo(s));
str(Xx:10:3,s);writeln(arq,' Momento negativo na direção x = ',tiranulo(s));
str(Xy:10:3,s);writeln(arq,' Momento negativo na direção y = ',tiranulo(s));
end;
procedure calculo6;
begin                    {      Ã àã ÂâáÁéÉêÊíÍóÓõÕôÔúÚçÇ
 extenções . Área Seção  SEÇÃO Ângulo}
if (lam<tabm6[1,1]) or (lam>tabm6[101,1]) then       begin
  writeln(arq,'Esta laje não  é  armada em cruz');exit;end;
i:=1;
```

```
while tabm6[i,1]<lam do I:=i+1;
if tabm6[i,1]>lam then begin
  x2:=regrade3(tabm6[i,1],lam,tabm6[i-1,1],tabm6[i,2],tabm6[i-1,2]);
  x3:=regrade3(tabm6[i,1],lam,tabm6[i-1,1],tabm6[i,3],tabm6[i-1,3]);
  x4:=regrade3(tabm6[i,1],lam,tabm6[i-1,1],tabm6[i,4],tabm6[i-1,4]);
  x5:=regrade3(tabm6[i,1],lam,tabm6[i-1,1],tabm6[i,5],tabm6[i-1,5]);
  x6:=regrade3(tabm6[i,1],lam,tabm6[i-1,1],tabm6[i,6],tabm6[i-1,6]);
            end;
if tabm6[i,1]=lam then begin x2:=tabm6[i,2];
x3:=tabm6[i,3];x4:=tabm6[i,4];x5:=tabm6[i,5];x6:=tabm6[i,6];end;
q:=sob+pav+ppr;
mx:=q*sqr(vlx)/x3;
my:=q*sqr(vlx)/x5;
Xx:=-q*sqr(vlx)/x4;
Xy:=-q*sqr(vlx)/x6;
qx:=x2*q; writeln(arq);
writeln(arq,' == ESTES SÃO OS MOMENTOS SEGUNDO A TEORIA DE
MARCUS==');
str(x2:10:3,s);writeln(arq,' Êndice utilizado na linha neutra = ',tiranulo(s));
str(x3:10:3,s);writeln(arq,' Êndice utilizado no positivo x = ',tiranulo(s));
str(x5:10:3,s);writeln(arq,' Êndice utilizado na positivo y = ',tiranulo(s));
str(x4:10:3,s);writeln(arq,' Êndice utilizado no negativo x = ',tiranulo(s));
str(x6:10:3,s);writeln(arq,' Êndice utilizado no negativo y = ',tiranulo(s));
str(mx:10:3,s);writeln(arq,' Momento fletor na direção x = ',tiranulo(s));
str(my:10:3,s);writeln(arq,' Momento fletor na direção y = ',tiranulo(s));
str(Xx:10:3,s);writeln(arq,' Momento negativo na direção x = ',tiranulo(s));
str(Xy:10:3,s);writeln(arq,' Momento negativo na direção y = ',tiranulo(s));
str(qx:10:3,s);writeln(arq,' Linha neutra = ',tiranulo(s));writeln(arq);
writeln(arq,' == ESTES SÃO OS MOMENTOS SEGUNDO A TEORIA
DAS GRELHAS==');
mx:=q*sqr(vlx)/14.22;
my:=q*sqr(vly)/14.22;
Xx:=-q*sqr(vlx)/12;
Xy:=-q*sqr(vly)/12;
str(mx:10:3,s);writeln(arq,' Momento fletor na direção x = ',tiranulo(s));
str(my:10:3,s);writeln(arq,' Momento fletor na direção y = ',tiranulo(s));
str(Xx:10:3,s);writeln(arq,' Momento negativo na direção x = ',tiranulo(s));
str(Xy:10:3,s);writeln(arq,' Momento negativo na direção y = ',tiranulo(s));
end;
procedure nilso78.entradado;
begin inicio;lam:=vly/vlx;
assign(arq,'nilson78.txt');append(arq);
case tab of 1:calculo1;2:calculo2;
3:calculo3;4:calculo4;5:calculo5;6:calculo6;end;
close(arq);iniciartextoarq(false,'nilson78.txt');
end;
end.                          {
```

411

```
BEGIN
if not getparamstr then exit;clrscr;ESCREVERODAPE;
DadoIniMouse;WINDOW(2,5,79,22);textattr:=$70;clrscr;
entrada:='';entrada2:='';entrada1:='';
entradado;leituraarquivotexto('nilson78.txt');
END.                                    }
```

{ dados para lajes segundo czerny a utilizar em nilson80.pas}
unit nilson79;

```
interface
uses    crt;
const
tabc1:array [1..5,1..15] of real=
((1.00,1.05,1.10,1.15,1.20,1.25,1.30,1.35,1.40,1.45,1.50,1.55,1.60,1.80,2
.00),
(27.2,24.5,22.4,20.7,19.1,17.8,16.8,15.8,15.0,14.3,13.7,13.2,12.7,11.3,1
0.4),
(27.2,27.5,27.9,28.4,29.1,29.9,30.9,31.8,32.8,33.8,34.7,35.4,36.1,38.5,4
0.3),
(0.250,0.262,0.273,0.283,0.292,0.300,0.308,0.315,0.321,0.327,0.333,0.3
39,0.344,0.361,0.375),
(0.250,0.238,0.227,0.217,0.208,0.200,0.192,0.185,0.179,0.173,0.167,0.1
61,0.156,0.139,0.125));
tabc4:array [1..9,1..15] of real=
((1.00,1.05,1.10,1.15,1.20,1.25,1.30,1.35,1.40,1.45,1.50,1.55,1.60,1.80,2
.00),
(40.2,38.0,35.1,32.2,30.0,28.0,26.5,25.2,24.1,23.1,22.2,21.6,21.0,19.1,1
7.9),
(40.2,41.0,42.0,42.9,44.0,45.6,47.6,49.6,51.0,52.1,53.0,54.1,54.8,57.7,6
0.2),
(14.3,13.3,12.7,12.0,11.5,11.1,10.7,10.3,10.0,9.8,9.6,9.4,9.2,8.7,8.4),
(14.3,13.8,13.6,13.3,13.1,12.9,12.8,12.7,12.6,12.5,12.4,12.3,12.3,12.2,1
2.2),
(0.317,0.332,0.347,0.359,0.371,0.381,0.391,0.400,0.408,0.416,0.424,0.4
31,0.437,0.459,0.476),
(0.317,0.302,0.288,0.276,0.264,0.254,0.244,0.235,0.227,0.219,0.211,0.2
04,0.198,0.176,0.159),
(0.183,0.191,0.198,0.205,0.212,0.218,0.224,0.229,0.234,0.239,0.243,0.2
47,0.250,0.263,0.274),
(0.183,0.175,0.167,0.160,0.153,0.147,0.141,0.136,0.131,0.126,0.122,0.1
18,0.115,0.102,0.091));
tabc2:array [1..7,1..15] of real=
```

((1.00,1.05,1.10,1.15,1.20,1.25,1.30,1.35,1.40,1.45,1.50,1.55,1.60,1.80,2
.00),
(41.2,36.5,31.9,28.3,25.9,23.4,21.7,20.1,18.8,17.5,16.6,15.7,15.0,12.8,1
1.4),
(29.4,29.0,28.8,28.8,28.9,29.2,29.7,30.2,30.8,31.6,32.3,33.0,33.6,36.2,3
8.8),
(11.9,11.3,10.9,10.4,10.1,9.8,9.6,9.3,9.2,9.0,8.9,8.8,8.7,8.4,8.2),
(0.183,0.193,0.202,0.211,0.220,0.230,0.239,0.248,0.256,0.264,0.272,0.2
80,0.286,0.310,0.329),
(0.402,0.388,0.378,0.366,0.355,0.342,0.331,0.320,0.310,0.300,0.289,0.2
80,0.272,0.241,0.217),
(0.232,0.226,0.218,0.212,0.205,0.198,0.191,0.184,0.179,0.173,0.167,0.1
61,0.156,0.139,0.125));
tabc3:array [1..7,1..15] of real=
((1.00,1.05,1.10,1.15,1.20,1.25,1.30,1.35,1.40,1.45,1.50,1.55,1.60,1.80,2
.00),
(31.4,29.2,27.3,25.8,24.5,23.4,22.4,21.6,21.0,20.3,19.8,19.4,19.0,17.8,1
7.1),
(41.2,43.2,45.1,47.1,48.8,50.3,51.8,53.2,54.3,55.0,55.6,56.2,56.8,58.6,5
9.2),
(11.9,11.3,10.9,10.5,10.2,9.9,9.7,9.4,9.3,9.1,9.0,8.9,8.8,8.4,8.3),
(0.402,0.412,0.422,0.431,0.440,0.447,0.455,0.461,0.468,0.474,0.479,0.4
84,0.488,0.504,0.517),
(0.183,0.175,0.167,0.160,0.153,0.147,0.141,0.136,0.131,0.126,0.122,0.1
18,0.115,0.102,0.092),
(0.232,0.238,0.244,0.249,0.254,0.259,0.263,0.267,0.270,0.274,0.277,0.2
80,0.282,0.292,0.299));
tabc5:array [1..6,1..15] of real=
((1.00,1.05,1.10,1.15,1.20,1.25,1.30,1.35,1.40,1.45,1.50,1.55,1.60,1.80,2
.00),
(63.3,52.2,46.1,39.8,35.5,31.5,28.5,25.8,23.7,22.0,20.4,19.0,17.9,14.6,1
2.5),
(35.1,33.7,32.9,32.2,31.7,31.3,31.2,31.2,31.4,31.7,32.1,32.7,33.3,37.1,4
2.4),
(14.3,13.4,12.7,12.0,11.5,11.1,10.7,10.3,10.0,9.75,9.5,9.3,9.2,8.7,8.4),
(0.144,0.151,0.159,0.166,0.173,0.180,0.188,0.196,0.203,0.210,0.217,0.2
25,0.233,0.259,0.280),
(0.356,0.349,0.341,0.334,0.327,0.320,0.312,0.304,0.297,0.290,0.283,0.2
75,0.267,0.241,0.217));
tabc6:array [1..6,1..15] of real=
((1.00,1.05,1.10,1.15,1.20,1.25,1.30,1.35,1.40,1.45,1.50,1.55,1.60,1.80,2
.00),
(35.1,33.0,31.7,30.4,29.4,28.5,27.8,27.1,26.6,26.1,25.8,25.4,25.2,24.4,2
4.1),
(61.7,64.5,67.2,69.6,71.5,72.8,73.5,74.1,74.6,75.3,75.8,76.5,77.0,77.0,7
7.0),

```
(14.0,13.8,13.5,13.2,13.0,12.7,12.6,12.4,12.3,12.2,12.2,12.1,12.0,12.2,1
2.0),
(0.356,0.363,0.369,0.375,0.380,0.385,0.389,0.393,0.397,0.401,0.404,0.4
07,0.410,0.420,0.428),
(0.144,0.137,0.131,0.125,0.120,0.115,0.111,0.107,0.103,0.099,0.096,0.0
93,0.090,0.080,0.072));
tabc7:array [1..8,1..15] of real=
((1.00,1.05,1.10,1.15,1.20,1.25,1.30,1.35,1.40,1.45,1.50,1.55,1.60,1.80,2
.00),
(44.1,40.5,37.9,35.5,33.8,32.3,31.0,29.9,29.0,28.2,27.6,27.0,26.5,25.1,2
4.5),
(55.9,57.5,60.3,64.2,66.2,67.7,69.0,70.5,72.0,73.4,75.2,76.9,78.7,86.8,9
7.0),
(16.2,15.3,14.8,14.2,13.9,13.5,13.2,12.9,12.7,12.6,12.5,12.4,12.3,12.1,1
2.0),
(0.303,0.313,0.321,0.329,0.336,0.343,0.349,0.354,0.359,0.364,0.369,0.3
73,0.37,0.391,0.402),
(18.3,17.9,17.7,17.6,17.5,17.5,17.5,17.5,17.5,17.5,17.5,17.5,17.5,17.5,1
7.5),
(0.250,0.237,0.217,0.208,0.200,0.192,0.185,0.179,0.173,0.165,0.161,0.1
56,0.138,0.138,0.125),
(0.144,0.137,0.131,0.125,0.120,0.114,0.110,0.107,0.103,0.099,0.096,0.0
93,0.090,0.080,0.071));
tabc8:array [1..8,1..15] of real=
((1.00,1.05,1.10,1.15,1.20,1.25,1.30,1.35,1.40,1.45,1.50,1.55,1.60,1.80,2
.00),
(59.5,51.6,46.1,41.4,37.5,34.2,31.8,29.6,28.0,26.4,25.2,24.2,23.3,20.3,1
8.7),
(44.1,43.6,43.7,44.2,44.8,45.5,46.9,48.6,50.3,52.3,55.0,58.2,61.6,79.6,1
01.0),
(18.3,16.6,15.4,14.4,13.5,12.7,12.2,11.6,11.2,10.9,10.6,10.3,10.1,9.4,8.8
),
(16.2,15.4,14.8,14.3,13.9,13.5,13.3,13.1,13.0,12.8,12.7,12.6,12.6,12.4,1
2.3),
(0.250,0.263,0.275,0.288,0.301,0.314,0.327,0.339,0.350,0.360,0.370,0.3
78,0.387,0.416,0.437),
(0.304,0.294,0.284,0.274,0.264,0.254,0.244,0.235,0.227,0.219,0.211,0.2
02,0.198,0.176,0.159),
(0.142,0.149,0.157,0.164,0.171,0.178,0.185,0.191,0.196,0.202,0.208,0.2
14,0.217,0.232,0.245));
tabc9:array [1..7,1..15] of real=
((1.00,1.05,1.10,1.15,1.20,1.25,1.30,1.35,1.40,1.45,1.50,1.55,1.60,1.80,2
.00),
(56.8,50.6,46.1,42.4,39.4,37.0,34.8,33.3,31.9,30.6,29.6,28.8,28.1,26.0,2
5.0),
(56.8,58.2,60.3,62.6,65.8,69.4,73.6,78.4,83.4,89.4,93.5,96.1,98.1,103.3,
105.0),
```

(19.4,18.2,17.1,16.3,15.5,14.9,14.5,14.0,13.7,13.4,13.2,13.0,12.8,12.3,12.0),

(19.4,18.8,18.4,18.1,17.9,17.7,17.6,17.5,17.5,17.5,17.5,17.5,17.5,17.5,17.5),

(0.250,0.262,0.273,0.283,0.292,0.300,0.308,0.315,0.321,0.327,0.333,0.339,0.344,0.361,0.375),

(0.250,0.238,0.227,0.217,0.208,0.200,0.192,0.185,0.179,0.173,0.167,0.161,0.156,0.139,0.125));

implementation

begin end.

ASSASSINATO QUE O 19ºBPM QUER ESCONDER

O FATO
O ESCRITOR MARCEL CANDIDO DA SILVA
É ASSASSINADO EM COPACABANA POSTO 2 -
RIO DE JANEIRO RJ. AO MEIO DIA 23/03/2020 NA
TESTA HEMATOMA SEMELHANTE AO
PRODUZIDO POR CASSETETE SANGUE E
 MASSA ENCEFÁLICA SAI PELO
OUVIDO (FOTO IML). A FOTO QUE SEU PAI
NILSON CANDIDO DA SILVA IDENTIFICOU O
FILHO NO DIA 25/03/2020 NO IML, POR
INVESTIGAÇÃO PRÓPRIA. COMO UMA POLÍCIA
ASSASSINA, O ESCRITOR ? ENTRE O HOTEL
HILTON E O COPACABANA PÁLACE E TENTA
ESCONDER O CRIME? DIA CLARO, MEIO DIA ?

FOTOS
FOTOS EXPLICATIVAS E DO ESCRITOR

FOTO 1 EXPLICATIVA

FOTO 2 EXPLICATIVA

FOTO 3 EXPLICATIVA

FOTO 4 EXPLICATIVA

FOTO DO ESCRITOR

FOTO DO ESCRITOR

CEMITÉRIO DO IRAJÁ

PRELÚDIO
PRELÚDIO INEXPLICÁVEL

Oh! DEUS UM COM JESUS CRISTO! No calçadão de Copacabana posto 2, junto a grandes hotéis (Hilton e Copacabana Pálace) Rio de Janeiro - Brasil, ao meio-dia. Quanto horror! Horror! Horror! AUTORIDADES CONIVENTES e o povo acovardado.

Tudo montado para esconder o ASSASSINATO de ESCRITOR DESARMADO em surto psiquiátrico. Não existem (curioso) gravações de câmeras oficiais da prefeitura nem do posto de gasolina BR.

Os frentistas sumiram. O Salva-Vidas (3ºGM - Marinho) mente disse que o corpo estava na linha d´agua (isto é impossível assistindo os dois vídeos abaixo) faz parte do esquema pra esconder o ASSASSINATO.

HIPÓTESE
AÇÃO DOS POLICIAIS

Dia 23/03/2020 entre 13:00hs e 14:00hs.
O ESCRITOR EM SURTO PSIQUIÁTRICO DESARMADO E CALMO está em frente ao posto 2 Copacabana - calçadão.

Devido a um decreto do prefeito as pessoas foram retiradas do calçadão, como se pode acompanhar nos vídeos mostrados nas conclusões.

Uma patamo do 19º BATALHÃO DE POLICIA MILITAR (19ºBPM) faz a ronda no calçadão cumprindo as determinações do prefeito. Então entre 13:00hs e 14:00hs, eles veem um homem andando no calçadão.

Gritam para o escritor sair dali, sair do calçadão. O escritor está em surto psiquiátrico. Fica parado olhando pra viatura; Um dos policiais desce da viatura e vai em direção do escritor e grita em cima dele pra sair do calçadão. O escritor em surto continua parado olhando pra pessoa que fala, o cérebro do escritor está em curto circuito. Não entende nem reage. Um cassetete vem em direção a ele, mas em surto ele continua parado não levanta a mão para se defender.

Um PM BRANCO RACISTA com o cassetete o fere na testa. O escritor desaba no calçadão. Pelo porte físico, parecendo um pugilista obeso, então o policial colocou no cassetete toda a raiva racial contra um homem negro, que segundo a perspectiva do policial, o afrontava. Ledo engano do policial, no estado do escritor, em surto, poderia segura-lo pela mão e ele iria como uma criança de 2 anos. O cassetete o atinge na testa. Cai desmaiado. A base do crânio racha nas pedras portuguesas.

Os outros policiais que estavam no camburão correram para o homem caído e viram que estava com o crâneo rachado SANGUE por todos os orifícios e MASSA ENCEFÁLICA saem pelo ouvido. 1.88m e 130 kg.

Só então pegaram os documentos e viram: PACIENTE PSIQUIÁTRICO LIGUE XXX VOU BUSCAR IMEDIATAMENTE e jogaram na lixeira na beira do calçadão.

Nestas condições já sabiam que o corpo estava dando os últimos sinais de tremura da morte. Começaram a puxar o corpo para trás do Posto 2, pra tirar da vista de algum transeunte fortuito, puxando por baixo das árvores, dificultando que alguém gravasse algo.

Devem ter conversado com algum superior para que pudessem esconder o CRIME.

Não são ilações, são o resultado de me misturar com os sem teto, mesmo com risco de covid19, e fui pegando fragmentos dos relatos, eu ia insistindo e fazendo amizade, e conversando de maneira que fosse uma conversa casual, sem pretensões, e fui filtrando. Durante 2 semanas. Inclusive pra encontrar o corpo.

Os policiais são treinados pelo batalhão (19ºBPM) a ver na pele negra uma ameaça potencial, é assim até com o cachorro do batalhão. Não são ensinados a raciocinar, robôs. Um desembargador BRANCO os destrata no calçadão e eles ficam quietinhos. Um outro BRANCO carregando no carro 170 fuzis e eles não veem nada. Somando a isso existe a síndrome da pequenez muito notada na segunda guerra mundial quando os japoneses matavam todos os prisioneiros que tinham estatura maior que eles. Igual a George Floyd.

E se o escritor fosse BRANCO? Aconteceria o que foi descrito? Acredito que não, olhariam os documentos antes de tudo.

Deste, 19ºBPM, um policial invadiu um prédio, valendo-se da farda, em Copacabana 20/08/2020, GLOBO. Dirigiu-se a um apartamento que sabia que a proprietária estava sózinha. Começou a estuprar a mulher e iria matá-la no final. Já devia estar acostumado com a impunidade, assassinar, roubar e ser acobertado pelos superiores, e sair impune...

O GUARDA VIDAS DO POSTO 2

Marinho é o nome do Guarda-vidas, é normal trabalharem em dois, mas obtive só esse nome.

O BOMBEIRO do 3º GRUPAMENTO MARÍTIMO (3ºGM) Salva-Vidas no posto 2 viu tudo, era muita movimentação em frente ao posto 2 para que não visse nada, ele fica o dia todo em uma cadeira olhando para a praia, já que não havia ninguém na praia ele acompanhou o que estava acontecendo em frente ao posto 2 que é o trabalho dele.

Os policiais obrigaram o Marinho a chamar a van de socorro dos bombeiros e dizer que foi tirado da água e assim ele fez, quando preencheu a documentação. E isto é um contrassenso tremendo pois todos os banhistas já haviam sido retirados da água pela manhã. E assim também demonstram os vídeos anexados.

Então O Marinho preencheu a documentação com intenções de esconder o CRIME. Não acredito que tenha tomado estas decisões sozinho deve ter se reportado a algum superior. Pra completar o quadro retiraram as roupas do escritor, sempre andou bem vestido.

Jogaram as roupas no lixo também e os documentos.

PACIENTE PSIQUIÁTRICO LIGUE XXX VOU BUSCAR IMEDIATAMENTE. A COMLURB achou e me entregou (dia seguinte, 24/032020 ao meio-dia através de funcionário, tel.(21) 975 775 848, apenas solidário, pois viu o cartão). Quão diferente da POLÍCIA MILITAR!

O corpo escondido atrás do posto 2, longe do olhar de qualquer pessoa, não havia transeunte no calçadão nem banhista na areia.

O POSTO DE GASOLINA BR

Localizado em frente à praça do lido e o posto 2. Bem em frente ao calçadão lugar onde foi apontado pra mim pelos sem teto, dia 24/03/2020 terça feira 13:00hs e que viram os instantes da ¨SCHEISSE¨ que os policiais se envolveram.
Apesar de que um só deles é que foi o responsável, mas esconder junto deve ser o que os superiores lhes recomendem. Embora a mentalidade seja difícil de mudar. Vi três pessoas trabalhando no POSTO BR, e ao perguntar a cada um, observava que sabiam algo mas não queriam falar do assunto, mesmo eu sabendo uma maneira suave sem compromisso, amigável, curiosidade, mesmo assim nada disseram. Então comecei a desconfiar que tinha policial na estória.

Olhei as câmeras vi que poderiam pegar os fatos.

Sendo civil não daria pra eu conseguir os vídeos. Desconfiando de policiais menos ainda. Eles já teriam calado os frentistas e até o gerente. POSTO BR com aquela localização vende muito, tinha que ter 4 pessoas, com o gerente cinco pessoas, e câmeras funcionando. É o único posto que atende todo o LEME e parte de COPACABANA.

Fui com a policial do 14ºDPC Andrea P. Rodrigues ao Local do Posto BR e o policial 14ºDPC Carlos Eduardo da Silva ao POSTO DE GASOLINA BR e ouvi o gerente dizer que as câmeras não funcionavam, o que complementa o absurdo. Os policiais levaram uma documentação para ser apresentada ao gerente do POSTO DE GASOLINA BR intimando a entregar as gravações do dia determinado ou a justificativa.

A estes dois policiais explicitei mostrando no local a dinâmica do crime. Como o GUARDA-VIDAS MARINHO não se encontrava no POSTO 2 DE OBSERVAÇÃO, então os dois policiais. Foram ao 3ºGM no posto 6 ao lado do forte de Copacabana, para investigar.

Interrogaram o guarda-vidas Marinho e também e major médica socorrista Elaine. Assim fiquei sabendo depois, eu, Nilson Candido da Silva pai do escritor não estava presente.

Sentiram inconsistência no que disseram e então o processo que iria para a 13ªDPC mudaram o envio de processo para a DELEGACIA DE HOMICÍDIOS, que é a 12ªDPC.

Fui na 13ªDPC no dia 30/03/2020 segunda-feira e falei sobre as câmeras da prefeitura no alto dos postes. Que vi que pegam a varredura e enquadramento do POSTO 2. Os dois policiais disseram que o processo não havia chegado lá, eu pedi providências para as câmeras e disseram que na pandemia não podiam fazer nada. Eu insisti para que pedissem pelo menos as imagens imediatamente. Disseram-me: SINTO MUITO. Será que já sabiam que tinham que ajudar a esconder?

Chegada da van do (3ºGM)

A major do CORPO DE BOMBEIROS DO ESTADO DO RIO DE JANEIRO (CBMERJ) Elaine - viatura ASE306 , BAM 830357, GUIA 65/2020, adotou um procedimento não coerente com a prática, pois ela viu sangue em todos os orifícios, que indicavam traumatismo craniano e mesmo assim usou por muito tempo o desfibrilador no peito do escritor. Será uma maneira de ajudar a esconder o Crime?

O que se comprova uma operação de socorro errada pois todas as vias respiratórias estavam entupidas, o que se pode comprovar com qualquer manual médico para traumatismo craniano. Então o que me parece uma tentativa de mascarar o CRIME.

O HOSPITAL MUNICIPAL MIGUEL COUTO
(HMMC)

Na data de 23/03/2020, segunda feira ás 15:27 min, chega o corpo ao HMMC e a médica Talita do Vale Bastos CRM 5201103164 constatou que o escritor estava morto, e o que restava era preencher os dados.

Mas que dados? Não tinham os dados pessoais. Os policiais já haviam jogado fora as roupas e os documentos. Então a função dela é enviar para o IML.

Sem dados pessoais os familiares não encontrarão os desaparecidos que talvez já tenham registros de desaparecidos nas delegacias.

Com base nas investigações que fiz nos sem teto da Avenida Princesa Isabel e Praça do Lido. Tinha levantado, com precisão que a VAN DOS BOMBEIROS recolheu um homem preto e pela descrição encaixava totalmente.

Dia 25/03/2020 quarta-feira 14:00hs, chego na recepção do HMMC, e procuro por um homem que deu entrada, com certeza. A moça da informática pergunta o nome, e depois disse que não estava no HMMC, pois todos que estavam lá nos últimos três dias foram identificados.
Eu disse que tinha certeza. Que chegou sem identificação pois os documentos do escritor estavam no lixo onde o corpo foi recolhido. E pedi pra falar com a direção, e ela disse que não seria possível. Disse que eu estava atrapalhando o serviço, embora não havia mais ninguém na fila. Chamou o segurança que apareceu com o cassetete em posição de ataque e eu fui colocado na calçada do HMMC.

Fiquei duas horas em pé na calçada e pedindo pelo amor de Deus a todos que saíam e eu contava a estória, e pedia ajuda. Queria falar com a direção pois tinha certeza que o corpo tinha passado por aquele hospital. E que provavelmente tinha chegado morto.

Até que um maqueiro preto, glória a Deus, me ouviu e ajudou. Cheguei até a direção e me mostraram um livro com uma lista de cadáveres que os bombeiros levam e já haviam cinco registros após o que eu concluí que era o escritor. Um absurdo, porque morrem tanto sem identificação? E negros? E me disseram que eles já haviam encaminhado o escritor para o IML.

Uma tática incrível para esconder corpos. Se eu esmorecesse com as dificuldades nunca mais iria encontrar o escritor, meu filho. Fiquei pensando que até norte americanos já sumiram nas praias do Rio de Janeiro. Seria tudo isso uma tática pra esconder crimes da PM?

O IML

Cheguei no IML quarta feira 25/03/2020 - 16:30hs. Peguei um número e fiquei aguardando. Indicaram-me uma sala e um POLICIAL DA INFORMÁTICA atrás do computador e eu disse para ele que procurava um corpo que o HMMC havia enviado pra eles e que não havia identificação. Perguntou o nome, eu disse. Disse para mim, não chegou aqui nenhum corpo, Disse eu, o HMMC disse que mandou pra cá estou vindo de lá agora. Entreguei a identidade do escritor pra ele.
Mandou aguardar, passou mais de 30 minutos. Mandou aguardar de novo. Via que se movimentava falava e ligava pra alguém. E ficou nisso mais uma hora. Até que as 18:00hs, eu entrei na sala sem ser convidado, e o policial disse que havia um corpo e vi na tela do computador. UM CHOQUE IMENSO PARA UM PAI. O policial disse que parecia um atropelamento. SAÍA MASSA ENCEFÁLICA DO OUVIDO (MASSA CINZA COM SANGUE) E NARIZ SANGUE E BOCA SANGUE.
Por isso o policial disse parecer atropelamento.
Com a identidade ele foi verificar as digitais em outras salas. E voltou dizendo que é mesmo a pessoa do escritor. E me deu uma guia pra retirar o corpo depois de passar pelo cartório de Registro. Eu disse que iria procurar uma funerária. Foi sepultado no cemitério do Irajá, JAZIGO 12558 QUADRA 23, dia 29/03/2020 FUNERÁRIA SANTA CASA DA TAQUARA TP82 TEL.(21)24234135 R$3600,00 CEMITÉRIO R$977,08.
O laudo de exame de necropsia é uma verdadeira piada. Pela foto vi um hematoma sobre olho esquerdo e testa, muito compatível com cassetete, sangue com massa encefálica saía pelo ouvido, sangue na boca e sangue no nariz. A foto única que me foi mostrada. Isto o perito Legista Claudio Amorim Simões não relata. Mas, relata que a pandemia do covid19 impede examinar.

Ou, quer esconder?

CONCLUSÕES FINAIS
DELEGACIAS DE POLICIA CIVIL (DPC)

CONCLUSÃO DO PONTO DE VISTA DA 14ªDPC, 13ªDPC E 12ªDPC

Marcel Candido da Silva
39 anos
Negro
Identidade 127636165 Detran RJ
Tratamento psiquiátrico Hospital Pedro II - Engenho de Dentro - Dr. Trajano Paulo Caldas CRMRJ 52681-3

Escritor com VÁRIOS livros na Amazon.

Os leitores do escritor querem saber sobre a vida de seus autores e cada edição saem novos dados. Tudo que está escrito aqui foi enviado a Amazon para ser incluídos nas novas edições. Naturalmente serão omitidos os nomes de pessoas mas não as siglas.

Claro que tudo isso vai repercutir e muito , pois sai esta estória das fronteiras do Brasil e ganha o mundo, e mais cedo ou mais tarde vai voltar com cobranças sociais e o Brasil é muito mau visto no exterior neste quesito. E os dados das Organizações das Nações Unidas (ONU). Em relação ao BRASIL é horrível.

Devido à pandemia, o pai do escritor, o engenheiro Nilson Candido da Silva 69 anos e não aposentado, funcionário concursado da Prefeitura do Rio de Janeiro, saiu em investigações após o dia seguinte ter encontrado os documentos do filho.

Como relatado acima, a policial (12ªDPC Tais Mayer Andrade Martires - taismartires@Pcivil.rj.gov.br), que conduz as investigações não vai ter êxito para o esclarecimento do assassinato do escritor, devido à belicosidade dos tipos dos executores e envolvidos e padrões de mascarar crimes que o mundo todo conhece do BRASIL.

Sugiro então que sejam enviados ao comandante do 19ºBPM todas as considerações e estes dados todos.

Sugiro também que sejam enviados ao Ministério Público do Estado do Rio de janeiro todos estes dados.

Sugiro também que sejam enviados às corregedorias de polícia civil e militar todos estes dados.

Quando tiver em mãos vídeos comprobatórios do episódio que envolvem o assassinato do escritor, seu pai, pai do escritor vai apresenta-los para a AMAZON que muito provavelmente entregará para a CNN-USA- INTERNACIONAL. Que notificará o Ministério Público Federal. E tudo vira notícia internacional.

CONCLUSÃO EM RELAÇÃO AO 19°BPM

Acredita-se que o comandante do 19°BPM já sabe quem de seus subordinados participaram do crime, mas se ainda não sabe rapidamente ele saberá. O soldado não mente para seu comandante.

Então o 19°BPM está com uma "peça" com sério defeito na "ENGRENAGEM SERVIR E PROTEGER". Retirá-la com urgência para reciclagem.

Pois ela arrebenta crâneo de "pessoa" em surto, desarmada e calma, ao meio-dia, no calçadão de Copacabana posto 2. A "peça" irá fuzilar "pessoa" trabalhando com furadeira. A peça irá matar "pessoa" com a marmita ou o guarda-chuva na mão.

A "peça" verá uma "pessoa" no seu automóvel e a matará com dezenas de tiros. A "peça" irá fuzilar até crianças. A "peça" enforcará uma pessoa algemada e imobilizada. A "peça" pisará no pescoço até matar uma mulher algemada e imobilizada.

A "PEÇA " invadirá valendo-se da farda, em Copacabana, apartamento que sabia que a proprietária estava sózinha. Estuprar a mulher e matá-la no final.

E antes que a pressão chegue de cima o comandante do 19°BPM tomará posições agora, quando ainda pode proteger sua honra de "SERVIR E PROTEGER", (servir e proteger a sociedade e não à policiais assassinos) e se projetar em relação ao bem como " GRANDE COMANDANTE, que não admite corrupção.

427

CONCLUSÕES QUANTO AO MINISTÉRIO PÚBLICO DO ESTADO DO RIO DE JANEIRO.

Assim que processo chegar de cima é bom que o MPERJ tenha sido informado, pois virá com toda força até as Policias Civil e Militar.

CORREGEDORIAS DA POLICIA CIVIL E MILITAR

As informações contidas aqui afetam a todos. Então os responsáveis devem ser informados. Pois, de um momento para outro tudo vira uma avalanche, estes dados já estão no exterior e agora são de propriedades da Amazon onde o escritor publica seus livros. E o que quer que queiram fazer por queima de arquivo só aumentam e solidificam as suspeitas e a lista de crimes. Lembrem-se as publcações sâo da Amazon-USA.
Não existe o encobrimento do fato por queima de arquivo.

CONCLUSÕES VÍDEOS

Três horas após o vídeo abaixo O ESCRITOR foi ASSASSINADO

https://youtu.be/fmRjdopg1bk

Uma hora após o vídeo abaixo ESCRITOR em surto tem o crâneo arrebentado hematoma compatível a cassetete.

https://youtu.be/RXuRjW-vKck

Marcel Candido da Silva

Nilson Candido da Silva

RECADO AO COMANDANTE DO 19º BPM

Saibam os ASSASSINOS do ESCRITOR e AUTORIDADES coniventes que o sangue do ESCRITOR derramado covardemente continuará gritando por justiça de dentro dos livros dele e nos

Livros do pai dele em todo o mundo, em toda a terra. Onde houver um leitor em toda A TERRA.

Escritor Marcel Candido da Silva assassinado em Copacabana posto 2 calçadão dia 23/03/2020 entre 12:30 e 14:30hs área do 19ºBPM.

Também em VÁRIOS livros dos mais variados temas e técnicos; o pai do escritor em todos os seus livros continuará gritando e denunciando a ação dos policiais que resultaram na morte do seu filho e a conivência de seus comandantes. Há a indicação, há fortes evidências, de uma rede de esconder corpos e crimes. Logo alguém comparecerá com um vídeo para comprovar tudo.

Então o que o comandante deveria fazer agora é apresentar o assassino para a sociedade e a justiça. Caso contrário um dia virão os leitores, e apedrejarão tudo que puderem e o nome dos responsáveis entrarão no rol do que pior existe no Brasil.

A justiça sempre será feita, os livros não morrem e ficarão pra sempre indicando que as autoridades, neste caso, quiseram esconder o crime.

LIVROS DOS ESCRITORES

NILSON440@GMAIL.COM